U0285437

国家社科基金一般项目『建筑伦理的体系建构与实践研究』（批准号：12BZX074）成果

建筑伦理学

秦红岭　著

中国建筑工业出版社

图书在版编目（CIP）数据

建筑伦理学 / 秦红岭著. —北京：中国建筑工业出版社，2018.3
ISBN 978-7-112-21903-2

Ⅰ. ①建… Ⅱ. ①秦… Ⅲ. ①建筑学－伦理学－研究
Ⅳ. ①TU-021

中国版本图书馆CIP数据核字（2018）第041043号

责任编辑：王晓迪　郑淮兵
责任校对：张　颖

建筑伦理学
秦红岭　著
*
中国建筑工业出版社出版、发行（北京海淀三里河路9号）
各地新华书店、建筑书店经销
北京锋尚制版有限公司制版
北京中科印刷有限公司印刷
*
开本：787×960毫米　1/16　印张：36½　字数：541千字
2018年9月第一版　2018年9月第一次印刷
定价：108.00元
ISBN 978-7-112-21903-2
（31617）

前　言

> 我对建造一座大厦毫无兴趣，而有志于获得一种对这座可能的大厦的基础的清晰认识。[1]
>
> ——［奥］路德维希·维特根斯坦

本书是我十余年建筑伦理思考与研究的一个总结性成果，旨在较为系统地建构建筑伦理这一交叉研究领域的理论框架。我思考和探讨建筑伦理的最终旨趣，并非建构理论框架本身，而是想要揭示建筑伦理的价值基础，挖掘建筑活动和城市发展的伦理因素，使之更好地满足人性需要。我深知这项工作难度很大，达成这项跨学科的研究任务，需要有伦理学和建筑学等学科的研究背景，尤其是对跨学科知识间的融会贯通程度有较高要求。而且，伦理学者作为建筑活动的旁观者，还需要克服研究进路的外在性及理论与实践之间的可能分野。因此，本书呈现的成果，或许只是一种通向建筑伦理学之途的苦心求索和有益尝试。

在此，对本书的内容架构赘言几句，对读者整体性地了解全书的基本观点有所裨益。

本书分为上篇、中篇与下篇三部分。上篇题为“内涵与历史”，主要阐述两方面内容，一是从学术史角度考察建筑伦理的研究状况，建构建筑伦理的学理基础；二是从建筑文化史的维度梳理和阐释中西方建筑伦理思想发展的主要脉络和基本理念。中篇题为“基础与理论”，本篇是建筑伦理的核心理论部分，主要阐述建筑伦理的价值基础，提出建筑

---

1 ［奥］路德维希·维特根斯坦．文化与价值［M］．涂纪亮，译．北京：北京大学出版社，2012：12．

伦理的基本原则。下篇题为“实践与应用”，本篇为建筑伦理的实践应用部分，探讨了建筑实践活动不同领域中的伦理问题，本书主要探讨了建筑职业伦理问题、建筑工程伦理问题和城市规划伦理问题，并将建筑环境伦理作为核心理念贯穿其中。

上篇共分三章。第一章在总结、评述中西方建筑伦理研究状况的基础上，重点探讨了建筑伦理的学理基础。建筑伦理是从建筑与伦理的结合点上发展起来的一个交叉研究领域，是建筑学与伦理学两大学科相互渗透、相互融合的产物。因此，建筑伦理学首先要解决的一个基础性问题，即是建筑与伦理的结合何以可能。实质上就是阐明建筑本身内在具有的伦理属性，分析建筑与伦理之间是否具有内在的相关性与相通性，只有首先廓清这一重要问题，建筑伦理才能确定其可能性与合法性。本书从三个方面分析了建筑是否内在地具有伦理性：即作为建筑过程或建造活动之“建筑”，内在地蕴含价值尺度、存在伦理问题；作为建筑艺术之“建筑”，具有丰富的伦理意蕴，其本身也可以作为一种特殊的伦理文化来研究；作为学科形态之“建筑”，伦理学与建筑学既有相通之处，又有着共同的价值追求。本章还讨论了建筑伦理的内涵、研究进路和学科定位等问题，提出建筑伦理的未来发展趋势应从狭义的建筑伦理研究走向广义的建筑伦理研究。已有的建筑伦理研究，大都是狭义的建筑伦理，研究视域较多集中在从一定伦理观点、伦理原理出发，对建筑文化与建筑师的职业伦理进行研究。当代西方建筑伦理研究中，有学者甚至直接将建筑伦理归结为建筑从业者的职业伦理。本书所探讨的建筑伦理，是一种广义的建筑伦理，即不仅要探讨建筑职业伦理，更要揭示建筑及其活动本身内蕴的价值追求、伦理特质和伦理因素，而且还将研究视域从传统建筑学的对象扩展到“广义建筑学”的视角，在此意义上，建筑工程伦理、城市规划伦理、人居环境伦理等分支领域都是建筑伦理的研究对象。

第二章和第三章从建筑文化史的视角，将动态的建筑历史观引入建筑伦理的研究之中，把建筑的伦理现象同延绵不断的建筑文化史连接起来，从而揭示建筑与伦理的历史关联和内在逻辑。第二章系统阐述了中国传统建筑的伦理内核，认为作为传统文化重要组成部分和物质载体的中国传统建筑，主要在整体布局与群体组合、建筑形制与数量等级、空间序列与功能使用等方方面面，浸透和反映着礼制秩序和传统伦理，并由此形成了中国传统建筑文化绵延数千年的独特伦理品性。中国建筑从殷周开始一直到清代，以其伦理制度化的形态，成为实现宗法伦理价值和礼制等级秩序的制度性构成，形成了迥异于西方建筑文化的“宫室之制”与“宫室之治”传统。“宫室之制”指古代建筑的礼制化，即宫室建筑在形制上的程式化和数量上的等级化，以宗法伦理制度形态表现出的一整套中国古代建筑等级制度是其典型表现；“宫室之治”主要指在“宫室之制”的基础上，使建筑发挥维系宗法政治秩序的显著政治功能，并成为划分和巩固等级人伦秩序和推行道德教化的伦理治理方式。同中国一样，在两千多年的西方建筑理论史上，建筑理论所固有的伦理维度从古罗马的维特鲁威开始，经历漫长的历史积淀过程而延续至今，形成了较为丰富的建筑伦理思想传统。第三章选择性地探讨了西方建筑理论史中有代表性的建筑伦理观点，勾勒出建筑内蕴的伦理因素。古罗马建筑师维特鲁威在《建筑十书》中开创的建筑伦理议题，尤其是以坚固、实用和美观的建筑三原则为核心的建筑美德论，成为不同时代得到反复讨论、充实与发展的问题，蕴含普适隽永的价值，至今仍影响西方建筑的发展方向。近代西方建筑思想至少从18世纪中期开始，出现了一种影响广泛的新的伦理议题，即对建筑结构、建筑材料和建筑风格的诚实（或真实）原则的强调，并将其上升至道德高度。现代建筑运动及城市规划思想的产生本身，是为了解决工业革命所造成的城市的各种社会问题和环境恶化问题，并试图在道德和政治层面反省和批判“城市病”的基础上，通过建筑的手段调和工业革命的巨大影响与人们对理想城市的追求之间的矛盾，带有明确的社会改造及改善人类生存状况的道德立场，并伴随着为一个更美好、更人性以及更和谐的城市和社会而奋斗这一道德使命。

中篇探讨了建筑伦理的基本理论问题。通常而言，一个完整的伦理理论至少由两部分组成，关于价值和价值目标的阐释以及关于如何行动的行为规范的阐释，即价值理论和行动规则理论。第四章提出了有关建筑伦理的价值理论，关注建筑行为或建筑活动中道德原则、道德规范的内在基础，即确立一种有关建筑善恶的价值观，以此判断建筑发展是否促进和提升了人类的福祉状况。建筑伦理的基本目标和主要使命是引导建筑活动最终达到建筑善而避免建筑恶。建筑善是普遍的、一般的善在建筑领域中的体现，表达了建筑的一种属性或应该秉承的一种指向正向的价值追求，它是建筑活动的最高道德境界。建筑善作为物化形态的善，是一种通过建造活动和建筑物本身展现出来的人为自己造福的重要实现方式，也是人利用人造物来满足生命需求、追求更好生活的外在表征。建筑美德是建筑善的一部分，它是促进并实现建筑善所必需的品质。建筑美德是指让建筑表现得恰当与出色的某种特征或状态，是建筑值得追求的品质。建筑善与建筑美德有紧密联系，建筑美德是一种主要展现物质性善业的价值，它是促进并实现建筑善所必需的品质。作为人类建造过程的产物，建筑美德不可能是其本身天然具有的优良特征，它不过是一种“赋予性品质”，是建筑师、工程师、建筑工人、室内设计师等建筑从业人员通过其实践活动赋予建筑物的品质、特征。第五章主要阐述行动的基本规则，即确立作为建筑伦理根本性要求的基本原则。本书提出了建筑伦理的三组基本原则，即安全与行善原则、适用与人本原则以及美观与和谐原则。这三组基本原则构成了建筑伦理价值理念之间相互支撑、具有一定融贯性的价值准则框架。

第六章则进一步从哲学高度探讨了建筑的伦理功能，以寻求对建筑活动的性质、意义及发展方向的根本性阐释。建筑的伦理功能可概括为建筑的认识功能和建筑的调节功能。建筑的认识功能既包括一种透过建筑理解世界、理解存在的特殊方式，也包括建筑的象征功能和叙事功能。对于前者，本书从分析海德格尔所开创的现象学维度探讨建筑本质的路径，得出一个基本结论：在所有主要的艺术形式中，唯有建筑能够给人提供一种在大地上真实的“存在之家”，或者说“存在的立足点”，不只是使人的身体受到庇护，还使人类孤独无依的心灵有所安顿，获得一种归属感和意义感，这是建筑最深刻的伦理功能。对于后者，本书分析了作为一种伦理叙事的建筑所表现出来的寓意丰富的象征功能。建筑的调节功能主要体现在建筑通过人伦礼仪、宗教礼仪、政治礼仪等特殊的调控机制，调节人与人、人与社会、人与神的关系，同时对民众的居住方式、生活方式产生影响。

下篇作为建筑伦理的实践与应用部分，共分三章。当代西方建筑伦理研究中，建筑职业伦理的研究进路占有重要地位，取得的成果也颇为丰厚。从建筑活动的实践维度来看，建筑职业伦理处于中心地位，具有十分重要的实践指导意义，有力地推动了建筑职业共同体的伦理自觉。第七章以建筑职业共同体的主要技术专家即建筑师、土木工程师和城市规划师为例，探讨了建筑职业伦理问题。建筑工程活动是人类最基本的社会实践活动之一，它不仅直接决定人们的生存与福祉状况，也长远影响自然环境，尤其是现代建筑工程活动越来越突出的负面环境效应，使人们日益关注和反思建筑工程活动中涉及的诸多价值和伦理问题。建筑工程伦理是工程伦理研究的重要分支领域，对其进行深入探讨，有重要的理论与现实意义。第八章在讨论建筑工程伦理时，重点阐述了建筑工程中的环境伦理问题，并以工程正义为例，审视了建筑工程决策中的伦理问题。在有关城市规划伦理的第九章中，本书明确提出城市规划是一种伦理实践的主张，分析了城市规划与伦理之间的内在关联，提出作为一种公共政策和伦理实践的城市规划，主要应当遵循公共利益优先性原则、规划正义原则和人本规划原则，它们是判断和评价城市规划正当性、合理性和有效性的基本价值标准。

本书虽将建筑伦理典型案例放在附录部分，却并不意味着案例不重要，只有通过案例支撑和分析，才能将伦理问题与建筑实践问题很好地结合起来。实际上，在本书阐述基本观点时，已经涉及诸多建筑伦理案例，附录部分的19个建筑伦理案例只是进一步的充实与补充。

本书系国家社会科学基金“建筑伦理的体系建构与实践研究”（项目批准号12BZX074，项目结题号20170440），成果的部分内容在《伦理学研究》《华中建筑》等刊物作为阶段性研究成果已先期发表，本书做了进一步地修改与补充。

目　录

中篇 基础与理论

下篇 实践与应用

上篇 / 内涵与历史

第一章　导论：建筑伦理的兴起与学理基础

在建筑学是美学之前，它就是一门伦理学科，当建筑学被提出之时，其道德维度便具有合法地位。[1]

——［美］马里奥·博塔（Mario Botta）

1　Mario Botta. The Ethics of Building［M］. San Francisco: Chronicle Books Llc，1997：26.

建筑伦理是建筑学和伦理学交叉研究的一个崭新而特别的课题。

建筑伦理的出现和兴起，一方面，导源于系统揭示建筑与伦理之间内在关联的理论需要；另一方面，更是由现代建筑理论发展与建筑实践中涌现的大量值得人们反思的伦理问题而推动的。可以说，建筑伦理的体系建构与实践研究是根植于中西方建筑历史文化传统，并由时代提出的、不可回避的重要课题。

一、建筑伦理的兴起与发展

虽然中西方有关建筑伦理的思想理念和精神资源早已有之，但是，学术界较为系统地关注建筑与伦理之间的关系，并将建筑所涉及的相关伦理问题在“建筑伦理”的名称下加以研究，抑或说作为一种专门的学术研究领域，在西方国家滥觞于20世纪70年代，在我国则是进入21世纪之后才真正起步的。

从时间上看，西方建筑界较为突出地关注建筑伦理问题，是与现代建筑运动兴起的时间大致一致的。

使用全球书籍词频统计器（Google Ngram Viewer）以“architectural ethics”（建筑伦理）为关键词，搜索1800年至2008年英文书籍中有关建筑伦理的词频，由统计结果可以清晰地看到，在20世纪初期和2000年前后architectural ethics一词出现的频率达到最高值，紧随其后的分别是1930年前后和20世纪70年代初期（图1-1）。20世纪初期至30年代之间，“建筑伦理”一词出现的频率之所以相对较高，主要原因在于这一时期是现代建筑运动形成和发展的关键时期，一批现代主义建筑师具有强烈的理想主义情怀和社会责任感，希望通过全新的建筑形式和城市规划思想来改善人类状况，提升人类福祉（具体观点参见本书第三章）。

虽然早期现代主义建筑师具有强烈的道德使命感，但作为一个专门的学术研究领域，建筑伦理大致产生于20世纪70年代末期。从背景上看，20世纪70年代西方建筑界进入了对现代主义建筑运动进行深入反思的时期，出现了价值标准混乱、城市居住环境恶化、建筑业职业伦理缺失等多重危机，促使人们思考建筑中的社会问题、价值问题及伦理问题。美国学者汤姆·斯佩克特（Tom Spector）认为，20世纪70年代末期，随着简·雅各布斯（Jane Jacobs）和罗伯特·文丘里（Robet Venturi）发动的对现代主义运动道德主张的彻底否定与批判，建筑的道德使命降

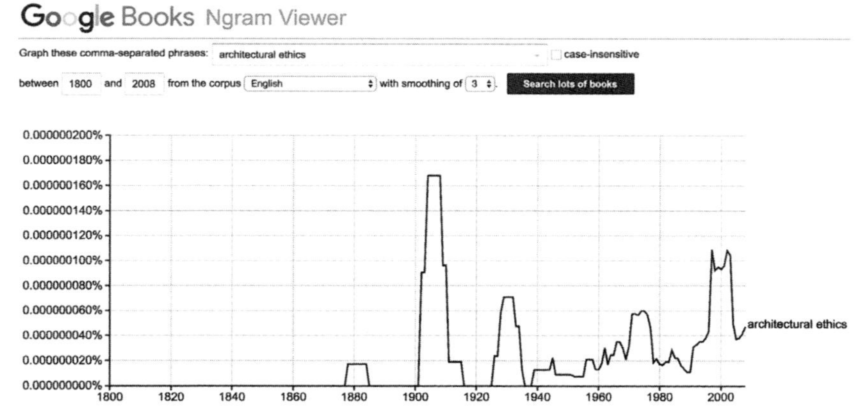

图1-1 Google Ngram Viewer 中architectural ethics（建筑伦理）词频统计结果
（统计时间截止到2008年。横坐标是时间，纵坐标是词频）

到了最低点，同时建筑职业也陷入了一种伦理混乱的状态。[1]与此同时，一些哲学及伦理学工作者开始介入建筑理论的研究，引发了人们对建筑本质的深层思考。

现当代西方建筑理论在其发展中，逐渐吸收了一些哲学和伦理学的理论成果，并将其融入建筑理念与建筑创作之中。例如，海德格尔（Martin Heidegger）的存在主义哲学，以及把现象学方法带入建筑本质问题的研究路径；德里达（Jacques Derrida）的解构主义哲学思想所直接引发的解构主义建筑（deconstruction architecture）；福柯（Michel Foucault）关于知识、权力关系的空间视角以及"异托邦"（heterotopia）和"他者空间"（other space）的概念，都对当代西方建筑理论与实践产生过重要影响。

与此同时，一些西方国家开始在大学开设有关建筑伦理、建筑哲学的课程。例如，美国耶鲁大学哲学系教授卡斯腾·哈里斯（Karsten Harris）从1968年起致力于建筑伦理的教学与研究，出版了影响较大的著作《建筑的伦理功能》（*The Ethical Function of Architecture*，1997）。在该书中，哈里斯依循海德格尔所开辟的存在主义的建筑哲学之路，围绕技术时代建筑现代性的伦理反思，主要探讨了建筑与象征、建筑与安居、建筑与社会的关系，阐释了建筑在社会价值与精神风貌方面的特殊象征功能，呼唤未来的建筑发展之路应重新出现新的建筑类型，能够承担社会精神中心的使命，以展现作为一种伦理功能的建筑的公共性功能。1977年，英国学者大卫·沃特金（David Watkin）出版了《道德与建筑：从哥特式复兴到现代运动建筑历史和理论的发展主题》（*Morality and Architecture*：*The Development of a Theme in Architectural History and Theory from the Gothic Revival to the Modern Movement*）一书。虽然在该书中，沃特金并没有清楚、具体地阐明建筑中的道德是什么，但他借由阐述19世纪哥特式建筑复兴到20世纪现代建筑运动的基本发展主题，探

1 Tom Spector. The Ethical Architect: The Dilemma of Contemporary Practice [M] . New York: Princeton Architectural Press, 2001:VIII.

讨了这一时期英国、德国和法国的著名建筑师的精神追求和道德思考对现代建筑发展的影响，强调真正的建筑学应该研究建筑的本质问题，建筑不仅应当充分反映时代精神（zeitgeist），顺应一个时代集体的主流价值观，更应该主动创造新的时代精神，以适应新的社会需求与新的道德价值观。[1]2001年，沃特金又出版了《道德与建筑再分析》（*Morality and Architecture Revisited*），无论从体系、结构还是内容看，都类似前一本书的修订版。值得注意的是，他在该书导论之前补充了篇幅不短的前言，叙述了该书的哲学背景，主要分析了作为时代精神的"建筑中的诚实"（Truth in Architecture）。

20世纪80年代末以来，随着城市、建筑和自然环境的矛盾日益突出以及环境保护意识的普遍提高，建筑与城市规划价值观中生态学理念和环境伦理学规范的引入显得尤为迫切和重要。与此同时，环境伦理学的基本理念、共识与原则广泛渗透到建筑领域，为生态建筑和生态城市建设提供了伦理指导。例如，沃里克·福克斯（Warwick Fox）主编的《伦理学与建成环境》（*Ethics and the Built Environment*，2000）中指出：近年来发展起来的环境伦理学主要探讨的是自然环境，但在现代社会，大多数人生活在高度组织化的建成环境之中。建成环境消耗了地球上大量的资源，并生产了大量废物。因此，该书关注建成环境与自然环境之间关系所引发的环境伦理议题，关注建筑与可持续性等主题，提出我们应该采取怎样的方式建造的问题。[2]美国学者克瑞格·德朗瑟（Craig Delancey）认为，环境伦理所倡导的人类应尊重其他物种和整个生态系统的义务，给建筑提出了独特又普遍的设计伦理：我们设计与建造的目

1　David Watkin. Morality and Architecture: The Development of a Theme in Architectural History and Theory from the Gothic Revival to the Modern Movement [M] .Oxford: Clarendon Press，1977. 在该书的导论部分，沃特金具体分析了在19世纪哥特式建筑复兴到20世纪现代建筑运动这一期间，建筑理论中有三种有代表性的道德思考范式：第一种是英国式，将建筑视为可能达到某种社会政策和道德目标的工具，而且建筑也诉诸一种真实性的要求，建筑中的欺骗行为是不道德的；第二种是德国式，强调时代精神（zeitgeist），认为建筑既是当时的"集体（无）意识"的表达，又是一种"意志"，建筑道德与集体而非个人的努力有关，赞成建筑的标准化和大批量生产；第三种是法国式，强调建筑理性主义，视建筑为目标和结构的忠实的和真诚的表达。

2　Warwick Fox（edited）. Ethics and the Built Environment [M]. London and New York: Routledge，2000：Preface.

的是使各个物种和它们居于其中的生态系统利益最大化，这种价值原则使建筑活动有了很多限制，同时又提供了新的机遇。德朗瑟甚至认为，在建筑理论史中，有一个难得的，也许独一无二的现象，这就是环境伦理是第一伦理，给任何种类的建筑都提供了明晰的指导。[1]美国生态建筑师威廉·麦克多诺（William McDonough）一直致力于从理论上到实践上探讨建筑设计的生态伦理问题，他认为我们现今的建筑设计系统创造出的世界远远超出环境对未来生命的支撑能力，我们正在创造一部巨大的工业机器，不是为了人类安居而是为了安葬人类。因此，我们必须要向大自然学习如何不为后代增加负担的设计，“我们应遵循自然法则，以便向我们之间和所有物种之间的神圣性表达敬意”[2]。

总的说来，20世纪90年代以来建筑伦理研究既在西方建筑理论界，又在西方哲学与伦理学界都取得了较大进展，形成了由哲学及伦理学者、建筑师、建筑教育工作者组成的跨学科研究团队，出版了一批相关著作和研究论丛。除了上面提及的著作之外，重要的还有露易丝·佩尔蒂埃（Louise Pelletier）、佩莱兹-戈麦兹（Alberto Pérez-Gómez）所著的《建筑、伦理学与技术》（*Architecture*, *Ethics and Technology*, 1994）；巴里·沃瑟曼（Barry Wasserman）等学者所著的《伦理学与建筑实践》（*Ethics and the Practice of Architecture*, 2000），汤姆·斯佩克特（Tom Spector）的《伦理的建筑师：当代实践中的困境》（*The Ethical Architect: The Dilemma of Contemporary Practice*, 2001）；尼古拉斯·雷（Nicholas Ray）主编的《建筑与其伦理困境》（*Architecture and its Ethical Dilemmas*, 2005）；格雷戈里·凯科（Gregory Caicco）主编的《建筑、伦理与地方性》（*Architecture*, *Ethics and the Personhood of Place*, 2007）；格雷厄姆·欧文（Graham Owen）主编的《建筑、伦理

---

1 Craig Delancey. Architecture Can Save the World: Building and Environmental Ethics [J] . The Philosophical Forum, 2004, 35 (2) :147-159.

2 ［美］威廉·麦克多诺. 设计、生态、伦理与物品的制造［M］. 聂平俊，译 // 秦红岭. 建筑伦理与城市文化（第四辑）. 北京：中国建筑工业出版社，2015：83. 值得一提的是，威廉·麦克多诺还在中国提出“可持续发展示范村”，位于辽宁本溪的黄柏峪村便由他规划设计。

与全球化》(*Architecture*，*Ethics and Globalization*，2009)；托马斯·费希尔(Thomas Fisher)所著的《建筑师的伦理：职业实践中的50个难题》(*Ethics for Architects*: *50 Dilemmas of Professional Practice*，2010)；威廉·M·泰勒(William M. Taylor)、迈克尔·菲利普·莱文(Michael Philip Levine)所著的《建筑伦理的前景》(*Prospects for an Ethics of Architecture*，2011)；克劳迪娅·巴什塔(Claudia Basta)、斯特凡诺·莫罗尼(Stefano Moroni)主编的《伦理学、设计与建成环境的规划》(*Ethics*，*Design and Planning of the Built Environment*，2013)。

与此同时，不同的建筑伦理研究模式开始形成。美国学者索尔·费希尔(Saul Fisher)在《如何思考建筑伦理》一文中将解决建筑伦理问题的当代模式归纳为三种。[1]第一种是建筑职业伦理模式，着重从职业伦理准则的视角探讨建筑伦理，把建筑活动的主体品质、建筑职业伦理标准和伦理章程的制定、建筑师的伦理困境及其解决看成建筑伦理的研究重点。这种研究模式使建筑伦理在很大程度上仅仅关注建筑职业实践中出现的具体道德困境，容易将建筑伦理归结为建筑从业者的职业伦理，从而忽略了建筑本身的伦理维度。第二种是以卡斯腾·哈里斯为代表的大陆伦理学(The Continental Ethics)研究模式，主要是以欧洲大陆传统(Continental Traditions)的基本理论与方法理解和研究建筑中的哲学和伦理问题，围绕康德、黑格尔、叔本华、尼采以及海德格尔等哲学家的哲学思路展开，探讨建筑内蕴的伦理功能和精神气质(ethos)，认为建筑的伦理功能表现在把昔日建筑的精神气质中推崇的公共价值和神圣价值用艺术形式表现出来。对此，费希尔指出："相对于建筑理论对哲学的影响，大陆传统主宰了20世纪建筑哲学的历史。而且，这些传统在一定程度上甚至影响了建筑实践。其中现象学运动的影响最大，诠释学和后结构主义则扮演相对次要的角色。"[2]费希尔认为，大陆伦理学研究

1　Saul Fisher. How to Think About the Ethics of Architecture [M] // Warwick Fox. Ethics and the Built Environment. London and New York: Routledge, 2000：170-182.

2　Saul Fisher. Supplement to Philosophy of Architecture. Stanford Encyclopedia of Philosophy. https://plato.stanford.edu/entries/architecture/perspective.html。2016年12月2日登陆。

模式的缺陷在于，研究者往往提出一些判断建筑及其环境好与坏、对与错的含混不清的概念和原则，无益于当代建筑实践中具体伦理问题的有效解决。同时，卡斯腾·哈里斯仅仅把建筑当作艺术作品，而不是一种实践过程，这导致了伦理学只关心道德价值在建筑物上的体现、象征，而不去关注建造过程和建造者的伦理。第三种是以批判地域主义（Critical Regionalism）为代表的建筑—理论模式（Architecture-theoretic Approaches）。该模式从建筑设计理论出发，敏锐地认识到建筑实践中存在的道德问题。批判的地域主义作为一种建筑设计领域的文化策略，既反对极端的地域主义，又反对停留在怀乡恋旧的乡土符号和浅薄矫情的形式技巧上的浪漫的地域主义，它重视地域文化与全球文化之间的不断交流与沟通，旨在通过拓展文化边界、注重对地域文脉敏感的设计来解决现代建筑中的社会伦理问题。这种研究模式的问题是没有以论证为基础的理论分析，很难认识并全面解决建筑实践中深层的伦理困境。

在分析并质疑上述三种建筑伦理研究模式的基础上，索尔·费希尔提出了所谓建筑分析伦理学（Analytic Ethics of Architecture）的模式。他认为，解决建筑伦理问题的最好工具，包括以论证为导向的理论体系和分析哲学的基本原则，这种新方法有助于厘清建筑实践中相关各方的责任，确定谁在建筑的相互影响因素中具有道德代理人（Moral Agent）资格，并且还要用功利（utility）、平等（equality）或者其他价值作为评价标准，对建筑实践中的道德责任做出合理分配。[1]索尔·费希尔提出的建筑伦理研究模式，本质上是应用伦理研究中的“理论—应用”的方法论模式，这种应用模式的缺陷主要在于，由于伦理的论证是通过外加而纳入建筑领域之中，这样就有可能忽视从建筑本身的内涵与功能中直接推导出建筑伦理，从而不能充分说明建筑与伦理之所以结合的内在依据。

1 Saul Fisher. How to Think About the Ethics of Architecture［M］// Warwick Fox. Ethics and the Built Environment. London and New York: Routledge, 2000：177-178.

虽然近年来西方建筑伦理的研究与实践取得了较大进展，但距离将建筑伦理作为一门相对成熟的学科建构尚有一定距离。对此，沃里克·福克斯（Warwick A·Fox）从建筑学和伦理学两方面分析了其中的原因。从建筑学上看，主要是由于伦理学一直被看作仅仅适合应用于建筑师的职业行为而非建筑本身，同时建筑师在其工作中并不专门思考伦理议题，甚至有的建筑师认为思考复杂的伦理议题是一种“奢侈行为”，反而会干扰其专业工作，因而建筑伦理并没有受到应有的重视。从伦理学上看，一些伦理学者的相关研究，既没有明确提出一个成熟的建筑伦理准则框架，也没有作系统化的论证。尤其是虽然从20世纪70年代以来，西方应用伦理学摆脱了人类中心主义立场，开始关注自然环境的伦理问题，但却严重忽视建成环境的伦理问题，建成环境成为环境伦理学研究的一个主要盲区。[1]索尔·费希尔认为，伦理学家对建筑实践引发的问题仍旧没有给予充分研究，甚至连问题到底是什么都没有搞清楚。[2]因此，建筑伦理作为一个交叉学科和领域，仍处于初始的发展阶段，并不成熟。

在我国，虽然传统建筑及城市营建是礼制秩序的象征，是封建等级伦理的表达工具，内含丰富的伦理因素，但对建筑伦理的系统研究起步较晚、历史较短。20世纪80年代中后期，不是哲学和伦理学工作者，而是一些建筑学者开始在有关文章与著作中零星论及建筑伦理问题（图1-2）。例如，同济大学建筑系教授沈福煦在《宗教·伦理·建筑艺术》（1985）一文和《人与建筑》（学林出版社，1989）一书中较早探讨了建筑与伦理的关系。他认为，伦理概念在建筑中的形象反映，构成了建筑与伦理的狭义关系；而伦理观的流变与建筑发展之间的关系，则构成了建筑与伦理的广义关系。他指出：“建筑伦理学是从建筑实践中引出的经验和原理，主要关注的是对与建筑相关事物的‘态度’，或者是说，

1　Warwick A. Fox. Architecture Ethics［M］// Jan Kyrre Berg Olsen，Stig Andur Pedersen，Vincent F. Hendricks. A Companion to the Philosophy of Technology. Wiley-Blackwell，2009：387-388.

2　Saul Fisher. How to Think About the Ethics of Architecture［M］// Warwick Fox. Ethics and the Built Environment. London and New York: Routledge, 2000：170.

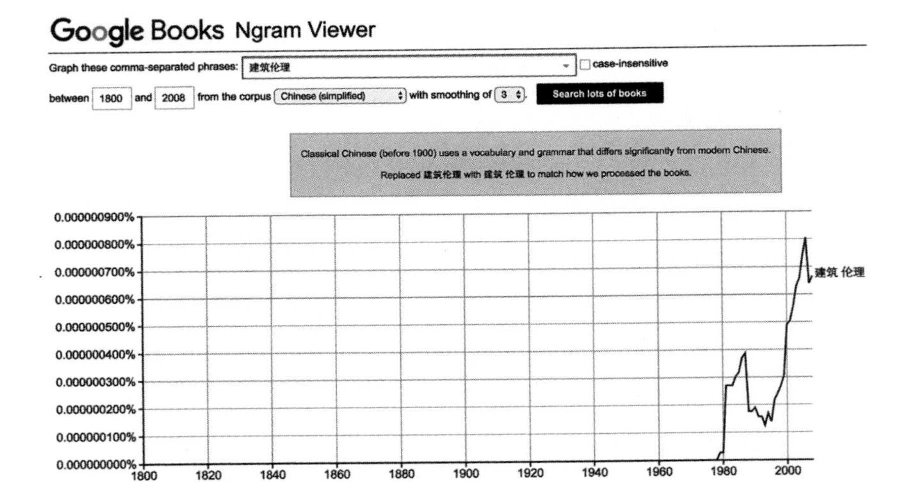

图1-2　Google Ngram Viewer 中“建筑 伦理”词频统计结果
（统计时间截止到2008年。横坐标是时间，纵坐标是词频）

对这些事物的判断。”[1]哈尔滨工业大学建筑学院教授侯幼彬的《中国建筑美学》（黑龙江科学技术出版社，1997）第四章是“‘礼’—中国建筑的‘伦理’理性”，他阐述了“礼”对中国传统建筑的影响主要体现在两个方面：一是尊卑有序的建筑等级制度被突出强调，二是在建筑类型上形成了中国独特的礼制性建筑系列。

进入21世纪以来，国内关于建筑伦理的讨论开始增多，一些哲学和伦理学者也开始关注建筑伦理问题，相关的研究性著作与学术文章也相继出版和发表，对建筑伦理问题探讨的视角也趋于综合。专著方面，秦红岭于2006年出版《建筑的伦理意蕴：建筑伦理学引论》（中国建筑工业出版社）一书。该书从三个层面初步探讨了建筑伦理问题，即精神层面、文化层面和应用层面。精神层面主要讨论建筑的意义体系，将建筑活动放在人类生命活动与存在意义的高度去理解和阐释；文化层面的主旨是揭示建筑与伦理的历史关联和内在逻辑；应用层面主要讨论如何运用基本的伦理准则去分析并解决建筑发展与建筑实践中的伦理问题，如

1　沈福煦．宗教・伦理・建筑艺术［J］．建筑师，1984（22）：10.

建筑工程活动中的伦理问题、城市规划中的伦理问题等。该书提出，建筑是一种存在方式和精神秩序，能够给人提供一种在大地上真实的"存在的立足点"，使人类孤独无依的心灵得以安顿，这便是建筑最深刻的伦理意蕴。建筑学者陈喆于2007年出版《建筑伦理学概论》，该书提出建筑伦理应包括建筑道德、人本主义建筑观和建筑的价值取向三个方面，指出："以伦理学的观点考察建筑及建筑活动中的价值趋向问题，从建筑角度探讨伦理问题在人类生活空间中的表征，形成不同领域学科的异质互动，是建筑伦理研究的重要特征。"[1]建筑学者李向锋于2013年出版《寻求建筑的伦理话语：当代西方建筑伦理理论及其反思》，其主要理论贡献是对西方当代建筑伦理理论的发展脉络、研究模式和应用途径进行了较为系统的分析与批判。他还对建筑伦理进行了界定，指出"建筑伦理是包含了建筑物的伦理评判、建筑职业的伦理职责、建造活动的伦理行为以及建筑的精神象征意义和社会道德意义在内的多元概念体系，是与建筑有关的活动和现象的道德因素和价值因素的总称"[2]。此外，从2009年开始，秦红岭主编了建筑伦理研究的专辑类出版物《建筑伦理与城市文化》，已出版四辑，反映了建筑学界与伦理学界一些学者从不同角度对建筑伦理问题所进行的有益探索。

学术文章方面，20世纪80年代以来以建筑伦理为主题的学术论文已达到一定规模。[3]国内学者大体上从四种视角探讨建筑伦理问题。第一，从伦理的视角阐释中国古代建筑的思想文化特征，揭示中国传统建筑文化（包括少数民族传统建筑文化）的伦理内涵与伦理功能。如有学者认为，中国传统建筑内外有别的建筑空间格局、尊卑有序的建筑标示功能以及注重礼制建筑的精神承载等特征，皆源于传统伦理规范——礼，因而礼是中国传统建筑最基本的伦理内涵。[4]第二，从职业伦理视角探讨建

1　陈喆．建筑伦理学概论［M］．北京：中国电力出版社，2007：18．

2　李向锋．寻求建筑的伦理话语——当代西方建筑伦理理论及其反思［M］．南京：东南大学出版社，2013：19．

3　从CNKI系列数据库收录的研究文献来看，以主题"建筑伦理"为条件检索，在1980-2014年间约有70余篇相关论文。

4　彭晋媛．礼——中国传统建筑的伦理内涵［J］．华侨大学学报（哲学社会科学版），2003（1）：13-19．

筑师的职业伦理问题以及建筑专业的伦理教育问题。有学者提出，建筑师必须担负起神圣的原始伦理责任，"诗意"地创造和守护人类的家园，这是建筑师最高的原始伦理责任。[1]还有学者认为，建筑专业的伦理教育应从宏观和微观两方面入手。宏观的建筑伦理可以从建筑的价值属性，建筑与社会、建筑与自然的关系入手，从哲学层面思考探究相关问题。微观的建筑伦理教育则可以借鉴西方国家已制定的比较成熟的伦理准则，围绕建筑师个人的责任和义务，着重研究建筑师在工程设计与实践中可能遇到的伦理难题和责任冲突。[2]第三，从哲学层面探讨建筑的伦理基础，尤其是从现象学视角探讨建筑的伦理本质问题。如有学者提出，海德格尔后期的"存在之思"蕴含了一种伦理学导向的建筑现象学的可能性[3]，还有学者对海德格尔"诗意栖居"的筑造理念进行了伦理学上的解读[4]。第四，一些学者基于广义的建筑实践中的现实问题，提出了城市与建筑活动中存在的值得研究的伦理议题，如城市规划伦理、城市设计伦理、建筑工程伦理等问题，并进行了初步探索。

总体上看，目前国内建筑伦理研究尚处于起步阶段，研究成果较为零散，相关学术积累较为薄弱，对建筑伦理的研究对象与学科性质没有进行深入探讨，至今没有形成一定的规模和比较成熟的研究模式，没有系统的理论框架、公认的基本原则与有针对性的理论应用。而且从研究视角看，学者们过多地把注意力集中在对中国传统建筑伦理内涵的梳理和挖掘上，关于现代建筑伦理的研究成果甚少。从研究方法上看，真正有效的跨学科研究并没有建立起来。来自哲学、伦理学领域的学者由于欠缺建筑方面的专业知识和实践体验，对建筑伦理的研究停留在一般的理论探讨与文化梳理层面，忽视对建筑本身内在具有的伦理性质的思考与建筑实践中面临的伦理难题的阐释，而来自建筑界的学者又欠缺哲学伦理学理论素养，因而其相关研究的理论深度不够。

---

1 邓波，王昕．建筑师的原始伦理责任［J］．华中科技大学学报（社会科学版），2008（3）：119-124.

2 杨豪中．论建筑专业的伦理教育［J］．建筑学报，2009（3）：86-87.

3 柯小刚．建筑的伦理基础：一个现象学的考察［J］．江苏社会科学，2006（6）：27-31.

4 高春花．海德格尔的建筑伦理思想及其哲学依据［J］．伦理学研究，2010（4）：31-34.

二、建筑伦理何以可能

作为研究建筑与伦理之间关系的交叉学科，建筑伦理研究必须首先解决一个基础性的理论问题：即建筑与伦理的结合何以可能？只有首先廓清这一重要问题，建筑伦理才能确定其可能性与合法性，并在深层的学理基础上不断深化与发展。反之，如果不能说明建筑伦理的内在依据，它的形成就有可能是在建筑学与伦理学之间进行一种外在的“嫁接”或“撮合”，其存在的合法性与必要性就会受到质疑。

建筑与伦理是处于两个不同社会系统、两个不同学科中的概念。建筑更多面对的是物质世界，伦理更多面对的是精神世界；建筑更多指向实然与事实的范畴，伦理则指向应然与价值的范畴。乍看之下，一般人会觉得建筑与伦理似乎风马牛不相及，很难将它们联系在一起。因此，建筑伦理若要成立，首先必须要回答的是建筑与伦理结合的可能性与必要性，实质上就是分析建筑与伦理之间是否具有内在的相关性与相通性。也就是说，建筑与伦理之所以能够交叉与结合，核心是要阐明建筑本身内在地具有伦理性、道德性，揭示建筑的伦理品性及其伦理功能，而非仅仅将伦理学的理论与方法应用于建筑实践领域。由于建筑所具有的伦理品性与伦理功能，我在本书的其他章节还要详细阐述，故而在这里仅仅做一个概要分析。

讨论建筑与伦理的关系，追问建筑是否内在地具有伦理性的问题，首先涉及我们对“建筑”的理解，如若不把建筑的内涵说清楚，就有可能产生歧义，出现谬误。关于“建筑”的概念，虽然有不少建筑学者作过阐释和澄清，但建筑的定义从未有过明确而统一的定论。大多数人最容易产生的一种观念便是建筑不过是人类盖的房子。其实，建筑的含义远远比房子丰富得多。

在汉语典籍中，“建筑”这个词有多种含义。其中，作为表示一种建造、构筑的行为与活动，视作反映营造活动的动词，这种用法较多，如“建筑朔方城”(《前汉记·孝武皇帝纪三》)。“建筑”还可以作为反映营造活动之成果即建筑物、房屋的名词。同时，在古代汉语中，表达建造房屋等土木工程活动的词很丰富，如“土”“木”“构”“筑”“营”“造”“修”“建”等词既可以单独使用，又可以相互组成双字词来表达。[1]相比较而言，“营造”这个词使用得更为普遍，如北宋年间我国第一本详细论述建筑工程做法的官方著作《营造法式》。一些学者认为“建筑”一词与英语architecture的含义挂钩（即有了作为“建筑学”的“建筑”之义），是明治维新日本学习西欧文化后对译的汉语译名。例如，戴念慈和齐康指出：“中国古代把建造房屋以及从事其他土木工程活动统称为‘营建’‘营造’。‘建筑’一词是从日语引入汉语的。”[2]吴焕加对此有较为详尽的梳理，并说明“建筑”一词中国古已有之，但将“建筑”作为architecture的译名，则是19世纪日本辞书编撰者为之。[3]

在英语中，“建筑”的含义同样丰富。牛津在线英语词典（Oxford English Dictionary online）对architecture分六个方面进行了解释，其中前三个方面分别指：（1）有关建构任何为人类所使用的建筑物的艺术或科学；（2）建造的行为和过程；（3）具体的建筑工作，结构与建筑物。后三个方面则是architecture在语言学上的一些转换、引申或比喻性用法。[4]由这一界定可知，英语中建筑既是一种艺术，又是一种科学；既是一种静止状态的建筑物，又是一种建造的行为过程。《大英百科全书》中这样解释建筑：“建筑（architecture），是指设计与建造过程中的艺术与技术，不同于与建造（construction）相关的技能。建筑实践既需要实现实用的要求又需要有表现力，因此它既有实用主义的目的又有美学目的。虽然这两种目标难以区分，不能分离，但相关的权重在不同建筑上有很

1 参考：韩增禄．“建筑”词源初探［J］. 北京建筑工程学院学报，1995（4）：9.

2 中国大百科全书总编委员会《建筑・园林・城市规划》编辑委员会．中国大百科全书・建筑・园林・城市规划［M］. 北京：中国大百科全书出版社，1992：1．实际上，19世纪后期大量日译西学词汇进入现代汉语学术界。作为Architecture对译的“建筑”一词，还有学者认为主要得益于日本近代建筑理论家伊东忠太于1897年向日本建筑学会（当时称之为“造家学会”）的提议。参见：姜涌．建筑师职能体系与建造实践［M］. 北京：清华大学出版社，2005：12.

3 吴焕加．建筑学的属性［M］. 上海：同济大学出版社，2013：28-31.

4 Oxford English Dictionary online：http://www.oed.com/view/Entry/10408 ? rskey=cPU7ZF&result=1#eid，2014年12月2日登陆。

大的不同。”[1]这一界定核心是将建筑看成既是一种技术又是一种艺术。

实际上，英语中与建筑有关的表述可以用不同的英文单词来表达。一般而言，作为建筑艺术、建筑风格与建筑学之“建筑”通常是architecture；作为工程形态的房屋、营造过程或建筑物之“建筑”通常是building；作为建造活动之“建筑”通常是construction。需要强调的是，不少建筑学者认为，建筑物（building）又可进一步区分为房屋与建筑。西方从18世纪开始，往往以审美价值区分建筑与房屋，强调美的建筑物才是建筑。19世纪英国艺术评论家约翰·罗斯金（John Ruskin）在《建筑的七盏明灯》（*The Seven Lamps of Architecture*，1849）里，开宗名义地指出：“‘建筑’是这样一种艺术：它将由人类所筑起、不论用途为何的建筑物，处理、布置、装饰，让它们映入人们眼帘时的相貌，可为心灵带来愉悦、满足和力量，并且促进心灵的圆满。”[2]仅有实用功能的建筑在罗斯金看来，是“建筑物”而非他心目中的“建筑”，只有通过装饰等手段，赋予建筑物以超越实用功能之上的艺术价值和精神意义时，建筑物才能升华为建筑，体现建筑的高贵本质。

奥地利建筑师阿道夫·路斯（Adolf Loos）的观点与罗斯金有所不同。他认为，作为艺术的建筑与建筑物之间非此即彼。路斯指出：“是否可以说，房子与艺术不相干，建筑也不属于艺术呢？是这样的。只有很小的一部分建筑归属于艺术：坟墓和纪念碑。其他所有为特定目的而服务的建筑应当排除在艺术之外。”[3]可见，在路斯看来，一幢建筑，要么是如墓碑和纪念碑一样作为完全体现精神功能的建筑艺术，要么就是有实用功能的建筑物，不可能同时二者皆备。对此，英国学者理查德·帕多万（Richard Padovan）认为，罗斯金的观点体现了从水平视角

1　Encyclopaedia Britannica lnc. Encyclopaedia Britannica（Vol.1，fifteenth edition）[M]. Chicago: Encyclopaedia Britannica，1993：530.

2　[英] 约翰·罗斯金. 建筑的七盏明灯 [M]. 谷意，译. 济南：山东画报出版社，2012：3.

3　阿道夫·路斯. 论建筑 [J]. 苏杭译，蒲炜烨校 // Der Zug，2014（1）：53. https://issuu.com/derzug/docs/der_zug_vol.1. 2014年12月2日登陆。

区分建筑与建筑物，建筑物具有高于实际用途的精神价值时便成为建筑；路斯的观点则是从垂直视角区分建筑与建筑物，建筑就是建筑，建筑物就是建筑物，建筑物即便附加了装饰也不能视为建筑艺术。[1]

相较路斯在建筑与建筑物之间一刀两断式的划分方式，罗斯金的观点得到更为普遍的认同。英国建筑历史学家尼古拉斯·佩夫斯纳（Nikolaus Pevsner）说过一句有名的话，“自行车棚是建筑物，林肯大教堂是建筑”[2]，其原因就是林肯大教堂有高于实用功能的美学和精神感染力。但如若一个自行车棚被设计成具有审美价值，或者它成为反映某种文化需要的空间，或者为某项社会文化活动提供一个场所时，它也可能成为建筑。吴焕加指出：“建筑比房屋多出一些东西，多一些超越实用的东西：包括精神层面的、心灵的、记忆的、文化性的、宗教性的、伦理教化的、象征性的、交流的、表意性的元素，或多或少，可多可少。”[3]台湾学者夏铸九指出：“建筑（architecture）与营造（building）的区分说明了某些空间，在特定的社会关系中的作用与区别方式，它关乎空间被赋予的价值、以及被人们使用的不同方式与被赋予的不同意义等等。”[4]可见，作为architecture的建筑不是一般意义上的建筑物或房子，而是具有精神和价值功能的文化或艺术形式。

概言之，无论中西，“建筑”都是一个多义词，有多种含义，既可是一个动词，表示人类的建筑过程、建筑行为或建造活动；更多的时候是一个名词，既表示建造活动的成果或被建造的对象——即建筑物和建筑艺术，又表示有关建筑的技术、艺术和文化的系统知识，即学科形态的建筑。作为建筑伦理之“建筑”，其内涵同样具有上述多维性。因而，

---

1 ［英］理查德·帕多万. 比例——科学·哲学·建筑［M］. 周玉鹏，刘耀辉，译. 北京：中国建筑工业出版社，2005：343. 需要补充的是，也有学者不对建筑与建筑物进行严格区分，认为所有建筑物都具有除实用功能之外的精神功能。例如，著名建筑师莱昂·克里尔（Leon Krier）认为建筑物从来不是中性的，它们总是有着或正面或负面的作用，“不论是做礼拜的地方、电话亭还是一座花园的院墙，一个建筑物都表达着建造者和设计者的基本价值观。它是我们思想和自我状态的一种象征。”（［卢］莱昂·克里尔. 社会建筑［M］. 胡凯，胡明，译. 北京：中国建筑工业出版社，2011：29.）

2 Nikolaus Pevsner. An Outline of European Architecture［M］. Harmondsworth: Penguin，1943：23.

3 吴焕加. 建筑学的属性［M］. 上海：同济大学出版社，2013：26.

4 夏铸九. 理论建筑：朝向空间实践的理论建构［M］. 台北：唐山出版社，2009：11.

我主要从以下三个方面分析建筑是否内在地具有伦理性。

第一，作为建筑过程或建造活动之“建筑”，内在地蕴含价值尺度，存在伦理问题。

建筑活动不仅是一项技术性、物质性的实践，更是作为造福于人类的重要社会实践活动，它是人自由意志活动的产物，是一种精神的创造性活动。蜘蛛也会织网，蜜蜂也会营巢，小鸟也会做窝，蚂蚁也会掘穴，且蜂房鸟窝蚁穴的“精工巧细”程度不逊于人类的原始茅屋。但是，问题的实质在于，动物只会年复一年地按照本能行事，而人与动物的建造活动有何本质上的不同呢？马克思在《资本论》中曾将人和蜜蜂的建造活动做过一番比较，说明人的劳动不同于动物的本能活动，从而揭示出人区别于动物的一个本质特征：人的自由意志活动的创造性天赋。马克思说：“最蹩脚的建筑师从一开始就比最灵巧的蜜蜂高明的地方，是他在用蜂蜡建筑蜂房以前，已经在自己的头脑里把它建成了。劳动过程结束时得到的结果，在这个过程开始时就已经在劳动者的表象中存在着，即已经观念地存在着。”[1]可见，人类的建筑活动形象地再现了人的实践活动结构，它一般包括想象（设计）、实践（实施）和评价三个主要环节。人的活动往往有事先的想象和设计，在建造活动开始及建造过程中，已经预见到建造的结果，然后再根据心中的构想指导实践活动，最后是将实践的结果同想象中的图像进行比较，对实践结果的成败优劣做出评价。在这三个环节中，事先的想象或设计是最重要的，它体现了人比动物的高明之处，体现了人独特的活动方式——创造。正是在这个意义上，我们可以说建筑是一种人工产品，是一种属于人的创造物，它是具有超越性、理想性的精神创造，从本质上区别于动物巢穴之类纯粹的物质构成。

建筑活动作为人类自由意志活动的产物，一方面，作为“造物”的活动必须遵循自然规律与技术规律；另一方面，人又是一种目的性存在，其

1　马克思．资本论（第一卷）[M]．中共中央马克思、恩格斯、列宁、斯大林著作编译局，译．北京：人民出版社，2004：208.

本质总是要体现出建筑主体自身的需要和目的，建筑活动并非价值无涉，它是在价值目标、价值判断的驱使下完成的，内含人的价值追求与价值选择活动。高兆明指出："在人的自由意志目的性活动中，内蕴着基于价值评价的价值选择活动。活动主体总是基于特定的价值观念对行为目的、动机、手段、结果等做出评价，进而决定自身的行为。人们通常所说的伦理道德，通过对主体的行为目的、动机、手段的选择，通过对行为效果、从事活动的社会关系状态的评价，以及通过对主体行为态度的作用，获得实践性品性，并存在于实践的全过程。"[1]作为人的自由意志目的性实践的建筑活动，在其重要环节乃至全过程之中，具有明显的价值负载，蕴含着伦理因素或道德价值，或者说社会价值观与伦理道德因素渗透、贯穿于整个建筑实践过程之中，并在其中发挥作用。玛丽·蒂勒斯（Mary Tiles）和汉斯·奥伯蒂克（Hans Oberdiek）在讨论事实与价值观以及技术的价值负载问题时指出："广义上看，'价值'表明一种评估与选择，也可以说价值蕴含在技术之中。恰如一位艺术家在其艺术作品中自然地表达艺术价值，技术的制造者同样如此。例如，如果在制造商心目中产品的价格因素比安全要求更为重要，那么他们的产品无疑会体现出这种价值权衡（trade-off）。"[2]这一观点同样适用于建筑技术及其工程活动，建筑产品的优劣好坏往往体现出设计者、开发商和建造者的价值权衡。

建筑活动的全过程可以简单区分为四个阶段，即建筑项目的决策、规划、设计和实施（建造）四个基本环节。在这四个基本环节，社会价值观与伦理诉求都内在于建筑活动之中。所谓"内在于"的含义，借用美国学者迈克·W·马丁（Mike W. Martin）和罗兰·辛津格（Roland Schinzinger）的话来说，指"道德价值嵌入哪怕最简单的工程项目，而不是作为外在负担被'添加'上去的。"[3]美国普林斯顿大学建筑学院

1 高兆明．制度伦理与制度"善"［J］．中国社会科学，2007（6）：44．

2 Mary Tiles，Hans Oberdiek. Living in a Technological Culture: Human Tools and Human Values. London and New York：Routledge，1995：46.

3 ［美］迈克·W·马丁，罗兰·辛津格．工程伦理学［M］．李世新，译．北京：首都师范大学出版社，2010：3．

教授穆斯塔法·普尔塔尔（Mustafa Pultar）在讨论建筑伦理（building ethics）的概念基础时，提出了建筑过程的四阶段模式（图1-3），他认为，建筑是一种受环境因素与文化因素影响的过程，而在文化因素中，作为一种价值系统的伦理判断是其中最重要的因素。[1]普尔塔尔与我的划分有所不同的是没有决策环节，但增加了使用这一环节。他认为，使用作为建筑生命周期的一个阶段，使建筑的影响扩展至更长的时期，而且其影响范围不仅是使用者还关涉整个社会和建成环境。

环境因素（气候、地形情况、地质情况、材料资源）

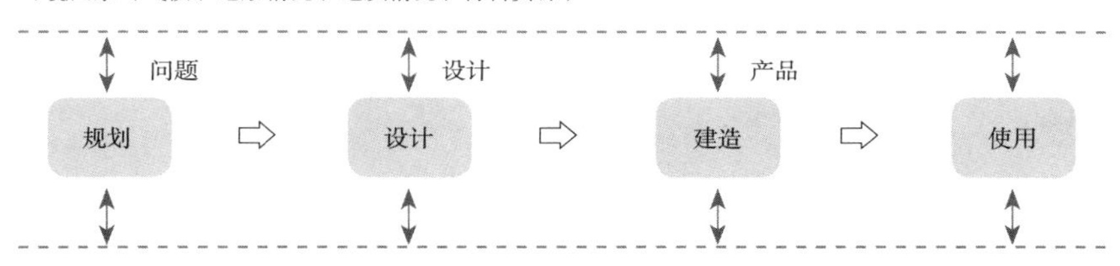

文化因素
技术（技术+工艺+技术方案）
价值系统
知识

图1-3　穆斯塔法·普尔塔尔（Mustafa Pultar）提出的建筑过程四阶段模式
（来源：Warwick Foxy（edited）.*Ethics and the Built Environment*，London and New York: Routledge，2000，p157.）

在建筑实践活动中，社会价值观与伦理因素通过个人、组织和社会三个层面的目标导向及方案选择，发挥其价值规约功能，帮助建筑活动参与者以人的生存与福祉为根本的价值尺度，正确处理建筑工程项目面临的各种利益关系，如项目投资者与公众利益的关系、工程受益者与受损者的利益关系、工程的经济效益与环境利益的关系等，并且公正合理地分配建筑工程活动带来的利益、风险和代价，保证工程活动始终朝向造福于人的“善”的目标发展。也就是说，为使建筑工程服务于造福人类及生存环境这一最高的善，必须在建筑活动的全过程之中将伦理因素作为一种重要的影响因素加以考虑，并在伦理价值的导向下选择行为。

1　Warwick Fox（edited）. Ethics and the Built Environment［M］. London and New York：Routledge，2000：155.

实际上，综观世界各国土木工程师协会和建筑师协会的伦理章程，建筑工程活动所要考虑的伦理因素，业已成为其专业精神和职业道德的重要组成部分。因此，从制度意义上看，建筑活动的内在道德性，实际上就是建筑从业人员及相关的企业、组织和协会从制度方面解决建筑活动领域的伦理道德问题。一方面，表现为在达成共识的一些价值诉求的基础上，制订出有针对性的职业伦理准则，并将其作为职业成员对社会公众的共同承诺，以及职业素养训练的重要组成部分；另一方面，如果要对建筑全过程进行合理有效的调控，仅有技术手段、经济手段，甚至法律手段都是不够的，还必须同时具有内在的道德运行机制，如通过建筑管理伦理化，或者是具有伦理因素的管理文化，使建筑过程中的一系列利益关系和伦理价值关系得到明确认定。

此外，美国技术史家莱顿（Edwin T. Layton）认为，社会价值往往通过工程风格（engineering style）、工程目标的社会决定以及方案优化等途径渗透、影响到工程设计以及由设计产生的制品和系统。[1]莱顿提出的社会价值观对工程过程的内在影响方式，同样表现于建筑工程活动之中。

第二，作为建筑艺术之“建筑”，具有丰富的伦理意蕴，其本身也可以作为一种特殊的伦理文化来研究。

从人类建筑文化的起源及发展历程来看，从中西建筑思想史考察，建筑所表现出的丰富的文化内涵、精神意义和价值尺度，使人们很早就认识到建筑总体上凝结、象征了一个社会政治的、宗教的、文化的、精神的诸多特性。这其中，建筑与伦理之间始终存在着一种内在的价值关联，建筑内含丰富的伦理道德成分。

众所周知，建筑最初的功能是满足人类最基本的遮风避雨的实际需要。《易・系辞下》中讲：“上古穴居而野处，后世圣人易之以宫室。上栋下宇，以待风雨。”然而，在我国古代，建筑从其诞生之日起就与礼

---

1 转引自：李世新．工程伦理学概论［M］．北京：中国社会科学出版社，2008：42．原文参见：Paul T. Durbin（ed.）. Critical Perspectives on Nonacademic Science and Engineering［M］. Lehigh University Press，1991: 69-72.

制有着内在关联，传统建筑及城市设计、城市营建成为礼制秩序的物化象征，是封建等级伦理的表达工具。[1]“礼”是中国传统文化的重要特质，是儒家伦理的核心内容。事实上，古代中国的家庭、家族、都城、国家，都是按照“礼”的要求建立起来的，从立国兴邦的各种典制到人们的衣食住行、生养死葬、行为方式等，无不贯穿着“礼”的规定。因此，作为起居生活和诸多礼仪活动的物质场所之建筑，属于国家仪典的范围，理所当然要发挥“养德、辨轻重”[2]，从而维护等级制度的社会功能。而且，中国建筑从殷周开始一直到清代，还以其伦理制度化的形态，成为实现宗法伦理价值和礼制等级秩序的制度性构成，形成了迥异于西方建筑文化的一整套古代建筑等级制。这种建筑等级制主要指历代统治者按照人们在政治上、社会地位上的等级差别，制定出一套典章制度或礼制规矩，来确定适合于不同身份的建筑形式、建筑规模、色彩装饰、建筑用材与构架等，使建筑发挥维系宗法政治秩序的显著政治功能，并成为划分和巩固等级人伦秩序和推行道德教化的伦理治理方式。

此外，从中国传统建筑艺术的审美历程来看，建筑似乎从来没有像西方那样明确被视为一种审美对象，或者说并不强调建筑审美的独立性，而是重视发挥审美的社会伦理功能。占主流地位的建筑审美理想总是与伦理价值相依相伴，将艺术的审美伦理化为旨归，贯穿礼乐相辅、情理相依的精神，具有浓厚的伦理品性，这是中国传统建筑美学的重要特质之一。

在西方，作为建筑艺术、建筑文化之“建筑”虽然从来没有像中国传统建筑文化那样，以制度化的形态，为社会政治架构与伦理等级文化提供一种物化的象征体系，但建筑从古代开始便象征某种宇宙秩序，并以各种不同的方式与伦理“相遇”。[3]

一般认为，西方建筑理论奠基于古罗马时代被誉为“建筑学之父”的维特鲁威（Marcus Vitruvius Pollio）所著的《建筑十书》（*Ten*

1　这一问题将在本书第二章进行详细阐述。

2《荀子·富国》

3　这一问题将在本书第三章进行详细阐述。

Books on Architecture）。在这部被誉为“建筑学圣经”的书中，维特鲁威最重要、影响也最为深远的理论贡献是提出了好建筑的经典标准：即建筑应当建造成能够保持坚固（soundness）、实用（utility）、美观（attractiveness）的三原则。[1]可以这样说，从维特鲁威开始，西方建筑理论是在对建筑的好坏做出价值评判，或者说在探讨作为人造物的建筑最值得拥有的基本美德的维度上，让建筑与伦理“相遇”。维特鲁威之后，不同历史时期的建筑师和建筑理论家们，例如文艺复兴时期意大利建筑大师阿尔伯蒂（Leon Battista Alberti）、18世纪法国建筑教育家布隆代尔（Jacques-François Blondel）、19 世纪英国建筑师和建筑理论家奥古斯塔斯·普金（Augustus Welby Northmore Pugin）及约翰·罗斯金、20世纪初奥地利建筑师与建筑理论家阿道夫·路斯、当代英国建筑理论家戴维·史密斯·卡彭（David Smith Capon）等，通过对维特鲁威建筑价值观的认识、解读、评价与发展，通过对建筑价值评价标准与建筑美德的追寻，从不同侧面揭示了建筑的伦理意蕴。

近代西方，建筑与伦理的“相遇”，还可以从现象学视阈对建筑本质的追问来认识。20世纪的哲学思潮对建筑理论产生过重要影响，这其中现象学的影响尤为深远。现象学是20世纪西方哲学中德国哲学家胡塞尔（E. Edmund Husserl）创立的重要哲学流派。胡塞尔的弟子海德格尔于19世纪20年代末改变了现象学的研究方向，开创了侧重探讨存在问题的哲学路径，并在《筑·居·思》（Building Dwelling Thinking）、《……人诗意地栖居……》等演讲中，将“筑造”“栖居”和“存在”三者有机联系起来，论证了建筑作为人的一种存在方式和存在性活动，何以内在地包含着伦理向度。海德格尔认为，可将真正的建筑比拟于艺术之本质——“诗”（dichtung），诗的实质是真理的建构，能够使人类的存在具有意义。建筑如同诗一样为人提供了一个“存在的立足点”，让天地神人同时到场，和谐共存，从而让人安居，即意味着“筑造以栖居

---

1 ［古罗马］维特鲁威．建筑十书［M］．陈平，译．北京：北京大学出版社，2012：68.

为目标”、“我们人据以在大地上存在（sind）的方式”，[1]这其实是建筑最深刻的伦理功能。

海德格尔对建筑或栖居本质的理解，显然有其存在主义哲学理论建构的独特意蕴，这对后来西方建筑伦理的研究视角产生了深刻影响。后来的一些建筑伦理研究者认为，建筑与伦理的内在价值关联，既包括不同地域、不同时代、不同功能的建筑所形成的共同的精神气质，或者说好的建筑总是能完美地表现出其所处时代、地域的政治、经济背景及文化精神，也包括海德格尔所开辟的存在论意义上的建筑之思，从作为人类的一种应然存在方式的安居要求来理解符合伦理的建筑本身。这种对建筑的存在之思，从一个重要的维度揭示了建筑与伦理之间的关系，不仅是一方与另一方因“相遇”而发生联系，而是其中一方早已内在于另一方。

第三，作为学科形态之“建筑”，伦理学与建筑学既有相通之处，又有着共同的价值追求。

伦理学就其所关注的主题和根本特征而言，并不是有关事实的或实证性问题，而是属于价值的或规范性问题。伦理学是哲学的一个古老而又重要的分支学科，是研究道德问题的学问。道德问题关乎价值标准、价值判断和价值选择问题，关乎人与人之间、人与社会之间，以及人与自然之间应遵循的行为准则问题。更进一步地讲，“伦理学的首要任务是提供一种规范理论的一般框架，借以回答何为正当或应当做什么的问题”[2]；伦理学“告诉我们，什么样的生活方式和形式是幸福所必需的”[3]。概言之，伦理学不同于实证学科，它是一门规范性的价值科学，能够为人们实现好生活和做出正确的行动提供价值指导和对错标准。

1 ［德］马丁·海德格尔．演讲与论文集［M］．孙周兴，译．北京：三联书店，2005：152，154．此问题在第六章还要做进一步阐释。

2 ［美］弗兰克纳．伦理学［M］．关键，译．北京：三联书店，1987：9．

3 ［美］阿拉斯代尔·麦金太尔．伦理学简史［M］．龚群，译．北京：商务印书馆，2003：92．

从学科角度界定建筑学，一般而言，“建筑学是研究建筑物及其环境的学科，旨在总结人类建筑活动的经验，以指导建筑设计创作，创造某种体形环境。其内容包括技术和艺术两个方面”。[1]梁思成对建筑学的学科性质提出过一个简单的公式：“建筑⊂（社会科学∪技术科学∪美术）”[2]，即他认为，建筑学是社会科学、技术科学和美术的综合产物。西方建筑史家约翰·弗莱明（John Fleming）、尼古拉斯·佩夫斯纳（Nicholas Pevsner）等编撰的《企鹅建筑和园林字典》（*The Penguin Dictionary of Architecture and Landscape Architecture*）中指出：“建筑学是与审美的、功能的，或其他准则相符合的设计结构体与其周围环境的艺术与科学。”[3]由此可见，建筑学的学科性质显然不是单一的自然科学或工程技术，从其产生之初便是一门综合性很强的学科，不仅涉及科学知识和工程技术，还涉及人文科学的诸多问题，具有强烈的艺术性和鲜明的社会性。马里奥·博塔更是指出：“在建筑学是美学之前，它就是一门伦理学科，当建筑学被提出之时，其道德维度便具有合法地位。”[4]

建筑学的特殊性在于，它不仅是事实的或实证的，而且也是规范性、价值性的。英国建筑学者达利博·维斯利（Dalibor Vesely）认为：“建筑首先不是一种技术学科而是一门人文学科。正如每个人都清楚方法与目标的区别，都认同建筑的本质，其主要的目标是让我们的生活处于特定的空间之中，并且创造一种正确的条件，让我们不仅与其他人而且也与相应的自然条件和文化背景和谐共存。显然，单纯的技能、技术和科技只是一种方法，并不能帮助我们达成这些目标。”[5]一般而言，建筑的构造与材料的使用、建造技术、建筑的设计和实施过程是实证性的

1 中国大百科全书总编委员会《建筑·园林·城市规划》编辑委员会. 中国大百科全书·建筑·园林·城市规划［M］. 北京：中国大百科全书出版社，1992：1.

2 梁思成. 建筑文萃［M］. 北京：三联书店，2006：315.

3 John Fleming，Hugh Honour，Nikolaus Pevsner. The Penguin Dictionary of Architecture and Landscape Architecture. London : Penguin Books，1998：21.

4 Mario Botta. The Ethics of Building. San Francisco: Chronicle Books Llc，1997：26.

5 Dalibor Vesely. Architecture as a Humanistic Discipline［M］//. Soumyen Bandyopadhyay etc. The Humanities in Architectural Design: A Contemporary and Historical Perspective. London and New York: Routledge，2010：197.

过程，有其特定的技术标准与技术规范。然而，建筑的复杂性在于，它面对的不是单纯的物质空间环境，或者说它总是难以脱离复杂的社会环境和历史文脉而独立存在，不像一般的自然科学完全以物质客体为研究和工作对象，而是城市社会系统，是一个以人为参与主体的政治、经济、文化等多要素的复杂空间，是一种既需要法律法规的制度保障，又负载着诸多包括伦理目标在内的人文价值的实践过程。单纯的实证分析和技术性控制，对社会系统内的价值判断几乎无能为力，不能有效地解决建筑所面临的与自然环境、社会环境、文化环境之间种种的矛盾与问题。因此，抑或我们可以这样说，技术维度的建筑学主要关心建筑在设计、材料、结构、建造等方面的技术水平能建造什么样的建筑，而伦理维度的建筑学则更多地要考虑什么才是"好"的建筑；技术维度的建筑学主要探讨"建筑如何"，而伦理维度的建筑学则主要探讨"建筑应当如何"；技术维度的建筑学主要关心"当今的建筑如何"，而伦理维度的建筑学则要关注"建筑会给未来的环境和人类造成什么影响"，进而在更深层次上关注当代建成环境与人的生存状况的改善与生活品质的提升，把人类普遍幸福的实现作为终极的指向。概言之，我们可以说，建筑学内在地具有伦理属性。

索尔·费希尔在论述为什么建筑学需要专门的伦理分析时指出："我的思考开端是为什么建筑学愿意把应用伦理学作为自己的子学科。简短的答案是，建筑因其独特、固有的特征，使其不同于艺术、其他职业和一般的社会实践，这一切都促使建筑学产生一些特殊的道德议题。"[1]巴里·沃瑟曼等学者指出："建筑学，在其许多方面显示，它既是一种设计学科也是一种伦理学科。"[2]他们还由此从下面几个方面推论了建筑学何以内在地具有伦理性（表1-1）。

1　Saul Fisher. How to Think About the Ethics of Architecture［M］// Edited by Warwick Fox. Ethics and the Built Environment. London and New York: Routledge, 2000：170.

2　Barry Wasserman，Patrick Sullivan，Gregory Palermo. Ethics and the Practice of Architecture［M］. Hoboken: John Wiley and Sons，2000：31.

建筑学何以内在的具有伦理性　　表1-1

1）伦理学总体上关心我们应该做什么，我们应该怎样生活，有关善与恶、对与错、公正与偏私的观点，以及一般而言生活的有益目标等问题。
2）关心上述问题而产生的伦理理论涉及有关人类理性、选择、我们的行为方式及在诸多选项中如何选择的问题（有关个人美德、政治，以及其他与有益的目标相适应的事情）。
3）建筑学关心适合人类意愿的未来环境状况：关心我们应该建造什么，我们应该如何建造，以及我们应该建造在什么地方。
4）建筑设计应该根据我们的生活环境而设计，建筑明确地建构了一种生活方式、一种体验生活和改善生活的方式。
5）建筑学——处理那些总体上的人类福祉（human well-being）问题，并且能够通过对环境的设计来实现这些积极的目标——正是在此意义上建筑学内在地与伦理有关。

（来源：Barry Wasserman，Patrick Sullivan，Gregory Palermo. Ethics and the practice of architecture，John Wiley and Sons，2000. p32.）

由此可见，巴里·沃瑟曼等学者是从伦理学与建筑学有着共同的价值目标的意义上，阐释建筑学所具有的伦理属性。也就是说，建筑与伦理之所以能够结合，建筑学与伦理学之所以能够相互交叉，还在于二者有着共同的价值追求。我们可以说，对善的追求、对美好生活的追求和对人类福祉的追求，既是伦理学的宗旨和目标，也是建筑学内在的价值诉求。亚里士多德在《尼各马可伦理学》开篇即说："每种技艺与研究，同样地，人的每种实践与选择，都以某种善为目的。所以有人就说，所有事物都以善为目的。"[1]建筑学也不例外，应当追求善的价值目标，应当使城市更美好，应当通过提升建筑品质、改善城市环境，帮助人们过上好的生活。

实际上，从《建筑十书》开始，"维特鲁威就呼吁罗马帝国的皇帝，通过遍及全国的建筑体系将其力量与正义建立在有形的伦理基础之上"[2]，使建筑学从产生之初便确立了展示公共秩序和关心人类福祉的价值目标。而且，《建筑十书》还处处渗透着人本主义建筑学的理念，从应该选择健康的营建地点，一直到台阶的设计不使人上台阶时感到吃

1 ［古希腊］亚里士多德．尼各马可伦理学［M］．廖申白，译注．北京：商务印书馆，2003：3-4．

2 Barry Wasserman，Patrick Sullivan，Gregory Palermo. Ethics and the Practice of Architecture［M］. Hoboken: John Wiley and Sons，2000：38.

力等细致入微的体贴要求，都鲜明地折射出维特鲁威建筑学的人文关怀品性。戴维·史密斯·卡彭在对维特鲁威建筑三原则（即坚固、实用和美观）的研究中提出，古罗马著名政治家西塞罗（Marcus Tullius Cicero）追随希腊人将哲学划分为物理学、伦理学和逻辑学的思想，对维特鲁威产生了重要影响。实际上，建筑三原则可分别与此三门学科类比，其中建筑的实用原则对应于伦理学（图1-4）。[1]西方建筑学理论大厦的奠基，与哲学、伦理学的独特关联，由此可窥见一斑。

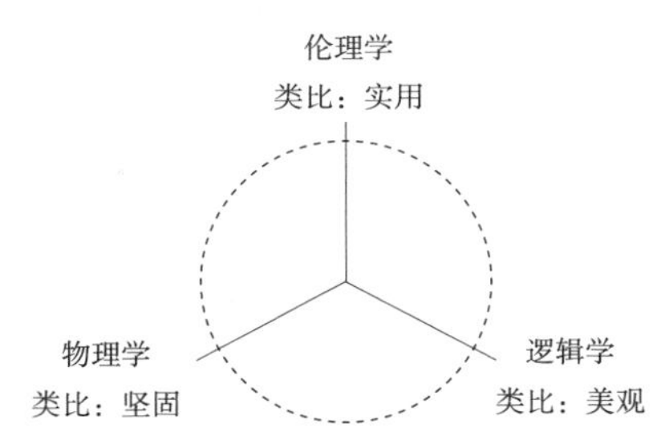

图1-4　建筑三原则与物理学、伦理学和逻辑学的类比图

（来源：［英］戴维·史密斯·卡彭：《建筑理论（上）维特鲁威的谬误——建筑学与哲学的范畴史》，王贵祥译，北京：中国建筑工业出版社，2007年，第33页。）

15世纪的文艺复兴时期，建筑大师阿尔伯蒂在《建筑论》一书的开篇便宣称："建筑学，如果你对于这一问题的思考是相当细致的话，它为人类，为每一个人，也为一些诸如社会团体之类的人群，给予了舒适和最大的愉悦。"[2]在此基础上，阿尔伯蒂赞美了建筑师工作的崇高道德性，即"公共的安全、崇高和荣誉在很大程度上取决于建筑师"。[3]

19世纪中后期，以普金和罗斯金为代表，英国及欧洲一些建筑学者和艺术评论家本着人文主义精神，从不同视角对工业大生产下的建筑实践表现了不满与厌恶，建筑理论中的伦理诉求日益明显，这其中又集中于对建筑功能、结构或风格的真实或诚实美德的强调。与此同时，工业化和随之而来的城市化迅速发展，给建筑和城市带来了巨大影响。一方面，出现了后来被称为"城市病"的一系列城市问题，城市结构混乱、城市环境恶化、住宅拥挤、公共设施匮乏等问题迅速出现，且日益严

1 ［英］戴维·史密斯·卡彭．建筑理论（上）维特鲁威的谬误——建筑学与哲学的范畴史［M］．王贵祥，译．北京：中国建筑工业出版社，2007：33．

2 ［意］莱昂·巴蒂斯塔·阿尔伯蒂．建筑论［M］．王贵祥，译．北京：中国建筑工业出版社，2010：31．

3 ［意］莱昂·巴蒂斯塔·阿尔伯蒂．建筑论［M］．王贵祥，译．北京：中国建筑工业出版社，2010：34．

重；另一方面，工业和科学技术的发展，促进了建筑材料、结构和设备方面的革新，带来更多的新的建筑类型，促使越来越多的建筑师走出象牙塔，倡导建筑走平民化、功能化的道路。

大卫·沃特金认为："现代建筑先驱者秉承这样一个信念，即应该建设一个在普遍接受的道德和社会共识基础上的新的集体主义社会（collectivistic society），在这样的社会中，建筑不容置疑地具有'真实'和'普通'的本质，不再与旧世界中视个人品位和想象更重要的建筑的'个别'和'独创'特性紧密结合。"[1]同时一批有社会责任感的城市规划者和建筑师，例如20世纪最重要的建筑师之一勒·柯布西耶（Le Corbusier）的"明日城市"（The City of Tomorrow）、"光辉城市"（The Radiant City）和"走向新建筑"（Towards a New Architecture）思想，以乌托邦式的理想主义精神，背负着改造社会、改造城市、追求理想社会秩序的道德使命，认为建筑和城市规划有能力塑造一个新的、不建立在阶级差别基础上的社会，并提出了一系列解决城市社会问题的思想和方案。

总之，仅仅粗略梳理，从维特鲁威的建筑学开始，一直到20世纪的现代主义建筑运动，都可发现其或隐或现的伦理因素，李向锋甚至还认为："伦理之维是西方建筑理论固有的传统和主线之一，这一传统在现代主义发展过程中被推向了巅峰。"[2]

因此，建筑学中属于价值性、道德性的那部分内容，与伦理学的目标具有高度的关联性，换言之，伦理诉求是建筑学的一种内在规定。这种服务于人类生活的伦理诉求，为建筑学指明了不能逃避的社会目标。或者说，伦理学通过建构对建筑和城市规划活动的价值关切立场，有助于建筑学确立自身正当的价值目标、基本规范和伦理合理性维度，以此给建筑学一定的导向和限制作用，赋予建筑学一定的道德品性和人文关怀的品质，使其在更深层次上关注人类生存状况的改善与社会的和谐发展。

1 David Watkin. Morality and architecture: the Development of a Theme in Architectural History and Theory from the Gothic Revival to the Modern Movement［M］. Oxford: Clarendon Press，1977：14.

2 李向锋．寻求建筑的伦理话语——当代西方建筑伦理理论及其反思［M］．南京：东南大学出版社，2013：40.

此外，在当代社会，科学的发展昭示了自然科学与人文社会科学的内在紧密联系，而当代人类社会发展所面临的环境问题、社会问题、经济问题等综合问题，则要求自然科学与人文社会科学紧密结合。这种结合，不仅要求自然科学家与人文社会科学家之间相互交流与协作，而且更为重要的是，要求不同学科之间在价值观和思维方法等方面相互渗透与相互融合。纵观建筑学科的发展演变历程，建筑学与其他学科的交叉融合一直比较活跃，建筑学理论的日益丰富与借鉴包括伦理学在内的人文学科的理论成果是分不开的。因此，正如卢永毅所说："我们绝不应该否认当代的多元理论为建筑学学术思想的活跃和学科文化的繁荣带来的深远意义，多种思想的聚汇、交流与碰撞是当代学科发展的基本方式，如果建筑学拒绝分享其中的价值关怀和思想成果，那显然是对其自身的发展毫无益处的。"[1]

总之，建筑伦理是从建筑与伦理的结合点上发展起来的一门交叉学科，是建筑学与伦理学两大学科相互渗透、相互融合的产物。因此，分析建筑与伦理的结合何以可能，就为建筑伦理这一交叉学科的成立提供了重要的理论依据。

三、建筑伦理的内涵

对建筑伦理的界定首先涉及对建筑和伦理这两个概念的理解。前文已对"建筑"的概念进行了界定。关于"伦理"的概念，从伦理学上看，一般是指人们处理相互关系时所应遵循的行为准则。然而，将伦理仅仅限定为一种行为规范，是片面的。

从词源学上看，古代汉语中"伦理"是一个联合词组，是原本分开使用的"伦"与"理"的结合。《说文》中讲："伦，辈也。"清代段玉裁注释说："军发车百辆为辈。引申之同类之次曰辈。"[2]可见，"伦"的本义是辈、次序之义，引申为指人与人之间的辈分次第关系；"理"按

1　卢永毅．建筑理论的多维视野［M］．北京：中国建筑工业出版社，2009：导言．

2　［汉］许慎撰，［清］段玉裁注．说文解字注［M］．上海：上海古籍出版社，1981：669．

《说文》解释本义是治玉，引申指条理、道理之义。“伦”与“理”合用，最早出现于《礼记・乐记》中，“凡音者，生于人心者也；乐者，通伦理者也”。总体上说，中国古代的“伦理”一词主要指的是人伦之理，即处理人伦关系时应遵循的道理和准则。

在西方，“伦理”概念最初由亚里士多德改造古希腊语中的“习惯”（ethos）一词所创立，[1]后被用来专指一个民族特有的生活惯例，如风尚、习俗，引申出性格、品质、德性等义。这里尤其要注意“伦理”一词在古希腊语中的原始含义，即ethos的原始含义。海德格尔对希腊文 ηθοξ（ethos）有精深的考证和独特的理解。他在《关于人道主义的书信》一文中，将古希腊哲学家赫拉克利特的通常被译为“人的特性就是他的守护神”（Ethos anthropoid daimon）这句箴言，按他所理解古希腊语的本意，译为“只要人是人的话，人就居住在神之近处”。进而他认为，按照ηθοξ这个词最初的意义，不是指现代世界所理解的道德意义上的“伦理”，而是意味着人的“居留、居住之所”，“指示着人居住于其中的那个敞开的区域”。[2]可见，海德格尔在解释“伦理”一词的意义时，借用了赫拉克利特的说法，将其理解为“人的住所”，而伦理学在此意义上就是深思人的居留之所的学问。正是在这个意义上，“伦理”与“建筑”达到了某种奇妙的同一，共同成为人之为人的根本。人之为人不可以没有伦理，一如人之现世生活不可以没有安身立命之地，反过来就是说，如果人没有了伦理（如同人没有了令人安居的建筑），人就成了无家可归的野兽。

其实，不仅古希腊思想家有将“伦理”喻为“住所”的理念，差不多同赫拉克利特同时代的中国先秦儒学大家孟子也说：“仁，人之安宅也；义，人之正路也。旷安宅而弗居，舍正路而不由，哀哉！”[3]好一个“仁，人之安宅也”！“仁”就如同安居之所，对人而言是不能缺少的。

1　亚里士多德讲：“德性分为两类：一类是理智的，一类是伦理的。理智德性大多数是由教导而生成、培养起来的，所以需要经验和时间。伦理德性则是由风俗习惯熏陶出来的，因此把‘习惯’（ethos）一词的拼写方法略加改变，就形成了‘伦理’（ethike）这个名称。”（参见：［古希腊］亚里士多德．尼各马可伦理学［M］．苗力田，译．北京：中国社会科学出版社，1990：25．廖申白译本在此处将ethike译为“道德的”，参见：［古希腊］亚里士多德．尼各马可伦理学［M］．廖申白，译注．北京：商务印书馆，2003：35.）

2 ［德］海德格尔．路标［M］．孙周兴，译．北京：商务印书馆，2009：417.

3 《孟子・离娄上》

孟子用简洁的话语表达了伦理道德乃人的精神家园和安身立命之所在的深刻思想，与赫拉克利特的思想，多有灵通之处。

建筑伦理中的“伦理”概念，不同的人对其含义有不同的理解。卡斯腾·哈里斯在《建筑的伦理功能》一书的前言中，专门指明他所说的“伦理的”（ethical）一词的特殊含义：“该标题所提出的问题对我而言一直是个挑战，其中‘伦理的’（ethical）一词据我理解与希腊语‘ethos’（精神特质）更相关，而不是我们通常所指的‘ethics’（伦理、道德），如我们谈到‘商业道德’或‘医德’时的那种意思：本文中所称的‘architectural ethics’完全不是‘建筑道德’的意思。”[1]哈里斯所说的“建筑的伦理功能”中的“伦理”概念，既包括不同地域、不同时代、不同功能的建筑所形成的共同的精神气质，也包括从作为人类一种存在方式的安居要求来探讨符合伦理的现代建筑。因之，他所讨论的建筑伦理不过是对建筑艺术的精神特质的研究，是一种较为独特、较为狭义的建筑伦理，或者说是一种在行为规范意义上相当“薄”的伦理学概念，并非旨在解决具体的、现实的道德冲突和伦理难题。英国建筑理论家科林·圣约翰·威尔逊（Colin St. John Wilson）论及建筑的伦理问题时，同样不是从行为规范层面理解伦理。他认为，每一项事业都有自己的“精神特质”，这种特质都是由各个事业所为之服务的目的来决定的。若在建筑领域创造了满足生活需求的形式，即将建筑为之服务的目标转化成了建筑形式，便符合建筑伦理。[2]

实际上，西方有许多建筑伦理研究者所指涉的“伦理”概念，与哈里斯和威尔逊的观点不同，通常指的恰是在谈到“职业伦理”“工程伦理”等应用伦理学层面时“伦理”的共同含义。例如，奥默·埃金（Omer Akin）在《建筑伦理学的三个基本原则》（*Three Fundamental Tenets for Architectural Ethics*）一文中指出，“很明显伦理的概念和道德（morality）紧密相关，是某个实践领域参与者的道德行为或职业道德准

1 ［美］卡斯腾·哈里斯. 建筑的伦理功能［M］. 申嘉，陈朝晖，译. 北京：华夏出版社，2001：1.

2 ［英］科林·圣约翰·威尔逊. 关于建筑的思考：探索建筑的哲学与实践［M］. 吴家琦，译. 武汉：华中科技大学出版社，2014：73-74.

则”[1]。正因为如此，他试图建构的建筑伦理主要讨论的是伦理学视阈下的建筑与职业化（professionalism）问题。

总体上看，在当代西方，从职业伦理视角理解和界定建筑伦理的相关著述较多，并成为当代西方建筑伦理研究的主流。[2]这种视角主要围绕建筑师个人及组织的责任和义务，结合建筑师学会确立的职业行为准则以及相关案例研究，探讨建筑师在职业实践中可能碰到的伦理难题和责任冲突。在此意义上，建筑伦理不过是研究被建筑职业所接受的、与建筑职业实践有关的道德准则。托马斯·R·费希尔（Thomas R. Fisher）说：“建筑学长久以来被看作是美学的一个分支而不是伦理学。如果有什么区别的话，伦理学一直被看作能够应用于建筑师而不是建筑，能够应用于建筑师的职业行动之中，而不是建筑的特性。”[3]正因为如此，西方建筑伦理研究的其他视角，相对来说，著述较少。

职业伦理视角的建筑伦理只是建筑伦理研究的一个进路，还有现象学和诠释学、后现代伦理、环境伦理、工程伦理等进路。前面提到，索尔·费希尔概括了建筑伦理研究的四种模式，除了职业伦理模式之外，还有大陆伦理学研究模式、批判地域主义为代表的建筑—理论模式以及他提出的建筑分析伦理学模式。格雷戈里·凯科（Gregory Caicco）认为，当代建筑伦理至少有四种理论研究进路，分别是自我调节的技术资本主义（self-regulating techno-capitalism）理念、反思技术与权力霸权的后现代主义和解构批判（deconstruction critiques）方法、现象学（phenomenology）和诠释学（hermeneutics）的方法，以及凯科所称的“地方性”（personhood of place）方法，这种方法强调一种动物、

1 Omer Akin. Three Fundamental Tenets for Architectural Ethics. http://www.aia.org/aiaucmp/groups/aia/documents/pdf/aias077562.pdf. 2014年12月20日登陆。

2 例如，巴里·沃瑟曼等学者所著的《伦理学与建筑实践》（Ethics and the practice of architecture）、汤姆·斯佩克特所著的《伦理的建筑师：当代实践中的困境》（The Ethical Architect: The Dilemma of Contemporary Practice）以及托马斯·费希尔所著的《建筑师的伦理：职业实践中的50个难题》（Ethics for Architects: 50 Dilemmas of Professional Practice），这些有关建筑伦理的研究著述基本上都将建筑伦理等同于建筑职业伦理。

3 Thomas R. Fisher，T. In the Scheme of Things: Alternative Thinking on the Practice of Architecture［M］. Minneapolis: University of Minnesota Press，2000：123.

植物、场所以及包括特定建筑在内的仪式性器物之间的深刻的家族血缘关系。[1]此外，菲利普·贝丝（Philip Bess）还从伦理领域的社群主义（communitarianism）和情感主义（emotivism）理论出发讨论建筑伦理问题。[2]可见，现代西方建筑伦理研究的理论进路是相当多元的。

本书所指的“伦理”概念，是一个具有丰富内涵的概念，它既包括通常人们所指的伦理，即应用伦理层面的含义，也包括与古希腊语ethos（精神特质）相关的含义。需要指出的是，对建筑伦理的研究，必然涉及建筑学和伦理学，因而研究者的学科背景和对两者的不同偏好，决定了建筑伦理研究的两种致思方向：第一是从建筑理论或建筑实践出发，主要关注建筑理论及建筑活动中存在或面临的伦理议题，如建筑伦理中以批判地域主义为代表的建筑理论模式；第二是从伦理学的视角关注建筑，这种研究取向期望伦理学能够为建筑及建筑活动提供价值理论和价值准则。本书主要是第二种致思方向，即从伦理学的视角关注建筑。当然，这种研究取向需要避免的是，不能忽视对建筑本身内在具有的伦理性质的研究，否则就难以回答建筑与伦理“何以结合”以及“结合何以可能”的问题。

由此，所谓建筑伦理，是指对建筑本身内蕴的价值追求、精神特质和伦理属性以及建筑与伦理内在联系的伦理分析，并从一定伦理观点、伦理原理出发对建筑文化、建筑设计、工程活动及从业人员的职业伦理进行研究的交叉学科。从建筑伦理研究的主要内容来看，应包括以下几个方面：第一，作为一种文化形式及艺术产品，建筑蕴含丰富的伦理内涵。在此意义上，建筑伦理是对建筑本质、建筑功能的哲学分析以及建筑内蕴的伦理成分和精神特质的系统探讨。第二，作为一种社会实践活动，建筑具有其内在的伦理维度。在此意义上，建筑伦理是对在建筑实

1 Gregory Caicco（edited）. Architecture，Ethics，and the Personhood of Place［M］. Hanover and London: University Press of New England，2007：10.

2 Philip Bess. Communitarianism and emotivism，Two Rival Views of Ethics and Architecture［M］// Kate Nesbitt（edited）. Theorizing a New Agenda for Architecture: An Anthology of Architectural Theory 1965-1995. New York: Princeton Architectural Press，1996：372-382.

践中涉及的伦理价值和具体伦理问题的研究，是调整建筑活动中各种利益关系的行为规范体系。第三，作为一种职业，建筑从业人员应当具有其独特的职业伦理。在此意义上，建筑伦理主要探讨建筑职业人员的伦理责任以及建筑职业活动中的伦理困境。

不仅如此，我认为，建筑伦理的未来发展趋势还应从狭义的建筑伦理研究走向广义的建筑伦理研究。所谓广义的建筑伦理，基于对“广义建筑学”的认识，将研究视阈从传统建筑学与伦理学的交叉领域，扩展到“广义建筑学”与伦理学的交叉领域。1987年8月，在“建筑学的未来”学术讨论会上，吴良镛第一次提出“广义建筑学”这个概念，并于1989年出版了《广义建筑学》一书。他提出“建筑学概念必须扩大”的观点，将这种“扩大了”的建筑学概念，称为“广义建筑学”，认为“提出和探讨‘广义建筑学’的目的，在于从更大范围内和更高的层次上提供一个理论骨架，以进一步认识建筑学科的重要性和科学性，提示它的内容之广泛性和错综复杂性”[1]。广义建筑学的含义，在1999年6月国际建协第20届世界建筑师大会通过的由吴良镛起草的《北京宪章》中得到更明确的表达。《北京宪章》指出：“广义建筑学，就其学科内涵来说，是通过城市设计的核心作用，从观念和理论基础上把建筑学、地景学、城市规划学的要点整合为一。”实际上，当代西方建筑学的概念也在不断扩展，不仅园林或景观建筑（landscape architecture）涵盖其中，甚至延伸至整个城市空间层面。《企鹅建筑和园林字典》中指出：“建筑与建筑物（building）之间的区分，例如约翰·罗斯金的提法，已经不再被接受了。建筑学现在被理解为设计环境围绕的整体，包括建筑物、城市空间以及景观（buildings，urban spaces and landscape）。”[2]

因此，如果说狭义的建筑伦理，其研究视域更多集中在从一定伦理观点、伦理原理出发对建筑文化、建筑设计与建筑师的职业伦理进行系

1 吴良镛. 广义建筑学［M］. 北京：清华大学出版社，2011：33.

2 John Fleming，Hugh Honour，Nikolaus Pevsner. The Penguin Dictionary of Architecture and Landscape Architecture［M］. London : Penguin Books，1998：21.

统的研究；那么，广义的建筑伦理则基于广义建筑学的视角，将研究视域从传统建筑学的对象扩展到城市规划、城市设计、城市景观及范围更宽泛的以人类聚居为研究对象的人居环境层面，思考并探讨在这些领域中存在的价值性、伦理性问题。实际上，西方有一些学者已经从更宏观的视角探讨建筑伦理问题，例如，沃里克·福克斯等学者将建筑伦理的研究对象从建筑扩展到整个建成环境（built environment），以伦理上的系统化方式探讨建成环境本身的伦理问题。[1]

关于建筑伦理的学科定位问题，比较多的观点是把建筑伦理归属于应用伦理学范围之内，认为像其他应用伦理学一样，建筑伦理只是把伦理学的观点、原则、方法应用于建筑活动领域而已。例如，巴里·沃瑟曼等学者在《伦理学与建筑实践》一书中指出："本书是作为正在发展的一门学问'应用伦理学'（applied ethics）的一部分。……我们将通过阐述基本的伦理理论和主要方法，将应用伦理学的推理应用于建筑议题之中。"[2]不过，建筑实践中的伦理困境或伦理难题不是简单地用套用一般的伦理原则就可以解决的。因而，也有学者认为简单化地将建筑伦理归结为应用伦理的一个分支是有问题的。索尔·费希尔认为，"我们不能期望把应用伦理学的准则直接用于建筑实践，它能处理其他学科的具体问题，但建筑问题很复杂，反思建筑特有的偏好和元偏好（meta-preferences）要求有专门适合建筑的论断"[3]。而且，将建筑伦理定位于应用伦理学，突出了其作为一种"程序方法"的功能，就有可能忽略建筑伦理的价值基础研究。对此，列奥尼达斯·考特萨姆珀斯（Leonidas Koutsoumpos）认为，将建筑伦理看成是一种应用伦理，不仅忽略了建筑与伦理的内在关联，因为伦理内在地存在于建筑行为之中，是建筑的固有属性，而且很难有实际的指导和调节作用。就如同为了解决建筑实

1　Warwick Fox（edited）. Ethics and the Built Environment［M］. London and New York：Routledge．2000：11.

2　Barry Wasserman，Patrick Sullivan，Gregory Palermo. Ethics and the Practice of Architecture［M］. John Wiley and Sons，2000：11.

3　Saul Fisher. How to Think About the Ethics of Architecture［M］// Edited by Warwick Fox. Ethics and the Built Environment. London and New York：Routledge. 2000：171.

践中的不人性化的问题，仅仅提出一些规则作为“职业伦理”或“行为准则”运用于建筑实践中，是注定要失败的。[1]邓波、王昕则认为：“建筑伦理学不能仅仅是建筑师职业道德意义上的应用伦理学，它还必须是关乎人的存在的更为始源、更为本质的‘原始伦理学’。也就是说，建筑伦理学的学科建设至少需要两个层次:‘原始伦理学’的层次和‘应用伦理学’的层次，前者为后者奠定基础。”[2]

我认为，把建筑伦理定位为应用伦理学值得进一步探讨，因为建筑伦理并非仅仅是对伦理学的一种简单应用，同时这样的定位也不能为建筑伦理的研究指出明确的方向。但是，由于建筑本身是人类重要的实践活动，伦理学本身是一门实践哲学，伦理学与建筑学旨在提升人类福祉的根本目标具有强烈的实践性，都说明在建筑学与伦理学交叉基础上的建筑伦理，本质上说是一种实践伦理，并非纯理论探索，而要以解决问题为目标。因此，建筑伦理的研究虽然不能忽视价值理论层面甚至存在哲学意义上的探讨，但更应注重问题意识、实践导向和可操作性，注重反思当代建筑发展面临的一些紧迫而重要的伦理问题，强调对当代建筑实践中具体伦理问题和伦理困境的指导与解决。例如，通过实践性的职业伦理进路，研究建筑师协会的伦理准则（或伦理章程），并讨论这些伦理准则在具体职业实践中如何适用，如何促进负责任的行为和防止不道德的行为，以及采取何种方式解决建筑职业规范的要求相互冲突的情形（即伦理困境）。正如《伦理学与建筑实践》一书中所强调的观点：研究建筑伦理，旨在提供识别建筑中伦理困境的可行方法，为建筑实践中所固有的伦理困境提供一个实践指南，并提出一个案例研究的方法论，作为如何解决伦理困境的有用模式。[3]

---

1 Leonidas Koutsoumpos. inHumanities: Ethics in Architectural Praxis［M］// Soumyen Bandyopadhyay et al. The Humanities in Architectural Design: A Contemporary and Historical Perspective. London and New York: Routledge，2010：25.

2 邓波，王昕. 建筑师的原始伦理责任［J］. 华中科技大学学报（社会科学版），2008（3）：121.

3 Barry Wasserman，Patrick Sullivan，Gregory Palermo. Ethics and the Practice of Architecture［M］. John Wiley and Sons，2000：8-9.

第二章　中国传统建筑文化的伦理内核

中国建筑是一部展开于东方大地的伦理学的“鸿篇巨制”。[1]

——王振复

1　王振复. 中国建筑的文化历程［M］. 上海：上海人民出版社，2000：6.

中国传统文化本质上是一种人伦文化，千百年来形成了以儒家伦理思想为主干的丰富包容、绵延连续的伦理思想体系。作为传统文化重要组成部分和物质载体的中国传统建筑，在整体布局与群体组合、建筑形制与数量等级、空间序列与功能使用、装饰细部与器具陈设等方方面面，浸透和反映着礼制秩序和传统伦理，并由此形成了中国传统建筑文化绵延数千年的独特伦理品性。[1] 梳理中国传统建筑的伦理内核，有助于我们建立一种从自身的历史背景和建筑文化出发的建筑伦理观念。

一、中国传统建筑伦理内核形成的社会背景

不同民族、不同地域的建筑文化类型及其基本特征，除了受特定的地形、地貌、气候、材料、资源等人居自然环境和建造技术之影响外，在相当大的程度上还受社会环境因素和人文传统的制约和影响。美国著名建筑理论家阿摩斯·拉普卜特（Amos Rapoport）

1　需要说明的是，本章对中国传统建筑伦理的讨论适用于汉族的传统建筑文化，基本没有涵盖中国少数民族的传统建筑文化。

研究住宅的形式与文化之间的关系时，提出过一个基本假说，他认为：

宅形不能被简单地归结为物质影响力的结果，也不是任何单一要素所能决定的；它是一系列“社会文化因素”（socio-cultural factors）作用的产物，而且这一“社会文化因素”的内涵需从最广义的角度去理解；同时，气候状况、建造方式、建筑材料和技术手段等对形式的产生起着一定的修正作用。我将这一社会文化影响力称为“首要因素”，其他各种因素称为“次要”或“修正因素”。[1]

阿摩斯·拉普卜特观点的合理性，在于看到了宗教信仰、家庭与宗族结构、生存模式以及人与人之间的社会关系等社会文化因素对不同建筑文化传统的形成所具有的重要意义。因此，阐释中国传统建筑文化的伦理内核之前，首先分析传统建筑所植根的特殊的经济、政治与思想文化背景，将有益于整体性了解中国传统建筑文化的基本特征。同时，这也是理解传统建筑文化伦理内涵的重要前提。

（一）农耕文化与土木之功

传统中国社会是一个农耕文明社会。从很大程度上说，漫长的农耕文明决定了中国传统文化的基本特征。与此一致，中国传统建筑文化的基本特征，也体现出农耕文明的生产方式和礼俗制度所带来的限定与影响。概括地说，主要体现为以下三个方面。

第一，中国农耕文明的绵延性和多元性特点，一定程度上造就了传统文化的超强稳定性与兼收并蓄的包容性。作为中华文化体系一部分的建筑文化，秉承了这种特质，并使传统建筑文化呈现出与西方建筑文化的明显差异。

自夏商周三代以来，中国的农耕经济经历了战乱与稳定的周期性运动，经历了王朝的兴衰与更替，经历了游牧民族的侵扰与入主中原，总

1 ［美］阿摩斯·拉普卜特. 宅形与文化［M］. 常青，等，译. 北京：中国建筑工业出版社，2007：46.

之，经历了无数次大大小小天灾人祸的考验，依然循环式地延续与进步。正是社会经济形态的持续性和稳定性，决定了建立在这一基础之上的中国文化有着不可割断的历史延续性和超强稳定性，甚至战乱与分裂的洗礼反而增强了中国文化的坚韧性与凝聚力，这与古埃及、古印度、古巴比伦等其他文明古国的文化发展史截然不同。

与世界上其他文明古国的伦理文化比较而言，中国传统伦理文化是唯一一脉相承流传至今的伦理传统。同样，在世界四大文明古国的建筑文化体系中，只有中国的建筑文化体系延续三千多年，而且是因袭传统方式周期性地循环，几千年来没有产生过根本性的突破或原则性的转变，它似乎沿着一个体系和一种模式发展下来，恰如梁思成所说："数千年来无遽变之迹，掺杂之象，一贯以其独特纯粹之木构系统，随我民族足迹所至，树立文化表志。"[1]借用美国社会学家爱德华·希尔斯（Edward Shils）的概念来表述，就是中国古代建筑文化的传承缺少"传统的延传变体链"（chain of transmitted variants of a tradition），[2]传统只是不断地被原样承袭，缺少改变、创新基础上产生的各种变体，这就使得最初形成的建筑传统链以极为稳定的形式延续了几千年。而且，中国古代建筑，即使在魏晋南北朝长达三百余年的外来建筑文化大规模入侵时，也不曾使其超稳定的系统有所动摇。如沈福煦所言："中国古代建筑数千年的沿革，是一种拓扑的结构，其'朴'不散，在于社会结构之不散，建筑的流变，其实仅属完善，没有变革，与社会结构的沿革在性质上是同构的。"[3]

例如，从新石器时代晚期浙江余姚河姆渡的发掘遗址、山东章丘龙山文化的建筑遗址来看，中国的木构架体系便已具雏形。商朝晚期的河

1　梁思成．中国建筑史［M］．北京：三联书店，2011：1．需要补充的是，关于中国传统建筑体系的超强稳定性特征，傅熹年认为，历代建筑的形象、构造尽管由于建筑技术的发展，出现了汉式、唐式、宋式、明式和清式等，但实际上只是在原有基础上发展，使之较合理或简化、规格化的过程。中国古代建筑体系之所以具有一脉相承的稳定性，傅熹年认为主要原因是由于与礼制结合而成为定式所致，除此之外，用模数控制建筑设计也是保持建筑体系稳定和延续的原因。参见：傅熹年．社会人文因素对中国古代建筑形成和发展的影响［M］．北京：中国建筑工业出版社，2015：389-395.

2　［美］E.希尔斯．论传统［M］．傅铿，吕乐，译．上海：上海人民出版社，1991：17.

3　沈福煦．中国古代文化的建筑表述［J］．同济大学学报（人文社会科学版），1997（2）：4.

南安阳殷墟遗址，宫殿建筑以木结构为主，呈现木梁柱框架结构的建筑体系。也就是说，商代开始木构架便成为中国建筑的主要结构形式。在这之后的数千年，中国建筑的木构架体系没有发生过本质的变化，如梁思成所言："满足于木材之沿用，达数千年；顺序发展木造精到之方法，而不深究砖石之代替及应用。"[1]

又如，从被誉为合院鼻祖的陕西岐山凤雏村所发掘的周代建筑基址来看，它是一座相当严整的两进院落，是后世四合院建筑的雏形。这座建筑基址，平面呈南北向矩形。中轴线上依次为影壁、大门、前堂、后室。前堂与后堂之间有回廊联结，东西两边配置门房、厢房，左右对称（图2-1）。这组建筑的平面布局及空间组合的本质，与后世的四合院民居并无显著区别，"特别是主体建筑居中的布置，一直延续使用了近三千年，是中国传统中极为重要的布局手法之一"。[2]

中国农耕文化还具有一定程度的多元性特征，这种多元性主要表现在两个方面。其一，与西欧中世纪封闭式的自给自足、依附农奴的庄园

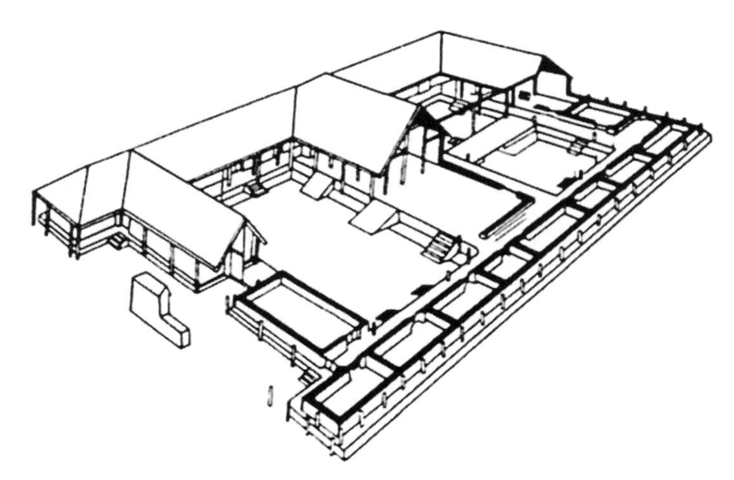

图2-1　陕西岐山凤雏西周甲组建筑基址复原图
（来源：杨鸿勋：《中国古代居住图典》，昆明：云南人民出版社，2007年，第108页。）

1　梁思成．中国建筑史［M］．北京：三联书店，2011：9.

2　傅熹年．中国古代城市规划、建筑群布局及建筑设计方法研究（上册）［M］．北京：中国建筑工业出版社，2001：20.

制自然经济相比，中国的农耕经济虽然本质上也是一种自给自足的自然经济，但并不像西欧的自然经济那样完全封闭和单一。中国的农耕经济并不仅仅以农业生产为限，而是包含着手工业、商业等多方面的经济成分。尤其是到了封建社会晚期，商品性的农业以及为市场而生产的手工产品更是在农耕经济中占据着较为重要的地位，也就是说中国的农耕经济包容着工商业等多种经济成分，使自己始终保持着一定的再生能力。其二，中国的农耕文化除了作为主导的黄河流域的农耕文明之外，还呈现一种民族多元性的特征，即各个民族在其繁衍生息过程中，因地制宜创造了具有本民族特色的农耕文化，例如西南边陲的梯田文化、江南的圩田文化和蚕桑文化等。正是中国农耕文化的这一特点，在一定程度上造就了中国文化兼收并蓄的包容性和同化性。中国文化不仅善于诠释、包容百家学说和少数民族的优秀文化，而且对于外来文化，也能敞开胸怀，兼收并蓄，并进而逐渐使之“中国化”。

中国文化的包容性特点在传统建筑文化之中也有体现。例如，传统建筑文化能够以开阔的胸襟容纳不同地域的建筑文化元素，这一点在宗教建筑方面体现得尤为明显。如同在中国的寺庙里可以看到儒、释、道三家共居一室、相安无事的局面，在中国的寺庙建筑中，无论从外在形式还是内在文化内涵，同样吸收并兼容了外来建筑文化。当然，与此相联系，中国文化的同化性特点在中国建筑文化中体现得也较为明显。佛教建筑的本土化、中国化可以说是一个典型例证。佛教文化大约于两汉之际传入中国，后逐渐形成的佛教建筑，经过东汉、东晋、南北朝、唐、宋、元、明、清几代的发展演变，逐渐从印度形制以塔为中心，向以中国传统宗教建筑式样的以佛殿为中心演变。本土化的禅宗出现后，甚至有的佛寺内根本不见塔的影子。而且，佛教建筑还在平面布局、建筑形制等方面深受中国传统宫殿建筑和居住建筑的影响。比如，汉末、南北朝至隋唐时期“舍宅为寺”[1]的风气，导致了寺庙住宅化的空间布局，在佛寺中国化的过程中扮演着重要角色。又比如，人们可以从佛寺

1 指士族或富裕的佛教信徒将自己的家宅捐赠出来，作为佛寺，供佛教僧众居住并从事宗教活动。

建筑平面布局的“伽蓝七堂制”[1]中，看到传统四合院布局和宫殿建筑群平面布局的特点，佛教大雄宝殿的建筑形制可以说是从宫殿形制中脱胎而来。而且，佛教寺院内的诸佛、菩萨、罗汉等，一般都按中国化了的伦理等级来造殿就位。

塔的中国化过程，则更充分显现出中国文化的强大同化力。塔作为一种以体现精神功能为主的佛教建筑，它的概念和型制源于印度主要用来藏置佛祖和高僧圆寂后舍利的“窣堵坡”（stupa），即坟冢，其外观似倒覆的和尚化缘钵（图2-2）。东汉塔传入中国后，很快就与中国传统文化相结合，无论是在造型、功能和材料运用等方面，都在兼收并蓄的基础上得到了改造和创新，变成了中国式的佛塔，其中最为典型的是楼阁式塔（图2-3），将印度佛塔萃堵波的建筑形式与中国式的亭台楼阁样式有机结合。中国佛塔的功能也不再像印度佛塔那样单纯作为“佛”的化身而供信徒膜拜，还逐渐增加了储藏经书、登临远眺、瞭敌警戒、补全风水等用于世俗生活的实用性功能，宗教膜拜功能反而逐

图2-2　印度著名的桑契大窣堵坡（Sanchi Stupa）
（来源：http://www.marvelartgallery.com/artist_paintings.php？id=54）

1　“伽蓝七堂制”又称“七堂伽蓝制”，主要指唐宋佛教寺院以殿为中心的规范建筑格局，按照“山门、佛殿、讲堂、方丈、斋堂、宣明（浴室）、东司（便所）”七种不同用途的建筑物分别营造。

渐弱化乃至消失。对此，傅熹年指出："佛寺由以塔为中心逐渐变成以更宜于供佛像的佛殿为中心。塔由梵式变为中国传统楼阁式，殿则建成中国殿堂。汉相的佛、菩萨高侍于华美的床上，上覆七宝流苏帐，宛如中国的皇帝、贵族、贵官。"[1]

图2-3　佛塔的中国化：山西应县木塔（佛宫寺释迦塔）（来源：北京建筑大学特色资源库）

第二，农耕文化的物质生产方式与生活方式，铸就了中国传统建筑极强的"亲地"倾向和"恋木"情结。

费孝通说："我们的民族确是和泥土分不开了。从土里长出过光荣的历史，自然也会受到土的束缚。"[2]刘成纪说："农耕文明是深植于泥土的文明。土地不仅决定着中国的经济、政治和国家形态，而且很大程度上决定着美和艺术的属性。"[3]如同在中国艺术史上，对泥土这种媒介的使用占主导地位，中国传统建筑与多以石材或砖结构为主的世界其他建筑体系不同，是少有的以土木为材料模式及结构的建筑体系。虽然古代中国也有一些石塔、石牌坊等石构建筑，但木构建筑始终占据主导地位。考古发现的建筑遗址，基本上都是土木建筑，如陕西临潼姜寨仰韶遗址、西安半坡遗址、浙江余姚河姆渡遗址、河南偃师二里头遗址以及河南安阳殷墟遗址等，皆以土木为材，均无例外。甚至在石材多的地方，宫室建筑和房舍主体的材料也不用石材而用木材。究其原因，是与中国特色的农耕文化有关联的，或者说是农耕文化在建筑文化上的映照。发源于黄河流域的中国

1　傅熹年．傅熹年建筑史论文选［M］．天津：百花文艺出版社，2009：37.

2　费孝通．乡土中国·生育制度·乡土重建［M］．北京：商务印书馆，2013：7.

3　刘成纪：中国美学与农耕文明［J］．郑州大学学报（哲学社会科学版），2010（5）：8.

农耕文化决定了人们的物质生产与生活方式主要是“耕耘为食，土木为居”。农耕生产的对象是自然的生命，即植物和动物，决定了人对自然具有高度依附性，必须“靠天吃饭”，顺应生命的自然生长，用自己生命的直觉来体验和把握它的生命节律，因地制宜，因时造物。这样的农耕生产，使人们形成了脚踏实地的恋土亲地观念，百姓祈盼风调雨顺、五谷丰登，希望与自然，尤其是土地建立起一种亲和关系。这一观念也直接影响着中国人的居住理想以及中国建筑文化的价值选择。对此，王贵祥认为，古代居住建筑中包含田地和房舍的田宅形态以及包含园圃与房舍的园宅形态，一方面反映了中国人的居住理想，另一方面也折射出农耕文化对土地的高度依附性。[1]

关于为何中国传统建筑突出地以“土木为居”，建筑史上有不同说法。梁思成主要从两个方面阐述自己的观点。一则是从文化观念上看，他认为主要根源于中国人不求原物长存的观念。他说：“古者中原为产木之区，中国结构既以木材为主，宫室之寿命固乃限于木质结构之未能耐久，但更深究其故，实缘于不着意于原物长存之观念。盖中国自始未有如埃及刻意求永久不灭之工程，欲以人工与自然物体竟久存之实，且既安于新陈代谢之理，以自然生灭为定律。”[2]二则是从自然条件方面看的，梁思成说：“从中国传统沿用的‘土木之功’这一词句作为一切建造工程的概括名称可以看出，土和木是中国建筑自古以来所采用的主要材料。这是由于中国文化的发祥地黄河流域，在古代有茂密的森林，有取之不尽的木材，而黄土的本质又适宜于用多种方法（包括经过挖掘的天然土质的洞穴、晒坯、版筑以及后来烧制的砖、瓦等）建造房屋。这两种材料之掺合运用对于中国建筑在材料、技术、形式等等传统之形成是有重要影响的。”[3]李允鉌在《华夏意匠》中对木结构发展的历史原因作过专题讨论，总结并阐述了一些代表性观点。如刘致平认为是黄河流域多木材而少石料所至，英国科学技术史家李约瑟（Joseph Needham）

1　王贵祥，等．中国古代建筑基址规模研究［M］．北京：中国建筑工业出版社，2008：8-15.

2　梁思成．中国建筑史［M］．北京：三联书店，2011：9.

3　梁思成．建筑文萃［M］．北京：三联书店，2006：410.

认为是由于中国早期缺乏大量奴隶劳动力所至，徐敬直认为是因为人民生计主要依靠农业、经济水平很低所至，等等。李允鉌则主要从建筑技术的视角探讨其成因，认为“中国建筑发展木结构的体系主要的原因就是在技术上突破了木结构不足以构成重大建筑物要求的局限，在设计思想上确认这种建筑结构形式是最合理和最完善的形式。”[1]陈薇认为，建筑木结构之所以成为华夏建筑的主流，是在自然条件、生产力发展水平、文化竞争和社会意识发达等前提下，先民及社会上层对当时先进技术和社会意识选择的结果。[2]

除此之外，我们同样不能忽略从农耕文化的视角去考察其成因。例如，王振复认为：“中国建筑自古以土、木为材，在文化观念与审美意识上，又是与远古农业文明相联系的，对大地（土）、植物（木）永存生命之气的钟爱与执着。”[3]由此可见，中国古代木构架建筑的成因是多种因素综合作用与助推所至，这其中，农耕文化是一个重要的制约因子。

农耕文化还对中国传统祭祀建筑产生了重要影响。柳肃认为：“中国古代是一个农耕社会，以农业立国，农耕文明的一些特征在建筑领域留下了完整的印记，最突出的表现就是坛庙祭祀。”[4]在中国古代，国家层面的祭祀活动和民间祭祀活动都与农耕文化有深厚的渊源关系，由此催生了一大批农耕祭祀建筑，且绵延不绝。例如，社稷坛和先农坛是农耕文化的重要载体，在传统祭祀建筑中占有重要地位（图2-4）。《周礼·春官宗伯·大祝》中说：“建邦国，先告后土。”后土即土神，也

1 李允鉌．华夏意匠［M］．天津：天津大学出版社，2005：31．需要补充的是，李约瑟对这个问题的看法除了李允鉌所叙述的由于中国早期缺乏大量奴隶劳动力之外，还指出：“从另一个不同的方面看，与古代象征的相互联系哲学可能也有关系。因为如果石料被认为是属于元素土，那么只有把它用在地面和地下是适当的，而木本身就是一种元素，处于土和天的火‘气’之间，所以是适合于用以建筑的唯一物质。”此外，他认为还与一个事实相关，即因为经常会受到地震威胁，所以经验可能表明木材的灵活性及弹性优于坚实但易于震塌的沉重石料。参见：［英］李约瑟．中国科学技术史（第4卷　物理学及相关技术）（第3分册　土木工程与航海技术）［M］．汪受琪，等，译．北京：科学出版社，2008：91.

2 陈薇．木结构作为先进技术和社会意识的选择［J］．建筑师，2003（6）：70-78.

3 王振复．中国建筑的文化历程［M］．上海：上海人民出版社，2000：310.

4 柳肃．营建的文明——中国传统文化与传统建筑［M］．北京：清华大学出版社，2014：290.

图2-4　清雍正祭先农坛图卷一（局部，郎世宁绘）

即社神。周代时列国都城都有社坛，以祀社神，祈求风调雨顺。《礼记·祭义》中说："建国之神位：右社稷，而左宗庙。"《周礼·考工记》中则确定了"左祖右社"的制度。可见，祭祀土地五谷之神的社稷坛与宗庙一样，都是重要的礼制建筑，在古代都城规划中有重要地位。

此外，农耕文化"一分耕耘，一分收获"、"利无幸至，力不虚掷"的特征，造成百姓的生活理想主要是期盼上天赐予风调雨顺的天时，一家人在自己的土地上耕耘与收获，过着安宁和睦的生活，这种生活方式对国民性的塑造有不小的影响。一般而言，中国人尤其关注看得见的现世社会生活，不作纯粹抽象的思辨，形成了务实、实际的民族性格，传统建筑在不少方面也表现出与之相应的文化审美特征。例如，赵劲松认为，农耕生活引发的务实精神，在建筑上主要表现为两个方面：其一，注重结构逻辑的真实性，很少刻意地附加装饰。如古代建筑的抬梁式构架形式，椽、檩、梁、枋、柱等构件脉络清晰，每一个构件目的明确，各得其所，不多不少，各有各的用处，没有可有可无的构件。其二，以人体尺度为出发点，不求高大永恒。中国传统建筑体系一直坚持着有节制的人本主义建造原则，无论什么类型的建筑，都很少建造像西方大教堂那样超出人体尺度的庞大建筑。[1]

1　赵劲松. 从中国文化特征看中国古代建筑的设计意念［J］. 新建筑，2002（3）：72. 需要补充的是，虽然中国传统木构架建筑的各种构件很少刻意附加装饰，但却往往顺应其本身的形状进行一些艺术加工，从而使结构构件能够在一定程度上兼实用与装饰于一身，如将直梁稍加弯曲加工成月梁，秀巧之美便呈现出来。

中国传统建筑的重要特征，当然不独是由农耕生活所引发，但至少农耕文化有助于其生成。因此，从一定程度上可以说，中国传统建筑艺术奠基于农耕文化，并带有强烈的农耕文化特质。

（二）宗法君主专制与宗庙宫室之制

一个民族文化的发展史及其基本特征，除了受特定经济基础制约外，社会政治结构对其影响更是至关重要。概括地说，宗法制和君主专制是传统建筑文化所依赖的社会政治结构。总体上看，与古埃及、古印度、古巴比伦等其他文明古国相比较，中国古代的社会政治结构主要有以下两个显著特点。

第一，以血缘关系为纽带的宗法制度完备而系统。

中国的宗法制由原始社会末期的父系家长制蜕变而来，大约到西周时，逐渐成为一种在贵族血缘关系内部确立亲疏、等级和世袭继承关系的“血缘—政治”制度。具体而言，所谓宗法制，指以宗族血缘为纽带，以嫡长子为大宗（其余嫡子及庶子则分别组成多个小宗），以男性家长为尊所构成的社会政治结构与文化制度，其基本内容包括嫡长子继承制、宗庙祭祀制度、内婚制度、宗子主管制度等。其中，嫡长子继承制是宗法制度的核心。周人一改“兄终弟及”为“父死子继”，主要是为了利用家族父子血亲情感来维系王权的稳定，避免王位继承的纷争。

宗法制度中，等级分明的宗庙祭祀制度对中国传统建筑文化的影响最为直接。[1]宗法之“宗”，按《说文解字》讲，“宀”为房顶，“示”为神主，上下合指供奉神主之位的庙宇，其原始意义为“尊祖庙也”。宗法制度实际是以血缘亲疏（宗系）来辨别同宗子孙的政治地位和尊卑等级关系，以维护宗族的团结及其权力结构，因而十分强调“尊祖敬宗”，“因为系谱是地位的基础，所以在仪式上重新肯定个人在系谱中地位的

1 需要补充的是，中国古代宗法制对城邑建立的影响也很大。对此，张光直有深刻阐述。他认为，宗族分支制度会产生新的支系和建立新城邑的需要。分支宗族的聚集核心便是城墙环绕的城邑。因此，“就动机而论，城市构筑其实是一种政治行动，新的宗族以此在一块新的土地上建立起新的权力中心”，“城邑、氏族和宗族的分级分层，组成了一幅理想的政治结构图”。（参见：［美］张光直．美术、神话与祭祀：通往古代中国政治权威的途径［M］．郭净，陈星，译．沈阳：辽宁教育出版社，1988：7，21.）

祖先崇拜乃是最高的宗教”[1]，宗庙祭祀制度就是达到上述目的的一种重要手段。张光直认为，宗庙不仅充当祭祀礼仪的活动场所，“而且本身就成为一个象征，既为仪式的中心，也是国家事务的中心”。[2]巫鸿认为，从西周开始，宗庙这样的“纪念性建筑”取代了礼器，成为表达新的政治和宗教权威的法定形式。[3]由于全国从最高的“家长”（君王）到普通百姓都有他们的先祖大宗需要祭祀，于是各种专供祭祀祖宗的宗庙建筑便应运而生。

在世界建筑史上，只有东方宗法制才能孕育出宗庙这一奇特的建筑文化现象，它是中国古代社会身份性阶层祭祀祖先的礼制性建筑，是宗法伦理的一个典型象征。一般的庶民，他们的住宅就如同一座家庙，以祖宗的牌位为仪式中心，“这个房屋庇护了一个家庭系，将生者和死者都纳入父系血缘关系的历史、地缘网络中”。[4]宋代以后，通过理学家们的倡导，家庙祭祀越来越平民化，民间形成了以宗子或族长为核心的家族式、平民化的新型宗法组织。

总体上看，宗法制度兼备政治权力统治和血亲伦理制约的双重功能。它对后世的深远影响，首先表现在严格意义上的西周宗法制度消失之后，代之而起的家长制和族长制的长盛不衰，正如戴逸所说：

古代的父权制宗法关系的残余，至宋明以后得到加强，逐渐形成以族长权力为核心，以家谱、族谱、族规、祠堂、族田为手段的严密的宗族制度。在清代，这种以血缘关系为纽带的宗族组织遍布全国城乡，成为封建的社会结构的有机组成部分。[5]

1　张光直．中国青铜时代［M］．北京：三联书店，1983：110.

2　［美］张光直．美术、神话与祭祀：通往古代中国政治权威的途径［M］．郭净，陈星，译．沈阳：辽宁教育出版社，1988：25.

3　［美］巫鸿．中国古代艺术与建筑中的“纪念碑性”［M］．李清泉，郑岩，等，译．上海：上海人民出版社，2009：99.

4　［美］白馥兰．技术与性别——晚期帝制中国的权力经纬［M］．江湄，邓京力，译．南京：江苏人民出版社，2006：47.

5　戴逸．简明清史（第2册）［M］．北京：人民出版社，1984：13.

其次，宗法制度还使中国政治结构具有“家国一体”或“家国同构”的显著特征与格局，即家庭、家族和国家具有组织结构方式的相似性，治国的原则和规范就是治家的原则和规范，恰如梁启超所说：“吾中国社会之组织，以家族为单位，不以个人为单位。所谓家齐而后国治是也。周代宗法之制，在今日其形式虽废，其精神犹存也。”[1]

这种传统社会政治结构，视“天子作民父母，以为天下王”[2]，“比国君为大宗子，称地方官为父母，视一国如一大家庭”，[3]家不过是小国，国不过是大家，而百姓千家都被认为是国君的子民。因而，在这样的“国”中，推行的伦理秩序实际上就是一种“家”的伦理秩序。脱胎于宗法制度的家国一体、由家及国的观念对中国文化的显著影响，便导致中国文化形成一种伦理本位型范式，其核心是确立了传统伦理以维护血缘关系和等级统治的孝亲忠君的基本原则，并在此基础上形成具有宗法特征的“三纲五常”规范体系。其特点表现为忠孝一体，重祖先与尊君父，十分注重家族、家庭内部的尊卑秩序，注重族系延续等。

在中国传统建筑文化类型中唱主角的宫殿建筑，显著反映了“家国一体”的特点。例如，中国的宫殿不仅是王朝的象征，要表现帝王君主的高贵、威严和气势，而且在建筑布局方面以“前朝后寝”的空间秩序体现“家国一体”：“前朝”为“治国”，即帝王理政之区域；“后寝”则为“理家”，即帝王一家居住之区域。而且，由于国家等级制度的结构与家庭相似，所以，传统民居如北方四合院、皖南民居也跟帝王宫殿的结构与布局有相似之处，即除了具有维系宗族内部凝聚力的功能外，一定要体现宗族成员的不同地位，体现家庭的君主——男性家长的权威与地位。沈福煦论及四合院的特点时指出：“从家族制度来说，北京四合院的形式还有一个好处，就是可以不断‘扩张’”，[4]即从小型的一进、

1 梁启超．梁启超全集（第四卷　新大陆游记）[M]．北京：北京出版社，1999：1187.

2 慕平，译注．尚书[M]．北京：中华书局，2009：133.

3 梁漱溟．中国文化要义[M]．上海：上海人民出版社，2011：82.

4 沈福煦．中国古代建筑文化史[M]．上海：上海古籍出版社，2001：308.

二进，一直到有数条中轴线并列的多进。这种住宅型制，显然顺应了古代社会的宗族制度。

第二，高度集中化的君主专制制度极其完备，且延续时间长。

欧洲的君主专制制度形成较晚，产生于特定的历史时期，其寿命也短暂。而且，一开始这种专制制度就存在一些强大的与之抗衡的力量，如以僧侣阶层为代表的宗教势力，无疑对君主专制是一个有力的冲击。中国的专制制度可以说从中国历史踏入文明门槛的那一时刻起就出现了，三千年前的《诗·小雅·北出》中，有“普天之下，莫非王土；率土之滨，莫非王臣”的描述，即所有的土地都归君王所有，所有臣民都是君王的臣仆。虽然春秋时期的宗法封建时代君权的绝对化权威还未完全确立，[1]但自秦以降，尤其是元、明、清三代，传统王朝便一直实行高度集中化的单一君主集权的专制政体，君主职位实行终身制和世袭制，君主独揽国家权力，享有至高无上的地位，且君主专制与圣人、天道相通并逐渐一体化。由于中国专制制度的阶级结构十分单一，一开始就不存在一种能与之抗衡的势力，加之它所依赖的以小农自然经济为主体的经济基础非常稳定，这使得中国的专制体制越来越完备，专制主义越来越被强化，绵延两千余年而不衰。

独特而完备的君主专制的政治文明对中国古代的经济、文化等各个方面都产生了重大影响，中国古代的建筑文化同样显著体现了大一统的专制主义精神。在君主专制的政治制度之下，自命“天子”的君主，其无上至尊的权威需要一种象征，这种象征需要一种物质载体，最好的载体莫过于建筑及其空间组织方式了，在此意义上建筑成了展示君权、皇权绝对意志的工具。由于严格的宗法制度在周代以后即不复存在，因此春秋以后，大体上说，传统建筑文化可以说从“宗庙主导”演变为“宫殿主导”，[2]皇权更明显地表现于壮丽的宫殿建筑艺术上，统治者往往通

1　例如，钱穆先生曾指出：“宗法封建时代，君权未能超出于宗族集团之上。故君、卿、大夫之位，相去仅一间，君位废立，常取决于卿、大夫之公意。”参见：钱穆．国史大纲［M］．北京：商务印书馆，1996：83．

2　关于此点，本章后面有进一步的阐述。

过宏大的宫室建筑彰显君主之重威。例如，《史记·高祖本纪》中有一段对话，经常被引用来说明统治者通过壮丽宏大的宫室建筑彰显君主之重威。这段话是这样说的：

萧丞相营作未央宫，立东阙、北阙、前殿、武库、太仓。高祖还，见宫阙壮甚，怒，谓萧何曰："天下匈匈苦战数岁，成败未可知，是何治宫室过度也？"萧何曰："天下方未定，故可因遂就宫室。且夫天子四海为家，非壮丽无以重威，且无令后世有以加也。"[1]

在这里，宫室的宏伟壮丽成了君主权力的象征和负载工具。其实，且不说处处体现帝王之尊的都城规划与宫殿建筑，就是一般的民居建筑，也体现了封建家长制下的严格等级观念，折射出中国传统社会政治结构的基本特点。

（三）"礼"文化与传统建筑

"礼"是中国传统文化的重要特质，是儒家伦理的核心内容。1983年，钱穆在台湾接见美国学者邓尔麟（Jerry Dennerline）时说过，中国文化的特质是"礼"，西方语言中没有"礼"的同义词，它是整个中国人世界里一切习俗行为的准则，标志着中国的特殊性。事实上，古代中国的家庭、家族、都城、国家，都是按照"礼"的要求建立起来的，从立国兴邦的各种典制到人们的衣食住行、生养死葬、人际关系的行为方式等，无不贯穿着"礼"的规定。在此意义上可以说，"礼"是中国传统文化无所不包的文化体系。

学界一般认为"礼"的起源与祭祀活动紧密相关，是由各种祭典及祭祀礼仪发展而来的。《礼记·礼运》中说："夫礼之初，始诸饮食，其燔黍捭豚，污尊而抔饮，蒉桴而土鼓，犹若可以致其敬于鬼神。"这段话的大意是说，远古时期，人们将日常的饮食牺牲、击鼓作乐等方式敬

1　许嘉璐，安平秋．二十四史全译：史记（第一册）[M]．北京：汉语大词典出版社，2004：138.

奉于鬼神，这就是“礼”的初始。《说文解字》说：“禮，履也，所以事神致福也。从示，从豊。”《说文·示部》对“示”字的解释是：“天垂象，见吉凶，所以示人也，从二。三垂，日月星也。观乎天文以察时变，示神事也。”《说文·豊部》对“豊”的解释是：“豊，行礼之器也，从豆象形。”清代学者段玉裁在他的《说文解字注》曰：“礼有五经，莫重于祭，故礼字从示。豊者，行礼之器。”可见，构成“禮”字的“示”“豊”与祭祀紧密相关。王国维对礼之起源的阐释，得到多数学者认同：

> 盛玉以奉神人之器谓之囲若豊，推之而奉神人酒醴亦谓之醴，又推之而奉神人之事通谓之礼，其当初皆用囲若豊二字，其分化为醴禮二字，盖稍后矣。[1]

王国维认为，礼的发展经历了由“祭器”到“酒醴”到“祭事”的过程，即礼最早是指用器皿盛玉献祭神灵，后来也兼指以酒献祭神灵，再后来则泛指一切祭祀神灵之事。郭沫若的观点也大致相同，他认为：“大概礼之起，起于祀神，故其字后来从示，其后扩展而为对人，更其后扩展而为吉、凶、军、宾、嘉的各种仪制。”[2]因之，“礼”最初是以祭祀神灵（祖先）为核心的宗教仪式，体现了先民对象征性仪式与实质性的人与宇宙神灵之间关系的认识。

“礼”在后来的发展中，应用范围不断扩展，并将“事神”与“治人”两项重要功能有机结合起来，从最初的祭祀领域到政治、军事、律法、财产分配、日常起居等不同领域，成为一个功能混融的文化体系。正如邹昌林所言：“‘礼’在其他文化中，一般都没有越出‘礼俗’的范围。而中国则相反，‘礼’不但是礼俗，而且随着社会的发展，逐渐与政治制度、伦理、法律、宗教、哲学思想等都结合在了一起。这就是从‘礼俗’发展到了‘礼制’，继而从‘礼制’发展到了‘礼义’”。[3]尤

1 王国维．观堂集林（卷六）第一册［M］．北京：中华书局影印本，1991：291.

2 郭沫若．十书批判［M］．北京：东方出版社，1996：96.

3 邹昌林．中国古礼研究［M］．台北：文津出版社，1992：11.

其重要的是，“礼”的伦理功能从西周后期开始突显，“礼”演变为以血缘为纽带，以伦理为本位、以等级差别为特征的制度性规范，渗透在君臣、父子、夫妇、兄弟等各种人伦关系和社会生活的各个领域之中，以强劲的力量规范着中国人的生活行为、心理情操与是非善恶观念。《礼记·祭统》中有如下一段话，充分说明周代时祭礼的内涵已远非宗教崇拜，而具有了伦理规范的功能：

凡治人之道，莫急于礼。礼有五经，莫重于祭。……夫祭有十伦焉：见事鬼神之道焉，见君臣之义焉，见父子之伦焉，见贵贱之等焉，见亲疏之杀焉，见爵赏之施焉，见夫妇之别焉，见政事之均焉，见长幼之序焉，见上下之际焉。

“礼”作为儒家学说的重要范畴，是儒家思想的根源之一，这从儒学又被称为“礼学”或“礼教”可见一斑。孔子痛感他那个时代（春秋时代）“礼”已经被破坏，其主要的理想便是志在恢复“周礼”，重新建立一种理性化的社会秩序。儒家认为，“礼”最突出的伦理功能是“分”和“异”，即身份的等级划分要分明、要“有别”。于是，儒家将社会关系中的双方，划分出尊卑、主从关系，然后以此来规定双方各自的权利与义务。在君臣关系中，君为尊、为主，臣为卑、为从；在父子关系中，父为尊、为主，子为卑、为从；在夫妻关系中，夫为尊、为主，妻为卑、为从。依此，才能等级分明、尊卑有序，从而实现个人、家庭与社会之间全方位的秩序与和谐。如《荀子·富国》中说：“礼者，贵贱有等，长幼有差，贫富轻重皆有称者也。”《礼记·曲礼上》说：“夫礼者，所以定亲疏、决嫌疑、别同异、明是非也。”《礼记·曾子问》中说：“贱不诔贵，幼不诔长，礼也。”而且，作为一种统治秩序和人伦秩序规定的“礼”，往往把强调整体秩序作为最高价值取向，每个人首先要考虑的是应该在既有的人伦秩序中安伦尽份，维护整体利益，形成一个等级分明、尊卑有序、不容犯上僭越的社会。因此，“古代礼制中那些器物、车舆、宫室的繁复安排在社会功能上都是为了彰明等级制的界分、增益等级制的色彩、强化等级制的区别”。[1]

儒家伦理把建立尊卑有序的社会等级秩序看成是立国兴邦的人伦之本，“贵贱无序，何以为国”。[2]对于一个国家来说，“上无礼，下无学，贼民兴，丧无日矣”。[3]因此，孔子主张对人民要“道之以德，齐之以礼”，使之“有耻且格”。[4]而且，在孔子看来，不仅大到对国家的治理需要礼，小到个体的举手投足、视听言行，都应该有着严格而具体的礼之要求。《论语・季氏》记载，孔子对其儿子伯鱼的教诲是“不学礼，无以立”。在《论语・尧曰》中，他对弟子的教戒同样是“不知礼，无以立也”。这说明，在孔子看来，礼是每一个人立足于人伦社会的基本依据，所以他才对季氏“八佾舞于庭”的违礼现象感到“是可忍也，孰不可忍也”。[5]对于管仲在建筑上的逾制违礼做法，孔子同样也颇为不满。《论语・公冶长》有一段说：“然则管仲知礼乎？曰：邦君树塞门，管氏亦树塞门；邦君为两君之好有反坫，管氏亦有反坫。管氏而知礼，孰不知礼？”因为依照礼制，只有国君才可以在大门口筑一道短墙——塞门（相当于照壁），管仲居然也照做；国君为了接待和宴请列国的国君，才在殿堂上建造放置酒具的土台——反坫，管仲又有什么必要也去设置呢？可见，无论是“塞门”还是“反坫”，都是只有国君才配享有的建筑，管仲超越一个臣子的本分去建这些东西，在孔子看来，便是违背了礼的规定。

由于在社会生活、家庭生活、衣食住行和生养死葬的各个层面都要纳入“礼”的制约之中，因而作为起居生活和诸多礼仪活动的物质场所之建筑及其空间，理所当然要发挥“养德、辨轻重”[6]，从而维护等级制度的社会功能。以礼制形态表现出的一整套古代建筑等级制度便是这一

1　陈来．古代宗教与伦理［M］．北京：三联书店，2009：299.

2　杨伯峻．春秋左传注（修订本）［M］．北京：中华书局，1990：1674.

3《孟子・离娄上》

4《论语・为政》。原文的完整句子是，子曰：“道之以政，齐之以刑，民免而无耻；道之以德，齐之以礼，有耻且格。”

5《论语・八佾》

6《荀子・富国》

制度伦理的具体体现。

除此之外，“礼”文化对中国传统建筑的影响还表现在建筑类型上形成了中国独特的礼制建筑系列，在建筑的群体组合形制和空间序列上形成了中轴对称、主从分明的秩序性空间结构。同时，礼制的高度因袭性，也进一步强化了中国传统建筑体系的超稳定性。对此，将在下文进一步阐述。

需要补充说明的是，虽然以儒家为主的“礼”文化对中国古代建筑与城市规划产生了极其重要的影响，但并不排除其他思想文化的影响，如阴阳五行和堪舆风水学说对传统建筑的规划、布局和具体形制的重要影响，道家思想对中国古代建筑审美文化尤其是园林艺术的影响等。

二、宫室之制与宫室之治：中国古代建筑伦理的制度化

中国建筑从殷周开始一直到清代，以其伦理制度化的形态，成为实现宗法伦理价值和礼制等级秩序的制度性构成，形成了迥异于西方建筑文化的“宫室之制”与“宫室之治”传统，并由此塑造了中国传统建筑文化绵延数千年的独特伦理内核。

（一）宫室之制：“礼”的物化制度形态

“礼”上升到制度层面，便是礼制。古代礼制的全面确立及其系统化始于西周。至少从“周公制礼作乐”开始，以伦理制度化形态所表现的宫室之制乃至都城布局便是礼制的重要内容，成为宗法等级制度的重要象征与物化形态。所谓“宫室之制”，简言之就是指中国古代宫室建筑之礼制化。[1]具体而言，主要指宫室建筑在形制上的程式化和数量上的等级化，以宗法伦理制度形态表现出的一整套中国古代建筑等级制度，

1　在上古，宫和室是不分的，如《尔雅·释宫》中讲：“宫谓之室，室谓之宫。”郭璞注：“皆所以通古今之异语，明同实而两名也。”殷商以后，“宫”是房屋的统称，一般人的居室也可叫“宫”。唐陆德明《经典释文·〈尔雅〉》音义：“宫，古者贵贱同称宫，秦汉以来惟王者所居称宫焉。”也就是说，秦汉以后，为别尊卑，才开始特指帝王之宫。

是宫室之制的核心内容。

从一般意义上说，所谓建筑等级制度，是指统治者按照人们在政治上、社会地位上的等级差别，制定出一套典章制度或礼仪规矩，来确定合适于自己身份的建筑形式、建筑规模、色彩装饰、建筑用材与构架等，从而使建筑成为传统礼制的物化象征。古代中国的建筑等级制度在周代得以明确形成，一直为后世的建筑等级制度所沿用，并不断得到强化。其后，建筑等级制度主要经历了唐、宋、明、清各代的不断修订、补充，逐渐由较为粗疏发展为一套缜密的建筑等级制度，其周密繁琐乃世所罕见。中国古代建筑等级制度自滥觞之时，便是一种礼法混同、德法合体的建筑等级制度，而非单纯的伦理等级制度。唐以后，由于礼法合流的局面得到全面展开和推进，建筑等级制度的法律属性得以强化，基本标志就是建筑等级制度主要通过唐开元年间制定的《营缮令》等行政法规和帝王诏书的形式加以规定和颁布。明清时期建筑等级制度还通过单行法令的形式加以补充，并编纂进《大明会典》和《大清会典》之中。

礼的要义是上下之纪、人伦之则，礼制的本质在于明上下、别贵贱。对于礼制而言，明确的等级差别是极其重要的。因此，宫室之制首先要解决的问题就是，如何让建筑具有区分尊卑贵贱的等级象征和价值标识功能。沈文倬认为，用礼来表现等级身份，不外有两个方法，第一种方法他称之为“名物度数”，“就是将等级差别见之于举行礼典时所使用的宫室、衣服、器皿及其装饰上，从其大小、多寡、高下、华素上显示其尊卑贵贱”[1]，他将这种体现差别的器物统称之为“礼物”；第二种方法他称之为“揖让周旋”，“就是将等级差别见之于参加者按其爵位在礼典进行中使用着礼物的仪容动作上，从他们所应遵守的进退、登降、坐与、俯仰上显示其尊卑贵贱”[2]，他将这些称之为“礼仪”。沈文倬就典礼内容来说明等级身份的两种礼制表现方法，其实是后世礼家对礼仪制度的基本分类。显然，作为“礼物”的宫室之制，主要采取的是“名物度

1　沈文倬. 宗周礼乐文明考论［M］. 杭州：浙江大学出版社，1999：5.

2　沈文倬. 宗周礼乐文明考论［M］. 杭州：浙江大学出版社，1999：5.

数”的礼制方法。需要注意的是，“名物度数”与“揖让周旋”有着内在联系，如宋代李如圭说：“读礼者苟不先明乎宫室之制，则无以考其登降之节、进退之序，虽欲追想其盛而以其身揖让周旋乎其间且不可得，况欲求之义乎。”[1]清代一些治礼者，也多重视宫室之制，认为只有了解宫室制度以后，才知行礼之方位，揖让升降的礼仪才有所依附，或者也可以说，只有在符合一定要求的宫室建筑之内，才能行合乎礼制的仪容动作，礼仪活动才能在特定的物质空间中层层推进。

众所周知，宫室最初的功能是满足人类最基本的遮风避雨的实用功能，如《周易·系辞下》中讲:“上古穴居而野处，后世圣人易之以宫室。上栋下宇，以待风雨。”《墨子 · 节用中》:“古者人之始生，未有宫室之时，因陵丘堀穴而处焉。圣王虑之，以为堀穴曰：‘冬可以辟风寒’，逮夏，下润湿，上熏烝，恐伤民之气，于是作为宫室而利。”然而，中国古代宫室建筑不独有其实用功能，从其诞生之日起就与礼制有着内在关联。如《墨子 · 辞过》中讲：“古之民，未知为宫室时，就陵阜而居，穴而处，下润湿伤民，故圣王作为宫室。为宫室之法，曰室高足以辟润湿，边足以圉风寒，上足以待雪霜雨露，宫墙之高，足以别男女之礼，谨此则止。”《墨子》中的这段话清楚地说明，如果说巢穴还仅仅只是满足人类最基本的遮蔽性需求，那么宫室显然不同于原始巢穴，它还有“足以别男女之礼”的伦理性功能。其实，宫室何止“别男女之礼”！它还担负着“别君臣之礼”“别夫妇之礼”的礼仪功能，担负着“养德、辨轻重”的伦理功能。《荀子 · 富国》中说：

故为之雕琢、刻镂、黼黻文章，使足以辨贵贱而已，不求其观；为之钟鼓、管磬、琴瑟、竽笙，使足以辨吉凶，合欢、定和而已，不求其余；为之宫室、台榭，使足以避燥湿，养德、辨轻重而已，不求其外。

实际上，从周代开始，宫室与服饰、车舆一样，超越了“用事”的实用

1　李如圭. 仪礼释宫（景印文渊阁四库全书第103册）[M]. 台北：台湾商务印书馆，1983：523.

功能，是表达礼的价值判断的象征性承载物，具有区分亲疏远近和社会等级的节度作用。例如，在丧礼或吊唁之礼中，如同丧服可以明显地表现血统亲疏的等级，建筑也有类似礼制功能。《礼记·檀弓上》记载的“孔子哭伯高之丧”的故事便是一个很好的例证：

伯高死于卫，赴于孔子。孔子曰：“吾恶乎哭诸？兄弟吾哭诸庙，父之友吾哭诸庙门之外，师吾哭诸寝，朋友吾哭诸寝门之外，所知吾哭诸野。于野则已疏，于寝则已重。夫由赐也见我，吾哭诸赐氏。”遂命子贡为之。曰：“为尔哭也来者，拜之。知伯高而来者，勿拜也。”

这段话是说，有人到鲁国告诉孔子伯高死于卫国。伯高既非孔子的兄弟，所以不能在祖庙中哭；伯高也非孔子父亲的朋友，所以不能在庙门外边哭；伯高也非孔子的老师、朋友和普通认识的人，所以不能在自己的寝室里哭、在寝室的中门外哭以及在家以外的旷野哭。最后，对于经由子贡介绍而认识不久的伯高，孔子认为如果在旷野哭则嫌太疏远，如果在寝室哭则又嫌太隆重。因此，孔子决定到子贡家去哭伯高，才符合礼仪要求。

作为哭丧场所的建筑不仅能区分人与人之间亲疏厚薄的伦理关系，更重要的是，中国古代的宫室还形成了“名物度数”的建筑等级制度。“名物”一词数次出现在《周礼》中，如《周礼·春官宗伯》中说，“司几筵：掌五几、五席之名物，辨其用与其位”,“司服：掌王之吉凶衣服，辨其名物与其用事”，“典路：掌王及后之五路，辨其名物与其用说”。在这里，“名物是指上古时代某些特定事类品物的名称。这些名称记录了当时人们对特定事类品物从颜色、性状、形制、等差、功能、质料等诸特征加以辨别的认识”。[1]《周礼》中包含了较为丰富的建筑类名物词，如昭、穆、社、稷、宫、圜土、祠、城、郭等，所以要辨别这些建

1　刘兴均.“名物”的定义与名物词的确定［J］. 西南师范大学学报（哲学社会科学版），1998（5）：85.

筑的名称和种类，以及所适用的礼事。后世训诂学中名物训释的一个重要内容就是训释宫室建筑的名称，包括追溯宫室建筑命名的缘由，以礼图的形式描摹其具体的建筑形制，阐述宫室建筑名称与形制的演变过程等。

《礼记·曲礼下》中有一段话很重要："君子将营宫室，宗庙为先，厩库为次，居室为后。"这段话我们一般是从建筑营建的先后次序上来理解，即君子营建宫室的礼仪，首先要建造的是宗庙，其次建造马厩仓库，最后才建居室。但实际上先秦之前，"宫"与"庙"不分，宗庙、厩库和居室并非单独存在的建筑，而只是作为宫室建筑的组成"部件"，共同发挥着作为礼器（也可以用"礼物"表达）的功能。沈文倬认为，宫室建筑是先造庙后造寝的，庙与寝并列，寝西庙东，样式相同，"这样的庙寝并列，就是所谓的'宫'，士以上应该住包括庙与寝在内的叫作宫的房子"。[1]杨宽认为，"周族的习惯，庙和寝造在一起，庙造在寝的前面，这到春秋时还是如此。"[2]由此我们可以说，周代及其以后的礼制实际上将宫室视为一种礼器，其核心是藏祖先之主进行祭祀之礼的场所——宗庙，而后世著录礼器的书籍一般也将宫室看作礼器的组成部分。例如，宋代聂崇义的《新定三礼图》将礼器划分为六种，即服饰、宫室、射具、玉器、盛器、丧具；清代江永的《礼书纲目》列有丧服、祭物、名器、乐器专目，宫室则属于名器之一种。美术史家巫鸿的一个观点也间接说明了在商周和汉代建筑物为何能够成为礼器，他指出："一件商周青铜彝器或者一块汉画像石从来都不是作为独立的'艺术品'制作出来的，并且也从来不被当成一件独立的'艺术品'使用和看待。这些作品最初总是一个更大的集合体（要么是一组礼器，要么是一套画像）的组成部分，而这些集合体又总是特定建筑物——宗庙、宫殿或坟墓——的内在组成部分。"[3]

---

1 沈文倬. 周代宫室考述［J］. 浙江大学学报（人文社会科学版），2006（3）：39-40.

2 杨宽. 先秦史十讲［M］. 上海：复旦大学出版社，2006：192.

3 ［美］巫鸿. 中国古代艺术与建筑中的"纪念碑性"［M］. 李清泉，郑岩，等，译. 上海：上海人民出版社，2009：98.

宫室作为礼器，不仅是一种名物词，本身如同其他礼器一样，有形制、数量上的区别，正如《左传》中说“名位不同，礼亦异数”[1]，由此而形成了等级分明的伦理化制度形态。《礼记·乐记》中云：“簠簋俎豆，制度文章，礼之器也；升降上下，周还裼袭，礼之文也。”可见，礼器不仅是簠簋俎豆之类的实物性存在，还是制度文章之符号性彰显。关长龙认为，礼器之“制度”与“文章”作为礼器的符号性表达各有侧重，“制度”规定典礼时具体用度的多少、大小、高下、文素，以及仪式的选择组配之法度条目等，“文章”则通过形态、结构、布局得以呈现。[2]

从礼器视角解读宫室之制，我们发现宫室建筑首先要通过“数量”所具有的独特礼制意义与伦理意蕴，使“数”与“量”成为标识和象征建筑等级的重要符号。例如，把完美的阳数之极“九”视为最尊贵的数字，代表与“天”和帝王有关的数字，然后根据“自上而下，降杀以两，礼也”[3]的原则，七、五、三之有序递减，形成传统建筑数量等级系列。在这里，数字不是单纯的符号，实质上成了一种表现伦理等级内涵的代码。《周礼·春官宗伯·典命》记载了周代不同爵位等级者在都城、宫室、车骑、衣服、礼仪等方面的等级规定：

典命：掌诸侯之五仪、诸臣之五等之命。上公九命为伯，其国家、宫室、车旗、衣服、礼仪，皆以九为节。侯伯七命，其国家、宫室、车旗、衣服、礼仪皆以七为节。子男五命，其国家、宫室、车旗、衣服、礼仪皆以五为节。王之三公八命，其卿六命，其大夫四命；及其出封，皆加一等，其国家、宫室、车旗、衣服、礼仪亦如之。

由此可见，依据礼制之规定，宫室与都城、车骑、衣服一样，依据不同地位和身份，分别以九、七、五之节度有序递减。对此，东汉郑玄在《周礼注疏》中还进一步注曰：“国家，国之所居，谓城方也。公之城盖

1 杨伯峻. 春秋左传注（修订本）[M]. 北京：中华书局，1990：207.

2 关长龙. 礼器略说 [J]. 浙江大学学报（人文社会科学版），2014（2）：21—23.

3 杨伯峻. 春秋左传注（修订本）[M]. 北京：中华书局，1990：1114.

方九里，宫方九百步；侯伯之城盖方七里，宫方七百步；子男之城盖方五里，宫方五百步。”[1]这里涉及周代不同爵位者所应享用的城郭、宫室方圆大小的规模定制，其方圆大小按所封爵位高低依九、七、五有序递减。

与此相适应，在寝庙制度和门朝制度上都有相应的数量等级规定。周代自天子至于士，路寝、宗庙的形制或模式相同，只是等级上有所差异。关于路寝之制，沈文倬总结了相关典籍繁杂的说法后指出：“因爵位不同，正寝之外，燕寝是有多有少的。天子五寝，诸侯三寝，卿大夫一寝，士则无燕寝而有下室。”[2]关于宗庙之制，《礼记·王制》中说：

天子七庙，三昭三穆，与太祖之庙而七；诸侯五庙，二昭二穆，与太祖之庙而五；大夫三庙，一昭一穆，与太祖之庙而三；士一庙，庶人祭于寝。

这一规定表明，天子、诸侯、大夫、士与庶人依据不同的社会等级地位，其相应的庙制也从七依奇数级差而递减，天子可以立三昭庙、三穆庙，加上太祖庙共七座宗庙，诸侯、大夫、士则依次相应降等，庶民则只能在自家住宅中祭祖。关于门朝的等级规定，郑玄注《礼记·明堂位》时云：“天子五门：皋、库、雉、应、路。鲁有库、雉、路三门，则诸侯三门与。”[3]这说明门朝制度的基本规定是天子五门，诸侯三门。

此外，关于住宅类单体建筑的间架等级，《礼记》中没有明确规定。但在隋唐时期的封建典制《营缮令》中做出了如下规定：

准《营缮令》：王公以下舍屋不得施重栱、藻井。三品以上，堂舍不得过五间九架，厅厦两头；门屋不得过五间五架。五品以上，堂舍不

1 郑玄注，贾公彦疏.《周礼注疏》(中)[M]. 上海：上海古籍出版社，2010：785.

2 沈文倬. 周代宫室考述[J]. 浙江大学学报(人文社会科学版)，2006(3)：40.

3 《十三经注疏》整理委员会. 十三经注疏·礼记正义(上、中、下)[M]. 北京：北京大学出版社，1999：942.

得过五间七架，厅厦两头；门屋不得过三间两架。仍通作乌头大门。勋官各依本品。六品、七品以下，堂舍不得过三间五架，门屋不得过一间两架。……又，庶人所造堂舍，不得过三间四架；门屋（不得过）一间两架。仍不得辄施装饰。又准律，诸营造舍宅，于令有违者，杖一百。虽会赦令，皆令改正。[1]

由此可见，中国古代通过“数量”标示建筑等级，首先是以多、以大为尊贵。正如《礼记·礼器》中说，“礼，有以多为贵者：天子七庙，诸侯五，大夫三，士一”；“有以大为贵者：宫室之量，器皿之度，棺椁之厚，丘封之大。此以大为贵也”。其次，还以高为尊贵。如在说明建筑台基时，《礼记·礼器》中说：“有以高为贵者：天子之堂九尺，诸侯七尺，大夫五尺，士三尺；天子、诸侯台门。此以高为贵也。”

以上所述，体现了宫室作为礼器在规模、形制、数量等方面的制度性规定，宫室作为一种礼制象征符号，还要通过其装饰、形态、布局、结构之“文章”，进一步彰显宫室的象征和节度作用。在装饰等级方面，《礼记·明堂位》中说：“山节藻棁，复庙重檐，刮楹达乡，反坫出尊，崇坫康圭，疏屏，天子之庙饰也。”这里具体规定了只有天子之庙才配享有的各种庙饰。也正因为如此，《论语·公冶长》中记载孔子对臧文仲在建筑上的违礼逾制感到不满：“臧文仲居蔡，山节藻棁，何如其知也。”鲁国正卿臧文仲家的祭祀之堂不仅有国君的用物蔡龟，还将斗栱雕成山形，房梁上的短柱绘以水草纹饰。这原本是天子宗庙才有的装饰，臧文仲这么做就是僭越礼制。

唐以后，房屋装饰之制更加严格，如《唐会要》中规定“王公以下舍屋不得施重栱、藻井”，“非常参官，不得造轴心舍。及（不得）施悬鱼、对凤、瓦兽、通栿乳梁装饰”[2]。而在《大明会典》中仅以对公侯的

1 ［宋］王溥．唐会要［M］．北京：中华书局，1960：575．这里“重栱”指二跳以上的斗栱，“厦”指坡屋顶。

2 ［宋］王溥．唐会要［M］．北京：中华书局，1960：575．这里“常参官”据《唐六典》解释，“谓五品以上职事官、八品以上供奉官、员外郎、监察御史、太常博士”。“轴心舍”指将前堂和后室用廊连接，形成“工”字形的做法。

房屋建制及装饰的规定为例，其繁异程度便可见一斑：

公侯：前厅七间、或五间、两厦九架。中堂七间九架。后堂七间七架。门屋三间五架。门用金漆、及兽面摆锡环。家庙三间五架。俱用黑板瓦盖。屋脊用花样瓦兽。梁栋斗栱檐桷，用彩色绘饰。窗枋柱用金漆、或黑油饰。其余廊庑库厨从屋等房，从宜盖造。俱不得过五间七架。[1]

在清代，据《钦定大清会典则例》（卷127）记载："顺治九年又题准：公侯以下官民房屋，台阶高一尺。梁栋许绘五彩杂花，柱用素油，门用黑饰。官员住屋中梁贴金。二品以上官正房得立望兽，余不得擅用。"可见，清代同样对百官及庶民的建筑装饰有严格的规定与限制。

颜色的分别及色彩的鲜明程度也与建筑等级密不可分。《春秋穀梁传·庄公二十三年》中说："礼，天子诸侯黝垩，大夫仓，士黈。丹楹，非礼也。"[2]大意是依据礼制，天子和诸侯宫室里的柱子应涂漆成黑色，大夫住宅的柱子用青色漆，士的房子的柱子则用黄色。鲁庄公作为一个诸侯，用朱漆涂柱则逾越礼制。宫室建筑的屋面、柱子等地方的颜色等级后来有所变化。从汉代开始五行说流行后，黄色、金色代表统领四方的中央，象征高贵与华丽，因而黄色代替红色，位居建筑用色的最尊等级。此后，中国传统建筑的柱子颜色等级排列与先秦时期不同，代之以黄色第一，其次是红色，最低等级为黑色。李路珂认为，先秦时期，中国已有了象征非常明确的五种基本色彩——青、赤、黄、白、黑，而至迟在汉代，"五色配五方"的象征图式就已经体现在礼制建筑空间中。而且，作为礼制系统的一部分，"五色"成了划分等级的工具，其中柱子的色彩、大门的色彩、屋面的色彩都可成为标示等级的因素。[3]

---

1 李东阳等纂．大明会典（卷之六十二）中国哲学书电子计划．https:// ctext. org. 2015. 12. 2登陆.

2 白本松译注．春秋穀梁传［M］．贵阳：贵州人民出版社，1998：131.

3 李路珂．象征内外——中国古代建筑色彩设计思想探析［J］．世界建筑，2016（7）：37.

从建筑形态上看，中国古代建筑的最大形态特征，大概不能不首推其“翼展之屋顶部分”。[1]古代建筑的屋顶建构有多种型式，不同型式往往具有不同的伦理品位。一般以庑殿式为尊（其中重檐庑殿式为最尊），歇山次之，悬山又次之，硬山、卷棚等为下（图2-5）。庑殿顶为皇宫主殿及佛殿专用，如北京故宫太和殿即为重檐庑殿顶，歇山顶在唐代三品以上官员的厅堂还可以用，而明代洪武二十六年（1393年）后，歇山顶作为传统建筑中伦理品位显贵的大屋顶型式，只能用于宫殿、帝王陵寝与一些大型的寺庙殿宇之上，以其庄重、雄伟之势，十分触目地表现帝王的至尊，从一品官员到民间百姓是决不允许建造庑殿顶、歇山顶的。

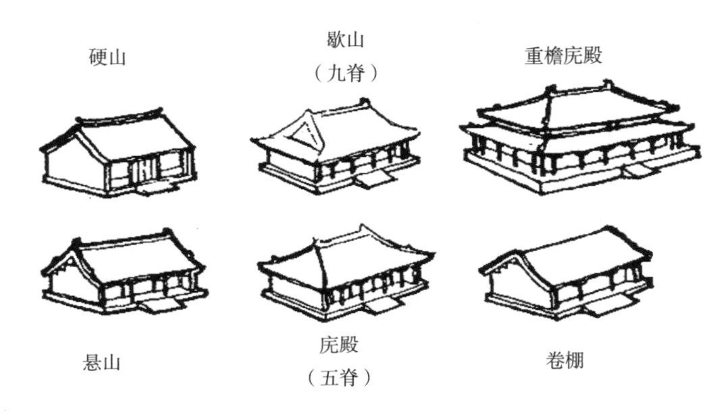

图2-5　中国传统建筑几种主要的屋顶式样

此外，建筑构件的工艺技术水平、建筑的结构形式与构造做法，同样可能成为反映建筑等级的标志。西周时，椽或柱砍削打磨的粗细度可以反映建筑等级。这方面的规定从《国语·晋语》中的一段话可见一斑：

1　梁思成. 中国建筑史［M］. 北京：三联书店，2011：5. 梁思成、林徽因指出：“依梁架层叠及‘举折’之法，以及角梁、翼角，椽及飞椽，脊吻等之应用，逐形成屋顶坡面，脊端，及檐边，转角各种曲线，柔和壮丽，为中国建筑物之冠冕。”关于这种翼展或反宇屋面，他们主要是从结构与实用功能方面阐述其成因的。但也有学者从文化和审美视角探讨其成因。例如，程建军在论及中国古代建筑反宇屋面的成因时指出：“说穿了，建筑形式上的圆（以曲线表示）象天象规，下方法地法矩，示后人以礼制规矩，便是中国古建筑凹曲屋面产生及历久不衰的最深层的文化因素。”（参见：程建军. 中国建筑与周易［M］. 北京：中央编译出版社，2010：136.）

赵文子为室，斫其椽而砻之，张老夕焉而见之，不谒而归。文子闻之驾而往曰："吾不善，子亦告我，何其速也！"对曰："天子之室，斫其椽而砻之，加密石焉。诸侯砻之，大夫斫之，士首之。备其物，义也；从其等，礼也；今子贵而忘义，富而忘礼，吾惧不免，何敢以告？"[1]

晋国卿大夫赵文子建造宫室之所以违礼，就是他的宫室砍削房椽后又加以细磨，这是只有天子之室才有的工艺。按礼的要求，诸侯宫室的房椽只需粗磨，大夫家的房椽要加以砍削，而士的房子则只要砍掉椽头就可以了。

从建筑的结构形式来看，在宋代的《营造法式》中主要有殿堂和厅堂两类结构形式，其用材等级是显著不同的，"凡构屋之制，皆以材为祖。材有八等，度屋之大小，因而用之"[2]。可见，不同规模、不同等级的建筑，需选用不同等级的材（表2-1）。《营造法式》中规定的材分制度，原本只是工程技术层面的制度，但由于它与建筑等级制的结合，便成了表现封建等级秩序的技术工具，即人们一旦按照规定严格选材营建房屋，这样建筑的体量、大小、屋顶的形式、结构形式与做法就大致被框定了。

《营造法式》中规定的宋代官式建筑用材的八等规格和相应的材分　表2-1

木材等级	广度（寸）=1材	厚度（寸）	每分° =分	建筑类别
一等	9	6	6	九至十一开间的大殿
二等	8.25	5.5	5.5	五至七开间的殿堂
三等	7.5	5	5	三至五开间殿、七开间堂
四等	7.2	4.8	4.8	三开间的殿、五开间的厅堂
五等	6.6	4.4	4.4	小三开间殿、大三开间厅堂
六等	6	4	4	亭榭、小厅堂
七等	5.25	3.5	3.5	亭榭、小殿堂
八等	4.5	3	3	小亭榭、藻井

1　邬国义，胡果文，李小路．国语译注［M］．上海：上海古籍出版社，1994：442.

2　［宋］李诫，邹其昌点校．营造法式（修订本）［M］．北京：人民出版社，2011：29．这里"材"是《营造法式》中建筑构件的长度标准，按木材横断面的大小，分为八个等级，一等最高，八等最低。

清代《清工部工程做法则例》中明确地把大式、小式两种做法作为建筑等级的基本标志，全书编有27种不同类型的房屋范例，其中大式做法23例，小式做法4例。“大式建筑”往往用于宫殿、庙宇、府第、衙署和上层人士宅院，“小式建筑”则用于一般民居住宅、铺面或其他杂用。小式建筑绝不能使用歇山、庑殿等屋顶形式，也绝不能用斗栱。大式、小式这两种做法，不仅在间架、屋顶、材分规格、出廊形制等方面有明确限定，尤其是作为中国建筑技术独特创造的斗栱技术，也作为特定符号表现了封建社会伦理等级观念。

斗栱是中国木构架体系建筑独有的构件，最初是柱与屋面之间的承重构件（图2-6）。在斗栱型制的历时性演变过程中，斗栱最初的承托、悬挑、拉结等结构功能，早在春秋时期便开始被等级观念所利用，将其力学结构的实用功能赋予礼仪的或伦理的功能。尤其是到了明清时期，随着木构架在厅堂型基础上逐步简化，柱头之间使用了额枋、随梁枋等水平承重及联系构件，斗栱的结构功能几近消失，斗栱实际演变成了一种具有高度程式化和等级化的装饰物或文化符号，成为等级制的建筑表述。简单说，斗栱的复杂性与其建筑等级位份呈正相关的关系，斗栱表示的等级是：有>无，多>少，大>小，如一般只有在宫殿、帝王陵寝、坛庙、寺观等重要建筑才允许使用斗栱，并以斗栱叠铺层数多少，[1]以及材等的大小等来表示建筑的政治伦理品位。王鲁民说：“在中国古代，斗栱一直既是人们身份等级的标志，又是高等级建筑的标志，长时间里是人们在建造中刻意追求的对象。希望在自己的建筑上安排斗栱，以提高建筑的等级和自己的身份地位，应是当时社会文化使然的普遍倾向。”[2]

1　斗栱从结构上看，最重要的是栌斗（即斗栱底部、柱头之上的那块大方木）和华栱，后者是从栌斗上挑出的、与建筑物正面成直角的栱。华栱可以上下重叠使用，层层向外或向内挑出，称为“出跳”。出跳的多少可以代表斗栱等级的高低。《营造法式》述：“凡铺作自柱头上栌科口内出一栱或一昂，皆谓之一跳；传至五跳止。出一跳谓之四铺作，出两跳谓之五铺作，出三跳谓之六铺作，出四跳谓之七铺作，出五跳谓之八铺作。”（[宋]李诫，邹其昌点校．营造法式（修订本）[M]．北京：人民出版社，2011：34．）这里铺作即指斗栱或斗栱类型，出一跳称作四铺作，出两跳称作五铺作，以此类推，可见铺作数等于出跳数加三。

2　王鲁民．中国古典建筑文化探源[M]．上海：同济大学出版社，1997：97.

中国的宫室建筑从起源之初就显现为一种复合式结构，以相互联结、在平面上展开的封闭式院落布置为特征，至少可分为建筑院落和建筑组群（即宫城）两个层次。正因为如此，宫室建筑的布局方式，也成了展示礼制等级的物化象征。《礼记·乐记》中提出了“中正无邪，礼之质也”的观点。《荀子·大略》中说：“欲近四旁，莫如中央，故王者必居天下之中，礼也。”《管子·度地》中说：“天子中而处，此谓因天之固，归地之利。”《吕氏春秋》中说：“古之王者，择天下之中而立国，择国之中而立宫，择宫之中而立庙。”[1]这些说法从礼制的高度，概括了中心拱卫式都城规划模式和建筑群的中轴对称布局对于烘托帝王尊贵地位的重要意义。

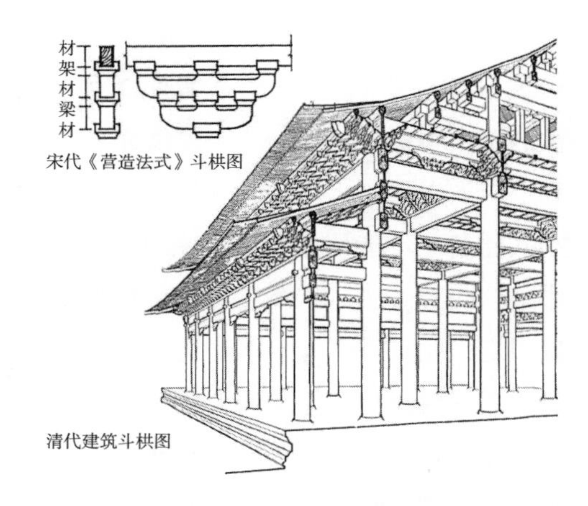

图2-6　中国木构架体系建筑独有的构件斗栱（来源：楼庆西：《中国古建筑二十讲》，北京：三联书店，2001年，第11页）

河南偃师县二里头夏代遗址发现的大型建筑群是目前确认的中国最早的与礼制相关的宫室建筑之一。考古发现，二里头遗址宫殿区位于遗址中心靠北的夯土台基上，建筑组群和绝大部分院落建筑内部已呈中轴对称布局（图2-7）。前文所提陕西岐山凤雏村所发掘的西周时期甲组建筑基址，虽然考古学者对这组建筑的性质到底是宗庙、宫殿或贵族宫室意见不完全一致，但至少可以肯定是与礼制相关的建筑。陕西周原考古队在《陕西岐山凤雏村西周建筑基址发掘简报》中推断这组建筑物的用途时，根据《尔雅·释宫》中“室有东西厢曰庙，无东西厢有室曰寝”等记载，认为这组建筑物有东西厢房，每一排厢房又有“室”八间，而

1 ［战国］吕不韦门客编撰，关贤柱等译注. 吕氏春秋全译［M］. 贵阳：贵州人民出版社，1997：615.

图2-7　偃师二里头一号宫殿基址复原（中国社会科学院考古研究所二里头工作队制作）（来源：中国考古网）

且在西厢房第二室的窖穴H11中又出土了大批甲骨，因而认为这组建筑应是作为宗庙来使用的。[1]从布局来看，凤雏村西周建筑遗址同样有明确的中轴线，主体建筑前堂布置在全院的几何中心，次要建筑对称布置在主体建筑的两侧，整个院落左右对称，布局整齐有序，由此开启了中国宫室建筑严肃方正、“居中为尊”的伦理化审美性格。

（二）宫室之治：伦理政治化的负载工具

李允鉌说：“‘礼’和建筑之间发生的关系就是因为当时的都城、宫阙的内容和制式，诸侯大夫的宅第标准都是作为一种国家的基本制度之一而制定出来的。建筑制度同时就是一种政治上的制度，也就是‘礼’之中的一个内容，为政治服务、作为完成政治目的的一种工具。”[2]李允鉌在这段话中，主要强调的是建筑等级制度作为“礼”的政治功能。

如前文所述，“礼”是一个包容性极强的概念，它与政治、法律、宗教、伦理、习俗、艺术等结合为一个独特的文化体系。“礼”还被历代王朝奉为治国之器，从周代开始，礼制维系社会安定与政权稳固的政

1　陕西周原考古队．陕西岐山凤雏村西周建筑基址发掘简报［J］．文物，1979（10）：33-34.

2　李允鉌．华夏意匠［M］．天津：天津大学出版社，2005：40.

治功能就相当突出和明确。《礼记·仲尼燕居》载："子曰：明乎郊社之义、尝禘之礼，治国其如指诸掌而已乎！""子曰：礼者何也？即事之治也，君子有其事，必有其治。治国而无礼，譬如瞽之无相与，伥伥乎其何之？"孔子认为，如若明白了郊社尝禘之礼，治国就易如反掌，治理国事而不依礼，就好比是盲人没有搀扶者，迷茫而不知向何处去。

在诸多物化的礼制形态中，建筑及其等级制度的政治功能尤为独特而重要。宗庙作为周代最具代表性的礼制建筑，它所体现的政治功能最为突出，不仅政治上、军事上的大典必须在宗庙举行，甚至宗庙本身就是王朝和国家政权的象征。《春秋穀梁传》中记述武王克纣，不仅"其屋亡国之社，不得上达也"，还使"亡国之社以为庙屏"，[1]即用灭亡了的殷朝之社作为宗庙的屏蔽，以示宗庙已灭，这叫作"灭宗庙"，象征国家的覆亡。《墨子·明鬼》中说："且惟昔者虞夏、商、周三代之圣王，其始建国营都，曰：必择国之正坛，置以为宗庙。"可见，西周之前宗庙在都城空间中处于中心地位，是三代圣王为政的重要标志。巫鸿认为，这一时期"王室宗庙结合了祖庙和宫殿两种功能——它既是祭祖的场所，也是处理国家政务的重地"。[2]

春秋以后，随着"宫室之治"逐步由"宗庙主导"演变为"宫殿主导"，皇权更明显地表现于巍巍都城和壮丽宫殿的建筑艺术上。宫殿不仅成为都城中心，还要以其恢宏壮丽的环境氛围和仪式性的空间划分烘托出皇权的巨大威慑力。对此《史记·叔孙通传》的一段记载颇具说服力。汉高祖即位之初（公元前202年），由于他废除了秦朝那些严苛繁琐的仪礼法规，因而群臣见高祖刘邦时很是随便，"群臣饮酒争功，醉或妄呼，拔剑击柱"。[3]于是，高祖命叔孙通负责拟定仪式礼节。汉高祖七年（公元前200年），长乐宫建成，各诸侯王及朝廷群臣都来朝拜皇帝，参加岁首大典。且不说那些庄严无比的仪式礼节，单是在体量宏伟

1　白本松译注. 春秋穀梁传［M］. 贵阳：贵州人民出版社，1998：599.

2　［美］巫鸿. 中国古代艺术与建筑中的"纪念碑性"［M］. 李清泉，郑岩，等，译. 上海：上海人民出版社，2009：114.

3　许嘉璐，安平秋. 二十四史全译：史记（第二册）［M］. 北京：汉语大词典出版社，2004：1223.

的建筑空间之中，所有官员各入其位，依次排列在大殿下台阶的东西两侧，皇帝则乘坐“龙辇”从宫房出来，如此的仪式性安排让君臣上下的尊卑次序借助空间的等级区隔而一目了然，诸侯群臣全都俯首而不敢仰视，无不因这威严仪式而惊惧肃敬。原本讨厌儒生礼仪的刘邦因此而感叹道：“吾乃今日知为皇帝之贵也！”[1]此后，“山河千里国，城阙九重门。不睹皇居壮，安知天子尊”[2]，宫殿作为社会政治权力的集中体现，它的政权象征意义日益重要，成为君主权力的负载工具。

古代建筑及其等级制度除了政治象征和显著的强化君权功能之外，核心的政治功能是别贵贱和明上下的秩序化功能。因为只有使整个社会在各个层面都上下有别、等级分明、井然有序时，有效的社会管理与控制机制才能实现，君王的统治也才能长久。因此，宫室之制蕴含着一种借建筑以划分、确定、保障、巩固社会等级序列的有效治理手段。周代详备的礼制在维护政治秩序中发挥了基础性作用，并直接促成了古代建筑等级制度的形成和完善。在其后数千年的历史变迁中，直至明清，建筑礼制虽有损益，但始终贯穿着周礼别贵贱、定尊卑的基本精神。

与此同时，古代建筑等级制度还有节制器物使用和建筑消费的独特作用，这方面被认为同样具有治国安邦的重要价值，并成为仁政的重要组成部分。例如，《韩非子·五蠹》中说：“尧之王天下也，茅茨不翦，采椽不斫。”这段话是说王天下的尧帝住的宫室简陋到只用茅草覆盖屋顶，而且还没有修剪整齐。此后，历代良臣志士在君主大兴宫殿而可能致劳民伤财之时，经常以先帝践行俭德的范例与宫室奢靡之风而致国破身亡的反例相劝谏。例如，三国时期曹魏名臣杨阜在魏明帝营建洛阳宫殿观阁而大兴土木之时，便上疏曰：

尧尚茅茨而万国安其居，禹卑宫室而天下乐其业；及至殷、周，或

1 许嘉璐，安平秋．二十四史全译：史记（第二册）［M］．北京：汉语大词典出版社，2004：1224.

2 ［唐］骆宾王．骆临海集笺注［M］．陈熙晋，笺注．上海：上海古籍出版社，1985：6.

堂崇三尺，度以九筵耳。古之圣帝明王，未有极宫室之高丽以雕弊百姓之财力者也。桀作琁室、象廊，纣为倾宫、鹿台，以丧其社稷，楚灵以筑章华而身受其祸；秦始皇作阿房而殃及其子，天下叛之，二世而灭。夫不度万民之力，以从耳目之欲，未有不亡者也。陛下当以尧、舜、禹、汤、文、武为法则，夏桀、殷纣、楚灵、秦皇为深诫。[1]

《管子·禁藏》中说："故圣人之制事也，能节宫室，适车舆以实藏，则国必富，位必尊矣。"春秋时吴王阖闾为了完成政治改革，采取了种种节用恤民的廉政措施，据《左传·哀公元年》记载："昔阖庐食不二味，居不重席，室不崇坛，器不彤镂，宫室不观，舟车不饰；衣服财用，则不取费"，其中"室不崇坛"即平地作室，不起坛；"宫室不观"即宫室不修筑楼台亭阁。夏商之后，宫室营建等级还伴随"宫室有度"的要求。如《荀子·王道》中说："衣服有制，宫室有度，人徒有数，丧祭械用皆有等宜。""宫室有度"提出了一种基于生存需要和礼制要求的建筑标准，本质上就是要求人们的营造活动要符合建筑等级制度，防止逾越分位而争夺资源，这是治国之道不可或缺的重要组成部分。

宫室制度不仅具有重要的政治功能，还具有明确的伦理功能。《礼记·祭义》中说："祀乎明堂，所以教诸侯之孝也。"《礼记·坊记》中说："修宗庙，敬祀事，教民追孝也。"《吕氏春秋·孝行览·孝行》里引曾子话曰："能全支体，以守宗庙，可谓孝矣。"这里说明，无论是在明堂祭祀祖先，还是修建宗庙进行祭祀，目的都是要教育人们遵守孝道，追孝祖先。《礼记·祭统》中说："夫祭有昭穆。昭穆者，所以别父子、远近、长幼、亲疏之序，而无乱也。是故有事于大庙，则群昭、群穆咸在，而不失其伦，此之谓亲疏之杀也。"这段话的大意是说，宗庙祭祀中的昭穆之制，是用来区别人伦关系，体现亲疏关系的等差。《礼记·大传》中还说："亲亲故尊祖，尊祖故敬宗，敬宗故收族，收族故宗庙严，宗庙严故重社稷。"由此可见，《礼记》极为强调宫室之制尤其是宗庙

1 ［晋］陈寿，［宋］裴松之注．三国志［M］．北京：中华书局，1999：527.

制度的人伦教化和德治功能。王国维在《殷周制度论》中特别强调一个观点，即他认为包括庙数之制在内的殷周诸制度不仅是一种国家政治制度，更是“道德之器械”，只有“使天子、诸侯、大夫、士各奉其制度、典礼，以亲亲、尊尊、贤贤、明男女之别于上，而民风化于下，此之谓治。反是，则谓之乱。是故，天子、诸侯、卿、大夫、士者，民之表也；制度、典礼者，道德之器也”。[1]由此，我们可以说，所谓“宫室之治”，就是依托以建筑等级制度为核心的宫室之制而形成的一种伦理治理方式，其最终要落实到社会伦理秩序层面并达到德治教化的目标，以此形成一个道德共同体，用王国维的话来说即是周公制礼作乐“其旨则在纳上下于道德，而合天子、诸侯、卿、大夫、士、庶民以成道德之团体”。[2]

实际上，由于“礼”是宗法社会的一种整合性的制度架构，它从制度层面统摄了政治、伦理与法，因而宫室之治的政治、伦理与法度功能并没有截然区分，他们相互渗透，具有伦理与政治、伦理与法律双向同化的趋势。《左传》中说：“礼，经国家，定社稷，序民人，利后嗣。”[3]这段简短的话语中，高度概括地说明了礼制所具有的治理国家、安定社稷的政治功能以及调理人伦之序而泽及子孙的伦理功能。进一步说，礼制作为最普遍的社会规范，当它与政治制度、法律制度结合在一起的时候，它主要表现的是一个具有强制性的外在社会控制力量，而当它与伦理道德紧密联系在一起的时候，它主要表现的是一种更持久的内在的社会控制力量。

宫室之治借由具体的建筑等级制度，主要体现的是一种外在的社会控制工具。正因为对规范的有效尊从本质上必须顺乎人情，信服于个人自我约束的内在化的社会控制力量，因而我们发现，中国古代建筑等级制度从建立之初，僭越逾制的现象便如影随形，贯穿中国数千年历史之始终。《盐铁论》中有曰：“宫室舆马，衣服器械，丧祭食饮，声色玩

1　王国维．观堂集林（外二种）[M]．石家庄：河北教育出版社，2003：242.

2　王国维．观堂集林（外二种）[M]．石家庄：河北教育出版社，2003：232.

3　杨伯峻．春秋左传注（修订本）（上）[M]．北京：中华书局，1990：76.

好，人情之所不能已也。故圣人为之制度以防之。间者，士大夫务于权利，怠于礼义；故百姓仿效，颇逾制度。”[1]汉之后，建筑等级方面主要是宅第屋舍逾制现象愈演愈烈，不得不用刑律加以规范，成为中国古代法中独特的礼仪犯罪的重要类别。例如，《唐律疏议》规定：“诸营造舍宅、车服、器物及坟茔、石兽之属，于令有违者，杖一百。虽会赦，皆令改去之（坟则不改）。”[2]《大明律·礼律》的“服舍违式”条规定：“凡官民房舍车服器物之类，各有等第。若违式僭用，有官者杖一百，罢职不叙。无官者，笞五十，罪坐家长。工匠并笞五十。若僭用违禁龙凤文者，官民各杖一百，徒三年。工匠杖一百，连当房家小，起发赴京，籍充局匠，违禁之物并入官。”同时，这种建筑等级方面的逾制与反逾制，还穿插着政治斗争与权力角逐等复杂因素。

总之，“宫室之制”与“宫室之治”既为中国古代社会政治架构提供了一种物化的象征体系与权力机器的支持，具有维系宗法政治秩序的显著政治功能，更是为宗法伦理而设，是达到“别尊卑贵贱”这一等级人伦秩序和推行道德教化的重要伦理治理方式。发轫于夏商周三代时期中国古代建筑文化的这一典型特征，在随后两千多年的王朝时代并没有发生实质性变化，为世界任何古代建筑文化之所无，这是我们认识和把握中国古代建筑伦理思想的关键。

三、美善合一：中国传统建筑审美的伦理向度

虽然中国传统审美文化中，建筑似乎从来没有像西方那样明确被视为一种审美对象，与诗歌、音乐、绘画等艺术形式相提并论，然而，作为中华民族艺术体系中一个重要门类的传统建筑，很早就关注建筑之美，并形成了一套较为成熟的审美法则，有自觉的审美追求与独特的审美精神。

---

1 王贞珉. 盐铁论译注［M］. 长春：吉林文史出版社，1995：155.

2 岳纯之，点校. 唐律疏义［M］. 上海：上海古籍出版社，2013：416-417.

（一）传统建筑的礼乐之美

礼乐文化是中国传统文化尤其是儒家学说中一个涵盖面很广、影响极深的文化范畴。如前所述，“礼”是由祭祀礼仪发展而来的，而在古代中国从有文字可考的历史开始，制礼作乐便是同时进行的，祭祀时仪节很重要，同时也少不了以乐舞娱神，“礼乐相须为用，礼非乐不行，乐非礼不举”。[1]“乐”可视为祭礼礼仪等各种礼典活动中的综合歌舞。按照《周礼》记载，不同的乐舞适用于不同的祭祀场所。当然，“乐”不仅仅指乐舞，它是诗、乐（音乐演奏）、舞的结合，是古代礼典中表演艺术的总称，是礼的艺术化表现形式，具有重要功能。如沈文倬所说：“各种礼典的实行都离不开乐的配合，乐从属于礼而起着积极的作用。得到乐的配合，才能使森严的礼达到‘礼之用，和为贵’（《论语·学而》），‘乐文同则上下和矣’（《礼记·乐记》）。”[2]尤其要指出的是，儒家所谓“乐”，更特指“雅乐”，也即《礼记·乐记》中所谓的“德音”，所谓的“乐者，通伦理者也”，“礼乐皆得，谓之有德。德者得也”。

以仁释礼、“仁礼合一”是儒家思想的特色。仁作为一种具有普遍性和包容性的美德，是礼的思想内核和精神实质，礼是仁的外在表现和秩序原则，或者说，仁是为外在的行为规范（礼）找到内在的伦理价值观念（仁）和内心情感的支持。孔子讲：“人而不仁，如礼何？人而不仁，如乐何？”[3]从这句话中，可以看到孔子把仁作为礼乐引领人向善的一个目标提出来，既希望仁与礼统一，也希望仁与乐统一。可见，儒家所言“礼乐”，以“仁”为灵魂，是一种伦理化的“礼乐”。儒家之所以注重和倡导礼乐精神，也主要基于礼乐所具有的“别异和同”的伦理教化功能。《礼记·乐记》中说：“乐者，天地之和也；礼者，天地之序也。和故百物皆化，序故群物皆别。”即是说，乐所表现的是天地间的和谐，礼所表现的是天地间的秩序。因为和谐，万物才能化育生长；因

1 ［宋］郑樵．通志二十略［M］．王树民，注释．北京：中华书局，1995：883．

2 沈文倬．宗周礼乐文明考论［M］．杭州：浙江大学出版社，1999：5．

3 《论语·八佾》

为秩序，万物才能显现出差别。进言之，“礼”的特征重在“辨异”，分别贵贱，区别次序，规范人们在社会中的地位和关系；而“乐”的特征重在“和同”，在特定的仪式情境中能弥合“上”与“下”的对立，“以音声节奏激起人的相同情绪——喜怒哀乐——产生同类感的作用”[1]，追求一种以理节情、情理统一的和谐精神。故此，在《礼记·乐记》中说：

是故乐在宗庙之中，君臣上下同听之则莫不和敬；在族长乡里之中，长幼同听之则莫不和顺；在闺门之内，父子兄弟同听之则莫不和亲。故乐者审一以定和，比物以饰节，节奏合以成文。所以合和父子君臣，附亲万民也，是先王立乐之方也。

概言之，中国古代的礼乐文化充盈着伦理教化的血液，“礼”借“乐”的审美形式来彰显自己,“乐”又以“礼”为自己的深层价值内涵；礼者为异，乐者为同；礼者为理性，乐者为感性，礼乐相成即是把秩序与和谐、感性与理性互补、统一起来，以礼为主，以乐为辅。

中国传统建筑艺术作为传统文化的重要组成部分，从一个侧面鲜明地反映和表达了儒家礼乐文化的要求，传统建筑也的确在建筑的等级与程式、整体布局与空间序列、大壮与适形的审美追求等方面浸透着礼乐文化的独特品性。

首先，“礼”对中国传统建筑艺术的深刻影响，在上一节已从严格的建筑等级制度方面进行了详细阐述。这里需要补充的是，“礼”在中国传统建筑中的另一个重要体现是礼制建筑在诸多建筑类型中占主导地位。

礼制建筑主要指服务于宗法礼制，以祭祀祖先、天地和神祇的坛庙建筑为核心，能够浓缩儒家伦理的基本理念，集中体现历代统治者权力意识与政治理念，在巩固专制统治方面发挥凝聚人心、慑服众庶作用的祭祀类和纪念教化类建筑及其设施。傅熹年在《中国古代礼制建筑》一

1 瞿同祖. 中国法律与中国社会［M］. 北京：中华书局，2003：296.

文中提出："礼制建筑包括祭祖先的宗庙，祭天、地、日、月、山、川的坛庙等，是皇帝通过祭祀向天下显示其皇权'受命于天''淹有四海'具有合法性的场所，在古代是与宫殿并尊的重要建筑。"[1]侯幼彬认为，中国的"礼制性建筑起源之早、延续之久、形制之尊、数量之多、规模之大、艺术成就之高，在中国古代建筑中都是令人触目的。"[2]

关于礼制建筑种类，有广义与狭义之说。狭义上比较有代表性的观点是认为礼制建筑就是坛庙祭祀建筑以及明堂、辟雍和太学等宣教性建筑。广义上看，还将宫殿和民居宅第中的礼仪性空间（如朝、堂）、陵墓以及礼的制约下形成的阙、华表、牌坊等建筑小品，都视为礼制建筑类型。透过主要行祭祀教化功能的礼制建筑，如坛、宗庙、明堂、牌坊的建筑规制及其功能，不难看出"礼"的模式与要求在其中的充分达。

坛类建筑一般是由国家建造并祭祀，主要祭祀天、地、日、月、星辰、社稷、五岳、四渎等，可划分为天神坛和地祇坛两大类。天神坛主要包括天坛、日坛、月坛、太岁坛、风神坛等，地祇坛主要包括地坛、社稷坛、先农坛、先蚕坛、都城隍庙等。其中，祭天是最重大的祭祀活动，是人间最高统治者皇帝即"天子"的特权，目的是通过对"天"的崇拜来歌颂王权，建立天伦与人伦统一的秩序，使皇权统治成为神授的或天经地义的事情。

庙，在中国古代是一种既带有祭祀作用，又带有纪念性的建筑，主要包括祭祀祖宗的庙、祭祀先圣先师的庙和祭祀山川神灵的庙。其中，最为明显表达儒家礼教精神的当算宗庙。《礼记·中庸》中说"宗庙之礼，所以祀乎其先也"，即宗庙之礼为祭祖之礼。作为"先祖形貌所在也"[3]之宗庙，是宗法制度的物化象征，也是最重要的礼制建筑类型。《礼记·曲礼》中说："君子将营宫室，宗庙为先，厩库为次，居室为后。"《墨子·明鬼下》中说："且惟昔者虞夏商、周三代之圣王，其

1　傅熹年. 中国古代礼制建筑［J］. 美术大观，2015（6）：96.

2　侯幼彬. 中国建筑美学［M］. 哈尔滨：黑龙江科学技术出版社，1997：147.

3　《释名》曰："宗，尊也。庙，貌也。先祖形貌所在也。"引自：［唐］欧阳询，汪绍楹校. 艺文类聚［M］. 上海：上海古籍出版社，1965：684.

始建国营都日，必择国之正坛，置以为宗庙。”可以说，在世界建筑史上，只有中国古代社会以血缘关系为纽带的宗法制，才孕育出宗庙这一独特的建筑文化现象，它是宗法伦理的一个精神象征和物质载体。早期的宗庙没有一座留存至今，我们今天能看到的最早的宗庙是位于北京天安门广场东北侧的太庙。它是明清两代皇帝祭奠祖先的家庙。始建于明永乐18年（1420年），占地200余亩，根据中国古代“敬天法祖”的传统礼制建造。其中，太庙前殿是皇帝敬祖行礼的地方，面阔原为9间，清改为11间，进深4架，屋顶为最高等级的重檐庑殿顶，坐落在用汉白玉石栏环绕的三层台基上（图2-8）。这样的建筑规格，充分说明祭祀祖先在古代社会的重要地位。

西汉末王莽当政时期，为了表明他推行儒术的主张，在“托古改制”的名义下，在汉长安城南郊兴建了一组包括祭坛、明堂辟雍[1]、灵台、“九庙”等在内的规模宏大的礼制建筑群，奠定了此后历代都城礼制建筑的规划原则，在中国礼制建筑史上产生了深远影响。其中，明堂是礼制性建筑中最为独特的一种类型。明堂一般是古代天子宣明政教之所，也兼有祭祠天地、祖宗等多重文化功能。《汉书·平帝记》中讲：“明堂所以正四时，出教化。明堂上圜下方，八窗四达，布政之

图2-8 北京太庙前殿

1 文献记载王莽在元始四年（415年）修建的明堂，建筑总名为“明堂”，其外围圜水为“辟雍”，是明堂建筑中不可或缺的组成部分。

宫，在国之阳。”儒家甚至将“明堂”与“王政”相等同，由此可知明堂在政治上的重要象征地位。明堂建筑的古制还成为儒家聚讼千载的建筑之谜，历史上曾经多次由帝王亲自主持考证其建筑形制。经杨鸿勋的考古复原研究，西汉长安南郊明堂的平面布局呈圆中套方（方形院墙外有一圈圜水沟）、方中套圆（方形宫垣中央又筑圆形夯土基座）的十字轴线对称格局[1]，这种方圆交错的几何布局不仅能够反映中国人天地阴阳互动的宇宙观，还充分展现了儒家“礼”之理想模式（图2-9）。对此，朱士光指出：“自西周以后，特别是西汉武帝以后，在都城内外大规模修建多种类型的礼制性建筑，虽也是为了在政治思想上加强统治的目的，但已是受到儒家思想的直接影响，因而蕴含着深厚的儒学思想内涵。”[2]

第二，传统礼乐文化中“乐”的本质是“和”，是《礼记·乐论》

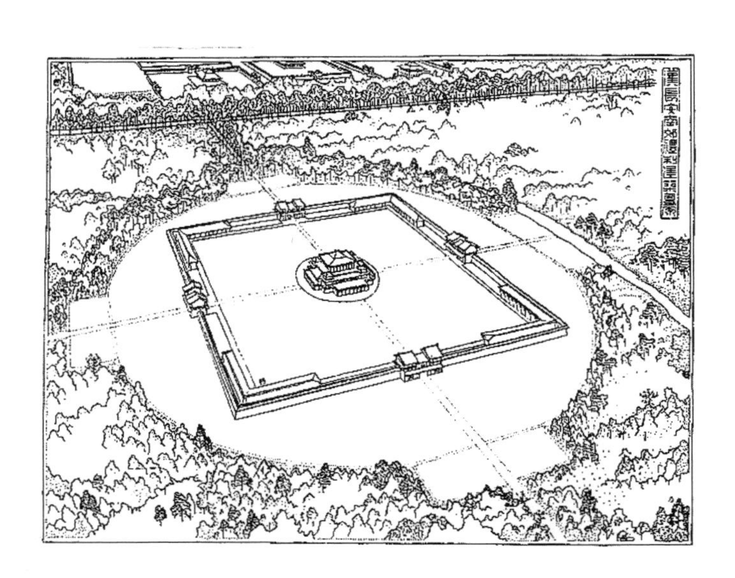

图2-9　西汉长安南郊明堂复原图

（来源：中国大百科中国大百科全书总编辑委员会：《中国大百科全书（建筑·园林·城市规划卷）》，北京：中国大百科全书出版社，1992年，第462页）

1　杨鸿勋．建筑考古学论文集［M］．北京：文物出版社，1987：173—198．

2　朱士光．初论我国古代都城礼制建筑的演变及其与儒学之关系［J］．唐都学刊，1998（1）：34．

中说的“乐由中出”，即以令人亲切的、富有艺术感染力的形式来陶冶和塑造人的情感，调和人与人之间的关系。“乐”的传统对传统建筑美学的影响，建筑学者主要以园林建筑和书院建筑为例，强调其与宫殿建筑、礼制建筑的不同特点。王贵祥认为，中国古代建筑尽管类型繁芜，但却可以分为两个基本类型，第一类建筑是一种有严格轴线对称的、具有明显礼制等级秩序感的建筑，如宫殿建筑；第二类建筑是一种自由布置的建筑，空间形态自由，群落组织曲折，如园林建筑。这两种不同类型的建筑植根于中国古代礼乐文化的土壤之中，“换句话说，儒家文化中所提倡的中国古代礼乐制度，恰恰体现并贯穿于延续两千多年的中国古代宫室建构与园林营造之中”。[1]

总体上看，虽然在“礼”之影响下，传统建筑讲究等级森严、规则对称、严肃方正的伦理性理性美原则，但在园林建筑美学中这些原则似乎成了大忌。园林建筑的空间序列往往不求严格对称关系，也无明显的主次之分，而是根据需要自由组合成宜人的空间尺度和体量，强调在庄严的礼仪空间中融入朴素亲切的人文气息。[2]传统园林建筑一般没有横贯的中轴线，没有建筑物刻意的对称与方正，讲究的是“路须曲折”“水要萦回”“有法而无式”“为情而造景”，它所营造的是一种流通变幻、虚实相生、动静相济的和谐美的境界，重情感的熏陶与寄托。恰如陈从周所言：“我们的古典园林，都是重情感的抒发，突出一个‘情’字。”[3]中国园林也不似帝王宫殿，不以壮丽旷远取胜，如童寯所言：“中国园林从不表现宏伟，造园是一种亲切宜人而精致的艺术。中国园林很少出现西方园林常有的令人敬畏的空旷景象。”[4]恰恰是礼乐文化熏陶下建筑审美追求上这两种不同而互补的艺术风格，合奏出中国传统建筑艺术理性与浪漫的统一。

---

1 王贵祥. 中国古代人居理念与建筑原则［M］. 北京：中国建筑工业出版社，2015：136，140.

2 参见：李欢. 浅议礼乐文化对建筑的影响［J］. 四川建筑，2009（8）：26-27. 何礼平，郑健民. 礼乐相成——我国古代高校建筑文化的滥觞［J］. 建筑师，2005（1）：37-41.

3 陈从周. 园林清议［M］. 南京：江苏文艺出版社，2011：64.

4 童寯. 园论［M］. 天津：百花文艺出版社，2006：2-3.

中国传统教育建筑也较好体现了“礼乐相成”、理性与感性和谐统一的建筑风格。无论是官办的太学、学宫，还是民办的书院，都特别重视教育空间的礼教象征意义，从而达到宣扬封建伦理秩序的教化目的。例如，作为中国古代教育体系中最高学府的太学，在周代称“辟雍”，汉以后称“太学”，隋朝以后称“国子监”。据记载，辟雍的基本建筑形式是中央一正方形平面的厅堂式建筑群，叫“明堂”，四周环绕一圆形水渠，叫“辟雍”。为何采取这样具有象征意义的建筑形制，根本目的是营造一种有利于教化的环境氛围。如东汉班固的《白虎通・辟雍》中说：“天子立辟雍何？所以行礼乐、宣德化也。辟者壁也，像壁圆又以法天；雍之以水，象教化流行也。”桓谭《新论》中说：“王者作圆池，如璧形，实水其中，以圜壅之，名曰辟雍，言其上承天地，以班教令，流转王道，周而复始。”[1]

传统书院建筑作为一种具有“讲学、藏书、供祀”等综合功能的教育建筑，非常讲究选址，一般都建在环境清幽的山林胜地，便于静心修习。如著名的白鹿洞书院位于江西庐山五老峰南麓（图2-10），岳麓书

图2-10　白鹿洞书院（秦红岭摄）

1 ［唐］欧阳询，汪绍楹校．艺文类聚［M］．上海：上海古籍出版社，1965：690．

院位于湘江西岸的岳麓山下。而且，书院建筑多应用建筑中的题名、题对、匾额，以及富有寓意的花、草、动物形象的木雕、石雕、砖雕等多种装饰手法，把人生哲理、传统美德、儒教家训等价值观念与建筑环境有机结合起来，反映“善美同意”的原则，从而形成强烈的环境氛围和艺术感染力。

“乐”对中国传统建筑艺术的影响，还体现在审美的形式理性品格方面。传统建筑等级格局上的固定模式，不仅是礼制的要求，还是传统审美活动中章法合度、合乎体宜的理性要求。对此，李泽厚有独到见解，他认为正是在“乐”的影响下，中国传统艺术注重提炼美的纯粹形式，追求程式化与类型化，以此塑造人的情感。他指出：

> 也正因为华夏艺术和美学是“乐”的传统，是以直接塑造、陶冶、建造人化的情感为基础和目标，而不是以再现世界图景唤起人们的认识从而引动情感为基础和目标，所以中国艺术和美学特别着重于提炼艺术的形式，而强烈反对各种自然主义。[1]

这种影响具体到建筑艺术，即是强调建筑的形式美规律，建筑的营造因袭传统惯例与模本，按一定模式重复再现，追求一种“情感均衡的理性特色”[2]，即便是具有自由活泼性格的园林建筑，也追求形式美法则，强调建筑艺术表现的是一种普遍性的、受理性控制的情感形式，缺少西方建筑艺术中有强烈个性色彩与情感抒发的建筑叙事。

第三，在传统礼乐文化中，很难将礼与乐对建筑艺术审美的影响截然分开。对于中国传统建筑艺术而言，礼乐是一种文化基质，除了使中国传统建筑美学呈现一种浓厚的伦理色彩外，更使中国建筑形成了一种“大壮”与“适形”互补的审美追求[3]，传统宫殿建筑是这种审美追求的

1　李泽厚．华夏美学・美学四讲［M］．北京：三联书店，2008：31．

2　李泽厚．华夏美学・美学四讲［M］．北京：三联书店，2008：32．

3　王贵祥在1985年撰写的论文《大壮与适形——中国古代建筑思想探微》（载《美术研究》1985年第1期）中提出过一个基本观点，即中国古代礼乐制度可以体现为一对有趣的建筑范畴，即“大壮与适形”。

最好体现。

“大壮”出自《周易·大壮·彖传》：“大壮，大者壮也。刚以动，故壮。大壮利贞，大者正也。正大而天地之情可见矣！”《周易·大壮·象传》曰：“雷在天上，大壮。君子以非礼弗履。”《周易·系辞下》中有一段话将建筑与“大壮”联系在一起：“上古穴居而野处，后世圣人易之以宫室。上栋下宇，以待风雨，盖取诸大壮。”即是说，“上栋下宇”而能够遮风蔽雨的建筑正是从“大壮”卦象中得到启迪而建造的。“大壮”卦象崇阳刚的审美特征反映于建筑之中，体现于建筑的雄伟壮丽之美。同时，王贵祥还认为，大壮之美还要求建筑物应该有端正的方位朝向，正大肃穆的外观形象。[1]

西周之前，都城中充当政治中心和宗教祭祀中心的王室宗庙，其建筑地位最高。但是，当以宗法制为基础的社会体系在西周之后逐渐式微，宫殿建筑便代替王室宗庙成为权力的物化象征。自此以后，宫殿建筑与传统的宗庙建筑在建筑风格与教化功能上截然不同，“它们的作用不再是通过程序化的宗庙礼仪来‘教民反古复始’，而是直截了当地展示活着的统治者的世俗权力”。[2]由此，“大壮”开始成为封建帝王表达其重威的一种审美追求，并在古代宫殿建筑艺术中得到鲜明体现。正是在所谓因“大壮”而“重威”的崇拜意识支配下，传统宫殿建筑以恢宏的气势，彰显和强化帝王所谓“天之骄子”的形象。

例如，被誉为“天下第一宫”的阿房宫，是秦始皇消灭六国、建立秦帝国之后所建宫殿中规模最大的一座。由于工程浩大、幅员辽阔，秦始皇在位时只建成其前殿。据《史记·秦始皇本记》记载：“先作前殿阿房，东西五百步，南北五十丈，上可以坐万人，下可以建五丈旗。周驰为阁道，自殿下直抵南山。”[3]在秦代，一步合六尺，三百步为一里，秦尺合0.23米。如此算来，阿房宫仅前殿的东西宽约693米，南北

1 王贵祥. 中国古代人居理念与建筑原则［M］. 北京：中国建筑工业出版社，2015：143.

2 ［美］巫鸿. 中国古代艺术与建筑中的“纪念碑性”［M］. 李清泉，郑岩等，译. 上海：上海人民出版社，2009：15.

3 许嘉璐，安平秋. 二十四史全译：史记（第一册）［M］. 北京：汉语大词典出版社，2004：82.

深116.5米，总面积为8.07万平方米，约占阿房宫面积的七分之一。如此“大壮”之宫殿，难怪唐代诗人杜牧在著名的《阿房宫赋》中会感叹：“六五毕，四海一，蜀山兀，阿房出。覆压三百余里，隔离天日。”汉代宫殿之壮丽在历史上也颇有名。汉高祖时，信奉“非壮丽无以重威”的丞相萧何督建的未央宫，考古勘查其平面接近正方形，四面筑围墙，东西长2250米，南北宽2150米，面积约5平方公里，相当于近七个故宫大小（图2-11）。唐代时，随着木结构技术的巨大发展，当时所建的大明宫、兴庆宫、含元殿、麟德殿、明堂等大型建筑，都壮丽非凡，按照傅熹年的说法，“可以认为接近古代木构建筑尺度的极限”。[1]

“适形”主要是指建筑的体量与空间尺度应以适宜人的活动为宗旨，适合建筑物的实用功能，便于人的生活需要，带给人亲和而融洽的审美感受，体现乐生、重生的现世品格（关于适形主要在下文阐发，兹不冗赘）。我们在宫殿建筑群中可以看到，虽然宫殿建筑的前朝部分体量宏伟、品位崇高，但其后寝部分的空间尺度一般骤然变小，建筑等级现象也没有前朝那么明显，同时辅之以曲廊环绕、花木环抱的园林景观，起到放松身心、陶冶情操的作用。

图2-11　根据建筑史学家杨鸿勋先生的《陕西西安汉长安城未央宫遗址前殿复原设想鸟瞰图》制作的汉未央宫模拟图

（来源：http://www.rjzg.net/showarticle.php？id=3008）

1　傅熹年．傅熹年建筑史论文选［M］．天津：百花文艺出版社，2009：8．

例如，北京故宫布局依“前朝后寝”古制，沿南北轴线布局。前朝（外朝）自午门始到乾清门止。在中轴线上主要布置象征政权中心的三大殿，即太和殿、中和殿和保和殿，它们是帝王举行重大典礼、处理国家政务的地方，故建筑等级最高，气势最宏大，都坐落在高高的“工”字形三层台基上，以此渲染皇权至尊的中心地位。尤其是主殿太和殿，是我国现存最大的木构殿宇，屋顶式样为伦理等级品位最高的重檐庑殿式。在8米高的台基衬托下，整个太和殿高35.05米，间架等级最初为五间九架，在清康熙八年（1669年）改建时，筑为五间十一架，进一步彰显帝王“九五之尊”的皇威浩大。后寝（内廷）位于乾清门至顺贞门之间，主体建筑是位于中轴线上的乾清宫、交泰殿和坤宁宫，统称“后三宫”。这里既是皇帝处理日常政务之处，也是皇帝与后妃居住生活的地方。后三宫的建筑形制与前朝三大殿相类似，也建在同一座台基上，但其台基只有一层，而且殿宇的规模、周围的庭院也比外朝三大殿小得多。据测量，前朝三大殿东西宽以东、西角库之东西外墙计，为234米，基本为后两宫宽之两倍，南北方向其深为437米，也是后两宫南北深的两倍。据此可以确认前三殿的面积为后两宫的四倍。[1]同时，为便于居住，内廷空间布局紧凑而实用，富有生活气息，还有曲廊环绕、花木环抱的园林景观——御花园。

可见，在传统礼乐文化的影响下，以宫殿为代表的传统建筑所体现的“大壮”与“适形”这两种看似对立却相反相成的审美追求，反映出封建帝王既要维护严格的礼制等级秩序，又要追求和谐而适宜的生活环境的双重诉求。

（二）传统建筑的中和之美

中和作为以天人之和为核心的整体和谐之美，是中国传统文化精神的重要特质，也是原初的审美形态，它几乎与中国传统文化同时产生，也一直贯穿在中国古代审美形态的发展过程之中。

---

1 傅熹年. 中国古代城市规划、建筑群布局及建筑设计方法研究（上册）[M]. 北京：中国建筑工业出版社，2001：24. 需要说明的是，原先内廷只有乾清、坤宁两宫，它们和外朝的三大殿合称为“三殿两宫”，后在明嘉靖年间内廷两宫之间增建了交泰殿，因而内廷变成了“后三宫”。

叶朗认为，以儒家哲学为灵魂的“中和”审美形态，其结构是一个十字。这个十字的中心是儒家所要求的中和境界。十字的一横，代表着时间上的血缘承继关系与空间上的社会关系，强调一种人际之和，有孝、悌、和、友、礼等伦理观念与规范作为内容。十字的一竖，向上是一种超越，主要强调一种天人之和，“以德合天”“赞天地之化育”是其主要内容；向下则是掘井及泉，“尽心”“尽性”是其内容。[1]叶朗从审美角度对中和的界定与中和的伦理特征是一致的，中和实则是中国传统真善美统一的核心。

就伦理审美形态而言，传统建筑中和之美的基本要求和特殊意义主要表现在以下几个方面：

首先，不论是宫殿建筑，还是佛寺道观和园林建筑，中国传统建筑都抑制了那种与自然相抗衡的大尺度、大体量的建筑样式，强调一种合适的、具有恰当分寸的人性尺度。

“中”的意思就是《论语·先进》中讲的“过犹不及”，无过无不及，既不过头，也无不够，恰如其分，也就是适度。只有“不过”与“无不及”的客体才能成为我们的审美客体，也就是说审美客体本身要适“中”。《礼记・中庸》说：“喜怒哀乐未发谓之中，发而皆中节谓之和。中也者，天下之大本也。和也者，天下之达道也。致中和，天地位焉，万物育焉。”“中”本身并非喜怒哀乐，而是指对喜怒哀乐的持中状态，即对喜怒哀乐等情欲要有一个适中的度的控制。孔子在评价《诗经・周南・关雎》时说了一句著名的话：“乐而不淫，哀而不伤。”[2]意思是诗歌在表达情感时要有所节制，掌握好恰当分寸，达到平和、宁静的境界，才能称之为好的诗歌或美的诗歌。总之，中国艺术向来尊崇中和，强调既要避免不足，又要杜绝太过分，讲究恰到好处之精妙。

中国传统建筑艺术中，好的建筑、美的建筑同样要求有一种合适的比例、宜人的尺度。虽然传统建筑在宫殿建筑中有明显的尚大之风，但

1 叶朗．现代美学体系［M］．北京：北京大学出版社，1999：79．
2 《论语・八佾》

传统建筑更讲究“适形”“便生”的人本主义理性精神。

适形论最初从主张建筑应当建造得“有度”开始。《考工记·匠人》中说：“室中度以几，堂上度以筵，宫中度以寻，野度以步，涂度以轨。”[1]这段话讲了古代宫室论及大小深广的度量单位，分别是用“几”来丈量室，用“筵”来丈量堂，用“寻”来丈量宫，用“步”来丈量野地，用“轨”来丈量道路。从一个侧面反映了早期营建活动中“因物所宜”的适度原则。伍举对楚灵王说的一段话表达了建造有度的观点：“故先王之为台榭也，榭不过讲军实，台不过望氛祥。故榭度于大卒之居，台度于临观之高。”[2]这就是说，先王建造宫室台榭，榭之大不过是用来讲习军事，台之高不过是用来观望气象吉凶说，超过这种功能需要之“度”的建筑，是不必要的。《吕氏春秋》一书中将阴阳五行学说引入适形的观念之中，指出：“室大则多阴，台高则多阳，多阴则蹷，多阳则痿，此阴阳不适之患也。是故先王不处大室，不为高台，味不众珍，衣不燀热。”[3]较为明确提出“适形”原则的可推汉代的董仲舒，他说：“高台多阳，广室多阴，远天地之和也，故圣人弗为，适中而已矣。”[4]

“适形”与“便生”是相联系的，“适形”是营建的一种准则，而“便生”才是营建的目标。春秋时期齐国政治家晏婴说：“古者之为宫室也，足以便生，不以为奢侈也。”[5]墨子讲：“是故圣王作为宫室，便于生，不以为观乐也。”[6]可见，先帝圣王开始建造宫室时，主要是为了方便生活，满足人们基本的生活需要，并不是为了奢侈享受和观赏之乐。

受到“适形”和“便生”原则影响，中国建筑的造型或空间之“大”，主要是通过向平面展开的群体组合来实现。单体建筑的外部造型和体量一般不会巨硕突兀，超过人的感知视觉的最大尺度。在群体建筑中每个单体之间的距离，最大单位是千尺，这是人体既能感到对象的坚

1 郑玄注，贾公彦疏．周礼注疏（下）［M］．上海：上海古籍出版社，2010：1668.

2 邬国义，胡果文，李小路．国语译注［M］．上海：上海古籍出版社，1994：513.

3 ［战国］吕不韦门客编撰，关贤柱等译注．吕氏春秋全译［M］．贵阳：贵州人民出版社，1997：21.

4 苏舆，春秋繁露义证［M］．钟哲，点校．北京：中华书局，1992：449.

5 陈涛，译注．晏子春秋［M］．北京：中华书局，2007：99.

6 《墨子·辞过》

实存在而又不会失去对象的最大尺度。

例如，紫禁城虽然以巍峨壮丽的气势和严谨对称的空间格局表现帝王的九鼎之尊，但其建筑艺术追求却仍然具有鲜明的现实性、节制性特点。构成规模宏大的紫禁城建筑组群的各个单体建筑，其外部空间构成的基本尺度一般都遵循了“百尺为形”的原则，具体说从23米至35米为率来控制单体建筑的平面及竖向尺度，没有以夸张的尺度来突显帝王权威（图2-12）。

如果说在世俗建筑中洋溢着中和的审美气质，那么，在与西方宗教建筑的比较中，中国传统的宗教建筑所体现的中和之美则更为明显。西方宗教建筑大多具有张扬超人的尺度，强烈的空间对比，出人意表的体形，“飞扬跋扈”的动感，其巨大夸张的形象震撼人心，使人吃惊，似乎“人们突然一下被扔进一个巨大幽闭的空间中，感到渺小恐惧而祈求上帝的保护”。[1]可以说，西方宗教建筑是以神性的尺度来营构的，而中国的宗教建筑，则是以人的尺度来设计建造的，其外部形态和内部空间带给人的是一种亲和感，体现的是中国宗教的人间气息与温柔敦厚的世

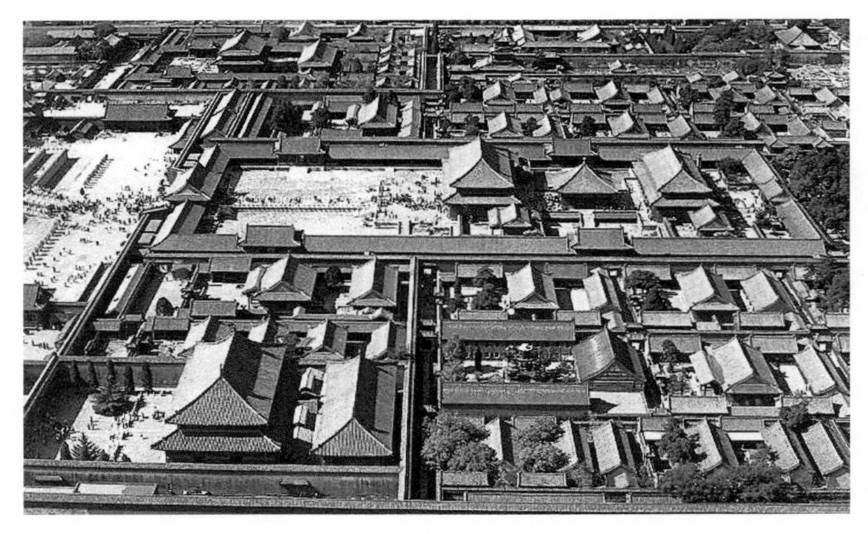

图2-12　紫禁城后宫内廷俯瞰图

1　李泽厚．美的历程［M］．北京：三联书店，2009：66．

俗诗意。除佛塔外，一般未能如西方宗教建筑那样具有“高耸”“雄张”之美。即便是具有高耸造型的佛塔，也要以多重水平塔檐来削弱它的垂直动感，使之不至于过分突兀（图2-13）。

图2-13　云南大理崇圣寺千寻塔（张夕洋手绘）

第二，中和之美包含对立的、有差异的因素之相互融合与相成相济，它深刻影响了传统建筑的审美模式。

中国传统建筑几千年的设计手法和审美模式是相当一贯的，即强调对偶互补，追求在变化中求统一、寓对比中求和谐，强调对立面的中和、互补，而不是排斥、冲突。于是，我们看到，优秀的传统建筑在程式化的礼制形制之制约下，却交织着礼与乐的统一、文与质的统一、人工与天趣的统一、直线与曲线的统一、刚健与柔性的统一、对称方正与灵活有序等诸多和谐统一。

例如，始建于明永乐十八年（1420年）的北京天坛，作为我国规模最大、伦理等级最高的古代祭祀建筑群，便是中和之美的完美体现。从建筑设计和群体布局上看，天坛处处是对比的。有空间形式的对比（如祈年殿和圜丘一高一低、一虚一实）；体量和造型的对比（如圆形建筑搭配方形外墙的设计，祈年殿和圜丘四周低矮的壝墙与主体建筑形成高低对比）、色彩的对比（祈年殿内部绚丽夺目的色彩与外部的素雅形

图2-14　北京天坛祈年殿的和谐之美（储修琦摄）

成鲜明对比）（图2-14），但在这诸多对比之中，始终抓住建筑的造型比例，在处理单体建筑的形式、尺度和色彩等方面尽量与整体建筑风格和谐统一，从而让一切对比都完美地融入整体和谐之中。

中和之美作为传统建筑艺术最典型的特征，其思想基础是中国文化所特有的阴阳五行观念。简言之，阴阳五行观念认为，世间的一切事物，无论有形与无形，都是由阴、阳二气和木、火、土、金、水五种物质元素，通过阴阳的消长变化和五行间的彼此循环与相互作用，即所谓的"相生"与"相克"衍生出来的。阴阳学说形象地反映在由《周易》而来的太极图里（图2-15）。太极图乃是传统中和之美的象征。太极图中，左边一半为黑（阴），右边一半为白（阳），"一阴一阳之谓道"，[1]意味着世间万物都由阴阳这两种相对相成的因素构成。但是，在一半黑中有一小白，一半白中有一小黑，这意味着阴阳二者的对立关系不是绝对的，是阴中有阳、阳中有阴，即双方有着内在的共通性，反映出"对立而不相抗"的中华文化式的互补和谐。中和就是相异或矛盾对立的两个方面所具有的和谐协同的"中"的结构和"和"的关系。

1 《周易・系辞上》

比如紫禁城，其布局除了符合一般的形式美感法则之外，还渗透着伦理性的阴阳五行意义系统。按阴阳学说，南阳北阴，于是由景运门、乾清门、隆宗门所形成的一条东西中轴线将宫城分为南北两区，南为外朝，属阳，北为内廷，属阴。外朝前三殿，太和殿在前，为阳中之阳，保和殿在后，谓阳中之阴，两者之间是阴阳之和，故有中和殿之称，谓中阳。此三大殿的布局象征了阴阳和谐、万物有序。内廷三宫为阴区，乾清宫最前，是阴中之阳（厥阴），坤宁宫最后，是阴中之阴（太阴），居中者为交泰宫，是中阴（少阴），此三大殿的布局方式反映了天地交泰、阴阳合和的寓意。总之，“紫禁城的建筑以气势雄伟的外朝和严谨纤巧的内廷的对比，用物化的形式体现了阴阳学说的内容；并且通过宫殿布局和名称的巧妙结合，对阴阳学说中‘从阴中求阳，从阳中求阴’的哲理进行了阐释”。[1]

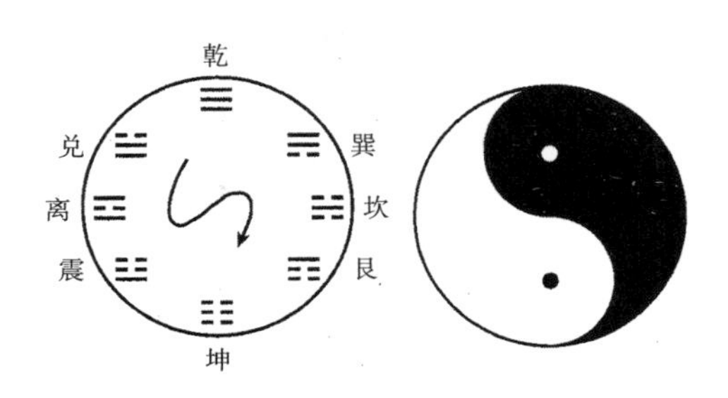

图2-15　由《周易》而来的太极图包含了中和之美

第三，中和作为审美形态，最根本、最高层次的特征是“天人合一”，这是传统建筑审美文化之魂。

从迄今为止世界文化发展史来看，对天人关系，或从较窄的意义上说，对人与自然的关系的不同理解，[2]始终影响并规定着各种文化，包括建筑文化的基本内涵。如果说西方建筑文化观念中的逻辑原点是天人相

1　洪华．紫禁城建筑的文化内涵——阴阳五行学说［J］．北京联合大学学报，2001（1）：76．

2　中国古代哲学所说的天人关系有极为丰富并动态发展的内涵，不能简单归结为自然与人的关系。张世英认为，西周之前，天人关系主要指的是一种神人关系。从春秋时期开始，天人关系的重心不再讲人与人格神之间的关系，“天”开始从超验的神的地位下降到了现实世界。大体上看，儒家的“天人合一”讲的是人与义理之天、道德之天的合一；道家的“天人合一”讲的是人与自然之天的合一。张世英还特别强调：“中国传统的‘万物一体’‘天人合一’的思想对于人与自然的关系问题，只是一般性地为二者间的和谐相处提供了本体论上的根据，为人与自然和谐相处追寻到了一种人所必须具有的精神境界，却还没有为如何做到人与自然和谐相处找到一种具体途径及其理论依据。”参见：张世英．中国古代的“天人合一”思想［J］．求是，2007（7）：34-37.

分，即人与自然的关系被看作是偏于独立与对抗的，相比较而言，传统建筑意匠则在探求人与自然和谐方面表现出极高的智慧（图2-16）。

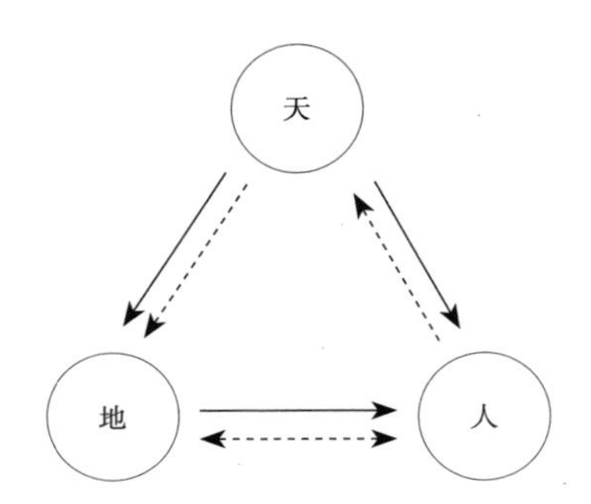

图2-16 中国传统天地人关系模式（实线）与西方天地人关系模式（虚线）对比示意图
（来源：参考［美］吉迪恩·S·格兰尼：《城市设计的环境伦理学》，张哲译，沈阳：辽宁人民出版社，1995年，第15页）

传统建筑文化中的天人合一观，注重建筑应体现人与自然的和谐合一，其积极意义主要表现为一种崇尚天地的营建思想和天人相亲、道法自然的审美追求。我国古代的空间环境观着重于人、建筑与自然环境三者之间的和谐，认为人与天地之间存在本然的亲缘关系，将自然、将天地认作是自己的“母亲”，“人”总是千方百计地融于“天”即自然之中，而不是与之决裂与对抗，不是谁征服谁的关系。因而，在中国传统建筑文化观念中，将人为的建筑看作是自然、宇宙的有机组成部分，自然、宇宙不过是一所庇护人类的“大房子”，两者在文化观念和美学品格上是合一的，建筑之美不过是自然之美的模仿与浓缩。李约瑟指出：

中国人在一切其他表达思想的领域中，从没有像在建筑中这样忠实地体现他们的伟大原则，即人不可被看作是和自然界分离的，人不能从社会的人中隔离开来。自古以来，不仅在宏伟的庙宇和宫殿的构造中，而且在疏落的农村和集中的城镇居住建筑中，都体现出一种对宇宙格局的感受与对方位、季节、风向和星辰的象征手法。[1]

这种极为重视人与自然相亲和的人文理念，在园林、宫殿、民居、

1 ［英］李约瑟. 中国科学技术史（第4卷 物理学及相关技术，第3分册 土木工程与航海技术）［M］. 汪受琪，等，译. 北京：科学出版社，2008：64.

图2-17 中国传统建筑极为重视人与自然相亲的理念。图为明代文徵明的《浒溪草堂图》（局部），画面群山环绕，清波蜒曲，树木葱茏，掩映着错落有致的房舍

寺观等建筑门类中都有自觉体现（图2-17）。比如中国的民居建筑，无论是北方的四合院、黄河中游一带的窑洞民居、南方山地吊脚楼、江南水乡民居、皖南民居以及西南坡地天井民居，其建筑选址都充分考虑环境因素，因地制宜，就地取材，强调人与自然和谐相处。江南水乡民居依水而居，因水成镇，人与水亲密结合；皖南民居掩映在青山绿水、茂林修竹之间；南方山地吊脚楼则充分借助地理环境的特点，依山傍水就势而建。

彭锋说："作为审美境界的天人合一用中国美学术语来说就是情景合一。"[1]这一审美追求，在传统园林建筑中得到了淋漓尽致的表达。无论是追求气势的皇家园林，还是小巧精致的私家园林，无不遵循自然法则，以造化为师，十分注重模山范水，情景合一，通过"引景""借景""框景""透景"等艺术表现手法，将大千世界引入园林之中，使人工建筑与自然环境融为一体，相互辉映，达到"虽由人作，宛自天开"[2]的人与自然浑然一体的最高审美理想。

1 彭锋．诗可以兴——古代宗教、伦理、哲学与艺术的美学阐释［M］．合肥：安徽教育出版社，2003：407．

2 ［明］计成著，陈植注释．园冶注释（第二版）［M］．北京：中国建筑工业出版社，1988：51．

（三）传统建筑的比德之美

中国传统的审美方式是多形态的。除了道家、禅宗所追求的自然、适性、逍遥和畅神以外，以儒家为代表的另一种审美方式是“比德”，它给传统建筑审美方式打上了伦理化的烙印。

“比德”在中国是一个源远流长的审美传统。“比德”即德法自然，主要指以自然景物的某些特征来比附、象征人的道德情操和精神品格，或者说是把对自然存在物与人们的精神生活、道德情感联系起来进行类比联想的一种审美方式，由于它往往寄寓的是某种德性或品质，故被称为“比德”。

管子曾以禾苗来比照君子之德：“苗，始其少也，眴眴乎何其孺子也！至其壮也，庄庄乎何其士也！至其成也，由由乎兹免，何其君子也！天下得之则安，不得则危，故命之曰禾。此其可比于君子之德矣。”[1]老子在《道德经》里有“上善若水”“上德若谷”的说法，以水和谷来比拟上善之上和上德之人。影响更深远的是孔子的比德说。在《荀子·法行》中记载孔子答于子贡曰：“夫玉者，君子比德焉。温润而泽，仁也；栗而理，知也；坚刚而不屈，义也；廉而不刿，行也；折而不桡，勇也；瑕适并见，情也。”这就是说，君子之所以贵玉，是因为玉之品性可与君子为比。孔子还提出“知者乐水，仁者乐山”，[2]开拓了传统文化审美视野的新方向。朱熹对此解释说：“知者达于事理而周流无滞，有似于水，故乐水；仁者安于义理而厚重不迁，有似于山，故乐山。”[3]

可见，无论是管子，还是老子、孔子，都主张一种比德式审美观，即有意识地在审美对象那里寻求与主体的精神品德相似之处，从而把主体的社会价值与客体特性联系在一起，以此判断一个对象是美还是不美，实质上强调了审美意识的人伦道德根源，“比德”成为由伦理到审美的中介。人们喜欢松，因为松可以“比德”，即所谓“岁寒而知松柏

1 黎翔凤. 管子校注［M］. 北京：中华书局，2004：955.

2 《论语·雍也》

3 朱熹. 四书章句集注［M］. 北京：中华书局，1983：90.

之后凋也”；人们喜欢梅花，因为梅花可以“比德”，即所谓傲霜斗雪、临寒独开；人们喜欢竹，因为竹也可以“比德”，即所谓“中通外直”。所以，自然界的一草一木，只有具备了某些可比的德性之后，才会被人们格外欣赏。这种审美的“比德”说，无论对自然美的欣赏，还是对艺术的创作，都产生了重要影响，“我们的审美观，尤其是以大自然为师，紧贴着大自然下笔，而无人为的踪影。在这个与天同寿的审美价值观之下，我们产生了抒情言志的诗，产生了超尘绝俗的画，产生了逸趣横生的庭园，这些更不期然而然地凝聚成我们的生活方式，使我们与大自然合一共处”。[1]

“比德”作为将自然山水与精神德性结合起来的思维方法，移植到建筑中来，对升华建筑及其空间的人文意义、提升建筑的艺术感染力与精神功能有独特的作用。缪朴在阐述中国传统建筑的特点时说：“传统的中国人在使用一个环境时，通常比西方人更重视环境中所包含的象征及其他文化意义。一个环境的物质形式往往被赋予浓重的伦理、宗教，或历史上的含义……像松、竹、荷花、梧桐这些植物都被加上道德或传说中的隐喻，它们在园林设计中的组合也变成了用这些隐喻来编写故事。”[2]传统建筑的这一特点正是比德式思维在建筑文化中的映照。

中国建筑艺术中的“比德”之美，不仅体现于建筑装饰艺术之中，如明清以来梅、兰、竹、菊被广泛用作建筑雕饰题材，而且还更为典型地反映在古典园林的造园思想之中。中国园林早在先秦时就已发轫，至汉时的皇家园林便已开始摹仿并寄情自然山水，这一造园思想经过魏晋南北朝的发展，至唐宋时由于文人墨客大量参与造园活动，使这种范山模水、寄情山水的造园思想几乎达到了炉火纯青的地步。园林至明清进入总结阶段，发展成为抒情言志、记事写景的成熟艺术。中国园林之妙，不仅妙在有限与无限的和谐，还妙在美与善的和谐。园林不仅满足

1　王路．人·建筑·自然——从中国传统建筑看人对自然的有情观念［J］．新建筑，1987（2）：61-64.

2　缪朴．传统的本质——中国传统建筑的十三个特点［J］．建筑师，1991（40）：69.

了人们的审美追求，同时也被借以表现主人的文化素养和品格情操。对此，盛翀将中国园林的精神看成是一种“伦理园”，他说：“中国哲学偏重于伦理道德，中国园林有很浓厚的伦理性，偏重于抒情言志。中国古典园林或记事、或写景、或言志，总之都反映人情社会，具有极浓的伦理味。因此，我们把它称之为‘伦理园’。”[1]

例如，江南私家园林的代表之一苏州拙政园，据明嘉靖十二年文徵明的《王氏拙政园记》和嘉靖十八年王献臣《拙政园图咏跋》记载，园主明代弘治进士王献臣是想通过园林艺术抒发自己因遭到诬陷罢官而不得志的情感，以及对朝政的不满之情。他自比西晋文人潘岳，借《闲居赋》意而云：

昔潘岳氏仕宦不达，故筑室种树，灌园鬻蔬，曰“此亦拙者为之政也”。余自筮仕抵今，余四十年，同时之人，或起家八坐，登三事，而吾仅以一郡倅，老退林下，其为政殆有拙于岳者，园所以识也。[2]

拙政园中的远香堂，为该园的主要建筑。从厅内可通过做工精致的木窗棂四望，尤其夏季可迎临池之荷风，馥香盈堂，所以取宋代理学家周敦颐之《爱莲说》中佳句“香远益清”活用之，作了该堂之雅名，以借莲荷“出淤泥而不染，濯清涟而不妖”的君子意象，寄寓主人不慕名利、不与恶浊世风同流合污、洁身自好的操守。又如，清代扬州园林中的名作个园，以竹、石取胜。园中修竹万竿，取名“个园”，虽有清诗人袁枚佳句“月映竹成千个字”的意趣，但也有浓厚的比德之意，正如清代刘凤浩在《个园记》中所言：“主人性爱竹，盖以竹本固，君子见其本，则思树德之先沃其根；竹心虚，君子观其心，则思应用之务宏其量；至夫体直而节贞，则立身砥行之攸系者，实大且

1 盛翀. 中日园林浅略比较研究［J］. 建筑师，1988（31）：113.

2 程国政，编注，路秉杰主审. 中国古代建筑文献集要（明代上册）［M］. 上海：同济大学出版社，2013：169.

远。”[1]由此可见，比德性诗文题名在中国园林中的作用，不仅能够开拓园林意境，提升园林景观的格调，还能使人感受到伦理教化的弦外之音。除了诗文题名，中国园林在室内外装饰装修（如窗格、瓦当）、铺地纹样、石雕砖雕、植物堆石，乃至整个景点布置中，还善用具有道德寓意的符号来比拟、象征吉祥、平安、高贵、驱邪行善等文化主题。

此外，中国历史上有许多文人喜欢借亭、台、楼、阁等建筑场所，在细致描绘人们对环境体验的同时，通过以某一建筑和建筑环境为比兴的箴言雅论，抒发自己对人生际遇的反思和对崇高美德的追求，从而创造出深远的意境，激发出形象的教化力量，提升了建筑对人的审美情趣的陶冶作用，如著名的《岳阳楼记》《滕王阁序》《醉翁亭记》《沧浪亭记》等。“醉翁之意”的最终目标不是这些物质性的亭、台、楼、阁，而是它们所涵育其中、润泽陶养的人之精神。这其实是更高层次的“比德”。

综上，我们可以初步得出如下结论：即中国传统建筑并不强调审美的独立性，而重视发挥审美的社会伦理功能，占主流地位的建筑审美理想总是与伦理价值相依相伴，以艺术的审美伦理化为旨归，贯穿礼乐相辅、情理相依的精神，具有浓厚的伦理品性，这是中国传统建筑美学的重要特质之一。

四、辨方正位：中国古代都城营建的伦理意蕴

中国古代的都城营建，作为一种延续时间最长、特征明显而稳定的城市建设体系，虽然受到中国古代社会形态基本特点和历史进程的严格制约，但它同样从一个侧面反映和表达了传统伦理的理念和礼制规范。

1　程国政，编注，路秉杰主审．中国古代建筑文献集要（清代下册）［M］．上海：同济大学出版社，2013：44．

（一）“礼”对都城建设的影响

由于相关文献资料缺乏，目前能够研究的有关中国古代都城营建的礼制，主要是《周礼》。其中，关于城市建设和规划制度的规定主要列在主管营造的《冬官司空》中，但遗憾的是《冬官司空》早佚，到西汉时河间献王刘德补以《考工记》存世。《周礼・考工记》对城市建设中的型制、等级、尺度有着明晰的表述，虽其内容在于总结西周的都城制度，但所述礼制规划与儒家伦理紧密联系。《周礼・考工记》是我国古代传世的极其重要的城市建设文献，也是世界上仅存的最古老而又较为全面的城市规划史料[1]，它所记载的宫城营建模式和建筑等级制度，对中国古代都城营建产生了深远的影响。

第一，都城营建的规模。

《周礼・春官・典命》记载：“公之城方九里，宫方九百步；伯之城方七里，宫方七百步；子、男之城盖方五里，宫方五百步。”《周礼・考工记》中说：“王宫门阿之制五雉，宫隅之制七雉，城隅之制九雉。经涂九轨，环涂七轨，野涂五轨。门阿之制，以为都城之制；宫隅之制，以为诸侯之城制。环涂以为诸侯经涂，野涂以为都经涂。”这里清楚表明，周代适应宗法政治的需要，实行依爵位尊卑而定的三级城邑营建等级制，把城市分为三个等级。第一级是天子或帝王的王城，处于都城系统的最高层次；第二级是诸侯的都城；第三级是宗室和卿大夫在其采地内所建的采邑，称之为“都”。这三个不同等级的城邑在城隅高度、道路宽度、城门数量、规划形制等方面有不同规格，等级分明，不容僭越，[2]否则，便是非礼也。《左传》中记载隐公元年郑国大夫祭仲献言郑庄公时说：“都城过百雉，国之害也。先王之制：大都不过参国之一；

1 贺业钜. 中国古代城市规划史［M］. 北京：中国建筑工业出版社，1996：5.

2 孔子的“堕三都”之事便从一个侧面表明了都城等级制度的严肃性。堕，就是拆毁。三都是指鲁国三大贵卿的三座城邑，即叔孙氏的后邑、季孙氏的费邑和孟孙氏的成邑。按照周礼规定，天子、诸侯、大夫筑城的高度与宽度都有定制。而当时三大贵卿的三座城邑都超过了周礼的礼制规定，这在孔子看来是不合礼制要求的，为了加强鲁国国君的权力，孔子提出了“堕三都”之策。

中，五之一；小，九之一。今京不度，非制也，君将不堪。”[1]即是说，都城的城墙超过了一百雉（约300丈），就是国家的祸害。因为先王的制度是大的都城的城墙，不能超过国都城墙的三分之一，中等都邑的城墙不能超过五分之一，小的都邑的城墙不能超过九分之一。

我国古代城市的这种等级制度以后为历代所继承，至清一直不改。秦汉以后，虽把诸侯、大夫之地换为州、郡府、县，但严格的等级性并没有任何改变，如都城每侧城墙设三门，而典型的府城每侧城墙只开有二门，典型的县城每侧城墙只有一门，“这样，全国城市和建筑都统一化、标准化，构成错落有致而又尊卑有序的全国建筑网”。[2]

第二，都城的方位布局及分区规划。

《周礼》在其主管宫廷的《天官冢宰》、主管民政的《地官司徒》、主管宗族的《春官宗伯》、主管军事的《夏官司马》、主管刑罚的《秋官司寇》中，开宗明义的第一句话都是：

> 惟王建国，辨方正位，体国经野，设官分职，以为民极。

可见，这是《周礼》一书的思想总纲。这里特别指出王者建立都城，首先须辨别方位，确定宫室居所的位置，并按规制划分区域、丈量土地，目的是为了“以为民极”。对此郑玄注云：“极，中也。令天下之人各得其中，不失其所。”[3]可见，这里“以为民极”的基本含义是使天下人各安其位，符合中正的准则。

为了烘托君主的重威，古代都城方位布局所重视的“礼”制，核心的一点是将宫殿置于都城中央显赫位置，“辨方正位”、以“中”为尊是礼制之基本要求。关于这一点在前面已有论及。《周礼·考工记》中有一个著名论断，如此规定周代都城的布局：

1　杨伯峻．春秋左传注（修订本）（上）［M］．北京：中华书局，1990：11．

2　张法．中国古代建筑的演变及其文化意义［J］．文史哲，2002（5）：80．

3　郑玄注，贾公彦疏．周礼注疏（上）［M］．上海：上海古籍出版社，2010：6．

> 匠人营国，方九里，旁三门。国中九经九纬，经涂九轨。左祖右社，面朝后市，市朝一夫。

这就是说，规划师丈量土地和规划都城，都城规模是九里见方，每边开有三个城门，城内纵横各有九条街道，每条街道宽可容九辆马车并行。宫城居中心，左右对称布置宗庙（居东）和社稷坛（居西），朝廷在前（即南部），商市居后（即北部），朝和市的面积各为一百亩。显然，这是一个空间秩序十分严整的格局，天子所居之地宫城必居中，以此为平面“坐标”设立其他建筑群，城邑用地被经纬涂正交干道及次一级的街巷组成的方格网，规整地划分为若干街坊（图2-18）。

正如台湾学者赵冈所言：“周代的城不是由自然村演化而来，而是为了特殊政治使命而建造的，所以有明显的规划性。从选择地点到城内建筑物布局都有一套理论与原则，加以诸侯各国互相观摩仿效，久而久

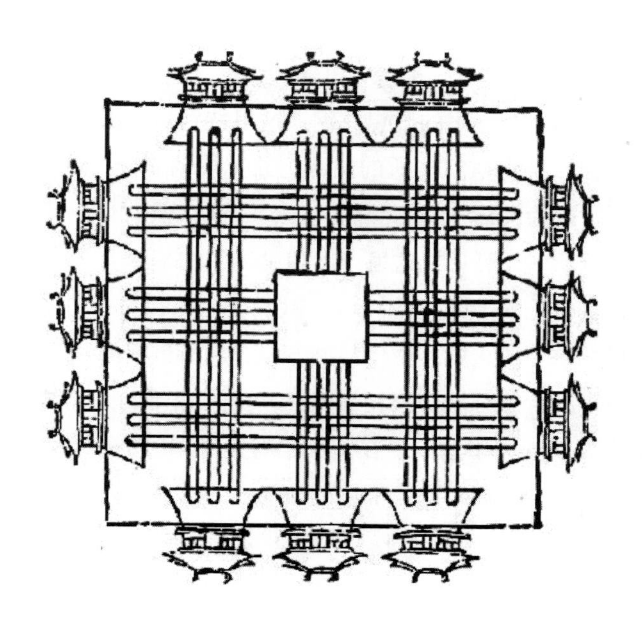

图2-18　宋代聂崇义《三礼图》中描绘的王城图，反映了“王者居中”和严谨对称的规划原则

之便形成一套标准模式。”[1]《周礼·考工记》所描绘的王城规划格局，是典型的标准模式，这种模式不但展现了礼仪之城的等级秩序格局，还将皇城放在宇宙中心的位置而强化了皇权。德国学者阿尔弗雷德·申茨（Alfred Schinz）在研究中国古代城市的规划特征时，提出过由一整套神奇的方形和神圣数字寓意所构成的一个层级次序的“幻方”（magic square）概念。他认为“幻方”作为一种总体模式，从周代开始便广泛运用于神圣都城的空间划分，以形成重要的空间秩序，用于更好地治理朝代和作为统治人民的神奇工具。[2]申茨所说的“幻方”实际上就是中国古代城市布局所呈现的特殊礼制形态。

应当指出，几千年来古代都城的规划布局，难以绝对按照《考工记》之形制建造，而且至今考古仍未发现古代都城完全符合“匠人营国”制度的古城遗址。然而，《考工记》中强调的礼制精神和包含的儒家文化思想基本不变，成为中国古代都城规划的基本模式。

立都时间在公元前202年的汉代长安城并不是按照《考工记》的规制而建造的。[3]经过北魏国都洛阳尤其是曹魏邺城，依照《考工记》的规范设计都城才变得较为明显。邺城是中国古代城市建设史上具有里程碑意义的城市，不仅城市有明确的功能分区，还把中轴对称的手法从一般建筑群扩大应用于整个城市的规划。许宏在对中国古代城市的考古学研究中，以曹魏邺城为节点，依照城郭形态的不同，将中国古代城市划分为两大阶段，即实用性城郭阶段和礼仪性城郭阶段。从曹魏邺城开始，中国古代早期都城中分散的宫殿区布局才被中轴对称的规划格局所取代。[4]隋唐长安城宫城位于都城北部正中，皇城在宫城之

1　赵冈. 中国城市发展史论集［M］. 北京：新星出版社，2006：46.

2　［德］阿尔弗雷德·申茨. 幻方——中国古代的城市［M］. 梅青，译. 北京：中国建筑工业出版社，2009：125.

3　美国汉学家芮沃寿（Arthur F. Wright）认为，商周时代沿传下来的一些重要的城市规划方面的规范，在汉代早期都城建设中很少得到体现。汉都也不符合礼官、阴阳五行家等流派所演化出来的象征主义与宇宙论。究其原因，与西汉初期残酷的政治军事斗争以及秦朝时对列国档案的焚毁有关。参见：芮沃寿. 中国城市的宇宙论［M］//［美］施坚雅. 中华帝国晚期的城市. 叶光庭，等，译. 北京：中华书局，2000：48.

4　许宏. 大都无城：中国古都的动态解读［M］. 北京：三联书店，2016：15-18.

南，皇城内规划有太庙与社稷坛，东西相对，但都位于皇城南郊，外郭东、西、南三面各设三门，基本对应“左祖右社”“旁三门”的传统模式。

在我国古代都城规划中，对《考工记》规划思想体现得最为彻底的当属元大都城（图2-19）。对此，历史地理学家侯仁之认为：

中央集权的统一封建国家出现之后，无论是秦的咸阳，还是汉唐的长安与洛阳，在其平面布局上，也都不见《考工记》理想设计的踪影。只是到了元朝营建大都城的时候，这才第一次把这一理想设计付诸实现，但也并不是机械地照搬，而是结合这里的地理特点，又加以创造性地发展，终于形成了一幅崭新的设计图案。[1]

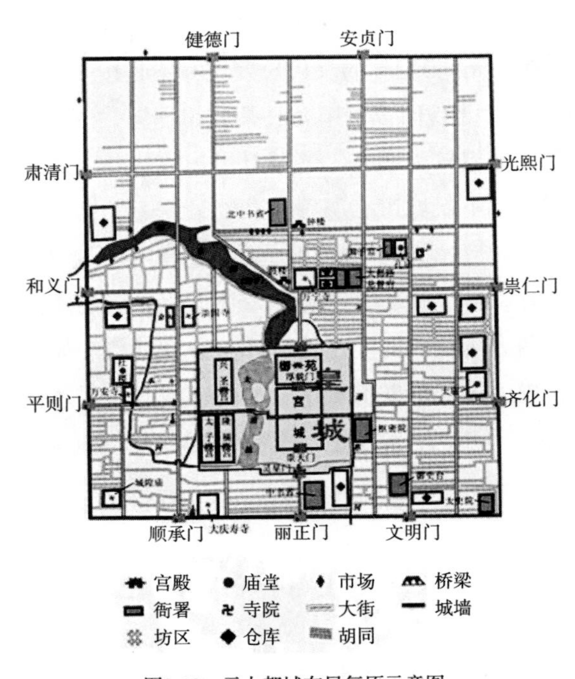

图2-19　元大都城布局复原示意图

1　侯仁之. 北京城的生命印记［M］. 北京：三联书店，2009：215.

1260年，元世祖忽必烈将统治中心南移到燕京，并将燕京改名“中都”。1266年，忽必烈诏命张柔、段天祐同掌工部事，并派遣刘秉忠来燕京相地，1274年在原金中都城址的东北侧兴建了元大都。元大都的规划设计者刘秉忠除了对天文地理、阴阳五行、八卦风水有较深造诣之外，受儒学礼制之说影响也很大。他在规划设计元大都城时，恪守《考工记》中有关王城的规制模式，巧妙利用了太宁宫所在的积水潭一带水域的地理特点。大都城的轮廓严谨方正，南北略长。城墙的东、南、西三面开三个门，北面继承了汉魏洛阳以来都城北墙正中不开门的传统，故元大都共有11座城门。大都城内主要建筑群的布局合乎“面朝后市、左祖右社”的基本原则，即宫城在城内南部中央，商业区在宫城正北，祭祖的宗庙，即太庙在宫城之东（齐化门内，今朝阳门内），祭天地的社稷坛在宫城之西（平则门内，今阜成门内）。大都城内连同顺成街在内共有南北干道和东西干道各9条，和《考工记》九条之数相符，并且全城的街道宽窄都有统一标准，大街24步阔，小街12步阔，南北与东西街道相交形成一个个棋盘格式的居民区。

明清北京城虽被改造为内外二城，但所遵循的宗旨同样是《考工记》，其布局彰显了中国古代以皇权为中心的政治伦理意识（图2-20）。宫城位居轴线中段，太庙、社稷坛分列宫前左右（与元代不同的是将太庙和社稷坛迁入皇城之中，设置在宫城之前，左右并列），显示族权和神权对皇权的拱卫，突出了尊祖敬宗、社稷为重的主题。总之，“运用方位显尊卑，按等级贵贱差别建立严谨的分区规划，是中国古城市规划的一大特色，体现了封建制度对人与人的社会关系也有着严格制约之束缚，也是它所代表的社会意识的本质反映”。[1]

第三，宫殿建筑的群体布局。

礼之规制渗透到宫殿组群布局中，形成所谓“前朝后寝”和“三朝五门”的基本格局。为了烘托帝王的尊贵地位，“朝”需要通过极高的

1　刘佳宁，咸国丰．儒家思想给予古城建设和古城保护的启迪［J］．四川建筑，2005（6）：10．

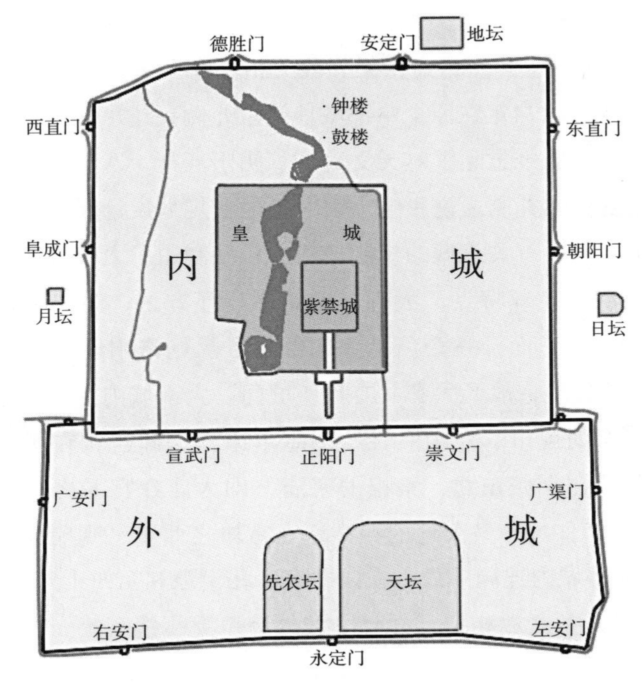

图2-20　明代北京城布局示意图

建筑规制和宏大的气势来显示帝王的至高无上与江山永固。周代时，宫殿建筑群体布局形成所谓“三朝五门”之制：“三朝者，一曰外朝，用以决国之大政；二曰治朝，王及群工治事之地；三曰内朝，亦称路寝，图宗人嘉事之所也。五门之制，外曰皋门，二曰雉门，三曰库门，四曰应门，五曰路门，又云毕门。”[1]

明清紫禁城的布局大体沿袭“前朝后寝”和“三朝五门”型制（图2-21）。由于前朝是封建帝王颁发政令、举行朝仪之地，因而在紫禁城中它几乎占到宫城三分之二深度，自午门开始至乾清门止，占地面积达85000平方米，主要布置象征政权中心的大殿。建筑的等级最高，气势最宏大，装饰最华丽，以此渲染皇权的至尊。按位置关系、使用情

1　刘敦桢. 刘敦桢文集（三）[M]. 北京：中国建筑工业出版社，1987：456. 需要说明的是，关于“五门”的位置与名称各家说法不一。

图2-21　明清北京紫禁城“左祖右社”“前朝后寝”的建筑布局示意图

况和建筑形制分析，明代紫禁城的“五门”分别对应的是大明门、承天门（天安门）、端门、午门和太和门，清代时五门的位置从天安门开始，然后是端门、午门、太和门和乾清门。对于中国宫殿建筑群体布局的这一特点，陈望衡指出：“‘三朝五门’制度实际上是儒家‘礼’‘乐’思想的具体化表现，其空间体系反映出明显的君臣、尊卑、长幼、内外、主从关系，它的建筑空间关系，与儒家期望的社会行为规划所要求的个人行为模式高度吻合。”[1]实际上，宫殿建筑的群体布局模式，绝不单纯是礼仪关系的物化象征，它们所构成的高度秩序化的行动场景，或者说它们与朝廷礼制之间的关系，不能视为仅仅是为礼制活动提供一种场景，而是彰显皇权神圣性、权威性这同一礼仪过程的产物。

第四，传统民居的空间序列

《礼记·内则》曰：“礼始于谨夫妇。为宫室，辨内外，男子居外，女子居内。深宫固门，阍寺守之，男不入，女不出。”这就是说，居家

1　陈望衡．环境美学［M］．武汉：武汉大学出版社，2007：363．

之礼的根本是“谨夫妇”，即规范男性与女性不同的行为方式。对应于此，民居营建的原则为“辨内外”，即划分内与外不同的空间序列，如同给空间订立“名分”，要求人们在不同的空间环境中应对不同的行为举止。我国传统民居大多属于在群体组合中形成的庭院式布局，这种布局方式所构建的封闭的空间秩序，恰与儒家礼制所宣扬的“男女有别”“内外有别”“尊卑有别”等伦理秩序形成了同构对应现象，可以说传统民居是一种贯彻礼制等级制度的物态实体。美国学者白馥兰（Francesca Bray）对此有深刻论述，她认为“作为儒家基本伦理的五伦中的三伦——父子、夫妇、兄弟——都在家院的围墙内表现出来”，“家庭关系由代际、年龄和性别之间的层级关系构成——权力关系不断地通过称呼、行为举止以及空间加以表达：家庭空间正是以这种方式划分和分配，就此不同的家庭成员或他们的仆人在房屋内必须间隔开来”。[1]

例如，作为汉民族传统民居经典形式的北京四合院，便在建筑形制、空间布局、居住用房的分配使用，甚至装修、雕饰、彩绘等方面反映了儒家的人伦等级观念与秩序。四合院通常是南北略长的坐北朝南的矩形院落，从设在东南角的大门进来之后，迎面是一块影壁或照壁，上有“吉星高照”“三阳开泰”之类吉语，紧贴着东屋的南山墙，体现出中国人传统的辟邪趋福心态。四合院多有前、后或外、内两院。前院的倒座与正房、厢房之间有垂花门相隔，为礼仪之属，门内门外，形成内院外院，其空间等级不同，尤其是内外分明，妇女不能随便到外院，客人不能随便到内院，符合《礼记》规定的居家之礼的根本要求。传统礼教要求妇女“大门不出，二门不迈”，“二门”即指垂花门。四合院的后院为全宅主院，其居住用房的分配使用是非常严格的。其中位于纵、横中轴线交叉点上的正房位置显赫，属最高等级，大多为三开间，进深、面宽、架高与内外檐的装修规格在全宅居于首位。正房正中的一间称为堂屋，通常是不住人的。这是一家的核心空间，专为家庭中婚丧寿庆祭

1 ［美］白馥兰. 技术与性别——晚清帝制中国的权力经纬［M］. 江湄，邓京力，译. 南京：江苏人民出版社，2006：47，93.

祀等大事之用。在堂屋中，中间祖宗牌位的设置、祖宗画像的悬挂、不同身份和辈分人的不同座次规定等，都是伦理等级观念在建筑空间中的具体体现。堂屋的东西各有一道门，通向正房的另两间屋子，是家中长辈的居室，由老一代的老爷、太太居住。两侧东西厢房一般要比正房低一层台阶，开间小，进深浅，为晚辈住所。东西厢房也有尊卑之分，一般以东厢为尊、西厢为卑、儿子成家、女儿出嫁之后，则东厢住"兄"一家人，西厢住"弟"一家人。

由此可见，四合院具有严格的轴线对称，按照北屋为尊、两厢次之、倒座为宾的位置序列布置，象征并强调了封建家长制下尊卑有别、上下有别、男女有别、内外有别的礼制要求。透视四合院的型制，宛如一幅形象生动的家族礼仪活动图画，它以一种无言的形式表达了传统的家庭秩序及其身份伦理观念，成为维护礼法的工具（图2-22）。

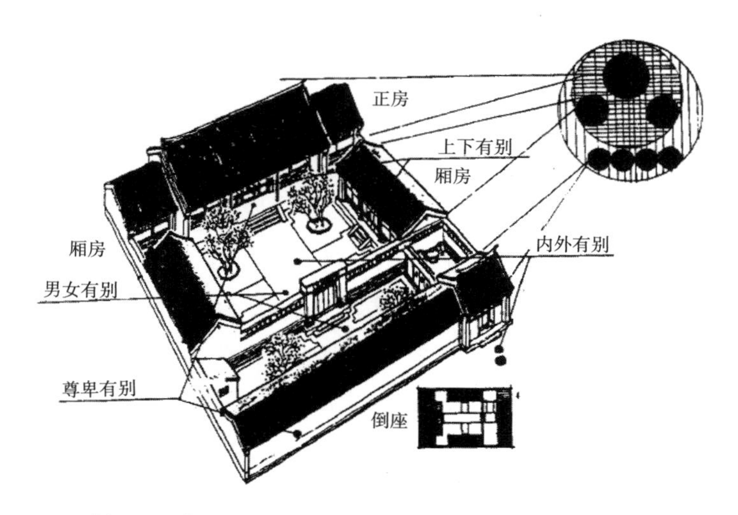

图2-22　典型的北京四合院民居空间格局所反映的礼制要求
（来源：潘安、李小静：《身份社会文化与华夏传统住宅意匠——评传统居住建筑意念的表现形式》，载《西北建筑工程学院学报》，1994年第4期）

（二）"贵和尚中"对都城规划的影响

传统文化尤其是儒家伦理的"贵和尚中"特征，在较大程度上赋予了中国古代都城和谐、严整、方正、秩序的理性美基调。

“贵和”，即贵和谐，“和”即协调、平衡、秩序，标志着事物存在的最佳状态。儒家伦理对“和”的强调主要体现在两个层面，第一个层面是“天人之和”，第二个层面是“人际之和”。其中，天人之合的和谐观对传统城市营建的影响最为直接。“天人之合”这一理念所提供的人与自然和谐一致、相互依存的思维模式和价值取向，构成了中国传统城市营建最基本的哲学内涵，并具体在聚落选址、城市形态布局、城市的主体建筑和城市与其所处位置的天地联系等方面都有自觉体现。

例如，中国古代的聚落选址，历来重视尊重自然和顺应环境。《礼记・王制》中讲的“凡居民材，必因天地寒暖燥湿，广谷大川异制”，“凡居民，量地以制邑，度地以居民。地、邑、民、居，必参相得也”，说的就是这个道理。也即凡是让人民居住的城邑，一定要根据气候的寒暖燥湿及广谷大川等不同的地理条件，采取不同的建制；凡是安置人民的居处，要根据地势广狭决定城邑大小，度量土地面积来决定居民的多少。《管子・乘马》中讲“凡立国都，非于大山之下，必于广川之上；高毋近旱，而水用足；下毋近水，而沟防省；因天材，就地利，故城郭不必中规矩，道路不必中准绳”，同样反映了顺乎自然、因地制宜的城市建设思想。

周代以来，都城从型制到方位都要尊法自然、象天法地，因为天地间阴阳二气交流而生出各种变化，天象运转与人文动态密切相关。《易・系辞上》中云：“在天成象，在地成形，变化见矣。”《易・系辞下》中云：“仰则观象于天，俯则观法于地。”象天法地思想指导了我国古代城市规划思想数千年。春秋时，吴王命大臣伍子胥筑都城阖闾，“伍子胥使相土尝水，象天法地，造筑大城，周回四十七里。陆门八，以象天之八风；水门八，以法地八聪”。[1]也就是说，阖闾城的四面各开陆门二，以象征天上随季风而不同风向的“八面之风”，开八座水门以象征地上的八卦，即将乾阳之天和坤阴之地与陆门和水门相对应，寓意是阴阳和合，天人相通。《后汉书》中讲汉西都的宫室时说：

1 ［东汉］赵晔．吴越春秋全译［M］．张觉，译注．贵阳：贵州人民出版社，2008：93.

“其宫室也，体象乎天地，经纬乎阴阳，据坤灵之正位，放泰、紫之圆方”。[1]

我国古代的都城规划还讲究在地面模拟天空星象，秦都咸阳是尤为典型的取法天象之杰作，其整体布局与天象呈现出一一对应关系，形成了众星拱辰、屏藩帝都的格局，这里的对应关系是指都城建筑物平面各点与空中星象平面各点具有垂直的投影关系。据《三辅黄图》记载：“始皇穷极奢侈，筑咸阳宫，因北陵营殿，端门四达，以则紫宫，象帝居。渭水贯都，以象天汉；横桥南渡，以法牵牛。”[2]这就是说，以咸阳宫为中心对应天宫——紫宫，渭水比附天上银河，横桥代表阁道，象征将南北的宫阙连成一体，比附牵牛星座的“鹊桥”。“总之，以‘象天法地’‘人神一体’的思想来营建皇皇帝居，以之与天帝常居的‘紫宫’及天上‘银河’‘鹊桥’相比拟，其目的仍在宣扬‘天地相通’‘天人感应’的皇权思想，以维护其封建统治，自始皇帝起，二世、三世，以至万世不绝”。[3]

效法四象被明确用于城市规划和建筑设计中是在汉代，而且汉代的城市布局在“天人合一”方面也超越了秦代刻意追求地理位置的绝对对应与简单比附，开始采用真正意义上的象征主义的规划方法。

汉代长安城在汉惠帝刘盈元年（公元前194年）修筑外郭城，其城墙除东墙平直外，其余三面皆有多处曲折（图2-23），即南墙中部南凸，东段偏北，西段偏南；西墙南、北两段错开，西北部分曲折延伸。《三辅黄图》记载汉长安故城曰：“城南为南斗形，城北为北斗形，至今人呼汉京城为斗城是也。”[4]南斗形即南斗六星的形状，北斗形即北斗七星的形状。虽然有学者，如贺业钜、李允鉌等人认为长安南北曲折的型制并不是汉人有意模拟天象，而是出于适应实际要求（受地形与河岸之

1　许嘉璐，安平秋．二十四史全译：后汉书（第二册）[M]．北京：汉语大词典出版社，2004：917.

2　程国政，路秉杰．中国古代建筑文献精选（先秦—五代）[M]．上海：同济大学出版社，2008：175.

3　朱士光．古都西安的发展变迁及其历史文化嬗变之关系[M]// 陈平原，王德威．西安：都市想象与文化记忆．北京：北京大学出版社，2009：327.

4　程国政，路秉杰．中国古代建筑文献精选（先秦—五代）[M]．上海：同济大学出版社，2008：177.

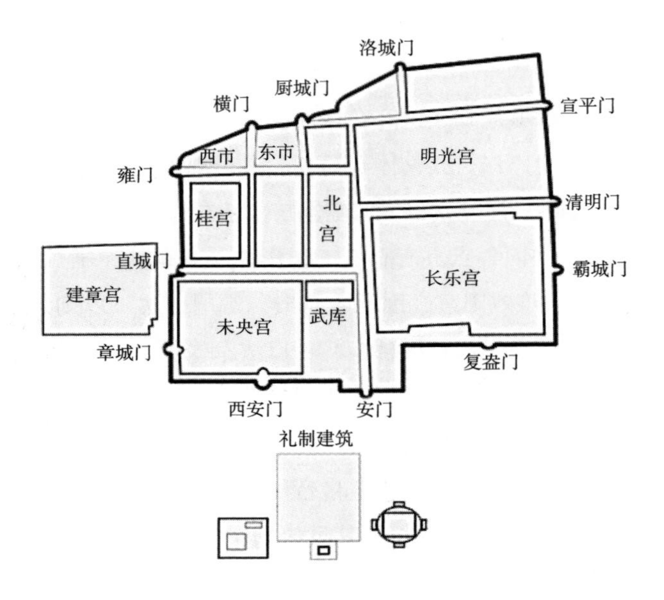

图2-23　西汉长安城平面示意图

制约）的必然结果，但也不能完全否定其“象天设都”的深层意蕴。比如，李允鉌一方面认为“斗城”的形成是具体建城过程中适应实际地形条件的结果，另一方面他并不否认西汉长安城“体像乎天地”的意匠，并认为是象征主义在城市规划中运用得最突出的一个实例。朱士光则认为，斗形布局是有意识让长安城内之主要宫殿——未央宫处于都城西南，其用意如东汉张衡在《西京赋》中所指出的“正紫宫于未央，表尧阙于阊阖”，是人神与共、天人感应等皇权思想的体现。[1]

元代大都城规划同样体现了“天人合一、象天设都”的理念。《析津志辑佚》中说：“中书省。至元四年，世祖皇帝筑新城，命太保刘秉忠辨方位，得省基，在今凤池坊之北。以城制地，分纪于紫微垣之

1　朱士光．古都西安的发展变迁及其历史文化嬗变之关系［M］// 陈平原，王德威．西安：都市想象与文化记忆．北京：北京大学出版社，2009：328.

次。”[1]紫微垣星是天之枢纽，将宫城比作紫微垣，凸显了其万众所归的中心地位。明清时期，北京城依然按照星宿布局，在紫禁城的四周，南设天坛祭天，北设地坛礼地，东设日坛祀日，西设月坛祀月，这种“天、地、人”之间的有机结合，正是“天人合一”思想的完美体现。

儒家“尚中”观念造就了富有中和情韵的道德美学原则，对传统城市整体规划与格局等方面有明显影响。

传统建筑与都城文化在空间上的一个主要特征，莫过于择中立都、“居中为尊”，即对“中”的空间意识的崇尚。西周初期，周公继承武王“定天保、依天室”的旨意，择“土中”（即天下土地之中央，阴阳和谐之地）而营洛邑。[2]《周礼·考工记》中的“营国制度”便是中心拱卫式的城市规划模式，以表达帝王独尊的绝对王权主义思想。

为强化中央方位独尊的观念，都城型制还附会天文现象。上古时代，古人将黄道、赤道附近的28座星宿分为东西南北四方，然后构想出青龙（苍龙）、白虎、朱雀、玄武四种形象，尊为四方之神，以辟邪恶、调阴阳。此四神拱卫北极星。北极星周围又有许多星座，合为一区，称“紫微垣”，又称“中宫”，它与太微垣、天市垣合称“三垣”，加上28座星宿构成古人观天象时的星象体系。孔子说：“为政以德，譬如北辰，居其所而众星共之。”[3]斗转星移、变动不居的宇宙存在着一个众星拱卫、相对稳定的“中心”——北极星，它是“天中”，整个天体都以它为中轴循环转动。这种天象正好也象征人间的政治伦理秩序，天上世界的中央至尊就是地上世界的中央至尊。自汉代以后，贯穿数千年的建筑规划意识便是择天之下中而立国、择国之中而立都、择都之中而立宫，宫

1 ［元］熊梦祥. 析津志辑佚［M］. 北京：北京古籍出版社，1983：32.

2 《逸周书·度邑》记载：“旦，予克致天之明命，定天保，依天室，志我其恶，专从殷王纣，日夜劳来，定我于西土。我维显服，及德之方明。”西周初期《何尊》铭文里引武王在克大邑商以后，廷告于天说：“余其宅兹中国，自之辥（乂）民。”意思是要建都于天下的中心，从这里来统治民众。《逸周书·作雒》记载：“周公敬念于后，曰：‘予畏同室克追，俾中天下。’及将致政，乃作大邑成周于中土。”这句话的意思是，周公认真地为后世谋虑，说担心周室不能长久，就让都城建在天下之中心地。到了即将返政成王之时，就在国土中央营建大都邑成周。

3 《论语·为政》

既居中，就需四方拱卫，于是“苍龙、白虎、朱雀、玄武，天之四灵，以正四方，王者制宫阙殿阁皆取法焉”。[1]由此可见，“尚中”思想的形成，决非单纯美学上的几何中心所致，它蕴含着人们对人间秩序的伦理观念。

在儒家“居中不偏”“不正不威”“中正无邪，礼之质也”[2]等观念支配下，中国传统建筑文化大到都城规划，小到合院民居，大都强调秩序井然的中轴对称布局，使城市显得庄严、肃穆、壮观，形成了极具中国特色的传统建筑美学性格。台湾学者汉宝德认为，世界上没有一个文化像中国一样，在建筑空间观上强调主轴，“中国古代的都市计划就是决定这一条线的位置，画完了计划就大体完成了”。[3]

其实，中轴对称是人类早就认识和应用的一种造型美规律。通俗地说，中轴线不过是都城规划和建设的基准线，但正是它的存在使城市格局秩序严谨，空间主次明确，成为尊严和重要性的标识。“从审美文化意义上分析，城市中轴线是中国城市的一条无形而巨大的‘文化之脊’，它是整座城市令人注目的中心，其美感渗蕴着伦理的温馨而严厉的气息，是一种颇为冷峻而富于理趣的美”。[4]

就中国古代宫城规划而言，明清紫禁城是一个严格按中轴对称布局的典范（图2-24）。紫禁城内的皇宫建筑几乎是完全对称的。在紫禁城内午门和端门广场两侧，左东为宗庙（太庙），右西为社稷坛。前朝三大殿（即太和殿、中和殿、保和殿）和后寝三宫（即乾清宫、交泰宫、坤宁宫）均位于中轴线上，其他宫殿即使不建在中轴线上，也是严格按照对称规则进行布局，分布在中轴线两端。何止宫城规划和宫殿布局追求中轴对称，从陕西岐山周代建筑遗址发掘材料中，就可以看出一些大型建筑群已开始应用中轴对称的布局。中国古代都城如曹魏邺城、隋唐长安城、元大都城、明清北京城的中轴对称布局都十分突出。隋唐都城

1 何清谷，三铺黄图校注［M］. 西安：三秦出版社，2006：325.

2 ［元］陈澔，注. 礼记集说［M］. 南京：凤凰出版社，2010：297.

3 汉宝德. 中国建筑文化讲座［M］. 北京：三联书店，2008：100.

4 罗哲文，王振复. 中国建筑文化大观［M］. 北京：北京大学出版社，2001：234.

长安自承天门经皇城南门朱雀门，直到外城南面正门明德门，是长安城的中轴线，长约5316米，突出了宫城至高无上的地位。元大都中轴线也十分明显，南起城南正门丽正门，穿过皇城的灵星门，宫城的崇天门、厚载门，经万宁桥，直达大天寿万宁寺的中心阁。明清北京城独有的壮美和秩序，主要体现在其驾驭全城的具有至尊地位的长达7.8公里的中轴线，这条中轴线是中国古代城市中轴线设计的顶峰，在城市空间序列的节奏变化、空间尺度的把握、空间氛围的营造等方面都达到了很高水准，尤其是这条中轴线还将礼制秩序表达得淋漓尽致。

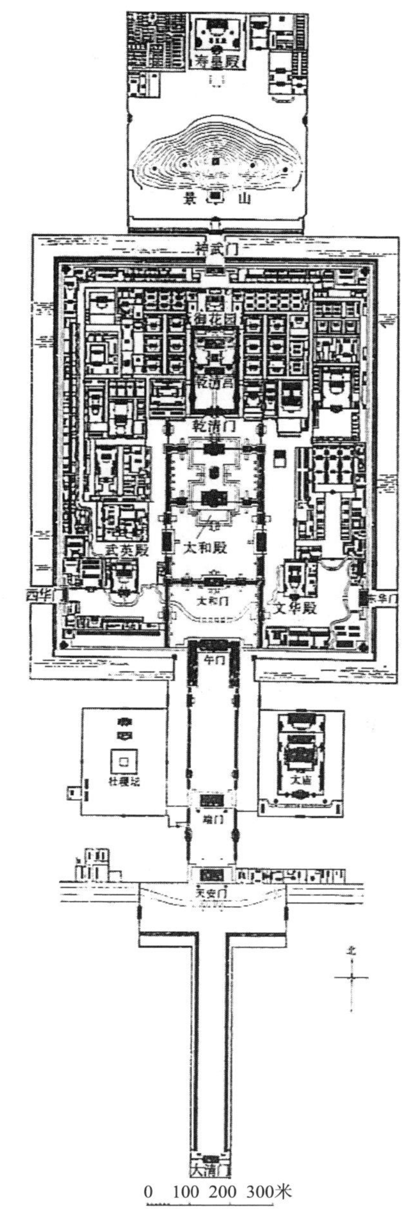

图2-24　北京紫禁城中轴线示意图
（来源：刘敦桢：《中国古代建筑史》，中国建筑工业出版社，1984年，图153-5）

综上所述，中国古代都城规划思想是中国传统哲学体系与文化传统的产物，尤其深受儒家伦理的影响，显著的表现是都城营建的方方面面，受“礼”之制约与影响，都城布局往往成了传统礼制和宗法等级制度的一种象征与载体，体现其独特的政治功能和伦理价值。一定程度上恰如美国学者

吉迪恩 · S · 格兰尼（Gideon S. Golany）对中国古代城市规划的概括："在任何情况下，城市的设计都是根据哲学家的观点来进行考虑的，并且，以城市结构的形式把伦理价值、自然力以及宇宙周期等因素结合在一起，所有城市都建筑在一个整个社会都遵众的法则的基础之上。"[1]

1 ［美］吉迪恩 ·S· 格兰尼. 城市设计的环境伦理学［M］. 张哲，译. 沈阳：辽宁人民出版社，1995：53.

第三章　西方建筑伦理思想的历史透视

现代建筑理论中最独具的特征之一是它所关系到的道德方面。[1]

——［英］彼得·柯林斯（Peter Collins）

1 ［英］彼得·柯林斯．现代建筑设计思想的演变［M］．英若聪，译．北京：中国建筑工业出版社，1987：29.

在两千多年色彩斑斓的西方建筑理论史上，建筑理论所固有的伦理维度从古罗马的维特鲁威开始，经历漫长的历史积淀过程而延续至今，形成了较为丰富的建筑伦理思想传统。本章将选择性地探讨西方建筑理论史中有代表性的建筑伦理观点，勾勒出建筑内蕴的伦理因素。

一、建筑伦理思想的西方传统：从维特鲁威到文艺复兴时期

在西方建筑思想史上，古罗马时期维特鲁威的《建筑十书》是两千多年前唯一幸存下来并流传至今的建筑学著作（图3-1），对后世影响极为深远，奠定了西方古典建筑学的核心范畴。从伦理视角解读这本书的理论价值，有以下四个方面值得关注。

第一，揭示了建筑所具有的公共善的价值。

维特鲁威在《建筑十书》开篇便对罗马帝国的开国君主奥古斯都（Octavian Augustus）说了这样一段话：

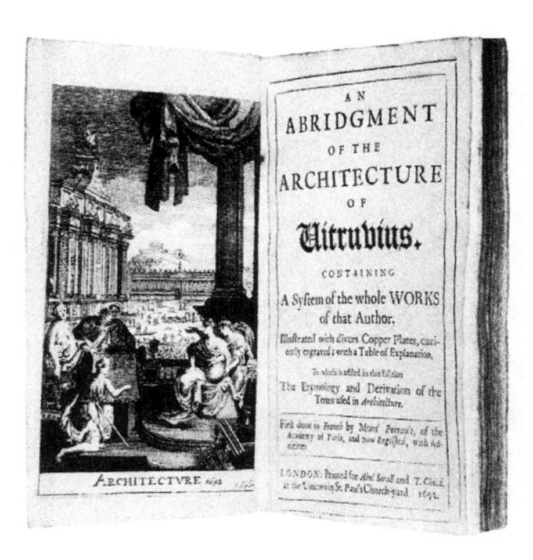

图3-1 《建筑十书》英文第一版（Abel Swall and T. Child，1692）
（来源：https://commons.wikimedia.org/wiki/File:De_Architectura029.jpg）

然而，我看出陛下不仅关心普遍的社会福利以及公共秩序的建立，也关心基于功用目的而营建的公共建筑，因而在陛下的推动下，不仅各行省悉数合并，国家更有威信，而且公共建筑也体现了帝国的荣耀，令人瞩目。于是我想，我不能错过机会，应尽快为陛下出版这本论建筑事务的书。[1]

这段话表达了维特鲁威对公共建筑所具有的社会价值与政治功能的重视，一定程度上可以说，维特鲁威开创了通过建筑实现社会福利这一贯穿西方整个建筑史的伦理主题。正如巴里·L·沃瑟曼（Barry L.Wasserman）等学者所言："维特鲁威呼吁奥古斯都大帝通过遍及帝国各行省的公共建筑，将古罗马的权力与正义以看得见的方式展示出来，从而巩固其政权的伦理根基。"[2]

第二，通过将建筑师描述为具有广泛学识和各方面技能的全才，间

1 ［古罗马］维特鲁威．建筑十书［M］．陈平，译．北京：北京大学出版社，2012：63．需要说明，本段译文，著者参考美国哈佛大学出版的英文版对部分译文进行了改动。参见：Marcus Vitruvius Pollio．The Ten Books of Architecture（first century BC）［M］．trans. Morris Hicky Morgan．New York：Dover，1960：3.

2 Barry Wasserman，Patrick Sullivan，Gregory Palermo. Ethics and the Practice of Architecture［M］．John Wiley and Sons，2000：38.

接涉及了建筑师的职业行为及专业伦理问题。

维特鲁威认为建筑师是神圣而有崇高地位的职业，因而对建筑师的素质提出了全面要求，尤其可贵的是强调建筑师的人文素养。例如，他谈到建筑师教育时提出要有哲学素养，他认为："哲学可以成就建筑师高尚的精神品格，使他不至于成为傲慢之人，使他宽容、公正、值得信赖，最重要的是摆脱贪欲之心，因为做不到诚实无私，便谈不上真正做工作。"[1]

第三，维特鲁威在《建筑十书》中，试图为建筑学建立一套评价标准，他提出的建筑所应具备的六个要素特征和三个基本原则，是对建筑美德和建筑价值准则的最早探索。

维特鲁威提出建筑的六个要素特征分别是：秩序（ordinatio，ordering）、布置（dispositio，design）、匀称（eurythmia，shapeliness）、均衡（symmetria，symmetry）、得体（decorum，correctness）和配给（distributio，allocation）。其中，"得体"（又译"适合""礼仪"）颇富伦理意味。维特鲁威认为，"得体"涉及形式与内容的适当性问题，它是由生活惯例、风尚习俗而形成与确定的，不同柱式的装饰风格应与其所象征的不同神祇的性别、身份与尊卑相适应、相匹配。正是在总结这六个要素的基础上，维特鲁威提出了好建筑的三个经典原则："所有建筑都应根据坚固（soundness）、实用（utility）和美观（attractiveness）的原则来建造。"[2]维特鲁威的"三原则"看似简单，却蕴含普适隽永的价值，在建筑理论史上流传甚久，影响至深。

第四，维特鲁威的城镇选址及建筑设计思想处处渗透着可贵的人本理念。

例如，他指出，城镇选址时要注意风向和朝向，避免对人体的伤害；神庙台阶的设计高度应适中，不使人上台阶时感到吃力；功能不同的房间依据健康舒适的原则而朝向不同等，总之，"对人类本身的关注和研究是设计的前提，这一信念如一条红线贯穿于十书之中"。[3]

---

1 ［古罗马］维特鲁威. 建筑十书［M］. 陈平，译. 北京：北京大学出版社，2012：64.

2 ［古罗马］维特鲁威. 建筑十书［M］. 陈平，译. 北京：北京大学出版社，2012：68.

3 ［古罗马］维特鲁威. 建筑十书［M］. 陈平，译，北京：北京大学出版社，2012：中译者前言，8.

整个中世纪，尽管有关建筑的书籍不少，但正如德国建筑理论家汉诺—沃尔特・克鲁夫特（Hanno-Walter Kruft）所言，由于在哲学、神学和几何学主题占优势的背景之下，建筑学所处地位相对较低，因而没有产生它自己的建筑学理论。[1]然而，或许正因为中世纪建筑理论的从属地位，才产生了这一时期建筑理论的一个重要特质，即中世纪的建筑艺术与当时的哲学、伦理学与宗教观念之间特殊的对应关系。一方面，宗教经典中的建筑隐喻被教士们从不同方面加以诠释，另一方面，中世纪的建筑师们常常从圣经等宗教文献中寻找建筑隐喻，并探寻基督启示在建筑中的直接体现，使宗教建筑成为表达基督教神学和道德观的重要载体。对此，美国艺术史家欧文・潘诺夫斯基（Erwin Panofsky）进行了颇有说服力的研究。他主要探讨了12至13世纪经院哲学和哥特式建筑艺术之间的同步发展关系，指出它们之间并非一般的平行发展关系，而是一种原因与结果、观念与象征之间的关系。他说："鼎盛时期哥特建筑的造型事实上就是把基督教的全部知识、神学理论，它的道德观、对自然和历史的认识等等用建筑形象具体化了，每一种为基督教所接受的内容在这个时期的哥特建筑物身上都可以找到自己的影子，而这里没有的则一定是受到基督教排斥的那些内容。"[2]

维特鲁威所开创的建筑思想经历中世纪的重新发现，到文艺复兴时期才真正得以声名大振。维特鲁威建筑思想中内含的伦理理念，在15世纪著名的建筑理论家、人文主义哲学家阿尔伯蒂（Leon Battista Alberti）那里获得了进一步的继承与发展。阿尔伯蒂于1485年出版的《建筑论——阿尔伯蒂建筑十书》，被誉为除《建筑十书》之外，完全奉献给建筑学的第二本书。在该书序言中，阿尔伯蒂首先对建筑学和建筑师对人类福利的贡献表达了赞美之情，他说：

1 ［德］汉诺—沃尔特・克鲁夫特．建筑理论史——从维特鲁威到现在［M］．王贵祥，译．北京：中国建筑工业出版社，2005：18.

2 ［美］欧文・潘诺夫斯基．哥特建筑与经院哲学——关于中世纪艺术、哲学、宗教之间对应关系的探讨［M］．吴家琦，译．南京：东南大学出版社，2013：38.

建筑学，如果你对于这一问题的思考是相当细致的话，它为人类，为每一个人，也为一些诸如社会团体之类的人群，给予了舒适和最大的愉悦；它也不能够被排列在那些最值得尊敬的艺术中的最后一位。[1]

那么，让我们得出一个结论说，公共的安全、崇高和荣誉在很大程度上取决于建筑师：正是建筑师为我们在闲暇时间的欢快、娱乐与健康，也为我们在工作时间的利润和利益，提供了可能，简而言之，我们是在以一种有尊严的，并且是远离危险的方式，生活着的。[2]

阿尔伯蒂不仅充分肯定了建筑师为人类福祉所起的不可替代的重要作用，而且对建筑师所应具备的专业能力和职业美德还进行了独到阐述。他认为，建筑师除了要具备最强的能力、最充溢的热情、最高水平的学识、最丰富的经验、严肃认真地做出准确无误的判断之外，还需要对于什么是适当、得体具有一种良好的感觉。建筑师除了应具备一般的职业美德，如谦虚、诚实之外，最重要的是一定要避免任何轻率、固执、炫耀或冒昧。[3]

阿尔伯蒂建筑思想除了强调建筑的实用功能之外，还较为明确地指出了建筑艺术尤其是宗教建筑和纪念建筑中蕴含的富有伦理教化意蕴的精神功能。例如，他说："遗存下来的古代神庙与剧场建筑可以教给我们与任何教授所能够教给我们的同样多的东西"，"毫无疑问的是，一座神庙能够奇妙地愉悦人们的心灵，使人的心灵沉浸在优雅和崇敬之中，从而大大地激发了人们的内心的虔诚之情"。[4]他之所以主张修道院应坐落在与剧场、广场等公共建筑相毗邻的区域，主要原因是为了更好地发挥其教化功能，使人们更容易在消遣的同时受到劝诫、忠告，引导他们

1 ［意］莱昂·巴蒂斯塔·阿尔伯蒂．建筑论——阿尔伯蒂建筑十书［M］．王贵祥，译．北京：中国建筑工业出版社，2010：序言，31．

2 ［意］莱昂·巴蒂斯塔·阿尔伯蒂．建筑论——阿尔伯蒂建筑十书［M］．王贵祥，译．北京：中国建筑工业出版社，2010：序言，34．

3 ［意］莱昂·巴蒂斯塔·阿尔伯蒂．建筑论——阿尔伯蒂建筑十书［M］．王贵祥，译．北京：中国建筑工业出版社，2010：301．

4 ［意］莱昂·巴蒂斯塔·阿尔伯蒂．建筑论——阿尔伯蒂建筑十书［M］．王贵祥，译．北京：中国建筑工业出版社，2010：149，188．

摒弃恶习而追求美德。他还主张在神殿的墙上或地面上要装饰一些具有哲学品味的格言，如“以你所希望展现于人的方式来把握你的行为”，这样可以引导人们拥有公正、谦虚等美德。阿尔伯蒂将纪念建筑看成一种高尚事物，他认为纪念建筑负载了一些道德信息，可以通过其记忆功能而传递给子孙后代。他谈到坟墓和墓碑的精神功能时指出：“这些坟墓提供给了城市和家族的名称以某种装饰，不断地鼓舞其他人来仿效那些最为著名的人们的美德。”[1]

阿尔伯蒂遵循维特鲁威的建筑三原则并作了进一步阐发。不同于维特鲁威将“坚固”放在第一位，他更重视建筑的实用性和功能性。阿尔伯蒂对建筑实用原则的强调，不仅是从建筑学的基本原理上说的，而且也是从伦理的角度加以阐发的。他认为，好的建筑，其每一个部件都应该是在恰当的范围与位置上，即它不应该比实际使用的要求更大，也不应该比保持尊严的需求更小，更不应该是怪异和不相称的，而应该是正确而适当的，如此则再好不过了。阿尔伯蒂也相当重视“美观”原则，他认为优美和愉悦的建筑外观是最为尊贵和不可或缺的，一个俗不可耐的建筑作品造成的过错，仅靠满足需要来弥补是没有意义的（图3-2）。同时，阿尔伯蒂对美观的理解，超越了美学价值的范围，富有伦理意蕴。他将美与善结合，认为最为高尚的东西就是美的。

与阿尔伯蒂同属文艺复兴时期的建筑师和雕塑家安东尼奥·阿韦利诺（Antonio Averlino），其艺名菲拉雷特（Filarete）更为人熟知。他在1464年出版《建筑学论集》（*Treatise on Architecture*）一书。此书虽然是一位国王与他的建筑师的对话录，更像一部文学作品而非严格的理论著作，但书中的一些观点和叙事反映了菲拉雷特相当独特的建筑伦理观念，即建筑作为获得知识与美德和手段，实际起着对基督教教义和美德的记忆、诠释和教化作用。

1 ［意］莱昂·巴蒂斯塔·阿尔伯蒂. 建筑论——阿尔伯蒂建筑十书［M］. 王贵祥，译. 北京：中国建筑工业出版社，2010：234.

图3-2　意大利佛罗伦萨的罗马天主教教堂新圣母大殿（Basilica di Santa Maria Novella）。阿尔伯蒂设计了教堂正立面（1456～1470年），比例和谐，美观雅致
（来源：https://florenceforfree.wordpress.com/2015/03/19/basilica-of-santa-maria-novella/）

相比于维特鲁威和阿尔伯蒂的建筑思想，菲拉雷特更重视理想的城市设计议题。《建筑学论集》这本书的中心部分便是他设想的文艺复兴时期第一个有乌托邦色彩的理想城市蓝图——以他的保护人（赞助人）米兰公爵弗朗切斯科·斯弗尔扎（Francesco Sforza）命名的斯弗金达（Sforzinda）。

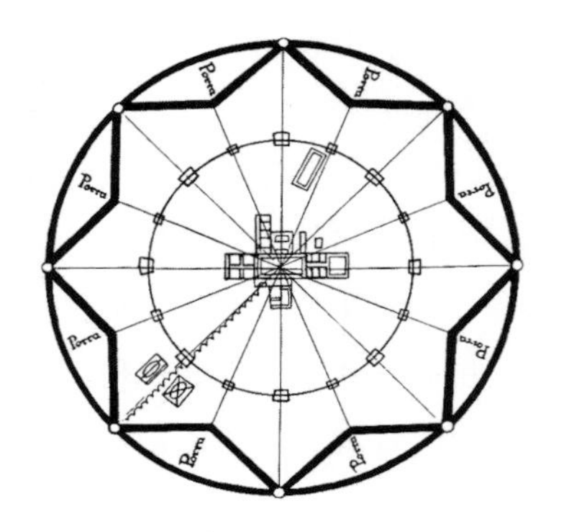

图3-3　菲拉雷特构想的理想城——斯弗金达（Sforzinda）平面图
（来源：https://quadralectics.wordpress.com/）

菲拉雷特的斯弗金达不仅是极具乌托邦色彩的理想城市构想，还几乎变成了展示基督教美德的示意图。在这个由两个相互叠加的四边形组成的八角星形的理想城市蓝图中（图3-3），城市中心安排有教堂、公爵宫殿、市场等围合而成的相当规整的中心广场，城市中还有一座

10层高的具有伦理隐喻性的公共建筑——“恶习与美德之屋”（House of Vice and Virtue），这个建筑本质上是一个用建筑寓言建构起来的精神大厦，内蕴了菲拉雷特有关伦理的、教育的、记忆的等各种人文理念。菲拉雷特说：“我常常感到困惑，不知道善恶应该如何描绘，才能让人们一目了然地看清他们的本质。”[1]他苦苦追寻的结果，便是要用建筑及其装饰语言直观地描绘善与恶，使人们能扬善弃恶，追求真正的幸福。

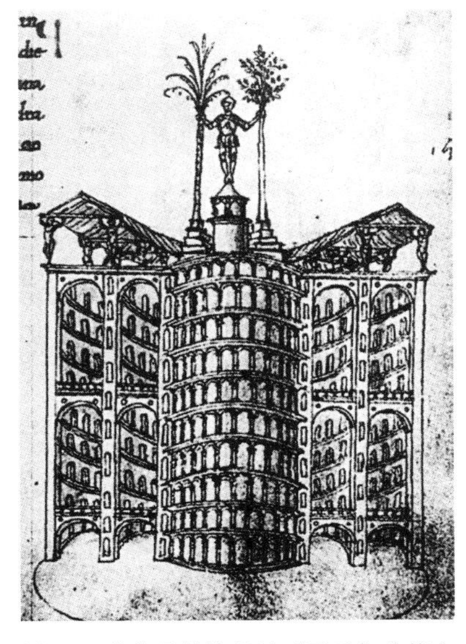

图3-4 菲拉雷特构想的“恶习与美德之屋”（House of Vice and Virtue）（来源：［意］菲拉雷特：《建筑学论集》，周玉鹏、贾珺译，北京：中国建筑工业出版社，2014年，第330页。）

“恶习与美德之屋”立面图（图3-4）显示出该建筑有矩形的底部，中心矗立着一个圆形的塔。在这座建筑的入口处，有两扇大门，右边的那扇叫“至善门”，刻着“以苦成善，即入斯门”，左边的那扇叫“万恶门”，刻着“逐乐之众，由此而入，不日之内，痛思悔改”。[2]其底部的两层作为“恶习之屋”，是满足人的生理欲望和享乐需求的建筑空间，如妓院、酒馆、浴场等。“恶习之屋”是容易进入的，它如同洞穴一般位于美德之屋下面，罪恶也集聚于此。较高的七层则是满足人的精神需求的建筑空间，分别是逻辑、修辞等七门人文学科的学习场所，隐喻这些房间是传授知识的百科全书。穿越代表七门人文学科的房间之后，进入顶层一个开放性楼层，门廊四周有雕像柱，空间被分割成七个部分而构成七座桥，每一部分分别将基督教的神学三德即信、望和爱以及四种基本美德即正义、审慎、勇气和

1 ［意］菲拉雷特．建筑学论集［M］．周玉鹏，贾珺，译．北京：中国建筑工业出版社，2014：327.

2 ［意］菲拉雷特．建筑学论集［M］．周玉鹏，贾珺，译．北京：中国建筑工业出版社，2014：329.

节制刻于其入口。当人们通过了这七座桥，在其中心点最高处是一片露天空间，放置了九位缪斯神像。在此之上，是一个菱形的穹顶，即这幢建筑的最高处，在那儿，七种美德集中被一座全副武装的雕像所表现，这个雕像是善的化身，“他的头有如太阳一般。右手握着一颗枣树，而左手是一颗月桂。他屹立在一颗钻石之上，并且这颗钻石的底部流出一种甜蜜的液体。‘名誉’位于他头顶之上”。[1]

总之，菲拉雷特试图通过他设想的“恶习与美德之屋”，表现人的善恶品性，最终达到抑恶扬善，让更多人变得情操高尚的目的。观察“恶习与美德之屋”立面图，“这幅图相对接近地表达了他将这幢建筑视为一座山的理念。这幢建筑如此坚固地根植在我们面前，如同世界之轴——地球、天堂与地狱的会面。他所绘制的天国之城、恶习与美德之屋，以一座山的形式引导我们的身体和精神向上追求，并作为一个庙宇而成为一个教化之地”。[2]

文艺复兴末期，有一位意大利建筑师被冠以“史上最重要建筑师”的美誉，他就是安德烈亚 · 帕拉第奥（Andrea Palladio）。1570年，帕拉第奥出版了对后世有重要影响的著作——《建筑四书》（*Quattro Libri Dell'architettura*），这本书是他在继承维特鲁威和阿尔伯蒂建筑理论的基础上，对鼎盛时期的文艺复兴建筑的全面总结。帕拉第奥虽是石匠出身，但30岁时与人文主义者、作家特里西诺（Gian Giorgio Trissino）结识，并在其创建的一所学术研究院“特里西诺学园”学习。该学院的课程设置仿效古希腊的柏拉图学园（Academy），主要传授知识、艺术和美德，而且美德还被认为是知识和艺术的先导。这段经历对帕拉第奥产生了重要影响，不仅使他成为在人文主义知识方面具有扎实基础的建筑师，也使他认识到“美德在16世纪的意大利对有抱负的建筑师来说特别重要”。[3]在《建筑四书》的扉页（图3-5），建筑门廊画面的山花顶部绘有一

1 ［意］菲拉雷特. 建筑学论集［M］. 周玉鹏，贾珺，译. 北京：中国建筑工业出版社，2014：328.

2 Yocum，Carole. Architecture and the Bee: Virtue and Memory in Filarete's the Trattata di Architettura［D］. Master of Architecture Thesis. Toronto：McGill University，1998：51.

3 Andrea Palladio. The Four Books on Architecture［M］. Translated by Robert Tavernor and Richard Schofield. Cambridge, MA：MIT Press，1997：Robert Tavernor - introduction，9.

REGINA VIRTVS
I QVATTRO LIBRI
DELL'ARCHITETTVRA
Di Andrea Palladio.
Ne' quali, dopo un breue trattato de' cinque
ordini, & di quelli auertimenti, che sono
piu necessarij nel fabricare;
SI TRATTA DELLE CASE PRIVATE,
delle Vie, de i Ponti, delle Piazze, de i Xisti, et de' Tempij.
CON PRIVILEGI.
IN VENETIA,
Appresso Dominico de'
Franceschi.
1570.

图3-5 《建筑四书》扉页

个“美德女神”（Regina Virtus），其下的“几何之神”与“建筑之神”都向上指着这个带着皇冠、拿着权杖和书的“美德女神”，由此隐喻美德对建筑的统领作用。鲁道夫·维特科夫尔（Rudolf Wittkower）在评价帕拉第奥时说：“对于他而言，建造优良的建筑物是一项道德才能，建筑透射着科学与艺术相统一的光芒，而这二者的联合则构成了道德的完美典范——特里西诺研究院的生活与思想的主要宗旨。”[1]

帕拉第奥在继承维特鲁威建筑三原则的基础上，提出了建筑活动的基本价值观，这便是在开始建筑活动之前，设计每个建筑都要考虑三件事情，即实用（或适用）、坚固及美观。他说：“一个堪称完美的建筑不能只是短暂的有用，或者很长一段时间不方便，或者它既坚固又有用，但却不美观。”[2]帕拉第奥将实用（他认为这一概念与便利是同义语）原则放在第一位，认为“便利就是让建筑的每一个构成部分位于其合适的位置，既不低于人性尊严的要求，也不多于实际的需求”。[3]

对于建筑设计所应遵循的基本美德，帕拉第奥还进一步针对私人建筑与公共建筑的不同特点与要求进行了阐述。他认为，维特鲁威建筑三原则所表达的基本价值更值得公共建筑重视。对于私人住宅而言，则应重视美观、优雅（graceful）和耐久（permanent），他尤其强调私人住宅必须恪守得体（decorum）或者适宜（suitability）原则，其基本要求有两个方面：一是房子要适合主人的身份或地位。例如，他认为有公职的官员，其住宅需要有宽敞的凉廊，有装饰的墙面，这样那些有事相求等待拜访主人的客人，就能够在这些地方愉快地度过他们的时间。同样地，体量较小、花费较小、装饰较少的建筑则适合地位较低的人；[4]二是

1 ［英］鲁道夫·维特科夫尔. 人文主义时代的建筑原理［C］// 杨贤宗，申屠妍，廖昕. 建筑与象征. 杭州：中国美术学院出版社，2011：174.

2 Andrea Palladio. The Four Books on Architecture［M］. Translated by Robert Tavernor and Richard Schofield. Cambridge, MA：MIT Press，1997：6.

3 Andrea Palladio. The Four Books on Architecture［M］. Translated by Robert Tavernor and Richard Schofield. Cambridge, MA：MIT Press，1997：7.

4 Andrea Palladio. The Four Books on Architecture［M］. Translated by Robert Tavernor and Richard Schofield. Cambridge, MA：MIT Press，1997：77.

住宅的局部与整体、局部与局部之间应互相协调。

除了从价值准则和礼仪上区分公共建筑与私人建筑的不同要求，帕拉第奥还特别阐述了宗教建筑的意义及礼仪要求。他认为，没有信仰，文明便不可能存在，宗教建筑对人类的意义不言而喻。因此，如果人们尽最大努力去找那些优秀的建筑师和能胜任的工匠去建造他们的住宅，那么他们更应该投入更大的心力去修建教堂。而且，如果建造住宅主要应考虑方便的话，对于教堂，必须首先考虑如何表现高贵和上帝的庄严，因为上帝体现了终极的善与完美而被人们祈祷和崇拜。[1]对于建造教堂和神庙的礼仪，帕拉第奥特别强调了其建筑形态上的要求，他有一段著名的话，赋予了圆形这种几何形态以浓厚的精神和伦理象征意义：

> 我们的教堂形态要保持礼仪，就应该选择最完美和卓越的形态——圆形，因为圆形在所有平面形态中，是最简洁、一致、平等、坚固和宽敞的。因此让我们用圆形来建造教堂，这种形态显然最适合这种建筑形式，因为它只有起点与终点这一个分界线，既不易区分，又不易察觉，各个部分彼此相同，所有部分都服务于整体。最后，它的每一点到外缘的距离都是等距的，完美彰显了统一性、无限存在物、一致性和上帝的公平正义。[2]

帕拉第奥确信完美的圆形是上帝的象征，代表着稳定、和谐和宇宙万物的秩序。有着圆形穹顶的教堂和庙宇建筑便体现了这些价值（图3-6）。在帕拉第奥之前，圆形穹顶是教堂和神庙的专属品。正是富于革新精神的帕拉第奥打破常规，将圆形穹顶的神殿建筑元素以及古罗马公共建筑中的柱廊，运用于乡间别墅与私人府邸，让普通民宅也闪耀着庄严和秩序的精神之光。

1　Andrea Palladio. The Four Books on Architecture［M］. Translated by Robert Tavernor and Richard Schofield. Cambridge, MA：MIT Press，1997：213.

2　Andrea Palladio. The Four Books on Architecture［M］. Translated by Robert Tavernor and Richard Schofield. Cambridge, MA：MIT Press，1997：216.

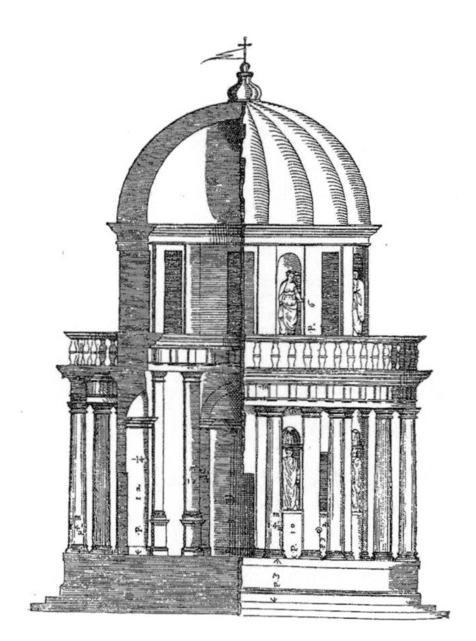

图3-6 帕拉第奥《建筑四书》插图：意大利罗马坦比哀多庙（Bramante's Tempietto）（来源：Andrea Palladio. *The Four Books on Architecture*. Translated by Robert Tavernor and Richard Schofield. MIT Press，1997.p278.）

粗略勾勒从维特鲁威到文艺复兴时期西方建筑思想史上有关建筑伦理的代表性观点，可以发现，维特鲁威的建筑思想影响最大，他开创的建筑伦理议题，如通过建筑实现社会福利，建筑师的社会价值与职业伦理，以坚固、实用和美观的建筑三原则为核心的建筑美德论，成为不同时代反复讨论、充实与发展的议题，蕴含普适隽永的价值，至今仍影响西方建筑的发展方向。

二、近代西方建筑伦理思想管窥：以约翰·罗斯金为例

近代西方建筑思想或者更准确地说，至少从18世纪中期开始，出现了一种影响广泛的新的伦理议题，即对建筑结构、建筑材料和建筑风格的诚实（或真实）原则的强调。例如，法国建筑理论家马克—安托万·洛吉耶（Marc-Antoine Laugier）在1753年出版的《论建筑》（*Essai sur l'Architecture*）一书中，将结构的纯粹与必要作为判断好的建筑作品与坏的建筑作品的基本准则。他所建构的理性主义建筑审美观，强调自然（naturality）、真实（truthfulness）和朴素（simplicity）原则。他对这些建筑一般价值原则的强调，建立在他所描绘的原始棚屋（the primitive hut）意象的基础之上。这个原始棚屋简化到只有最必不可少的三种建筑元素，即柱、楣部和三角顶（山花）。洛吉耶认为，只有返回最基本的建造逻辑，建筑之美才得以实现，即只有必要的构件才是美的，越纯粹，越高贵，越能打动人。1771年，作为现代建筑史中功能主义的先驱者，法国建筑教育家雅克—弗朗索瓦·布隆代尔（Jacques-François Blondel）出版《建筑学教程》（*Cours d'architecture*）。在该教程中，他推崇理性，强调不同建筑的不同个性即风格，反对随意而华丽的装饰，相信建筑中有一种"真实的"风格存在，指出"真实的建筑以一种得体的风格贯穿上下，它显得单纯、明确、各得其所，只有必须装饰的地方才有装饰"。[1]

真正将建筑结构、建筑材料和建筑风格的诚实原则上升为道德高度的，是普金和约翰·罗斯金。普金是19世纪英国著名建筑师和建筑理论家，罗斯金是英国19世纪著名的文学家、思想家和艺术批评家，他们都认为哥特式建筑（gothic architecture）具有一种道德上的崇高性和优越性，都将道德判断引入对建筑的评价之中，称得上是西方近代建筑伦理的最早探索者。

作为一名虔诚的天主教信仰者，普金对中世纪有着乌托邦式的想象，希望通过宣扬中世纪天主教的信仰而改善当时的社会问题。他认为宗教真理与建筑真理之间存在内在联系，特别强调建筑的宗教象征功能，把建筑看成是宗教伦理的表达。例如，普金认为耶稣基督被钉上十字架而完成救赎，这一神圣仪式转换成建筑之表达，便是教堂的十字形平面、十字形盖的尖塔和山墙。普金通过揭露当时建筑设计在

1 ［德］汉诺—沃尔特·克鲁夫特．建筑理论史——从维特鲁威到现在［M］．王贵祥，译．中国建筑工业出版社，2005：107.

材料使用与装饰上的虚假浮夸之风，反对新古典主义潮流和哥特复古风格中以无意义的装饰取代实际功能的形式主义。他在著作《对比》（*Contrasts*，1836）中指出："人们很容易承认，对建筑之美最好的检验便是设计能够多大程度适应其建造的目的，一座建筑的风格与用途是如此契合，让旁观者一眼便感知其建造目的。"[1]他所提倡的建筑伦理观念，核心是赞美真实材料与结构之美，将建筑结构和材料的真实性上升至道德高度，认为好的建筑就是在结构和材料等方面真实、诚实或不伪装。普金认为，尖拱建筑（Pointed Architecture）和基督教建筑（Christian Architecture）是拥有真实美德的典范性建筑，它们的形式来自结构的法则，能够合理、真实的反映机能需求，每个结构都有其存在的意义，装饰也成为结构的一部分，所有的装饰只用于基本建造的丰富与提升。普金提出了两条设计原则："第一，一幢建筑不应有任何特征无助于方便、结构和恰如其分；第二，所有的装饰都应具有对建筑的结构本质的强化作用。"[2]这两条设计原则是对他一再强调的真实原则的概括，可以说是现代主义结构理性的先声，对日后英国的设计思想有重要影响。

需要补充的是，普金之后，几乎与罗斯金同处一个时代的法国建筑理论家维奥莱—勒—迪克（Eugène Viollet-le-Duc）同样赞赏中世纪尖拱建筑风格中结构的理性逻辑与材料的真实表达，强调建造过程和建筑材料的真实性，强调形式（外形）应服从建造的需要。他认为，如果不用花岗岩或大理石做柱子，取而代之的是用涂了灰泥的碎石做柱子，并在柱子顶上安放铁索绑好的石头拼接而成楣，虽然从外形上看有时能以假乱真，然而"这么做甚至是有悖于品味的犯罪，品味本质上在于外形和现实的一致性"，"真诚是原始的哥特式建筑最突出的优点"。[3]

---

1 Augustus Welby Northmore Pugin. Contrasts [M]. New York: Humanities Press，1969：1.

2 Augustus Welby Northmore Pugin. The True Principles of Pointed or Christian Architecture [M]. Gracewing Publishing，2003：viii.

3 [法]维奥莱—勒—迪克. 建筑学讲义（上册）[M]. 白颖，汤琼，李菁，译. 中国建筑工业出版社，2015：213.

虽然罗斯金始终不承认普金对他的影响，甚至对普金表现出轻蔑的态度，然而后人却在罗斯金的速记本里发现了大量有关普金著作的笔记。至少我们从罗斯金对建筑结构、材料与建造真实性的强调中，能清晰地发现他与普金思想的一脉相承关系。尼古拉斯·佩夫斯纳认为，普金是罗斯金“建筑设计诚实理论”的推动者。[1]两人都认为只有中世纪的哥特建筑才能真正反映出建筑的真实性和丰富性，而且两人浓厚的宗教信仰与宗教伦理立场都对各自的建筑思想产生了深刻影响，并都将建筑法则置于宗教和道德法则之下。下面，我将从三个方面阐述罗斯金的建筑伦理思想。

需要说明的是，罗斯金博学广识，著述浩繁，在文学、绘画、雕塑、建筑、宗教、艺术教育、社会批评等诸人文领域多有建树。在建筑方面的论述，除大量散见的演讲稿之外，最主要的代表作是《建筑的七盏明灯》（*The Seven Lamps of Architecture*，1849）和《威尼斯之石》（*The Stones of Venice*，1851～1853），这两本书的文本风格都偏散文式，建筑伦理思想较为分散，没有形成一个完整连贯的思想体系。本书对罗斯金建筑伦理思想的阐述，主要以《建筑的七盏明灯》为依据，辅之以《威尼斯之石》以及其他相关讲演或文章。

（一）“献出珍贵的事物”：建筑的宗教伦理功能

建筑的宗教伦理功能是中世纪以后众多建筑学者，尤其是笃信宗教的建筑学者所强调的重要思想。罗斯金在《建筑的七盏明灯》中，以哥特式建筑为例，提出了建筑的七盏明灯：即奉献明灯（the lamp of sacrifice）、真实明灯（the lamp of truth）、力量明灯（the lamp of power）、美之明灯（the lamp of beauty）、生命明灯（the lamp of life）、记忆明灯（the lamp of memory）和遵从明灯（the lamp of obedience）。这里，“明灯”是个修辞语，如同《旧约·出埃及记》中犹太教会幕圣所里的七盏金灯台一般，发出耀眼的光芒，指引人类走向光明。建筑作为“明灯”，意

1 ［英］尼古拉斯·佩夫斯纳．现代设计的先驱者：从威廉·莫里斯到格罗皮乌斯［M］．王申祜，王晓京，译．北京：中国建筑工业出版社，2004：25．

味着建筑的精神性功能，意味着指引建筑美好价值的法则及美德。罗斯金想表达的不是建筑的实用功能，而是建筑所具有的精神功能与价值功能。综观这七盏明灯，罗斯金说："七灯的排列及名称，皆是基于方便，不是根据某种规则而定；顺序是恣意的，所采之命名也无关逻辑。"[1]虽然从表面上看，罗斯金并没有清楚地阐明"七盏明灯"的由来，而且其顺序与命名也无严格的逻辑关系，但实际上他对建筑本质以及建筑精神功能的认识有其一以贯之的基本立场与核心观点，正如荷兰学者科内利斯·J·巴尔金（Cornelis. J. Baljon）所说："建筑的七盏明灯是一个结构严谨的论述，无论其整体结构还是其基本宗旨都具有极大的新意和非传统性。"[2]"七盏明灯"作为建筑的七个精神要素，各自独立又相辅相成。这其中，被罗斯金排在首位的"奉献明灯"作为其余六盏明灯的前导，处于核心地位。英国学者戴维·史密斯·卡彭（D. S. Capon）曾以一个简单的图示解读了"七盏明灯"的关系，如图3-7所示。

由图3-7可知，卡彭将"奉献明灯"置于"建筑七灯"的中心地位，认为建筑不仅要从奉献（sacrifice）开始，而且它还具有核心价值，是建筑艺术应遵循的基本准则。巴尔金认为，罗斯金的"奉献明灯"表达了建筑所体现出来的人与上帝的关系，所谓"奉献"之意，他解读为"上帝赋予了我们以生命，关怀我们，要求我们顺从，值得我们的赞颂"。[3]巴尔金

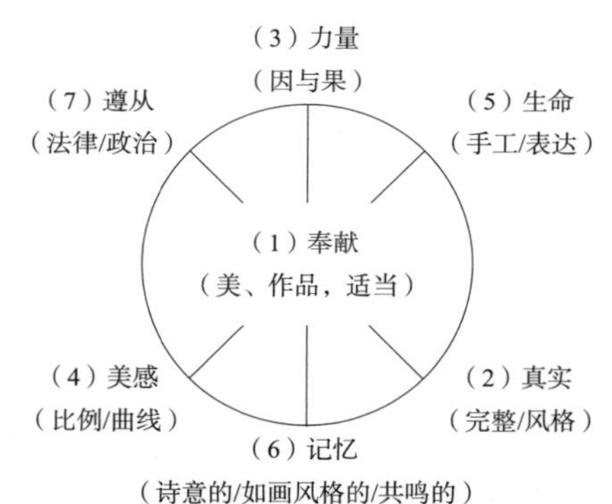

图3-7　卡彭对罗斯金"建筑的七盏明灯"的图示说明

（来源：D. S. Capon. *Architectural Theory: The Vitruvian Fallacy - A History of the Categories in Architecture and Philosophy*. Vol.2.John Wiley & Sons，1999. p165.）

1 ［英］约翰·罗斯金．建筑的七盏明灯［M］．谷意，译．济南：山东画报出版社，2012：导言．

2 Cornelis. J. Baljon. The Structure of Architectural Theory: A Study of Some Writings by Gottfried Semper，John Ruskin，and Christopher Alexander［M］. Leiden: C.J. Baljon，1993：197.

3 Cornelis. J. Baljon. The Structure of Architectural Theory: A Study of Some Writings by Gottfried Semper，John Ruskin，and Christopher Alexander［M］. Leiden: C.J. Baljon，1993：198.

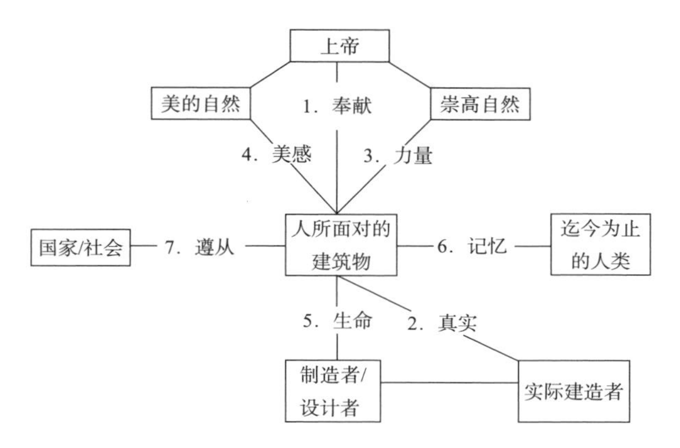

图3-8　巴尔金对罗斯金“建筑的七盏明灯”所作的结构分析图示
（来源：Cornelis. J. Baljon. *The Structure of Architectural Theory: A Study of Some Writings by Gottfried Semper*，*John Ruskin*，*and Christopher Alexander*. Leiden: C.J. Baljon，1993.p199.）

同样运用了一个图表来解读“七盏明灯”的关系，如图3-8所示。

图3-8清晰地显示了巴尔金对“建筑七灯”之间关系的解读与分析。图中上半部近似菱形区域纵向轴线的中心是奉献明灯，它联结了作为制造者与设计者的人与上帝的关系，也反映了人与自然和宇宙法则的关系。上帝创造了优美和崇高的自然，人类应借美感明灯和力量明灯，尽最大能力将上帝赋予的美与崇高展现出来，如同献祭一般，贡献出珍贵的建筑，奉献给上帝作为回馈。

实际上，将奉献明灯作为“建筑七灯”的核心，或者说作为评判建筑之善的主要依据，也是罗斯金思想方法的必然结果。他在《建筑的七盏明灯》一书的导言中提出，倡导任何一种行为准则不外有两种方法：“其一，是去呈现行动的利弊计算或者其本身既有的价值——但那通常是些小利小弊，而且永远没有定论；另一，则是去证明它与人类德性之更高秩序所具有的关系，以及证明它至目前为止之实践，可被身为德性之源的上帝所接受。”[1]第一种方法大致是活跃于19世纪早期英国功利主义伦理学的方法，基本主张是按照利弊计算的后果来决

1 ［英］约翰・罗斯金．建筑的七盏明灯［M］．谷意，译．济南：山东画报出版社，2012：导言．

定行动之对错，强调功利最大化的行为准则。罗斯金并不赞成功利主义原则，正如他自己所说，若要界定他最重视的奉献明灯所指为何，“最清楚的方式是从反面定义：它与盛行于现代的观感——渴望用最少的成本，产出最多的结果——正好相反。”[1]因此，对于罗斯金而言，第二种方法是获得真理的最佳模式，即行为准则旨在荣耀上帝，符合作为德性之源的上帝的要求。即便当时他所处的时代对基督教价值的质疑尘嚣甚上，但他仍旧坚持从宗教信仰和宗教伦理的角度审视建筑的意义，强调服从上帝法则、对上帝怀有献祭情感的重要性。毫无疑问，罗斯金的思想方法包括其整个建筑伦理思想建立在根深蒂固的宗教信仰基础之上。罗斯金出生在一个极为重视道德观念的福音派基督教家庭中。他的母亲是一位虔诚的苏格兰清教徒，从小便以一种严苛的圣公会福音派信仰管教罗斯金。福音派基督教不仅是教义性的信仰体系，也是一个伦理道德的规范体系。福音派认为，福音乃是神的启示，最高的权威不在教会而是具有至高无上地位的《圣经》，神凭借自然界和良心为他自己作见证，每个人都能通过自身努力，持守真诚、稳定、毅力、谦卑等美德，与上帝达到交融。虽然在撰写《建筑的七盏明灯》与《威尼斯之石》时，罗斯金已对福音派信仰产生了怀疑与动摇，但他深入骨髓的宗教观念始终都在其建筑伦理与美学思想中发挥着重要作用。

罗斯金在对建筑艺术作品本质的思考与认识中，始终关注宗教性上帝之存在，强调作为一种最高精神存在的神性之光在建筑中的作用，认为正是这种在世俗眼光看来无用的特质造就了建筑作品的伟大价值。正如陈德如在解读罗斯金的“奉献明灯”时所言：“奉献的概念为建筑赋予新意，建筑不再只是人们所认识或维特鲁威所说的那件合用之物，建筑从奉献开始，是不问目的、不计较实利、是永远的‘不只如此而已’、是爱与神性。”[2]

---

1 ［英］约翰·罗斯金．建筑的七盏明灯［M］．谷意，译．济南：山东画报出版社，2012：7.

2 陈德如．建筑的七盏明灯：浅谈罗斯金的建筑思维［M］．台北：台湾商务印书馆，2006：23.

表面上看，建筑起源人类庇护的基本需要，是所有艺术形式中最计较实利、最讲求实用功能的艺术。这一点罗斯金并不否认。他说："在一座建筑中最基本的东西——它的首要特质——就是建造得很坚固，并且适合于它的用途。"[1]然而，仅有实用功能的建筑在罗斯金看来，是"建筑物"（building）而非他心目中的"建筑"（architecture）。换句话说，只有具有精神功能的建筑才是真正的建筑，才体现了建筑的高贵本质。因此，作为一种艺术的建筑，其高贵性和重要性并非遮风挡雨的实用功能，而在于它能够在精神与道德层面给人带来愉悦，促进心灵圆满。他将严格意义上的建筑区分为五种：即信仰建筑（devotional architecture）、纪念建筑（memorial architecture）、公共建筑（civil architecture）、军事建筑（military architecture）和住宅建筑（domestic architecture）。在这五种建筑类型中，具有非功能性的精神象征意义的建筑是前三种，其中信仰建筑是他最重视的建筑类型，也是精神功能最显著的建筑，"包括所有为了服侍、礼拜或荣耀上帝而兴建的建筑物"。[2]信仰建筑在神与人之间架起了一座桥梁，拉近了人类与上帝的距离，能够强化人类的宗教信仰，完善人类的精神状态，展现道德之纯净。

我们只有理解"神性"因素在建筑艺术中的作用，才能真正理解罗斯金心目中的伟大建筑。写作《建筑的七盏明灯》一书时，罗斯金正处于宗教信仰上的怀疑与矛盾期，相对于早期思想，他更重视人的主观能动性，认为艺术之美是由人的心灵创造的，而非依靠上帝的指引与庇佑。因此，他所谓的"神性"，并非直接指称基督教上帝的神圣性、超越性，而是指建造者付出最大努力和全部心力从而增添于建筑中的审美价值与伦理价值，是建筑艺术所显现出来的沐浴神恩般的崇高精神意蕴，其核心就是超脱于功利心之外，单纯奉献出珍贵之物的道德精神。黑格尔在论艺术美时的一段话有助于我们理解罗斯金对建筑神性的看法：

---

1 ［英］约翰·罗斯金．艺术与道德［M］．张凤，译．北京：金城出版社，2012：38．

2 ［英］约翰·罗斯金．建筑的七盏明灯［M］．谷意，译．济南：山东画报出版社，2012：5．

> 人类心胸中一般所谓高贵、卓越、完善的品质都不过是心灵的实体——即道德性和神性——在主体（人心）中显现为有威力的东西，而人因此把他的生命活动、意志力、旨趣、情欲等等都只浸润在这有实体性的东西里面，从而在这里面使他的真实的内在需要得到满足。[1]

建筑的神性与道德性，须借助人的精神力量才能够在建筑艺术中表现出来，与此同时，人用尽全力将自己的精神投注于实体性存在的建筑之中时，不仅增添了建筑的美与高贵，也满足了人类自身的精神需要。回顾西方建筑史，几乎所有伟大的建筑都充满神性，尤其是古希腊神庙建筑的静穆与中世纪哥特式教堂的力量，更是与这种神性的彰显有密切关系。

罗斯金所处的英国维多利亚时代，工业革命使物质文明取得长足进步，英国的农业文明迅速向工业文明转型，科技的进步和机械化的崛起改变了人们的生活方式。但与此同时，引发了一系列社会问题和精神、文化方面的危机，人们变得锱铢必较，倾心于赚钱敛财，宗教信仰与传统道德价值的作用受到了质疑与挑战，神圣向度在文化艺术价值观中也开始消解。罗斯金的建筑伦理观，强调人、建筑与神圣者之间的特殊关联，从一个侧面表达了他对机械化、实用主义和信仰危机的焦虑，并想通过宣扬建筑的神性与道德性，致力于抑制工业社会所带来的建筑上的工具理性主义的负面影响。

（二）“唯有欺骗不可原谅”：建筑的基本美德

这里建筑的美德指的是一种让建筑表现得恰当与出色的特征或状态，是建筑值得追求的好的品质。19世纪中叶，欧洲许多国家建筑中的伦理诉求日益明显，这其中又集中在对建筑功能、结构或风格的真实或诚实美德的强调上。

罗斯金认为，有美德的建筑应符合良心标准，最主要的表现就是在结构、材料和装饰上的真实与诚实无欺。罗斯金说：“优秀、美丽，或

1 ［德］黑格尔．美学（第一卷）［M］．朱光潜，译．北京：商务印书馆，1984：226．

者富有创意的建筑，我们或许没有能力想要就可以做得出来，然而只要我们想要，就能做出信实无欺的建筑。资源上的贫乏能够被原谅，效用上的严格要求值得被尊重，然而除了轻蔑之外，卑贱的欺骗还配得到什么？"[1]关于建筑上的诚实美德，他提出的一个基本原则是："任何造型或任何材料，都不能本于欺骗之目的来加以呈现。"[2]

罗斯金具体将建筑欺骗行为划分为三大类，分别是结构上的欺骗（structural deceits）、外观上的欺骗（surface deceits）和工艺操作上的欺骗（operative deceits）。[3]

所谓结构上的欺骗，首先是指刻意去暗示有别于自身真正风格的构造或支撑形式，"不管是依据品位还是良心来判断，都没有比那些刻意矫揉造作，结果反而显得不适合的支撑，还要更糟糕的东西了"。[4]其次，结构上的欺骗更为恶劣的表现是，本是装饰构件却企图"冒充"支撑结构的建筑构件。例如，哥特建筑中飞扶壁（flying buttress）作为一种起支撑作用的建筑结构部件，主要用于平衡肋架拱顶对墙面的侧向推力，但在晚期哥特式建筑中，它却被发展成为极度夸张的装饰性构件，有的还在扶拱垛上加装尖塔，目的并非改善平衡的结构支撑功能，而仅仅是因为美观（图3-9）。

图3-9　加装了尖塔的哥特建筑中的飞扶壁（flying buttress）
（来源：https://s-media-cache-ak0.pinimg.com）

1 ［英］约翰·罗斯金. 建筑的七盏明灯［M］. 谷意，译. 济南：山东画报出版社，2012：44.

2 ［英］约翰·罗斯金. 建筑的七盏明灯［M］. 谷意，译. 济南：山东画报出版社，2012：61.

3 关于罗斯金提出的三种建筑欺骗行为，有不同译法。谷意译本将其分别译为结构方面的欺骗、在表面进行欺骗、在作用上欺骗。张璘译本将其分别译为结构欺骗、表面欺骗、操作欺骗。本文作者认为将其译为结构上的欺骗、外观上的欺骗和工艺技术上的欺骗更为妥当。

4 ［英］约翰·罗斯金. 建筑的七盏明灯［M］. 谷意，译. 济南：山东画报出版社，2012：48.

后哥特时期屋顶的悬饰也是如此，属于与建筑骨架无关联的赘生物，实质上也是一种结构上的欺骗。

所谓外观上的欺骗，主要指建筑材料上的欺骗，即企图诱导人们相信使用的是某种材料，但实际上却不是，这种欺骗造假行为，在罗斯金看来，如结构上的欺骗一样皆属卑劣而不能容许。例如，把木材表面漆成大理石质地，滥用镀金装饰手法，或者将装饰表面上的彩绘假装成浮雕效果，达到以假乱真的不真实效果。相反，有些有格调的建筑，例如梵蒂冈西斯廷小堂（Sistine Chapel）的屋顶装饰，是由米开朗基罗精心绘制的穹顶画，建筑与装饰绘图有着密切的联系。米开朗基罗在设计构图时不会误导人们产生以假乱真的效果，因而并无欺骗可言（图3-10）。罗斯金认为，外观上的欺骗不仅浪费资源，也无法真正提升建筑的美感，反而使建筑的品位降低。相反，“就算是一栋简朴至极、笨拙无工的乡间教堂，它石材、木材的运用手法粗劣而缺乏修饰，窗子只有白玻璃格子装饰；但我依然想不起来，有哪一个这类的教堂会失却其神圣气息”。[1]

所谓工艺操作上的欺骗，实际上指的是一种较为特殊的装饰上的欺骗，突出体现出罗斯金对传统手工技艺的偏好和对现代机器制造的反感。他认为凡是由预制铸铁或任何机器制品代替手工制作的装饰材料，非但不是优秀珍贵之作，还是一种不诚实的行为，因为从中我们感受不到如手工制作一般投注于建筑之上的劳力、心力与大量时间，即我们难以寻觅建造者为这幢建筑的奉献与付出的痕迹与过程。这一思想极具罗斯金个人的感情色彩，其思想的局限性也相当明显。但从这里我们可以看出，罗斯金对于建筑的效率与经济要素并不关心，他珍视的是人投注在建筑中的心力，那经由工匠的双手赋予建筑的精神与灵魂，这实际上体现出我们对待建筑过程的道德态度。

罗斯金在《威尼斯之石》一书中提出了三项“建筑的美德”（The Virtues of Architecture）：第一，用起来好（to act well），即以最好的方式建造；第二，表达得好（to speak well），即以最好的语言表达事物；

1 ［英］约翰·罗斯金．建筑的七盏明灯［M］．谷意，译．济南：山东画报出版社，2012：66．

图3-10　梵蒂冈西斯廷小堂（Sistine Chapel）的屋顶装饰
（来源：http://www.romandream.info/site/tours/christian-rome/vatican-museums-sistine-chapel）

第三，看起来好（to look well），即建筑的外观要赏心悦目。[1]罗斯金认为，上述建筑的三项美德中，第二个美德没有普遍的法则要求，因为建筑的表达形式是多种多样的。因而建筑的美德主要体现在第一与第三个，即“我们所称作的力量，或者好的结构；以及美，或者好的装饰”。[2]而关于究竟什么是好的结构与好的装饰方面，罗斯金表现出了对真实品格的重视。他认为，好的结构要求建筑须恰如其分地达到其基本的实用功能，没必要添加式样来增加成本。而好的装饰则需要满足两个基本要求：“第一，生动而诚实地反映人的情感；第二，这些情感通过正确的事物表达出来。”[3]（图3-11）罗斯金尤其强调，对于建筑装饰的第一个要求就是诚实地表达自己的强烈喜好，因为“建筑方面的错误几乎不曾发生在诚实的选择上，他们通常是由于虚伪造成的”。[4]

此外，强调真实性的建筑美德观还体现在罗斯金对历史建筑修复与保存的基本态度上。在建筑的第六盏明灯“记忆明灯”中，他讴歌了建筑岁月价值的无比魅力，以及承载过去记忆的重要功能，在此基础上，

1　John Ruskin. The Stones of Venice［M］. Cambridge, MA：Da Capo Press，2nd，2003：29.
2　John Ruskin. The Stones of Venice［M］. Cambridge, MA：Da Capo Press，2nd，2003：32.
3　John Ruskin. The Stones of Venice［M］. Cambridge, MA：Da Capo Press，2nd，2003：35.
4　John Ruskin. The Stones of Venice［M］. Cambridge, MA：Da Capo Press，2nd，2003：36.

图3-11 《建筑的七盏明灯》原版插图六。罗斯金列举的好的建筑装饰范例：鲁昂与萨尔斯堡主教堂的窗饰（Traceries）与模板装饰（Mouldings）

明确提出了反干预的历史性修复观，强调必须绝对保持历史建筑的真实性。他认为，“所谓‘复原’，自始至终、从头到尾，都是一则谎言”，“一栋建筑所能遭遇的破坏毁灭，其中最彻底、最为绝对者，就叫做‘复原’；人们无法从这种破坏里，寻得任何属于过往的痕迹；非但如此，还有种种对‘受害者’虚伪不实的陈述，会伴随这种破坏一并而来”。[1]因而，罗斯金主张，对历史建筑只能给予经常性的维护与适当照顾，而不可以去修复，因为经历时间洗礼的原始风貌难以再现，任何修复都不可能完全忠实于原物，都可能破坏建筑物的真实美德。即便历史建筑最终会消逝，也应该坦然面对，与其自我欺骗地以虚假赝品替代，不如诚实地面对建筑的生老病死。罗斯金的历史建筑修复观虽有偏激和绝对化的一面，但他对历史建筑绝对真实性的尊敬为欧洲后来的建筑保护哲学奠定了重要的价值基础。

（三）“将情感贯注在手中之事”：建造中的劳动伦理

纵观罗斯金的建筑的七盏明灯，并非所有的明灯都与伦理法则有直接而紧密的联系。例如，他的“力量明灯”与“美之明灯”讨论的是建筑的美学议题，主要阐述的是建筑的审美法则。然而，贯穿罗斯金整个建筑观念的一条思想主线却几乎在七盏明灯中都体现出来，这便是他提出的以工匠为主体的劳动伦理观，这种独特的劳动伦理观既是一种特殊的职业伦理，又是一种社会伦理。正是从这种独特的劳动伦理出发，罗斯金以一个富有文化使命感的批评家身份，反思并批判了工业文明下机器生产的功利性与非人性，赞美了中世纪哥特式建筑的优越性与工匠精神（Craftsmanship）的道德性。

罗斯金提出的建造中的劳动伦理主要有两层含义：第一，建筑师和工匠应对建筑作品诚心而认真，贯注自己的全部心力与创造力。建筑的第一盏明灯“奉献明灯”除了强调建筑的宗教伦理价值之外，其所说的奉献精神实际上指的是一种崇高的劳动伦理，即必须对任何事物尽自己

1 ［英］约翰·罗斯金. 建筑的七盏明灯［M］. 谷意，译. 济南：山东画报出版社，2012：315，313.

之全力。罗斯金认为，现代建筑作品之所以难以达到古代作品的美丽与高贵，主要原因是欠缺献身精神，“不论是建筑师还是工匠都尚未付出他们的最大努力”，“问题甚至不在于我们还需要再做到多少，而是要怎么去完成，无关乎做得更多，而是关乎做得更好。”[1]罗斯金谈到哥特式建筑的精神力量时，还强调了一种类似德国社会学家马克斯·韦伯（Max Weber）说的新教（Protestantism）将工作当作荣耀上帝的天职（Calling）的劳动伦理观，中世纪哥特建筑的工匠们便有一种为了神圣的建筑而无私奉献的使命感，“在他的任务完成之前，岁月渐渐流逝，但是一代又一代人秉承孜孜不倦的热情，最终，教堂的立面布满了丰富多彩的窗花格图案，如同春天灌木和草本植物丛中的石头一般”。[2]

在建筑的“真实明灯”中，罗斯金提倡的“真实”同样蕴含一种劳动伦理，即倡导应当认真诚实地发挥自己的手艺，单是这一点本身便蕴藏巨大的力量，就获得了建筑一半的价值与格调，而他之所以认为使用预制铸铁或机器制品是一种操作上的不诚实行为，也正是因为从中我们无从体会到投注于建筑之上的劳动伦理。在建筑的“生命明灯”中，罗斯金更加明确地提出了劳动伦理与建筑作品高贵与富有生命力之间的有机关联，建筑师与工匠在劳动过程中投入了多少感情与多少心智，都将直接对艺术实践产生影响，并最终反映在建筑作品当中。他指出：“建筑作品之可贵与尊严，带给观赏者之愉悦与享受，最是依赖那些由知性力量赋予其生气，并且在建造之时就已经考虑进去的表现效果。”[3]他还进一步通过分析手工制作与机器制作的区别，强调了工匠的劳动伦理所赋予建筑的尊贵生命力，“当然，只要人们依然以‘人’的格调从事工作，将他们的情感贯注在手中之事，尽自己最大的努力去做，此时，即便他们身为工匠的技艺再怎么差劲，也不会是重点所在，因为在他们的亲手制作当中，将有某种东西足可超越一切价值”。[4]这种在罗斯金看来

---

1 ［英］约翰·罗斯金．建筑的七盏明灯［M］．谷意，译．济南：山东画报出版社，2012：20.

2 John Ruskin. The Stones of Venice［M］. Cambridge, MA：Da Capo Press，2nd，2003：177.

3 ［英］约翰·罗斯金．建筑的七盏明灯［M］．谷意，译．济南：山东画报出版社，2012：240.

4 ［英］约翰·罗斯金．建筑的七盏明灯［M］．谷意，译．济南：山东画报出版社，2012：273.

超越一切价值的东西便是工匠将情感与生命力传达给建筑，使其具有如自然生物一般焕发勃勃生机的生命能量，它们虽不具有“完满”的性质，但却是“活的建筑”，胜过工业化、批量化生产中没有生命力的“完美”产品。

第二，建造者良好的心绪与乐在其中的劳动体验。罗斯金认为，如果建筑师和工匠虽付出汗水与辛劳于工作之中，但在劳动过程中并未乐在其中，感到劳动的乐趣与快乐，这不仅将使建筑作品本身的典雅风格和生命力大打折扣，从对劳动者人性关怀的角度看也不符合劳动伦理。他说：“我的《建筑的七盏明灯》那部书就是为了说明良好的心绪和正确的道德感是一种魔力，毫无例外，一切典雅的建筑风格都是在这种魔力下产生的。”[1]他还说：“关于装饰，真正该问的问题只有这个：它是带着愉快完成的吗——雕刻者在制作的时候开心吗？”“它总必须要令人做起来乐在其中，否则就不会有活的装饰了”。[2]从劳动伦理的视角看，强调愉悦劳动的价值，体现出罗斯金对工业化生产造成劳动者没有感情的机械生产这一现象的忧虑。他之所以批判自己那个时代的建筑，除了因为那些建筑过于追求经济效益的功利主义之外，他还反对工业化生产将人视为工具，使人蜕变成“碎片”，禁锢劳动者创造力的劳动过程，这样的劳动过程显然难以让人获得乐趣，不仅无法表现出工匠劳动的自由与愉悦，而且把人变成了机器的奴隶。英国哲学家罗素曾说：“站在人道的立场看，工业主义的早期是一个令人毛骨悚然的时期。”[3]有大量文献记载，19世纪中后期英国及欧洲很多知识分子本着人文主义精神，从不同视角对工业大生产都表现了不满与厌恶，其中一个重要方面就是劳动者非人道的工作状态与恶劣的劳动环境。罗斯金则一方面试图通过复兴手工艺生产，改变丑陋的工业产品质量；另一方面则认为，工业生产既不是诚实的又不是让人愉悦的生产方式，建造者乐在其中的理想在工业化的劳动中根本不可能实现，同时工业化生产使劳动环境恶化，给

1 ［英］拉斯金．拉斯金读书随笔［M］．王青松，匡咏梅，于志新，译．上海：上海三联书店，1999：136．

2 ［英］约翰·罗斯金．建筑的七盏明灯［M］．谷意，译．济南：山东画报出版社，2012：279．

3 ［英］波特兰·罗素．西方的智慧［M］．瞿铁鹏，译．上海：上海人民出版社，1992：354．

英国工人阶级带来了物质和精神的双重贫困。他的这些观点，既是伦理批判又是一种社会批判，矛头针对的是早期工业资本主义所带来的社会问题，以及给人们生活方式带来的巨大影响。

综上，罗斯金认为，所有的高级艺术都拥有并且只有三个功能，即强化人类的宗教信仰；完善人类的精神状态，或者说道德水平；为人类提供物质服务。[1]显然，他心目中严格意义上作为艺术的建筑，突出体现了上述三方面的功能。其中，前两个功能突显的是建筑的精神功能。由于罗斯金所谓的建筑的宗教功能，主要指建筑是有信仰、有道德的人们的产物，本质上是超脱于功利心之外，单纯向上帝奉献出珍贵之物的道德精神，而罗斯金倡导的建筑的真实美德与劳动伦理，又蕴含着一种以献身精神为核心的宗教伦理情怀，强调建造者在建筑艺术中应该投入全部的心智与精神，实现作为上帝造物的珍贵价值。因而可以说，罗斯金思想中建筑的宗教功能、精神功能与伦理功能本质上同一的，他们都统一于他的一个思想立足点——“伟大”（greatness），建筑艺术最本质、最高贵的价值正也体现于此。正如巴尔金所说：过滤掉罗斯金价值系统中那些修辞性的和武断的意见，或那些明显的矛盾之处，仔细理解他更基本和一以贯之的观点，罗斯金最显著的贡献是阐述了建筑与非建筑上的价值（non-architectural values）的相关性，即正是建筑的这些非建筑上的、非实体性存在的无用特质，造就了建筑的伟大。[2]

除此之外，罗斯金的建筑伦理思想中还蕴含着可贵的环境忧患意识、生态批评意识与生态伦理理念。在建筑的“力量明灯”和“美之明灯”中，他赞美自然界的崇高（sublime）与优美，对自然表现出无限热爱，他对建筑的伦理批评、伦理主张与他反对伴随技术所产生的自然环境的破坏、强调的人与自然和谐的生态理念是高度融合的。

虽然罗斯金的建筑伦理思想有浓厚的宗教信仰情结，而且他以中世纪哥特式建筑为标杆，过于强调和赞美手工业时代建筑的伦理价值也有

1 ［英］约翰·罗斯金．艺术与道德［M］．张凤，译．北京：金城出版社，2012：33.

2 Cornelis. J. Baljon. The Structure of Architectural Theory: A Study of Some Writings by Gottfried Semper，John Ruskin，and Christopher Alexander.［M］. Leiden：C.J. Baljon，1993：260.

失偏颇。例如，当他认为没有任何价值能够超越真实，并将诚实作为建筑的首要美德及是非善恶的基本标准时，他有可能犯了一种英国学者杰弗里·斯科特（Geoffrey Scott）所说的“伦理性的谬误”，即“道德裁决，由于虚假地与行为类比，往往倾向于在美学目的被公正地考察之前就作出干预”。[1]实际上一些建筑作品中有意的“欺骗”主要基于美学的考虑（如巴洛克建筑中的假透视及漆出来的阴影），它们体现出一种特殊的审美价值。显然，在建筑艺术评论中，我们不能简单地进行道德性批评，断定一切将审美价值放在优先地位的设计手法都是不道德的。

罗斯金的建筑伦理思想虽然有其思想与时代的局限性，然而，不可忽视的是，他的建筑伦理思想对19世纪后期艺术与工艺运动（Art and Crafts Movement）以及现代主义建筑运动产生了深远影响。正如德国学者汉诺—沃尔特·克鲁夫特（Hanna-Walter Kruft）所言：“在建筑理论方面，尽管是不系统的，他以其语言上的诱惑力，以及他的一系列概念，诸如：健康社会的建筑、材料的真实性、结构的诚实性、装饰的有机性，工匠个人的手工工艺（相对于机械的产品而言），以及对于纪念性建筑的保护——不做任何的修复与重建——使其影响力一直穿透到了20世纪。”[2]

三、追寻新的时代精神：现代建筑运动的伦理审视

大卫·沃特金在《道德与建筑：从哥特式复兴到现代运动建筑历史和理论的发展主题》一书中，通过回顾和反思19世纪哥特式建筑复兴到20世纪现代建筑运动的发展主题，得出的基本结论是：时代精神（Zeitgeist）是始终占支配地位的对艺术史的信仰，建筑不仅应当充分反映时代精神，更应主动创造新的时代精神，以适应新的社会需求与

1 ［英］杰弗里·斯科特．人文主义建筑学——情趣史的研究［M］．张钦楠，译．北京：中国建筑工业出版社，2012：67.

2 ［德］汉诺—沃尔特·克鲁夫特．建筑理论史——从维特鲁威到现在［M］．王贵祥，译．北京：中国建筑工业出版社，2005：248.

新的道德价值观。[1]对于沃特金而言，时代精神主要指的是一个时代集体性的共同意识，体现了一种社会规范或一种集体的道德价值观。作为19世纪晚期和20世纪早期西方建筑发展的历史产物，现代建筑运动在响应工业革命所引发的技术突破和社会变革的背景下，认识到工业体系的介入对建筑产生的影响，从固执坚守以往传统的历史主义窠臼中挣脱出来，主动适应社会大众的需求，努力追寻和创造新的时代精神和价值关系。正如英国学者柯蒂斯（William J.R.Curtis）所说："现代建筑的使命便是，去重新发现建筑的真正轨迹，去发掘能够适合现代工业社会之需求与热望的形式，去揭示适合现代工业社会之需求与热望的形式，去创造能够体现一个理当截然不同的'摩登时代'的理想的图像。"[2]

总体上审视现代建筑运动体现的时代精神之道德意蕴，突出表现在两个方面：第一，摒弃19世纪西方建筑界占主导地位的复古主义和折中主义建筑思潮对传统风格的盲目遵从、肤浅模仿，甚至不真实的篡改，倡导建筑活动中诚实表达的道德要求，对装饰进行道德评价，将不适宜的、虚假的装饰视为道德犯罪。第二，现代建筑运动及城市规划思想的产生本身，是为了解决工业革命所造成的城市的各种社会问题和环境恶化问题，并试图在道德和政治层面反省和批判"城市病"的基础上，通过建筑的手段调和工业革命的巨大影响与人们对理想城市追求之间的矛盾，带有明确的社会改造及改善人类生存状况的道德立场，并伴随着为一个更美好、更人性以及更和谐的城市和社会而奋斗这一道德使命。

（一）建筑、装饰与道德

如前所述，近代西方建筑思想从18世纪中期开始，以洛吉耶、普金、维奥莱—勒—迪克和罗斯金等人为代表，出现了一种影响广泛的伦

---

1 David Watkin. Morality and Architecture: The Development of a Theme in Architectural History and Theory from the Gothic Revival to the Modern Movement［M］. Oxford: Clarendon Press，1977：115.

2 ［英］威廉 J·R·柯蒂斯. 20世纪世界建筑史［M］. 本书翻译委员会，译. 北京：中国建筑工业出版社，2011：11.

理议题，即对建筑功能、建筑结构和建筑风格诚实原则的强调。提出这种建筑审美及伦理上的价值准则，有特殊的时代背景，其中一个重要的方面是对18世纪中期前后文艺复兴建筑逐渐衰落与异化的道德批判。例如，罗斯金对18世纪怪异的文艺复兴建筑风格进行了声色俱厉的批判，指出："我们近三个世纪以来所习惯的以希腊或罗马式样为基础而建造起来的大量建筑，已经完全缺乏生机、美德、高贵或者行善的力量。它是低劣的、不自然的、无益的、令人讨厌的和不虔诚的。"[1]维奥莱—勒—迪克虽然同普金和罗斯金等人一样，推崇哥特盛期建筑，对哥特建筑风格怀有极大热情，赋予哥特建筑以道德内涵，将哥特建筑视为精神最为崇高、结构最为真实的建筑风格，但却与普金、罗斯金的基督教激进主义（Christian radicalism）的布道者立场有所不同。维奥莱—勒—迪克并不反对工业革命所带来的技术进步，不像罗斯金那样对钢铁、玻璃等新建筑材料以及诸如火车站等新的功能建筑抱有敌意，反而认为现代风格将在新的建造技术与材料基础上产生，并大胆提出在哥特式建筑理性原则的基础上建立符合时代要求的、将不同材料和技术有机组合的建造模式，即同时使用石、砖和铁的建筑构造模式，这与普金、罗斯金从未尝试探索适应时代精神的建筑新风格形成鲜明对比（图3-12）。有建筑学者评价他是在19世纪中叶几位试图穿越从历史主义向现代主义过渡的建筑理论家中，起关键性作用的重要人物。[2]维奥莱—勒—迪克建筑思想中，形式服从于功能的结构理性主义倾向，对现代建筑的先驱者们产生的影响更为深远。他认为有两种方式可以达到建筑的真，分别是符合功能方案的真与符合建造方式的真。他指出："我们必须在方案及建造过程两方面真实无误。在方案方面要一丝不苟、完完全全地满足具体建筑要求提出的条件；在建造过程方面要坚守的事实就是要根据品质与特性选用适当的材料。"[3]可见，维奥莱—勒—迪克所谓的建筑真实性原

1 John Ruskin. The Stones of Venice［M］. Cambridge，MA：Da Capo Press，2nd，2003：244.

2 ［美］马文·特拉亨伯格，伊莎贝尔·海曼. 西方建筑史：从远古到后现代［M］. 王贵祥，青锋，周玉鹏，等，译. 北京：机械工业出版社，2011：481.

3 ［法］维奥莱—勒—迪克. 建筑学讲义（上册）［M］. 白颖，汤琼，李菁，译. 中国建筑工业出版社，2015：339.

则，是使建筑的功能与需要、建造方式与材料之间相匹配，最终使功能与形式之间建立明确真实的关联。

图3-12　维奥莱—勒—迪克《建筑学讲义》中的插图：铸铁与砖石结构的音乐厅，用现代材料表现哥特风格

（来源：[法]维奥莱—勒—迪克：《建筑学讲义》（下册），白颖、汤琼、李菁译，中国建筑工业出版社，2015年，第434页）

19世纪末期，随着建筑领域中涌现的以钢筋混凝土为主的新材料、新结构引发了西方历史建筑形式一定程度上无效，以及人们的社会生活要求建筑具有新的功能，原本占主导地位的因袭旧有模式的复古主义，以及各种元素肤浅混杂的折中主义建筑风格，越来越不适应时代要求。与此同时，接受工业化带来的新的科技与社会现实，创造适应时代需要的本真风格，建筑的形式、材料与结构的表达更为直接、诚实，也成为建筑活动中的道德要求。瑞士建筑评论家希格弗莱德·吉迪恩（Sigfried Giedion）指出："在19世纪90年代期间，欧洲有许多国家都发生了建筑中的伦理性的要求。正如凡德·韦尔德（Van de Velde）所说的，人民都了解所谓当今建筑是一个'谎'，一切都是装腔作势而无真理，而且更了解需要更纯粹的表现方法。这就是说，除了寻找适合时代的新方法外，更要使艺术表现方法与该时代所产生的新的潜在能力趋于和谐。"[1]吉迪恩提到的比利时设计教育家、建筑师韦尔德，作为摈弃历史主义风格的"新艺术运

1 [瑞士]希格弗莱德·吉迪恩. 空间·时间·建筑[M]. 王锦堂，孙全文，译. 武汉：华中科技大学出版社，2014：31-32.

动”（Art Nouveau）的推手之一，猛烈批判折中主义风格那些卖弄的、象征性的、如假面舞会般的装饰品味，认为“所有对虚伪形式的反抗都是道德的反抗”[1]，其设计思想的核心是设计应遵循物品的功能逻辑，尤其是他有关建筑装饰应该真实反映内部结构和功能特性的观点，体现了那个时代建筑活动中的道德要求。

按照吉迪恩的看法，虽然其他人对于建筑中注重真实性的道德要求有所认识，但真正付诸实际，诚实地处理建筑问题，以具体的建筑来实现建筑净化要求的范例，则是荷兰建筑师亨德里克·佩特吕斯·贝拉罕（Hendrik Petrus Berlage）1898年设计的阿姆斯特丹证券交易所大楼。[2]（图3-13）这幢建筑的形体统一，结构简洁直率，内部大厅采用钢拱架与玻

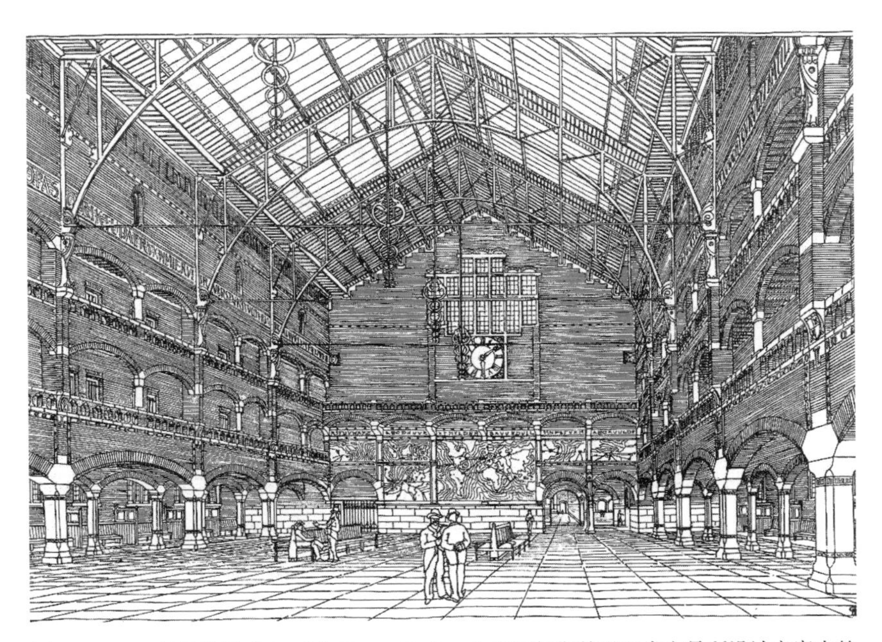

图3-13　1885年贝拉罕（Hendrik Petrus Berlage）在阿姆斯特丹证券交易所设计竞赛中的大厅内部透视图

（来源：https://www.pinterest.com/pin/388365167847176107/）

1 ［瑞士］希格弗莱德·吉迪恩. 空间·时间·建筑［M］. 王锦堂，孙全文，译. 武汉：华中科技大学出版社，2014：212.

2 ［瑞士］希格弗莱德·吉迪恩. 空间·时间·建筑［M］. 王锦堂，孙全文，译. 武汉：华中科技大学出版社，2014：222.

璃顶棚的做法。为了真实表现材料的质感，内外墙体都是清水砖墙而不加粉刷，建筑内部的花岗石楼梯只经过粗凿而成，办公室的砖砌拱天花则完全裸露。正是在这幢建筑完成之后，贝拉罕开始在随后的理论著作中阐述自己追求真实理性之美的建筑风格，主张建筑师必须回归到真实性上，“驾临一切的是，墙必须裸露地表达自己的光洁美，我们应当避免附加在上任何使人感到尴尬的东西”。[1]

如同韦尔德和贝拉罕等建筑师对既不符合材料特性、又不传达时代精神的建筑装饰的反感，美国建筑师约翰·威尔伯恩·路特（John Wellborn Root）、路易斯·亨利·沙利文（Louis Henry Sullivan）和奥地利建筑师阿道夫·路斯（Adolf Loos）都持有类似观点。路特在1885年的论文《建筑装饰》（*Architectural Ornamentation*）中将虚伪、过分的装饰视作一种建筑上的犯罪。美国现代建筑的奠基人沙利文在1892年的文章《建筑中的装饰》（*Ornament in Architecture*）中，首先对装饰的精神价值提出了质疑，认为装饰在精神上是奢侈的而不是必需的，建筑即使缺乏装饰，也可以依靠体块和比例传达高尚的情感。在此基础上，他认为好的装饰是装饰与结构之间形成特殊的和谐关系，两者成为有机统一的整体。[2]1896年，在《高层办公大楼在艺术方面的考虑》（*The Tall Office Building Artistically Considered*）一文中，沙利文还提出了“形式永远追随功能”（form ever follows function）的著名法则[3]，认为建筑形式必须表现一座建筑物的功能，功能不变形式也不变。

路斯的建筑装饰批评观受路特和沙利文的影响，并且路斯更为激进地从伦理层面进行了分析与批判。1898年，路斯在维也纳《新自由报》发表了两篇有关建筑装饰的文章《建筑材料》和《饰面原则》，在批判当时建筑材料的仿制欺骗之风的基础上，较为明确地提出了他的建筑材料价值

1 ［美］肯尼斯·弗兰姆普敦．现代建筑：一部批判的历史［M］．张钦楠，等，译．北京：生活·读书·新知 三联书店，2004：69．

2 ［美］路易斯·沙利文．建筑中的装饰［M］．黄厚石，译//许平，周博．设计真言：西方现代设计思想经典文选．南京：凤凰出版传媒集团，江苏美术出版社，2010：125—128．

3 Sullivan，Louis. The Tall Office Building Artistically Considered［M］// Lippincott's Magazine（March 1896），quoted in Higgins，Hannah B. The Grid Book. Cambridge，Massachusetts：MIT Press，2009：211.

观及建筑饰面法则。在《建筑材料》一文中，路斯批判了当时过于重视建筑材料市场价值和经济价值的暴发户心态，这种试图装点门面的扭曲的、虚荣的价值取向，使违背材料本身特性、用便宜的材料模仿昂贵材料的仿制做法统治了整个建筑业。在路斯看来，建筑作品、建筑装饰的价值本质上是由建造者对劳动的敬畏感、工艺技术的高低及其艺术性决定的，与建筑材料是否昂贵无关。《饰面原则》（*The Principle of Cladding*）一文是路斯针对当时建筑饰面材料以假乱真现象而提出的一种权宜法则，要求饰面不能与它所覆盖的材料相混淆，其对装饰真实性的诉求与罗斯金的观点异曲同工，强调建筑装饰的纯粹性与真实性。此外，1898年路斯还发表了《波特金城》（*The Potemkin City*）一文，引用有关俄国大臣波特金（Grigory Potemkin）的典故，[1]讽刺了维也纳环形林荫大道上通过表面模仿的材料假扮成贵族宫殿的历史风格主义建筑，以此批判这类欺骗性、虚荣性建筑的不道德性，这种批判至今还具有现实意义。

路斯的影响力更集中地体现在1908年发表的那篇极富煽动性的文章《装饰与罪恶》（*Ornament and Crime*）中。这篇剖析现代装饰道德问题的文章并非系统论证的学术文章，而是一篇批判性檄文。路斯对装饰的价值批判有多个维度，如美学、文化、经济等，甚至他还从探索人类装饰起源的文化人类学视角指出装饰与色情的关联。在路斯看来，现代装饰的危机主要表现在两个方面，一是现代性（modernity）所带来的文化连续性的断裂，即装饰不再是情欲、宗教、象征等文化的自然产物，不再与文化形成一种有机联系。由此路斯提出了一个宣言性论断："文化的进步发展意味着对日常用品装饰部分的消除。"[2]对这一论断，在该文中路斯并未进行充分论证，但在他1910年发表的另一篇著名文章《建筑》（*Architecture*）中，路斯强调了同样的观点并进行了更为明确的阐

1　1787年，俄国大臣波特金为了取悦俄国女皇叶卡捷琳娜二世，在女皇沿第聂伯河巡视的视野范围内，为了掩盖路途两侧村子的贫困与肮脏，下令用纸板、帆布和颜料建造了一个外观富丽繁荣的村镇布景，前景中则安排农奴扮演成农人来营造歌舞升平的景象，以此骗取女皇欢心。后来人们常把这种欺骗和弄虚作假的"样板"工程称之为"波特金村"。

2　［奥］阿道夫·路斯. 装饰与罪恶［M］. 黄厚石，译//许平，周博. 设计真言：西方现代设计思想经典文选. 南京：凤凰出版传媒集团，江苏美术出版社，2010：184.

述。路斯的文化进步观有其极为独特的内涵，反映了他对当时体现时代精神的审美风尚和装饰风格的理解，即与其刻意创造无根的、肤浅的、内在与外在无法一致的装饰物，不如正视新的建造方式和任务使旧的形式改变、旧的规则断裂的事实，在此基础上以去除过多装饰为特征的新形式才得以产生（图3-14），“我们的时代之所如此重要，正是因为它将不再生产新的装饰”。[1]可见，路斯借装饰的文化价值审视，表达了他对现代性生活方式的积极回应及文化进步的独特思考。现代装饰危机的第二个表现是装饰越来越成为类似经济犯罪的道德恶行，它破坏了国家经济，是对材料、金钱的浪费和对人力的耗损，“追求装饰实质上是对国家的经济犯罪，最终将导致对人力、金钱和资源的毁坏和浪费”。[2]路斯

图3-14　路斯设计的斯坦纳住宅（Steiner House，1910），除去过多装饰的范例（来源：https://denaturing.wordpress.com）

1 ［奥］阿道夫・路斯．装饰与罪恶［M］．黄厚石，译//许平，周博．设计真言：西方现代设计思想经典文选．南京：凤凰出版传媒集团，江苏美术出版社，2010：184.

2 ［奥］阿道夫・路斯．装饰与罪恶［M］．黄厚石，译//许平，周博．设计真言：西方现代设计思想经典文选．南京：凤凰出版传媒集团，江苏美术出版社，2010：186.

从经济原理视角对装饰的批判虽然有其局限性，因为好的装饰设计非但不会破坏国家经济，反而能够通过提高物品的溢价能力带来更大的经济效益，但路斯颇有远见地触及了过多装饰、消费主义与人力、资源浪费之间的相关性，减少不必要的装饰能够节省人们在装饰上浪费的资源和付出的劳动，其针砭时弊的价值批判意义是合理的，这一观点在今天看来有着不可忽视时代价值。

美国建筑大师赖特（Frank Lloyd Wright）1909年1月11日作过一个题为《装饰的道德标准》的演讲，批判现代装饰是"美好事物的滑稽戏"，"如果我们不能理解装饰意味着什么，不能对其进行节制而有意义地使用，那么我们永远也无法称得上是任何程度上的文明人"。[1]装饰的道德标准在赖特看来主要表现在两方面，一是节制，不浪费资源；二是将装饰的本质看作有意义的精神价值的体现，而不是单纯美化外表。赖特与他的同代人路斯对装饰的看法有所不同，如果说路斯的观点从伦理上看更具批判性，赖特的观点则更具建设性。他认为工业革命所带来的机器生产可以给艺术世界注入纯洁的力量，在建造过程中创造一种蕴含真实、民主因素的装饰风格。例如，他指出，"对于机器来说，现在这个过程消除了必需品中微小的结构欺骗因素，减轻了令人厌倦的争斗，避免使物品面目全非，远离其本质"，"机器通过其完美的切割、制作、抛光和重复的操作使其在被使用时毫无浪费的可能，无论穷人还是富人都可以享受加工后整洁而坚固的美丽外观。"[2]

其实，在西方建筑史上从维特鲁威开始便一直存在有关装饰与道德关系的讨论。例如，维特鲁威提出的"得体"（decorum）范畴也可看成是一种有关装饰的道德要求，实质上规定了如何装饰才符合礼仪的问题。建筑装饰得体原则既是建筑审美意义上的适度、和谐一致、恰如其分等方面的趣味性要求，也含有区分不同类型建筑的装饰特征及住宅身

1 ［美］弗兰克·劳埃德·赖特．建筑之梦：弗兰克·劳埃德·赖特著述精选［M］．于潼，译．济南：山东画报出版社，2011：167．

2 ［美］弗兰克·劳埃德·赖特．机器时代的艺术和工艺［M］．海军，译//许平，周博．设计真言：西方现代设计思想经典文选．南京：凤凰出版传媒集团，江苏美术出版社，2010：146-147．

份伦理方面的要求。在这方面，包含一种与中国传统建筑礼制要求有某种相似性的建筑伦理，即主张建筑装饰应与建筑类型及使用者社会身份与地位相匹配的建筑礼仪要求。中世纪一些建筑师和建筑理论家对装饰的反对则主要基于基督教神学的观点。现代建筑运动对装饰的伦理批判与先前有所不同，并非主要针对是否“得体”的问题，而是“真实”或“诚实”的问题；同时，现代主义建筑师还将装饰与功能理性、装饰与浪费、装饰与社会关怀及社会改革运动联系起来，赋予装饰以更多的价值意义。

柯蒂斯在谈到现代建筑的实质时说：“它希望诚恳接受工业化带来的新的社会和科技现实。它也意味着，必须拒绝肤浅地模仿过去的形式，以及对当代世界做出更加‘直接’或‘诚实’的表达，如果不是似是而非地预测更为美好的未来的话。”[1]这是追寻时代精神的现代建筑运动所应有的道德姿态，也促进了现代建筑的发展方向从强调风格化的“形式导向”逐渐走向顺应和诠释时代生活方式的“功能导向”和“生活导向”。

（二）现代建筑的道德使命

现代建筑运动体现的时代精神之道德意蕴，还表现在它背负着社会革新、改造城市、追求理想社会秩序的道德使命，其思想基础有着鲜明的民主、平等和人本主义的价值诉求。突出表现在传统建筑学和建筑设计的服务主体经历了从主要服务于权贵阶层到服务于普通大众的转变，尤其是更加关注普通人的住宅需求以及城市环境的整体改善。

英国建筑史学家尼古拉斯·佩夫斯纳（Nikolaus Pevsner）在其著作《现代设计的先驱者：从威廉·莫里斯到格罗皮乌斯》中，开篇就表达了对英国设计师威廉·莫里斯（William Morris）的敬意，称他为真正的“现代运动之父”。之所以如此，对于强调现代建筑的社会条件和道

---

1 ［英］威廉J·R·柯蒂斯. 20世纪世界建筑史［M］. 本书翻译委员会，译. 北京：中国建筑工业出版社，2011：23.

德基础的佩夫斯纳而言不难理解，因为莫里斯作为英国社会主义运动的早期发起者之一，其设计思想的出发点是有关艺术的社会关怀和道德合法性。他说："我不希望艺术也沦落为教育和自由那样，成为少数人的专利"，他希望艺术会使每个人的房屋都很干净和舒适。[1]他最难能可贵的品质就是他一直提倡社会革新，秉承一种艺术为大众服务而不是为少数人服务的设计理念。佩夫斯纳认为，莫里斯的重要贡献是"使一个普通人的住屋再度成为建筑师设计思想的有价值的对象"。[2]莫里斯思想中蕴含的民主和道德的因素不容忽视，具有重要的社会现实意义，并在后来的现代建筑运动中得以发扬光大。

赖特曾说过，所有的艺术家都爱戴和尊敬作为社会改革者和伟大的民主主义者的莫里斯，[3]并非因其对机械生产所带来的负面效应的否定，而是他率先肯定了艺术家所担负的社会责任，他赋予了艺术活动包括建筑艺术活动以新的理念，即"实用与美的结合"以及"艺术为大众服务"，这不仅为艺术发展指明了一个崭新的发展方向，也确立了现代建筑对民主、平等的伦理价值追求。如前所述，我们在赖特对现代装饰的看法中，已经看出他对平等、民主等现代价值的追求。这种追求更为明确地反映在他1932年提出的"广亩城市"（Broadacre City）构想上（图3-15）。"广亩城市"作为一种汽车导向的分散化的城市布局方案，过于理想化并有可能带来不可逆的城市蔓延和土地浪费等问题。但是，"广亩城市"背后反映的是赖特所追求的民主精神。他说：

"设想一下，人类的居住单元如此安排：每个市民在以自己家庭为中心的、半径10～20英里的范围内，根据自己的选择，每个人可以拥有所有形式的生产、分配、自我完善和娱乐。通过自己的汽车或者公共交

---

1 ［英］威廉·莫里斯. 次要艺术［M］. 叶芳，译//许平，周博主编. 设计真言：西方现代设计思想经典文选. 南京：凤凰出版传媒集团，江苏美术出版社，2010：94-95.

2 ［英］尼古拉斯·佩夫斯纳. 现代设计的先驱者：从威廉·莫里斯到格罗皮乌斯［M］. 王申祜，王晓京，译. 北京：中国建筑工业出版社，2004：4.

3 ［美］弗兰克·劳埃德·赖特. 建筑之梦：弗兰克·劳埃德·赖特著述精选［M］. 于潼，译. 济南：山东画报出版社，2011：70.

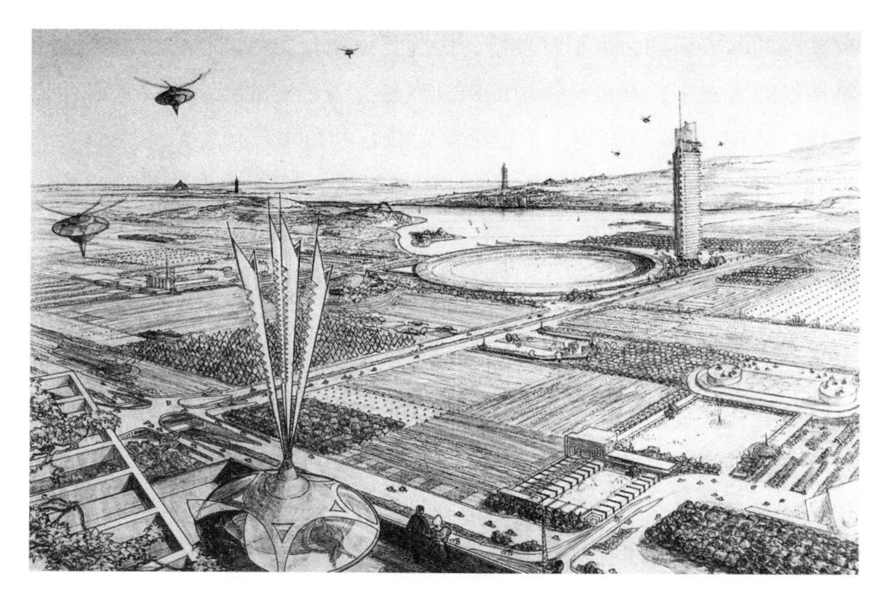

图3-15 赖特的“广亩城市”（Broadacre City）构想草图，1932年

通，很快就能获得这一切。这种与土地有关的生活设施的整体性分布，构成了我所看到的构成这个国家的城市。这就是广亩城，这就是国家，民主实现了。”[1]

由此可见，赖特的“广亩城市”构想有一定的政治伦理意义，他设想了民主导向的民间机构，权力不会集中在任何一个地方，还承诺给居民最大的自主权，试图将尊重个体和民主的理念融入其城镇规划之中。甚至赖特谈到自己的“有机建筑”哲学时，主旨并非我们通常意义上的人、建筑与自然之间的有机和谐，而是强调有机建筑就是体现美国民族价值特征的“民主性建筑”，任何不民主的东西就不是有机的，建筑的有机性需要建立在经济体系和政治制度的“有机性”即所谓的民主性基础之上。1949年，他在获得美国建筑师协会（AIA）奖励的演说中感

1 ［英］彼得·霍尔．明日之城：一部关于20世纪城市规划与设计的思想史［M］．童明，译．上海：同济大学出版社，2009：325—326.

慨："相信我，如果我们选择了后者（即尊重有机建筑，引者注），那也就是找到了民主的中心线。因为一旦你真正理解了有机建筑的原则，它们自然而然地会成长、并扩展成我们建造这个国家时所渴望的自由——我们使之成为民主。"[1]

汉诺—沃尔特·克鲁夫特在评价赖特的有机建筑理念时，指出："他宁可把建筑本身看成是社会改革中的一个要素，这使得他与勒·柯布西耶，以及他的口号'建筑学或革命'（Architecture or Revolution）能够保持一致。"[2]实际上，在现代主义建筑运动的主将中，如果说赖特强调和维护的更多是美国式的社会理想和民主价值的话，那么，法国建筑大师勒·柯布西耶则赋予了新建筑和城市规划一种更具普遍意义的时代精神，以呼应现代建筑对民主、人道和平等的伦理价值追求。

众所周知，18世纪下半叶首先在英国兴起的工业革命不仅是一次技术革命，也是一场深刻的社会变革，对人类社会各个方面都产生了极其深远的影响，其中最重要的影响就是启动了城市化进程，城市以前所未有的速度和规模发展。工业化和随之而来的城市化如此迅速发展，大大超出了人们的想象，给城市带来了巨大影响，出现了后来被称为"城市病"的一系列城市问题，这其中便有住宅匮乏及城市平民阶层恶劣的居住条件问题。马克思和恩格斯就曾对19世纪英国工人阶级住宅的非人道状况有过犀利揭露。匈牙利哲学家卡尔·波兰尼（Karl Polanyi）指出："19世纪工业革命的核心就是关于生产工具的近乎神奇的改善，与之相伴的是普通民众灾难性的流离失所。"[3]普通民众的住宅问题到20世纪初并没有得到有效改善，同时20世纪20年代的法国刚经历了第一次世界大战造成的巨大破坏，住房紧缺日益严重。正是在这样的背景下，柯布西

1 ［美］弗兰克·劳埃德·赖特．建筑之梦：弗兰克·劳埃德·赖特著述精选［M］．于潼，译．济南：山东画报出版社，2011：291.

2 ［德］汉诺—沃尔特·克鲁夫特．建筑理论史——从维特鲁威到现在［M］．王贵祥，译．北京：中国建筑工业出版社，2005：321.

3 ［美］卡尔·波兰尼．大转型：我们时代的政治与经济起源［M］．刘阳，冯钢，译．杭州：浙江人民出版社，2007：29.

耶提出“今天社会的动乱，关键是房子问题：建筑或革命！”[1]他借助机器时代的材料和技术，将建筑看成是有效缓解社会问题的一种方法，充满激情地提出：

> 现代的建筑关心住宅，为普通而平常的人关心普通而平常的住宅。它任凭宫殿倒塌。 这是一个时代的一个标志。为普通人，“所有的人”，研究住宅，这就是恢复人道的基础，人的尺度，需要的标准，功能的标准，情感的标准。就是这些！这是最重要的，这就是一切。[2]

柯布西耶这段话揭示了供普通人居住的住宅建设的伦理意义，同时也表达了他作为一名建筑师的道德责任感。这种道德责任感也是现代建筑运动的主将们所普遍具有的精神气质。例如，无论是密斯（Ludwig Mies Van der Rohe）还是格罗皮乌斯（Walter Gropius），他们作为公认的现代建筑大师，与柯布西耶一样，都非常注重平民住宅项目的设计。尤其是格罗皮乌斯，作为最早研究低标准住宅的建筑师之一，从1909年开始，就探索如何通过房屋设计标准化和预制装配的方法，大规模建造住宅以降低造价。在他担任德国“国家房屋及住宅建设经济效益研究会”（Imperial Research Society for Economic Efficiency in Building and Housing）副主席期间，特别关注为最低收入阶层提供基本住房的问题。1926年至1928年，他负责设计了德绍的托腾住宅区（The Törten Estate），采用预制混凝土构件技术共建成了314幢工人阶层可负担的住宅（图3-16）。此外，格罗皮乌斯创办的包豪斯（Bauhaus）学校及影响巨大的包豪斯设计体系，其宗旨蕴含了一种造福于民的道德诉求。正如陈岸瑛所说：“包豪斯设立的初衷，不单单是为了给先锋艺术家提供一个自由创造的空间，更是为了让艺术家与工匠们联合起来，为改善和美化人民生活进行生产，并最终建造出一个适宜人类居住的‘社会主义大教堂’。”[3]

---

1 ［法］勒·柯布西耶. 走向新建筑［M］. 陈志华，译. 西安：陕西师范大学出版社，2004：235.

2 ［法］勒·柯布西耶. 走向新建筑［M］. 陈志华，译. 西安：陕西师范大学出版社，2004：1-2.

3 陈岸瑛. 机器与人民——现代主义设计伦理思想溯源［J］. 装饰，2012（10）：19.

图3-16　格罗皮乌斯设计的可负担的工人住宅德绍托腾住宅区今貌
（The Törten Estate，Dessau）
（来源：https://greatacre.wordpress.com/）

充满理想主义精神气质的柯布西耶与赖特一样，都不仅探索新建筑的时代精神，坚信改造城市是改革社会的有效途径，还提出了未来理想城市的设想与价值指向。柯布西耶热切地呼唤对19世纪的病态都市进行一场“空间革命”，并大胆地将工业化思想引入城市规划，提出了“光辉城市”“明日城市”等颇具乌托邦色彩的规划方案，主张用全新的规划思想来改造城市，创造自由、平等和互助的“现代公德之邦”[1]。他认为大城市的主要问题是城市中心区缺少秩序，城市中绿地、空地太少，日照、通风、游憩、运动条件都太差。因此，他从规划着眼，以几何学和现代工程技术为手段，设想在城市中心区建造高层高密度建筑，采用立体式的交通体系和扩大城市植被面积（如在广场、餐厅、剧院周边的区域应有95%的绿化面积），在城市和居住区中彻底实现人车分流，为人类创造“房间里充满阳光，透过玻璃窗，可以看见天空，一走出户外，就能接受树木的荫翳”[2]的理想生活环境（图3-17）。同时，柯布西耶的城市规划理

1 ［法］勒·柯布西耶．光辉城市［M］．金秋野，王又佳，译．北京：中国建筑工业出版社，2011：9-10.
2 ［法］勒·柯布西耶．光辉城市［M］．金秋野，王又佳，译．北京：中国建筑工业出版社，2011：82.

念还注重人性尺度，尤其强调要回应人在生理上和情感上的各种永恒需求，“当一个人独自面对辽阔空间的时候，他将变得极为沮丧。必须懂得紧缩城市景观并创造符合我们尺度的元素”。[1]柯布西耶的规划设计在当时几乎是“石破天惊”之举，他的想法是如此理想、如此宏大又不切实际，但后来的城市发展与住宅设计，已吸纳并实现了他的诸多主张。柯布西耶根植于启蒙运动乌托邦思想的理想城市方案，自有其诸多问题，但作为一个旨在为广大民众创造更美好的生活环境的社会理想，它闪耀着迷人的德性之光。

图3-17　勒·柯布西耶所绘的理想城市状态的草图之一：
绿色城市、架空的街道、玻璃摩天楼
（来源：勒·柯布西耶:《精确性——建筑与城市规划状态报告》，
中国建筑工业出版社，2009年，图155）

1 ［法］勒·柯布西耶. 明日之城市［M］. 李浩，译. 北京：中国建筑工业出版社，2009：220.

以上我们对现代建筑运动的伦理透视，主要集中在19世纪晚期至20世纪30年代之间现代建筑运动的关键时期。这一历史时期的建筑思潮相当活跃，具有建筑史上相当罕见的变革特征。具体表现在三个层面：其一是工业革命所引发的建筑材料和技术的巨大革新；其二是一批现代主义先驱者试图将新技术与新的社会价值观相结合，建立具有时代精神的建筑设计价值系统；其三是一批具有理想主义精神和社会责任感的建筑师希望将建筑作为一种重要的社会控制力量或改造社会的可能性手段，在工业时代重塑一种新的精神文明和社会秩序，从而增进人类福祉，促进人类进步，这样的追求无疑有其独特的道德魅力。对此，日本当代著名理论批评家柄谷行人的观点很有代表性。他在对比现代主义建筑师和后工业阶段建筑师的不同特点时，提出为什么当今的建筑师没能像以往的现代主义那样带来冲击呢？"这是因为他们致命地欠缺那种现代主义者曾经具有的伦理性和社会变革的理想"。[1]

四、当代西方建筑伦理思想举隅：以卡斯腾·哈里斯为例

在本书第一章引论部分，根据美国学者索尔·费希尔的观点，阐述了当代西方建筑伦理的主要研究模式，即建筑职业伦理模式、大陆伦理学研究模式、批判地域主义为代表的建筑理论模式和建筑分析伦理学模式。美国学者卡斯腾·哈里斯（Karsten Harries）便是其中大陆伦理学研究模式的主要代表。

哈里斯著述甚丰，先后出版10部著作，发表200余篇论文。他在建筑伦理方面的论述，除一些论文外，最主要的代表作是《建筑的伦理功能》（*The Ethical Function of Architecture*，1997），此书荣获美国建筑师学会第8届国际建筑图书批评类大奖，对当代建筑伦理及建筑美学有兴趣的学者几乎都不能忽视这本书。下面主要以此书为文本依据，以建筑的现代性反思为切入点，探析哈里斯的建筑伦理思想。

---

1 ［日］柄谷行人. 作为隐喻的建筑［M］. 应杰，译. 北京：中央编译出版社，2011：163.

（一）建筑的伦理本质是让人安居

哈里斯在《建筑的伦理功能》一书中开门见山地指出："一段时间以来建筑失去了明确的发展方向。同阿尔贝托·佩雷斯—戈麦斯（Alberto Perez-Gomez）一样，我们可以把这种不确定性同'由伽利略科学方法和牛顿自然哲学引发的变革的世界观'联系起来，这种世界观导致了建筑的理性化和功能化，使其不得不背弃曾经为所有真正有意义的建筑提供基本参考构架的'现实的富有诗意的内容'"。[1]由此可见，哈里斯讨论建筑的伦理功能，是从对建筑的现代性后果及其反思为出发点的。正如马克斯·韦伯（Max Weber）所认为的那样，西方自启蒙运动以来发展出的一套理性主义和科学技术现代化的理论，导致世界的"祛魅"（disenchantment），它表明人类不再受制于外在的或者超越的东西（如自然和上帝）的控制，世界从神圣化走向世俗化、从神秘主义走向理性主义。同样的，这种现代性的后果也让现代建筑失去了前现代社会中那些富有诗意的、确定性的神圣价值，并使现代建筑一定程度上失去了作为一种明确精神指标的方向感。

虽然哈里斯在《建筑的伦理功能》一书中从建筑的现代性问题出发，阐述建筑的伦理功能，但他并没有首先讨论建筑的现代性特征及后果，而主要依据吉迪恩的一个基本观点，即现代建筑所面对的主要任务是说明我们这一时代的生活方式，[2]在绪论中直接抛出了全书的核心观点：所谓建筑的伦理功能，主要指的是建筑应是对我们时代而言正确的生活方式的诠释，应帮助我们清晰地提出一种共同精神气质（common ethos）的任务。[3]

1 ［美］卡斯腾·哈里斯. 建筑的伦理功能［M］. 申嘉，陈朝晖，译. 北京：华夏出版社，2001：1. 本书在参考中文译本的同时，也参考了英文版原著。本书引注的译文根据笔者的理解进行了改动，Karsten Harries. The Ethical Function of Architecture. MIT Press；New edition（1998）. p2.以下根据笔者理解改动的地方，按英文版原著注释。

2 ［瑞士］希格弗莱德·吉迪恩. 空间·时间·建筑［M］. 王锦堂，孙全文，译. 武汉：华中科技大学出版社，2014：1.

3 ［美］卡斯腾·哈里斯. 建筑的伦理功能［M］. 申嘉，陈朝晖，译. 北京：华夏出版社，2001：2-3.

哈里斯认为，对建筑的本质及其主要任务的理解有不同方式，他主要区分了两种不同的方式。第一种方式是以尼古拉斯·佩夫斯纳为代表的美学方式（aesthetic approach）。依照这种方法与态度，建筑与房屋的区别体现在对美学方面的要求，建筑不过是在功能满足的基础上附加装饰的“装饰化棚屋”（decorated sheds），而建筑史的发展不过是以一系列的重要美学事件为标志，后现代建筑实质上是对现代主义建筑的美学反应。哈里斯不同意将建筑降格为只具有美学价值，或将建筑艺术首先当作一种审美对象，因为这有可能否认建筑的伦理功能，因此他要寻求一种认识建筑本质的伦理方式（ethical approach），更确切说是一种伦理的建筑反思（ethico-architectural reflection）。

哈里斯特别说明他所谓“伦理的”（ethical）含义不能理解为我们通常谈到“商业道德”或“医德”时的那种意思，而是与希腊语ethos更相关。[1]关于ethos的含义，一般而言指的是一个民族特有的生活惯例、风俗习惯或一种职业特有的精神气质。如第一章所述，海德格尔对ethos进行了精深的考证，将其理解为人的住所，人所居留之地，显然有其存在哲学理论建构的独特意蕴，这对哈里斯探讨建筑伦理的视角产生了深刻影响。其实，正如哈里斯在《建筑的伦理功能》一书的前言中所承认的那样，他有关建筑伦理的写作与哲学思路紧密围绕海德格尔等哲学家的思想而展开，他们的工作为他提供了有用的模式或视角。他甚至还直接说明“本书所理解的建筑的伦理功能——它在很大程度上归功于海德格尔”。[2]

具体而言，哈里斯所说的“建筑的伦理功能”中的“伦理的”概念，既包括不同地域、不同时代、不同功能的建筑所形成的共同的精神气质，也包括从作为人类一种存在方式的安居要求来探讨符合伦理的现代建筑，具有海德格尔存在之思的意蕴。在海德格尔的现代性批判思想中，他把现代称为“技术时代”，他对现代性的批判首先体现在对近现代技术的批判上，尤其是常常被表达为对技术时代人类居住状况与栖

---

1 ［美］卡斯腾·哈里斯. 建筑的伦理功能［M］. 申嘉，陈朝晖，译. 北京：华夏出版社，2001：前言.

2 ［美］卡斯腾·哈里斯. 建筑的伦理功能［M］. 申嘉，陈朝晖，译. 北京：华夏出版社，2001：348.

居之困境的反思，即现代性与真正的栖居之间存在几乎无法跨越的鸿沟，现代技术文明对人类安居造成巨大威胁，尤其是技术异化导致社会失根，破坏了人类安居需要的“天、地、神、人”四重要素有机统一的条件，让人与世界作为存在都找不到自己的家园。因此，海德格尔在1951年8月针对建筑师的一场题为《筑・居・思》（*Building Dwelling Thinking*）的演讲中指出，“不论住房短缺多么艰难恶劣，多么棘手逼人，栖居的真正困境并不仅仅在于住房匮乏”,“真正的栖居困境乃在于：终有一死的人总是重新去寻求栖居的本质，他们首先必须学会栖居”。[1]

哈里斯其实并不完全认同海德格尔的观点，并指出了他理论立场的局限。他认为，海德格尔以栖居为视角对现代性的批判，认为现代世界完全为技术所统治，却没有考虑到科技带给人的解放与自由，而且他外在于现代性自身，涉嫌把现代世界及其表象抛诸脑后，寄希望于为现代社会找回前苏格拉底时代古希腊古老的存在真理，这样的“归家之路”只能在想象的层面得以实现，注定很难成功。因此，哈里斯认为，“我们必须要认识到黑森林农庄已经成为往事，这才有助于我们解决目前的‘安居困境’”，“我们只有在成功地用真正属于这个时代的安居生活取代黑森林农庄所提供的安居生活后，才有可能理解什么是永不落伍的建筑”。[2]（图3-18）虽然哈里斯并不完全认同海德格尔的观点，但海德格尔提出的真正的定居必须不断学会栖居、寻找家园的思想，却成为其建筑伦理思想的重要立足点。哈里斯说：“难道建筑不会继续帮助我们在这一个越来越令人迷惑的世界中找到位置和方向吗？在这个意义上我将谈到建筑的伦理功能。”[3]

的确，现代性导致了人类社会具有传统社会所未曾有过的强烈的漂泊特征，不仅是都市化所带来的空间经验的流动性与地域限制性的减弱所导致的“失去故乡”，也是精神层面的无根状态与无所归属。正如哈里斯的感叹：“科技越使我们摆脱了地域的限制，我们就越感到自己不

1 ［德］海德格尔．演讲与论文集［M］．孙周兴，译．北京：三联书店，2005：170.

2 ［美］卡斯腾・哈里斯．建筑的伦理功能［M］．申嘉，陈朝晖，译．北京：华夏出版社，2001：162-163.

3 ［美］卡斯腾・哈里斯．建筑的伦理功能［M］．申嘉，陈朝晖，译．北京：华夏出版社，2001：3.

图3-18　海德格尔位于德国Todtnauberg的黑森林农舍
（来源：https://www.pinterest.com/guzhiwuming18/phenomenology/）

过是跋涉在路上的行进者，没有所属，也没有定居下来的可能。”[1]他还指出，科技给人类提供了更为迅捷的方法，但“它给人类带来自由的同时，也使人感觉漂泊无依。不仅是地方感的丧失，而且也是社会共同体的丧失”。[2]因此，对于漂泊不定的现代人来说，建筑本质意义上的伦理性与找到属于自己的家园、与真正的定居紧密相连。正如海德格尔建筑哲学的根本之点是认为建筑的意义如同诗一样为人提供了一个“存在的立足点”（existential foothold）一样，哈里斯也特别强调建筑的伦理本质是让人安居下来，找到我们在这个世界上的位置，找到自己的家园。而且，真正的家园必须让我们的身体和精神都能有所归属，既为人提供栖身之所，也使精神得到憩息。针对一些实用主义者认为建筑只要实用就行，精神功能是多余的看法，哈里斯反驳说：“确实很难在不属于自己的地方生活。没有自己的家园，生活是多么地艰难！”[3]而且，哈里斯还通过阐述房子的起源，说明了建筑的产生不只是为了实用功能，它与满足人类寻求家园的精神需求直接相关。由此我们可以这样说，在所有

1 ［美］卡斯腾·哈里斯. 建筑的伦理功能［M］. 申嘉，陈朝晖，译. 北京：华夏出版社，2001：169.

2 Karsten Harries. The Ethical Function of Architecture（New Edition）［M］. Cambridge，MA：MIT Press，1998：168.

3 ［美］卡斯腾·哈里斯. 建筑的伦理功能［M］. 申嘉，陈朝晖，译. 北京：华夏出版社，2001：148.

主要的艺术形式中，建筑能够给人提供一种在大地上真实的“存在之家”，为人类的身体遮风蔽雨，使人类孤独无依的心灵有所安顿，满足人类的安居需要，这便是建筑最重要的、最深刻的伦理功能。建筑所体现出的这一深刻的伦理功能，在我们所处的科技文明时代，尤为珍贵。正是科技发展对人类安居所造成的威胁，正是现代建筑缺乏让人有所归属的场所精神，使我们明白了“要恢复失去的东西是多么重要：那就是场所感（a sense of place）。我们仍然需要建筑，现代人尤其需要”。[1]

（二）建筑通过特殊的象征手法体现伦理功能

如前所述，哈里斯极为认同吉迪翁的观点，即建筑的主要任务应是对我们时代而言可取的生活方式的诠释。但是，“如果说建筑要帮助我们再现和诠释我们日常生活的意义，那么首先它就要用一定的象征物来展现自身”[2]，哈里斯还明确提出，建筑只有运用一些文化符号化的表征（representation）手法，才能发挥他所谓的伦理功能。[3]然而，呈现为“物”的建筑不是文本，它是如何发挥其诠释功能并体现其精神本质的呢？正是从这一问题出发，哈里斯阐述并分析了作为一种特殊语言的建筑所具有的精神象征功能。

哈里斯赞成西班牙建筑历史学家科洛米娜（Beatrize Colomina）的观点，即建筑与建筑物的主要区别是建筑具有诠释性（interpretive）与批判性（critical），甚至我们可以说建筑拥有与我们对话的能力。然而，能够简单地将建筑与语言进行类比吗？建筑语言是否也是一种表现性语言？建筑的诠释能力是在何种意义上说的？建筑师能够利用何种诠释工具？为了回答这些问题，哈里斯在《建筑的伦理功能》第二编用三章的篇幅进行了讨论。

哈里斯首先以反思现代建筑面临的语言危机为切入点，提出不能将建筑与语言，尤其是文学文本（literary text）进行简单的类比，他还

1 Karsten Harries. The Ethical Function of Architecture（New Edition）[M]. Cambridge，MA：MIT Press，1998：178.

2 Karsten Harries. The Ethical Function of Architecture（New Edition）[M]. Cambridge，MA：MIT Press，1998：132.

3 Karsten Harries. The Ethical Function of Architecture（New Edition）[M]. Cambridge，MA：MIT Press，1998：102.

对用符号学和结构主义的方法研究建筑语言持谨慎态度。哈里斯认为建筑的确有自己的“语言”，但应是从更宽泛意义上理解的语言，不是被限定在说或写的语言之内。就如同法国符号学家罗兰·巴特（Roland Barthes）对叙事的理解，叙事并非只存在于文学之中，对人类来说，似乎任何材料都适宜于叙事。哈里斯认为，建筑作为一种语言，不是因为它能直接做出判断，而是通过两种间接途径来表征其意义的，一是通过它的风格和在这种风格里各元素的特殊组合，二是通过分割空间、划分区域来向我们传情达意。[1]由此可见，建筑如同一本“立体的书”，是以空间为对象的特定文化活动，通过风格化表征手段和空间元素媒介，把诸多文化形象与精神观念表现在人们面前，创造有意义的环境，表现某种精神价值。这一点，极为突出地表现在神圣的宗教建筑，如中世纪的哥特式教堂上。作为一种典型的表征性建筑，哥特式教堂很好地体现了意大利符号学家翁贝托·艾柯（Umberto Eco）所说的两种层次的象征功能。艾可所说的初始功能指的是建筑实用功能的符号指示意义，二次功能指的是象征性的内涵，表达的是建筑的暗示意义。他认为，两种功能同等重要，并没有价值意义上的区别，但从符号学原理看，建筑的二次功能建立在初始功能的符号指示意义之上，“建筑师的工作就是要考虑多种多样的初始功能和开放的二次功能，并在此基础上进行设计”。[2]哥特式教堂的基本功能是为人们提供一个膜拜上帝的场所，因此它看起来也应该是教堂应有的样子（图3-19），这是它的初始象征功能，但除此之外，它还有突出的二次象征功能，它还要以自身的建筑形式、空间元素的安排及各种表征性符号，象征天堂之城，象征宇宙秩序。不理解二次功能的意义，就无法理解哥特式教堂所传达出的语言。

哈里斯还通过哥特式建筑的象征意义，表达了人类建筑象征体系的深层伦理功能，即“要在世界上建立自己的家，也就是说，要进行筑造，人类所需的不仅仅是物质控制，他们必须建立精神上的控制。要做

1 ［美］卡斯腾·哈里斯．建筑的伦理功能［M］．申嘉，陈朝晖，译．北京：华夏出版社，2001：88，95.

2 Umberto Eco. Function and Sign: the Semiotics of Architecture［M］// Neil Leach. Rethinking Architecture: A Reader in Cultural Theory. London and New Yoke：Routledge，1997：191.

到这一点，他们必须从那些起初看似偶然易逝、令人迷惑的现象中捕捉秩序，将混乱转变为和谐，即真正的建筑要像被认为是创造世界的上帝那样完成一些东西”。[1]有关建筑象征系统的意义，挪威建筑理论家诺伯格·舒尔兹（Christian Norberg-Scholz）阐述得更为清晰。他认为，建筑应以有意味的（或象征性的）形式来理解，描述性的及抽象化的建筑象征体系，使人体验到有意义的环境，帮助他找到存在的立足点，这便是建筑的真正意义所在。[2]

需要说明的是，哈里斯对宗教建筑象征功能的阐释是不全面的，从建筑伦理的视角而言，他尤其忽视了宗教建筑的教谕性象征功能。宗教建筑往往以其独特的外部造型、神圣的内部空间及情境氛围，将建筑转换成一种人们凭直觉便可体验到的语言体系，让信徒在具有教导和训诫性的叙事空间中，或祈求祷告，或接受布道，或聚集交流，或共同完成某种宗教仪式，体验人与神的交流，其精神感召力与教化功能是其他建筑类型所无法比拟的。尤其是中世纪哥特式教堂，除了运用特定的建筑技术所构成的垂直向上的建筑形态与光影、色彩、声音等环境因素的相互烘托外，更是辅之以描述圣经故事和圣人传说的各种雕塑、壁画、彩绘玻璃窗，从而使民众尤其是那些目不识丁的民众更好地感受到宗教教义之含义，进而谨遵教谕。如图3-19所示，亚眠大教堂表现圣经故事题材的雕塑非常著

图3-19　哥特式建筑顶峰时期的代表作之一：法国亚眠大教堂（Notre Dame Cathedral in Amiens）（来源：https://en.wikipedia.org/）

1　Karsten Harries. The Ethical Function of Architecture（New Edition）[M]. Cambridge, MA：MIT Press，1998：110.

2　[挪威]诺伯格·舒尔兹. 论建筑的象征主义[J]. 常青，译. 时代建筑，1992（3）：54.

名，其正门雕塑的是《最后的审判》，北门雕塑的是殉道者，南门雕塑的是圣母的生平，这些雕像被称为“亚眠圣经”，不仅是极具艺术价值的雕刻精品，也是一种无言的宗教教材。

现代建筑所面临的语言危机，实质上是艾柯所说的建筑所要表达的第二位的象征意义，随着启蒙运动所带来的现代性后果而出现了危机。主要表现在两个方面：

第一，作为现代社会“理性化”过程的结果，“祛魅”让世界从神圣化走向世俗化，消解了统一的宇宙秩序，前现代社会人们对建筑神性象征的信仰逐渐淡化，“今天我们不再遵从于任何权威，也不会轻易认为某种物质是玄妙的精神世界的反映”。[1]在此意义上，可以说从19世纪开始，建筑已失去了表征作用。

第二，启蒙运动之后，旧的价值体系分崩离析，古代建筑所拥有的一整套建筑模式和象征系统逐渐解体，尤其是基于圣经权威的基督教建筑的特殊象征体系崩溃了。与此同时，现代建筑因社会意识形态和价值观的不确定性，并没有建立起像中世纪教堂那样具有权威性、规制性的建筑象征语言，反而在以“国际风格”（international style）和“后现代主义运动”为主轴所界定的建筑文化背景下，陷入到一种建筑语言贫困化与混乱化的泥沼之中。对此，哈里斯感叹道：“当代建筑缺乏的是19世纪以前建筑的那种伟大的风格，即发达的象征系统，它使建筑师能够按预先规制而设计，无须发明，但这并不是说他们就不促进这一象征系统的发展。”[2]虽然哈里斯对拥有这样一个象征系统的积极意义持不确定的态度，然而从表现建筑精神价值的视角看，显然缺乏主导性的建筑象征系统正是现代建筑伦理功能弱化的重要因素。正如英国学者约翰·萨莫森（John Summerson）的观点，建筑的意义只有放在如古典建筑那样完整的惯例体系中才是可以理解的，而历史积淀的建筑规制正是现代建筑所缺乏的。[3]

---

1 ［美］卡斯腾·哈里斯. 建筑的伦理功能［M］. 申嘉，陈朝晖，译. 北京：华夏出版社，2001：132.

2 Karsten Harries. The Ethical Function of Architecture（New Edition）［M］. Cambridge, MA: MIT Press，1998：133.

3 ［英］萨莫森. 建筑的古典语言［M］. 张欣玮，译. 杭州：中国美术学院出版社，1994：91.

（三）建筑的伦理功能也是一种公共功能

如前所述，哈里斯虽然对现代社会是否需要一套如古代建筑那样的象征系统保持谨慎态度，但他在《建筑的伦理功能》第三部分详细考察了建筑与定居的本质和需求之间的关系后，以下面一段话作为承前启后的结论："对建筑历史的保护，与任何建立与保留一个真正的公共空间的努力是不可分割的，这种公共空间让个人可以有条不紊地找到他们各自的位置。如果我们要继续展现真正居住的可能性，我们所处的环境的历史遗迹就必须得到保存和体现，而且，仅仅通过历史片断，我 们是不能保存或重现历史的。"[1]这段话蕴含的信息颇为丰富，不仅阐明了建筑、安居与公共空间的关联，而且也从一个特殊的视角道出了保存历史建筑及其环境的重要人文价值，同时，还引出了他关于建筑伦理的另一种看法，即建筑的伦理功能必然也是一种公共功能。

哈里斯认为，房屋的历史是"以两个极点为中心的椭圆"，第一个是以私人房屋为标志，比较私密与世俗，主要解决人类的物质需要，第二个极点更重要，它通过公共建筑提供了一种明显与伦理有关的公共功能，主要解决人类的精神需要。[2]对于西方尤其是欧洲的建筑历史而言，作为最主要公共建筑的神殿、教堂等宗教建筑，承担了比宫殿、市政厅更为重要的公共功能。从古希腊时期一直到欧洲中世纪，宗教建筑既是宗教和信仰的物质依托，也是市民的礼仪中心与理想的公共场所。在古希腊，城邦公共生活的发达促使了雅典城市建设中对公共建筑的高度重视。虽然雅典直至公元前4世纪，甚至更晚时期依旧保留着原始的住房形式和落后的卫生设施，也没有什么规模宏大的王宫建筑，然而与此形成鲜明对比的却是大规模修建辉煌壮丽的公共建筑，尤其是伯里克利当政时期（公元前443年～前429年），兴建了雅典卫城、帕台农神庙、赫维斯托斯神庙、苏尼昂海神庙等一大批公共建筑，由此带来的共同敬畏

1 ［美］卡斯腾·哈里斯．建筑的伦理功能［M］．申嘉，陈朝晖，译．北京：华夏出版社，2001：259．译文有改动。

2 ［美］卡斯腾·哈里斯．建筑的伦理功能［M］．申嘉，陈朝晖，译．北京：华夏出版社，2001：279-280.

与共同崇拜，将城邦中不同的人紧密地联系到了一起，产生了一种强烈的团体认同感与凝聚力，同时也形成了市民与城市那种水乳交融般的互动、共鸣的依恋关系。在欧洲中世纪，由于教会力量的强大，城市公共生活以宗教活动为主，以教堂为主的宗教建筑既是城市的保护神，又是社会生活的中心，是市民的精神中心与情感寄托之地。哈里斯说："人们要求教堂建筑能用来举行弥撒，那就是说，人们需要参与（教堂）建筑提供的公共节日，这种参与能再次确认个人在一个社会中的成员资格，以及他或她对统辖该社会的价值观的忠诚。"[1]

启蒙运动之前宗教建筑承担了主要的公共职能，这种公共职能在哈里斯看来也是建筑所拥有的一种伦理功能，他说："宗教的和公共的建筑给社会提供了一个或多个中心。每个人通过把他们的住处与那个中心相联系，获得他们在历史及社会中的位置感。"[2]公共建筑尤其是宗教性公共建筑作为社会的精神中心，它所提供的由人的共同存在而产生的公共交往行为，作为私人领域的平衡机制，有利于强化人们的地方归属感，让他们在社会中找到自己的位置，这乃是人性的需求，其特殊的社会文化价值、心理价值与精神价值，是私人房屋、私人空间无法提供的。然而，自18世纪启蒙运动之后，宗教建筑的公共功能开始削弱，它不再具有建立我们所属的整个社会精神风貌的力量，它不再具有主宰的力量，能将分散的个体凝聚为一个共同体，甚至在一个由经济需要和经济利益支配的世界中，宗教建筑在城市建筑中已然处于次要地位（图3-20）。由此，哈里斯不止一次地提出了一个问题，在现代社会，当神殿和大教堂已成往事，我们是否还有或将会有一种建筑类型，能像海德格尔阐明的希腊神殿那样建立或重建一个公共的世界？[3]

对此，哈里斯首先讨论了坟墓（grave）和纪念碑（monument）的公共性问题。坟墓和纪念碑作为一种建筑艺术有着悠久的历史，甚至可以说人类早期的建筑史几乎变成了坟墓史。从本质上说，坟墓也是一种

1 ［美］卡斯腾·哈里斯．建筑的伦理功能［M］．申嘉，陈朝晖，译．北京：华夏出版社，2001：358.

2 ［美］卡斯腾·哈里斯．建筑的伦理功能［M］．申嘉，陈朝晖，译．北京：华夏出版社，2001：279.

3 ［美］卡斯腾·哈里斯．建筑的伦理功能［M］．申嘉、陈朝晖，译．北京：华夏出版社，2001：280.

图3-20　哈里斯认为在20世纪虽然也有一些著名教堂，如朗香教堂，但它所承担的公共生活中心的伦理功能已荡然无存。图为柯布西耶设计的朗香教堂（Notre dame du Haut）。（来源：http://archidialog.com/tag/notre-dame-du-haut/）

特殊的死亡纪念碑，它有重要的伦理功能。哈里斯借路斯的观点，将其表述为“它使我们注重本质的东西：我们只有一次的被死亡束缚的生命”[1]，坟墓昭示了人的必死性并成为生命归宿的见证。除了这一深刻的精神功能之外，坟墓和纪念碑的公共性主要体现在它还如同神殿、教堂一样，通过一些重要的仪式性行为，使人们聚集在一起，建立了传统，成为某一社会共同体世代相传的精神纽带，构筑了一种共同的精神空间，同时“对死者的纪念巩固了某种精神风貌——它让我们获得我们在进行中的生活领域里的位置。”[2]

启蒙运动之后，服务于时代精神、表达政治秩序和民主精神的纪念碑、纪念堂建筑成为新的范例，例如美国华盛顿纪念碑、林肯纪念堂（图3-21）、南北战争纪念碑及越战纪念碑，在某种程度上弥补了教堂缺

1 ［美］卡斯腾·哈里斯．建筑的伦理功能［M］．申嘉，陈朝晖，译．北京：华夏出版社，2001：286.

2 ［美］卡斯腾·哈里斯．建筑的伦理功能［M］．申嘉，陈朝晖，译．北京：华夏出版社，2001：292.

图3-21 纪念建筑的公共性。1963年8月23日20万人在林肯纪念堂外至华盛顿纪念碑前广场举行和平集会，美国黑人牧师马丁·路德·金在林肯纪念堂东台阶上发表了著名演讲《我有一个梦想》

位后空缺的公共性精神角色，有助于巩固某些已经建立的共有的精神价值。正是在这个意义上，哈里斯才强调海德格尔在谈到让神得以显现的希腊神殿时所表达的，与在教堂里上帝面前或在公民纪念碑前共享的价值面前所表达的东西是相似的，它们是我们寄予美好希望之所在，“建筑有一种伦理功能，它把我们从每天的生活中唤醒，唤起我们作为一个社会成员应有的价值；它驱使我们寻求更好的生活，更接近我们的理想”。[1]

哈里斯在全书的结语中再次提出，在宗教建筑失去权威的公共性功能之后，我们怎样重新占据曾被宗教建筑占据的地位呢？是纪念性建筑吗？是剧院或博物馆吗？甚至是购物中心吗？他无法给出肯定的回答，

1 Karsten Harries. The Ethical Function of Architecture（New Edition）[M]. Cambridge, MA：MIT Press，1998：291.

“如果这些建筑任务中的每一个都有某些前途，那么能取代神殿和教堂的，既非其中之一，亦非它们全体”。[1]

启蒙运动之后，建筑现代性的基本特征可以理解为一系列传统与现代的“断裂”，这种断裂的影响是多方面的。这其中，宗教建筑公共性功能的衰败，可以看作是这种断裂的重要方面。其实，不仅仅是宗教建筑公共性的失落，整个物质性的公共空间也处于衰落之中。因此，在对建筑现代性进行反思的背景下，如何在建筑的精神风貌上将建筑与过去联系起来，吸引人们在公共建筑与公共空间中参加使我们的存在具有意义的公共活动与公共仪式，提升建筑的伦理功能，将是现代建筑发展面临的一个挑战性问题。

总之，哈里斯的建筑伦理思想依循海德格尔所开辟的存在论的建筑哲学之路，围绕建筑现代性的一些重要问题，主要探讨了在“祛魅”的世界里建筑与安居的关系，阐释了建筑在社会价值与精神风貌方面的特殊象征功能，呼唤未来的建筑发展之路应重新出现新的建筑类型，能够承担社会精神中心的使命，展现建筑重要的公共功能。虽然哈里斯的研究以典型的基督教传统和西方哲学为基础，并没有为现代建筑开出具有现实操作性的“药方”，但其建筑的伦理之思对提升现代建筑的精神功能，仍有着不可忽视的启示意义。

1 ［美］卡斯腾·哈里斯. 建筑的伦理功能［M］. 申嘉，陈朝晖，译. 北京：华夏出版社，2001：361.

中篇 / 基础与理论

第四章　建筑善与建筑美德

对于建筑而言，通过设计、建造和景观美化使人的生活得以提升，这便是绝大多数人所赞同的有关建筑之善的一个重要方面。[1]

——[美] 巴里·沃瑟曼（Barry Wasserman）

1　Barry Wasserman，Patrick Sullivan，Gregory Palermo. Ethics and the practice of architecture [M]. Hoboken：John Wiley and Sons，2000：4.

探讨建筑伦理，必须关注建筑行为或建筑活动中道德原则、道德规范的内在基础，即首先应当确立一种有关建筑善恶的价值观，以此判断建筑发展是否促进和提升了人类的福祉状况。本质上说，这就是建筑的善恶问题，或可表述为“建筑善”的问题。同时，人们在对建筑的价值评价中，还不知不觉涉及了有关建筑美德与恶德的问题，如人们往往认为某些特征、品性、气质的建筑是值得赞扬、令人愉悦的，而另外一些特征、品性、气质的建筑是应该贬斥、让人痛苦的。这实质上是“建筑善”问题的另一种探讨路径，即具有何种品质的建筑可以带来提升人类福利状况的价值，这可表述为“建筑美德”的问题。

作为建筑伦理研究的基本理论问题，对“建筑善”和“建筑美德”的探讨，将有助于提升建筑伦理研究的理论深度，为建筑伦理准则的建构提供价值基础。

一、建筑善

善（good）的概念是伦理学的元概念，善恶问题一直是伦理学探讨的核心主题。正如英国元伦理学家乔治・摩尔（George Edward Moore）所说："这就是我们的第一个问题：什么是善和什么是恶？并且我把对这个问题（或者这些问题）的讨论叫做伦理学，因为这门科学无论如何必须包括它。"[1]

究竟什么是善？[2]对此，各个伦理学流派因其阐释理论和方法上的不同，而有不尽相同的回答。亚里士多德在《尼各马可伦理学》开篇就说："每种技艺与研究，同样的，人的每种实践与选择，都以某种善为目的。"[3]这里"某种善"（some good）是指具体的善，它是某物或某种活动的一个具体目的。例如，医术的目的是健康，所以"医术善"就体现在以促进健康为目的。在"某种善"之外，亚里士多德还强调"最高善"，他说："如果在我们活动的目的中有的是因其自身之故而被当作目的的，我们以别的事物为目的都是为了它，如果我们并非选择所有的事物都为着某一别的事物，那么显然就存在着善或最高善。"[4]亚里士多德认为，这种为其自身而追求的最高善即是幸福（eudaimonia）或人的好生活，而幸福就是灵魂合乎德性的现实活动。由此可见，亚里士多德是从目的论意义上阐释善并区分善的类型。

德国伦理学家包尔生（Friedrich Paulsen）在《伦理学体系》一书中，从如何回答善恶的根本基础这一问题出发，区分了善恶观上的两大派别，即目的论和形式论。他认为："目的论是根据行为类型和意志行为对行为者及周围人的生活自然产生的效果来说明善恶的区别，把倾向于保存和推进人的幸福的行为称作善的，倾向于扰乱和毁灭人的幸福的

---

1 ［英］乔治・摩尔．伦理学原理［M］．长河，译．上海：上海人民出版社，2005：8.

2 诚然，如同摩尔所言，给"善"下定义是非常困难的。他认为，"善"作为一个形容词，从性质上说具有不言自明的单纯性和不可定义性。但他并不否认作为名词的"善之物"或"善的东西"（the good）是可以被定义的。例如，"建筑善"或"善建筑"是由其许多附加性质和特质构成的，如给人提供庇护，满足人的需求，提高人的生活质量，给人们带来快乐和愉悦，等等，所以，我们可以经由分析"善建筑"的特质而对它下定义。

3 ［古希腊］亚里士多德．尼各马可伦理学［M］．廖申白，译注．北京：商务印书馆，2003：3.

4 ［古希腊］亚里士多德．尼各马可伦理学［M］．廖申白，译注．北京：商务印书馆，2003：5.

行为称作恶的。”[1]形式论则是指“坚持善恶的概念标志着一种意志的绝对性质而无须涉及行动或行为类型的效果”。[2]康德的观点是典型的形式论，他认为善之所以为善，与行为的目的和效果无关，是否纯粹出于为义务而义务的善良意志和普遍有效的道德法则，才是判断人们行为的善恶标准。包尔生本人赞成目的论的观点，他提出判断善的基本原则是：“倾向于实现意志的最高目标——它可以被称为幸福（福祉）——的行为类型和意志是善的。”[3]

日本伦理学家西田几多郎在《善的研究》一书中以善恶标准为视角，将伦理学说大致划分为两种，一种他称之为他律的伦理学说，另一种是自律的伦理学说。所谓他律的伦理学说，即权力论，就是将善恶标准放在人性以外的权力上，服从权力即为善，反之即为恶。权力论主要有两种，一种是服从君主权力，另一种是服从神权。所谓自律的伦理学说，即在人性之中寻求善恶标准。这种伦理学说具体又可分为三种：分别是以理性为根本的唯理论，以苦乐感情为根本的快乐主义和以意志活动为根本的活动主义三种类型。其中，所谓唯理论，指的是把道德上的善恶和知识上的真伪联系起来，认为事物的真相就是善；快乐主义将快乐作为人性的目的，善恶标准主要基于感觉经验的快乐与痛苦；活动主义则从意志本身的性质来说明善恶，把善视为意志的发展完成和人的内在要求即理想的实现。[4]

在伦理学上，有关人类善的理论，影响较大的还有一个派别即快乐主义。在西方，从古希腊时期的德谟克利特、阿里斯提波斯创建的居勒尼学派和伊壁鸠鲁开始，就把人的本性引起的快乐和痛苦，作为区分善恶的基本标准，认为快乐是唯一生而为善的东西，快乐的大小

---

1 ［德］弗里德里希·包尔生．伦理学体系［M］．何怀宏，廖申白，译．北京：中国社会科学出版社，1988：190.

2 ［德］弗里德里希·包尔生．伦理学体系［M］．何怀宏，廖申白，译．北京：中国社会科学出版社，1988：190.

3 ［德］弗里德里希·包尔生．伦理学体系［M］．何怀宏，廖申白，译．北京：中国社会科学出版社，1988：191.

4 ［日］西田几多郎．善的研究［M］．何倩，译．北京：商务印书馆，2007：91-109.

与善的多少相关。近代英国功利主义发展出了一种系统化的快乐主义理论。密尔（John Stuart Mill）指出："把'功利'或'最大幸福原理'当作道德基础的信条主张，行为的对错，与它们增进或造成不幸的倾向成正比。所谓幸福，是指快乐和免除痛苦；所谓不幸，是指痛苦和丧失快乐。"[1]可见，判定行为善与恶的最终道德标准是看行为是否能够增进大众的快乐或幸福。密尔还进一步阐述了快乐不仅有量的不同，还有质的不同，他重视精神的快乐并强调善是促进最大多数人的最大幸福。

除以上所述亚里士多德、包尔生和西田几多郎对善所进行的分类外，许多哲学家，如康德、摩尔等，还从善的自身性质出发，将善区分为内在善（或目的善、自有的善）与工具善（或手段善、外在的善）。对此，程炼总结说："当一个事物或一种事态是因其固有的性质、而不是因其与其他事物或事态的关系而被称为善的，我们就说它是内在地善的，反过来，当一个事物或一种事态不是因其固有的性质、而是因其为其他善所作出的贡献而被当做善的时候，我们就说它是工具性的善。"[2]简言之，内在善就是指行为或事物自身即为善的善，它是纯然而善的，是人类最终关注的价值，而工具善是作为手段而存在的善，只具有外在价值。从这个意义是说，内在善比工具善更为根本，它具有价值的绝对性，是行动的最终目的，而手段善只具有价值的相对性。

回到有关建筑善的讨论上，对建筑的善恶评价，有其历史渊源与悠久传统。从人类建筑文化的起源及发展历程来看，人类的建筑活动始终是一种具有价值负载的活动，蕴含丰富的文化内涵、精神意义和价值尺度，社会价值观与伦理道德因素渗透、贯穿于整个建筑实践过程之中，并在其中发挥作用。例如，在西方，对公共善的追求一直是建筑学固有的价值追求。如本书第三章所说，古罗马维特鲁威不仅开创了通过

1 ［英］约翰·穆勒（密尔）. 功利主义［M］. 徐大建，译. 上海：上海人民出版社，2008：7.

2 程炼. 伦理学导论［M］. 北京：北京大学出版社，2008：95.

建筑实现社会福利这一贯穿西方整个建筑史的伦理主题，还提出了坚固、实用和美观这一判断好建筑的经典原则。而在我国，传统建筑是礼制秩序的象征，是封建等级伦理的表达工具。由于在社会生活、家庭生活、衣食住行和生养死葬的各个层面都要纳入礼的制约之中，所以，作为起居生活和诸多礼仪活动的物质场所之建筑，便属于国家仪典的范围，理所当然要发挥维护等级制度的社会功能。从周代开始，以礼制形态表现出的一整套古代建筑等级制度便是这一制度伦理的体现。具体来说，建筑体量、屋顶式样、开间面阔、色彩装饰、建筑用材，如此等等，几乎所有细则都有明确的等级规定，建筑成了传统礼制和伦理纲常的一种物化象征。依此，是否违礼逾制便成为评价中国传统建筑善恶的重要标准，僭越逾等者不仅是违礼行为，还是一种违法行为，要受到严惩。显然，这种有关建筑的善恶评价，有点类似于西田几多郎所说的善恶论上的君主权力论，建筑成为服从或服务于君主权力的工具或载体。

总体上说，建筑善是普遍的、一般的善在建筑领域中的体现，表达了建筑的一种属性或应该秉承的一种指向正向的价值追求，它是建筑活动的最高道德境界，所有的建筑伦理规范都应该是建筑善的具体反映。建筑善作为一种客体属性和物化形态的善，是一种通过建造活动和建筑物本身展现出来的人为自己造福的重要实现方式，也是人利用人造物来满足生命需求、追求更好生活的外在表征。因此，建筑善作为亚里士多德意义上的“某种善”，或作为摩尔所说的“作为手段的善”，[1]本质上是一种工具之善、手段之善，它能够达到一定的目的，即产生内在善，如增进社会福祉、提高人的生活质量，给人们带来快乐和愉悦，但其本身并非一种内在善，或一个自足的善，因为建筑不可能“凭其本身而绝对

1 摩尔指出：“无论什么时候我们断定一个事物作为手段是善的，我们就是正在作一个关于它的因果关系的判断：我们既断定它将有一种特殊的效果，又断定那效果本身将是善的。”（[英]乔治·摩尔. 伦理学原理[M]. 长河，译. 上海：上海人民出版社，2005：25.）也就是说，作为手段的善，其善的性质取决于其同善事物或善行为本身的因果联系。

孤立地实存着，我们仍断定其实存是善的”。[1]

为了更进一步分析建筑善的特质，从三个维度具体阐释建筑善的内涵，即人本维度、审美维度和工程维度（图4-1）。

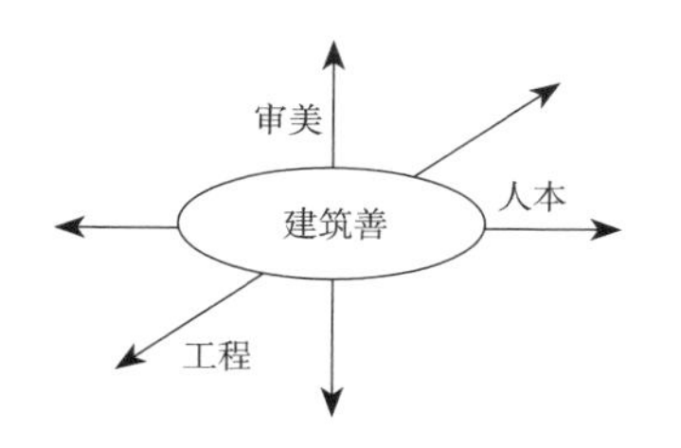

图4-1　建筑善的三个维度（作者绘制）

（一）人本维度的建筑善

建筑作为一种物质性的存在，作为一种“人造物”，若仅从建筑自身的属性上看，建筑既谈不上善，也说不上恶，没有趋向期望的或者不期望的目的性，它在价值上是一个中性范畴。这就如同“不存在独裁的或民主的建筑，只存在用独裁或民主的方式去建造和使用建筑，一行多立克的柱子并不表示独裁，一个张拉结构也不能体现民主，建筑本身是无政治色彩的，只可能为政治所利用”。[2]实际上，建筑可能看上去是一个中性范畴，这是因为我们把建筑从其所发挥功能的社会环境中抽取出来，而当现实生活中我们用好坏、优劣、美丑、祸福等价值判断来评价建筑的属性时，人与建筑之间就形成了一种主客体关系，建筑作为客体属性对主体人的作用便产生了善恶美丑等诸价值。也就是说，建筑物的善恶美丑价值，实际上是把人自己的需要、意义和创造活动赋予了作为客体的建筑。如英国伦理学家亨利·西季威克（Henry Sidgwick）所说：“我们通常认为某些无生命的对象、景观具有美的特性，因而把他们判断为善的，而把其他具有丑的特性的对象、景观判断为恶的；但是谁也不会认为，离开人对审美创造活动的可能的沉思还能合理地在外部自然中创造美。”[3]

因此，建筑善作为一种工具善，本质上不是因其固有属性和内在价值，而是在实践活动中作为主体的人与作为客体的建筑的互动关系中形

1 ［英］乔治·摩尔．伦理学原理［M］．长河，译．上海：上海人民出版社，2005：172.

2 徐苏宁，伍炜．现代城市的批判者——克里尔兄弟及其城市形态理论［J］．建筑师，2011（98）.

3 ［英］亨利·西季威克．伦理学方法［M］．廖申白，译．北京：中国社会科学出版社，1993：135-136.

成的，体现了人与建筑、人的生活方式与建筑活动之间密不可分的关系。进言之，建筑并非单纯建筑技术、建筑材料的物化，作为日常生活的容器和人化的空间，作为精神文化的载体，它要用人所发明的符号和象征语言把人的情感欲望、人的生活方式、人思想观念表现出来。“建筑的最高本质是人，是人性，是人性的空间化和凝固”。[1]善的观念尤其是内在善的观念总是依赖于一种普遍的关于人的欲望和人性的观念，如西田几多郎所说自律的伦理学说要在人性之中寻求善恶标准。西方近代善恶观上的经验主义者和快乐主义者便强调将善与人们的欲望和要求联系起来，从人的欲望对象、苦乐情感等人性构成方面确立善恶标准。例如，霍布斯（Thomas Hobbes）指出：“任何人的欲望的对象就他本人说来，他都称为善，而憎恶或嫌恶的对象则称为恶，轻视的对象则称为无价值和无足轻重。”[2]霍布斯认为，不可能从对象本身的本质中得出任何善恶的共同准则，只能从与使用者相关的感性主义人性论的立场确立善恶观念。功利主义者边沁和密尔更是从快乐是可欲求的以及快乐使人幸福这样的人性最稳定、最真实的自然情感出发，将快乐与痛苦的感受作为善恶判断的标准。

确立建筑善恶的基础和标准同样是人的欲望、人的需要、人的生活、人的幸福等人本要求的满足。也正是在此意义上，我们才能对“属物”的建筑进行是否有利于人的“属善”或“属恶”的价值判断。虽然人们对建筑的价值评价尤其是审美判断有诸多分歧，但对建筑的伦理评价和善恶判断却具有相当程度的一致性。巴里·沃瑟曼（Barry Wasserman）指出：“对于建筑而言，通过设计、建造和景观美化使人的生活得以提升，这便是绝大多数人所赞同的有关建筑之善（good）的一个重要方面。”[3]故而，我们可以这样说，凡是改善、提升了人的生活，满足和增进了人的需要和幸福的建筑，或者从更抽象的意义上说，凡是

---

1 赵鑫珊．建筑是首哲理诗——对世界建筑艺术的哲学思考［M］．天津：百花文艺出版社，1998：10.

2 ［英］霍布斯．利维坦［M］．黎思复，黎廷弼，译．北京：商务印书馆，1985：38.

3 Barry Wasserman，Patrick Sullivan，Gregory Palermo. Ethics and the Practice of Architecture［M］. New York：Wiley，2000：4.

运用合乎人性化的尺度，对人的尊严与符合人性的生活条件予以肯定，以及对人的存在与发展的状况全面关怀的建筑，都是善建筑。

（二）审美维度的建筑善

美与善，都是人类追求的基本价值类型。在人类思想史的早期，美与善具有内在一致性或统一性的观点占主导地位。在古汉语中，“美”这个词经常和“善”这个词一起混用。从词源学上看，东汉许慎的《说文解字》（卷五·羊部）中讲：“美，甘也。从羊从大，羊在六畜主给膳也。美与善同意。”《论语》中讲到“美”字的地方有14处，其中至少有8处是“善”或“好”的意思，如“里仁为美，择不处仁，焉得知？”[1]这里的“里”是居住的意思，即是说居住的地方要认真选择，同品德高尚的人住在一起，是最好不过的事。这说明，美与善在孔子那里虽然已经有了区别，但经常是混沌不分的，美不是独立于善的精神境界，它须以善为内容。孟子、荀子、墨子的思想大抵也是如此，老庄的道家也不否定美善一致。

在西方，坚持美与善具有内在一致性的观点可追溯到古希腊时期，并一直影响到后世许多美学家。苏格拉底认为，美和善的内在一致性主要表现在，它们都以事物的功用作为衡量其价值的基本标准，从而启发了西方后世对美的功利主义思考。他和弟子阿里斯提普斯有一段关于“什么东西是美的”对话，明确提出了好（善）和美是一回事的观点，其中有一段是这样说的：

阿里斯提普斯：“那么，一个粪筐也是美的了？”

苏格拉底：“当然咧，而且，即使是一个金盾牌也可能是丑的，如果对于其各自的用处来说，前者做得好而后者做得不好的话。”

阿里斯提普斯：“难道你是说，同一事物是既美而又丑的吗？”

苏格拉底：“的确，我是这么说——既好而又不好……因为一切事

1 《论语·里仁》

物，对它们所适合的东西来说，都是既美而又好的，而对于它们所不适合的东西，则是既丑而又不好。”[1]

这段对话表明，苏格拉底认为，美与善一样，总是包含着效用的因素或合目的性的因素，美与满足人们的功利性需要有直接关系，事物的美丑取决于它们是否适用。正是从这一意义上说美与善是一致的。随后，苏格拉底和阿里斯提普斯以应当建造什么样的房子为例，论及了美与善的关系。阿里斯提普斯认为苏格拉底是这样考虑这个问题的，即“难道一个想要有一所合适的房子的人不应当想方设法，尽可能把它造得使人住在里面感到最舒畅而又最合用吗？”“那么，把它造得夏天凉爽，冬天暖和，岂不就会令人住在里面感到很舒畅了吗？”“总而言之，一个人无论什么时候都能极其愉快地住在里面，并在其中非常安全地储藏自己的东西的房子就是最舒适最美好的房子。”[2]当阿里斯提普斯这样一步一步追问时，苏格拉底都表示同意，最后苏格拉底将适用与愉悦联系起来，回答说：“庙宇和祭坛的最适当的位置是任何一个最容易看得到、而又最僻静的地方；因为在这样的光景中祈祷是愉快的，怀着纯洁的心情走近这样的场所也是愉快的。”[3]

总之，苏格拉底认为，美与善的内在一致性主要表现在它们都以对象的功用或合目的性作为衡量价值的基本标准。这一观念在建筑艺术中表现得尤为突出。建筑可以说是一种介乎于审美与实用之间的艺术形态，“建筑毋庸置疑地归类于实用艺术一边，这一类艺术的职责就是为自身之外的其他目的服务”，[4]因而建筑不可能像音乐、绘画一样，把物质性的实用功能撇在一边，甚至有意违反功能性的要求，去追求所谓纯粹美的精神享受。因此，建筑艺术及其审美活动，总是离不开由材料结

1 ［古希腊］色诺芬. 回忆苏格拉底［M］. 吴永泉，译. 北京：商务印书馆，1986：114.

2 ［古希腊］色诺芬. 回忆苏格拉底［M］. 吴永泉，译. 北京：商务印书馆，1986：114-115.

3 ［古希腊］色诺芬. 回忆苏格拉底［M］. 吴永泉，译. 北京：商务印书馆，1986：115.

4 ［英］科林・圣约翰・威尔逊. 关于建筑的思考：探索建筑的哲学与实践［M］. 吴家琦，译. 武汉：华中科技大学出版社，2014：77.

构等条件所构成的物质技术基础及其实用功能，对建筑艺术的伦理评价首先要看它是否为某种用途提供了合适的功能。对此，卡斯腾·哈里斯说："首先要考虑到建筑的实用性，然后才是美。如果是这样的话，建筑的美只有在它的必需条件满足之后才能被附加上，这也就是说，建筑不得不对他或她的艺术构思打个折扣。"[1]罗杰·斯克鲁顿（Roger Scruton）认为，建筑艺术最明显的特征便是其实用功能，建筑真正的美存在于与功能相适应的形式之中，他说："在决定某种形式之前，建筑首先要满足需要和愿望。构思一段音乐却不打算供人们欣赏，这是不可能的；而设计一座建筑物并不打算让别人注意，这倒是很可能的。这里的不打算，指的是创造一个美学趣味的对象。"[2]

因此，从建筑艺术的审美构成来看，建筑美不仅仅涉及建筑本身的形式元素，更涉及体现建筑善倾向的功能性和适用性，这是建筑美的前提和出发点。诚如墨子所说："故食必常饱，然后求美；衣必常暖，然后求丽；居必常安，然后求乐。"[3]坚固、适用是对建筑最基本的功能要求，也是建筑的其他价值包括审美价值赖以存在的基础。

美与善的内在一致性还表现在它们作为人类价值的基本类型，都与人们所希望得到的快乐感受相伴随，或者说快乐既是美又是善的重要依据。对于建筑而言，它不仅能够满足人的实用需求，作为一种艺术的建筑，还以其物化的审美形态和审美意象，使人获得一种特殊的精神愉悦感。从这个意义上说，美的建筑因其成为引起快感的对象，产生快乐、愉悦的价值而同时实现了一种建筑善。

建筑艺术作为一种脱胎于"物质躯壳"的精神化身，作为一种审美对象，能使人获得一种强烈的精神快乐，而这精神之快乐恰恰是建筑的重要目标和价值之一。梁思成和林徽因认为，建筑并不是砖瓦沙石等物无情无绪地堆砌，不仅是一种物质产品，同时也是一种能够营造意境的精神产品，尤其是人们面对着古建筑遗物，能感受到一种他们称之为"建筑

1 ［美］卡斯腾·哈里斯．建筑的伦理功能［M］．申嘉，陈朝晖，译．北京：华夏出版社，2001：23.

2 ［英］罗杰·斯克鲁顿．建筑美学［M］．刘先觉，译．北京：中国建筑工业出版社，2003：7.

3 ［清］毕沅校注．墨子（1989年影印本）［M］．上海：上海古籍出版社，1989：133.

意”的快乐：“这些美的存在，在建筑审美者的眼里，都能引起特异的感觉，在‘诗意’和‘画意’之外，还使他感到一种‘建筑意’的愉快。”[1]

在西方，明确将人的愉悦感作为好建筑判断标准的是17世纪的英国人亨利·沃顿（Herry Wotton），他在《建筑学原理》（*The Elements of Architecture*，1624）一书中，最有影响力的观点就是将维特鲁威的建筑三原则（即坚固、实用、美观）做了修改，提出“好的建筑物有三个条件：适宜、坚固和愉悦（commodity，firmness，delight）。”[2]其实，这两种说法并无多大区别，美观价值与愉悦价值本质上是一致的。如休谟所说：“各种各样的美都给予我们以特殊的高兴和愉快，正如丑产生痛苦一样。”“快乐和痛苦不但是美和丑的必然伴随物，而且还构成它们的本质”。[3]美国现代美学家乔治·桑塔耶纳（George Santayana）认为：“美是一种积极的、固有的、客观化的价值。或者，用不大专门的话来说，美是被当作事物之属性的快感。”[4]可见，如同在伦理实践中判断善恶的重要标准是快乐与否一样，在审美实践中区别美丑的一个重要依据同样是快乐与否。戴维·史密斯·卡彭在分析维特鲁威和沃顿关于好建筑的三个基本范畴时，认为它们将美学与伦理学的主题联系在了一起。并且，他进一步将“美观”“愉快”和“愉悦”这三个术语与建筑学的三个范畴“形式”“功能”和“意义”对应起来思考，提出美观是对建筑形式关系的反映，愉快更多强调建筑功能方面的舒适性，而愉悦则对应于建筑所引发的有意义的联想。[5]

故而，因为善和美这两种基本价值都促进或带来快乐，而快乐本身既是美又是善的重要判断尺度，因此我们可以这样说，建筑因其具有带

1　梁思成，林徽因．平郊建筑杂录［M］//林徽因讲建筑．西安：陕西师范大学出版社，2004：45．该文原载《中国营造学社汇刊》第三卷第4期。

2　［英］戴维·史密斯·卡彭．建筑理论（上）维特鲁威的谬误——建筑学与哲学的范畴史［M］．王贵祥，译．北京：中国建筑工业出版社，2007：21.

3　［英］休谟．人性论（下册）［M］．关文运，译．北京：商务印书馆，1983：333-334.

4　［美］乔治·桑塔耶纳．美感［M］．缪灵珠，译．北京：中国社会科学出版社，1982：33.

5　［英］戴维·史密斯·卡彭．建筑理论（上）维特鲁威的谬误——建筑学与哲学的范畴史［M］．王贵祥，译．北京：中国建筑工业出版社，2007：183-184.

来审美愉悦这样的附加性质，因其能够满足给人带来快乐这种需求而成为善的，若与之相反，它便是恶的。

此外，美和善的内在一致性还表现在包含伦理意蕴的人文美是建筑美的有机组成部分。康德在《判断力批判》中一方面强调审美判断的独立性和纯粹性，确立了艺术的自主性，另一方面又提出了“美作为道德的象征”“鉴赏在根本上是道德理念的感性化的评判能力”[1]的命题，揭示了美与善、审美与道德的密切联系。在康德看来，美被视为道德或善的一种象征，即是通过特定的直觉表象形式对善的一种合目的性的表达，通过这种间接类比的表达或展示，促成人们获得了对道德上善的一种感性直观，善的内容也被升华了。康德说：

> 我们经常用一些看起来以一种道德评判为基础的名称来称谓自然或者艺术的美的对象。我们把建筑或者树木称作雄伟的和壮丽的，或者把原野称作欢笑的和快乐的，甚至颜色也被称作贞洁的、谦虚的、温柔的，因为它们所激起的那些感觉包含着某种与一种由道德判断造成的心灵状态的意识相类似的东西。鉴赏仿佛使从感官魅力到习惯性的道德兴趣的过渡无须一个过于猛烈的飞跃就有可能。[2]

因此，理解审美维度的建筑善，不能仅仅将建筑视为具有实用功能的建造之物，或单纯形式意义上的造型艺术，建筑之所以摆脱了单纯“遮蔽物”的物质外壳上升为社会艺术的高度，一个重要的因素便是其精神隐喻、人文熏陶乃至道德情感培育的功能，它以特有的“无声的语言”（如象征性符号）向人们暗示某种普遍价值和精神秩序，为人类社会提供精神指引。倘若建筑不拥有这些“无用之用”的精神特征，就不能称之为真正的建筑艺术。因而，从一定意义上说，建筑美不仅仅是一种功能之美、形式之美，还是一种精神之美、人文之美。也就是说，“建

1 ［德］康德. 判断力批判（注释本）［M］. 李秋零，译注. 北京：中国人民大学出版社，2011：172，176.

2 ［德］康德. 判断力批判（注释本）［M］. 李秋零，译注. 北京：中国人民大学出版社，2011：175.

筑艺术的审美价值，并不是一般地表现为可能引起感官愉悦的自然的要素，而是突出地表现为增进社会效益的人文的要素”。[1]

（三）工程维度的建筑善

作为建造活动之“建筑”，是人类工程造物活动的一种重要形式。因而，工程维度的建筑善，涉及更多的是工程伦理问题。工程伦理总体上对各种工程活动和工程师的职业行为进行伦理审视，解决工程活动中的道德问题，必然要涉及一些典型工程领域伦理问题的探讨，如建筑工程。

从工程伦理研究的主要内容及实践价值看，工程伦理旨在解决工程活动中的伦理冲突，提出工程伦理章程的具体条款即职业伦理准则。制定工程伦理章程的具体条款，以此作为工程活动中的行为准则，首先必须确立一种工程价值观，并以此判断工程活动是否实现了、促进了工程善。美国工程伦理学者斯蒂芬·安格尔（Stephen Unger）说：“过去，工程伦理学主要关心是否把工作做好了，而今天是考虑我们是否做了好的工作。”[2]考虑“是否做了好的工作”本质上就是关注工程价值观，倡导工程善。工程善表现为一种工具善，即追求工程善是造福于人、实现人类福祉的一种手段，“工程之‘善’通过对人的尊严和人应然存在本质的确认，为幸福获得合乎人性的发展方向提供担保”。[3]

工程维度的建筑善就是在以房屋建筑工程为主体的建设工程领域所实现的工程善，它是工程善的重要构成。1997年，美国土木工程师协会（American Society of Civil Engineers，简称ASCE）制定的美国土木工程师伦理章程，其基本原则第一条是工程师“运用他们的知识和技能来提高人类福利和保护环境”，基本标准第一条是“工程师应该把公众的安全、健康和福利放在首要位置，并在履行他们的职责时，努力遵守可持

1　王世仁．理性与浪漫的交织：中国建筑美学论文集［M］．天津：百花文艺出版社，2005：126.

2　［美］卡尔·米切姆．技术哲学概论［M］．殷登祥，曹南燕，等，译．天津：天津科学技术出版社，1999：86.

3　何菁．工程伦理生成的道德哲学分析［J］．道德与文明，2013（1）：125.

续发展原则”。[1]这一基本原则和基本标准虽然针对的是土木工程师这一职业整体对社会和公众的伦理承诺，但也可以看作是工程维度建筑善的基本要求，亦即凡属把公众的安全、健康和福利放在首要位置，并遵循可持续发展原则的建筑工程活动，都是善的工程或好的工程。

工程维度建筑善最低限度的共识是不伤害、安全和基本关怀。所谓不伤害是指“不得侵犯一个人包括生命、身心完整性在内的一切合法权益，否则就会因此而受到社会的否定性评价”。[2]不伤害在建筑工程中具体体现为重视人的安全利益，它要求建筑工程从业人员尊重、维护或者至少不伤害公众的生命和健康，在进行工程项目论证、设计、施工、管理和维护中关心人本身，充分考虑产品的安全可靠、对公众无害，保证工程造福于人类。重视人的安全利益是在工程活动中贯彻生命价值原则或人道原则的逻辑结论，是对工程师最基本的道德要求。密尔认为，安全利益是所有利益中对每个人的情感而言最重要的利益，“世上一切其他利益，都可以为一个人所需而不为另一个人所需，其中的许多利益，如有必要，都能高高兴兴地被人放弃，或被其他东西替代，但唯有安全，没有一个人能够缺少，我们要免除所有的祸害，要长久地获得一切善的价值，全靠安全”。[3]

所谓基本关怀，作为一种善的德性，核心是建立在情感能力基础上的对他者利益的考虑与关注。例如，建筑师不应该设计或建造危房是一种基本关怀，而建筑师从视觉、听觉、触觉等感官体验，以及台阶的高度、无障碍建筑，乃至草地上甬道的设计等细节之处，都细心体察与满足不同使用者的需要，设计提升人们生活品质和幸福感的建筑，则是在更高层次体现了基本关怀。

建筑活动是人类作用于自然生态环境最重要的生产活动之一，也是消耗自然资源最大的生产活动之一，加之现代建筑运动主要遵循着功利化的技术指导模式发展，导致人、建筑、城市、自然之间的矛盾

---

1 ［美］P. Aarne Vesilind，Alastair S.Gunn．工程、伦理与环境［M］．吴晓东，翁端，译．北京：清华大学出版社，2003：248.

2 甘绍平，余涌．应用伦理学教程［M］．北京：中国社会科学出版社，2008：18.

3 ［英］约翰·穆勒（密尔）．功利主义［M］．徐大建，译．上海：上海人民出版社，2008：55.

日益尖锐。据统计，全球建筑能源消耗已超过工业和交通，占到总能源消耗的41%。在中国，与建筑业有关的资源消耗占全国资源利用总量的40%～50%，能源消耗占全国能源消耗量约30%；在CO_2（二氧化碳）排放方面，城市生产、交通及建筑的碳排放量约占城市总排放量的80%以上，其中建筑碳排放量占总排放量的20%以上。[1]因此，可以说建筑能耗的不断增长是人类能源危机的重要因素之一，也是大气污染的主要来源。此外，建筑业还产生了大量污染物的排放，如施工噪声、建筑粉尘、建筑垃圾、固体废弃物等。美国建筑学院研究所协会及建筑师学会（ACSA/AIA）在一个研讨会的纪要中明确指出："建筑曾经是个形态问题，而现在则关系到了人类的生存。在过去的11万年中，我们一直用建筑来保护我们免受环境的侵害，但直到现在才发现，我们的建筑正在危害人类的健康和幸福的生活，而且超过了这个地球的承载能力。越来越多的人相信，一个合乎道德的文化转变是必要的。"[2]

因此，在建筑发展、城市化演进与有限的资源承载力、脆弱的生态环境间的矛盾越来越突出的今天，建筑的生态性要求日益成为现代建筑善的一项基本要求。生态性要求的核心是尊重自然，遵循可持续发展与环境伦理的基本理念，协调建筑与人、建筑与自然环境、建筑与生物共同体的关系，有效地把节能设计和对环境影响最小的材料结合在一起，使建筑尽可能多地发挥出有利于生态的建设性效益，尽量减少对人居环境和自然界的不良影响。美国生态学家奥尔多·利奥波德（Aldo Leapold）提出过一个著名的生态伦理原则："当一个事物有助于保护生物共同体的和谐、稳定和美丽的时候，它就是正确的，当它走向反面时，就是错误的。"[3]美国环境伦理学者克里考特（J. Baird Callicott）秉承大地伦理的观点，在此基础上提出了一种基于道德情感的以生态系统健康为中心的环境伦理。相对于利奥波德，他更强调自然生态的一种动

1 数据来源：董轶婷．我国建筑能耗研究［M］//北京大学能源安全与国家发展研究中心工作论文系列，No.20130504，2015-04．http://cced.nsd.edu.cn/。

2 ［美］南·艾琳．后现代城市主义［M］．张冠增，译．上海：同济大学出版社，2007：50.

3 ［美］奥尔多·利奥波德．沙乡年鉴［M］．侯文蕙，译．长春：吉林人民出版社，1997：213.

态和弹性的平衡而非难以实现的理想化平衡状态，他由此提出了一个更具实践指向和现实针对性的道德命令："当一个事物对生物群落（biotic community）的干扰发生在空间和时间的正常程度上，它就是正确的，当它走向反面时，就是错误的。"[1]利奥波德和克里考特的观点启示我们反思人与大地的关系，将生态共同体视为"价值之母"，把关怀对象从人类扩展到整个城市生态系统。从一定意义上说，他们提出的整体主义的环境伦理原则可以作为判断建筑善恶的基本标准。因此，随着城市、建筑和自然系统的矛盾日益突出，建筑活动必须寻求符合现代生态价值观的善恶标准，创造具有环境责任感的建筑文化，而建筑价值观中环境伦理学理念的引入尤为迫切和重要。

总之，建筑的善恶之所以是一个重要的问题，不仅因为它是建筑伦理的基本问题，是建构建筑伦理规范与行动规则的价值基础，还因为建筑具有或造福或伤害公众的巨大力量，而在现实中我们经常可以看到：建筑不仅有造福从而行善的功能，而且不时还会带来人为的伤害与灾祸。因此，如何引导建筑活动尽量避免建筑恶而追求建筑善，使建筑活动在更深层次上服务于公众幸福与社会的和谐公正发展，展现出对于自然环境的关爱，便成了建筑伦理的基本目标和主要使命。

当今时代，强调建筑善之意义，有特定的时代背景。20世纪70年代中后期以来，西方建筑界进入了对现代主义建筑运动进行反思的时期，出现了建筑价值标准混乱、城市居住环境恶化、建筑职业伦理缺失等多重危机，促使人们思考建筑中的社会及伦理问题。西方建筑思潮、价值标准多元主义以及晚期资本主义的文化逻辑给中国建筑界带来了不小影响。中国建筑界同样出现了一定程度的价值混乱，尤其是出现了工具理性不断膨胀与价值理性逐渐式微的状况。同时，在以市场为导向的功利主义、强大的商业逻辑、行政权力的干预等背景下，中国建筑业一方面呈现出前所未有的繁荣局面，另一方面却出现了一些令人忧虑的问题。

1　J. Baird Callicott. Beyond the Land Ethic: More Essays in Environmental Philosophy［M］. Albany: State University of New York Press，1999：138.

许多大型公共建筑和商业建筑不同程度存在着贪大求洋、浪费资源、盲目模仿抄袭和丧失民族地域特色的问题。尤其是弥漫全社会的过度商业化魔咒，似乎有着无坚不摧的力量，不仅控制了建筑活动的方方面面，也侵入了建筑的价值观与意识形态领域。与之相伴的是，人们越来越明显地感受到一种人文精神的失落，许多建筑失去了基本的价值追求，甚至走向了善之对立面。

例如，一些风格之恶俗、审美之奇缺，让人嫌恶甚至可能产生不良价值导向的丑陋建筑、庸俗象征建筑不正是违背建筑善吗？（图4-2、图4-3，参考案例7：庸俗象征建筑：天子大酒店）如果我们“回归基本原理”，以维特鲁威的建筑三原则作为判断建筑善恶的基本标准，那么，我们城市中那些不实用、不美观，尤其是不经济的建筑还少吗？戴维·史密斯·卡彭在对西方建筑学与哲学的范畴史作比较研究的前提下，提出了构成好（善）的建筑的几个原则，其中最重要的一条原则就是“功能的有效性”。他认为，建筑的功能与道德的关系，实质上反映

图4-2　河北三河市天子大酒店立面
（来源：https://hiddener.wordpress.com/2012/12/15/the-tianzi-hotel-hebei-province-china/tianzi-hotel-china）

图4-3　沈阳铜钱造型的方圆大厦（左图）与河北鹿泉灵山景区元宝型“财富塔”（右图）（左图来源：http://m.sohu.com/n/331778150/；右图来源：http://m.sohu.com/n/334217776/?v=3）

了人们对理想生活方式的追求。而且，“与功能有关的道德暗示了决定性的需求和以最少浪费与最为经济的方式，对需求的满足”。[1]然而，让人堪忧的是，在西方往往大多只是在书本、杂志或展览会上才出现的造型歪七扭八、单纯追求视觉吸引力的畸形建筑，却在我国某些大城市，动辄以多花费几亿，甚至十几亿的代价变为现实。这些只顾形式、忽视功能、不顾造价与结构合理性的畸形建筑，难道称得上是好建筑吗（图4-4，参考案例7：中央电视台新址大楼的争议）?

更为紧迫与重要的问题是，在城市环境质量不断下降、人与自然矛盾日益突出的今天，许多大量采用反光建材或玻璃幕墙作外部装饰，甚至搞全玻璃立面或透光屋顶、水晶球屋顶造型的商业建筑、大型公共建筑、地标建筑，尤其是竞相比高的摩天大楼，几乎都是耗能大户，并加

1 ［英］戴维·史密斯·卡彭．建筑理论（上）维特鲁威的谬误——建筑学与哲学的范畴史［M］．王贵祥，译．北京：中国建筑工业出版社，2007：100.

图4-4 饱受争议的中央电视台新址大楼
（来源：https://theredlist.com/media/database/architecture/sculpture1/rem-koolhaas/）

剧城市热岛效应和地面沉降灾害。据统计，作为我国玻璃幕墙工程最多的城市之一，深圳市的建筑能耗已占全市总能耗的1/4，超过工业、交通、农业等其他行业，成为深圳能耗的首位，其中公共建筑能耗又占深圳建筑总能耗的“大头”。[1]这些全然不顾建筑物的气候适应性原则，不考虑后续运营成本，尤其是假借“现代主义”与“创新”名义设计建造的新奇建筑，以惊人的建造能耗和运行能耗为代价，增加了现代设计方式与建筑材料对城市环境和自然系统带来的不利影响，不仅造成资源浪费，加速城市生态恶化，还会进一步疏远人工环境中人与自然的联系。这样的建筑难道符合现代建筑善的基本要求吗？其实，并非所有公共建筑都适宜于大面积玻璃幕墙设计。例如，深圳图书馆新馆由日本建筑师矶崎新主持设计，其东面的水幕和三维玻璃幕墙的曲面设计如同“竖琴”，虽然造型独特，但在炎炎夏日，却给读者带来了较为刺眼的日晒光照，

1 深圳玻璃建筑能耗高 好看不好受［N］，深圳商报，2009-07-23.

图4-5　深圳图书馆内民众撑伞读书
（来源：《羊城晚报》，2015年8月4日）

出现了民众撑伞读书的窘境（图4-5），既不人性化，又浪费资源。

人离不开建筑，我们从生到死都生存在建筑的世界中，每个人的一生都同建筑有密切关系。建筑作为一种造福于人的手段，为人类的居住及其活动服务，是关系到我们的生活是否安全、健康、幸福和美好的一个权重极大的因素，因此建筑的善与恶就凸显为一个极其重要的问题。

二、建筑美德

在西方，从古希腊开始，对德性或美德的追寻总是离不开与善的关系。美国伦理学家麦金太尔（Alasdair Chalmers MacIntyre）在分析"善"的前哲学史时指出，"善"与"德性"这两个概念在荷马史诗中词源相同，"善"这个词作为一个赞美词，主要用来描绘理想人物的品质，这种品质能够使人履行其社会角色所要求的义务，"如果一个人具有他的特殊的和专门职责上的德性，他就是善的"。[1]在柏拉图的伦理思想中，表达德性的概念时，总是指向善的，而在亚里士多德的目的论伦理学中，德性既可能成为一种目的，也是一种促成实现善的目的的活动和实

1 ［美］阿拉斯代尔・麦金太尔．伦理学简史［M］．龚群，译．北京：商务印书馆，2010：31.

践的品质和精神力量。麦金太尔在回归亚里士多德伦理学传统基础上提出的美德理论，不仅强调美德与实践的内在相关性，强调美德是一种获得性的人类品质，同样也强调美德与善的生活和善的追求之间的不可须臾分离的关系，即践行美德本身就是善的生活的一个重要组成部分。

具体针对建筑善与建筑美德的关系，两者紧密联系，甚至我们可以说建筑美德是建筑善的一部分，它是促进并实现建筑善所必需的品质。关于建筑美德的内涵，首先需要明确的是，这里所阐述的建筑美德主要不是指作为建造活动主体（如建筑师、工程师）的属人的职业美德，而是指一种"属物的美德"。也许人们相信，建筑师、工程师有美德，便能设计、建造出好房子，但两者之间并非简单的一一对应关系。

建筑美德这一术语中，"美德"对应的英文词是"virtue"。virtue又译为德性，源自拉丁文 virtus，而virtus是古希腊词arete的对译。arete在汉语中与virtue一样，一般译为德性或美德，其基本含义在亚里士多德那里，不仅指属人的品质或品性，而且也指属物甚至可用于万事万物的品质或品性，具体是指使人或事物成为完美状态并具有优秀功能的特性和规定。正如亚里士多德所说：

> 可以这样说，每种德性都既使得它是其德性的那事物的状态好，又使得那事物的活动完成得好。比如，眼睛的德性既使得眼睛状态好，又使得它们的活动完成得好（因为有一副好眼睛的意思就是看东西清楚）。同样，马的德性既使得一匹马状态好，又使得它跑得快，令骑手坐得稳，并迎面冲向敌人。如果所有事物的德性都是这样，那么人的德性就是既使得一个人好又使得他出色地完成他的活动的品质。[1]

我们可以接着亚里士多德的话说，如若这个原则普遍适用，那么建筑的德性或美德就是一种使建筑给使用者带来幸福的，并使其能够出色地发挥功能的品质或秉性。进言之，建筑美德是判断建筑的精神价值尤其是

1 ［古希腊］亚里士多德. 尼各马可伦理学［M］. 廖申白，译注. 北京：商务印书馆，2003：45.

道德价值的基础，是建筑所表现出来的一种功能得到良好发挥、造福于人、让生活更美好的性质。

因此，本书中建筑美德之“美德”含义，实际上是回归亚里士多德的观念。当然，当我们说建筑的美德时，多少与现代汉语的用法有些抵牾，因为汉语中“美德”这个词通常指专属于人的道德品质，汉语里美德一词一般不用于对物品、对艺术品的描写或评价。这也是有学者不同意将英文virtue和古希腊词arete中译为“美德”或“德性”的一个重要理由。例如，马永翔认为，在现代日常汉语里用来表述属人的道德品质的“美德”一词，不适合用来翻译本义上的virtue，并建议以“良品”来译述virtue。[1]刘林鹰认为，不能以汉语的德性概念去对译古希腊的arete和英语的virtue，并提出“佳性”的说法。[2]其实，现代汉语的用法比我们想象中更富有弹性，在无法找到一个公认的、合适的词来替代“美德”这个词时，沿用不啻为较为妥当的选择。

建筑美德是一种物化形态的美德，若用德国哲学家马克斯·舍勒（Max Scheler）现象学价值伦理学中的术语来表达的话，它体现的是一种与人格价值相对应的实事价值。舍勒将实事价值理解为“那些展示着‘善业’的价值事物所具有的一切价值”，他又将“善业”分为物质的善业（享受性善业和有用性善业）、在生命方面有价值的善业与精神善业。[3]依此，建筑美德可以视为一种主要展现物质性善业的价值。建筑美德之所以值得期待，乃是因为它契合了人性的需要，可以带来造福于人的价值。作为人类建造过程的产物，建筑美德不可能是其本身天然具有的优良特征，它不过是一种“赋予性品质”，是建筑师、工程师、建筑工人、室内设计师等建筑从业人员通过其实践活动赋予建筑物的品质、特征，是在作为主体的人与作为客体的建筑的互动关系中形成的，体现

1 马永翔．美德，德性，抑或良品？——Virtue概念的中文译法及品质论伦理学的基本结构［J］．道德与文明，2010（6）：18-22.

2 刘林鹰．古希腊的arete一般情况下不能译为汉语的德性［J］．文史博览（理论），2009（5）：24-26.

3 ［德］马克斯·舍勒．伦理学中的形式主义与质料的价值伦理学［M］．倪梁康，译．北京：商务印书馆，2011：165-166.

了人与建筑之间密不可分的关系。

如同传统美德伦理总是善于借助道德叙事的方式来表达，建筑美德也往往通过特殊的叙事方式更清晰、更形象地得以呈现。建筑如同一本“立体的书”，可以通过材料、造型、表皮、色彩、肌理、虚实、路径、边界、空间组织与活动来隐喻与建构其社会文化意义与价值追求，这意义的表达便犹如讲故事一般。正如英国学者阿兰·德波顿（Alain de Botton）所说：“我们心仪的建筑，说到底就是那些不管以何种方式礼赞我们认可的那些价值的建筑——亦即，要么通过其原材料，要么通过其外形或是颜色，它们能够表现出诸如友善、亲切、微妙、力度以及智慧等等重要的积极品质。”[1]

美德视角作为一种方法在建筑伦理研究中有两个基本进路：建筑的美德与建筑的恶德。如果说建筑的美德是一种让建筑表现得恰当与出色的特征或状态，是建筑值得追求的好品质，其反面则是建筑的恶德，即建筑表现出来的坏的、遭到嫌恶的、不应当如此的品质。这两种思维进路其实是相辅相成的。探究建筑美德是为了矫正和避免建筑恶德，而克服建筑恶德，正是实现建筑美德的一种现实选择。

建筑美德理论所要讨论的基本问题，实际上就是探寻什么样的品格是建筑最值得拥有的。纵观人类建筑思想史，虽然人们无法开列出一份对所有人、所有社会、所有文化而言都值得赞赏、值得追求的建筑美德清单，更难以对之做出详尽的解释和充分的证明，但至少我们可以按照等级关系来划分不同层次的美德。一般而言，有些建筑美德比另一些建筑美德更为基本，具有更强的普适性，而且它们不依赖于或从属于其他美德，这些美德被称为基本美德，而正是对这些以共同人性为基础的基本美德的探寻，是建筑美德理论的中心任务。

（一）西方建筑思想史上有关建筑美德的代表性观点

西方建筑思想史上有关建筑美德的代表性观点，在第二章中已有所

---

1 ［英］阿兰·德波顿. 幸福的建筑［M］. 冯涛，译. 上海：上海译文出版社，2007：9.

涉及，这里再作一些扩展和补充。维特鲁威在《建筑十书》中试图为建筑学建立一套评价标准，而他提出的建筑所应具备的六个要素特征和三个基本原则，可以看成是对建筑美德的最早探索。

维特鲁威提出的建筑的六个要素特征分别是：秩序、布置、匀称、均衡、得体和配给。其中，秩序指建筑物各部分的尺寸要合乎比例。布置指根据建筑物性质对构件要素（如墙壁、门、柱子等）进行安排所取得的优雅效果。匀称指建筑构件因其合适的比例而具有吸引人的外观和统一的面貌。均衡则是指在匀称基础上，建筑物各个构件之间的比例关系相互对应而结合成一个整体，以获得均衡效果。得体（decorum）“通常指事物要像其应有的样子，要像通过历史进程流传下来的样子”。[1]具体包含三个方面，即功能上的得体、传统的得体和自然的得体。功能上的得体主要涉及形式与内容的适当性问题，即形式要适当地表达内容，不同柱式的装饰风格是与其所象征的不同神祇的性别、身份相适应、相匹配的；传统的得体主要指应根据传统惯例来建造房屋，某一类型的建筑特征不能任意挪用到另一类型的建筑之上；自然的得体中的“自然”指的是自然环境，主要涉及建筑选址、朝向等方面是否有利于人的健康等问题。配给，也可译为经济，第一层含义是指对材料与工地进行有效管理，精打细算，第二层含义是指建筑物的设计与建造方式应做到适合于不同类型、不同身份的人。[2]可见，配给这一要素也有明显的伦理意蕴，实际上它的第二层含义应归于“得体”要素之下。

上述六个要素特征，揭示了维特鲁威对建筑的品质要求。也正是在总结这六个要素的基础上，维特鲁威提出了好建筑的三个经典原则：“所有建筑都应根据坚固（soundness）、实用（utility）和美观（attractiveness）的原则来建造。”[3]其中，坚固与地基、结构及材料相关，涉及建筑的耐久性要求；实用也可表述为“适用”，主要涉及建筑物在

1 ［古罗马］维特鲁威．建筑十书［M］．陈平，译．北京：北京大学出版社，2012：205．此界定来自美国学者T·N·豪的对该书的评注。

2 ［古罗马］维特鲁威．建筑十书［M］．陈平，译．北京：北京大学出版社，2012：67-68.

3 ［古罗马］维特鲁威．建筑十书［M］．陈平，译．北京：北京大学出版社，2012：68.

使用中如何不出错和无障碍，如何为人提供便利和舒适，包括城市中建筑物的位置、空间布局、房屋朝向、私人房屋与公共空间的关联性等问题；美观则主要体现在建筑物的外观和细部比例之中。维特鲁威说："若建筑物的外观是悦人的、优雅的，构件比例恰当并彰显了均衡的原理，便是奉行了美观的原则。"[1]

值得一提的是，戴维·史密斯·卡彭在探讨维特鲁威建筑三原则的思想来源时，提出罗马共和国晚期的哲学家西塞罗有关道德、哲学和修辞术方面的思想对罗马人有广泛影响，因而推测他的思想也影响了维特鲁威。[2]例如，西塞罗在《论义务》一书中，对义务的各个方面进行了细致探讨，甚至包括有地位的人房屋应该如何建造。他说："我们也应该说一个身居要职、身份显要的人的住宅应该是怎么样的。住宅的目的在于使用，因此建筑方案应与此相适应，不过也应该注意舒适和声望。"[3]西塞罗还认为，应该是主人给房屋，而不是房屋给主人带来荣耀，建造住宅时，体量应该适中，不可过分耗费与过分豪华。如若西塞罗的哲学思想对维特鲁威产生了影响，更可能的是赋予了其从古希腊思想中继承下来的人文价值观。实际上，维特鲁威在《建筑十书》第七书的前言中，交代了他的研究基础，他提到了苏格拉底、柏拉图、亚里士多德、芝诺、伊壁鸠鲁等人为人类制定的生活法则，提到了泰勒斯、德谟克利特、色诺芬尼等人的自然观，可见他对古希腊的哲学传统并不陌生。

阿尔伯蒂于1485年出版的《建筑论》一书，对维特鲁威的建筑三原则做了进一步阐发。不同于维特鲁威将"坚固"放在第一位，阿尔伯蒂更重视建筑的功能特性，将"实用"放在优先考虑的位置。他认为，房屋是被建造出来为人服务的，好建筑应该首先按照其实用性来评价。他说："对于建筑物的每一个方面，如果你正确地对其加以思考，它都是产生于需要的，并且得到了便利的滋养，因其使用而得到了尊严；只有

1 ［古罗马］维特鲁威. 建筑十书［M］. 陈平，译. 北京：北京大学出版社，2012：68.

2 ［英］戴维·史密斯·卡彭. 建筑理论（上）维特鲁威的谬误——建筑学与哲学的范畴史［M］. 王贵祥，译. 北京：中国建筑工业出版社，2007. 32-33.

3 ［古罗马］西塞罗. 论义务［M］. 王焕生，译. 北京：中国政法大学出版社，1999：133.

在最后才提供了愉悦，而愉悦本身决不会不去避免对其自身的每一点滥用。”[1]需要注意的是，阿尔伯蒂对“实用”原则的理解具有开放性，他按照建筑物服务于人的不同需要的特性，区分了作为遮蔽物的建筑与满足愉悦等精神需求的建筑，提出要考虑人的实用需求的多样性和变化性。此外，他对“实用”的理解，一定程度上还遵循了亚里士多德所崇尚的“德性就是中道”的原则。“实用”之于建筑不仅是一种基本的“应当”，而且，在这“应当”之中，又是一种“最好”。这意味着，对于阿尔伯蒂来说，表现建筑的实用功能的时候，要恰到好处，要得体，要适当，要适合于它的用途。阿尔伯蒂也相当重视“美观”原则，他认为优美和愉悦的建筑外观是最为尊贵和不可或缺的，一个俗不可耐的建筑作品造成的过错仅靠满足需要来弥补是没有意义的。同时，阿尔伯蒂对美观的理解，也有伦理含义。他不仅将美与善结合，认为美具有积极的道德价值，最为高尚的东西就是美的。而且，在亚里士多德中道观的影响下，他将美看成一种合于中道的和谐，认为“美是一个物质内部所有部分之间的充分而合理的和谐，因而，没有什么可以增加的，没有什么可以减少的，也没有什么可以替换的，除非你想使其变得糟糕”。[2]

文艺复兴时期意大利建筑师安德烈亚·帕拉第奥有关建筑美德的观点，很大程度上延续的是维特鲁威和阿尔伯蒂的思想，如帕拉第奥在其著作《建筑四书》中提出，在开始建筑活动之前，设计每个建筑都要考虑三件事情，即实用或便利、坚固及美观。对于建筑设计所应遵循的基本美德，帕拉第奥进一步针对私人建筑与公共建筑的不同特点与要求进行了区分。[3]此外，帕拉第奥确信完美的圆形是上帝的象征，代表着智慧、稳定、和谐和宇宙万物的秩序，有着圆形穹顶的教堂和神庙建筑便体现了这些美德。他打破常规，将圆形穹顶的神殿建筑元素以及古罗马公共建筑中的柱廊运用于乡间别墅与私人府邸，让普通民宅也闪耀着庄严和秩序的美德之光。

---

1 ［意］莱昂·巴蒂斯塔·阿尔伯蒂．建筑论［M］．王贵祥，译．北京：中国建筑工业出版社，2010：19.

2 ［意］莱昂·巴蒂斯塔·阿尔伯蒂．建筑论［M］．王贵祥，译．北京：中国建筑工业出版社，2010：151.

3 具体阐述参见本书第三章相关内容。

1771年，作为现代建筑史中功能主义的先驱者，法国建筑教育家雅克—弗朗索瓦·布隆代尔（Jacques-Francois Blondel）出版《建筑学教程》（*Cours d'architecture*），这是18世纪建筑教育方面最全面的著作。他将建筑定义为一种使房屋建造得好的艺术，而建筑的“第一美德是表明作为其构造目的之坚固，而后是与不同的建筑类型有关的便利，最后是装饰”。[1]他认为，“个性”表达了建筑的主要功能。每一种建筑类型都有特定的“个性”，这种“个性”应是“正确的”“简单的”和“原生的”。庙宇对应的“个性”应是“端庄”，公共建筑对应的“个性”应是“庄严”，纪念性建筑对应的“个性”应是“壮丽”，建筑表现的最高层次的“个性”是“崇高”，它属于公共建筑、伟人陵墓。由此可见，布隆代尔对建筑个性的阐述，与其说是美学风格意义上的特征，不如说是伦理学意义上的美德。他还相信建筑中有一种“真实的”风格存在，“真实的建筑以一种得体的风格贯穿上下，它显得单纯、明确、各得其所，只有必须装饰的地方才有装饰”。[2]

布隆代尔的“建筑个性说”后来得到了他的学生们的继承与发展，其中两个比较著名的代表人物分别是艾蒂安—路易·部雷（Etienne-Louis Boullée）和克洛德—尼古拉·勒杜（Claude-Nicolas Ledoux），他们作为法国新古典主义建筑的倡导者，是基本几何造型新建筑的开拓者。部雷将建筑定义为“创造所有房屋并使之完美的艺术”[3]，较为重视建筑审美方面的美德，如源于大自然的“均衡”（或“匀称”）、“宏大”。他最重要的设计之一是纸上建筑——牛顿纪念馆（图4-6），该建筑被誉为“自然与理性的神庙”，其外观呈完美的圆球体，既能充分表现包含完美对称性的均衡之美，又能够借纪念牛顿之名用建筑诠释宇宙之深邃。勒杜与部雷一样，认为球形能够完美地表现建筑的崇高与匀称，他的“农场守护者之宅”（House of the Agricultural Guards）也是具有理想圆球形的纸上建筑（图4-7）。

1 ［英］彼得·柯林斯. 现代建筑设计思想的演变［M］. 英若聪，译. 北京：中国建筑工业出版社，1987：232.

2 ［德］汉诺—沃尔特·克鲁夫特. 建筑理论史——从维特鲁威到现在［M］. 王贵祥，译. 北京：中国建筑工业出版社，2005：107.

3 转引自Bernard Tschwmi. Architecture and Disjunction.［M］. Cambridge，MA：MIT Press，1996：34.

图4-6　部雷：牛顿纪念馆（Cenotaph for Newton，1784）
（来源：http://www.archdaily.com/544946/ad-classics-cenotaph-for-newton-etienne-louis-/）

图4-7　勒杜："农场守护者之宅"（House of the Agricultural Guards）
（来源：http://c1038.r38.cf3.rackcdn.com/group4/building39530/media/qlmy_p1010660.jpg）

然而，相比较而言，勒杜不只强调建筑的艺术性。他著有《从艺术、法律、道德观点看建筑》（*L'Architecture Considérée Sous le Rapport de L'art，des Moeurs et de la Legislation*，1804）一书，认为建筑师具有政治的、道德的、法律的、宗教的以及政府的职责，建筑师可以起到"纯化"社会体系的作用。[1]勒杜被视为早期的社会主义者，他的"个性说"关注建筑的社会因素，注重从社会秩序的角度揭示建筑个性，强调建筑的伦理象征与教化功能。例如，勒杜认为"纪念性建筑物的'个性'，正像他们的自然属性一般，可以服务于传播教化与道德净化的作用"，社会秩序层面的"均等"指一种道德上的均等，它会体现在功能性建筑的个性之中，使小酒馆与宫殿在同一尺度上都是华丽的。[2]

近代西方建筑思想至少从18世纪中期开始，出现了一种影响广泛的新的伦理议题，即对建筑结构、建筑材料和建筑风格的诚实（或真实）美德的强调，这其中的代表人物是普金和约翰·罗斯金，他们认为有美德的建筑主要体现在材料和结构的真实性上，没有欺诈。有关他们两人的建筑美德思想，本书第三章有较详尽阐述，不再赘述。

20世纪初期，现代主义建筑大师纷纷提出了一些充满格言或警句色彩的设计哲学，某种程度上反映了现代主义所重视的建筑美德。例如，路易斯·亨利·沙利文提出的"形式追随功能"，强调好的建筑必须处理好功能与形式的关系，建筑的形式应有机地适应与表达其功能。阿道夫·路斯提出"装饰与罪恶"，强调建筑不同于一般艺术，必须首先服务于公众的需要，过多的装饰意味着对人力、资源和金钱的浪费，是不道德的。密斯提出"少即是多"（Less is more）的口号，强调建筑的精神性要通过明晰的结构和简洁的空间品质来表达。勒·柯布西耶提出"房屋是居住的机器"，表达了现代主义注重功能而不是风格的"机器美学"观，而他宣布"风格只是一种谎言"时，强调的是回到建筑更真实

---

1 ［德］汉诺—沃尔特·克鲁夫特. 建筑理论史——从维特鲁威到现在［M］. 王贵祥，译. 北京：中国建筑工业出版社，2005：115.

2 ［德］汉诺—沃尔特·克鲁夫特. 建筑理论史——从维特鲁威到现在［M］. 王贵祥，译. 北京：中国建筑工业出版社，2005：116-117.

的品质和更严肃的目的。

粗略勾勒西方建筑思想史上有关建筑美德的代表性观点，可以发现，维特鲁威的建筑思想影响最大，他提出的三种基本的建筑美德——坚固、实用和美观，蕴含普适隽永的价值。因此，可以这样说，维特鲁威之后，不同历史时期的建筑师和理论家对维特鲁威以建筑三原则为核心的建筑价值观的认识、评价与发展，折射出西方建筑美德观念的流变。

（二）尚俭：中国古代建筑美德

梁思成的《中国建筑史》一书在谈到古代建筑活动受道德观念制约时，主要讲了下面一段话：

> 古代统治阶级崇尚俭德，而其建置，皆征发民役经营，故以建筑为劳民害农之事，坛社亲庙、城阙朝市，虽尊为宗法、仪礼、制度之依归，而宫馆、台榭、第宅、园林，则抑为君王骄奢、臣民侈僭之征兆。古史记载或不美其事，或不详其实，恒因其奢侈逾制始略举以警后世，示其“非礼”，其记述非为叙述建筑形状方法而作也。此种尚俭德、诎巧丽营建之风，加以阶级等第严格之规定，遂使建筑活动以节约单纯为是。崇伟新巧之作，既受限制，匠作之活跃进展，乃受若干影响。古代建筑记载之简缺亦有此特殊原因；史书各志，有舆服、食货等，建筑仅附载而已。[1]

可见，在梁思成、林徽因看来，中国古代建筑活动受道德观念之制约，主要体现在尚俭德的观念。考察中国古代建筑思想的伦理内涵，俭德可以说既是出现最早的道德要求之一，也是得到先秦诸流派等各家所普遍认同的一个德性观念。

中国古代典籍涉及建筑俭德时，常常用“卑宫室”来表述，有时也用“俭宫室”“节宫室”及“宫室有度”来表述，意思大体一致。“卑宫

1　梁思成．中国建筑史［M］．北京：三联书店，2011：9-10．此节“中国建筑之特征”为林徽因执笔。

室”最早出自《论语·泰伯》:“子曰:禹,吾无间然矣。菲饮食,而致孝乎鬼神;恶衣服,而致美乎黻冕;卑宫室,而尽力乎沟洫。禹,吾无间然矣。”这段话中,孔子认为上古圣王禹的德性实在无可挑剔,自己的宫殿简陋低矮,却尽力兴修水利工程,以造福于民。

作为一种建筑节俭观的“卑宫室”,其含义除了指宫室在体量上的低矮卑小之外,还指装饰上的质朴简陋。古代典籍中经常用“茅茨不翦”来说明另外一位先帝尧崇尚俭朴的美德,便是如此。《韩非子·五蠹》中说:“尧之王天下也,茅茨不翦,采椽不斫。”这段话是说王天下的尧帝住的宫室简陋到只用茅草覆盖屋顶,而且还没有修剪整齐。此后,“古代帝王,以卑宫室为媺,以峻宇雕墙为戒”。[1]

历代良臣志士在君主大兴宫殿而可能致劳民伤财之时,经常以先帝践行俭德的范例相劝谏。例如,三国时期曹魏名臣杨阜在魏明帝营建洛阳宫殿观阁而大兴土木之时,便上疏曰:“尧尚茅茨而万国安其居,禹卑宫室而天下乐其业;及至殷、周,或堂崇三尺,度以九筵耳。古之圣帝明王,未有极宫室之高丽以雕弊百姓之财力者也。桀作璇室、象廊,纣为倾宫、鹿台,以丧其社稷,楚灵以筑章华而身受其祸;秦始皇作阿房而殃及其子,天下叛之,二世而灭。夫不度万民之力,以从耳目之欲,未有不亡者也。陛下当以尧、舜、禹、汤、文、武为法则,夏桀、殷纣、楚灵、秦皇为深诫。”[2]

正如杨阜所言,建筑上尚俭德对于治国安邦有着重要的价值,对于国家兴旺和百姓安居都是须臾不可缺少的。对此,《管子·禁藏》中说:“故圣人之制事也,能节宫室,适车舆以实藏,则国必富,位必尊矣。”春秋时吴王阖闾为了完成政治改革,采取了种种节用恤民的廉政措施,据《左传》记载:“昔阖庐食不二味,居不重席,室不崇坛,器不彤镂,宫室不观,舟车不饰;衣服财用,则不取费。”[3]其中“室不崇坛”即平地作室,不起坛;“宫室不观”即宫室不修筑楼台亭阁,都是指建筑方

1 柳诒徵. 中国文化史(上)[M]. 上海:东方出版社,2007:383.

2 [晋]陈寿,[宋]裴松之注. 三国志[M]. 北京:中华书局,1999:527.

3 杨伯峻. 春秋左传注修订本[M]. 北京:中华书局,1990:1608.

面的尚俭之德。西汉陆贾在《新语》中指出："高台百仞，金城文画，所以疲百姓之力者也。故圣人卑宫室而高道德，恶衣服而勤仁义，不损其行，以好其容，不亏其德，以饰其身，国不兴不事之功，家不藏不用之器，所以稀力役而省贡献也。"[1]在陆贾看来，修筑百仞高台，雕饰彩绘城墙，是劳民伤财之事，应向往圣人"卑宫室而高道德"的境界，这一境界本质上就是通过节制物质欲望而激发一种高尚的精神追求。

汉孝文帝可以说比较好地践履了建筑俭德。据记载："孝文皇帝从代来，即位二十三年，宫室苑囿狗马服御无所增益，有不便，辄弛以利民。尝欲作露台，召匠计之，直百金。上曰：'百金，中民十家之产，吾奉先帝宫室，常恐羞之，何以台为？'"[2]唐太宗在一种程度上也达到了"卑宫室而高道德"的境界，他将奢侈纵欲视为王朝败亡的重要原因，在宫室营造方面厉行俭约，不务奢华。早在贞观元年，唐太宗就对其侍臣说："自古帝王凡有兴造，必须贵顺物情。……秦始皇营建宫室，而人多谤议者，为徇其私欲，不与众共故也。朕今欲造一殿，材木已具，远想秦皇之事，遂不复作也。"[3]唐太宗认为，自古帝王凡是有大兴土木的大事，必须以物资人力来衡量利弊。秦始皇大兴宫室，是为了满足私欲，遭致百姓怨怒。他自己考虑到这一点，便放弃了建造宫殿的念头。金朝第五位皇帝金世宗也提倡节俭，不主张大力兴修宫室。他曾对秘书监移剌子敬等说："昔唐、虞之时，未有华饰，汉惟孝文务为纯检。朕于宫室惟恐过度，其或兴修，即损宫人岁费以充之，今亦不复营建矣。"[4]明太祖同样尚节俭。明初吴元年（1367年）营建皇宫时，当时有人向明太祖进言说"瑞州文石可甃地"，太祖说："敦崇俭朴，犹恐习于奢华，尔乃导予奢丽乎"，[5]使进言人惭愧而告退。

如果说尧舜禹等先帝们的"卑宫室"，受当时生产力水平低下和物

1 ［唐］魏徵等. 群书治要译注（第九册）［M］. 北京：中国书店，2012：4586.

2 ［宋］李昉. 太平御览（第一卷）［M］. 石家庄：河北教育出版社，1994：766.

3 ［唐］吴兢，叶光大等译注. 贞观政要全译［M］. 贵阳：贵州人民出版社，1991：337.

4 ［元］脱脱，等. 金史（第一册）［M］. 北京：中华书局，1975：141.

5 许嘉璐，安平秋. 二十四史全译（明史）［M］. 北京：汉语大词典出版社，2004：1296.

质技术条件所限，反映的主要是中国古代宫室建筑“茅茨土阶”的简陋原始阶段，那么，随着宫室营造与规划技术的发展，所谓“茅茨不翦，采椽不斫”的宫室形象逐渐成为一种具有“纪念碑性”象征意义的建筑符号，其意义是警示后世君主不可奢以忘俭，否则淫佚则亡。例如，在《后魏书》中记载：“任城王澄从高祖于观德殿，高祖曰：‘躬以观德。’次之凝闲堂，高祖曰：‘名要有义，此堂天子闲居之义。不可纵奢以忘俭，自安以忘危，故此堂后作茅茨堂。’”[1]这段记载北魏孝文帝为洛阳宫苑命名的文字中，“茅茨堂”的命名至少从表面上表达了孝文帝旨在借先圣的俭德突显崇俭抑奢的治国之道。

夏商之后，宫室营建的节俭观主要体现于“宫室有度”的要求。如《荀子・王道》中说：“衣服有制，宫室有度，人徒有数，丧祭械用皆有等宜。”《管子・立政》中讲：“度爵而制服，量禄而用财，饮食有量，衣服有制，宫室有度，六畜人徒有数，舟车陈器有禁，修生则有轩冕服位谷禄田宅之分，死则有棺椁绞衾圹垄之度。”“宫室有度”提出了一种基于生存需要和礼制要求的建筑标准，既体现了一种俭而有度的中道原则，更是传统礼制的物化表现。中国传统的俭德本身就是一种处于奢侈和吝啬之间的中道美德。《论语・八佾》中记载鲁国人林放询问孔子礼的本质是什么时，孔子回答：“大哉问！礼，与其奢也，宁俭；丧，与其易也，宁戚。”可见，孔子认为礼的要求，与其过分地讲究礼的仪式而奢华铺张，宁可朴素俭约。

实际上，中国古代建筑深受“礼”之制约与影响，建筑往往成了传统礼制和宗法等级制度的一种象征与载体，其具体表现除了在建筑类型上形成了中国独特的礼制建筑系列，在建筑的群体组合形制和空间序列上形成了中轴对称、主从分明的秩序性空间结构之外，更重要的是，早在周代便形成了严格的建筑等级制度。“宫室有度”本质上就是要求人们符合这种建筑等级制度。同时，它还有其独特的功能，是从源头上避免奢侈浪费的一种方式。孔子曾说：“中人之情，有余则侈，不足则俭，

---

1 ［宋］李昉. 太平御览（第二卷）［M］. 石家庄：河北教育出版社，1994：671.

无禁则淫，无度则失，纵欲则败。饮食有量，衣服有节，宫室有度，畜聚有数，车器有限，以防乱之源也。故夫度量不可不明也，善言不可不听也。”[1]这段话中，孔子认为，如果没有礼制法度来限制普通人的物质生活，人们就会放纵欲望，奢侈浪费。因此应根据礼法对饮食、衣服、宫室、车辆器物等定下一个具体而明确的标准，这是节制消费、避免奢侈浪费的好办法。

俭德作为中国古人所推崇的基本美德之一，“卑宫室”与“宫室有度”不仅是这一美德在建筑活动中的具体体现，同时它还成为中国传统建筑审美风尚的重要特征，甚至可说是传统建筑艺术伦理的核心特质。在西方建筑思想史上，自古希腊、古罗马开始，美观的要求在西方建筑艺术中便具有十分重要的意义。与西方的情况有所不同，在中国传统审美文化中，建筑似乎从来没有像西方那样明确被视为一种重要的审美对象，对建筑的功能与价值的认识也鲜有审美方面的思考，尤其是中国传统建筑并不像西方建筑那样强调审美的独立性。例如，《老子河上公章句》中阐释老子的“安其居”为“安其茅茨，不好文饰之屋”，[2]意思是安适的居所应质朴而不需要过多修饰。《管子·法法》中说：“明君制宗庙，足以设宾祀，不求其美。为宫室台榭，足以避燥湿寒暑，不求其大。为雕文刻镂，足以辨贵贱，不求其观；故农夫不失其时，百工不失其功，商无废利，民无游日，财无砥墆，故曰：‘俭其道乎！’”这段话中，管子明确提出英明的君主建造宗庙、修筑宫室台榭并不求其美观和高大，而主要是用于祭祀和防避燥湿寒暑的实用功能，只有这样才能体现节俭的治国之道。《墨子·辞过》中有一段话讲：“为宫室之法，曰室高足以辟润湿，边足以圉风寒，上足以待雪霜雨露，宫墙之高，足以别男女之礼，谨此则止。凡费财劳力，不加利者，不为也。”可见，墨子认为宫室具备基本的实用功能与礼仪功能就够了，应除去无用的费用，这也是他所主张的节用的基本要求。墨子还极为崇尚夏禹、盘庚两

1 ［汉］刘向，王锳，王天海，译注．说苑全译［M］．贵阳：贵州人民出版社，1992：743.

2 王卡，点校．老子道德经河上公章句［M］．北京：中华书局，1993：304.

代君王“卑小宫室、茅茨不翦”的俭德表率，并以商纣“宫墙文画、雕琢刻镂、锦绣披堂”的奢靡之风而致国破身亡的反例，说明了俭德的重要意义，并由此而断定：“诚然，则恶在事夫奢也。长无用，好末淫，非圣人之所急也。故食必常饱，然后求美；衣必常暖，然后求丽；居必常安，然后求乐。为可长，行可久，先质而后文，此圣人之务。”[1]“居必常安，然后求乐”，可见坚固、适用是对建筑最基本的功能要求，也是本质的要求，是建筑的其他价值包括审美价值、伦理价值赖以存在的基础。

在中国古代，对于“匠人”（建筑师）的期望和营造活动应遵循的准则，也很少提出美观方面的要求，而明确提出了“务以节俭”的要求。例如,《周礼·考工记》中提到匠人的职责时主要表现在建国（测量建城)、营国（营建城邑)、为沟洫（修筑水道）等实用技术方面。[2]宋代李诫在《进新修〈营造法式〉序》中说，营造活动要“丹楹刻桷，淫巧既除；菲食卑宫，淳风斯服”,[3]其意义便是除淫巧之俗，倡节制之风。

总之，尚俭德既是中国古代建筑的重要美德，也是中国传统建筑审美风尚的重要特征。中国古代社会倡导俭德，主要是从修身、持家、治国三个方面来认识其重要意义。具体到建筑俭德方面，除了如前所述强调其治国安邦和礼制秩序方面的作用外，更是适应国家财力人力、社会经济状况和生产力发展水平的现实要求。正因为如此，新中国百废待兴的背景下，针对20世纪50年代初期国家建设中违背经济原则和基本建设工程中的铺张浪费现象，1955年2月，在建筑工程部召开的设计及施工工作会议上，明确提出了“适用、经济、在可能条件下注意美观”的建筑方针。关于这一建筑方针的具体解释，时任国务院副总理的李富春在1955年6月13日中央各机关党派、团体高级干部会议上，作题为《厉行节约为完成社会主义建设而奋斗》的报告时指出：“在第一个五年计划开始的第一年，中共中央还提出了‘适用、经济，在可能条件下注意美观’的基本方针，所谓‘适用’就是要合乎现在我们的生活水平、合乎

1 ［汉］刘向．说苑全译［M］．王锳，王天海，译注．贵阳：贵州人民出版社，1992：878.

2 张道一．考工记注释［M］．西安：陕西人民美术出版社，2004：120-138.

3 ［宋］李诫，邹其昌，点校．营造法式（修订本）［M］．北京：人民出版社，2011：2.

我们的生活习惯并便于利用，所谓‘经济’就是要节约，要在保证建筑质量的基础上，力求降低工程造价，特别是关于非生产性的建筑要力求降低标准，在这样一个适用与经济的原则下面的‘可能条件下的美观’就是整洁朴素而不是铺张浪费。”1956年，国务院下发《关于加强设计工作的决定》，明确提出“在民用建筑的设计中，必须全面掌握适用、经济、在可能条件下注意美观的原则”。由此可见，这一“十四字建筑方针”作为指导当时中国建筑活动的基本准则，其核心的价值理念便是中国传统伦理所推崇的基本德性——节俭。

20世纪中后叶以来，尤其是80年代以后，中国建筑业一方面出现了前所未有的建设高潮，呈现出欣欣向荣的繁荣局面，另一方面曾经一度被遵循的重视节俭的建筑方针渐渐被遗忘。布正伟在反思“十四字建筑方针”的当代价值之时指出：“被古代著名建筑学家维特鲁威所忽略，又一直得不到我们青睐的建筑要素——经济，如今却成了全球化背景下牵动整个东西方社会敏感神经的‘要命因素’”。[1]例如，屡屡在一些地方出现的花费惊人、贪大求洋而与当地经济社会发展状况形成鲜明对比的“形象工程”，一些既不美观又不实用的“奇观建筑”，以牺牲功能上的实用性为代价，在我国某些城市，动辄以多花费几亿，甚至十几亿的代价变为现实；从开发商到业主，从小区设计到室内装修，住宅消费存在一定程度脱离国情、浪费严重的奢侈性、炫耀性倾向；不少城市的城市改造和基础设施翻新没有节制，常常反复拆建而劳民伤财。这些现象表现出建筑领域忽视节俭性的价值取向，更从一个侧面反映了建筑俭德的缺失。尤其是一些地方政府修建楼堂馆所方面的奢靡之风，如一些地方政府盖楼投入之巨令人咋舌，个别地方甚至市级县级政府办公大楼比照着美国白宫修建（图4-8），市政广场建设规模赶超天安门广场，政府所属宾馆的内部装修极尽奢华，[2]这些现象，更是典型反映了行政建筑逾越相关限制和标准的“无度”之恶。这些豪华办公楼不仅仅是看上去刺

1　布正伟. 建筑方针表述框架的涵义与价值［J］. 建筑学报，2013（1）：91.

2　豪华大政府大楼刺痛百姓［N］. 人民日报. 2013-05-13（18）.

图4-8　安徽省某地级市政府办公大楼

眼、浪费公共财政资源，也反映出某些干部脱离群众、不接地气的工作作风。因此，面对当代中国建筑活动存在浪费资源、盲目贪大求高的不良之风时，应汲取中国古代建筑俭德思想的合理成分，促进现代建筑文化走健康发展之路。对此，2016年2月，中共中央、国务院发布的《关于进一步加强城市规划建设管理工作的若干意见》，针对城市建筑贪大、媚洋、求怪等乱象以及城市建设盲目追求规模扩张，节约集约程度不高等问题，重提建筑方针，指出应贯彻“适用、经济、绿色、美观”的建筑方针，突出建筑使用功能以及节能、节水、节地、节材和环保，防止片面追求建筑外观形象。由此可见，时隔60年，国家层面再次提出建筑方针，仍然将经济即节约的要求放在重要位置。

（三）当代建筑美德之追寻

追寻当代建筑美德，首先不能忘却传统的“基本原理”，尤其在这个形形色色的“主义”“流派”莫衷一是，各种刻意追求视觉需求的新奇建筑层出不穷的时代，更需要服从一些基本原则。戴维·史密斯·卡彭提出的构成好建筑的六个原则，正是建立在回归维特鲁威传统的基础之上。他的六个原则大致可与柏拉图、亚里士多德等思想家提出的一些古希腊美德相对应[1]。具体如下：

好建筑的原则	古希腊美德
原则一：形式的不偏不倚性	公正
原则二：功能的有效性（经济性）	节制、中道
原则三：意义的诚实性（真实性）	诚实
原则四：结构的义务	责任（义务）
原则五：对文脉的尊重	尊重
原则六：精神的动机	意志（信念）

其中，原则一“形式的不偏不倚性”，对应于公正美德，主要指应当通过建筑的形式结构，发现建筑所具有的内在美，以及所表现出来的某种公正与客观的价值诉求。原则二“功能的有效性”，对应于节制、俭朴和避免过度与不足的中道美德，是对建筑的功能元素提出的基本要求。卡彭认为，建筑的功能与道德的关系，实质上反映了人们对理想生活方式的追求，尤其是“与功能有关的道德暗示了决定性的需求和以最少浪费与最为经济的方式，对需求的满足”。[2]原则三“意义的诚实性”，对应于诚实美德，主要指建筑对意义的表达应当是诚实的或真实的，建筑应该是时代精神的真实反映。卡彭从三个层次阐释了真实的内涵：“首先，真实想象的概念，原初之物的一个拷贝；其次，感觉的真实、诚实与真挚；第三，其时代与文化的真实反映。”[3]原则四“结构的义务”，对应于责任或义务美德，是对建筑的“设计”“结构”与“材料”元素提出的基本要求，其中核心是“结构”，因为这里“设计”被看作结构的最初过程，而“材料”是结构的物理

1 ［英］戴维·史密斯·卡彭. 建筑理论（上）：维特鲁威的谬误——建筑学与哲学的范畴史［M］. 王贵祥，译. 北京：中国建筑工业出版社，2007：191-198.

2 ［英］戴维·史密斯·卡彭. 建筑理论（下）：勒·柯布西耶的遗产——以范畴为线索的20世纪建筑理论诸原则［M］. 王贵祥，译. 北京：中国建筑工业出版社，2007：100.

3 ［英］戴维·史密斯·卡彭. 建筑理论（下）：勒·柯布西耶的遗产——以范畴为线索的20世纪建筑理论诸原则［M］. 王贵祥，译. 北京：中国建筑工业出版社，2007：135.

基础。结构代表了建筑物的实现过程，在人的需求与技术可能性之间搭起了一座桥梁。因而，卡彭认为，“通过获取充分的知识与既有的方法和材料，来确保作品所要求的满意的结构与构造，正是建筑师的主要职责所在”。[1]同时，“结构的义务”还包括西方建筑伦理一直强调的对结构、材料诚实性的要求。原则五“对文脉的尊重”，对应于尊重美德，是对建筑的“文脉”与“共有”元素提出的基本要求。卡彭认为“文脉”的本质是一种“关系”概念，这种关系可以体现在各个方面，包括形式文脉、建筑物的文脉、视觉文脉，以及人的文脉与历史文脉。形式文脉强调尊重建筑与其周围环境之间的和谐；建筑物的文脉强调建筑物之间应彼此尊重，处理好建筑群体组合、内部与外部界限之间的关系；视觉文脉强调尊重感觉层面的审美情绪；人的文脉强调追求建筑中的人性尺度并赋予建筑以人的意义；历史文脉强调尊重建筑与历史传统、地域风格的关联。原则六“精神的动机”，对应于意志或信念美德，是对建筑的“意志”与“精神”元素提出的基本要求。卡彭认为，建筑总是在不同层面表达各种不同的意志，例如直觉的意志、艺术的意志以及政治意志，而这些意志反映了建筑发展中精神动机的力量。总之，卡彭认为，为了理解构成好建筑的六个原则，既需要详细描绘一个建筑的要素体系，也需要阐述一个建筑的价值体系，因为每一个原则都是由一个要素以及体现这一要素的适当价值所构成的。

从以上卡彭对建筑美德的探寻，可以发现，他一方面继承了维特鲁威以来的建筑美德传统，另一方面也根据时代特点进行了创新与发展。正如现代主义先驱者试图将新技术与新的社会价值观相结合，回应时代生活方式的变迁，建构具有时代精神的现代建筑设计价值一样，当代建筑所要面对的主要任务同样是对于这个时代而言可取的、理想的生活方式的回应，这是我们追寻当代建筑的美德时不能离开的基本坐标。我认

1 ［英］戴维·史密斯·卡彭. 建筑理论（下）：勒·柯布西耶的遗产——以范畴为线索的20世纪建筑理论诸原则［M］. 王贵祥，译. 北京：中国建筑工业出版社，2007：163.

为，当代建筑美德除了遵守建筑的坚固、实用、美观和节俭等传统美德外，尤其应强调能够协调建筑与环境关系的美德要求，类似于卡彭所说的“对文脉的尊重”。具体而言，表现在两个方面。

第一，当代建筑应强调一种合宜美德。

所谓合宜，即合适、适宜、协调，主要是指建筑应体现出与环境（既包括自然环境，也包括建成环境、文化环境）和谐、适宜的态度。用阿道夫·路斯的话说，就是“房屋如果表达谦虚客气不唐突便是合宜的态度”[1]；用英国建筑评论家特里斯坦·爱德华兹（Trystan Edwards）的话说，就是“建筑物应该左右相邻，彼此呼应，没有粗俗的自以为是或自我突出”[2]；用戴维·史密斯·卡彭的话来说，就是建筑物要具有类似“同情（共鸣）”的品质，即一座建筑物应与邻近建筑物或与周围物质环境产生共鸣，让外在物质环境分享它的品质。[3]用阿兰·德波顿的话说就是，“建筑不单应该协调其自身的组成部分，而且要跟它们所处的背景和谐一致”。[4]

建筑是在环境中体现差异性的场所，应具有一种尊重周围建筑与环境的“合作”精神，协调地嵌入城市环境之中，不刻意追求视觉刺激，不一味标新立异，或以自我为中心，而不顾及周围环境及传统文脉的连续性。因此，与19世纪末建筑设计领域最注重的道德诉求是有关诚实或真实的美德不同，建筑是否与周围环境和谐、适宜变得尤为重要。如果大量新建筑，尤其是一些所谓的标志性建筑或“偶像建筑”，不顾及环境的整体协调，与城市空间环境的关系失去平衡，那么，街道和城市景观、城市传统风貌的连续性就会被一些高层建筑或大型建筑肆意切割，城市原有的整体风貌显得支离破碎、杂乱无章，原本聚集人的场所也会

1 ［比利时］海蒂·海伦．建筑与现代性［M］．高政轩，译．台北：台湾博物馆，台湾现代建筑学会，2012：79.

2 Edwards，A. Trystan. Towards Tomorrow’s Architecture: the Triple Approach［M］. London: Phoenix House，1968：44.

3 ［英］戴维·史密斯·卡彭．建筑理论（下）：勒·柯布西耶的遗产——以范畴为线索的20世纪建筑理论诸原则［M］．王贵祥，译．北京：中国建筑工业出版社，2007：211-212.

4 ［英］阿兰·德波顿．幸福的建筑［M］．冯涛，译．上海：上海译文出版社，2007：224.

变成拒绝人的场所，人性化的街道空间与城市环境将难以形成。

例如，当初国家大剧院的设计方案之所以颇受争议，关注焦点并非只是建筑设计本身的问题，而是其与周围环境难以产生协调和共鸣感。悉尼歌剧院之所以成功是由于其紧挨宽阔的海面而使其风帆状造型与环境相互映衬、相互谐调（图4-9）。国家大剧院因其位于充满传统皇家建筑符号和小尺度城市肌理的天安门广场附近，倘若我们从景山上望体积庞大的国家大剧院，可以明显看出，体量庞大的国家大剧院的“高傲”与“突兀”性存在，使北京古都风貌景观的连续性、协调性遭到一定程度破坏，与作为古都北京的空间尺度、传统肌理和城市形态并不协调（图4-10）。梁思成和陈占祥曾有过告诫：“在专门建筑与都市计划工作者和许多历史文艺工作者眼中，民族形式不单指一个建筑单位而说，北京的正中线布局，从寻常地面上看，到了天安门一带‘千步廊广场’的豁然开朗，实是登峰造极的杰作；从景山或高处远望，整个中枢布局的秩序，颜色和形体是一个完整的结构。那么单纯壮丽，饱含我民族在技术及艺术上的特质，只要明白这点，绝没有一个人舍得或敢去剧烈地改变它原来的面目的。”[1]因此，位于北京老城风貌区的新建筑，更应强调具有一种尊重周围环境特征的适宜美德，协调地嵌入城市环境与城市文脉络之中，不刻意追求视觉刺激或以自我为中心。

实际上，城市设计中的图—底理论能够很好地说明，不顾及环境整体协调、脱离空间文脉的单体建筑所导致的城市空间形态不和谐的问题。如果我们把建筑物作为实体覆盖到开敞的城市空间和街区格局中加以观察，可以发现，任何城市空间形态都具有类似格式塔心理学中“图形与背景”（Figure and Ground）的关系，建筑物是图形，空间则是背景，实际上就是对建筑实体与空间虚体的合理控制与组织。以此对城市空间形态进行分析，便是图—底理论。一些脱离城市空间文脉、“突兀”性存在的标志性建筑，不仅不可能创造而且破坏了原本连续和谐的城市空间。

1　王瑞智．梁陈方案与北京［M］．沈阳：辽宁教育出版社，2005：33-34.

图4-9　悉尼歌剧院的造型与自然环境相互映衬
（来源：https://en.wikipedia.org/wiki/Sydney_Opera_House）

图4-10　鸟瞰国家大剧院（来源：李建平）

第二，当代建筑应强调以尊重和关爱自然为核心的环境美德。

应该说历史上建筑师或理论家们对建筑美德的探寻，主是从功能、美学、结构或技术的角度出发。即便从伦理角度出发，也主要是以人的需要为出发点来认识建筑，并没有脱离“建筑—人”的关系范畴。然而，在建筑发展、城市化演进与有限的资源承载力、脆弱的自然环境之间的矛盾越来越突出的今天，建筑的生态性要求日益成为现代建筑的一项基本要求。与此要求相适应的建筑环境美德，要求人们从对“自然—建筑—人”这个大系统层面思考建筑与人、建筑与环境、建筑与生物共同体的关系，有效地把节能设计和对环境影响最小的材料结合在一起，使建筑尽可能从设计、建造、使用到废弃的整个过程无害化，从而减少建筑对人居环境和自然界的不良影响。从这个意义上说，现在方兴未艾的生态建筑或绿色建筑便是体现了环境美德的建筑。毕竟，建筑能够提供一种生活方式，或为解决环境问题提供一种途径。好的生态建筑既为居住者提供了舒适、健康、美观的居住环境，又使建筑与环境之间形成一个良性的系统，有利于生态系统的和谐、稳定与美丽，是引领未来建筑发展的新趋势。

第五章　建筑伦理的基本原则

所有建筑都应根据坚固、实用和美观的原则来建造。[1]

——［古罗马］维特鲁威

1 ［古罗马］维特鲁威．建筑十书［M］．陈平，译．北京：北京大学出版社，2012：68.

通常而言，一个完整的伦理理论至少由两部分组成，关于价值和价值目标的阐释以及关于如何行动的行为规范的阐释，即价值理论和行动规则理论。[1]本书前一章主要涉及有关建筑伦理的价值理论，本章主要阐述行动的基本规则，即确立作为建筑伦理根本性要求的基本原则，告诉人们在建筑活动中应当做什么，什么样的行为是好的，为其行为提供一般性和原则性的指导。这是建筑伦理研究的基础理论问题，在建筑伦理学的理论体系中占有重要地位。

一、应用伦理学基本原则概述

虽然对建筑伦理的学科定位有一些争论，但将建筑伦理视为如生命伦理、环境伦理一样，归属于应用伦理学的一个分支，并无太多异议。总体上看，建筑伦理的基本原则既源于规范伦理学的基本原则，或者说是对规范伦理学基本原则的具体应用，又是对存在

1 参考：程炼．伦理学导论［M］．北京：北京大学出版社，2008：127.

于中外建筑文化传统中的基本共识的总结，以及应对建筑实践中具体道德问题和道德难题基础上提出的新规范。同时，应用伦理学领域发展较为成熟和完善的分支学科，如生命伦理学，已经确立了得到广泛认同的基本原则，这些原则对建筑伦理也有一定的适用性和借鉴价值。

应用伦理学的基本原则，即反映和表达应用伦理领域一般特征和共识、具有普遍约束力的基本规范。关于应用伦理基本原则的具体内容，国内学者中比较有代表性的观点有：卢风主编的《应用伦理学概论》中提出的普遍正义原则和整体和谐原则的"二原则说"；甘绍平、余涌主编的《应用伦理学教程》中提出的自主、不伤害、关怀、公正、责任和尊重的"六原则说"；王泽应提出的以人为本与尊重人权原则、民主平等与公平正义原则、自由自主与自愿允许原则以及普遍幸福与均衡和谐原则的"四原则说"。[1]

国外学者，尤其是英语世界的学者，近几十年来，关于伦理学和应用伦理学的基本原则问题，首先，就道德原则本身的合理性问题展开了争论，形成了道德普遍主义（moral generalism）与道德特殊主义或道德个别主义（moral particularism）两大派别。道德普遍主义认为，道德判断依靠适当的道德原则，道德原则提供一种行为的标准和指南，在道德理论与道德实践中发挥着基础性作用。道德特殊主义从不同维度和不同理由否认道德判断由道德原则支配，反对道德原则在道德理论中的基础作用，反对道德原则作为理论标准和实践指南的作用，甚至彻底否定道德原则的合理性与必要性。[2]例如，英国哲学家乔纳森·丹西（Jonathan Dancy）主张行为的动机和道德判断的理由关涉情境（context-

1　王泽应．应用伦理学的基本原则［J］．南通大学学报（社会科学版），2013（1）：1-6.

2　美国"斯坦福大学哲学百科全书"在阐释道德特殊主义时指出，"原则取消主义"（Principle Eliminativism）简单地否认存在任何道德准则；"原则怀疑主义"（Principle Scepticism）认为我们没有足够的理由去相信有任何道德原则；"原则特殊主义"（Principled Particularism）认为任何给定的道德真理都是由一个道德原则来解释的，但有限的道德原则不可能解释所有的道德真理；"反超验论的特殊主义"（Anti-Transcendental Particularism）认为道德思想和道德判断不依赖于适当的道德原则；"原则节制论"（Principle Abstinence）认为实践中我们不应被道德原则所引导。（见Moral Particularism and Moral Generalism. Stanford Encyclopedia of Philosophy. https://plato.stanford.edu/entries/moral-particularism-generalism/）

sensitive），因情境不同而有所不同，道德判断既不需要建立在原则的基础之上，也无原则可循，“道德思想和判断的可能性并不依赖提供一种合适的道德原则”。[1]虽然道德普遍主义受到了一定程度的质疑，但总体上道德特殊主义并没有提供确证性的论据反对道德普遍主义的传统，[2]道德原则作为行为标准和指南的规范功能并没有弱化或被替代。尤其对于应用伦理学来说，如若一种道德理论对于人们行为的正当性与否不能提供基本的判断标准，又如何解决道德难题，指导行为实践？

其次，国外学者建构了应用伦理的基本原则体系。例如，美国伦理学家雅克·蒂洛（Jacques P.Thiroux）和基思·克拉斯曼（Keith W. Krasemann）提出的道德体系的基本原则，既是一般规范伦理的基本原则，又可视为应用伦理的基本原则。他们提出了生命价值原则、善良（正当）原则、公正（公平）原则、说实话或诚实原则和个人自由原则，并确立了基本原则的主次序列，即将生命价值原则和善良原则看成优先原则，后三条原则被置于相对次要地位。[3]美国伦理学家弗兰克纳（W. K. Frankena）提出以仁慈原则和正义原则为基础的道德原则框架，并在此基础上提出了混合义务论。其中，他的仁慈原则指的是在功利原则之前预先假定的一条更基本的要求——行善避恶义务。[4]

在应用伦理的具体分支领域，由于生命医学伦理规范体系的构建相对较完善，因而对其他分支领域的应用伦理产生了较大影响。其中，美国著名生命伦理学家汤姆·彼彻姆（Tom L. Beauchamp）和詹姆士·邱卓思（James F. Childress）提出的尊重自主原则（respect for autonomy）、不伤害原则（nonmaleficence）、行善原则（beneficence）和公正原则（justice）的影响很大，[5]这四条伦理原则不仅成为公认的生命伦理原则，

1 Dancy，Jonathan. Ethics without Principles［M］. Oxford：Clarendon Press，2004：7.

2 参见：Maike Albertzart. Moral Principles［M］. London：Bloomsbury Publishing，2014：53.

3 ［美］雅克·蒂洛，基思·克拉斯曼. 伦理学与生活（第9版）［M］. 程立显，刘建，等，译. 北京：世界图书出版公司，2008：146-158.

4 ［美］弗兰克纳. 伦理学［M］. 关键，译. 北京：三联书店，1987：90-94.

5 ［美］汤姆·彼彻姆，詹姆士·邱卓思. 生命医学伦理原则［M］. 李伦，等，译. 北京：北京大学出版社，2014：13.

甚至一定程度上成了适用于应用伦理大多数分支领域的道德原则。甘绍平、余涌主编的《应用伦理学教程》中提出的应用伦理学“六原则说”，就是在这四条原则基础上加上“责任”和“尊重”原则而形成的。此外，美国生命伦理学家恩格尔哈特（Hugo Tristram Engelhardt）提出的生命伦理学的两条基本原则——允许原则和行善原则，[1]也有超出生命伦理领域的广泛影响。

借由以上概述，可以看出，当代应用伦理学得到理性共识并对各分支领域有普遍适用性的基本原则主要是行善原则和正义原则。

行善原则（The Principle of Beneficence），也可称为有利原则、仁慈原则、善良原则，含义基本相同。表5-1简略归纳了行善原则的一些代表性观点。

行善原则的代表性观点[2]　　表5-1

代表性学者	行善原则的基本含义	行善原则的具体规则
雅克·蒂洛 基思·克拉斯曼	1）善行原则：人应当永远行善； 2）防恶原则：人应当永远防止和避免作恶为害	1）扬善抑恶做好事（善行） 2）不造成损害不做坏事（防恶） 3）制止坏事防止损害（防恶）
弗兰克纳	行善避恶，使人类的善最大限度地超过恶	1）一个人不应该作恶害人 2）一个人应该制止恶，防止害 3）一个人应该避恶 4）一个人应该行善促进善
汤姆·彼彻姆 詹姆士·邱卓思	所有阻止伤害、增进他人利益的行为，以及为增进他人利益而行动的道德义务； 可区分为积极有利原则和效用原则	1）保护和捍卫他人权利 2）防止伤害他人 3）消除伤害他人的情况 4）帮助残疾人 5）援救处于危险的人

1 ［美］恩格尔哈特．生命伦理学基础（第二版）［M］．范瑞平，译．北京：北京大学出版社，2006：123-125.

2 参考：［美］雅克·蒂洛，基思·克拉斯曼．伦理学与生活（第9版）［M］．程立显，刘建，等，译．北京：世界图书出版公司，2008：149.［美］弗兰克纳．伦理学［M］．关键，译．北京：三联书店，1987：94-99.［美］汤姆·彼彻姆，詹姆士·邱卓思．生命医学伦理原则［M］．李伦，等，译．北京：北京大学出版社，2014：123-125.［美］恩格尔哈特．生命伦理学基础（第二版）［M］．范瑞平，译．北京：北京大学出版社，2006. 123-125．甘绍平．余涌应用伦理学教程［M］．北京：中国社会科学出版社，2008：20-21.

续表

代表性学者	行善原则的基本含义	行善原则的具体规则
恩格尔哈特	承诺行善原则，一方面不存在有普遍内容的行善原则可以让人们诉诸，另一方面在具体的共同体内道德行为的目标是获得善和避免恶，它满足了道德关怀的起码特征	道德关怀包含追求好处和避免坏处，利用公共资源促进公共利益
甘绍平等	行善与关怀的含义接近，关怀准则的本质是对他者利益的考虑	最佳范型是母爱或父母对子女的情感，是一种对个体活动起主导作用的原则，不适用于对社会整体模式的解释

从表5-1可以看出，应用伦理学行善原则的基本含义较为明确，凝练为四个字就是——行善避恶。“行善”是一个涵盖性极强的概念，包含了一个共同体所认同的有关善的（好的）、仁慈（仁爱）的和旨在增进他人利益和社会福利的行为。如果说有关善的观念是伦理理论的价值基础，是一种基本目标指向，那么“行善”实际上是这一价值基础的实践原则，或者说是一种实践承诺，即将有关善的观念通过“行”的过程而付诸实际。其中，行善之“行”有两种基本形式，一是从积极意义上说，主要指利他行为、增进利益，做好事；二是从消极意义上说，主要指避免有害行为，不造成损害结果，不做坏事，不要作恶。从这一层面看，行善原则实际上是一个底线原则，与有些学者提出的应用伦理学的“不伤害原则”内涵相似，而之所以将“不伤害”单独列为一条原则，主要是强调其作为底线伦理和最低限度共识的优先性和重要性。

正义原则（the Principle of Justice）也可称为公正原则、公平原则，这是对各应用伦理分支领域有着广泛适用性的基本原则。何谓正义？并非一个简单的问题，它是一个关涉政治、经济、法律、伦理等多方面因素的综合性范畴，在不同视角下有着不同的解读。表5-2简略介绍了应用伦理学视阈下正义原则的一些代表性观点。

应用伦理学正义原则的代表性观点[1]　　表5-2

代表性学者	正义原则的基本含义
雅克·蒂洛 基思·克拉斯曼	主要指分配公正，意味着人们试图分配好处与坏处时应公平合理地对待他人
弗兰克纳	核心是平等待人，包括分配的正义和报应的正义
汤姆·彼彻姆 詹姆士·邱卓思	指一组公平分配福利、风险和成本的规范，分为形式公正原则和实质公正原则
卢风	社会制度应为每个公民和组织规定比例适当的权利和义务，个人应具有奉公守法的品质
甘绍平等	既是人们的一种期待一视同仁、得所当得的道德直觉，也是一种对当事人的相互利益予以认可与保障的理性约定
王泽应	具体包含权利公平、机会公平、规则公平和分配公平四大公平

从表5-2可以看出，应用伦理学视阈下的正义原则，最基本的含义和最具共识性的概括是分配公平。分配公平是一种古老的正义理念。古罗马法学家乌尔比安（Domitius Ulpianus）说："正义乃是使每个人获得其应得的东西的永恒不变的意志。"[2]简而言之，正义即给人以应得。亚里士多德在《尼各马可伦理学》中将正义划分为"分配的公正""矫正的公正"和"回报的公正"三种形态，核心是作为正义的形式原则在比例上的平等。分配的公正就是在好东西与坏东西的分配问题上，平等的人应当得到平等的份额。亚里士多德的分配正义思想虽然是一种缺乏实质规定的形式原则，但对后世影响很大。

分配正义反映的是社会共同体分配关系合理性的价值标准，其最一般的含义是指社会资源，包括社会福利和社会负担在内的合理的、恰当

1　参考：[美]雅克·蒂洛，基思·克拉斯曼. 伦理学与生活（第9版）[M]. 程立显，刘建，等，译. 北京：世界图书出版公司，2008：150. [美]弗兰克纳. 伦理学[M]. 关键，译. 北京：三联书店，1987：101-107. [美]汤姆·彼彻姆，詹姆士·邱卓思. 生命医学伦理原则[M]. 李伦，等，译. 北京：北京大学出版社，2014：219-222. 卢风. 应用伦理学概论（第二版）[M]. 北京：中国人民大学出版社，2015：54. 甘绍平，余涌. 应用伦理学教程[M]. 北京：中国社会科学出版社，2008：22. 王泽应. 应用伦理学的基本原则[J]. 南通大学学报·社会科学版，2013（1）：3.

2　[美]博登海墨. 法理学——法律哲学与法律方法[M]. 邓正来，译. 北京：中国政法大学出版社，2004：277.

的分配。如何分配才是合理的、恰当的？如何决定每个人应当得到什么？在当代西方的诸正义理论中有不尽相同的观点和判断标准。我认为，最能够对建筑伦理领域提供借鉴价值的当推平等主义的正义原则，如美国政治哲学家约翰·罗尔斯（John Rawls）的正义原则和罗纳德·德沃金（Ronald Dworkin）的以平等为至上美德的分配正义原则。

罗尔斯将自己的理论称为“作为公平的正义”（justice as fairness），他对正义的一般观念是：“所有的社会基本善——自由和机会、收入和财富及自尊的基础——都应被平等地分配，除非对一些或所有社会基本善的一种不平等分配有利于最不利者。”[1]为了解释上述观念，罗尔斯提出了两个正义原则。第一个原则是：“每个人对与所有人所拥有的最广泛的基本自由体系相容的类似自由体系都应有一种平等的权利。”第二个原则是：“社会的和经济的不平等应这样安排，使它们：①在与正义的储存原则一致的情况下，适合于最少受惠者的最大利益；并且，②依系于在机会公平平等的条件下职务和地位向所有人开放。”[2]同时，罗尔斯还提出了两个优先性规则，即自由的优先性与正义对效率和福利的优先性，简言之就是第一原则优先于第二原则且是不可改变的。可见，在罗尔斯看来，正义有两个层面的含义。一是正义意味着一系列基本权利与自由，正义要求在社会成员之间平等地分配基本权利和义务，任何人都不应该侵犯他人同等的基本权利和自由；二是正义意味着一定条件下的差别与均衡，正义的社会制度应该通过各种制度性安排来改善弱势群体的处境，缩小他们与其他人群之间的差距。如果一种社会政策或利益分配不得不产生某种不平等，乃是因为它们必须建立在公平的机会均等和符合最少受惠者的最大利益的基础之上，这样就可以从社会合作的维度上限制分配的不平等。

德沃金进一步发展了罗尔斯的分配正义观，将平等视为一种抽象的政治道德原则和至上美德，强调政府应给予每个人平等的关怀与尊

---

1 ［美］罗尔斯. 正义论［M］. 何怀宏，何包钢，廖申白，译. 北京：中国社会科学出版社，1988：292.

2 ［美］罗尔斯. 正义论［M］. 何怀宏，何包钢，廖申白，译. 北京：中国社会科学出版社，1988：292.

重。德沃金在其著作《至上的美德：平等的理论与实践》(*Sovereign Virtue: The Theory and Practice of Equality*，2000) 中具体讨论了有关分配平等的两种理论，即福利平等观 (equality of welfare) 和资源平等观 (equality of resources)，在此基础上，反驳了福利平等主义，以资源平等加以替代。资源平等的抽象形式是指："一个分配方案在人们中间分配或转移资源，直到再也无法使他们在总体资源份额上更加平等，这时这个分配方案就做到了平等待人。"[1]在实现资源平等的具体路径上，德沃金提出了诸如运用拍卖市场、保险方案、运气补偿、自由市场以及税收机制等方式，并借此以美国社会为背景具体讨论了堕胎、安乐死、同性恋、基因工程等道德与法律难题，对应用伦理原则的建构颇具启发意义。

当然，需要说明的是，应用伦理学正义原则的核心是分配正义，但并不限于此，或者说分配正义在某种程度上可以涵盖权利公平和机会公平。前面所述平等主义正义理论本身即包含权利平等、机会平等，在此基础上才强调所得如何分配的正义。

此外，正义原则作为一般指导规范具体应用到应用伦理学各个特殊领域时，除了共同重视分配正义之外，它所指向和强调的维度有所侧重。例如，生命伦理强调机会公平，环境伦理强调代际正义，政治伦理强调制度正义，法律伦理强调程序正义，建筑伦理强调空间正义。

以下我将具体阐述建筑伦理的基本原则。首先，有必要简略说明建筑伦理基本原则的框架体系，我将建筑伦理的基本原则归纳为如图5-1所示的三组原则。

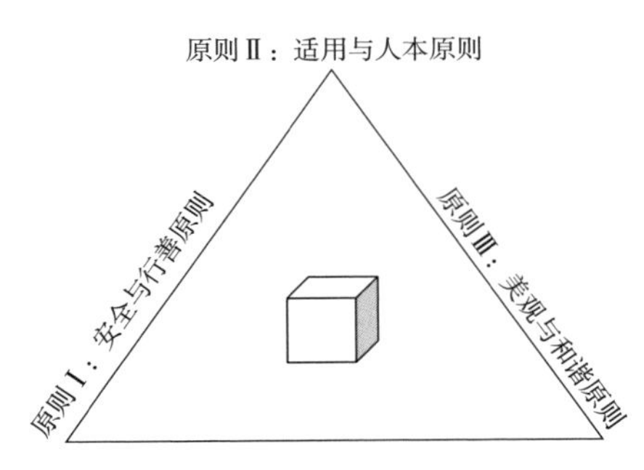

图5-1　建筑伦理的三组基本原则图式

1 ［美］罗纳德·德沃金．至上的美德：平等的理论与实践［M］．冯克利，译．南京：江苏人民出版社，2003：4.

原则Ⅰ、原则Ⅱ和原则Ⅲ中涉及的安全（近似坚固）、适用与美观原则在西方建筑理论史中自古罗马时代的维特鲁威提出后一直被奉为核心价值，流传至今，影响深远。英国学者彼得·柯林斯（Peter Collins）就曾断言，建筑史上的传统原则主要是指维特鲁威的建筑三原则，“革命性的建筑结果只能基于这三点以外的、增加的概念之上，或是给其中一方面或两方面以特别强调而牺牲第三方面，或是基于对建筑美观想法的含义的变化上”。[1]汤姆·斯佩克特认为，自维特鲁威提出建筑三原则以来，“所有后来的建筑理论，其基本价值都必须紧扣维特鲁威所提出的这一简单的至理名言”。[2]因此，我们可以说，当代建筑伦理原则不能丢弃维特鲁威的建筑三原则，只不过是根据时代要求赋予和补充其新的内涵。其中，人本原则讨论的是人与建筑的关系中人的主体地位，突出“为人造物”的宗旨，强调人道化和人性化准则在建筑伦理中的作用。和谐原则指的是人、建筑与环境的和谐，既包括建筑与建成环境、社会历史文化环境的和谐，也包括人、建筑、城市与自然环境的和谐。由于现代建筑活动导致了人、建筑、城市、自然之间的关系开始失衡，矛盾亦日益尖锐，因而和谐原则的重要性和现实意义日益突显。

由此可见，有关建筑伦理的三组基本原则，既来源于规范伦理学和应用伦理学基本原则的指导，更来源于建筑共同体长久以来的优良传统和理性共识，[3]同时也是我们对当代建筑伦理涉及的重要实践问题的哲学概括。

此外，在强调保障个体自由与基本权利平等和分配正义的现当代，正义原则被提升到重要的地位，成为现代公共道德和应用伦理的基本原

1 ［英］彼得·柯林斯．现代建筑设计思想的演变［M］．英若聪，译．北京：中国建筑工业出版社，1987：10.

2 Tom Spector. The Ethical Architect: The Dilemma of Contemporary Practice［M］. Princeton: Princeton Architectural Press，2001：35.

3 在本书第四章探讨建筑俭德时曾论及我国的建筑方针。1955年2月，在建筑工程部召开的设计及施工工作会议上，明确提出了“适用、经济、在可能条件下注意美观”的建筑方针。时隔60年，2016年2月，中共中央、国务院发布的《关于进一步加强城市规划建设管理工作的若干意见》中重提建筑方针，指出应贯彻“适用、经济、绿色、美观”的建筑方针。实际上，这些一脉相承的建筑方针与维特鲁威提出的建筑三原则同样契合，而且，正如布正伟所说：“建筑方针表述框架把握了建筑本源和建筑伦理的真谛”。（参见：布正伟．建筑方针表述框架的涵义与价值［J］．建筑学报，2013（1）：90.）

则。建筑伦理中的正义问题主要涉及建筑工程正义和城市规划正义问题，我将分别在第八章、第九章进行阐述。

二、建筑伦理的底线原则：安全与行善原则

安全与行善原则是建筑伦理的底线原则。这条原则呈现为两个层次的要求：第一，安全原则；第二，行善原则。

在建筑活动中，安全原则至关重要。这一要求在建筑诞生时就存在，可称得上是源远流长的建筑传统。维特鲁威提出的坚固、实用、美观的建筑三原则虽然没有明确提出安全要求，但坚固（firmitas，soundness）显然是与安全紧密联系在一起的。正如吴良镛所言："处于技术层面的建筑之'坚固'，在一系列自然和人为的各种灾害面前，具有很重要的与'安全'相联属的物质保证性意义。"[1]

安全原则在建筑传统中最重要的内涵就是房屋能够保持坚固、稳固、耐用，用更通俗的话说就是至少做到房屋不塌，因为这涉及人类生命与财产的基本安全。维特鲁威说："若稳固地打好建筑物的基础，对建筑材料做出慎重的选择而又不过分节俭，便是遵循了坚固的原则。"[2]可见，他在当时的建筑技术条件下，重视的是从地基和建筑材料两方面保证建筑的坚固、耐久。而且，维特鲁威之所以要求建筑师知晓医学，是因为他认为不了解一般的公共健康知识，就不可能营造出健康的居所，对此在"第一书"的第4章，他专门阐述了如何选择健康的营建地点，这些观念显示了维特鲁威对建筑环境安全的重视。阿尔伯蒂不仅明确提出公共安全在很大程度上取决于建筑师，还是维特鲁威建筑三原则的坚定支持者。虽然他将三原则的顺序做了调整，将实用放在第一位，坚固放在第二位，但他在《建筑论》的第二书"材料"和第三书"建造"中突出的是坚固性要求，强调建筑的强度和耐久性。阿尔伯蒂认

1 ［英］戴维·史密斯·卡彭．建筑理论（上）维特鲁威的谬误——建筑学与哲学的范畴史［M］．王贵祥，译．北京：中国建筑工业出版社，2007：吴良镛中文版序：建筑理论与中国建筑的学术发展道路．

2 ［古罗马］维特鲁威．建筑十书［M］．陈平，译．北京：北京大学出版社，2012：68．

为，判断建筑材料的好坏与适用性，最重要的是看其是否足够坚固。例如，即便使用木材来修建房屋，它在被实际使用之前，木料需要时间完全干燥，使其变得坚硬。[1]从建造过程来看，坚固的要求则更为重要，"整个建造方法可以被总结和归结为一条原则：对各种材料规则巧妙的组合，设若它们是方形的石料、砂石、木料，或是别的什么东西，以形成一个坚固的，并且尽可能是，完整而成为一体的结构。"[2]

实际上，维特鲁威建筑三原则分别对应于建筑的结构、功能与形式三要素（图5-2），其中，坚固对应于结构的要求，或者说坚固是结构的基本准则。本书第三章提到戴维・史密斯・卡彭提出的构成好建筑的六个原则时，他提出的原则四"结构的义务"，对应于责任或义务美德，主要是对建筑的"结构"和"材料"元素提出的基本要求。安全的要求要由结构和材料来完成，结构犹如建筑物的骨架，能承担荷载，结构达不到相应的技术规范，建筑的坚固性和安全性也就无从谈起。17世纪中后期，曾经翻译过维特鲁威著作的法国建筑理论家克洛德・佩罗（Claude Perrault），从建筑的审美评价上区分了两类基本原则，一种是客观性（或确定性）原则，另一种是主观性（或任意性）原则。审美的客观性原则主要包含坚固、健康和

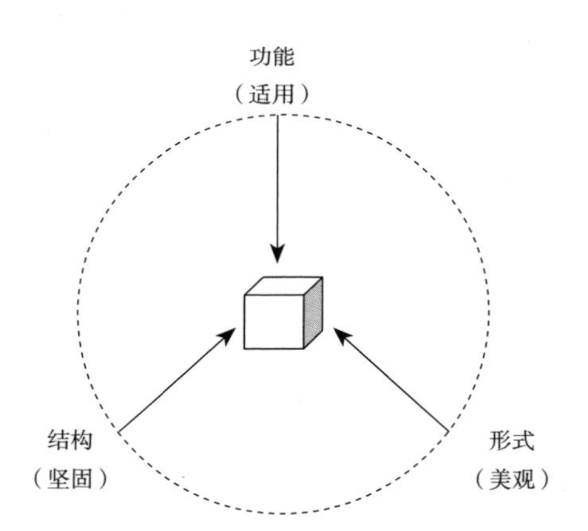

图5-2　维特鲁威建筑三原则分别对应于建筑的结构、功能与形式三要素（参考戴维・史密斯・卡彭图示绘制，参见［英］戴维・史密斯・卡彭：《建筑理论（上）维特鲁威的谬误——建筑学与哲学的范畴史》，王贵祥译，北京：中国建筑工业出版社，2007年，第4页）

1 ［意］莱昂・巴蒂斯塔・阿尔伯蒂．建筑论——阿尔伯蒂建筑十书［M］．王贵祥，译．北京：中国建筑工业出版社，2010：37.

2 ［意］莱昂・巴蒂斯塔・阿尔伯蒂．建筑论——阿尔伯蒂建筑十书［M］．王贵祥，译．北京：中国建筑工业出版社，2010：59.

适用，而主观性原则主要指审美感觉。他认为，坚固、健康和适用这些客观的要求本身即是建筑审美的组成部分。[1]实际上，从建筑的伦理评价上看，坚固、健康这些涵盖安全准则的要求，同样也是建筑伦理的客观基础，是好建筑的基础要素。

中国传统建筑文化同样重视安全、坚固的要求。例如，墨子说过："故食必常饱，然后求美；衣必常暖，然后求丽；居必常安，然后求乐。"[2]这里涉及建筑审美功能"求乐"的前提和出发点问题，在墨子看来，首先要"常安"，即居处平常能够安全、安定，才能在此基础上追求愉悦。中国古代建筑文化特别重视风水观念，虽然有不少内容如谶纬之说，带有非理性的迷信色彩和荒诞不经的成分，但选择建筑地点涉及对气候环境、地形地貌、水源水质、景观氛围等环境因素的评判时，尤其是风水术中有关避开自然有害因素的某些禁忌，如明代王君荣的《阳宅十书》中说的"凡宅不居当冲口处""不居山脊冲处""不居百川口处"，便有其合理之处，显示了中国传统建筑文化对居住环境安全性和健康性的重视。

由于安全问题主要与建筑结构有直接关系，因而安全准则主要体现的是建筑工程维度的基本善的要求，对此我在本书第四章已有所阐述，而且在第八章建筑工程伦理中还要涉及这一问题，这里不再重复。需要强调的是，作为建筑伦理的一项底线准则，安全既是伦理要求，也是法律要求。法律可以说是一种古老而基本的建筑安全管理手段。世界上最古老的法典《汉谟拉比法典》就有相关规定，如建筑房子偷工减料致使房屋倒塌压死屋主，建筑工人必须以命抵命；如果房子倒塌造成了财产损失，那么建造房子的人将赔偿损失的财产，并且因为他没有确保房子的牢固，他要用自己的财产重新建造一座房子；对不专心维护河渠而造成损失的人要严惩等。在我国古代，唐代以后在建筑工程安全管理方面便有了一些相关法令，如元代《大元通制条格》规定："诸营建官舍，

1 ［德］汉诺–沃尔特·克鲁夫特. 建筑理论史——从维特鲁威到现在［M］. 王贵祥，译. 中国建筑工业出版社，2005：96.

2 ［汉］刘向. 说苑全译［M］. 王锳，王天海，译注. 贵阳：贵州人民出版社，1992：878.

其所委监造人员皆须躬亲指画，必要每事如法，一切完牢。若岁月不多，未应损坏而有损坏者，并将监造人员、当该工匠检举究治。”[1]目前我国已经基本建立了建筑安全管理法律体系。其中《中华人民共和国建筑法》的一个重要立法目的是保证建筑工程的质量和安全，其第三条明确规定：“建筑活动应当确保建筑工程质量和安全，符合国家的建筑工程安全标准。”因此，安全作为建筑伦理的一个道德要求底线已经被法律化，有关安全的准则不仅是一种伦理准则，还是法律规范，判断一幢建筑是否符合安全要求和安全标准，既是伦理上对与错的评价，也是法律上合法与非法的界限。

建筑伦理的行善原则来源于达成共识的应用伦理的基本原则。有关行善原则的含义，主要从广义上界定，即将不伤害原则合并到行善原则之中，使不伤害成为行善的一个最低层次要求，亦即行善原则既包括消极意义上的“有所不为”（不伤害、不作恶），又包括积极意义上的“有所为”（避恶、增进福利）。从这个意义上说，行善原则与孔子提出的仁爱原则有异曲同工之妙。对于“仁”的一个基本内涵，孔子把它规定为“爱人”（《论语·颜渊》），而“爱人”的实践准则就是忠恕之道。“忠”是“己欲立而立人，己欲达而达人”（《论语·雍也》），这是从积极意义上说的；“恕”是“己所不欲，勿施于人”（《论语·颜渊》），这是从消极意义上说的，两者共同构成了为仁之方的基本内涵。

不伤害作为行为的底线性和消极性要求，具有最大可普遍化的效力。何谓不伤害？从字面意义上看，似乎很简单，就是不做恶事、坏事，不得施害于他人，对他人造成伤害。作为一种伦理原则或伦理义务的不伤害，早在古罗马时期，西塞罗就说过“公正的首要责任在于任何人都不要伤害他人”。[2]功利主义者密尔提出的“不伤害原则”（Do no harm），实际上是对政府行政权力的一种伦理意义上的限定。他指出自己写《论自由》的目的就在于力主一条极其简单的原则，这条原

1 郭成伟，点校．大元通制条格［M］．北京：法律出版社，2000：251．

2 ［古罗马］西塞罗．论义务［M］．王焕生，译．北京：中国政法大学出版社，1999：21．

则即“不伤害原则”，具体指“人类之所以有理有权可以个别地或者集体地对其中任何分子的行动自由进行干涉，唯一的目的只是自我防卫。这就是说，对于文明群体中的任一成员，所以能够施用一种权力以反其意志而不失为正当，唯一的目的只是要防止对他人的危害”。[1] 由此可见，“不伤害原则”明确了政府公权力干涉公民自由的正当性界限，即个人不得伤害他人，同时政府不得干涉没有伤害到他人的行为。此外，英国伦理学家罗斯（W. D. Ross）将不伤害的义务（non-maleficence）和行善的义务（beneficence）作为他提出的人们必须遵守的七类初始义务的重要组成部分，确立了不伤害和行善的基本规范地位。

不伤害作为一种应用伦理的基本原则，在生命伦理学中得到较多论证并获得共识，成为生命伦理的一个基本原则。生命伦理中所谓“不伤害”，按彼彻姆和邱卓思的理解，他们关注的是比较狭义的定义，即主要指对病人身体方面和精神方面的不伤害以及其他重大利益方面的不损害，可以通过一些具体规则如不杀害、不致疼痛、不致残等加以细化。[2] 需要说明的是，当“不伤害”在现实生活中难以完全避免时，不伤害原则实际上一种“最小伤害原则”，有时甚至是指“两害相衡取其轻”的“可接受的伤害原则”。

从建筑伦理视角看，不伤害原则同样宜从狭义理解，即主要指防止和避免建筑活动（建筑设计和建造过程）以及建成环境和建筑物对人的伤害。伤害的内容主要体现在三个方面：一是直接对人的身体方面的伤害（如死亡、残障、健康危害等），二是对人的心理和精神方面的伤害（如精神痛苦、心理上的不舒适和消极影响等），三是对人的财产利益所带来的损害。首先，如何防止和避免建筑活动对人的伤害，这是建筑设计伦理和建筑工程伦理的一个重要议题，这里暂不展开，将在后面相关章节加以阐述。其次，所谓建成环境和建筑物对人的伤害，指的是

1 ［英］密尔. 论自由［M］. 许宝骙，译. 北京：商务印书馆，2007：10.

2 ［美］汤姆·彼彻姆，詹姆士·邱卓思. 生命医学伦理原则［M］. 李伦，等，译，北京：北京大学出版社，2014：114-115.

由于建筑业及相关从业人员在规划、勘察、设计、施工、监理、维护等环节所存在的问题和疏忽，导致建成环境和建筑物带给人的伤害，或者至少存在不可接受的伤害隐患和风险，不包括不可控的自然灾害所带来的伤害。质量符合标准的建筑物及其建成环境是做到安全和不伤害要求的前提和保障。如果设计不合理、工程质量低劣、管理维护不善，其结果必然是事故频出，给公众的生命、健康和财产造成巨大损失（参见案例16：建筑工程伦理：美国堪萨斯城凯悦酒店走廊坍塌事故；案例17：建筑工程伦理：香港圆洲角短桩案；案例18：建筑工程质量的拷问：样板工程寿命仅20年）。

建筑伦理的行善原则也可称为有利原则，由于它倡导或承诺旨在增进公众利益和社会福利的行为，需要行为主体的主动付出，因而行善原则比不伤害原则要求更高，“行善原则反映了人们对于共同追求良好生活和相互同情的兴趣。它是不妨被称作福利道德和社会同情的观念的基础”。[1]前面我已经简略介绍了应用伦理学关于行善原则的一些代表性观点，这些观点同样适用于对建筑伦理行善原则的理解。实际上，自从维特鲁威开创了通过建筑实现社会福利这一贯穿西方整个建筑史的伦理主题以来，这条原则一直被有责任感的建筑师所奉行，业已成为建筑业职业伦理的基本准则。例如，美国土木工程师协会（ASCE）的伦理规范提出的基本原则第一条是：“运用他们的知识和技能来提高人类福利和保护环境”，相对应的基本标准是“工程师应该把公众的安全、健康和福利放在首要位置，并在履行他们的职业责任时，努力遵守可持续发展原则”。[2]1999年7月，在北京举行的国际建协（UIA）第21届代表大会上通过的《国际建协关于建筑师职业实践中职业主义的推荐国际标准认同书》，相当于得到国际认同的建筑师职业伦理准则。该认同书所确立的职业精神原则是：“建筑师应当恪守职业精神、品质和能力的标准，向社会提供能改善建筑环境以及社会福利与文化所不可缺少的

1 ［美］恩格尔哈特．生命伦理学基础（第二版）［M］．范瑞平，译．北京：北京大学出版社，2006：110.

2 P.Aarne Vesilind，Alastair S.Gunn．工程、伦理与环境［M］．吴晓东，翁端，译．北京：清华大学出版社，2003：248.

专门和独特的技能。职业精神的原则可由法律规定，也可规定于职业行为的道德规范和规程中。”在具体的“政策十：道德和行为”中，提出其主要目的是保护公众，关心弱势群体以及基本社会福利。在“关于道德与行为的政策推荐导则”中原则二是对公众的义务，其第一条道德标准是：“建筑师要尊重和保护他们所执行任务的社区的自然和文化遗产，同时又要努力改善其环境和生活质量，注意到其工作对将要使用或享受其产品的所有人的物质和文化权益。”[1]由此可见，以增进和促进公众福利为核心的有利原则已经成为建筑从业者的基本价值诉求，并在建筑实践活动中细化为对建筑师和工程师的一些更具体的准则要求。

建筑伦理的行善原则要求建筑从业人员促进公众的福利，维护和实现公共利益。然而，实际的建筑活动和城市规划过程中，常常面对的是日益多元化利益主体的不同诉求，相关人的利益之间、私人利益（包括部门利益或集团利益）与社会利益之间有很多矛盾，尤其是某些建筑工程和城市规划还常常面临在可能带来的好处与坏处之间的权衡与抉择。例如，大规模的旧城改造会带来促进城市经济增长、提高城市建设效率的好处。但是，它也可能带来损害城市在历史文化和审美等方面的人文价值，以及损害某些弱势群体利益的问题。因此，在这样的情形下，应当优先选择满足谁的利益？如何进行成本—效益分析，使规划所带来的成本与收益在不同利益群体中得到公平分配？显然这不是一个技术判断问题，它涉及对价值标准和价值准则的优先秩序的选择，而对这个问题的回答更主要的是通过正义原则来实现的。正如恩格尔哈特所说：“对于正义原则的大多数诉诸可以被理解为是出于对利益的关注。正义原则支持在一种具体的道德观指导下来分配好处，其实是提供了试图行善的特殊例证。”[2]

1　庄惟敏，张维，黄辰晞．国际建协建筑师职业实践政策推荐导则：一部全球建筑师的职业主义教科书［M］．北京：中国建筑工业出版社，2010：25，31，63.

2　［美］恩格尔哈特．生命伦理学基础（第二版）［M］．范瑞平，译．北京：北京大学出版社，2006：122.

三、建筑伦理的核心原则：适用与人本原则

适用与以人本原则是建筑伦理的核心原则。这条原则呈现为两个层次的要求：第一，适用原则；第二，人本原则，即以人为本原则。

适用原则也可表述为实用原则，是维特鲁威提出的坚固、实用、美观的建筑三原则的重要组成部分，来源于古老并延续至今的建筑传统。在维特鲁威看来，“如果空间布局设计得在使用时不出错、无障碍，每种空间类型配置得朝向适合、恰当和舒适，这便是遵循了实用的原则”。[1]可见，他的实用原则主要指的是建筑在功能使用上的便利性、适宜性和舒适性。从阿尔伯蒂开始，西方建筑理论家在继承维特鲁威的建筑三原则时，大都将“适用”放在比坚固更重要、更应优先考虑的位置，尤其对私人住宅来说更是如此，它应成为“一个便利的归依之所”。[2]1624年，亨利·沃顿爵士在其著作《建筑学原理》中将维特鲁威的三原则做了修改，提出好建筑的基本标准：“像在所有其他实用艺术中一样，在建筑中，其目的必须是指向实用的。其目标是建造得好。好的建筑物有三个条件：适宜、坚固和愉悦。”[3]

适用准则是与建筑的基本功能与建筑艺术的特性紧密相联的。一幅画、一首诗，可以完全没有实用性，只要有某种艺术价值就有充足的理由存在。但是，对于绝大多数建筑而言，一定要有实用功能，而对于好建筑而言，在满足基本的实用功能基础上还要让人感觉用起来方便，视觉和身体感受舒适。按照英国学者杰弗里·斯科特（Geoffrey Scott）的观点，正是“适用”或“方便”的要求，提出了一种道德准则，即“建筑物应当以它们的设计是否满足实际目标本身的价值来进行评判”。[4]

建筑的适用原则从维特鲁威开始便奠基于一种关注人类本身的需

---

1 ［古罗马］维特鲁威．建筑十书［M］．陈平，译．北京：北京大学出版社，2012：68.

2 ［意］莱昂·巴蒂斯塔·阿尔伯蒂．建筑论［M］．王贵祥，译．北京：中国建筑工业出版社，2010：133.

3 ［英］戴维·史密斯·卡彭．建筑理论（上）维特鲁威的谬误——建筑学与哲学的范畴史［M］．王贵祥，译．北京：中国建筑工业出版社，2007：21.

4 ［英］杰弗里·斯科特．人文主义建筑学——情趣史的研究［M］．张钦楠，译．北京：中国建筑工业出版社，2012：2.

要、健康与福祉的人本观念。到阿尔伯蒂那里，直接提出了“为人造物”的理念，他宣称房屋是为人而建造的，是为了满足人的多样化的需求而建造的。[1]可以这样说，以人为本原则的具体体现便是适用性要求。

从建筑伦理的视角来看，以人为本之所以是建筑伦理的一个核心原则，主要理由在上一章有关“人本维度建筑善”的阐述中已有所揭示。建筑伦理虽然涉及的是对人与建筑、人与建成环境之间关系的认识与评价，但这些关系本质上是围绕人而展开的，是作为客体的建筑、城市环境满足作为主体的人的需要之间的一种价值关系，人是建筑道德活动的真正主体，建筑物的善恶美丑价值，实际上是把人自己的需要、意义和创造活动赋予了作为客体的建筑。因此，正如王泽应所说，以人为本贯穿在应用伦理学的各个领域各个层面，“只有坚持以人为本，才能解决许多存在的道德悖论和难题，也才能彰显其人本意识、人文关怀，突出伦理的意义”。[2]

何谓以人为本？无论是在学界，还是在日常生活中，“以人为本”都是一句人们常常挂在嘴边的词汇。在不同历史条件以及不同语境中，“以人为本”的概念具有不尽相同的内涵。归纳起来，“以人为本”主要在三个维度上被人使用，即作为哲学伦理学理念的“以人为本”，作为社会发展理念的“以人为本”，作为管理科学理念的“以人为本”。

本书主要是从哲学伦理学意义上理解以人为本的含义。这一层面上的“以人为本”是和西方的人本主义思想相联系的。人本主义（humanism）是一种重要的哲学理念，其思想渊源可追溯到古希腊罗马文化。古希腊智者学派的普罗泰戈拉提出“人是万物的尺度，是存在者存在的尺度，也是不存在者不存在的尺度”这句名言，标志着人作为主体的自我意识的觉醒。或许正因为如此，杰弗里·斯科特才说：“人文主义建筑首先兴起于希腊，人们说过，希腊人首先使人在世上感到‘在家’。他们的思想是以人为中心的，他们的建筑亦是如此。”[3]作为一种较

---

1 ［意］莱昂·巴蒂斯塔·阿尔伯蒂. 建筑论［M］. 王贵祥，译. 北京：中国建筑工业出版社，2010：89.

2 王泽应. 应用伦理学的基本原则［J］. 南通大学学报（社会科学版），2013（1）：2.

3 ［英］杰弗里·斯科特. 人文主义建筑学——情趣史的研究［M］. 张钦楠，译. 北京：中国建筑工业出版社，2012：107.

为系统的理论，人本主义是和文艺复兴运动联系在一起的，旨在反对教会统治和宗教神学中的神本主义观念，用人性对抗神性，强调应满足人的欲望和需要，强调人的价值与尊严。广义地说，人本主义是指以人本身为出发点和归宿来研究人与人、人与物、人与自然关系的理论，不仅具有伦理道德和社会政治意义，还具有世界观和人生观的意义。美国的《哲学百科全书》指出，人本主义是"指任何承认人的价值或尊严，以人作为万物的尺度，或以某种方式把人性、人的限度和人的利益作为主题的所有哲学"。[1]狭义地看，人本主义可以单指以对人的关切为主要内容的思想倾向，如尊重人性，尊重人的自由、尊严和价值，关心人的疾苦和幸福，致力于为一切人谋利益，从而具有伦理原则的意义。

建筑伦理中作为基本原则的"以人为本"，蕴含人本主义的基本价值理念，它是一种正确处理人与建筑、人与建成环境关系的价值取向，这种价值取向主要强调三个层面的诉求。

第一，"为了人"——建筑是为人设计并为人服务的。

作为物的建筑，从其诞生之初，目的是提供一种遮风挡雨的庇护之所，满足人类基本的生理和心理需要。美国建筑历史学家约瑟夫·里克沃特（Joseph Rykwert）在对原始棚屋的考察中得出的基本结论是：第一个原始房屋，不仅仅是防风雨的栖身之所，还是以人为中心的灵魂之屋。[2]在漫长的人类建筑史中，建筑满足人的生理和心理需要，是为人服务的工具和载体，这样的理念，是建筑设计始终不能偏离的"原点"，是永不会消减的建筑伦理意识的核心。

这里应正确理解"为了人"中的"人"，不能对"人"作片面狭隘的理解。"以人为本原则"中的"人"，是一个强调人人平等的普遍性概念，其主体是普通民众。从中西方建筑发展与城市规划的历史来看，城市设计与建筑设计大致都经历了主要为权贵阶层服务到为普通民众服务的民主化、大众化的转变历程。例如，中国古代的都城规划主要是为封

1 Paul Edwards. The Encyclopedia of Philosophy（Vol.4）[M]. New York: Macmillan / collier, 1972：69-70.

2 ［美］约瑟夫·里克沃特. 亚当之家：建筑史中关于原始棚屋的思考［M］. 李保，译. 北京：中国建筑工业出版社，2006：序言第12页.

建统治阶级而非普通人的生活服务的，城市空间的社会意义主要体现为一种政治使命和等级划分价值。城市的布局、市场的设立、居民区的管理、道路的修建等方面，都是从统治者的利益出发，凸显的是城市的政治性象征建筑，并服务于权力的要求，很少考虑城市居民生活方便的需要，城市居民处于被管理、服从、顺应的地位。随着历史的变迁，随着城市经济生活的不断繁荣和城市社会制度的变革，作为一种社会等级制和专制权力的空间设计模式逐渐走向衰亡。近代以来，以大众的利益为本，关注普通人的生活状况，为提升民众的生存质量和生活品质而设计与建造的人文追求，逐渐成为一些有社会责任感的建筑师和城市规划思想家们的道德使命。例如，发轫于19世纪后期的现代主义建筑思潮以及由此而形成的现代主义建筑运动，其价值诉求表现在它背负着社会革新、改造城市、追求理想社会秩序的道德使命，其思想基础有着鲜明的民主、平等和人本主义的价值诉求，突出表现在传统建筑学和建筑设计的服务主体经历了从主要服务于权贵阶层到服务于普通大众的转变，他们主张让建筑艺术走下神圣的殿堂，为普通人服务，全面审视人性的需要。英国建筑师莱斯利·马丁（Leslie Martin）认为，20世纪20至30年代的现代建筑显示了一个强有力的思想倾向，即对人性的需要应进行彻底的、系统的反思，由此带来的结果是不仅仅是建筑的形式，而且整个建筑环境都要随之而改变。[1]现代主义建筑运动重视人性需要、强调民主平等的人本价值诉求，在今天仍有着重要的现实意义。建成环境和城市形态的优劣很难有永恒的评判标准，但无论过去、现在还是将来，有一点是不变的，那就是建筑设计和城市规划应始终从人的现实生活需要出发，把普通人的价值放在首位，体现对普通人生活状况的全面关注。

需要指出的是，“以人为本”不是仅仅“为了人”或“以人为中心”，不是狭隘的人类中心主义或“唯人主义”。以人为本原则在强调人的主体性和目的性意义的同时，并不反对其他物种、其他自然元素的独立价

1 L. Marti. Architect’s Approach to Architecture［J］. R.I.B.A. Journal Ixiv，1976：191.

值。因此，全面地看，在人与自然环境的关系上，“以人为本”不仅意味着强调人类的利益，也意味着维护生态平衡，对人以外的事物（如植物群落和动物栖居环境）给予尊重与关怀。对于建筑与城市规划而言，当人的建造活动和城市化进程日益对自然环境造成冲击和破坏时，就需要赋予“为了人”的理念以新的要求，即“为了人与自然的和谐”，不能仅仅考虑和关注人类的需要，而是要创造一个整体和谐的生物环境。

第二，“关怀人”——建筑是对人的全方位关怀，是以人的全面需求为本，其最终目的是全面提高人的生活质量，增进人的幸福。

正确认识以人为本的内涵，还要弄清以人的“什么”为本这一问题。笼统地说，这个“什么”就是“利益”。利益实质上是需要在社会关系中的现实形态，因而“以人为本”中的以人的“什么”为本，就是指人的需要的全面满足，以及在此基础上的人的全面发展。建筑设计、建筑工程和城市规划要做到“以人为本”，必须要在着力满足人的需求上下功夫，仔细研究人不同层次的需要，尊重、体谅与关怀人的各种需要。

作为自然存在和社会存在的统一体，人的需要是多元的、丰富的和有层次性的。现代美国人本主义心理学家马斯洛认为，人的需要是一个开放性、多层次的主动追求系统，他将人的需要归纳为五个层次，即生存需要、安全需要、爱和归属的需要、尊重的需要和自我实现的需要。在后来的研究中，马斯洛重新修订了自己的理论，在第四需求层次即尊重需要之后，加入了认知需求和审美需求。在他看来，人的需要是由低级向高级逐步发展的，当低层次的需要得到相对满足之后，就会产生较高层次的需要。马斯洛需要层次理论启示人们，建筑设计和城市规划不能对人的需要作简单化、片面化的理解，而应对人的需要做全面的理解，尤其不能狭隘地将人的需要仅仅理解为物质生活方面的需要，忽视人的心理、精神方面的需要。美国学者乔恩·朗（Jan Lang）认为，对于城市规划师和建筑师而言，马斯洛的需求体系模型是最全面、也最适合作为重新定义的功能主义城市设计的基础，而且事实上许多规划师和建筑师已经开始借用马斯洛的需求划分体系以指导自己的设计。[1]也正是在马斯洛需要体系模型的基础上，乔恩·朗提出了人类需求和设计关注点的层级模型，以一种等级体系的方式把人类的多样化需求看作设计的基本要素，如图5-3所示。

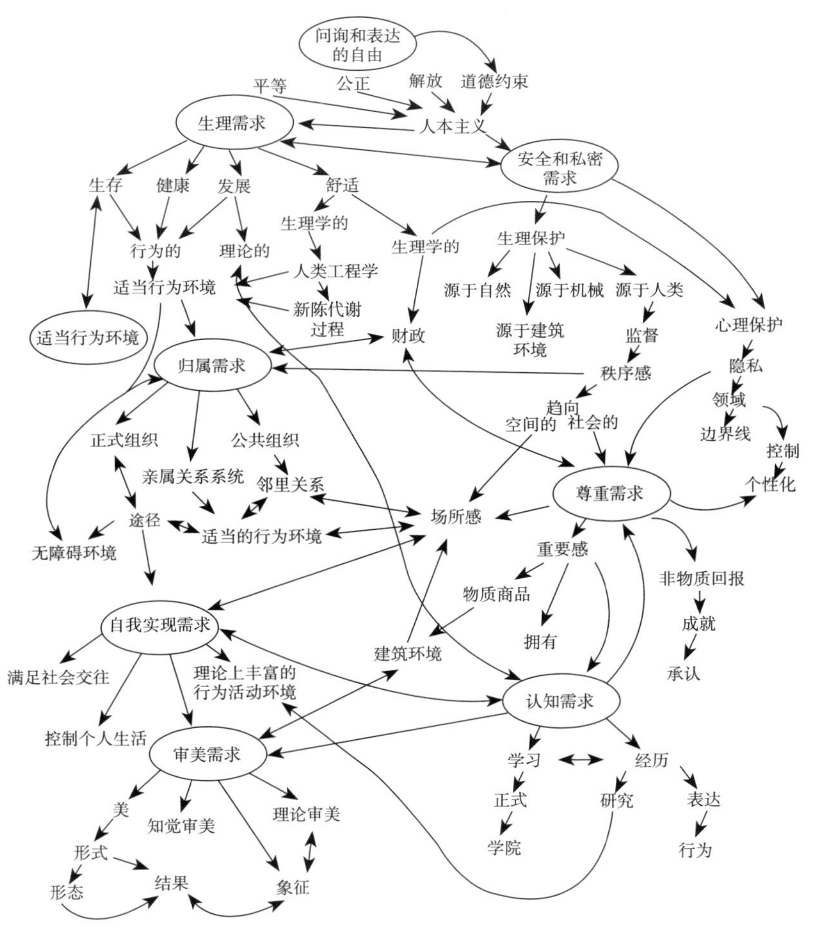

图5-3 乔恩·朗的人类需求和设计关注点层级示意图
（来源：［美］乔恩·朗：《城市设计：美国的经验》，王翠萍、胡立军译，北京：中国建筑工业出版社，2008年，第156页。）

1 ［美］乔恩·朗. 城市设计：美国的经验［M］. 王翠萍，胡立军，译. 北京：中国建筑工业出版社，2008：154.

现代建筑运动在其形成之初到成熟阶段，一直强调建筑应当以实用性、功能性为基础，主张满足人的需要、为平民设计、解决社会现实问题，具有强烈的人本价值诉求，这显然颇具积极的社会伦理意义。然而，之所以从20世纪60年代开始现代主义建筑和城市规划遭到批判和责难，现代建筑运动的道德使命也受到一些学者的质疑，除了其割裂历史脉络和忽视地域特征之外，一个重要的原因就在于它在强调理性主义和功能性的同时，对人的需要进行机械化、简单化和片面化的理解，走入了高度理性化、冷漠化、单一化从而也是非人性化的发展歧路。在密斯著名的“少即是多”（Less is more）的现代主义建筑信条支配下，现代建筑带来的单一、均质的建筑空间，在一定程度上真的如罗伯特·文丘里（Robert Venturi）所说，变成了“少即乏味”（Less is bore）。美国耶鲁大学教授詹姆士·斯科特（James C.Scott）抨击了以柯布西耶为代表的极端现代主义建筑和城市规划，认为尽管它可以创造出整齐的秩序和功能的分割，但其代价却是有损市民精神的，是如机器一样贫乏而单调的环境。他还批判现代功能主义规划过分注重效率和壮观的视觉秩序，只考虑所谓“人类的真理”和整体美学，根据自己的认识为其他人设计了基本需求，根本不承认他们为之设计的居民在这方面有什么发言权，也不承认他们的需求可能是多重而不是单一的。[1]

对此，英国设计理论家约翰·沙克拉（John Thackara）对现代主义建筑弊端的总结是颇为到位的。他认为有两方面的问题，一是采取同一性的方法，以简单的中性方式应付复杂的设计要求，因而必然忽视人的全面需要，二是过分强调设计专家的能力，认为专家有能力应付千变万化的设计要求。[2]实际上这就是所谓的“以设计者意志为本”，它是与以人为本原则鲜明对立的，表现了建筑师的一种“精英价值观”和技术权威论的心态，他们忽视业主或大众的意愿与需求，追求自己所谓的专业理想与审美趣味，并将自己的价值观强加于使用者，以自己的意

1 ［美］詹姆士·斯科特. 国家的视角——那些试图改善人类状况的项目是如何失败的［M］. 王晓毅，译. 北京：社会科学文献出版社，2004：155.

2 转引自：王受之. 世界现代建筑史［M］. 北京：中国建筑工业出版社，1999：314.

志代替使用者的意志（参见案例1：密斯的玻璃房子）。也正因为如此，英国建筑评论家查尔斯·詹克斯（Charles Jencks）借山琦实（Minoru Yamasaki）1954年设计的普鲁伊特—伊戈居住区（Pruitt Igoe）被美国圣路易斯市政府炸毁的时间为标志，在《后现代主义建筑语言》一书中耸动性地提出："现代建筑，1972年7月15日下午3时32分于密苏里州圣·路易斯城死去。"[1]（图5-4）这一天也被詹克斯宣布为现代主义时代的终结，代表国际主义设计的终结和后现代主义的兴起。这个项目的失败有多重社会原因，但它也由此引发了人们对现代主义设计的质疑，"这种直接从理性主义、行为主义和实用主义教条中接受过来的过分简单化的想法，已经证实就像这些哲学本身一样的不合理"。[2]同时，普鲁伊特—伊戈居住区项目的失败，也反映出现代主义所提倡的功能主义原则及单纯以建筑师为设计主体的局限，即对于人的隐私、个性等多样化社会需求的麻木和漠然，建筑师从自身对居民需求的理解出发，以简单的方式解

图5-4 被炸毁的普鲁伊特—伊戈居住区（Pruitt Igoe housing complex）
（来源：https://designerlythinking.wordpress.com/2011/04/14/）

1 ［英］查尔斯·詹克斯. 后现代建筑语言［M］. 李大夏，摘译. 北京：中国建筑工业出版社，1986：4-5.
2 ［英］查尔斯·詹克斯. 后现代建筑语言［M］. 李大夏，摘译. 北京：中国建筑工业出版社，1986：5.

决问题，从而仍然忽略了建筑使用者的实际意愿和需求，面临人性化空间丧失的困窘（参见案例3：山崎实“被炸毁的房子”）。

总之，建筑伦理的人本原则要求建筑活动把满足人的物质需求、心理需求和精神文化需求统一起来，创造一种人性的环境。此外，还需要强调的是，人不是抽象的、无差别的利益群体，建筑与空间设计中关注的应是一个个具体的、不同的人的需求。因此，人本原则还要求在承认和关怀群体差异性的基础上，充分考虑与照顾残疾人、老年人、儿童等弱势群体的特殊需要，避免以所谓正常人需求为标准的通用性的居住空间和公共空间设计，或者因空间设计缺乏细节关怀而导致的空间享用的不平等性，真正做到以人为本（图5-5）。例如，主要面向残疾人需要的公共空间细致周到的无障碍设计，面向老年人需求的居住空间宜老性改造，面向女性群体的公共空间细节方面的性别关怀，等等，都充分体现了建筑伦理的人本原则。

第三，“尊重人”——建筑应符合人道价值，尊重人的权利和尊严。

以人为本原则内在地要求实现人道价值。这里所谓“人道”，是指

图5-5　路易斯·海曼（Louis Hellman）绘制的建筑漫画，讽刺建筑设计不关心残疾人的需求（画面文字大意是：“对不起，我们只是为正常人而设计！”）
（来源：https://historicengland.org.uk/）

作为人本主义道德原则中的“人道”，属于伦理学的范畴，它主要不是指一种关于人的价值理论，而是指一种关于我们应当如何对待人和人的尊严的道德原则，其基本含义是指社会对每个成员的利益、权利和价值的尊重，是善待一切人并把所有人都当人看待的行为。人道是一种根基性的价值诉求，建筑与城市规划中的人道要求主要涉及衣、食、住、用、行等人类生活的基本需求中“住”的要求，这是基本的民生问题，指社会对每个成员的住房需求、住房利益、住房权利的尊重、保护与促进，尤其是对社会贫困阶层等弱势群体住房问题的基本关怀与保障，使其能够体面地居住、有尊严地生活。

住房权是人生存权的基本内容之一，住房对人而言，既是人基本的物质生存需要之一，也是体现人的尊严价值等方面的精神需要的重要载体。从人类的发展历史来看，不人道的居住现象一直存在。马克思和恩格斯曾对19世纪英国工人阶级住宅的非人道状况有过犀利的揭露。马克思在《资本论》中指出：“就住宅过分拥挤和绝对不适于人居住而言，伦敦首屈一指。”[1]恩格斯在《英国工人阶级状况》一书中，集中描述了英国“普通的工人住宅”——贫民窟的恶劣环境，指出位于城市中最糟的区域里的工人住宅使工人阶级陷入“非人的状况”，“人的精神和肉体在逐渐地无休止地受到摧残”，并和“这个阶级的一般生活条件结合起来，就成为百病丛生的根源”。[2]针对工业革命所带来的各种城市问题，一批有社会责任感的思想家和社会改革者开始质疑资本主义制度的合理性，并提出了一系列解决19世纪城市问题（尤其是城市中非人性居住环境）和改革工业城市的思想和方案，这些思想和方案成为现代城市规划运动产生的直接动力和现代建筑运动的重要道德诉求。柯布西耶在《走向新建筑》一书中的一段话，鲜明反映了现代建筑运动解决民生问题的立场，以及对建筑所蕴含的人道责任的重视：

1　马克思．资本论（第一卷）[M]．中共中央马克思、恩格斯、列宁、斯大林著作编译局，译．北京：人民出版社，2004：759.

2　马克思，恩格斯．马克思恩格斯全集（第二卷）[M]．中共中央马克思、恩格斯、列宁、斯大林著作编译局，译．北京：人民出版社，1995：303-358.

> 现代的建筑关心住宅，为普通而平常的人关心普通而平常的住宅。它任凭宫殿倒塌。这是一个时代的标志。为普通人，“所有的人”，研究住宅，这就是恢复人道的基础，人的尺度，需要的标准、功能的标准、情感的标准。就是这些！这是最重要的，这就是一切。这是个高尚的时代，人们抛弃了豪华壮丽。[1]

而柯布西耶本人也实践了设计绝大多数人住得起的、符合人道标准住宅的承诺，其中最著名、也最有影响力的案例就是他设计的马赛公寓（图5-6）。这是一幢为缓解二战后欧洲房屋紧缺状况而设计的新型密集型集合住宅，高17层，共有337户，可容纳约1600人生活。他运用以人体比例为基础的“模数”（Modular）来确定建筑物的尺寸（图5-7）；底层架空与地面公共活动场所相融，让地面尽可能为交通与绿化服务；错层的单元式组合，使每个单元都有一个附带观景阳台的两层高起居室；内有23种不同类型的户型，能够满足从单身人士到有多个孩子的家庭需要；在整个大楼的中间层（7层、8层）被设计成一种室内街道，设有商业服

图5-6 勒·柯布西耶设计的马赛公寓
（来源：https://idil93.files.wordpress.com/2015/04/）

1 ［法］勒·柯布西耶. 走向新建筑［M］. 陈志华，译. 西安：陕西师范大学出版社，2004：第二版序言.

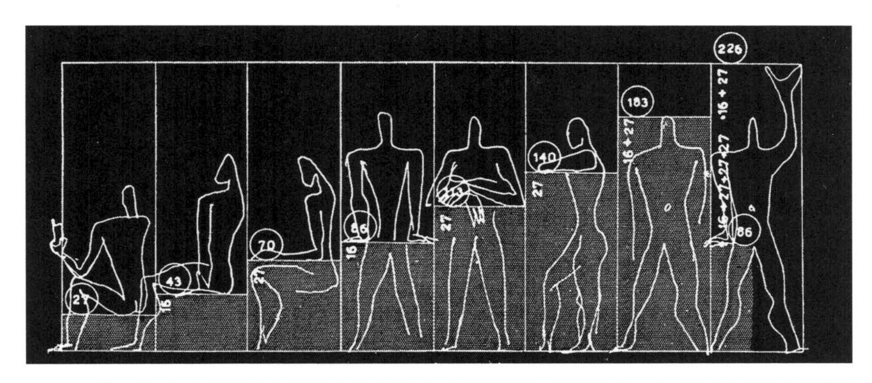

图5-7　勒·柯布西耶使用人体作为基本类比元素创造的“模数”（一种建筑标准尺度单位）（来源：http://imgur.com/gallery/DT995）

务区，同时也可以成为一种社交空间；屋顶平台为社区公共广场，设有游泳池、健身房、幼儿园、儿童游戏场地等公共服务设施，这些设计旨在最大程度地发挥建筑空间的功能，满足人们物质的和精神层面的需要。

从人道价值、人文关怀的意义上说，居住规划与住宅设计和建设问题绝对不能简化为一个经济问题，或是一个单纯的房地产业发展问题，尤其是城市贫困人口与各种类型弱势群体的居住空间问题，实际已演变为一个关乎人道、关乎尊严、关乎福利的大问题。我们需要以更多的关爱之心、同情之心和人道之心，为他们设计和提供适宜的住房，营造健康的居住环境，这既是城市政府和管理者不可推卸的责任，也是建筑从业人员的社会道义责任。[1]对此，周博指出：“能否让中低收入阶层达到‘人道的栖居’是关系中国可持续发展的一个大问题。……世事无论如何改变，我认为，应该明确的一点是，人道的栖居，其本质就是让人的生活，尤其是低收入者的生活值得过、有尊严、有希望。无论从什么角度寻求何种解决方案，决策者、设计者的思考和行动都应该不断地回到栖居者的生存和人道尊严上来。”[2]

1　本书第七章将会基于公益项目案例，阐述中外一些有社会责任感和人道主义精神的建筑设计师的职业伦理精神及其实践。

2　周博. 人道的栖居［J］. 读书，2008（10）：163.

四、建筑伦理的扩展原则：美观与和谐原则

作为建筑伦理的扩展原则，美观与和谐原则呈现为两个层次的要求：第一，美观原则；第二，和谐原则。

美观原则或更宽泛的说，有关审美的诸因素对于作为艺术的建筑而言是至关重要的。在西方不少建筑学者看来，审美价值的重要性居于首位，是区别建筑与房屋的主要标志。由于建筑区别于其他艺术类型的功能性属性，或者说建筑的基本价值取决于它对实用性功能的满足程度，因而从功能和形式的关系上考察建筑艺术的审美构成和审美功能，可以发现建筑的审美价值与伦理价值、建筑艺术美与伦理善具有特殊的亲缘关系，两者密不可分。具体说就是美与善都以对象的功用作为衡量价值的基本标准，这种价值取向和社会效应上的一致性，在建筑艺术中表现得尤为突出。建筑之美存在于与功能相依存与相适应的形式之中，建筑艺术美应该以体现和追求建筑善为前提。[1]

实际上，不仅可以从基本的功用价值理解建筑审美价值与伦理价值的特殊关联性，伴随现代哲学界对美学与伦理学关系的新思考，反映在建筑艺术领域，关于建筑审美判断与伦理判断的关系也有了新的认识。例如，美国美学家理查德·舒斯特曼（Richard Shusterman）和德国后现代哲学家沃尔夫冈·韦尔施（Wolfgang Welsch）都旨在弥合美学与生活的割裂，重构美学与伦理学的联系。舒斯特曼认为，审美既不是伦理

1　关于这个问题，涉及如何认识艺术领域关于伦理与审美关系的争论。对此，李向锋在《寻求建筑的伦理话语》一书中有比较详尽的讨论。他指出主要有两种对立的观点，一是艺术反道德论者（自治论者），这派观点强调艺术形式的自主性，否认艺术作品中道德与美学的相关性，认为两者互不干涉；二是艺术道德论者，这派观点认为在艺术作品中形式既具有审美价值又具有道德价值，认为艺术创作须考虑其内容的道德意义。艺术自治论运用于建筑艺术评价之中，自然会出现建筑自治论的观点。他认为，建筑自治论具有双面刃效应，一方面体现了建筑作为艺术对自由发展的要求，为建筑师的开创性探索提供了支持；另一方面，建筑自治的概念又可能使建筑成为一种可以任意游戏的个体艺术事件，从而失去对建筑的评判标准。（参见：李向锋．寻求建筑的伦理话语［M］．南京：东南大学出版社，2013：24-34.）我不认同所谓“建筑自治”的观点，因为除了所谓概念性探索的“纸上建筑”（实际上不是真正的建筑），实际得以建造的建筑必然要与人、与建成环境或与自然环境形成某种关系，建筑是一种社会产品，对这种关系和社会产品的价值评价不可能只关注建筑本身的审美体验或建筑中所表现的作为建筑师的艺术家的自我意志，建筑的社会本质决定了它无法自治，必须将其放入特定环境中来观照与认识。

的象征和手段，也不是伦理的代替，而是同一个构成性的实质。审美与伦理共同根植于生存，在如何使人类生活得更好上二者是共通的。[1]韦尔施认为，现代性构筑了美学与伦理学的对立，与之相应，自康德以来现代伦理学并没有美学观点的位置。他进而认为，如果传统和现代意义上强调伦理学与美学的相互独立性，那么今天他们之间的相互联系性被推到前台。[2]在韦尔施看来，审美自身具有伦理潜质，伦理判断本身暗含于美学自身之中。他生造出伦理/美学（aesthet/hics）这个词，“意指美学中那些‘本身’包含了伦理学因素的部分。”[3]他认为，审美领域的最初需要即与感知相联系的生存需要，业已因服务于维持生活这一目标而具有伦理性质，更不用说审美领域超越直接感觉判断的第二层次的升华的需要，则是在审美领域自身生长起来的一个真正的高尚的伦理需要。且不去评析舒斯特曼和韦尔施对美学与伦理学关系的重构是否合理，但他们对审美不再是伦理的外在手段以及审美本身内在的伦理因素之揭示，对我们理解建筑审美与伦理的关系有重要的启示意义。可以这样说，建筑审美所具有的伦理价值，一定意义上，并非是伦理判断和伦理准则从外部强加的结果，而是从人类对建筑的审美追求中自然生长出来的，美观原则本身不仅是建筑审美艺术的基本要求，同样也是建筑伦理的基本要求，用韦尔施的话说，它是一个伦理/美学（aesthet/hics）准则。

早在古罗马时代，美观就是维特鲁威提出的建筑三原则的重要组成部分。在维特鲁威看来，“若建筑物的外观是悦人的、优雅的，构件比例恰当并彰显了均衡的原理，便是奉行了美观的原则”。[4]同时，维特鲁威所提出的建筑的六个要素特征中，“秩序”“布置”“匀称”“均衡”和“得体”都涉及了美观要求。由此可见，维特鲁威建筑三原则中，虽然从顺序上将美观放在最后，但实质上他是极为重视建筑审美的。维特鲁威的美观原则包含两个层面的要求。其一，指的是与建筑物的外观造型

1　赵彦芳．诗与德——论审美与伦理的互动［M］．北京：社会科学文献出版社，2011：273．

2　［德］沃尔夫冈・韦尔施．重构美学［M］．陆扬，张岩冰，译．上海：上海译文出版社，2002：78-79．

3　［德］沃尔夫冈・韦尔施．重构美学［M］．陆扬，张岩冰，译．上海：上海译文出版社，2002：80．

4　［古罗马］维特鲁威．建筑十书［M］．陈平，译．北京：北京大学出版社，2012：68．

相联系的审美要求，更多体现的是建筑的形式法则，如建筑物各个部分的尺寸要合乎比例，各个构件之间比例合适，部分与总体的比例和谐，只有这样才能获得优雅、悦人的效果。其二，建筑造型和装饰有象征性意义，形式要适当地表达内容。维特鲁威在阐述具有伦理意蕴的“得体”要素时，指出精致的建筑外观是因为注重了功能、传统或自然的得体而获得的。实际上，他讲的“功能上的得体”主要涉及形式与内容的适当性问题，如不同柱式的装饰风格与其所象征的不同神祇的性别、身份相适应、相匹配（参见案例6：象征不同人体美及品格的柱式），这里暗含了审美象征的社会伦理内涵，即建筑审美上的“得体”要求。这种“得体”原则在后世得到了一些建筑师和建筑理论家的推崇，如帕拉第奥和洛吉耶。洛吉耶专门讨论了如何实现建筑的得体问题，他认为得体的要求就是建筑恰如其分地体现其所应有的形象，也就是说建筑装饰不能随意，要与居住者的特征和设计目标相符合。在装饰的价值评价上，最基本的要求就是应将公共建筑与私人住宅区分开来，如作为公共建筑的教堂在装饰方面应彰显崇高的华丽形象，不能有任何亵渎或是诡异和粗鄙之物，“至于私宅，得体的要求就是它们的装饰必须与房主的地位和财富相称”，建筑师“决不可忘记的真原则是，美的建筑没有恣意的美，而是因地制宜、恰如其分的美”。[1]

阿尔伯蒂相信建筑的适用原则与审美原则的一致性，他认为“如果这是一座经过很好设计和有适当设施的建筑物，有谁不以巨大的愉悦与欢乐来观赏它呢？”[2]阿尔伯蒂还进一步指出了审美价值具有增进一座建筑物的便利和生命，防止其受到破坏的特殊功能，“没有什么其他方法会比起其在形式上的高贵与优雅更能够有效地保护一座建筑物不致受到人类的攻击与伤害了”。[3]阿尔伯蒂对美观的理解，不仅将美与善结合，而且在亚里士多德中道观的影响下，将美看成一种合于中道的和谐。实

---

1 ［法］马克—安托万·洛吉耶．论建筑［M］．尚普，张利，王寒妮，译．北京：中国建筑工业出版社，2015：36-40.

2 ［意］莱昂·巴蒂斯塔·阿尔伯蒂．建筑论［M］．王贵祥，译．北京：中国建筑工业出版社，2010：33.

3 ［意］莱昂·巴蒂斯塔·阿尔伯蒂．建筑论［M］．王贵祥，译．北京：中国建筑工业出版社，2010：151.

际上，从阿尔伯蒂开始，维特鲁威建筑三原则中的美观便主要被理解为“愉悦”，因此，美观原则其实也可表述为愉悦原则。如本书第三章所言，明确将美观改成愉悦并将愉悦作为好建筑判断标准的是亨利·沃顿。

总体上看，18世纪中叶后，西方建筑理论开始冲破因袭已久的维特鲁威的建筑美观概念，对建筑美的理解有了革命性的变化，建筑美的内涵也更为丰富。例如，18世纪末，现代建筑功能主义的先驱者之一法国建筑师部雷，给维特鲁威的建筑美观概念以全新的解释，重视光对建筑审美的重要意义，强调匀称的立体几何造型的审美功能。从19世纪中期开始，西方建筑界更是挣脱了以往建筑审美传统的束缚，不再对维特鲁威和文艺复兴时期传统的美观理念盲目遵从，创造了以强调简洁实用性的“机器美学”为代表的现代主义建筑审美文化（图5-8）。

作为建筑伦理基本原则的美观原则，关注和强调的并非审美意义上的形式法则和表现方法，而是如何从伦理视角认识建筑艺术的功能、构造与形式的关系，以及形式、象征与意义之间的关系。我认为，美观原则主要包括以下两方面的含义和准则性要求。

第一，与功能、结构有关的形式要求。

功能的合理适用、结构的坚固安全是对建筑最基本的要求，也是建筑审美价值赖以存在的基础。建筑之美存在于与功能与结构相适应的形式之中，它不应当把物质性的适用功能和构造的技术逻辑撇在一边，追

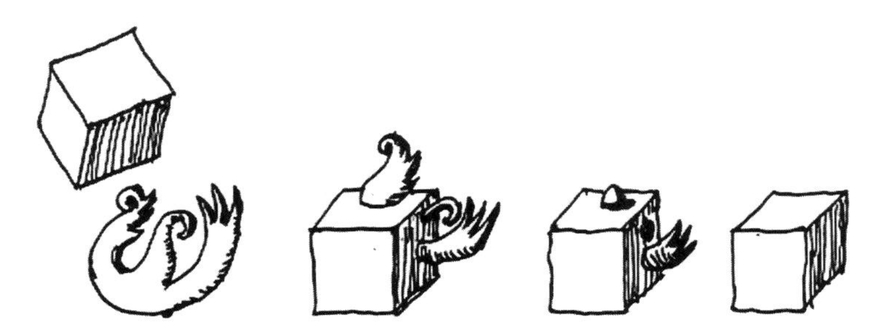

图5-8　路易斯·海曼（Louis Hellman）绘制的建筑漫画：“方盒子吃掉了花卉装饰：机器美学如何吞噬了所有形式语言”（Nikos A. Salingaros重绘）

（来源：http://www.andrebonfanti.it/en/content/toward-resilient-architectures-3-how-modernism-got-square）

求所谓纯粹形式美。为了形式而形式，只重造型不顾结构安全，违背建筑的基本物理规律，损害功能的有效性和构造的合理性而追求单纯的外观形式美，不符合建筑伦理的要求。

墨子的“居必常安，然后求乐”，以及“圣王作为宫室，便于生，不以为观乐也”（《墨子·辞过》），讲的都是建筑的审美功能首先要服从于实用功能的道理。西方早期现代主义建筑运动的一个重要成就是关注功能，确立了形式与功能相关的原则。沙利文的“形式追随功能”（form follows function）这一现代主义建筑运动的著名格言，只要不被片面化理解（沙利文并没有用功能取代形式，相反他给形式提出了更严格的要求），从建筑的本质特征而论是正确的、合理的，可视为一种处理功能与形式关系的基本准则要求。科林·圣约翰·威尔逊探讨建筑中的伦理问题，主要涉及的是如何处理好建筑形式与内容的关系。他所说的建筑的内容主要指的是建筑的使用功能，他认为“建筑的形式来自于使用，最后成形也离不开使用，它的能量也是来自于使用”，“这种建筑形式对内容的依赖关系在最为卑微的建筑中是如此，在最为崇高的建筑中也是如此”。[1]迈尔斯·格伦迪宁（Miles Glendinning）曾批判后现代主义建筑过分强调外表和形式本身，造成建筑设计上的奇观效果，由此带来的一个结果是：“从此以后，不管一座建筑外观如何‘现代’，维特鲁威优秀建筑三要素中的两项——（外形的）美观和（修建的）坚固——被明白无误地分割开了”，“取而代之的假设，则是建筑物的‘标志性’作用，可以与它是否有恰当的社会功能和建筑结构分离”。[2]

显然，从伦理维度评价，建筑形式上的美观若以损害结构上的坚固和功能上的适用为代价，是不可取的。建筑毕竟是一种社会产品，满足社会需要是其必然使命，对这种社会产品的价值评价不可能只关注建筑本身所表现的建筑师作为艺术家的自我意志及其审美追求，功能的重要

1 ［英］科林·圣约翰·威尔逊．关于建筑的思考：探索建筑的哲学与实践［M］．吴家琦，译．武汉：华中科技大学出版社，2014：79.

2 ［英］迈尔斯·格伦迪宁．迷失的建筑帝国：现代主义建筑的辉煌与悲剧［M］．朱珠，译．北京：中国建筑工业出版社，2014：49，115.

性，不仅在于它关乎实用、关乎坚固，还在于它本身也是建筑美的构成之一，满足使用者功能之善基础上的建筑之美是使建筑成为优秀建筑的基本特质。

第二，与象征、意义有关的形式要求。

黑格尔认为建筑是比雕刻和绘画都要古老的象征艺术。作为一种审美对象的建筑，之所以摆脱了单纯“遮蔽物”的物质外壳上升为艺术的高度，有一个重要因素便是，它以其特有的“无声的语言”，通过象征性的符号、造型和装饰来表达某种意义，这是体现建筑审美价值和精神价值的重要手段。建筑的审美象征功能应与伦理价值相依相伴，或者说符合社会伦理价值标准，反映一个时代合理的、理想的生活方式和社会图景。真正美的建筑一定是象征或体现了其所处时代优良的精神风貌，不只包括“悦目”这样的审美愉悦享受，也包括“赏心”这样的健康正面的情感陶冶，“也就是说，建筑艺术的审美价值，并不是一般地表现为可能引起感官愉悦的自然的要素，而是突出地表现为增进社会效益的人文的要素”。[1]象征或隐喻不良的思想倾向或庸俗的低级趣味，从而有可能产生负面价值导向的建筑“审美”追求，不符合建筑伦理的要求，应当摒弃（参考案例8：庸俗象征建筑：天子大酒店）。

从维特鲁威开始，建筑的美观原则与和谐原则便紧密联系在一起。维特鲁威所说的和谐主要指的是建筑物的各个部分比例上的均衡，这种比例上的和谐，一方面与抽象的数学有关，另一方面又比拟于人体比例，是一种基于审美法则的和谐。尤其是在西方古典建筑中，通过将人的“身体”（完美比例的人体）作为一种形体比例的模数投射到建筑平面的组织、立面和细部设计中，是建筑获得秩序感和匀称和谐之美的基本法则（图5-9）。

中国传统建筑文化不仅仅重视作为审美法则的和谐，而是将和谐视为调整建筑与环境、建筑与人之间关系的最高价值原则之一。如第二章所述，中国传统建筑和谐理念的内涵主要表现在两个方面：第一，在建

1　王世仁. 理性与浪漫的交织：中国建筑美学论文集［M］. 天津：百花文艺出版社，2005：126.

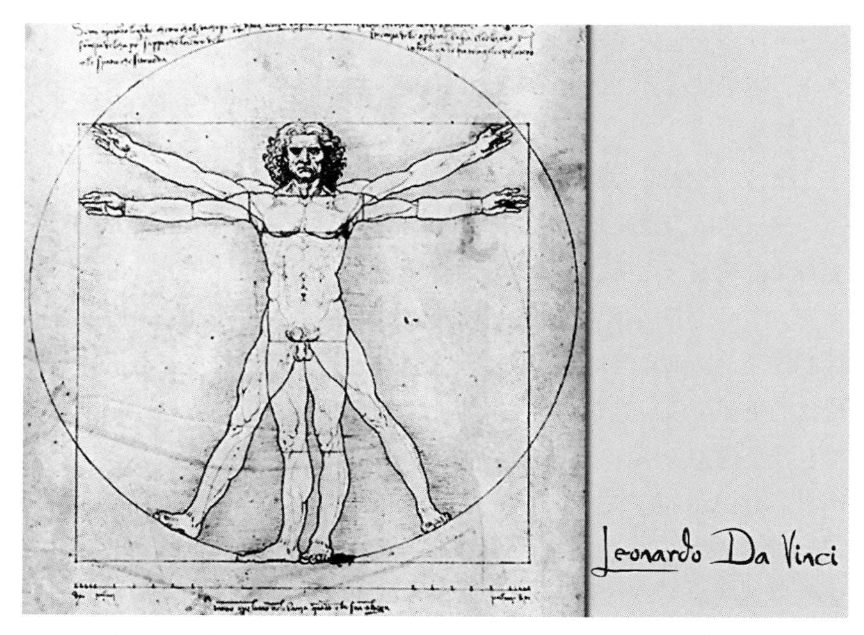

图5-9　根据维特鲁威《建筑十书》的描述，达·芬奇1487年前后创作的体现完美比例的人体素描——《维特鲁威人》（Uomo Vitruviano）

筑布局上，以中国所特有的阴阳观念为思想基础，强调对立的、有差异的因素之间的“相成”与“相济”，并以此为基础形成一个和谐统一的整体；第二，在人、建筑与环境的关系上，追求一种天人合一的营建思想和天人相亲、道法自然的审美追求。

作为建筑伦理基本原则的和谐，根植于传统，关涉的是在21世纪的时代背景之下建筑与建成环境[1]之间、建筑与自然环境之间的关系，或者说一座建筑应该如何融入建成环境与自然环境之中，与建成环境保持和谐，与自然环境保持友好。

这条原则类似于戴维·史密斯·卡彭提出的构成好建筑的六个原则中的原则五“尊重文脉”（参见本书第四章）。文脉是context的英译，本

1　建成环境（built environment）一般指人造环境。本书使用这一概念时指的是单体建筑外部人工环境的总和。

义是语言学中有关语句之间上下文关系的意思。建筑领域文脉的概念最早由美国建筑师罗伯特·文丘里（Robert Venturi）于1950年提出，当年他的硕士论文题目是《论建筑构成的文脉》（*Context in Architectural Composition*）。他以格式塔心理学为理论基础，对新建筑与既有建筑、建筑与城市空间之间的整体性关系进行了分析。汤姆·斯佩克特认为，建筑在所有艺术中最关涉情境（context-sensitive），正因为如此，建筑文脉常常被认为是彰显建筑高贵的基本价值之一。[1] 穆斯塔法·普尔塔尔将"文脉性"（contextuality）看成建筑所具有的最重要的社会文化价值之一，认为文脉性主要包括集体性、历史性、文化性、适当性和珍贵性（rarity）几个方面。[2]20世纪60年代后，现代建筑理论家逐渐将文脉用于建筑理论及实践之中，并作为建筑环境设计追求的重要目标。文脉强调的是单体建筑作为建筑群或建成环境的一部分，应有机融入环境之中，与环境形成一种和谐对话的关系，具体表现为时间上的连续性、视觉上的连贯性、空间形态的完整性，尤其是新建筑与原有的历史传统、地域风格之间的有机传承性。

建筑伦理的和谐原则与后现代建筑理论中所强调的尊重文脉原则相比，重点不是探讨采用何种设计手法才能延续建筑与城市文脉的问题，而是提出处理建筑与建成环境之间、建筑与自然环境之间关系的价值准则——和谐。主要包括以下两层含义和准则性要求。

第一，建筑与建成环境的和谐。

建筑与其他艺术类型相比，具有强烈的环境归属性。绘画、雕塑作品可以自由流动，不受空间环境限制，且空间环境的变化不改变或损害作品的审美特征。但建筑却不同，它总要扎根于具体的环境，成为当地的一个部分，并构成为环境的重要特征。

美国建筑师弗兰克·盖里（Frank Gehry）以造型设计充满表现力的毕尔巴鄂古根海姆美术馆享誉全球（图5-10）。他在谈到建筑设计原

1　Tom Spector. The Ethical Architect: The Dilemma of Contemporary Practice［M］. Princeton: Princeton Architectural Press，2001：159.

2　Warwick Fox（edited）. Ethics and the Built Environment［M］. London and New York：Routledge，2000：164.

图5-10　弗兰克·盖里设计的毕尔巴鄂古根海姆美术馆（Museo Guggenheim，Bilbao），该建筑新颖独特的外观具有强烈的地标作用，但又与相邻建筑和高架桥构成一种与城市融为一体的滨水景观

（来源：http://4.bp.blogspot.com/）

则时，强调建筑是一种关于联系的事物，他说到了犹太教信仰的“己所不欲，勿施于人”对自己的影响，他说：“如果将该理念应用在建筑中，你必须考量自己的建筑会成为某人或某物的邻居。我想从这方面来看，毕尔巴鄂古根海姆美术馆是成功的，因为它营造了一种良好的邻里关系，我觉得这是建筑的黄金法则——做一个好邻居。”[1]位于古根海姆旧城边缘、内维隆河南岸的古根海姆美术馆，其颇为醒目张扬的不规则建筑造型是否真正成了一个好邻居，或许仁者见仁，智者见智。但他提出的这个观点却相当重要。我们评价一座建筑美丑好坏，必须联系建筑与其所处环境的关系来评判。不仅可以借用作为全球伦理黄金规则的“己所不欲，勿施于人”来阐述建筑与建筑、建筑与城市环境的“相处之道”，也可以借用伦理学处理人与社会之间关系的一个基本原则——集体主义原则这一概念，即建筑应具有一种尊重周围建筑与环境的“集体主义”精神。一方面，承认每幢建筑的相对独立性，尊重单幢建筑的设计自由与设计创新，鼓励其追求富有个性特征的审美品位和审美风格；另一方面，又必须承认每幢建筑不可能脱离其所处建成环境的社会历史文化和自然地域特征而完全独立，这就要求建筑师在进行建筑设计时应当考虑如何让建筑与周围环境形成一种和谐共鸣、相互衬托的关系，而不是完全以自我为中心，求新求奇，不顾及环境的整体协调，与城市空间环境的关系失去平衡，甚至粗暴地嵌入场地环境，破坏空间环境的整体审美品质和地域文化特征。例如，1976年贝聿铭事务所设计完成的约翰·汉考克大厦（John Hancock Tower）是一栋60层楼高的全玻璃幕墙摩天大楼，位于美国波士顿市中心的考波利广场（Copley Square）。在贝聿铭设计之初，由于该塔楼紧邻波士顿历史地标三一教堂，曾引起不少争议。为了尽量处理好它与三一教堂的关系，该塔楼平面设计采用平行四边形，从广场上看两个立面成锐角相交，面向教堂的侧面开了一个三角形凹槽，以减轻厚重

---

1 ［以色列］Yael Rrisner，［澳大利亚］Fleur Watson．建筑与美［M］．程玺，于昕，译．北京：电子工业出版社，2014：36.

感，尤其是大楼的玻璃幕墙立面巧妙地将三一教堂反射在墙面上，使两幢建筑能够相互呼应，不仅没有粗暴地破坏广场的尺度，反而为广场增添了趣味（图5-11）。

彼得·柯林斯认为，若从现代建筑200年的历史中总结教益的话，肯定无疑是："在所有现代建筑的矛盾着的理想之中，今天没有任何理想被证明其重要性能超过'创造一个有人情味的环境'。关于个别建筑物、个别技巧，或个别手法主义的真实或虚伪方面的教条或辩论，永远也不能说不重要，但是比起新建筑是否能协调地适合于其所在的环境问题来，它们似乎都是次要的了。"[1]由此可见，当代建筑如何遵循和谐原则，建构一个呼应使用者需求和记忆、尊重周围建筑和街区文化氛围的人性化环境，是一项极为重要的目标。在这方面，欧洲一些文化名城如巴黎、威尼斯、布拉格都堪称典范，新旧建筑能配合城市风格，彼此协调。但是，总体上看当代许多城市新建筑在与既有建筑和城市环境的呼应协调方面，还存在较大问题，新建筑不尊重建筑所处场地、环境与城市的历史文化和传统风貌，破坏了城市文脉的可读性。例如，2012年10月竣工的城市综合体北京银河SOHO，由世界著名建筑师扎哈·哈迪德（Zaha Hadid）设计。这幢极富个性，充满圆润平滑与流动飘逸曲线之美的建筑，位于北京市东城区小牌坊胡同甲7号，处于北京老城保护范围内。一些学者批评它与老城风貌不协调（图5-12），而且该建筑与平行的其他建筑也没有呼应关系。对此，迈尔斯·格伦迪宁对现代主义建筑的批判是中肯的。他认为若每幢建筑只遵循个人主义的自我表达意念和象征手法，排斥集体主义式的规范限制，不断地与自身的社会环境基础割断联系，将导致极度碎片化的城市环境。因此，如何建立一套嵌入社会环境的建筑设计价值体系，是当今全球都市化大潮中建筑和城市设计所面临的主要问题。[2]

1 ［英］彼得·柯林斯. 现代建筑设计思想的演变［M］. 英若聪，译. 北京：中国建筑工业出版社，1987：300-301.

2 ［英］迈尔斯·格伦迪宁. 迷失的建筑帝国：现代主义建筑的辉煌与悲剧［M］. 朱珠，译. 北京：中国建筑工业出版社，2014：114-129.

图5-11 美国波士顿市考波利广场上汉考克大厦与三一教堂的相互衬托关系

（来源：https://en.wikipedia.org/wiki/File:Trinity_Church_reflected_in_Hancock_Place.jpg）

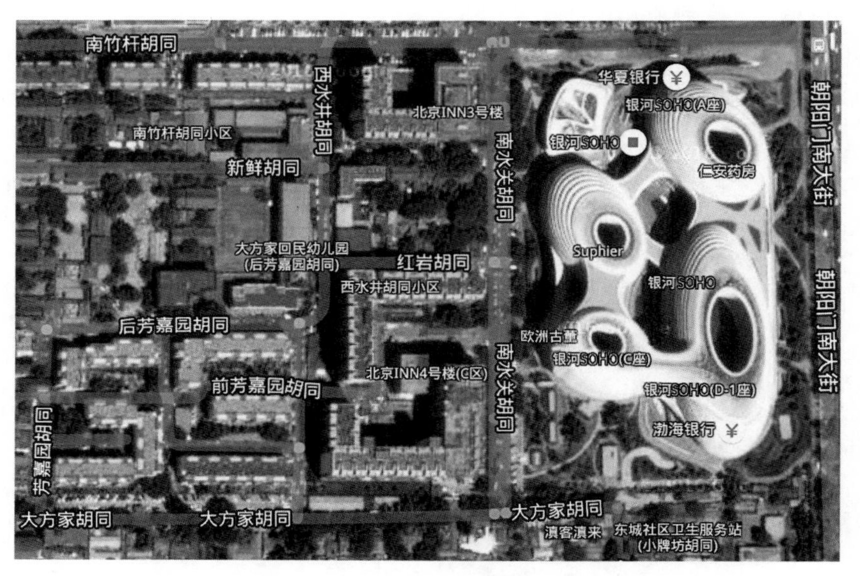

图5-12　位于北京老城保护范围内的北京银河SOHO
（来源：谷歌地图卫星图像）

第二，建筑与自然环境的和谐友好。

建筑是人与自然相互作用的一个重要中介。人类的建筑活动一定程度上能够反映人与自然环境相处的态度和方式。在前工业时代，人、建筑与自然环境的关系总体是和谐的，城市的生态环境问题表现得并不明显。近代工业革命以来，大量建筑工程采用大规模机器运作的实用功利化技术模式，导致建筑工程对人类共同的生存环境的影响愈加直接而明显。例如，建筑能源消耗的日益增加，大量建筑垃圾造成的环境污染，建筑材料中有毒物质和粉尘造成的大气污染，建筑噪声污染，等等。尤其是20世纪60年代之后，环境日益恶化，城市化演进与脆弱的自然环境之间的矛盾也越来越突出，人、建筑、城市、自然之间业已形成了一种相互作用、相互制约的关系。

在上述背景下，城市规划和建筑活动应当遵从生态规律，应当遵循生态共同体和谐准则，日益成为现代建筑伦理的一项基本要求。所谓生态共同体和谐准则，指的是一种非人类中心主义的环境伦理规范，它主张人类与整个地球生态系统是共生共存的，反对仅仅根据人类的需要和利益来规划、建设和评价建筑和城市，它要求确立以维护生态平衡为取向的生态整体利益观。具体有两个层面的基本要求。一是在建造人类活动区域与保存动植物栖息地之间找到平衡，建筑项目应避免对自然栖息地和自然景观的破坏；二是建筑活动应遵循“绿色”方针[1]，注重能资源节约与环境保护，建造不破坏生态的建筑，将建筑对环境的不利影响减小到最低程度。用英国建筑师保拉·萨西（Paola Sassi）的话说就是“轻轻地接触地球”的建筑，即从房屋建造算起，到房屋使用过程，直至最后结束“生命”的整个过程中，对环境影响最小。[2]这样的建筑就是与自然环境和谐友好的建筑。

以上阐述了建筑伦理的三组基本原则，下面对这三组原则做一个简明概括（表5-3）：

建筑伦理的基本原则 表5–3

建筑伦理的基本原则	基本含义
基本原则Ⅰ：安全与行善原则	建筑伦理的底线原则。建筑能够保持坚固、耐用，安全既是伦理准则，也是法律规范；建筑活动中既要防止和避免建筑设计、建造过程、建筑物和建成环境对人的伤害，又需倡导或承诺旨在增进公众利益和社会福利的行为
基本原则Ⅱ：适用与人本原则	建筑伦理的核心原则。建筑在满足基本的实用功能基础上还要让人感觉用起来方便、舒适；建筑活动既要“为了人”——建筑和城市规划是为人设计并为人服务的，又要“关怀人”——建筑和城市规划是对人的全方位关怀，又是以人的全面需求为本，其最终目的是全面提高人的生活质量，增进人的幸福，还要“尊重人”——建筑和城市规划应符合人道价值，尊重人的权利和尊严
基本原则Ⅲ：美观与和谐原则	建筑伦理的扩展原则。建筑之美存在于与功能相适应的形式之中，建筑的审美象征功能应符合社会伦理价值；建筑应与建成环境保持和谐，与自然环境保持友好

1 在我国，“绿色”要求已上升为国家层面的建筑方针。2016年2月，中共中央、国务院发布的《关于进一步加强城市规划建设管理工作的若干意见》，针对城市建筑贪大、媚洋、求怪等乱象以及城市建设盲目追求规模扩张，节约集约程度不高等问题，提出贯彻“适用、经济、绿色、美观”的建筑方针，作为指导建筑活动的基本准则。

2 ［英］保拉·萨西．可持续性建筑的策略［M］．徐桑，译．北京：中国建筑工业出版社，2011：8.

综上，建筑伦理的三个基本原则既来源于获得共识的建筑文化传统，从内容上又相互规定，构成了建筑伦理价值理念之间相互支撑、具有一定融贯性的价值准则框架。建筑伦理的基本原则只是指导建筑行为与建筑活动的一般性、原则性规范或根本性的道德要求。一方面，它不可能处理所有复杂的建筑实践问题并成为所有情形下的道德标准；另一方面，它并不提供具体的行动指南。在道德实践中如何运用这些原则，将其细化为具体的、可操作性的行为准则，以及如何解决一个具体的建筑伦理判断或伦理决策可能导致的各伦理原则之间的冲突，将是建筑职业伦理的中心任务。

第六章　建筑的伦理功能

建筑艺术来自一种不只是解决功能问题的渴望。在某种程度上说，更深层次的渴望就是它本身，是它的道德功能。[1]

——[美] 保罗・戈德伯格（Paul Goldberger）

1 [美] 保罗・戈德伯格. 建筑无可替代 [M]. 百舜，译. 济南：山东画报出版社，2012：31.

一个人从他（她）诞生那天起直至生命结束，绝大部分时间在建筑空间中度过，没有人不生活在建筑之中。建筑与每个人的生命和生活联系得如此紧密，以至于“建筑的功能何在”成了一个似乎人人都能回答的简单问题。作为普通人，人们首先是从实用性角度关注建筑的。因而建筑之于人的意义，不外是其最基本的实用功能，即遮风避雨、保暖御寒，解决人类生活基本需求中“住”的问题。然而，建筑的功能绝不仅仅是为我们提供抵抗风雨的遮蔽物，建筑之于人类，还有多重精神功能，包括伦理功能。

建筑的伦理功能是多层次的。按照规范伦理学的一般理解，在道德的功能系统中，认识功能和调节功能是最基本的功能。简言之，所谓认识功能，即道德是人认识和理解世界的一种特殊方式；所谓调节功能，即道德通过提出行为准则等方式，调节人与人、人与社会和人与自然之间的关系。建筑的伦理功能大体上也可概括为建筑的认识功能和建筑的调节功能。[1]

1　需要说明的是，有关建筑的伦理功能，在本书前几章已有所涉及，本章旨在更集中、更有针对性地阐释。

一、栖居的力量：建筑作为“存在之家”

乔纳森·格兰西（Jonathan Glancey）说：“建筑是人类的奇妙活动之一，也是我们尝试建立秩序以理解这个混乱而又魅力无穷的世界的方法之一。”[1]保罗·戈德伯格（Paul Goldberger）说：“当建筑不再仅仅为我们遮风挡雨，当建筑开始阐释世界的某些内涵时——当建筑开始具有艺术特质时，它便开始变得重要了。”[2]这些观点实际上表达了建筑的一种重要的伦理功能——认识功能。我认为，从宽泛的意义上说，建筑的认识功能既包括通过建筑理解世界、理解存在，也包括象征功能和叙事功能。

从现象学视角考察建筑的本质及其特殊功能，主要揭示的是存在论意义上建筑理解世界的特殊方式，或者说作为一种基本存在方式的建筑之意义。

倪梁康提出过一个问题：“除了海德格尔意义上的建筑现象学或建筑存在论以外，还可以想象出现象学与建筑的另类联系吗？”[3]至少从20世纪70年代开始至今，哲学界和建筑学界的有关研究还没有完全确立起脱离海德格尔思想的建筑现象学。即便梅洛—庞蒂（Maurice Merleau-Ponty）的知觉现象学在建筑学界有不小的影响，但他的现象学仍是从德国现象学家胡塞尔的思想方法出发，并受海德格尔思想的影响。因此，探讨现象学视野下建筑的意义问题，首先需要从海德格尔有关建筑现象学的思想出发。

海德格尔有关建筑意义的伦理之思，主要是从探讨建筑与存在、建筑与栖居之间的关系开始的，其思想集中于他1950年至1951年在德国所做的三篇有关建筑与栖居的演讲，分别是：1950年6月6日在巴伐利亚艺术协会作题为《物》的演讲，1951年8月5日在达姆斯塔特“人与空间”专题会议上作《对建筑安居功能的思考》的演讲（1954年以

1 ［英］乔纳森·格兰西．建筑的故事［M］．罗德胤，张澜，译．北京：三联书店，2009：7.

2 ［美］保罗·戈德伯格．建筑无可替代［M］．百舜，译．济南：山东画报出版社，2012：3.

3 彭怒，支文军，戴春．现象学与建筑的对话［M］．上海：同济大学出版社，2009：12.

《筑·居·思》为题收入海德格尔文集《演讲与论文集》)，1951年10月6日在比勒欧作《……人诗意地栖居……》的演讲。当然，理解海德格尔有关建筑与栖居的关系，还离不开他最重要的著作——《存在与时间》所建构的理论基础。

无论中西，“建筑”都是一个多义词，既可以是一个动词，表示人类的建筑过程、建筑行为或建造活动；也可以是一个名词，表示建筑物和建筑艺术。海德格尔，尤其是后期海德格尔在存在论意义上使用的“建筑”概念，主要是指作为动词的建筑，即德语bauen，英语是building，汉语在孙周兴的译本里译为“筑造”。德语bauen主要有两种意义，除了建造活动，还有种植、照料之义，都是一种动态的活动。正如孙周兴所言：“海德格尔首先把‘建筑’设想为一种活动，而且不是一般的活动，而是存在性的活动。”[1]

关于筑造、栖居与存在三者之间的关系，在《筑·居·思》中，海德格尔明确将其归纳为三个基本观点：

一、筑造乃是真正的栖居。

二、栖居乃是终有一死的人在大地上存在的方式。

三、作为栖居的筑造展开为那种保养生长的筑造与建立建筑物的筑造。[2]

这三个观点表明，海德格尔实际上在筑造、栖居与存在三者之间划上了等号，并以此揭示了建筑的本质。从筑造与栖居的关系看，栖居更为本源，我们是因为栖居而筑造，能够栖居才能够筑造。同时，海德格尔认为，借由所谓“目的—手段”模式（即将筑造看成是获得栖居的手段）来认识两者的关系，显然是有局限性的，妨碍了我们洞察筑造与栖居之间的本真关系，“我们通过目的—手段的模式把本质性的关联伪装

1 彭怒，支文军，戴春. 现象学与建筑的对话［M］. 上海：同济大学出版社，2009：51.

2 ［德］海德格尔. 演讲与论文集［M］. 孙周兴，译. 北京：三联书店，2005：156.

起来了。因为筑造不只是获得栖居的手段和途径，筑造本身就是一种栖居”。[1]之所以筑造不仅是栖居的手段，其本身就是一种栖居，海德格尔主要是从语源学上进行追溯性思考而加以阐释的。在古高地德语中，表示筑造的词语buan本意就是栖居（dwell），指的是持留、逗留在一个地方，只不过现代德语中这个词的本意丧失了。海德格尔认为，这个词一丝隐隐的痕迹还保留在德语“邻居”（nachbar）一词中。buan即原始的筑造，还包含有现代德语“是”（bin）或“存在”之意，在此意义上，他又将居住与存在紧密联系起来，触及了栖居的本质，即“我是和你是的方式，即我们人据以在大地上存在的方式，乃是buan，即居住。所谓人的存在，也就是作为终有一死者在大地上存在，意思说是：居住”。[2]从语源学上进一步分析，海德格尔认为，作为栖居的筑造方式主要有两种，即作为保养之筑造与作为建立建筑物之筑造，前者的功能在于培育自然生长的生物，如耕种田地；后者的功能在于建造那些不能自然生长之物，如建造建筑物，以提供我们安全的庇护之所。由此，海德格尔从语言学上留下的痕迹（或追溯语言转变的过程），探究了建筑的本质，即建筑是真正的栖居，栖居的本质是指人在大地上的存在方式。

海德格尔不仅从语源学上把筑造、栖居与存在三者之间联系起来，还把这三者与“诗意”或“诗”（dichtung）联系起来。后期海德格尔在其整个哲学背景与美学思想上，出现了明显的诗化转向，特别是在比较“技术”与“艺术”相对立的存在的显现方式上，阐发了“艺术的本质是诗”[3]的观点。在海德格尔看来，所有的艺术都是诗意创造（dichterisch），诗意的东西贯穿在一切艺术之中，当然也包括建筑艺术。

1 ［德］海德格尔．演讲与论文集［M］．孙周兴，译．北京：三联书店，2005：153．

2 ［德］海德格尔．演讲与论文集［M］．孙周兴，译．北京：三联书店，2005：154．

3 ［德］海德格尔．林中路［M］．孙周兴，译．上海：上海译文出版社，2004：63．需要注意的是，海德格尔所指称的“诗”，德文用的是dichtung表述，而不是poesie。对此，陈嘉映认为：“他在使用dichtung时则着意于德文dichten所含的‘构造’这一意义，从而也就与筹划、设计、撕扯出线条而成草图riss、构造成形这些提法联到一起了。这样看来，dichtung就泛指每一艺术作品中使真理固置于某一个别存在者并通过该存在者而起作用的过程。”（陈嘉映．海德格尔哲学概论［M］．北京：三联书店，1995：285．）可见，海德格尔用dichtung表达“诗”，是看重其语义的丰富性，尤其是dichtung有设计、构造、筹划之含义，故而构造、筑造在原初意义上与“诗”的联系就顺理成章。

诗的语言显示出语言之为语言的原始特质，它可以用有限的语言表达不可言说之奥秘，通过诗来揭示存在，或者说使语言成为存在的寓所。他说："存在在思想中达乎语言。语言是存在之家。人居住在语言的寓所中。思想者和作诗者乃是这个寓所的看护者。"[1]海德格尔认为，可将真正的栖居、真正的建筑比拟于作为存在之家的语言即诗的语言，因为诗的实质在于使人类的存在显现意义。海德格尔认为，本质上"诗乃是对存在和万物之本质的创建性命名——绝不是任意的道说"，[2]诗把存在之为存在通过语言带到敞开之境而达到无蔽的状态，而且"作诗，作为让栖居（wohnenlassen），乃是一种筑造"，[3]正是诗把人聚集到其存在的根基之上，使人真正能够接近生存的本源而安居。海德格尔多次引用德国浪漫派诗人荷尔德林（Friderich Holderlin）的下列诗句并使其闻名遐迩，即：

充满劳绩，但人诗意地，
栖居在这片大地上。

人的所作所为，包括建造活动，是人自己劳神费力的成果。然而，所有这些并没有触及在这片大地上栖居的本质。人类栖居的本质是"诗意"。这里"诗意"并非日常语言中所表达的类似诗情画意这样一种情感状态，也并非仅仅表达一种赞叹大自然造化奇妙的审美情态，从根本上说，它指的是人类寻求生存根基的活动，是对本源之回溯。有无诗意是能否存在的标志，正是诗意呼应天、地、神、人，使居住成为居住，使栖居成为栖居，让人们在地球上的存在找到自己的"位置"（Ort），从而才有牢固的立足点，并成为人类把握世界的尺度。

"位置"是理解海德格尔存在论的一个重要概念。他所理解的"位置"并非物理空间或几何空间中的某一地点。通过对一座桥的现象学描

1 ［德］海德格尔．路标［M］．孙周兴，译．北京：商务印书馆，2009：366.

2 ［德］海德格尔．荷尔德林诗的阐释［M］．孙周兴，译．北京：商务印书馆，2000：47.

3 ［德］海德格尔．海德格尔选集［M］．孙周兴，编．上海：上海三联书店，1996：465.

述，海德格尔形象直观地阐释了“位置”的本质，作为一种“位置”的桥，其本质是“以其方式把天、地、神、人聚集于自身”[1]，实际上就是把“世界”诸元素聚集起来。

关于“世界”这一概念，在早期的《存在与时间》中，海德格尔主要指的是人之此在（Dasein，being-there）的生存世界，是此在获得展开的场地。在后期，他将此概念加以丰富和发展，不再强调此在，而是强调存在本身，“世界”成为了“天、地、神、人”的四重整体结构，这个整体就是存在，如图6-1所示。

图6-1 海德格尔天、地、人、神四重结构示意图

这里“天”代表日月交替、四季变换，象征着敞开、无蔽；“地”代表产生生命的供养者，象征着隐匿、闭锁；“神”是神圣之域，它指引着存在者；“人”是生存之域，作为终有一死者能够“向死而在”并守护其他三方。这四者是一个浑然合一的境界，“从一种原始的统一性而来，天、地、神、人‘四方’归于一体”，[2]并且四者相互协作、相互隶属与相互交织，每一方都从其他各方获得自身的本质。

如何守护四重整体的本质？作为栖居的筑造在此发挥着重要功能，用海德格尔的话说就是：“作为保护的栖居把四重整体保藏在终有一死者所逗留的东西中，也即是物（dingen）中。”[3]作为物之建立的筑造，即通常的建筑活动，并不只是建立蔽身之所这般简单，更重要的是，筑造还能建立让天、地、神、人得以聚集的“物”，并在“物”身上体现四重整体的本质，从而使栖居呈现为在“物”那里的逗留。如前所说，作为一种“位置”的桥，它原本是人类用来跨越障碍的构造物，但在海德格尔看来，它的功能绝不如此简单，“桥是这样一种物。由于位置把一个场地安置在诸空间中，它便让天、地、神、人之纯一性进入这个场

1 ［德］海德格尔．演讲与论文集［M］．孙周兴，译．北京：三联书店，2005：161.

2 ［德］海德格尔．演讲与论文集［M］．孙周兴，译．北京：三联书店，2005：157.

3 ［德］海德格尔．演讲与论文集［M］．孙周兴，译．北京：三联书店，2005：159.

地中”，[1]即桥以为四重整体提供一个场地的方式而使天地神人聚集统一，为这四重整体创设了诸空间，建立起人与空间之间的紧密关系。

海德格尔不仅以桥为例，还以两百年前德国的农家院落——黑森林农舍（图3-18、图6-2）为例，说明了曾经有过的栖居如何有一种自足的力量，使人不仅居住在他的住房里，还居住在大地上、在天空下、在诸神面前，居住在诸空间之中。海德格尔说：

让我们想一想两百多年前由农民的栖居所筑造起来的黑森林里的一座农家院落。在那里，使天、地、神、人纯一地进入物中的迫切能力把这座房屋安置起来了。它把院落安排在朝南避风的山坡上，在牧场之间靠近泉水的地方。它给院落一个宽阔地伸展的木板屋顶，这个屋顶以适当的倾斜度足以承荷冬日积雪的重压，并且深深地下伸，保护着房屋使之免受漫漫冬夜的狂风的损害。它没有忘记公用桌子后面的圣坛，它在房屋里为摇篮和棺材——在那里被叫做死亡之树——设置了神圣的场

图6-2　白雪皑皑中的黑森林农舍
（来源：http://ciudadproyector.com/proyecciones/heidegger_home_snow/）

1 ［德］海德格尔．演讲与论文集［M］．孙周兴，译．北京：三联书店，2005：167.

地，并且因此为同一屋顶下的老老少少预先勾勒了他们时代进程的特征。筑造了这个农家院落的是一种手工艺，这种手工艺本身起源于栖居，依然需要用它作为物的器械和框架。[1]

通过以上描述，海德格尔说明了黑森林农舍如何将天（积雪、狂风）、地（朝南避风的山坡、靠近泉水）、人（摇篮、棺材）、神（圣坛）聚集起来，实现真正的栖居。正如海德格尔自己所说，他举黑森林农舍来说明何谓作为栖居的筑造，并非是呼吁回归到200多年前的建造方式，实际上也不可能。他的意图在于给现代建筑提供一种警示意义。我们不能忘本，原始的栖居暗示着我们应当反省现代人无根可依、无家可归的生存处境，重新思考和追问栖居的存在本质。

海德格尔还以古希腊神庙为例，说明筑造如何响应四重整体的呼声，体现栖居的朴素本质。据说20世纪30年代后海德格尔有过自己的"考古之旅"，第一站便是古希腊留下的艺术圣殿——神庙遗址，以期寻找其残存的原始本真，领悟艺术与真理的深邃联系。他认为神庙屹立于大地之上，它敞开了一个世界，同时又使这个世界回归于大地，如此大地自身才显现为一个家园般的基础。海德格尔对希腊神庙进行了一番现象学的描述：

一件建筑作品并不描摹什么，比如一座希腊神庙。它单朴地置身于巨岩满布的岩谷中。这个建筑作品包含着神的形象，并在这种隐蔽状态中，通过敞开的圆柱式门厅让神的形象进入神圣的领域。贯通这座神庙，神在神庙中在场。神的这种现身在场是在自身中对一个神圣领域的扩展和勾勒，但神庙及其领域却并非飘浮于不确定中。正是神庙作品才嵌合那些道路和关联的统一体，同时使这个统一体聚集于自身的周围。在这些道路和关联中，诞生和死亡，灾祸和福祉，胜利和耻辱，忍耐和堕落——从人类存在那里获得了人类命运的形态。这些敞开的关联所作

1 ［德］海德格尔．演讲与论文集［M］．孙周兴，译．北京：三联书店，2005：169．

用的范围，正是这个历史性民族的世界。出自这个世界并在这个世界中，这个民族才回归到它自身，从而实现它的使命。

这个建筑作品阒然无声地屹立于岩石上。作品的这一屹立道出了岩石那种笨拙而无所逼迫的承受的幽秘。建筑作品阒然无声地承受着席卷而来的猛烈风暴，因此才证明风暴本身的强力。岩石的璀璨光芒看来只是太阳的恩赐，然而它却使得白昼的光明、天空的辽阔、夜晚的幽暗显露出来。神庙的坚固的耸立使得不可见的大气空间昭然可睹了……希腊人很早就把这种露面、涌现本身和整体叫做Φυσιζ。Φυσιζ同时也照亮了人在其上和其中赖以筑居的东西。我们称之为大地（erde）。……

神庙作品阒然无声地开启着世界，同时把这世界重又置回到大地之中。如此这般，大地本身才作为家园般的基地而露面。[1]

换言之，希腊神庙作为一座建筑，作为一个艺术作品，其功能显然不是遮风避雨，而是使人们聚集于它的周围，它设置了一个将天、地、人、神融为一体之神圣空间，或者说开启、建立了一个世界（图6-3）。真正的建筑就应如希腊神庙一般，帮助我们把大地带出来，带进世界的敞开

图6-3　古希腊帕特农神庙遗址：天、地、人、神之完美和谐
（来源：http://upload.wikimedia.org/）

1 ［德］海德格尔. 林中路［M］. 孙周兴，译. 上海：上海译文出版社，2004：27-28.

领域中，聚集天、地、人、神四重整体，使栖居得以发生。而且，海德格尔还透过对神庙建筑的现象学分析，揭示了这类建筑独特的认识或诠释功能。作为艺术作品的神庙，虽然它自身不直接描绘什么，但却有助于透过它的存在，引发人类理解自身的存在及命运。

海德格尔坚持认为，人类面临的真正困境是必须要重新探索栖居的真正含义和本质。人类必须学会栖居。通俗地说，海德格尔所说的将天、地、人、神聚集于一身并保护这四重整体的栖居，可理解为建立家、家园，家意味着身心的归属，家意味着“人生在世”的本然样态。建筑是一种物化的家园感，真正的建筑是对人类返归家园的渴望与探索，它使人们深深感受到存在的意义，同时建立起与周围世界积极而有意义的联系。然而，正如海德格尔所忧虑的，这正是现代人的居住和筑造所遗失和缺少的东西，即居住者与四重整体的关联、存在的遗忘和一种无家可归感。

其实，追溯汉语“家”的词源学意义，也可以发现“家”与人类建屋、居住不可分割的联系。何谓“家”?《说文》中说：“居也。从宀，豭省声”，其意是说家就是居住的地方。甲骨文中的“家”字在“宀”下加上一个“豕”（图6-4），其中“宀”是大屋顶之象形，是远古宫室在汉字中的表现；豕则指小猪。[1]由此推测，原始初民本无居室，只能如野兽般野处，后来有了居

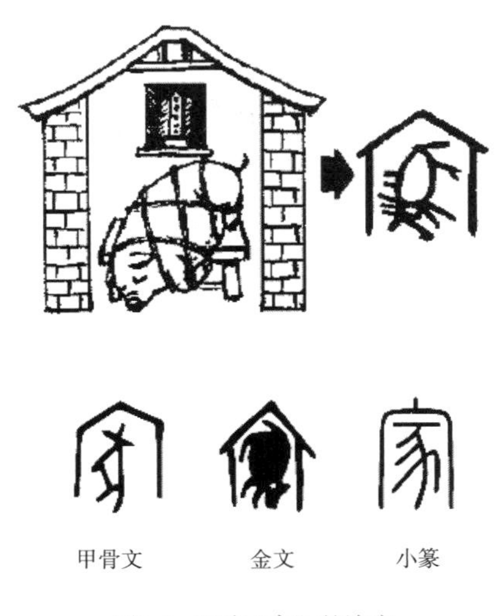

图6-4　汉字“家”的演变

（来源：http://www.daode99.com/attach/map/）

1　李泽厚曾指出，猪的驯化饲养是中国远古民族的一大特征，它标志着定居早和耕细作早。7500前的河南裴李岗遗址即有猪骨和陶塑的猪，仰韶晚期已用猪头随葬。猪不是生产资料而是生活资料。参见：李泽厚．美的历程［M］．北京：三联书店，2009：30.

室建筑，便将生猪之类动物在居所圈养起来，由此蓄养生猪成了定居生活的标志，从而真正有了“家”。可见,“家”是原始初民通过修建房屋、圈养家畜从而实现定居生活的一种文化现象。正是在这一点上，海德格尔的洞见有助于我们理解人类建筑的本质：“根据我们人类的经验和历史，至少就我所见来说，我知道，一切本质的和伟大的东西，都源于这一事实：人有一个家并且扎根于一个传统。”[1]

20世纪60年代后，挪威建筑理论家诺伯格—舒尔茨（Christian Norberg-Schulz）继续以海德格尔的现象学方法分析建筑的意义与功能。相对而言，诺伯格—舒尔茨以一种应用化的方式诠释海德格尔的建筑存在论，提出并阐释了“存在空间”（existential space）、“场所精神”（genius loci，spirit of place）等重要概念，以此将建筑的意义同人的存在属性明确地联系在一起。在《存在、空间与建筑》（*Existence, Space and Architecture*，1971）一书中，诺伯格—舒尔茨指出：“所谓‘存在空间’，就是比较稳定的知觉图式体系，亦即环境的‘形象’（image），存在空间是从大量现象的类似性中抽象出来，具有‘作为对象的性质’。”[2]诺伯格—舒尔茨将存在空间的基本特性归纳为中心与场所、方向与路线、区域与领域，并区分了四个层次的“存在空间”，即地貌（geography）和景观（landscape）、城市阶段（urban level）、住宅（house）、物或用具（the thing）。存在空间的诸层次相互作用构成一个结构化的整体。他认为住宅作为一种存在空间，指的是海德格尔所说的作为栖居的建筑，“住房始终是存在的中心场所，也就是幼儿学到的理解自己在世界内存在的场所，是人从那里出并回到那里的场所”。[3]

诺伯格—舒尔茨的主要理论贡献是对场所精神进行了深入研究。在《场所精神：迈向建筑现象学》（*Genius Loci: towards a Phenomenology of Architecture*，1980）一书中，他从现象学出发讨论场所和建筑，希望恢复建筑中存在向度的重要性。他认为，场所不是抽象的地理位

1 ［德］海德格尔．人，诗意地安居：海德格尔语要［M］．郜元宝，译．上海：上海远东出版社，2011：39.

2 ［挪］诺伯格·舒尔兹．存在·空间·建筑［M］．尹培桐，译．北京：中国建筑工业出版社，1990：19.

3 ［挪］诺伯格·舒尔兹．存在·空间·建筑［M］．尹培桐，译．北京：中国建筑工业出版社，1990：45-46.

置（location）或场地（site）概念，而是具有清晰的空间特性或“气氛”的地方，是自然环境和人造环境相结合的有意义的整体，是人类栖居的具体表现。由于场所是一种整体性现象，无法仅仅用科学实证的方法描述其在生活世界的丰富意义，由此他提出了建筑现象学的认知场所之路，并从场所结构与场所精神两个方面展开。场所结构由“空间”（space）及“特质”（character）构成，场所精神则解释了人与栖居环境的整体性关系。场所精神在古代主要体现为一种神灵守护精神（guardian spirit），在现代则表示一种主要由建筑所形成的环境的整体特性（图6-5），具体体现的精神功能是“方向感”和“认同感”，只有这样人才可能与场所产生亲密关系。“方向感”（orientation）简单说指人们在空间环境中能够定位，有一种知道自己身处何处的熟悉感，它依赖于能达到良好环境意象的空间结构；而“认同感”（identification）则意味着与自己所处的建筑环境有一种类似“友谊”的关系，意味着人们对建筑环境有一种深度介入，是心之所属的场所。[1]在诺伯格—舒尔茨看来，建筑是场所精神的形象化，建筑的精神功能就是帮助人们安居（dwelling）并获得一种“存在的立足点”（existential foothold），而要想获得这种“存在的立足点”，人必须归属于一个场所，并与场所建立起以“方向感”和“认同感”为核心的场所精神。

胡塞尔所开创的现象学运动公认的一个口号是“回到事情本身”（zur Sache selbst），以此方法探讨建筑的意义，就是要“回到建筑本身”。现象学意义上的“事情”一般指被给予之物、直接或直观之物，是在自身显现中被直接把握的对象，“事情本身”意味着通过返回和本质洞察的方式认识事情的本源，本源即本质，以此反思和批判现代科学技术和现代人的生活方式。海德格尔正是以此方法思考和描述建筑，重新寻找现代社会中人类逐渐遗忘的建筑之“让栖居”的本质，深刻揭示了建筑、栖居与存在三者之间几乎可以等同起来的关系。诺伯格-舒尔

1 ［挪］诺伯舒兹. 场所精神：迈向建筑现象学［M］. 施植明，译. 武汉：华中科技大学出版社，2010：18-20.

茨沿着海德格尔所开创的建筑存在论的思想之路，建构了建筑现象学的基础架构，探索了一种从“存在空间”和“场所精神”中获得建筑最根本精神体验和意义的途径。

总之，从现象学维度探讨建筑的本质和功能，可以得出这样一个基本结论：在所有主要的艺术形式中，唯有建筑能够给人提供一种在大地上真实的“存在之家”，或者说“存在的立足点”，不只是使人的身体受到庇护，还使人类孤独无依的心灵有所安顿，获得一种归属感和意义感，这或许是建筑最深刻的伦理功能。对此，澳大利亚建筑批评家克里斯·亚伯（Chris Abel）说得好：“我们不可能拥有建筑，甚至我们的一部分是建筑。因而，建筑是一种存在的方式，就如同科学、艺术和其他主要文化形式，都是存在的方式。因此，当我们试图定义真实和深层次的建筑功能时，我们不能简单地描述这一人工产品，而是解释我们了解

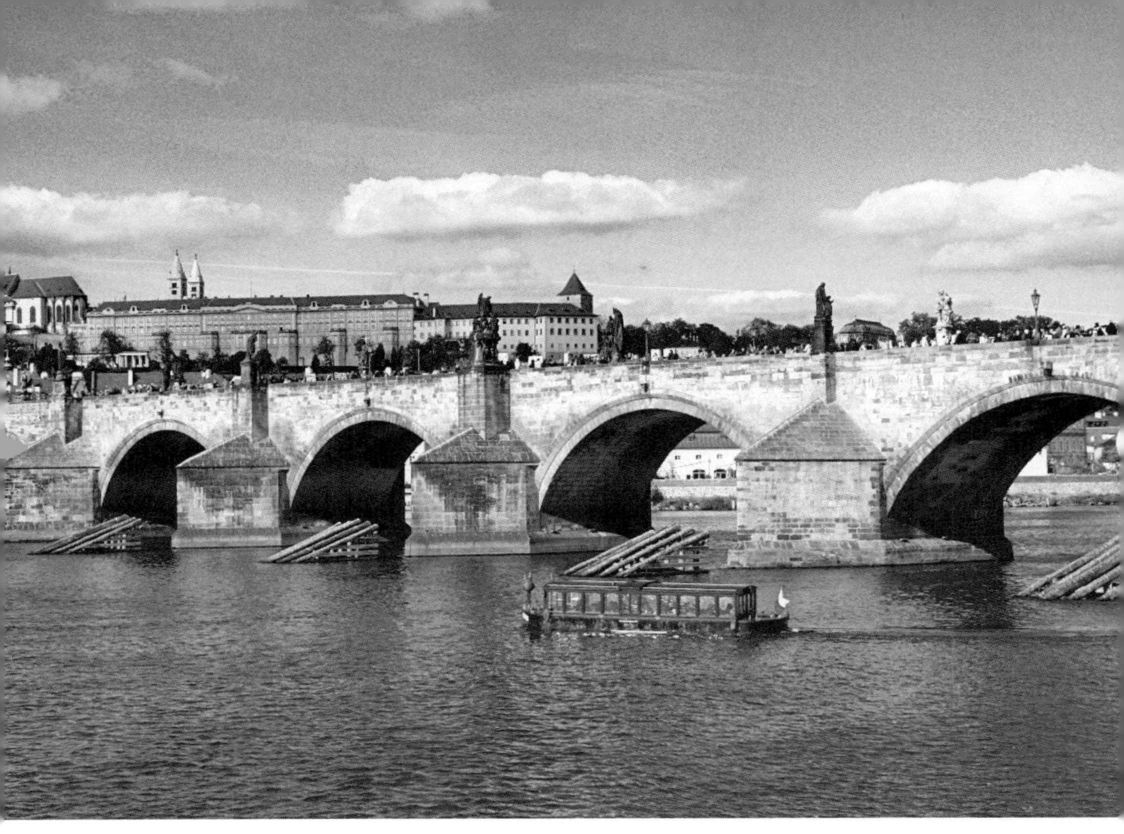

图6-5　诺伯格—舒尔茨以布拉格的查尔斯桥（Charles Bridge）为例，
说明了场所精神的力量
（来源：https://www.private-prague-guide.com/wp-content/charles_bridge_castle.jpg）

自身的基本方式之一。”[1]

二、象征的力量：建筑作为一种伦理叙事

如本书第三章所述，卡斯腾·哈里斯对建筑的伦理功能进行了深入研究，尤其是他阐述并分析了作为一种特殊语言的建筑所具有的精神象征功能，他认为缺乏主导性的建筑象征系统正是现代建筑伦理功能弱化的重要因素。美国哲学家纳尔逊·古德曼（Nelson Goodman）认为，建筑同其他艺术形式一样，是人类的一种符号表现形式，具有以“例

1 ［澳］克里斯·亚伯. 建筑与个性——对文化和技术变化的回应［M］. 张磊，等，译. 北京：中国建筑工业出版社，2003：168.

示”（exemplification）为特征的象征性模式，从而使建筑（无论是作为建筑的一部分还是整体）与财产、情感或思想联系在一起，赋予建筑以意义。[1]

的确，建筑艺术如同一本“立体的书”，是以空间为对象的特定文化活动，作为一种形象化语言的象征在建筑艺术中发挥着独特的作用。通过象征手段和以空间元素为媒介，让建筑能“载道”“言志”，甚至“成教化，助人伦”，[2]这是建筑的精神功能得以体现的基本途径。实际上，叙事也可以作为一种象征行为而存在，建筑艺术中所运用的各种象征手法，可以看成是一种叙事策略。建筑艺术主要通过象征性叙事手法把诸多文化形象、精神观念与地域特质表现在人们面前，使建筑成为表达某种主题、意义或价值，尤其是伦理意蕴的叙事系统。本书在探讨建筑的精神象征功能时，主要阐述建筑的伦理叙事功能，这是建筑伦理功能中认识功能的重要组成部分。

（一）建筑作为一种叙事

所谓“叙事”，就是人们把客观世界纳入一套言说系统中来加以认识、解释和把握，其典型形式是讲述故事或事件。在人类文化中，叙事并非只存在于文学之中，它的载体十分丰富，表现形式多种多样，叙事研究业已远远超出了文学艺术的传统视野，成为一种跨学科的研究。罗兰·巴特（Roland Barthes）说：

---

1 Nelson Goodman. How Buildings Mean［J］. Critical Inquiry，1985，11（4）: 642–653. 需要说明的是，“例示”（exemplification）是纳尔逊·古德曼分析美学中的一个核心概念。所谓“例示”，他指出：“如果某物被一个述词所指涉，无论是字面的用法还是隐喻的用法，而且该物也指涉那个述词或者与那个述词相应的属性，它就可以说是例示了那个述词或那个属性。”（Nelson Goodman. Language of Art［M］. Indianapolis：Hackett Publishing Co，1976：52.）简单来说，例示是一种双向指称（denotation），即它一方面有指称关系，另一方面又拥有（possession）所指称的属性。例如，如果我们以“红色的”一词来指称颜色的红，这只是一种单向指称。但是，如果当我们用一个“红色的苹果”来指称“红色的”时，便是在“例示”红色。

2 ［唐］张彦远，俞剑华．历代名画记［M］．上海：上海人民美术出版社，1964：1．张彦远在《叙画之源流》开篇时即说：“夫画者：成教化，助人伦、穷神变、测幽微，与六籍同功，四时并运，发于天然，非由述作。”叙事性建筑与叙事画一样，可以传达语言所不能传达的东西，具有特殊的道德教化功能。

对人类来说，似乎任何材料都适宜于叙事：叙事承载物可以是口头或书面的有声语言、是固定的或活动的画面、是手势，以及所有这些材料的有机混合；叙事遍布于神话、传说、寓言、民间故事、小说、史诗、历史、悲剧、正剧、喜剧、哑剧、绘画（请想一想卡帕齐奥的《圣徒于絮尔》那幅画）、彩绘玻璃窗、电影、连环画、社会杂闻、会话。而且，以这些几乎无限的形式出现的叙事遍布于一切时代、一切地方、一切社会。[1]

虽然表面上看，建筑艺术相比于其他艺术形式，似乎最不擅长叙事，但建筑同样可以成为一种叙事承载物，通过材料、造型、表皮、色彩、肌理、虚实、路径、边界、空间组织与活动，象征、隐喻与建构社会文化意义，这意义的表达与建构犹如讲故事一般。尤其对那些富有艺术创造力的建筑哲匠们来说，他们总是善于以建筑这种空间性媒介来达到叙述事件、表达意蕴的目的。

英国学者埃蒙·坎尼夫（Eamonn Canniffe）提出叙事（narratives）是城市设计的基本元素。所谓叙事，他认为指的是运用对公民而言有重要意义的类比和意义元素等表达方式，为城市中人类活动的关键角色设定场景，使城市成为一种故事的集合。[2]建筑叙事是范围更广的城市设计叙事的重要构成，它是基于物质媒介，通过象征、类比、场景再现等方式，以及强调象征、隐喻意味的建筑形式语言，营造一个能讲故事的建筑表皮、造型和空间环境，使建筑负载文化寓意和价值信息。

从20世纪80年代开始，西方建筑界明确将叙事作为一种设计方法运用于现代建筑创作之中，展开了建筑与叙事之间的交叉研究。例如，1983年英国建筑师奈杰尔·柯特斯（Nigel Coates）和他的八位学生组建了一个先锋设计社团，取名“今日叙事建筑”（Narrative Architecture Today），探索叙事性建筑的理论与实践（图6-6）。从20世纪80年代末开

1 ［法］罗兰·巴特．叙事作品结构分析导论［M］．张寅德，译//张寅德．叙述学研究．北京：中国社会科学出版社，1989：2.

2 Eamonn Canniffe. Urban Ethic: Design in the Contemporary City［M］. London and New York：Routledge，2006：80.

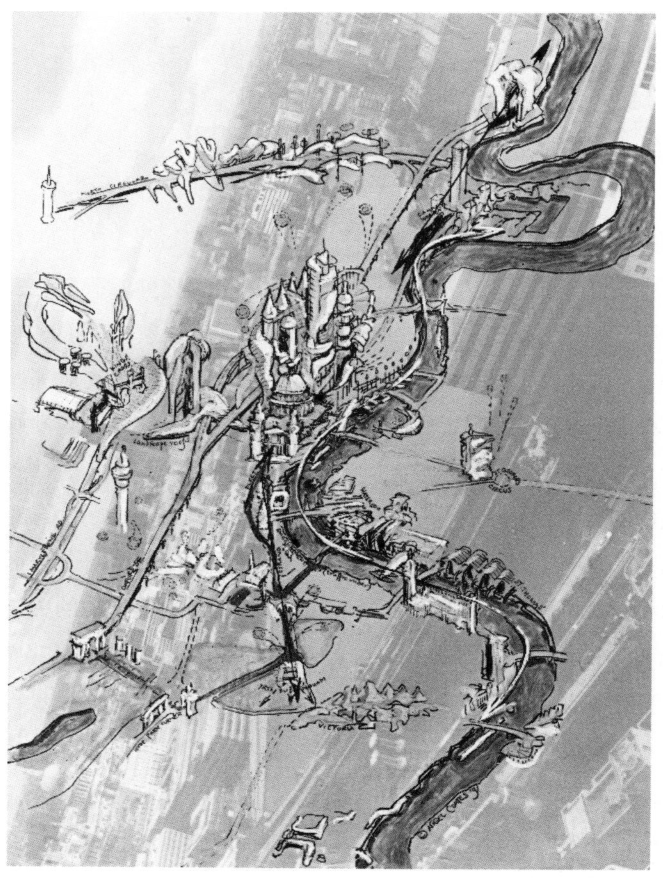

图6-6 奈杰尔·柯特斯（Nigel Coates）绘制的“叙事性伦敦”
（来源：https://hashtagarchitecture.com/2015/09/06/narrative-building-architecture-around-a-story-2/）

始，奈杰尔·柯特斯首先在伦敦、东京和伊斯坦布尔的一些商业建筑，如时尚零售店、酒吧、夜总会的设计中进行叙事建筑的实践。2012年，奈杰尔·柯特斯出版《叙事建筑》（*Narrative Architecture*）一书，探讨从古代到现代建筑的潜在叙事性。

此外，英国学者索菲亚·普萨拉（Sophia Psarra）的《建筑与叙事：空间的建构及其文化意义》（*Architecture and Narrative: The Formation of Space and Cultural Meaning*）一书，主要以古希腊神庙建筑和现代的一些博物馆建筑为例，着重从抽象的几何秩序与视觉体验结构之间的相互作用、空间认知及其文化意义方面探讨建筑的叙事性。该书作者强调建筑不仅能表征意义，而且能够通过空间秩序和社会关系参与到意义的建构之中。[1]雷扎·法拉赫塔夫提（Reza Fallahtafti）在《建筑与叙事：谢菲尔德的心理地理学研究》（*Architecture and Narrative*：*A Psycho-geographical Study of Sheffield*）报告中，从心理地理学维度探讨了建筑与叙事的关系。他认为，当建筑师提到设计时，他们往往谈论的是有关建筑形式、规划及空间序列的心理活动。建筑师常常将建筑描绘成有假想的观众（或使用者）体验建筑空间旅程的叙事。在此意义上，设计被视为一种心理活动，建筑被看成一种体验过程，如同一个故事徐徐展开。而且，对于一些建筑师来说，空间叙事不仅是他们描述建筑的方式，而且也是他们的设计方式。这些建筑师着迷于叙事，如同一些作家着迷于建筑一样。[2]

不同的建筑类型，其物质含量或精神含量各有侧重。如一般被人们称为“房子”或“构筑物”的建筑，它们以实用功能为基本目标，本质上是不讲故事的。只有那些能称之为是艺术，具有象征、传意等精神功能，使人产生情感反应，渲染某种文化特质和价值倾向性的建筑，才具有叙事性。

1　Sophia Psarra. Architecture and Narrative: The Formation of Space and Cultural Meaning［M］. London and New York：Routledge，2009：2.

2　Reza Fallahtafti. Architecture and Narrative：A Psycho-geographical Study of Sheffield［J/OL］. 2011：14. http://maad.postgrad.shef.ac.uk/maad10/files/a3-portfolio.pdf.

据此，我主要从象征性叙事的角度，把建筑区分为叙事性建筑与非叙事性建筑。非叙事性建筑完全是出于使用需要而建造起来的构筑物，主要体现物质功能或使用功能。叙事性建筑是“会说话的建筑”或“会讲故事的建筑”，其精神性含量较高，储存的文化信息量较为丰富，主要体现为一种精神意义与文化功能。

不同类型的叙事性建筑，其叙事强度是不同的。有代表性并具有明显伦理意蕴的叙事性建筑主要包括纪念建筑、宗教建筑和政治建筑。[1]

1．纪念建筑的历史叙事

一般而言，纪念建筑是为纪念有功绩的或显赫的人或重大事件，在有历史或自然特征的地方营造的建筑或建筑艺术品。[2]其实，纪念建筑所纪念的对象比上述界定更为宽泛。法国学者弗朗索瓦丝·萧伊（Francoise Choay）指出：“我们称为了回忆或者使后代回想起一些人物、事件、牺牲、传说及信仰而由某个群体建造的所有人工物为纪念性建筑。”[3]纪念建筑的形式多种多样，有纪念碑、纪念塔、纪念堂、纪念馆、陵墓、庙宇、图腾柱，等等，是一种供人们拜谒、凭吊、瞻仰、纪念用的人文建筑。

纪念建筑几乎从建筑起源之初就与人类相伴相生，卡斯腾·哈里斯曾说：“建筑史始于金字塔及纪念碑式的坟墓。留意一下史前史，我们就会发现建筑史几乎变成了一段坟墓史。”[4]纪念建筑是以精神功能为主的建筑，甚至我们可以说，纪念建筑是纯粹意义上的精神性建筑，它并不服务于任何实用性目的。如爱德华·希尔斯（Edward Shils）所说：“一个凯旋门、一根圆柱、一座碑石或一座雕像，没有任何实用性。与所有

1　某些具象建筑或象形建筑，比如印度的国家渔业发展委员会（NFDB）大楼、美国著名篮子制造商龙格堡加（Longaberger）在俄亥俄州纽沃克市的总部大楼和弗兰克·盖里（Frank Gehry）的双筒望远镜大厦；国内河北燕郊北京天子大酒店、沈阳方圆大厦和宜宾五粮液酒瓶楼等，这些建筑极为直观地呈现了建筑外观的象征性，可以视为一种具象的叙事性建筑。但因这类建筑大都缺乏深层的审美品位和精神意蕴，甚至沦为一种庸俗的象征主义建筑，因此从建筑伦理的视角来看，并非真正意义上的叙事性建筑。

2　中国大百科全书总编辑委员会．中国大百科全书（建筑·园林·城市规划卷）[M]．北京：中国大百科全书出版社，1992：218.

3　[法]弗朗索瓦丝·萧伊．建筑遗产的寓意[M]．寇庆民，译．北京：清华大学出版社，2013：8.

4　[美]卡斯腾·哈里斯．建筑的伦理功能[M]．申嘉，陈朝晖，译．北京：华夏出版社，2001：286.

其他种类的人工制造物不同，纪念建筑从一开始就是人们为了让后代牢记过去而设计的。设计它们是为了纪念，是要世世代代的人铭记过去。建造者希望，它们能成为未来人们的传统。”[1]

纪念建筑一般与建筑文脉有直接联系，它的存在方式便使其具有较强的叙事性，“纪念建筑用建筑的手段表达、纪念情感，它同文学一样是借助物理基础获得确定的外部时空形式的精神存在”。[2]纪念建筑可以表达不同的纪念主题，最主要的是对死者的纪念。一般认为，与有限的生命相比较，灵魂或精神是不灭的，具有永恒的重要性，正是这一观念促成人类对来生的重视，从而使陵寝或坟墓的建造成为人类重大的建筑活动。金字塔作为古埃及统治者——法老的陵寝，一方面作为帮助法老到达天堂的阶梯，反映了其相信再生的“来世观念”，另一方面也作为法老权力的象征（图6-7）。中国古代灵魂不灭的观念有自己独特的文化内涵，这就是尊祖敬老、“慎终追远”的孝道观，认为“孝为德之本”，孝不但应该在尊长或父母生前，即使尊长死后，也要“事死如事生”，

图6-7 埃及吉萨金字塔（The Great Pyramids of Giza）
（来源：http://earthnworld.com/）

1 ［美］E.希尔斯．论传统［M］．傅铿，吕乐，译．上海人民出版社，1991：97.

2 何咏梅，胡绍学．纪念建筑的“召唤结构”［J］．世界建筑，2005（9）：107.

生之礼与死之礼同为一礼，故应按时祭祀。在这种儒家观念的支配下，丧葬之礼是“礼”极为重要的组成部分。在《荀子·礼论》中，荀子不仅说“礼者，谨于治生死者也”，还说“故圹垄，其貌象室屋也”，这就是说，建造墓圹或坟墓须像替活人建造房屋一样讲究。因此，中国古代陵墓通常建成房屋状，容纳棺椁，四周放满珍宝及生活必需品，以供死者在来生享用。由于陵墓还为尊祖敬老之处，因此，还建有地上的小祠堂或模仿神与人居住的楼阁院落，一方面便于进行葬礼、献祭和祝祷等礼制活动，另一方面则如巫鸿所说“是一个地界标志，一个为已故个体而设的纪念碑”。[1]

为了特定纪念目的而建造的纪念碑、纪念馆不同于安葬和纪念死者的陵墓，它所表达的纪念主题更具公共性，鲜明反映了一个时代、一个民族和一个国家的伦理价值标准，具有较强的教化性伦理功能。正如勒杜所说：“纪念性建筑的‘个性’，正像他们的自然属性一般，可以服务于传播教化与道德净化的作用。”[2]从道德教育层面看，美德典范是社会伦理得以确立其价值权威和广泛影响力的一个重要条件。纪念碑、纪念馆正是通过对英烈人物和符合社会主流价值的历史人物、先进模范人物的缅怀，通过对蕴含爱国精神的历史事件的叙事记录，为社会确立可以效仿和学习的典范，传播具有正能量的价值观，从而实现其教化功能。

除伦理教化功能以外，纪念建筑作为存储历史的符号，借由时间向度的历史叙述，突显了建筑所具有的不可替代的集体记忆功能。实际上，从历史叙事的维度理解，所有具有岁月价值的建筑遗址都可称为一种广义的纪念建筑，也正因为如此，monument（纪念碑）一词常被用作表示历史建筑或文化古迹。纪念建筑荷载了可触摸的文化记忆，是“石头的史书”，如同老祖母向坐在膝上的孩子讲述着很久以前的故事。

1 ［美］巫鸿. 中国古代艺术与建筑中的“纪念碑性”［M］. 李清泉，郑岩，等，译. 上海：上海人民出版社，2009：140.

2 ［德］汉诺—沃尔特·克鲁夫特. 建筑理论史——从维特鲁威到现在［M］. 王贵祥，译. 北京：中国建筑工业出版社，2005：116.

梁思成和林徽因说："无论哪一个巍峨的古城楼，或一角倾颓的殿基的灵魂里，无形中都在诉说，乃至于歌唱，时间上漫不可信的变迁；由温雅的女儿佳话，到流血成渠的杀戮。"[1]约翰·罗斯金感叹，没有建筑艺术，我们就会失去记忆，"堆栈在几片断垣上的另几片残壁，难道不是每每让我们抛下手中不知多少页真伪存疑的记载数据？"[2]阿尔多·罗西（Aldo Rossi）认为，建筑形式的力量，被看作是集体记忆的宝库，而城市建筑的独特性始于何处？他说："我们现在可以说，其独特性是从事件和记载事件的标记之中产生的。"[3]显然，作为集体记忆记录与传播的直接物质载体，纪念建筑比其他建筑类型更明确地体现出了罗西所说的建筑的独特性。

各类纪念建筑，诸如名人故居和名人纪念馆，他们承载着特定的文化内涵，是名人们生命情感的寄寓之所，是可供精神追忆的历史空间，即使时光变迁，斯人远逝，但往日的文化气息与生活特质仍可能保留在故居的一砖一瓦之中，成为一座城市独特的文化血脉和文化基因的重要载体。当人们在昔日或以文章警世、或以行动影响时代的人杰旧居里流连，就像翻阅写满字迹的历史书卷，潜移默化地实现对理想人格的感召和陶冶作用。

2．宗教建筑的教谕叙事

从古代到现代，从东方到西方，宗教建筑都是一种至关重要的建筑类型。古代建筑，尤其是古代欧洲建筑、古埃及建筑，更是与宗教仪式与宗教活动紧密联系在一起，承担着重要的仪式与法术功能，成为宗教的另一种象征与表达。有时宗教建筑同时也是一种纪念建筑，例如古希腊那些献给希腊诸神的庙宇。最为著名是雅典卫城中的帕台农神庙（图6-3、图10-21），它是献给雅典城的护卫女神雅典娜的，它同时还被尊为古希腊与雅典民主制度的象征。几乎所有的宗教建筑，从外部造型、表皮到内部空间，都充满神性象征符号，能够表达仅靠语言所无法传达

1　梁思成，林徽因．平郊建筑杂录［J］．中国营造学社汇刊，1932（4）：98.

2　［英］约翰·罗斯金．建筑的七盏明灯［M］．谷意，译．济南：山东画报出版社，2012：288.

3　［意］阿尔多·罗西．城市建筑学［M］．黄士钧，译．北京：中国建筑工业出版社，2006：107.

的神性精神力量。正是在此意义上，理查德・泰勒（Richard Taylor）以基督教堂为例，提出教堂是供人阅读的宗教之书，他说：

> 不论规模大小，教堂都充满着象征意义。从外表来看，尖塔的顶端指向天空，入口四周的雕刻宣告着内部空间的神圣；引导你走向圣餐桌，两旁有一排排靠背长椅的通道是带领礼拜者皈依上帝的船舷；圣餐桌是建筑物的神圣中心，安置在区隔开来的庄严所在；环顾四周，到处都有数字、颜色和动植物雕刻在石制品上，而彩画玻璃窗上的图样描绘的是关于上帝的基督教教旨。从众多的意象来看，教堂或多或少就是为了供人阅读而建造的。[1]

宗教建筑除了通过外部的建筑构造和内部的装饰雕塑和圣家具表达神性叙事，还具有强烈的教谕性叙事功能。宗教建筑往往以其独特的外部造型、神圣的内部空间及情境氛围，将建筑转换成一种人们凭直观、直觉便可体验到的语言体系，让信徒在具有教导性和训诫性的叙事空间中，或祈求祷告，或接受布道，或聚集交流，或共同完成某种宗教仪式，体验人与神的交流，其精神感召力是其他建筑类型所无法比拟的。进言之，在信仰宗教的人眼里，宗教建筑成了宗教史学家米尔恰・伊利亚德（Mircea Eliade）所说的"神显"（hierophany），即显现了神圣的事物。[2]"神显"的意义在于，通过它们能够使人与神沟通，借此人的生命更加充实并超越自己的有限性。宗教建筑不仅外部造型和表皮充满着"神的诉说"，而且其隐秘而幽暗的内部空间表达着比外观更为强烈的精神感化性效果。在这样的空间里，信仰宗教的人们体验到了不同的存在，体验到了神圣，产生了崇高、永恒、敬仰、畏惧等情感，总之，他们被一种强大的精神力量所征服。这种力量，便是宗教建筑及其神圣空

1 ［英］理查德・泰勒. 发现教堂的艺术：教堂的建筑・图像・符号与象征完全指南［M］. 李毓昭，译. 北京：三联书店，2010：5.

2 ［美］米尔恰・伊利亚德. 神圣的存在：比较宗教的范型［M］. 晏可佳，姚蓓琴，译. 桂林：广西师范大学出版社，2008：2.

图6-8　雅典宙斯神庙的山花
（来源：http://rozsavolgyi.free.fr/cours/civilisations/）

间的精神感召力。

同时，宗教建筑还特别善于利用图像叙事的力量。图像叙事不仅形象、生动和直观，而且能够穿越语言和文字的障碍，使宗教建筑成为一种提供丰富记录的叙事场所。古希腊和古罗马时期，神庙的山花上布满了诸神雕塑作为精神内涵的表现元素（图6-8）。中世纪哥特式教堂除了运用特定的建筑技术所构成的垂直向上的建筑形态与光影、色彩、声音等环境因素的相互烘托外，更是辅之以描述圣经故事和圣人传说的各种雕塑、壁画、彩绘玻璃窗，从而使民众尤其是那些目不识丁的民众更好地感受到宗教教义之含义，进而谨遵教谕。

例如，巴黎圣母院作为欧洲早期哥特式建筑及雕刻艺术的杰出代表，正面三个内凹拱形门洞从门龛、门线、拱脚到各门间的扶壁垛上均布满了取材于圣经故事的浮雕，有各自侧重的叙事主题。左面的拱门是圣母门，右面的拱门是圣安娜门。中门最大，称作“末日审判之门”，斜削雕刻与塑像极为精美。其门楣上方的三角形区域划分为三个部分，雕刻不同的叙事主题。一组是耶稣基督伸出受伤的双手，左边跪着圣约翰施洗者，右边是圣母玛丽亚的形象；一组是最后的审判，中间的天使长圣米歇尔手中握有一杆秤，每个人的灵魂都在此掂出分量，善者戴上了头冠、获得救赎并等待升入天堂，而有罪之人则等待被打入地狱，善恶报应一目了然；最下层一组则描绘死去的灵魂听到天使吹响的喇叭后慢慢苏醒的情景（图6-9）。大门两侧还布置有耶稣十二使徒的雕像，每一个象征基督教美德中的一

图6-9 巴黎圣母院西立面中央入口处拱门（即“末日审判之门”）富有教谕意义的雕刻
（来源：http://aurashefler.net/arthistory2010/? p=584）

图6-10 巴黎圣母院描绘有圣经故事的彩绘玻璃窗
（来源：http://laurashefler.net/arthistory2010/?attachment_id=606）

种。此外，巴黎圣母院内部殿堂的回廊、墙壁和门窗上，也都布满描绘圣经内容的绘画与雕塑作品。这些精美的浮雕、雕塑、绘画所呈现的叙事，不仅对教徒，即使对圣经故事并不熟悉的非教徒，也能感受到这些故事的教化含义。此外，巴黎圣母院的玫瑰花窗久负盛名，连同其下方的柳叶窗，除了为教堂带来柔和的光亮，还绘有情节丰富的圣经故事，生动形象地讲述着教义（图6-10）。

由此可见，宗教建筑之所以具有独特的教化功能，根本原因是它以宗教建筑物及其空间为核心，融合文字、图像、雕塑、圣堂陈设器物等多维叙事形态，对宗教教义进行形象化、综合性的展示与传承。

3．政治建筑的权力叙事

尼采说：“建筑物应该体现骄傲，体现对重力的胜利和权力的意志；建筑艺术是表现为形式的一种权力之能言善辩的种类，它时而诲人不倦，甚至阿谀奉承，时而断然号令。最高的权力感和安全感在伟大的风格中得以表现。”[1]纵览中外历史，一些重要建筑受到政治意识和权力意志的强烈左

1 ［德］尼采．偶像的黄昏［M］．卫茂平，译．上海：华东师范大学出版社，2007：126.

右，一定程度上变成了政治制度与权力展示的物质工具。正因为如此，摧毁象征政治制度和政治权力的建筑，代表了对旧制度和专制权力的挑战。

例如，始建于英法百年战争早期的巴士底狱（Bastille），当时作为控制巴黎制高点的军事城堡，后改为专门关押政治犯的皇家监狱，数百年来一直是法国王权坚不可摧的象征性政治建筑。1789年7月14日，它被反对法国王室专制而奋起反抗的巴黎市民攻占，作为皇室暴政的象征，它被一块砖一块砖地拆毁，这一行动遂成了法国资产阶级大革命拉开序幕的象征（图6-11）。

不仅政治建筑，许多纪念建筑也总是与权力联系在一起。例如，法国17世纪下半叶，权臣柯尔贝尔（Jean Baptiste Colbert）上书国王路易十四时说："如陛下所知，除赫赫武功而外，唯建筑物最是表现君王之伟大与气概。"[1]拿破仑也非常强调建筑的政治伦理作用，尤其重视用雄伟庄严、威风凛凛的凯旋门、纪功柱和军功庙一类的纪念性建筑，以及宏伟的用于集会或检阅的广场来表彰军队，歌颂他的赫赫战功。

一些极权主义者，如希特勒，这个对建筑有着毕生热情的独裁者，将建筑看成表达权力的工具和重要的政治宣传手段，热衷于用建筑来强化自身的权威，巩固对国家暴力工具的掌握，"建筑不仅是希特勒心中极权主义国家定义的一种现实表达，更是他实现这个目标的工具"。[2]1938年，希特勒指派其首席建筑师阿尔伯特·斯佩尔（Albert Speer）在柏林设计建造新总理府，由超过四千名工人轮班，24小时夜以继日建造，于一年内完成，其建筑特征成为希特勒展示极权、恐吓和所谓帝国威严的工具。这个建筑有着令人望而生畏的冷漠外观（图6-12），整个建筑内部约有85%的空间是门廊、通道等空旷的步行空间，用于觐见元首时经过"长途跋涉"而带给人心灵冲击与精神威慑，"斯佩尔完美地利用了每一块石头、每一片装饰性地毯、每一件摆设、每一束灯光、建筑平面图上的每一个曲折和转向来加强帝国的尊严和优越性"。[3]

1　陈志华．外国建筑史（第三版）[M]．北京：中国建筑工业出版社，1979：145．

2　[英] 迪耶·萨迪奇．权力与建筑 [M]．王晓刚，张秀芳，译．重庆：重庆出版社，2007：37．

3　[英] 迪耶·萨迪奇．权力与建筑 [M]．王晓刚，张秀芳，译．重庆：重庆出版社，2007：21．

图6-11　1789年7月14日法国军队和巴黎市民攻占巴士底狱（Bastille）
（来源：https://www.thoughtco.com/american-reaction-to-the-french-revolution-104212）

图6-12　1938年希特勒指定建筑师阿尔伯特·斯佩尔设计建造的新总理府（Neue Reichskanzlei）
（来源：https://de.wikipedia.org/wiki/Neue_Reichskanzlei）

在现代社会，政治建筑主要包括行使国家权力、对国家事务进行管理的国家机构的行政建筑，以及一些具有政治象征意义的大型公共建筑和具有较强政治色彩的集会广场。虽然当代社会建筑与公共空间作为政治意识形态的象征与政治活动的理想场所的价值有所减弱，但政治建筑的权力叙事仍不绝如缕。

与古代社会有所不同的是，近现代社会政治建筑的权力叙事，鲜有直接突显统治者的至高权威，而是借由气势宏伟、造型庄严的建筑形式表达国家的自信形象，让民众体会到一种民族自豪感和认同感。托克维尔（Alexis de Tocqueville）在《论美国的民主》一书中提出过一个问题："为什么美国人既建造一些那么平凡的建筑物又建造一些那么宏伟的建筑物？"他认为这是因为在民主社会，每个公民都显得渺小，但是代表众人的国家却非常强大。于是，诸如国会大厦这样的公共建筑一定要造得宏伟才符合国民对于国家的想象。[1]（图6-13）托克维尔的观点不无道理，这也正是作为一种公共建筑的政治建筑所具有的独特的民族与国家形象的展示功能。实际上，当初扩建国会大厦（United States Capitol）时，正值美国南北战争期间，由于财力和人力资源紧张，有人提议停止扩建国会大厦。但林肯总统坚持要把大厦标志性的大圆顶建好。他认为，雄伟的大圆顶是美国团结的象征，而且没有任何语言能够同这一建筑物一样对国家的灵魂产生如此大的影响。[2]1863年12月2日晚，华盛顿市民自发聚集起来，目睹近6米高的自由女神青铜雕像被立于国会大厦大圆顶之上。与此同时，当代表当时合众国35个州的35门礼炮鸣响致敬时，相信它带给美国民众的心灵震撼和国家认同感难以估量。

以上三种不同类型的建筑所呈现的叙事性各有其特定的维度，或者偏重历史性叙事，或者偏重教谕性叙事，或者偏重权力性叙事。但这三种建筑类型所呈现的叙事元素常常又是相互重叠的，叙事方式是相辅相成的（例如宗教建筑可以集历史性叙事、教谕性叙事与权力性叙事于一

1 ［法］托克维尔. 论美国的民主（下卷）［M］. 董果良，译. 北京：商务印书馆，1996：573.

2 ［美］保罗·戈德伯格. 建筑无可替代［M］. 百舜，译. 济南：山东画报出版社，2012：27.

图6-13　宏伟的国会大厦被视为美国民主政治的象征
（来源：http://upload.wikimedia.org/）

体），它们之间的叙事对象虽然不同，但却具有共同的精神性意蕴，这便是它们共同体现的伦理性意蕴。

（二）建筑的伦理叙事主题与策略

所有的叙事性建筑都或隐或显地呈现和反映社会伦理观念与伦理秩序这一主题，但不同类型的叙事建筑，其伦理叙事意图的指向又各有侧重，并以特定伦理价值目标为旨归。

1．纪念建筑的伦理叙事主题与策略

伦理叙事需要有历史和传统的传承和道德示范。纪念建筑的基本功能是通过对重要的历史人物和历史事件的纪念，传承社会伦理文化和道德谱系，树立社会的道德楷模和行为典范，给人们确立美德学习的范例，因而其伦理叙事的主题和基本功能是传承与教化。

虽然一些纪念建筑的外部形态、立面、体量和色彩具有象征或再现意义，但除非是单独的纪念碑，物质形态的象征毕竟有很大的局限性，难以明确表达纪念建筑的伦理意蕴。因而，纪念建筑的主要伦理叙事策略是通过表达特定主题的空间组织、雕塑、文字、影像、装饰、道具等综合手段，营造特定纪念氛围，把一些著名历史人物、历史事件或英雄故事以情节化场景的方式再现出来，参观者通过体验、观看与阅读的方式接受相关信息，从而达到纪念建筑的教化功能。对此，童寯有一个很好地概括：纪念建筑应“以尽人皆知的语言，打通民族国界局限，用冥顽不灵的金石，取得动人的情感效果，把材料与精神功能的要求结为一体”。[1]

我国古代纪念建筑在建构伦理道德的教化空间、宣扬美德典范人物事迹、传承封建纲常伦理方面，有不少成功范例。例如，至少从汉代开始，皇宫中就建有纪念性的台或阁，如汉明帝为追念前世功臣在南宫中建云台，汉宣帝则在未央宫中建麒麟阁，并在其中绘制前世功臣的肖像壁画（云台二十八将、麒麟阁十一功臣），以宣扬其历史功绩和忠义精神，对此张彦远指出：“以忠以孝，尽在云台。有烈有勋，皆登于麟阁。见善足以戒恶，见恶足以思贤。留乎形容，式昭盛德之事，具其成败，以传既往之踪。”[2]

又如，位于山东济宁市嘉祥县的武梁祠，作为一个家族祠堂，属于武氏家族墓地的一部分，始建于东汉晚期的151年，由于祠堂的屋顶及内壁刻满了极富历史叙事性和伦理叙事性的精美画像，因而从很大程度上我们可以将武梁祠看成具有鲜明教化性的纪念空间。从历史叙事来看，它通过描绘神话人物、历史人物和历史故事的形式，形象记述了从伏羲女娲、三皇五帝一直到汉代的中国历史。从伦理叙事来看，武梁祠壁画通过一个个宣扬孝义节烈的叙事性故事展现和宣扬了儒家的纲常伦理（图6-14）。祠堂画像的设计者武梁，是一位儒生，

图6-14　武梁祠壁画描绘的曾参孝母的故事。榜题文字为：“曾子质孝，以通神明，贯（感）神祇；著号来方，后世凯式，（以正）抚纲；“谗（言）三至，慈母投杼。”（来源：［美］巫鸿：《武梁祠：中国古代画像艺术的思想性》，柳扬、岑河译，北京：三联书店，2006年，第290页。）

1　童寯. 纪念建筑史话［J］. 建筑师，1992（47）：24.

2　［唐］张彦远，俞剑华，注释. 历代名画记［M］. 上海：上海人民美术出版社，1964：4.

“通过精心挑选的历史模范人物，他教导他的遗孀、儿孙、亲戚和仆人们按照正确的儒家规范行事”。[1]

牌坊既是中国古代富有特色的纪念建筑，也是一种极富教化意义的表彰性建筑。牌坊多建于苑囿、寺观、祠庙、陵墓等大型建筑组群的入口处，或立于功臣、名宦、节妇、孝子任职地或出生地及家门口，形制各异，风格多种。牌坊往往集绘画、匾联和碑刻于一身，其所载的匾语、联句和碑刻，把一些人生理想、道德典范的故事通过物质实体的形式再现出来，用以表彰楷模，宣扬忠臣功德、孝子节女等封建礼教，成效显著（图6-15）。

中国古代纪念建筑不仅通过绘画（主要是肖像画、叙事画）、匾联等形式强化其道德教化主题，还通过与诗词文学等典型的叙事性艺术发生关系的形式，使建筑本身无法表达出的意蕴能够借助诗文来传递，从而达到叙事的目的。例如，中国历史上有许多文人喜欢借一些有纪念意义的亭、台、楼、阁等建筑场所，在细致描绘文人们对环境体验的同时，通过以建筑和建筑环境为比兴的箴言雅论，抒发自己对人生际遇的反思和对崇高美德的追求，从而创造出深远的意境，激发出形象的教化力量，提升建筑对人的审美品性的陶冶作用。

当代纪念建筑在伦理叙事方面，也有不少成功范例。例如，侵华日军南京大屠杀遇难同胞纪念馆就是一个设计得非常成功的纪念建筑（图6-16）。一期工程由东南大学建筑学院齐康院士设计，以“生与死”“痛与恨”为叙事主题，被评为“中国80年代十大优秀建筑设计”之一。二期扩建工程由华南理工大学何镜堂院士主持设计，建筑构思展现“战争、杀戮、和平”三个叙事主题。该纪念馆的突出特点是重视整体环境氛围的设计与各种建筑元素的象征作用，以此来营造一个具有高度教化意义的叙事空间（参见案例9：纪念建筑的教化功能：侵华日军南京大屠杀遇难同胞纪念馆）。

美籍华裔建筑师林璎设计的越南战争阵亡将士纪念碑（Vietnam Veterans Memorial）被誉为美国人的“哭墙”（图6-17），与传统的以高

1 ［美］巫鸿．武梁祠：中国古代画像艺术的思想性［M］．柳扬，岑河，译．北京：三联书店，2006：243.

图6-15　牌坊等传统纪念建筑较为成功地构筑了一种教化空间。图为安徽歙县棠樾村以“忠、孝、节、义”主题为顺序排列的牌坊群（秦红岭摄）

图6-16　侵华日军南京大屠杀遇难同胞纪念馆——祭场（秦红岭摄）

图6-17　越战纪念碑黑色花岗岩砌成的“V”字形碑体有多重寓意（秦红岭摄）

度和宏伟取胜的纪念碑不同，它没有昂然的气势，无须仰视瞻仰它，“V”字形碑体有多重意象，以谦逊的方式将其叙事主题（开裂的大地母亲）隐藏在作品之中，同样营造出令人震撼的情绪氛围，甚至催人泪下（参见案例10：生者与死者的对话：越南战争阵亡将士纪念碑）。

2．宗教建筑的伦理叙事主题与策略

宗教建筑的伦理叙事主题很明确，即充分利用建筑艺术的独特功能来使人们更好地感受到宗教的真理。无论是基督教、佛教，还是伊斯兰教，无不充分利用其建筑艺术所营造的独特精神氛围，来宣扬其宗教信仰和宗教伦理。阿兰·德波顿（Alain de Botton）指出，早期神学家们发现了一个令人深思的事实：

他们认为建筑对人类的塑造可能比经文更有效。因为我们是感觉的造物，如果我们经由眼睛而非我们的理智接受精神的律条，我们的灵魂得到强化的概率会更高。通过凝视瓷砖的排列可以比研习福音更易学到谦卑，经由一扇彩绘玻璃窗可能比通过一本圣书更易习得仁慈的本质。[1]

为了服务于传播宗教真理和宗教伦理和目标，宗教建筑的主要叙事策略，就是利用建筑与空间语言营造具有强烈情绪感染力的环境氛围。不论是基督教的教堂、佛教的寺院，还是伊斯兰教的清真寺，其外部形式与内部结构无不给人一种神圣、庄严和肃穆的感觉。同时，宗教建筑还特别善于综合利用雕塑、绘画、文学、音乐等其他艺术形式的叙事功能，使建筑与这些叙事性艺术相辅相成，营造一个利用空间讲故事的神圣环境，从而使象征的、隐性的教育方式与直接的宗教道德宣教浑然一体。英国艺术史家贡布里希（Ernst Gombrich）甚至认为，“装饰”一词对于教堂建筑而言都是容易引起误会的一个词，“因为教堂里的一切东西都有明确的功用，都表达跟基督教的圣训有关的明确

1 ［英］阿兰·德波顿. 幸福的建筑［M］. 冯涛，译. 上海：上海译文出版社，2007：11.

思想”。[1]

再以哥特式教堂为例。黑格尔说哥特式教堂有两大特征：一是在空间上以完全与外界隔开的房屋作为基础。二是整个教堂充满着一种超尘脱世、自由升腾的动感与气势，目的是体现心灵对至高存在与至善境界的永恒追求。[2]哥特式教堂的内部与外部无不表现出上述特征。教堂内部是高耸挺拔、筋骨嶙峋的柱廊，由富于升腾动感的垂直线条所贯通，巨大的空间似乎使一切世俗琐碎的事情都显得微不足道；而教堂的外部形状更是昂然高耸，渲染着上帝的崇高和人类的渺小，加上从镶嵌着圣经故事的彩色玻璃窗里射入的迷离光影，更增加了其神圣的气氛。在这样的建筑环境与氛围中，人的内心无不具有一种虔诚的状态，耳闻目睹的一切无不促使宗教精神在人们心灵中内化，连同它所倡导的种种道德准则，不知不觉就会转化为人们的内心信念（图6-18）。

（三）政治建筑的伦理叙事主题与策略

概括地说，政治建筑的伦理叙事主题就是表达某种政治伦理价值，主要体现在两个方面：

第一，作为一种权力展示符号，通过特殊的建筑风格和空间处理方法彰显统治者的至上权威，维护社会的政治秩序。

例如，在我国，当以宗法制为基础的社会体系在西周之后逐渐式微，宫殿建筑便代替王室宗庙成为权力的物化象征。自此以后，宫殿建筑与传统的宗庙建筑在教化功能上截然不同，“它们的作用不再是通过程序化的宗庙礼仪来‘教民反古复始’，而是直截了当地展示活着的统治者的世俗权力”。[3]中国古代宫殿建筑对统治者权力的展示，注重通过抽象形式（点、线、形、色、数字、方位等）及结构法则（对称与均衡、比例与尺度、节奏与韵律、主从结构等）所生成的特殊氛围及象征

---

1 ［英］贡布里希．艺术的故事［M］．范景中，译．北京：三联书店，1999：176.

2 ［德］黑格尔．美学（第三卷上册）［M］．朱光潜，译．北京：商务印书馆，1979：88-92.

3 ［美］巫鸿．中国古代艺术与建筑中的“纪念碑性”［M］．李清泉，郑岩，等，译．上海：上海人民出版社，2009：15.

图6-18　充满自由升腾气势的中世纪哥特式建筑的代表作——德国科隆大教堂（来源：http://upload.wikimedia.org/）

功能，使建筑走向崇高、庄严和秩序。尤其是在传统建筑的空间序列中，中轴线往往是引导礼仪、表达礼制的一个重要建筑特征。北京故宫便以中轴线与严格对称的平面布局手法，使其呈现为一个“戏剧化”的空间场景，将封建等级秩序的政治伦理意义表达得淋漓尽致（图6-19）。故宫的布局遵循周代礼制理想，依“前朝后寝”的古制，沿南北轴线布局，主要建筑前朝三大殿（太和殿、中和殿、保和殿）和内廷后三宫（乾清宫、交泰殿、坤宁宫），井然有序又颇富韵律感地排列在中轴线上，建筑空间序列主次分明、尊卑有别。对此，“我们可以说故宫的中轴是一个政治事件，一个指定的存在空间，一个身体的动线；它把我们的意向引向政治意识形态中心，皇帝成为中心目标”。[1]

第二，通过隐喻性的建筑语言和空间布局表达某些政治理念和政治理想，体现公共建筑与公共空间所具有的隐性的政治伦理功能。

迪耶·萨迪奇（Deyan Sudjic）指出：“古希腊的政治遗产至今仍然可以通过大量的政府建筑反映出来，这些建筑提醒着人们议会民主的渊源。”[2]的确，古希腊时期，一些具有政治意义的公共建筑和公共空间，如市政广场（Agora）、露天剧场和柱廊长厅，承载着人们对民主理想的追求。尤其是市政广场，虽然具有商业与文娱交往等多种社会功能，但从某种意义上说，它首先是一个具有宗教与政治内容的“叙事空间”。一方面，它为公民以敬神的名义所举行的各种仪式提供了一个空间；另一方面，它又是城邦公民共同参政议政、自由发表言论、表达民主权利的政治生活空间，同时城邦的法律法令、议事会的决议等都在此公告。古希腊的露天剧场在城邦的政治民主化过程中也具有特殊意义，因为很多时候作为城邦最高权力机关的公民大会就在此召开。设在山丘上的露天剧场，呈扇形，有着斜坡式的座位，这种空间形式让民主形式得以运作，让议事与投票能够在“众目睽睽”之下进行（图6-20）。

古希腊建筑与公共空间中所包含着的民主理想，延续至今，尤其集

1　尹国均．作为“场所”的中国古建筑［J］．建筑学报，2000（11）：52.

2　［美］迪耶·萨迪奇，海伦·琼斯．建筑与民主［M］．李白云，任永杰，译．上海：上海人民出版社，2006：18.

图6-19　严格按中轴对称布局的典范——北京故宫（马文晓摄）

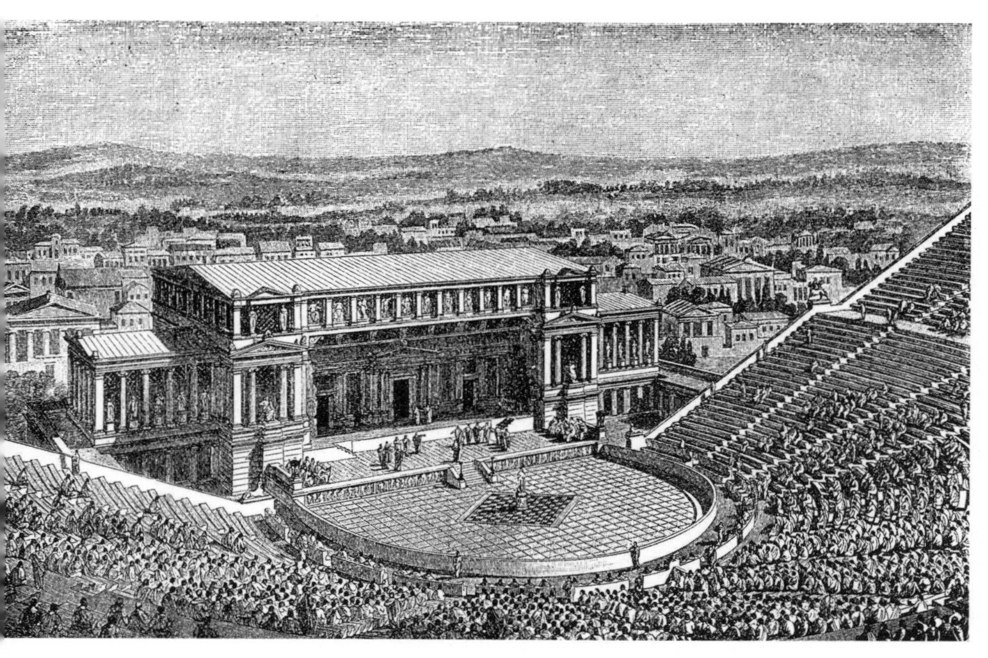

图6-20　古希腊埃皮道罗斯剧场复原图（Theater at Epidauros）
（来源：https://lgsgreekproject.files.wordpress.com/2014/04/thdi.gif）

中体现在西方最有代表性的政治建筑——议会大厦或国会大厦的设计之中。例如，德国国会大厦（Berlin Bundestag）建造于1884至1894年，是德国100多年来重要的历史见证者。1990年德国重新统一后，德国政府决定对它进行改造。全球招标中，英国建筑师诺曼·福斯特（Norman Foster）设计的由25根支柱构架的穹顶方案最后中标。福斯特不仅在国会大厦与新的办公区域的连接处，有机融入了当年"二战"的遗迹和史实，还在原有的古典巴洛克风格的建筑上开了一个天井，加建一个人们能够登上去的玻璃穹顶，下面是面积很大的马蹄形会议室，对公众开放，使国民和游客可以居高临下地观察国会的开会情况，从而透明地展现国会议员的工作，隐喻议员的权力来自民众，要接受民众监督（图6-21）。在这里，建筑成了民主政治理念最为直观的体现。

此外，英国议会下议院议事厅的布局也颇富空间叙事性（具体参见案例11："我们塑造了建筑，而建筑反过来也影响了我们"：英国议会下议院议事厅）。1941年下议院在"不列颠之战"大空袭中被严重损毁后，1943年10月在关于下议院重建的讨论中，丘吉尔曾说了一句著名的话："我们塑造了建筑，而建筑反过来也影响了我们。"[1]他成功地实现了自己的想法，重建了下议院，并通过其特殊的空间安排，让民主政治及其辩论程序得以直观呈现（图6-22）。

叙事性建筑并不只局限于本文所阐述的纪念建筑、宗教建筑与政治建筑。例如，园林建筑、文化建筑也具有丰富多样的叙事特征。建筑的伦理叙事并不像文本叙事那样可以直接以思想或观点的形式呈现，不可能像小说、戏剧和电影那样直接讲述故事、表达意义。建筑更多体现的是一种依赖于具体语境的"潜在叙述"，它以其独特的"无声语言"向人们暗示某种伦理观念和伦理价值。建筑的伦理叙事功能其实很有限，它最擅长的不过是借用隐喻的力量，综合利用其他叙事艺术，营造一种有利于理念表达、价值传递和情感陶冶的教化环境。

1 ［美］迪耶·萨迪奇，海伦·琼斯. 建筑与民主［M］. 李白云，任永杰，译. 上海：上海人民出版社，2006：2.

图6-21　德国国会大厦玻璃穹顶内部开放的马蹄形会议室
（来源：http://www.germancrowdfunding.net/）

图6-22　长方形的英国下议院议会厅
（来源：https://c1.staticflickr.com/3/2562/4071865126_aa3e6a125b_b.jpg）

三、礼仪的力量：建筑的社会调控功能

建筑文化，尤其是中西传统建筑文化，本质上是一种礼仪性的存在。一个国家、一个民族甚至一种文明，往往通过不同的建筑礼仪来展现人和宇宙的本质，并将此作为一种特殊的调控机制，调节人与人、人与神的关系，同时对民众的居住方式、生活方式产生影响。

综观整个中西方建筑文化史，建筑礼仪大体上分为三种形态：一是世俗的、人伦的礼仪，以民居为代表；二是君主或政治权力的礼仪，以宫殿为代表；三是宗教的礼仪，以神庙和教堂为代表。

中国传统建筑[1]对礼仪的膜拜极为鲜明，传统建筑成为国家礼制系统的重要组成部分。梁思成说："古之政治尚典章制度，至儒教兴盛，尤重礼仪。故先秦两汉传记所载建筑，率重其名称方位，部署规制，鲜涉殿堂之结构。嗣后建筑之见于史籍者，多见于五行志及礼仪志中。"[2]总体上看，三种形态的建筑礼仪在中国传统建筑文化中都有所体现。

宗庙作为中国文化所特有的礼制性建筑，可以视为表达传统宗教礼仪的主要神圣空间。但需注意的是，宗庙并非纯粹的宗教空间，它具有表达宗教祭祀礼仪和君主政治礼仪的双重功能，如三代时王室宗庙是政治礼仪活动中心，国家重要的政治典礼如册命一类大事都在宗庙举行。宗庙等传统礼制建筑虽然不属于典型的宗教建筑类别，但又具有宗教建筑的精神成分和特殊功能，可界定为一种准宗教建筑，或者可称之为宗法性宗教建筑。首先，传统礼制所具有的将神圣性、宗教性与世俗性和人文性融为一体的显著特征，说明即便礼制在后来的发展中经儒家改造，成为调整尊卑上下的等级性制度规范，但礼制原初具有的宗教性、神圣性维度并没有消失。"事神致福"并以此作为制定礼仪法则的基础，才能使"礼"具有一种神圣不可冒犯的威严感。如同《礼记·礼器》中一方面要说礼须"合于人心"，但在这之前，礼还得"合于天时，设于

1 仍需强调的是，本节对中国传统建筑礼仪功能的阐释及其与西方建筑文化的比较，指是主要是汉民族建筑文化。

2 梁思成．中国建筑史［M］．北京：三联书店，2011：10.

地财，顺于鬼神”。因此，礼制建筑所体现出的神圣性，正是礼制建筑宗教性的表征。其次，中国传统礼制建筑从一定意义上说还发挥着类似宗教建筑的神圣性、公共性功能。正如不少学者所认同的观点，古代中国人主要的宗教形式体现为一种根植于血缘关系的祖先崇拜，旨在强化血缘祖先的神圣性，使之成为族人的保护神，由此宗庙、祖庙也就成了最主要的宗教圣地或神圣场所，[1]这与其他文化的宗教礼仪空间有很大不同。如张法所说：“人类的宗教性在中国具体化在血缘家族上。‘宗’是把代表神性 的‘示’放在代表‘家’的‘宀’之中，而‘示’能放在家中，在于祖先具有了‘示’的地位，同时具有了神的功能。”[2]

但是，在三代时确立的宗庙祭祀礼仪在后来的发展演变中，却逐渐失去其特殊的宗教中心意义和政治权力象征的魔力。如巫鸿所说，“到了东周至汉代，当宫殿和墓葬取代了宗庙的政治和宗教角色，庙制便随之衰落了”,“宫殿因而从宗庙中分离出来，成为政治权力的主要象征”。[3]如张法所说：“宗庙中心也只是远古建筑中心漫长演进中的一个环节，这个演化的最后一步，是由以祖先为主的宗庙中心到以帝王为主的宫殿中心。这时，中国文化的建筑象征得到了最后定型。”[4]因此，我们可以说，至少从东周以后，中国传统建筑更重视表达的是君主礼仪和人伦礼仪，“宫室”成为建筑礼仪所关照的主要对象。这一点，与西方古代社会，包括古埃及以及印度等南亚地区有很大的不同，在那些地方，建筑艺术自始至终主要表达的是宗教礼仪。

从建筑作为一种调节人伦秩序的礼仪功能这一层面看，中国传统建筑表现得极为典型。在中国古代，建筑与人的原初关系实际上基于一种

1 朱凤瀚基于对殷墟卜辞的考古研究，提出商王室宗庙是作为商王通过占卜形式与祖先神交往的神圣场所。他认为：“这种宗庙占卜的习俗，显然是由于当时人们相信宗庙即是祖先神灵降临之地，在这里占卜必然能直接地倾听到祖先神灵的启示，从而使人的世界与神的世界相沟通。宗庙既具有这种用途，则无疑更增加了其神圣性。”（参见：朱凤瀚．殷墟卜辞所见商王室宗庙制度［J］．历史研究，1990（6）：18）

2 张法．祖庙：中国上古的仪式中心及其复杂内蕴［J］．求是学刊，2016（1）：115.

3 ［美］巫鸿．中国古代艺术与建筑中的“纪念碑性”［M］．李清泉，郑岩，等，译．上海：上海人民出版社，2009：99.

4 张法．祖庙：中国上古的仪式中心及其复杂内蕴［J］．求是学刊，2016（1）：116.

最基本的遮蔽性需求，即用建筑对抗自然环境之恶劣。古代典籍中有关这方面的论述相当多。如《易・系辞》中曰："上古穴居而野处，后世圣人易之以宫室。上栋下宇，以待风雨，盖取诸《大壮》。"《墨子・节用中》中曰："古者人之始生，未有宫室之时，因陵丘堀穴而处焉。圣王虑之，以为堀穴，曰：冬可以避风寒，逮夏，下润湿上熏烝，恐伤民之气，于是作为宫室而利。"大量房屋遗址的考古发掘显示，远古时代中华先人居住建筑的基本形态是"挖土为屋"的穴居和"构木为巢"的巢居，但无论是穴居还是巢居（图6-23），建筑都不过是一种供人居住的容器，是物质生活的手段，和衣服的功用有相同之处，如李渔所说"人之不能无屋，犹体之不能无衣，衣贵夏凉冬燠，房舍亦然"[1]。简言之，建筑，不过是最重要的庇护之物，是先民们为了满足基本的安全需要，对自然环境和气候的防护。

但是，史前文化遗址的发掘表明，中国先民们的建筑营造活动从一开始被赋予的意义和功能，便不仅仅是通过修建巢穴满足人类最基本的遮风避雨、抵抗禽兽的现实需要。例如，位于西安浐河中游一段长约20公里河岸上的半坡遗址，是一处典型的新石器时代仰韶文化母系氏族聚

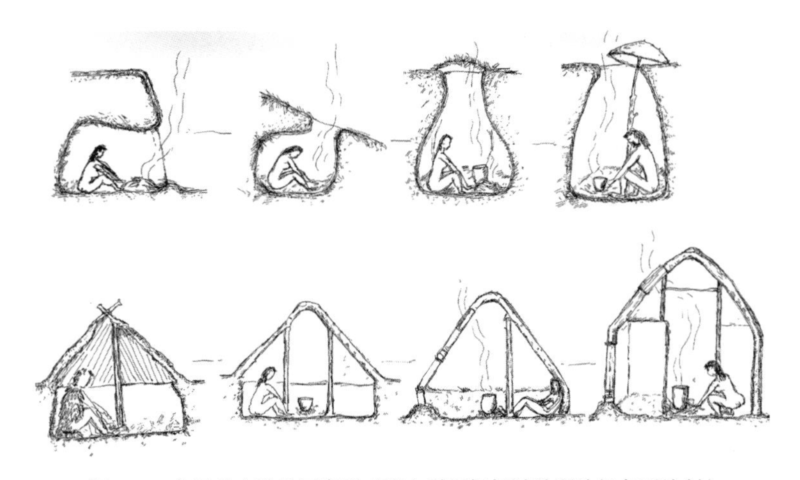

图6-23　穴居的大致发展序列（张夕洋根据杨鸿勋所绘想象图绘制）

1 ［清］李渔．闲情偶寄［M］．沈勇，译注．北京：中国社会出版社，2005：169.

落遗址。半坡人的村落被一条大围沟分成三部分。沟东是制陶区，北面是集体墓地，大围沟围住的，则是居住区。在居住区，有一座近似方形、面积约160平方米的房屋遗址，初具“前堂后室”的内部空间格局，是整个半坡部落的中心，前面是一片中心广场。这座大房子相当于氏族部落的公共建筑，既是氏族集会议事和举行仪式的场所，也是最受尊重的氏族首领及老年人的居所。大房子四周遍布着一系列小房子，所有房间的门都朝着大房子而开，注入了较浓厚的血缘认同和族群归属因素，空间的秩序意识也开始显现。因此，我们可以说，先民们的建筑营造活动从其产生之初便被视为表达氏族两性关系和社会秩序的一种工具或标识，显示了建筑、住家所承载的某种调整社会关系的标识性、礼仪性功能的雏形，正如以下两段典籍所述：

> 古之民未知为宫室时，就陵阜而居，穴而处，下润湿伤民，故圣王作为宫室。为宫室之法，曰：室高足以辟润湿，边足以圉风寒，上足以待雪霜雨露，宫墙之高，足以别男女之礼，谨此则止。（《墨子·辞过》）
>
> 故为之雕琢、刻镂、黼黻、文章，使足以辨贵贱而已，不求其观；为之钟鼓、管磬、琴瑟、竽笙，使足以辨吉凶，合欢定和而已，不求其余；为之宫室台榭，使足以避燥湿，养德、辨轻重而已，不求其外。（《荀子·富国》）

这两段话清楚地表明，如果说巢穴还仅仅是为满足人类最基本的遮蔽性需求，那么宫室显然不同于原始巢穴，它还有“足以别男女之礼”“养德、辨轻重”等伦理性功能。

行文至此，我想穿插人文地理学家段义孚（Yi-Fu Tuan）对建筑之独特功能的认识，他的观点有助于我们超越遮风避雨的实用功能这一层次，认识建筑或房屋更宽泛的伦理意义。段义孚认为，当我们想到自己的房子时，理所当然地认为房子最基本的功能就是遮风避雨，但房子从其起源之初便具有的某些文化的、仪式的功能则被人们忽视和忘记了。这些功能就是房子将个体及其活动一体化，房子如同人类其他文化活动一样能够加强社会的秩序性和稳定性，甚至房子（建筑环境）本身就意味着一种秩序性和稳定性，可以影响人类的行为，促进家庭和集体成员团结在一起。从房屋内部看，房屋传递出的温暖团结的氛围强化了家庭成员之间彼此联系的感觉；从房屋外部看，这样的功能更加明显。段义孚说："房屋在感官上的整体性巧妙且强烈地提醒同一屋檐下的居住者，他们不是彼此分离的，他们同属于一个整体。整个房屋不但是一个安身立命的港湾，还是一种象征，将内部和外部、'我们'和'他们'分立两极。"[1]

回到中国传统建筑礼仪功能的讨论。中国传统建筑不仅重视体现人伦礼仪，还极其重视展现君主礼仪。当以宗法制为基础的社会体系在西周之后逐渐式微，宫殿建筑便代替王室宗庙成为权力的物化象征。传统宫殿建筑，在"大壮"而"重威"的崇拜意识支配下，以恢宏的气势和高度秩序化、礼仪化的群体布局模式，彰显和强化帝王九五之尊的权力形象。

概言之，中国建筑从殷周开始一直到清代，以其伦理制度化的形态，成为实现宗法伦理价值和礼制等级秩序的制度性构成，形成了迥异于西方建筑文化的"宫室之制"与"宫室之治"传统，借由具体而详尽的建筑等级制度，体现的是一种外在的社会控制工具，并由此表现了中国传统建筑文化独特的伦理功能。这个问题在本书第二章已进行了比较详尽的阐述，这里不再赘述。

需要补充的是，基于所强调的建筑礼仪之不同，在建筑空间的调控功能方面，中国传统建筑与西方建筑有较大的不同。相对而言，中国传统建筑空间特别强调"夫宅者，乃是阴阳之枢纽，人伦之轨模"[2]，尤其是在院落空间和居住空间的布局方面，中国传统文化所注重的人伦关系和纲常礼教，特别是男女有别、长幼有序的纲常礼教，得到了极为鲜明的体现与独特的表达。

例如，中国传统建筑特别重视门制，从门在建筑个体与群体组合中

1　[美]段义孚．逃避主义[M]．周尚意，张春梅，译．石家庄：河北教育出版社，2005：122.

2　黄帝．黄帝宅经（四库全书版）[M]//李少君．图解黄帝宅经．西安：陕西师范大学出版社，2010：300.

的重要地位，以及赋予门的丰富深远的文化意义来看，说中国建筑文化一定程度上是“门”的文化，一点也不为过。且不说宏伟的城门与宫门之制，单从院门、宅门来看，小小一扇门，往往具有实用功能之外非凡的礼仪属性，既满足了住宅防卫闭塞的实用功能，也满足了区分内外、男女和尊卑的礼制要求，具有重要的伦理功能。司马光在《书仪·居家杂仪》中指出：“凡为宫室，必辨内外。深宫固门，内外不共井，不共浴堂，不共厕。男治外事，女治内事。男子昼无故不处私室，妇人无故不窥中门。有故出中门，必拥蔽其面（如盖头、面帽之类）。”这里，司马光特别突出了住宅院落里“中门”（即内院、外院或内室、外室之间的门）的人伦规制意义，所谓“妇人无故不窥中门”，意思是说女性的活动空间应以“中门”为限，若无故进入中门以外的空间，便是闯入了男性的领地，是违背妇道而不合礼制要求的。

作为汉族传统民居经典形式的北京四合院，在空间布局与门制方面就较为突出地反映了男女有别的家庭伦理观念。位于四合院中轴线上，面对四合院的庭院与正房的垂花门，在二进以上宅院中发挥着重要的过渡功能，是作为二门出现的，实际上就是四合院的“中门”（图6-24），

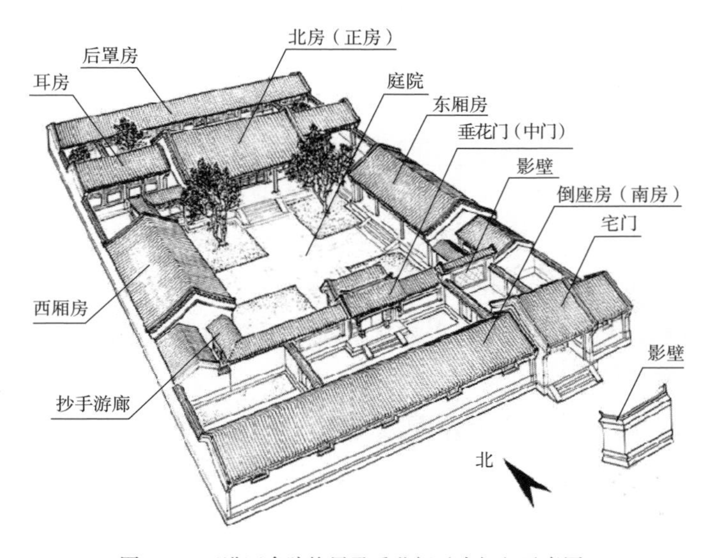

图6-24　三进四合院格局及垂花门（中门）示意图

门内门外，形成内院外院，其空间的等级不同，尤其是内外分明，妇女不能随便到外院。

实际上，在中国古代居住建筑中，不仅通过内外区隔的空间界限彰显男性对女性的控制权，使女性终日禁锢在一个狭窄的天地里，就连女性主要的活动空间——后院、内室、闺房、绣楼、后堂及厨房等，都要进一步通过强化隔绝功能的房屋设计，特殊的建筑构件、装饰手法与生活器具，更为严谨缜密地限定女性的空间自由。

总之，中国传统建筑对人伦关系尤其是男女关系、夫妇关系的调控，是通过其特有的分隔特征来完成的，即遵循男外女内的原则划定两性空间界限，给女性规定出一个自我封闭的场所，使得内外空间秩序与男女性别界限得以确立与稳固，从而强有力地维护了传统的性别秩序和人伦纲常。[1]

与中国传统建筑不同，无论是古希腊、古罗马还是古埃及、古印度，建筑文化主要表达的是宗教礼仪功能。单从建筑的起源来看，这些民族的原始建筑便与宗教礼仪有千丝万缕的联系，甚至可以说是宗教仪式的组成部分。阿摩斯·拉普卜特（Amos Rapoport）在探讨“原始性建筑”的起源时，批判了单纯的物质决定论，认为建造住房是一种复杂的文化现象，不是任何单一因素所能决定的，“早在有史之初，住房就比原始人栖身的掩体进步了，而且从一开始，住房‘功能’的概念就要比物质和实用的范畴大得多。奠基、起屋和入住的各个过程总是与已有的宗教仪典伴随始终”。[2]黑格尔认为，有关建筑起源的观点，不能停留在建筑为了适应一种与艺术无关的功能需要而产生这个出发点上，“因为它的任务在于替原已独立存在的精神，即替人和人所塑造的或对象化的神像，改造外在自然，使它成为一种凭精神本身通过艺术来造成的具有美的形象的遮蔽物。所以这种遮蔽物的意义不再在它本身，而在它对人的关系，在人的家庭生活、政治生活和宗教仪式等方面的需要和目

1　对此问题，本书作者在《她建筑：女性视角下的建筑文化》一书中有详细阐述。参见：秦红岭．她建筑：女性视角下的建筑文化［M］．北京：中国建筑工业出版社，2013：35-76.

2　［美］阿摩斯·拉普卜特．宅形与文化［M］．常青，等，译．北京：中国建筑工业出版社，2007：45.

的”。[1]可见，黑格尔认为，人类建筑的产生是一种“人的本质力量对象化”的鲜明表现，是内在的心灵性的东西或精神性的东西的外在表现，与人类的政治生活和宗教仪式有密切关系。一些建筑考古学与建筑人类学的相关研究，如约瑟夫·里克沃特（Joseph Rykwert）的《亚当之家：建筑史中关于原始棚屋的思考》（*On Adam's House in Paradise: The Idea of the Primitive Hut in Architectural History*，1981），也证实了原始建筑与宗教礼仪之间密不可分的关系。

从建筑类型来看，古代西方最重要的建筑并非宫殿与居所，而是供养神的庙堂，这类宗教性建筑的地位，远远超过了日常生活之实用性建筑。神庙即“神居住的地方”或“放置神像的地方”，既是宗教和信仰的物质依托，也是“世界的中心”[2]和市民的礼仪中心。美国人类史家费根（B.M.Feigen）认为：

> 最早城市的核心是某种形式的神庙或礼仪中心，国家的、世俗的或宗教的事务都在这种大型建筑物的周围进行着。这些礼仪中心有的非常密集（如美索不达米亚的亚述古塔庙），有的则很分散（如马雅）……由于礼仪中心成为独立居民区群体的聚合点，因此，它为人们提供了自信，或者说是提供了中国历史学家保罗·惠利特所谓的“宇宙确定性”。此中心是“神圣化的地带”。[3]

由此可见，在西方（包括古埃及与印度），建筑与城市规划是与市民、宗教组织与仪式紧紧地联系在一起的，宗教建筑承担了“世界中心”和礼仪中心的功能，实现了一种精神上的秩序，满足了人类对神圣空间的

---

1 ［德］黑格尔. 美学（第三卷上册）［M］. 朱光潜，译. 北京：商务印书馆，1979：30-31.

2 米尔恰·伊利亚德认为：每一座神庙或每一座宫殿，广而言之，每一座神圣的城市和王室住所都等同于一座“圣山”，因此也就变成了一个“中心”；作为世界之轴穿越处的神庙或者圣城被认为是连接天堂、人间和地狱的地方，因而同样是世界的中心。参见：［美］米尔恰·伊利亚德. 神圣的存在——比较宗教的范型［M］. 晏可佳，姚蓓琴，译. 桂林：广西师范大学出版社，2008：353.

3 ［美］B.M.费根. 地球上的人们——世界史前史导论［M］. 云南民族学院历史系民族学教研室，译. 北京：文物出版社，1991：404.

渴望，确保了文化传统的连续性。

在古希腊，宗教在早期城市布局和社会结构方面占主导地位。相应地，城邦之“城”并非是一个人们的居住之所，而是神庙、祭坛和公众聚会的场所，宗教圣地的界定导致了城邦的形成，各种宗教仪式浸透它日常生活的方方面面。正如法国历史学家菲斯泰尔·德·古朗士（Numa Denis Fustel de Coulanges）所说：“古代邦并非若干人杂居城垣之内。最初城并非居住之处，乃公神之居。城所以保护神，亦因之而有神性。”[1]对于一个新邦而言，建立神庙是其首要的任务，而一个城邦的灭亡，也以其神庙被毁为标志。从城市规模上看，希腊城邦不过是一些人口有限、疆域范围不大的蕞尔之邦。因而，无论是从人力还是从财力上看，建造巨大的神庙并不是件容易的事情，往往要耗费几代人的力量，但每个城邦都还要不遗余力地建造神庙。从某种意义上说，古希腊的城邦首先是一个宗教活动场所，它为公民以敬神的名义所举行的各种仪式提供了一个空间，由此带来的共同敬畏与共同崇拜，将团体中不同的人紧密地联系到了一起，产生了一种强烈的团体认同感与凝聚力。

中世纪是西方文明承上启下的时代。由于教会力量的强大，城市生活以宗教活动为主，“上帝的力量，圣母玛丽亚及所有圣徒与天使的力量都被唤醒，人们希望他们保护及掌控自己生活的各个方面，希望他们能保护城市永远免于灾难”，[2]因而占据城市中心位置的教堂建筑群，往往以宏伟的主教教堂为主体，连同与宗教仪式和宗教庆典相结合的教堂广场，成为城市的象征符号和市民公共生活的主要场所，并制约着城市的整体布局（图6-25）。这些宗教空间不仅是社会生活的中心，还具有强烈的情感归属功能，是市民的情感寄托之地。陈志华在《外国古建筑二十讲》一书中，论及哥特主教堂与市民生活的关系时，这样说：

1 ［法］古朗士．希腊罗马古代社会研究［M］．李玄伯，译．上海：上海文艺出版社，1990：193．

2 ［美］马克·吉罗德．城市与人——一部社会与建筑的历史［M］．郑炘，周琦，译．北京：中国建筑工业出版社，2008：98．

图6-25　中世纪的著名城市意大利佛罗伦萨，有着宏伟绚丽穹顶的佛罗伦萨主教堂（Basilica di Santa Maria del Fiore）在城市中心鹤立鸡群
（来源：www.flickr.com/photos/bredsig/8569088963）

“哥特主教堂高高耸立在城市的上空，四周匍匐着矮小的市民住宅和店铺，就像一只母鸡把幼雏保护在羽翼之下。市民们出生不久便来到教堂接受洗礼；长大后到教堂聆听教化，在教堂里结婚；星期天在教堂门前会见邻里，闲聊家常，节日里或许还看一场戏；有了什么过失或者心理迷惑，找神父去倾诉；生了病也得向神父讨点药；他们在教堂清亮的钟声下渡过宁静而勤劳的一生，便在教堂墙外的墓地里安葬，那里躺着他们的父母兄弟，钟声还将继续安抚他们。除了宗教的信仰，市民们对教堂怀着生活中孕育出来的感情。因此，建造教堂不仅仅是为了崇拜上帝、救赎灵魂，不仅仅是为了荣耀城市，更是为了寄托自己对生活的期望和爱。”[1]

这段话细致描绘了宗教建筑空间在市民日常生活中的不可或缺，几乎涵盖了信众从摇篮到坟墓的整个人生历程，并能够满足人性的情感和精神归属需求。还不仅仅如此，实际上宗教建筑在此意义上显示了其强大的公共性功能，这正是卡斯腾·哈里斯所强调的西方启蒙运动之前建筑所

1　陈志华．外国古建筑二十讲［M］．北京：三联书店，2002：88.

拥有的一种重要的伦理功能（参见本书第三章）。

中西方不同的宗教观念，还导致了中西方宗教建筑不同的空间观念及其相应的精神功能，比较典型地表现在中国传统宗教建筑中缺乏许多宗教中有的“至圣之地”（the holiest of holies），即沟通神的世界与人的世界的象征性密室空间。对此，王贵祥考察了许多不同文化早期的宗教建筑，如犹太教圣殿，基督教教堂，古埃及、古希腊和古印度的神庙，发现了一个带有普遍性的空间特点，那就是这些建筑中都有“精神空间”（spiritual space），或者他称之为“灵的空间”的概念存在，这样的空间早在古希伯来人那里就已存在，并将之物化为一种神圣建筑的空间布局形式。[1]

例如，会幕（Tabernacle）是以色列人在旧约时代献祭和敬拜神的中心。图6-26通过敬拜流程展示了会幕空间格局，它清楚地显示了以色列人如何根据旧约圣经《出埃及记》中的要求[2]，敬拜上帝的礼仪。当时的圣所其实就是一所流动的帐幕，包括至圣所、圣所和外院。在会幕的尽头，便是与上帝相遇的空间，也即至圣所或“至圣之地”（Holy of Holes），放有约柜（Ark）和施恩座。以色列建国之后，所罗门王在即位后第四年即公元前966年，用7年时间在耶路撒冷为神主耶和华建造了辉煌的神殿，这便是所罗门圣殿（Solomon ‘s Temple），又被称为“第一圣殿”（First Temple）。自此，会幕被圣殿替代，成为以色列人献祭和敬拜神的中心。圣殿一般坐西朝东，呈长方形。殿内建有高大的正殿和侧殿，分门厅、立厅和圣堂三部分。其中，最内层的位置，以幔子和外面的圣所隔开的地方，便是“至圣之地”或“至圣之所”（图6-27）。

古埃及神庙是世界最早的宗教建筑之一，其突出特征是整个内部空间由大殿和长廊构成，殿内石柱如林，仅以中部与两旁屋面高差所形成的高侧窗采光，光线阴暗，形成了法老所需要的“王权神化”的压抑气

1　王贵祥．东西方的建筑空间：传统中国与中世纪西方建筑的文化阐释［M］．天津：百花文艺出版社，2006：240.

2　在《出埃及记》第25章，上主指示摩西建造的要求：“他们当为我造圣所，使我可以住在他们中间。制造帐幕和其中的一切器具，都要照我所指示你的样式。”上主还指定了建造会幕的主要建筑师，《出埃及记》第31章说，“上主告诉摩西说，看哪，犹大支派中，户珥的孙子，乌利的儿子比撒列，我已经题名召他”，“他们都要照我所吩咐你的一切去作”。

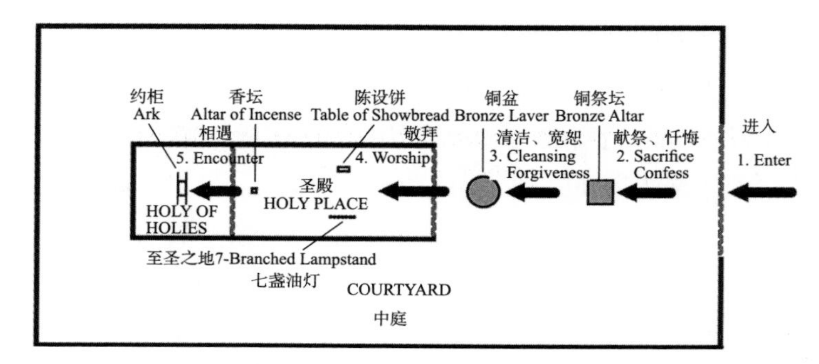

图6-26　会幕（Tabernacle）敬拜流程：1．进入（祷告）；2．献祭、忏悔；3．清洁、宽恕；4．敬拜；5．与上帝相遇在“至圣之地”（Holy of Holes）

（来源：http://www.jesuswalk.com/moses/7_tabernacle.htm）

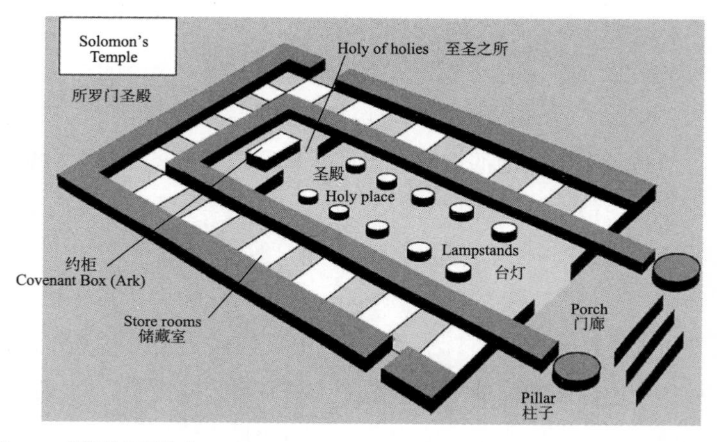

图6-27　所罗门圣殿（Solomon's Temple）“至圣之地”（Holy of Holes）位置示意图

（来源：http://www.gods-word-first.org/bible-maps/solomon-temple-map.html，有改动）

氛（图6-28）。神庙里同犹太教圣殿的至圣所（holy of holies）一样，也在其建筑空间序列的最深处设有密室圣所（shrine）（图6-29），古埃及人称之为“Kar mansion”，并在里面绘制一些雕像与壁画，强化其神秘色彩，这样的密室空间便是具有“彼岸性”象征意义的纯精神性空间。在这样的空间里，信仰者体验到人与神的心灵生了崇高、神秘、敬仰、畏惧等情感，这正是神圣空间的特殊力量。

相比较而言，中国传统宗教建筑缺乏世界宗教建筑中普遍存在的

图6-28　埃及卡纳克神庙（The Karnak Temple）遗址

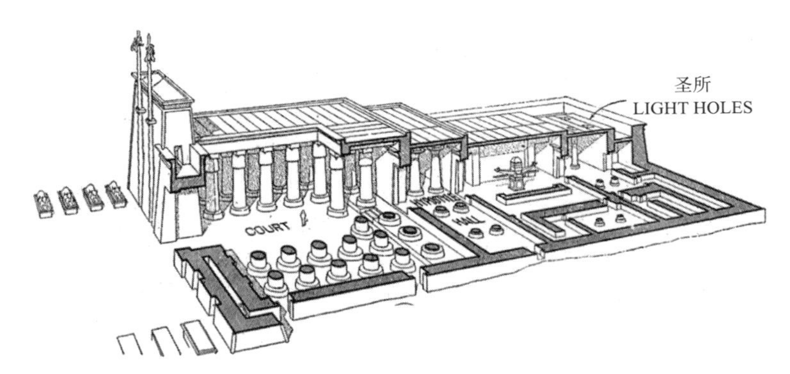

图6-29　埃及卡纳克神庙（The Karnak Temple）平面图。密室圣所位于东西轴线尽头（来源：https://archaeology-travel.com/news/temple-of-khonsu-at-karnak/）

“精神空间”或“灵的空间”概念，如王贵祥所言，“中国儒教—道教文化体系，从未出现过对封闭、隐秘、黑暗的密室空间追求的趋向，其核心空间，一般为一个由四周柱子限定的通透的空间（气空间）。”[1]

同时，中国传统宗教建筑也不像西方城市那样成为市民的精神归属和公共生活中心。牟复礼（Frederick W. Mote）在探讨前现代中国城市

1　王贵祥．东西方的建筑空间：传统中国与中世纪西方建筑的文化阐释［M］．天津：百花文艺出版社，2006：280.

与欧洲城市的不同时指出："中国生活里也没有堪与西方相比的宗教成分的物质标志。另一方面，中国也没有圣域或公众的圣庙……城市庙宇虽常是殷富华丽的，在中国城市低矮散漫的外观下，也常是最巍峨的建筑，可是却并不在精神上或建筑上凌驾于城市之上。"[1]这与中国传统文化模式和传统宗教文化的特征有一定的相关性。古代中国人相比于重来生、重神界的其他民族，更重视的是祖先崇拜，强调宗族、家族的向心性，重视家族伦理和人际伦理。与此相适应，中国古代建筑所表现的宗教礼仪与西方宗教建筑相比，虽然缺乏"灵的空间"和作为城市生活中心的公共性功能，但却以宗庙、祠堂（家庙）等场所及仪式为载体，体现出一种强烈的家族归属感和世间性格，即便没有像西方宗教建筑那样渲染人与上帝沟通的超现实神秘力量，但却注重人与祖宗的沟通，具有将宗教礼仪与人伦礼仪合二为一的独特的秩序化功能。中川忠英在《清俗纪闻》中图文并茂地描绘了清代乾隆时期江、浙、闽一带民间家庙祭祀礼仪，从神主列位的设置、供奉祭品的讲究、性别身份不同的排列顺序（家庭中所有夫妇参加祭祀，妻子需站在丈夫后面）等礼俗中，可见祖先崇拜与人伦秩序之间的紧密关联（图6-30）。对此，葛兆光的一段叙述颇为贴切，摘录如下：

古代中国从殷周时代起，这种仪式就特别复杂。对于"家"来说，在公众节日中，全家或阖族到祠堂里祭祀共同的祖先，在祠堂里，要按照男女、辈分、亲疏的不同，穿上不同的衣服，在祖先（立尸）面前排列起来，用丰盛的祭品（血牲、鬯酒）、庄严的音乐（伐鼓、击磬）、严肃的承诺（祭词、祝祷）来沟通自己和祖先，在祖先亡灵面前，在庄严肃穆的气氛中，家族的这种"长幼有序，男女有别，亲疏远近有等差"的秩序，就得到了公众的认同与尊敬，就有了合法性与合理性。而每一个人也都在这仪式中确认了自己的血缘来源、自己的家族归属、自

1 ［美］牟复礼. 元末明初时期南京的变迁［M］//施坚雅. 中华帝国晚期的城市. 叶光庭，等，译. 北京：中华书局，2000：128.

图6-30　清代家庙祭祀之图

（来源：［日］中川忠英:《清俗纪闻》，方克、孙玄龄译，北京：中华书局，2006年，第490-491页）

己的位置。一个传统的汉族中国人在仪式上看见自己的祖先、自己的父祖、自己和自己的子孙的血统在流动，就会觉得生命永恒不止地在延续。他一看到这仪式中的家族，就觉得不再孤独，自己是有“家”的、有“族”的，甚至是有“国”的，他就不是漂泊不定、无家可归的浪人，而“宗庙”“祠堂”及仪式，就是肯定和强化这种“秩序”与“价值”的庄严场合。[1]

总之，中西方古代建筑文化或表现人伦礼仪，或表现君主礼仪，或表现宗教礼仪。以此方式，建筑成为社会秩序和精神秩序的一种独特的调节工具，显示其强大的社会伦理功能。

反观现代建筑文化，无论是在表现人伦礼仪，还是政治权力礼仪方面，其功能都业已弱化，甚至成为已逝云烟。现代宗教建筑的精神功能

1　葛兆光. 古代中国文化讲义［M］. 上海：复旦大学出版社，2015：43.

依然存在，信徒们仍然把它当成与上帝（或真主、佛祖）相见的地方。就连非信徒踏进这些空间时，同样也能感受到神圣的氛围和心灵的震撼。然而，在大多数国家，相比于传统社会，大多数宗教建筑已不再是社会的礼仪中心和精神中心，甚至他们在现代人的日常生活中已经边缘化了，正如卡斯腾·哈里斯所说："宗教的这种不再重要的意义表明了它在城市中的次要地位。在20世纪，教堂建筑作为一个整体已经变得不重要。"[1]由此可见，现代建筑很大程度上已失去了传统意义上的建筑作为礼仪性存在的伦理调节功能。

然而，现代建筑的伦理功能并没有就此失去，除其本身仍然存在的认识功能（如理解人类存在的一种特殊方式，建筑的象征和叙事功能等）之外，建筑所具有的伦理功能转化为一种更为隐性的调节功能，如纪念建筑、文化景观类建筑和一些公共建筑作为"无言的教化者"的伦理功能依然存在。宗教建筑的礼仪功能和公共性功能在有些国家、有些地区依然强劲，甚至有复兴的趋势。

总体上看，虽然现代建筑的伦理功能是隐性和有限的，但它对人们的行为和心理仍然会产生潜移默化的综合影响，担负着其他艺术无可替代的审美教育和情感熏陶功能。在此意义上，雅各布·布克哈特（Jacob Burckhardt）的如下观点对揭示建筑艺术的伦理功能而言是颇为合适的："只有通过艺术这一媒介，一个时代最秘密的信仰和观念才能传递给后人，而只有这种传递方式才最值得信赖，因为它是无意而为的。"[2]

---

1 ［美］卡斯腾·哈里斯. 建筑的伦理功能［M］. 申嘉，陈朝晖，译. 北京：华夏出版社，2001：281.

2 转引自：曹意强. 艺术与历史——哈斯克尔的史学成就和西方艺术史的发展［M］. 杭州：中国美术学院出版社，2001：59-60.

下篇 ／ 实践与应用

第七章　建筑职业伦理

建筑师现在正盘旋于我开始成熟的想像力中，不是作为一个超人，而是真正的人——世界中的智者（philosophic-man）：作为创造、指导、维持的精神，直到最终完成的建筑能够并且将会被称为符合伦理整体——无论多大，无论多小。[1]

——［美］路易斯·沙利文

1 ［美］路易斯·沙利文. 沙利文启蒙对话录［M］. 翟飞，吕舟，译. 北京：中国建筑工业出版社，2015：149.

当代西方建筑伦理研究中，建筑职业伦理的研究进路占有重要地位，取得的成果也最多。有学者甚至直接将建筑伦理归结为建筑从业者的职业伦理，或者更狭义地将其看成是建筑师的职业道德，实际上这是将建筑伦理视为一种特殊的职业伦理，把建筑活动的主体品质和责任、建筑职业伦理章程的制定、建筑师的伦理困境及其解决看成建筑伦理的主要内容。虽然本书基于广义的建筑伦理研究视角，不赞成将建筑伦理狭义地理解为建筑职业伦理，但从建筑活动的实践维度来看，建筑职业伦理处于中心地位，具有十分重要的实践意义，它有力地推动了建筑职业同共体的伦理自觉。本章将以建筑职业共同体的主要技术专家——建筑师、土木工程师和城市规划师为例，探讨建筑职业伦理。

一、建筑师伦理

人类对建筑的生存性和本源性需求，注定建筑师是一个古老的职业。陈占祥曾说，建筑师是除医师和律师之外的三大古老职业之一。医师旨在恢复人体秩序，律师维持社会秩序，而建筑师则创造物质世界秩序。[1]建筑师职业的重要性由此可见一斑。

探讨当代建筑师的职业伦理，有必要概要性地回顾建筑师职业角色和职业责任的历史演变过程，借此我们可以清晰地看到建筑师职业伦理的悠久传统，并深刻认识当代建筑师应秉承的价值理念和职业责任。

（一）从古代到现代：建筑师职业角色和职业伦理的演变轨迹

英文“architect”（建筑师）一词来源于拉丁文architectus，希腊文为arkhitektōn（arkhi-‘chief’+ tektōn‘builder’），意为“总的建造者”或“首席建造者”（chief builder）。由于在古希腊，建筑不仅是有关工匠的技术，而是指统领各种技术，对建造活动进行规划、测量与指导的技术，因而建筑师具有多重角色，既负责建筑设计与选址、规划，又作为工程师要解决建造过程中的技术问题，甚至还要研制一些用于建造活动的机械装置，因而建筑师是工程的组织者和技术专家，担负着整个建造过程总主管的角色。正是在这个意义上，维特鲁威强调建筑师应是全能型人才，是具有广泛学识和各方面技能的全才，既具有实践方面的专门技术，又具有理论与写作的能力，不仅仅是一名靠工艺技能谋生的工匠，还要有语文、历史、哲学、音乐、医学、法律、天文学等方面的教养与学识。尤其是他强调建筑师应当具有哲学知识，因为“哲学可以成就建筑师高尚的精神品格，使他不至于成为傲慢之人，使他宽容、公正、值得信赖，最重要的是摆脱贪欲之心”。[2]在人类建筑史上，很少有人对建筑师的素质提出如此全面的要求。维特鲁威之所以有此观念，还与他对建筑师神圣而崇高的职业地位的认识紧密相关。在他看来，建筑师是仅次于上帝的神，建造与帝国相称的建筑是一项伟大的事业，从事这一职业的建筑师应备受尊敬并成为全才，只有这样建筑师才能成就建筑伟业。

1　陈占祥，等. 建筑师不是描图机器［M］. 沈阳：辽宁教育出版社，2005：50.

2　［古罗马］维特鲁威. 建筑十书［M］. 陈平，译. 北京：北京大学出版社，2012：64.

实际上，古希腊时期，有理论知识的建筑师与一般只有经验知识的工匠业已区分开来。亚里士多德在论及经验知识与理论知识的区别时，曾以建筑师（arkhitektōn）和熟练的工匠（cheirotechnēs）为例加以比喻。他认为，一名工匠知道如何修建一幢住宅，但是他并不知道建房的基本原理，或者说为什么房子必须根据某种基本原理而建。然而，一名建筑师就知晓建房的基本原理以及为什么要根据这些特定原理而建。[1]

中世纪乃至近代早期，建筑师的职业形象和社会地位基本没有实质性变化，建筑师的角色仍然是“arkhitektōn”意义上负责一项建筑工程的总指挥，建筑师的工作范围比现在宽泛得多。中世纪至15世纪的欧洲，建筑师没有独立的行业界定，建筑是集体共同创作的成果。这其中，有高超营造技艺的“匠师”（master builder）在建筑工程中起着主要作用。

西方建筑师职业除了来自“匠师”的传统外，建筑师在很大程度上还被看作是一个人文学者（humanist）。莱斯利・卡瓦劳格（Leslie Kavanaugh）说：“作为匠师的建筑师涉及的是‘技术’层面，而作为人文学者的建筑师则是一名受过教育的人。匠师的学习自来年长的、有丰富经验的专业人员，人文学者的学习则需要文本的学习和沉思，也可能来自智者精神上的指导。匠师是‘实践性的’，人文学者则是‘理论化的’。”[2]翁贝托・艾柯（Umberto Eco）则从一个特殊的视角阐述了建筑师何以是人文主义者。在《不存在的结构》（*The Absent Structure*, 1968）一书中，他将建筑师描述成最后的人文主义者，原因就是他们使用的符码（codes）并不来自建筑内部或建筑本身，换句话说，建筑符码（architectural codes）实际上具有象征的、文化的、社会的和政治的属性，因此建筑师应当将其工作嵌入更加广泛和多学科的语境之中：一方面建筑师同时是符号学家、人类学家、社会学家和政治家，要总体考

1　参见：Vasilis Politis. Routledge Philosophy Guide Book to Aristotle and the Metaphysics [M]. London：Routledge，2004：29.［古希腊］亚里士多德. 形而上学［M］. 吴寿彭，译. 北京：商务印书馆，1995：2-3.

2　Leslie Kavanaugh. The Architect as Humanist [M] //Soumyen Bandyopadhyay etc. The Humanities in Architectural Design：A Contemporary and Historical Perspective. London：Routledge，2010：36.

虑这些领域的符码，另一方面，建筑师还要将来自上述这些外部的符码转化成一种建筑语言，表现于自己的设计之中。[1]艾柯的观点实际上是说明建筑师应更多考虑与建筑有关的社会文化因素及其规范制约，如此建筑活动才会超越单纯的造物行为和技术行为。

值得一提的是，欧文·潘诺夫斯基认为，12世纪30年代至70年代哥特建筑艺术与经院哲学高度同步发展，关系极为密切。这一时期负责指导和监督建造房屋工作（主要是教堂）的建筑师博古通今，地位非常高，建筑师的画像常常和大主教的画像一起，刻在主教大教堂中，“这说明，到了1267年前后，建筑师在一定程度上已经被视为经院哲学的一种学术权威了”。[2]

虽然匠师在中世纪的社会地位较高，但依附于宫廷、贵族和教会，作为独立职业的建筑师地位并没有确立。对此，夏铸九指出：“虽然由大师傅带领行会的手工艺工匠师傅共同营造，亦为宗教的正当性所镇慑，他们的成果至今仍让我们深深感动，不论是在拜占庭帝国、西方罗马的帝国、伊斯兰领地均如此，由仿罗马的修道院、哥特大教堂，到圣索非亚大教堂皆如是，但是，建筑师的角色不彰。”[3]

文艺复兴时期，建筑设计开始从匠师中分化出来，不少建筑师也是从匠师中培养出来的，还有一部分建筑师有着全能艺术家的素质，甚或可以说他们与其说是建筑师，不如说是艺术家，其职责主要是为君主和教皇服务。例如，设计罗马法尔内塞宫（Palazzo Farnese）的米开朗基罗和设计马达马宫（Palazzo Madama）的拉斐尔·圣齐奥，他们作为著名画家和雕塑家的身份更为人所知（图7-1）。虽然文艺复兴时期建筑师逐渐脱离工匠阶层，但建筑师与工程师一样，还不是接受系统专业教育

1　参见：Lidia Gasperoni. The Architect as the Last Humanist: The Use of Symbolic Codes in Architecture According to Umberto Eco and Ludwig Wittgenstein. International Society for the Philosophy of Architecture，[blog] 21 June 2015，http://isparchitecture.com．2015年5月6日登陆。

2　[美]欧文·潘诺夫斯基．哥特建筑与经院哲学——关于中世纪艺术、哲学、宗教之间对应关系的探讨[M]．吴家琦，译．南京：东南大学出版社，2013：22-23.

3　夏铸九．与台大同学谈建筑（上）．台湾大学教学发展中心电子报第82期，http://ctld.ntu.edu.tw/_epaper/news_detail.php? nid=232．2015年6月21日登陆。

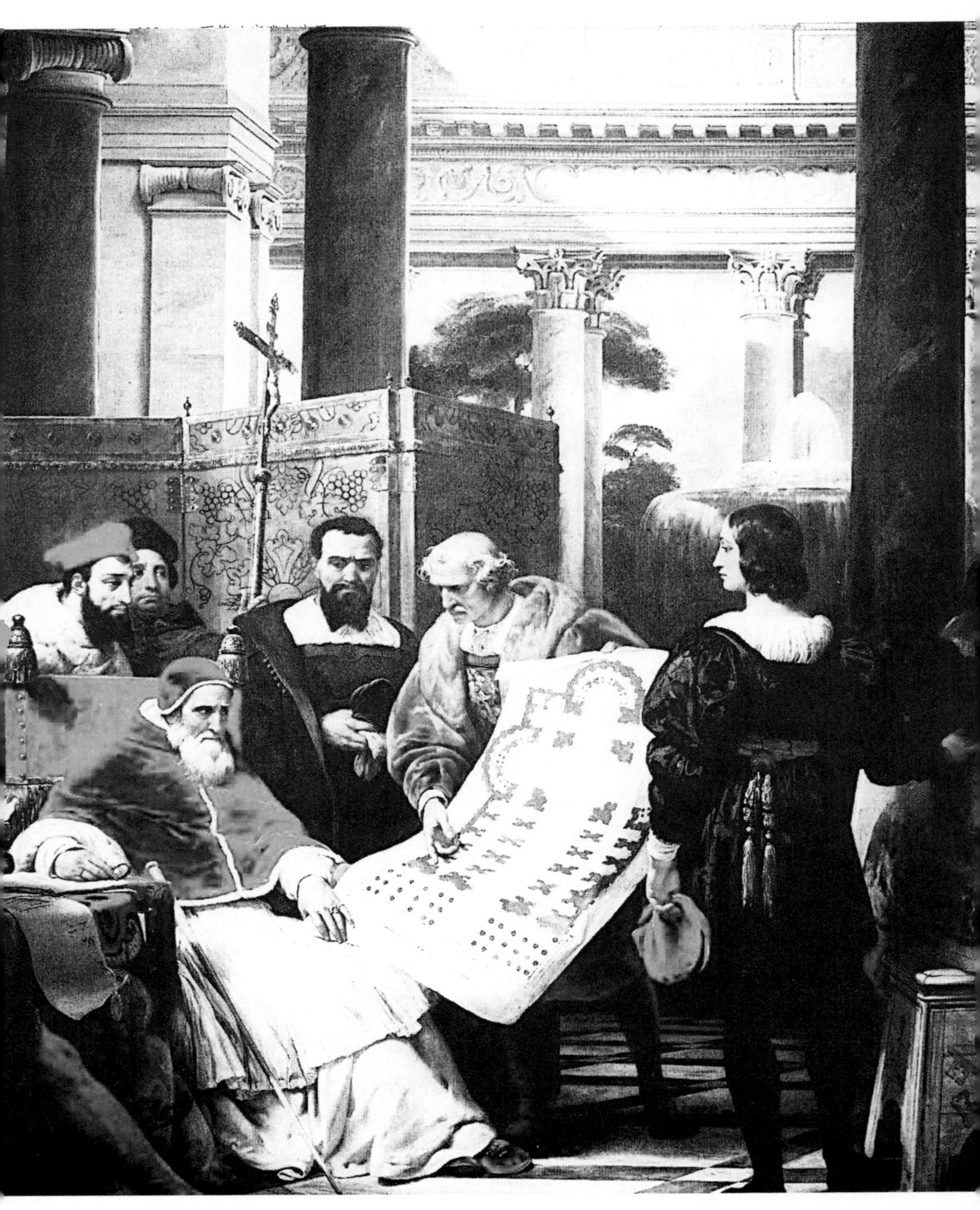

图7-1　油画：教皇朱利亚二世（Pope Julius II）命令米开朗基罗、布拉曼特和拉斐尔建造梵蒂冈圣彼得大教堂。贺拉斯·贝内特（Horace Vernet）绘，1827年，现藏于卢浮宫

并有专门的职业准入制度的现代意义上的职业。

文艺复兴时期的建筑理论家阿尔伯蒂在其《建筑论》一书中，首先明确提出了他对建筑师职业角色的认识。在该书的序言部分，阿尔伯蒂指出：

我将对我所说的建筑师是怎样一个人做出准确的解释，因为我要你与其他学科中最典型的代表进行比较的不是木匠。木匠是，并且只是建筑师手中的一件工具。那个被我看作是建筑师的人，他有恰当而充分的理由与方法，无论是什么，只要是能够以最美的方式满足人的最高尚的需求的，他都会通过重物的搬运，以及形体的体块与连接，既知道如何以他自己的心灵与能力去设计，又通过建造去加以实现。为了达到这一点，他必须对所有那些最高深和最高尚的学科，有一个理解和把握。那么，这就是建筑师。[1]

由此可见，阿尔伯蒂基本延续了维特鲁威对建筑师角色的认识，即将建筑师看成是区别于工匠的具有理论与实践知识的设计师和建造师，尤其是具有人文主义知识的“总的建造者”。对建筑师职业角色的这一认识，具有重要意义，“从此，建筑思想和文化思想之间开始紧密相连，建筑开始重新回到了以前罗马时期受人尊重的行业”。[2]同时，如本书第三章所言，阿尔伯蒂不仅充分肯定了建筑师为人类福祉所起的不可替代的重要作用，认为公共的安全、崇高和荣誉在很大程度上取决于建筑师，而且还对建筑师所应具备的职业美德进行了独到阐述。阿尔伯蒂尤其强调建筑师的责任意识，他主张建筑师绝不要因为贪图荣誉而匆忙着手任何没有把握的事情，他说：“如果你打算指导和实施这一工程，你就将很难避免成为所有其他人，既包括那些缺乏经验的人，也包括那些疏忽大意的人，所犯错误和失误的唯一责任人。这样一件工作需要热忱洋溢、

1 ［意］莱昂·巴蒂斯塔·阿尔伯蒂. 建筑论——阿尔伯蒂建筑十书［M］. 王贵祥，译. 北京：中国建筑工业出版社，2010：32.

2 王辉. 论建筑师职业的出现对文艺复兴时期建筑的影响［J］. 西安社会科学，2010（4）：93.

思虑审慎和一丝不苟的办事人员，以他们的勤奋、切实可行，以及经常不断地出面来监督那些必要的工作环节。”[1]

此外，文艺复兴时期欧洲还有一些建筑师对建筑师的职业修养也提出了一些独到看法，如法国建筑师菲利贝尔·德洛姆（Philibert de l'Orme）。1567年，他曾在自己的书中描绘过好的建筑师（The Good Architect）与坏的建筑师（The Bad Architect）的形象。在图7-2的插图中，他描绘“坏的建筑师”既没有眼睛又没有手，迷失于中世纪城堡的荒芜景观中。“好的建筑师”则与之相反，有许多手，站在茂盛的花园中被古典建筑所环绕，还将自己所了解的科学知识传授给年轻人。

18世纪中后期，随着建筑师与测量师及建筑师与土木工程师的区

图7-2 菲利贝尔·德洛姆（Philibert de l'Orme）描绘的坏的建筑师（左图）与好的建筑师（右图）形象

（来源：Sigurd Bergmann. *Architecture*，*Aesth/Ethics*，*and Religion*. IKO，2005.pp80-81）

1 ［意］莱昂·巴蒂斯塔·阿尔伯蒂. 建筑论——阿尔伯蒂建筑十书［M］. 王贵祥，译. 北京：中国建筑工业出版社，2010：304.

分，建筑师的职业角色开始明确，促进了建筑师职业的专门化。1771年，英国工程师约翰·斯米顿（John Smeaton）成立了世界上第一个工程师社团——土木工程师社团（The Society of Civil Engineers），标志着建筑师与土木工程师开始有了职业区分。然而，有关建筑师与工程师之间的关系，仍争论不休，尤其是19世纪中后期，随着建筑领域出现以钢筋混凝土为主的新材料、新结构技术，还有了“建筑师的影响力逐渐式微而开始由工程师取代之”[1]的看法。同时，工业革命所带来的新材料、新技术，以及产业革命后大规模生产方式的出现，切断了建筑师和手工匠人之间的最后联系，促使建筑设计作为一种专业活动逐渐从建造过程中分离出来，建筑师的职业角色进一步转变。

1843年，由著名建筑师菲利普·哈德维克（Philip Hardwick）、托马斯·阿罗姆（Thomas Allom）、托马斯·利弗顿·唐纳德逊（Thomas Leverton Donaldson）等人发起，在伦敦成立了英国建筑师协会（Institute of British Architects），目标是“促进民用建筑普遍进步，并提升和帮助会员获得各种与之关联的艺术和科学知识”，[2]其成立标志着作为现代意义上职业名词的建筑师共同体确立。1837年它取得英国皇家学会资格，1892年更名为现在的英国皇家建筑师协会（Royal Institute of British Architects，RIBA）。1857年，由理查德·厄普约翰（Richard Upjohn）、理查德·莫里斯·亨特（Richard Morris Hunt）等13名建筑师发起，在纽约成立了美国建筑师学会（American Institute of Architects，AIA），其成立的最初宗旨是促进会员更科学、更务实地提升其职业地位。1897年，美国的伊利诺伊州率先实施建筑执业制度，迈出了建筑师职业化的重要一步。

建筑师协会的成立及其所制定的职业章程和其他行为守则，除了保障建筑师的权益、为会员提供建筑教育服务之外，也为会员的职业行为提供了一种协商一致的价值标准，正如姜涌所说：“建筑师的资格认证

---

1 ［瑞士］希格弗莱德·吉迪恩. 空间·时间·建筑：一个新传统的成长［M］. 王锦堂，孙全文，译. 武汉：华中科技大学出版社，2014：159.

2 http://www.architecture.com/RIBA/Aboutus/Whoweare/Ourhistory.aspx. 2015年6月22日登陆。

和职业道德（伦理纲领）的确立就一直是职业化的建筑师协会的工作重心。”[1]伦理纲领或伦理章程一般是指被建筑师协会用于表述其会员的权利、责任和义务的正式文件，它为建筑师如何从事职业活动提供基本的伦理指导。

以美国建筑师学会（AIA）为例，总体上看，回顾从1857成立之初到1909年AIA会议的备忘录，其基本的职业行为准则和伦理守则在美国一直延续到20世纪60年代末。[2]AIA第一份正式的伦理章程（Code of Ethics）公布于1909年。这一年的12月，AIA发布《关于职业实践准则与伦理守则的建议》（A Circular of Advice Relative to Principles of Professional Practice and the Canons of Ethics），[3]以专业人员之间誓约或声明的形式明确表述了建筑师职业的实践准则和伦理规范，提出建筑师职业要求从业人员具有高度的诚实正直精神，以及商业能力和艺术水准，建筑师不仅要平衡对业主和承包商的责任，而且对其同事和下属也负有道德责任，尤其是对公众负有最大的责任。该建议在“伦理守则”部分以“负面清单”的形式，提出了12项有违建筑师职业伦理要求的行为。例如，直接或间接地从事任何建筑贸易活动，以担保或其他方式为投标或合同做保证人，从承包商或任何业主以外的利益群体那里接受任何委任或实质性服务，通过商业广告方式获得项目（有可能降低职业标准），不实或恶意地伤害同行建筑师的职业声望、前途或生意，等等。其中，从一个已经与业主签订了设计合同的其他建筑师手中排挤掉同行或推销自己的行为，被认为是最普遍的伦理过错行为。

伴随19世纪中后期欧美一些国家建筑师协会的成立，建筑师的职业伦理规范开始走向制度化。与此同时，西方建筑思潮中蕴涵的一些新的伦理议题，也对建筑师的职业伦理意识产生了不小影响。例如，本书第三章阐述的普金和罗斯金等人对建筑结构、建筑材料和建筑风格的诚实

---

1 姜涌．建筑师职能体系与建造实践［M］．北京：清华大学出版社，2005：16.

2 Barry Wasserman，Patrick Sullivan，Gregory Palermo. Ethics and the Practice of Architecture［M］．Hoboken：John Wiley and Sons，2000：114.

3 The American Architect，Vol. XCVI，No. 1774．1909（12）：272-274.

或真实原则的强调，如罗斯金所说，“我愿在吾辈艺术家与师傅匠人的心里，点上一盏明亮的‘真实之灯’，亦即真实之精神”[1]，实际上为建筑师的职业行为确立了一种基本的伦理价值导向，即倡导建筑活动中诚实表达的道德要求，概括说就是：“任何造型或任何材料，都不能本于欺骗之目的来加以呈现。”[2]将诚实表达视为建筑师的一种职业美德或道德责任，对现代建筑的先驱者们产生了重要影响。希格弗莱德·吉迪恩在其著作《空间·时间·建筑：一个新传统的成长》（*Space，Time and Architecture: The Growth of a New Tradition*）的第四章“建筑中的道德要求”中，分析的是19世纪90年代以新艺术运动（Art Nouveau）为代表的现代建筑先驱者的精神追求，其实质便是反对折中主义（eclecticism）建筑风格的虚伪和欺骗的形式，主张建筑师应以适用为准则，诚实地处理建筑的结构、装饰等问题。20世纪前后，一批建筑师以“功能与形式”“装饰与罪恶”为论题展开的讨论，也直指结构、材料与装饰的真实性问题。

实际上，现代建筑先驱者的精神追求，还蕴含一种更为可贵的道德责任感和道德使命感，突显了那一代建筑师高尚的职业伦理精神，突出表现在一批建筑师背负着社会革新、改造城市、追求理想社会秩序的道德使命，希望将建筑作为一种社会改革和公平、民主精神的工具，在工业时代重塑一种新的精神文明和社会秩序，从而增进人类福祉，实现其乌托邦式梦想。正如柯蒂斯所说：“尽管身处先锋位置带来了一定的疏离感，他们却始终认为自己是新社会的倡导者和更高价值的保护者；他们的乌托邦理想弥合了怀旧情绪和启示性期待，将艺术融入生活，使工业时代的形式更具价值和文化内涵，从而促使人类进步。”[3]

早期的现代主义建筑师们不仅有着建筑师的专业素质和学术素养，

---

1 ［英］约翰·罗斯金. 建筑的七盏明灯［M］. 谷意，译. 济南：山东画报出版社，2012：41.

2 ［英］约翰·罗斯金. 建筑的七盏明灯［M］. 谷意，译. 济南：山东画报出版社，2012：61. 有关罗斯金对建筑及建筑师的诚实或真实原则的阐述，详见本书第三章。

3 ［英］威廉J·R·柯蒂斯. 20世纪世界建筑史［M］. 本书翻译委员会，译. 北京：中国建筑工业出版社，2011：687. 关于此问题更详尽的阐述，包括莫里斯、赖特、勒·柯布西耶以及格罗皮乌斯及其创办的包豪斯的相关思想和精神追求，具体参见本书第三章相关内容。

而且还有以往的建筑师所不具备的推动社会公平、民主和进步和价值观和理想主义的精神气质。虽然到了20世纪60年代之后，在欧美国家，随着现代主义建筑运动的变异和一定程度上的失败，如公共住宅项目的问题、人居环境的恶化，建筑师的职业能力和职业声誉受到日益增长的抨击，包括20世纪70年代末简·雅各布斯和罗伯特·文丘里发动的对现代主义运动道德谋划的彻底否定与批判，使建筑职业陷入了一种不知何去何从的伦理混乱状态。[1]然而，早期现代主义建筑师身上所具有的社会改革勇气和理想主义精神，并没有失去其道德价值，相反，这种精神特质恰恰是当代建筑师们所缺乏的。如何在新的时代秉承这种道德追求，让建筑师职业角色的社会价值得到更充分的体现，是当代建筑师职业伦理建设的一个重要课题。

以上所述，建筑师职业角色和职业伦理的演变轨迹，主要是从欧美国家建筑师的职业发展历史展开的。对于我国而言，整个古代社会，并不存在真正意义上的建筑师职业。相对于西方而言，由于中国传统建筑向来被看作一种匠学，[2]被视为末流，因而实际承担建造职责的“匠人”“梓人”“都料匠”，其社会地位也位于下层。

中国古代对于“匠人”的营造活动，也提出了一些道德方面的要求，如明确提出“务以节俭”的要求。宋代李诫在《进新修<营造法式>序》中说，“官得其人，事为之制。丹楹刻桷，淫巧既除；菲食卑宫，淳风斯服”，[3]意思是除淫巧之俗，倡节制之风。

值得注意的是，我国源远流长、延续上千年的营造传统与中国古代的工官制度紧密联系，“中国古代的工官制度主要是掌管统治阶级的城市和建筑设计、征工、征料与施工组织管理，同时对于总结经验、统一做法，实行建筑‘标准化’，也发挥一定的推进作用，如《营造法式》

1 Tom Spector. The Ethical Architect: The Dilemma of Contemporary Practice［M］. Princeton：Princeton Architectural Press，2001：VIII.

2 梁思成在《中国建筑史》中曾讲：“建筑在我国素称匠学，非士大夫之事，盖建筑之术，已臻繁复，非受实际训练，毕生役其事者，无能为力，非若其他文艺，为士人子弟茶余酒后所得而兼也。”参见：梁思成. 中国建筑史［M］. 北京：三联书店，2011：10.

3 ［宋］李诫，邹其昌点校. 营造法式（修订本）［M］. 北京：人民出版社，2011：2.

的编著就是工官制度的产物，它是中国古建筑的特点之一”。[1]按照工官制度，主管营建工程的官吏，《考工记》中称为“匠人”，汉代、隋代称“将作大匠”；唐代、宋代称“将作监”，主要职责是主持皇家的宫室、宗庙、陵寝、苑囿和城郭等建设工程。从元代开始实施“以匠治匠”政策，从工匠中选拔工部官吏。这些工官，不仅要领导具体的建设项目，主持建筑工程的设计，还要负责建筑材料的征调、采购，估工、估料以及组织施工活动，管理工匠并向工匠传授技术及法规，总之，在营造活动中发挥着主导作用。实际上，那些精通业务的工官，如隋代的宇文恺、宋代的李诫、明代的蒯祥、清代被誉为“样式雷”的雷氏家族，都可称为中国古代的“建筑大师”。其中，被誉为“一家样式雷，半部古建史”的“样式雷”家族七代人在清代负责主持皇家建筑设计，他们留下的作品仅仅列入世界文化遗产的就有故宫、天坛、颐和园、承德避暑山庄、清东陵和清西陵。“样式雷”家族不仅留下了大量珍贵的建筑档案——“清代样式图档”（图7-3），而且在中国古代建筑师的职业伦理方面也留下了宝贵的精神财富。例如，“样式雷”传统要求做工要“横

图7-3 样式雷的点景彩棚图样（国家图书馆藏）
（来源：国际地理中文网）

1 刘敦桢. 中国古代建筑史（第二版）[M]. 北京：中国建筑工业出版社，1984：20.

平竖直”，有娴熟的技艺和勤勉的工作态度；做人要“顶天立地”，掺不得半点虚假，等等。

1911年，随着清朝覆灭，工官制度才彻底结束其使命。20世纪20年代，随着一批留学国外的建筑学专业毕业生归国以及我国培养的受过专业教育的建筑师开始执业，如1921年过养默、吕彦直和黄锡霖在上海组建东南建筑公司，1927年庄俊等人发起成立的“中国建筑师学会”，标志着现代意义上专业建筑师职业确立，较西方晚了将近400年。

（二）建筑师的伦理责任：基于建筑师协会职业伦理章程的述评

随着建筑师职业化不断发展与成熟，建筑师协会或社团对其成员的职业责任和行为规范的规定也越来越明确，并往往以伦理章程的形式加以公布，作为职业成员共同的伦理承诺。实际上，伦理章程是建筑专业人员，包括建筑师、工程师和规划师职业化的必要条件之一。之所以如此说，是由近现代职业的特征所决定的。

在西方，“职业”（profession）一词最早出现在 1541 年的牛津字典中，由拉丁文profiteri衍生，原义指承诺（promise）与誓约（vow），内含成员对其服务的工作有特殊的职责和道德使命。迈克·W·马丁（Mike W. Martin）、罗兰・辛津格（Roland Schinzinger）指出：“职业是那些涉及高深的专业知识、自我管理和对公共善协调服务的工作形式。”[1]迈克尔・戴维斯（Michael Davis）对职业的理解，更突显了伦理精神的重要作用，他说：“一个职业，是在同一个行业里的许多的个人，他们自愿组织起来，通过以道德上允许的超出法律、市场及（日常）道德要求的方式，公开服务于某一道德理想来谋生。”[2]哈罗德·威伦斯基（Harold L. Wilensky）曾将职业的演化过程分为五个阶段，即：（1）拥有一定数量、全日制的从业人员；（2）建立旨在培训从业人员的专门学校；（3）成立

---

1 ［美］迈克·W· 马丁，罗兰・辛津格．工程伦理学［M］．李世新，译．北京：首都师范大学出版社，2010：21-22.

2 转引自：［美］迈克·W· 马丁，罗兰・辛津格．工程伦理学［M］．李世新，译．北京：首都师范大学出版社，2010：26.

职业组织；（4）寻求诸如皇家特许或其他形式的法律保护；（5）制定职业伦理章程。哈罗德·威伦斯基认为，区分职业与非职业，有两个重要准则，一是建立在系统化知识的技术或通过长期训练才能取得的理论知识，二是有一套供职业人员遵守的职业规范（Professional Norms）。[1]

由此可见，职业协会或组织制定的系统化的伦理章程，既是职业本身所要求的道德责任意识的制度化，也是建筑师职业化的基本要素。职业进路的建筑伦理研究，其核心内容就是探讨、解释并促进建筑师职业社团制定并遵守伦理章程。建筑师的职业道德规范，其主要载体就是建筑师职业社团的伦理章程，它为建筑师的职业行为提供了一种基本指导。

以下将主要以美国建筑师学会（AIA）的伦理章程为例，辅之以英国皇家建筑师协会（RIBA）的伦理章程，阐述建筑师的伦理责任及其应当遵守的基本伦理规范。同时，国际建协职业实践委员会就各会员国之间的跨国执业制定的《国际建协关于建筑师职业实践中职业主义的推荐国际标准认同书》，其中涉及《关于道德与行为的政策推荐导则》，于1999年在北京召开的世界建筑师大会正式通过，它相当于得到国际认同的建筑师职业伦理章程，也可作为参考。但从这个政策推荐导则的内容框架来看，实际上是在AIA伦理章程的基础上修订而成的，有不少内容甚至文字表述相同。

如前所述，AIA 早在1909年就颁布了第一份正式的伦理章程，但早期制定的伦理章程由于对建筑师社会责任的认识不足而有其局限性。1909年的AIA伦理章程虽然提出了建筑师的公共责任，但更注重的是对雇主、同行和下属建筑师的责任。建筑师对公众的责任并没有明确规定，具体规定的义务性规范主要约束的是同行建筑师之间的职业竞争行为。从1909年至今，AIA基本上定期修改其伦理章程，尤其是20世纪70年代初，美国建筑职业伦理章程面临严峻挑战，不得不进行大的

1　Harold L. Wilensky. “The Professionalization of Everyone?”［J］. American Journal of Sociology，1964（2）：137-158.

修改。[1]20世纪80年代之后，AIA伦理章程经历了1987年版、1997年版、2004年版、2007年版、2012年版的修订。以2012年AIA伦理章程最新修订版为例，其导言中明确提出了制定伦理章程的目的在于实现其职业理想，即致力于使建筑师学会成员在职业水准、正直和能力方面达到最高标准，同时还指出该伦理章程共分三个层次，即准则（canons）、伦理标准（ethical standards）和行为规范（rules of conduct）。其中，准则是更具概括性的行为原则，伦理标准是其成员在职业表现和行为中的特定目标，而行为规范则是义务性的道德行为要求，违反这些规范将会受到学会处罚。

整个AIA伦理章程都是以责任或义务（obligation）为核心范畴而展开的。对于建筑师而言，其职业伦理意识的首要表现就是能够了解自己肩上所担负的责任究竟是什么。作为一种社会伦理范畴，责任是贯通个体道德、群体道德与社会法律体系的重要环节。在人们通常的理解中，责任一般是指与职位或角色相关联的义务，尤其指行为主体应当对自己的行为对象与后果负责。责任范畴既可以体现为行为主体对其职业身份应尽的社会责任或义务的一种服从、敬重的情感态度与道德诉求，同时，又可以体现为通过制裁等硬约束手段而起作用的强制性义务。当莱昂·克里尔（Leon Krier）以康德式的绝对命令公式提出建筑师的绝对命令时，他主要指的是一种对建筑职业道德的敬重态度，他说："这样来建造，你的设计概念作为一个既是建筑的、又是城市的设计原则而有效的时候，你和你所钟爱的人通过使用你设计建造出来的房子，能在任何时候找到快乐，从外面来观赏，在里面居住，在里面工作，在里面度

1　20世纪70年代初，美国建筑师伦理章程受到的外来挑战主要表现于两个事件：一是70年代初美国司法部（Justice Department）开始对大量职业伦理准则进行审查，并提出了诸多批评，这其中也包括建筑师职业伦理章程。二是1975年美国建筑师阿拉因·马尔迪罗森（Arain Mardirosian）对AIA提起的诉讼。他因为被AIA宣称违反了伦理章程中的排挤规则（supplanting rule）而被暂停会员资格。"排挤"是指有意从已经与业主签订了合同的其他建筑师手中推销自己而排挤掉同行的行为。阿拉因·马尔迪罗森最终取得了诉讼胜利，这是对AIA伦理章程中核心条款的挑战，使AIA伦理章程从1969年到1985年进行了不止一次的大的修订。参见：Barry Wasserman，Patrick Sullivan，Gregory Palermo. Ethics and the Practice of Architecture［M］. Hoboken：John Wiley and Sons，2000：115。此外，李向锋在《寻求建筑的伦理话语：当代西方建筑伦理理论及其反思》（东南大学出版社，2013年）一书中，较为详细地介绍了AIA伦理章程的百年发展历程，并阐明了这一发展历程对于当代中国建筑师职业伦理建设的借鉴意义。

假，在里面愉快地变老。”[1]当迈克尔·本尼迪克特（Michael Benedikt）在反思并驳斥“建筑师的第一法则是获得工作”这一流传甚久的座右铭基础上，提出建筑师的希波克拉底誓言时，他主要强调的是建筑师应当通过塑造物质世界承担起保护、提升人类生活的义务。[2]

建筑职业伦理章程中的“责任”内涵，不仅指一种道德上的义务，还包含法律上应尽的义务，其中道德责任和法律责任在很大范围内是重叠的。如果说法律往往关涉行为发生后的责任，即追溯性责任或因果行为责任，那么伦理责任则以未来要做的事情为导向，是一种前瞻性或预防性的责任模式，因而它能够防患于未然，将无具体指向的抽象伦理价值转换为一种切实可行地对自己行为负责的实践性伦理规范，成为特定行业或特定人群的行动指南。

以责任为核心的AIA伦理章程中，责任主体是建筑师，责任对象主要包括公众（public）、客户（client）、职业（profession）、同事（colleagues）、环境（environment）五个方面。可见，建筑师应承担的责任是多方面的，大致可区分为微观和宏观两个层面。微观层面的责任主要由建筑师职业内部及与客户的伦理关系所决定，包括对同事、客户和职业的责任；宏观层面的责任指的是社会责任，主要包括对公众与环境的责任。早期的职业伦理章程比较重视微观层面的责任，尤其是对客户和同事的责任。

从AIA伦理章程修改的历史看，责任对象上的变迁折射出对建筑师宏观层面社会责任的逐渐重视，这种变化是随着建筑发展对人类社会及自然环境影响的日益增大而变化的。虽然AIA伦理章程并没有像西方大多数工程职业伦理章程那样，明确将对公众的安全、健康和福利责任放在首位，将其作为首要条款，但在“准则1：总的责任”（General

---

1 ［卢］莱昂·克里尔．社会建筑［M］．胡凯，胡明，译．北京：中国建筑工业出版社，2011：326.

2 Michael Benedikt. The First Rule of the Architect［M］// Graham Owen（ed.）. Architecture，Ethics，and Globalization．London：Routledge，2009：110-111.“建筑师的第一法则是获得工作”这一说法，由美国建筑师斯坦福·怀特（Stanford White）于100多年前提出，著名建筑师菲力普·约翰逊（Philip Johnson）也不断重复此信条，他甚至说建筑师为了得到工作如同妓女一般招徕生意。

Obligations）和“准则2：对公众的责任”两部分都涉及建筑师对公众的社会责任要求。例如，在“总的责任”中规定建筑师应该充分考虑其职业活动的社会和环境影响，其中具体的伦理标准1.3和1.4则从尊重与保护自然和文化遗产以及尊重人权两个方面进行了规定。在“对公众的责任”中规定各成员应当依照法律的精神和条文来处理其职业事务，并在其个人和职业活动中促进和服务于公共利益。

相比较而言，英国皇家建筑师协会（RIBA）的伦理章程在建筑师的社会责任方面规定得较为薄弱，注重的是建筑师专业内部的事务，主要涉及建筑师与客户（雇主）、同事以及建筑专业的关系。英国建筑师注册管理局颁布的职业行为和实践标准（Architects Registration Board，ARB，2010）同样注重的是调整建筑师与客户的关系，在其第五项标准中要求建筑师考虑其工作更广泛的影响，即在首先对客户负责的同时，关注其职业行为对环境的影响。[1]国际建协《关于道德与行为的政策推荐导则》对公众责任的规定与AIA伦理章程大致相同。值得一提的是，由吴良镛起草，1999年5月在北京召开的国际建协第20届世界建筑师大会通过的《北京宪章》，首次将社会工作者的角色赋予建筑师，提出“建筑师作为社会工作者，要扩大职业责任的视野：理解社会，忠实于人民；广泛地参与社会活动；积极参与社会变革，努力使‘住者有其屋’，包括向如贫穷者、无家可归者提供住房。”

以往的建筑师伦理章程主要调整人与人、人与社会的相互关系，如建筑师与公众、与客户、与同行的关系，对人、建筑、自然环境三者的关系并不重视。随着世界范围内环境问题日益严重和人们环保意识普遍提高，随着建筑工程与技术发展速度不断加快及对自然环境的压力不断增强，建筑师对环境的责任成为其职业伦理中越来越重要的内容。AIA伦理章程2007年修订版、2012年修订版中都增加了“准则6：对环境的责任”，提出学会成员在其职业活动中应该促进可持续设计及其发展原

---

1 英国建筑师注册管理局颁布的建筑师职业行为和实践标准（2010年版）
http://www.arb.org.uk/files/files/Arb%20Code%20of%20Conduct%202010（1）. pdf，2015年7月3日登陆。

则，并具体规定了三项伦理标准，分别涉及可持续设计、可持续发展与可持续实践三个方面。其中，建筑师在可持续设计方面扮演着极其重要的专业角色，对此AIA伦理章程提出，建筑师在履行设计工作时，应该对环境负责并倡导可持续建筑与场所的设计（参见案例14：建筑师的环境伦理："我们补种橡树了吗？"）。

无论是AIA伦理章程，还是RIBA伦理章程以及国际建协《关于道德与行为的政策推荐导则》，其伦理规范文件最终的结构形式，基本上都采取基本原则加基本条款的框架形式，这种结构形式的好处在于，既能保持伦理章程的相对稳定性（基本原则），又考虑到职业特征和职业环境的变化而作出适当调整（基本条款）。虽然由于伦理章程往往只局限于较为概括性的准则，难以为复杂的职业现实与伦理冲突提供明确的指导，但在建筑师的职业道德教育与管理方面，伦理章程所提出的各项伦理准则仍发挥着不可替代的作用。迈克·W·马丁、罗兰·辛津格认为："伦理准则至少在八个方面发挥重要作用：服务和保护公众、提供指导，给予激励，确立共同的标准，支持负责任的专业人员，促进教育，防止不道德行为以及加强职业形象。"[1]索尔·费希尔（Saul Fisher）论及建筑师协会制定的职业伦理章程的作用时指出："对建筑师而言，这些准则的目的，旨在明确规定具有普遍指导性的道德原则和特定的行为规范，这不仅表明了职业对伦理问题所作的深思熟虑的思考，而且可以保护建筑职业，防止责任不清。"[2]托马斯·费希尔（Thomas Fisher）的著作《建筑师的伦理：职业实践中的50个困境》（*Ethics for Architects: 50 Dilemmas of Professional Practice*, 2010）实际上是对AIA伦理章程（2007年版）的进一步阐释，他根据该伦理章程提出的六个方面职业准则（总的责任，对公众、客户、职业、同事以及对环境的责任），分别就其涉及的主要议题及职

1 ［美］迈克·W·马丁，罗兰·辛津格. 工程伦理学［M］. 李世新，译. 北京：首都师范大学出版社，2010：47.

2 Saul Fisher. How to Think About the Ethics of Architecture［M］// Warwick Fox. Ethics and the Built Environment. London and New York：Routledge，2000：172.

业实践中所面临的困境进行了案例分析式讨论，有助于人们更深入地理解与思考建筑师的职业伦理准则。正因为职业伦理章程的重要作用，西方国家建筑师团体和协会普遍重视伦理章程的制定、实施与教育，并不断修订伦理章程使之顺应时代要求，更好地发挥其导向和规范作用。

与西方国家相比，中国建筑师职业道德建设的制度化有待建设和加强。目前我国并没有中国建筑师一级学会，只是在中国建筑学会下设建筑师分会，其前身是建筑创作委员会，于1989年成立，是带有行政事业单位性质的民间机构，它辅助政府进行行业管理，而非行业自律组织。中国建筑学会是国际建筑师协会和亚洲建筑师协会的国家成员，与美国建筑师学会、英国皇家建筑师学会等多国建筑师学会签订有学术交流协议。由于在我国是以建筑学的专业协会来代替建筑师的职业组织，因而，如姜涌所说："对建筑师职业服务的界定、建筑师的维权、建筑师的社会责任和专业诚信等领域的研究和管理都显得相对薄弱。"[1]无论是中国建筑学会还是其建筑师分会，至今都没有正式颁布建筑师职业伦理章程，换句话说，建筑师职业团体并没有对社会公众公开的伦理承诺，也没有为建筑师个体的职业行为提供具体的价值指导，不利于开展建筑师职业道德建设，加强建筑师职业的自我管理与完善职业行为标准。据曹洋的来自363份关于建筑师群体职业伦理状况的有效问卷调查显示，只有5.63%的建筑师在建筑设计时将职业操守作为建设计时的考虑与影响因素。[2]也就是说，绝大多数建筑师在职业活动中并没有自觉的职业伦理意识，这与我国建筑师群体还没有确立明确的建筑师职业伦理章程有一定关系。

2016年2月，在中共中央、国务院发布的《关于进一步加强城市规划建设管理工作的若干意见》中，首次提出培养既有国际视野又有民族自信的建筑师队伍，进一步明确建筑师的权利和责任，提高建筑师的地

1 姜涌．建筑师职能体系与建造实践［M］．北京：清华大学出版社，2005：149.

2 曹洋．基于建筑伦理的中国建筑设计协作机制优化研究［D］．天津大学，2016.

位。这是中央文件首次提出建筑师的职业责任和地位问题。在此背景下，如何依据中国国情与中国建筑师的职业责任与要求，[1]借鉴西方国家比较成熟的建筑师伦理章程的合理部分，制订中国建筑师的职业伦理章程，乃当务之急。

（三）从坂茂获普利兹克建筑奖说起：建筑师的职业美德

普利兹克建筑奖（Pritzker Architecture Prize）是每年一次颁给建筑师个人的奖项，有“建筑界的诺贝尔奖”之称，宗旨是表彰当代在世建筑师的杰出建筑作品及其对人类所做出的重要而持久的贡献。2014 年，普利兹克建筑奖颁发给日本建筑师坂茂（Shigeru Ban），评审委员会在对他的评语中这样说：

> 作为一名杰出的建筑师，20年来，他不断创新，用创造性和高品质设计来应对破坏性自然灾害所造成的极端状况。他的建筑对于那些遭受巨大损失、流离失所的人们就是庇护场所、社区中心还有精神领地。每当灾难发生时，他常常自始至终地坚守在那里，例如在卢旺达、土耳其、印度、中国、意大利、海地，还有他自己的祖国日本。
>
> 坂茂扩展了建筑师这一职业，他使建筑师能够参与政府、公共机构、慈善家及受灾群体之间的对话。他强烈的社会责任感和用高质量设计满足社会需求的积极行动，以及他应对人道主义挑战的独有方式，使得本届普利兹克奖得主成为一名模范建筑大师。
>
> 对于坂茂而言，可持续发展并不是一个后期添加的概念，而是建筑

1　需要说明的是，目前我国建筑师的职业服务范围与西方国家建筑师的职业服务范围有所不同。西方建筑师的职业服务一般是“设计+督造”模式，建筑师作为甲方的代理人对建造全过程进行前期策划、咨询、设计、督造工程、验收和后期服务等，建筑师是建设工程全过程的责任主体。在我国，建筑师的职业服务范围则一般限制在设计阶段，建筑师只是建筑工程五方责任主体之一（按照2014年住房和城乡建设部印发的《建筑工程五方责任主体项目负责人质量终身责任追究暂行办法》的规定，五方责任主体指承担建筑工程项目建设的建设单位项目负责人、勘察单位项目负责人、设计单位项目负责人、施工单位项目经理、监理单位总监理工程师）。加之，我国实行的是建筑师个人与设计单位的双重资质管理责任制，责任主体相对模糊。因而，西方国家建筑师伦理章程中调整建筑师与建设工程其他利益主体关系的准则不适宜直接套用。

的核心考量之一。他的建筑谋求与周边环境和特定地域相适应的产品与体系，尽量使用可再生或当地出产的材料。[1]

通过以上评语，可以发现2014年普利兹克建筑奖颁发给坂茂，绝不仅仅因其杰出的设计作品和革新的设计理念，还因其身为一名建筑师的强烈社会责任感和人道主义精神，在今天市场化、商业化的大潮之下，他的这种职业伦理精神显得弥足珍贵。从1994 年的卢旺达内战开始，时任联合国难民署顾问的坂茂提出用硬纸管建造避难所的想法，从此他利用建筑师的专业特长，开始了长达20年的人道主义救助活动。1995年，坂茂创立了名为“VAN”（Voluntary Architects’ Network，建筑师志愿者网络）的非政府组织，每当发生地震、海啸、飓风或战争时，他都会组织VAN志愿者赶赴灾区和现场。例如，2008年中国汶川大地震一星期后，坂茂和他的团队便赶赴灾区参加灾后重建，用纸管材料为灾区建造了一所临时小学——成都市华林小学（图7-4）。2011年日本东北部宫

图7-4　成都华林小学纸管临时校舍（摄影：Li Jun，Voluntary Architects' Network）

1　普利兹克建筑奖官网（中文版），http://www.pritzkerprize.cn/2014/，2015年7月2日登陆。

城县以东的太平洋海域地震后，坂茂的建筑师志愿者网络在50多个避难所内搭建了1800个纸质隔间，使居住其中的家庭有了更多隐私。同时，为了帮助宫城县女川町解决用地不足的问题，坂茂还设计完成了通过堆叠集装箱建造的两层至三层临时住宅。2011年新西兰地震之后，当地有100多年历史的基督城大教堂严重受损，圣公会决定全部拆除重建。但当地民众不能没有集体祈祷场所，坂茂团队以纸管为材料，设计搭建了“过渡教堂”，现已成为当地新地标（图7-5）。

2016年普利茨克建筑奖继续肯定有社会责任感和人道主义精神的建筑设计，致力于公益住房项目、解决低收入群体居住问题的智利建筑师亚历杭德罗·阿拉维纳（Alejandro Aravena）荣获该奖。2001年阿拉维纳创立ELEMENTAL工作室。迄今为止，该工作室建成了2500多套低成本社会保障住房，他们重新思考并成功探索了低成本社会住宅的管理和建造策略，建造了许多“半成品的好房子”（图7-6），提出住宅单元在未来的增建将由居住者自己完成，并且在建房过程中与律师、居民、当地政府和建筑工人通力合作，以获得满足低收入居民及社会大众利益的最佳方案。对此，2016年普利兹克建筑奖评审委员会在对他的评语中这样说：

亚历杭德罗·阿拉维纳集中体现了更加注重社会参与的建筑学派的复兴，尤其是他长期致力于应对全球住房危机，并为所有人争取更好的城市环境。他对建筑学和市民社会都有着深刻的理解，并反映在自己的作品、行动和设计中。当今，建筑师的角色正面临挑战，他们要服务于更广泛的社会和人道主义需求，而亚历杭德罗·阿拉维纳已明确、欣然且充分地应对了这一挑战。[1]

坂茂和亚历杭德罗·阿拉维纳为建筑师树立了良好的职业形象，在他们身上突出体现了一名优秀建筑师所具有的职业美德。实际上，建筑师学会的伦理章程应当约束所有的会员建筑师，但并非所有的建筑师都

1　普利兹克建筑奖官网（中文版），http://www.pritzkerprize.cn/2016/，2016年1月16日登陆。

图7-5　新西兰基督城纸管教堂（摄影：Bridgit Anderson）

图7-6　亚历杭德罗·阿拉维纳的可持续社会住宅项目（Quinta Monroy），左图为只修建了一半的住宅，右图为生活条件改善后住户们扩建更多居住空间（来源：https://proyectos4etsa.wordpress.com/2011/11/03/）

会自觉遵循职业伦理准则。例如，《日本建筑学会伦理纲领・行动规范》要求建筑师应该促进人类福祉，努力提高社会生活的安全与人们的生活价值，以可持续发展为目标，等等，[1]但这些责任和准则首先指的是建筑师的态度和职业意识，而不是特定的行为，换句话说，只有当建筑师具备了相应的品德与精神气质，才能更好地履行伦理准则，并自觉表现于职业行为之中。提升建筑师的职业伦理水平，不能只强调行为准则和规范问题，同时还必须培育建筑师的职业美德。职业美德是一种优秀的精神气质，与正确的行为紧密关联。

几乎所有服务于更广泛的社会和人道主义需求的建筑师身上，都突出体现着一个共同的职业美德，即关怀。关怀是人类的一种基本情感能力，类似于同情、照顾、仁爱等情感。美国学者迈克尔・斯洛特（Michael Slote）认为，可将我们对遥远他人的仁慈感作为关怀的概念，“一个关怀活动的伦理，可以采取以全人类的福利为思考范围”。[2]在斯洛特看来，关怀超出了亲密关系中给予照顾、付出情感的意义，扩展为对所有人的关切。关怀作为一种职业美德，不仅体现为关心人类福祉，尤其体现在对普通人和弱势群体处境的关怀。坂茂说：“建筑师往往与社会特权阶层有着千丝万缕的联系。从历史上看，人们往往用金钱或政治力量，聘请建筑师来为其工作，体现的是地位与财富。当我意识到这一点时，我感到非常沮丧。与此同时，我也注意到，当灾害发生时，人们居无定所——在那里，我可以伸出援手。”[3]关怀和改善普通人和弱势群体的居住状况，是早期现代主义建筑师们曾经的职业理想和社会情怀，在今天被许多建筑师忽略和遗忘的背景下，坂茂的坚守显得尤其可贵。需要强调的是，作为一种职业美德的关怀，并不局限于人与人之间的相互关怀，它也包括对环境的关怀。例如，坂茂在建筑设计中，尽量使用低成本、本地出产和可重复使用的材料，真正将可持续的绿色设计理念融入自己的设计实践之中，体现了关爱自然的环境美德。

---

1 日本建筑学会伦理纲领・行动规范（1999）. http://www.aij.or.jp/jpn/guide/ethics.htm，2015年7月2日登陆。

2 ［美］弗吉尼亚・赫尔德. 关怀伦理学［M］. 苑莉均，译. 北京：商务印书馆，2014：52.

3 宁蒙. 日本建筑师坂茂：纸建筑也坚强［J］. 环境与生活，2013（9）：91.

还有一位获得2004年美国建筑师协会（AIA）金奖的建筑师塞缪尔·莫克比（Samuel Mockbee），他在为弱势群体尤其是贫困人群服务方面，为建筑师树立了道德标杆。1993年，塞缪尔·莫克比与丹尼斯·K·鲁斯带领奥本大学建筑系的学生在美国最贫困的地区之一——阿拉巴马州的黑尔县（Hale County）成立了乡村工作室（Rural Studio），致力于在贫困地区开展建筑设计和教学实践，为贫困人群义务设计并建造房子（图7-7）。

台湾建筑师谢英俊也具有强烈的人道情怀和关怀美德，多年来一直在为弱势群体及可持续建筑的发展而努力，有“人民的建筑师”“最具社会关怀的建筑师”等美誉。2004年，谢英俊到河北、河南、安徽、西藏等地，推动协力造物，发展农村生态建筑。汶川大地震后，谢英俊和他的乡村建筑工作室带着台湾“9.21地震”日月潭邵族重建的经验来到灾区，组织受灾村民以自助方式协力造屋（图7-8），并推广生态化厕所，这份建筑师的社会担当精神令人敬佩。

实际上，以上所列举的建筑师都可归于“公民建筑师”（citizen-architect）的行列，他们是践行建筑职业伦理和公民责任伦理的楷模。除此之外，德国的彼得·休伯纳（Peter Hubner）、英国的罗德尼·哈奇（Rodney Hatch）、美国的瑟芝奥·帕勒奥尼（Sergio Palleroni）和布莱恩·贝尔（Brian Bell）都可称得上公民建筑师。他们的可贵之处在于关注本地的社区建设，在建筑设计中将本土价值作为创造性源泉，“设计在他们看来，是一项具有包容性的社会过程，是由公众来决定他们想要的生活，而不是一个自上而下由专家限定问题并宣布答案的过程”，“最重要的是，这些价值敏感设计（value-sensitive-design）并非仅仅基于设计师的未来视角而重视本土价值，它还是设计师与公众之间为了一个更美好的世界，依靠彼此的认识相互沟通和解决问题的过程。”[1]

1　Peter Kroes etc. Design in Engineering and Architecture：Towards an Integrated Philosophical Understanding［M］// Pieter E. Vermaas，Peter Kroes，Andrew Light & Steven A. Moore（eds.）. Philosophy and Design：From Engineering to Architecture．BerLin：Springer，2008：13-14.

图7-7 1997年塞缪尔·莫克比乡村工作室给贫困的安东逊·哈里斯夫妇设计的“蝴蝶住宅”（Butterfly House）

（来源：http://samuelmockbee.net/rural-studio/projects/butterfly-house/）

图7-8 谢英俊在四川“5.12”大地震灾区农房重建项目（阿坝杨柳村）

（来源：Studio-X哥伦比亚大学北京建筑中心）

近年来，在我国建筑界，出现了一种好的变化，即越来越多的建筑师开始关注普通百姓的居住与生活，致力于为普通人、为弱势群体设计“普普通通”的建筑。例如，穆均、李晓东、王晖等人重点关注中西部贫困地区中小学建筑和校园规划问题。穆均设计的甘肃庆阳市西峰区显胜乡毛寺生态实验小学，是一个慈善项目，2008年12月荣获首届“中国建筑传媒奖”最佳建筑奖。这所小学校长的话是对这一建筑最好的评价：“从现在开始，学校不再需要烧煤来取暖，省下来的钱可以为孩子们多买新书。”[1]

除了关怀，建筑师的职业活动还要强调其他一些美德，例如诚实、正直。英国皇家建筑师协会（RIBA）伦理章程所确立的职业价值观，实际上表述的是职业美德。RIBA伦理章程表述其价值观时指出，诚实、正直、胜任，以及对他人和环境的关心是皇家建筑师协会制定其三项职业行为原则的基础。职业道德的三项基本原则分别是诚实（honesty）和正直（integrity）、胜任（competence）和关系（relationship）。[2]在西方建筑史上，有不少建筑理论家或建筑师强调诚实这一职业美德。约翰·罗斯金对建筑师提出的基本伦理要求，最重要的一点就是避免设计和建造过程中的不诚实或“伪装”行为，他说：“在建筑领域，有可能发生另外一种不实行为，比较没那么微妙难辨，不过却更加令人不齿：即在材料性质或者劳动力数量上，直接做出与事实不符的主张。这事真是错到不能再错。它值得我们挞伐的程度，绝不亚于任何其他败德之事。那不是一位建筑师，同样也不是一个民族该有的行为。”[3]西方国家建筑师伦理章程或职业行为规范大都包含了有关诚实、正直的要求，当然与罗斯金所强调的诚实有所不同，主要是指建筑师在履行其职业角色时，应遵循职业行为规范，实现道德上的完整性，在职业活动中追求和保持诚实、公正，这尤其体现在建筑师对公众、职业和同事的道德义务之中。例如，2012

1 向公民建筑致敬［N］. 南方都市报. 2008-12-30（特刊）.

2 英国皇家建筑师协会（RIBA）职业行为准则（Code of Professional Conduct）（2005年1月版）http://www.architecture.com/files/ribaprofessionalservices/professionalconduct/disputeresolution/professionalconduct/ribacodeofprofessionalconduct.pdf,（2015年7月3日登陆下载）

3 ［英］约翰·罗斯金. 建筑的七盏明灯［M］. 谷意，译. 济南：山东画报出版社，2012：43.

年版AIA伦理章程II.2.104款中要求建筑师“不应该从事那些不尊重他人权利的欺骗或恶意的行为”；IV.4.201款中要求建筑师“不应当对其职业资历、经验以及业绩做出误导性的、欺骗性的或者虚假的陈述，而应该准确陈述与其工作职责有关联的业务范围和性质，以此获得信誉”。此外，当建筑师作为专家证人时，须在对事实适当了解、能力胜任以及诚实的信念的基础上表达专家意见。这些有关诚实、正直的职业伦理准则，还需要建筑师作为道德主体的选择与坚守，若建筑师本身拥有诚实的美德，则遵守这些准则就成为一种自律的行为，是其道德人格的内在要求。

20世纪末，我国建筑界有这样一句话——“品格重于风格”，[1]此言道出了建筑师应追求的精神境界。吴良镛强调，建筑师必须要有崇高的理想，即“立志作一个人民的建筑师，要有像前人诗句所说‘安得广厦千万间，大庇天下寒士俱欢颜’那样的胸怀”。[2]当前我国建筑师群体中存在的职业道德问题，折射出一部分建筑师职业美德和职业理想的缺失。例如，一些建筑师存在社会责任意识和道德理想淡薄的问题，为了在设计竞争中取胜，千方百计迎合主管领导的喜好，或者一切按业主意见办，不是把功夫用在设计上，而是花在打通各种关节上，在现实面前一碰壁或受到利益诱惑就放弃对职业理想的坚守。

哲学家维特根斯坦（Ludwig Wittgenstein）有一句话不无道理：“优秀的建筑师与拙劣的建筑师之间的区别在于，拙劣的建筑师经不起任何诱惑，优秀的建筑师却能抵抗住它们。”[3]在这方面，老一辈建筑师抵御诱惑的职业风骨令人敬佩。例如，早在20世纪30年代，建筑大师童寯的“不近人情”便传为美谈。当时，建筑师地位高，建筑商送礼成风，有人送礼为的是能让建筑师在设计上减少用料，降低成本。但这个在业内不成文的行规，到童寯那里就成了例外。他不但从不收礼，反而“吓唬”说如再送礼要加大用料。[4]

---

1 庄惟敏．关于青年建筑师的定位［J］．建筑学报，1997（5）：27.

2 吴良镛．广义建筑学［M］．北京：清华大学出版社，2011：187.

3 ［奥］路德维希·维特根斯坦．文化与价值［M］．涂纪亮，译．北京：北京大学出版社，2012：7.

4 林天宏．童寯：不近人情的建筑师［N］．中国青年报，2006-07-26.

此外，近年来我国建筑界有一股不正之风——热衷于“模仿秀”，数不清的“山寨建筑”充斥城乡，拙劣地复制、抄袭世界各地包括本国在内，尤其是欧美国家的地标性建筑或景观元素。大量存在的建筑抄袭现象，反映了建筑师职业诚实美德的缺失。建筑活动中的不诚实行为有多种表现，除了说谎、欺骗、修饰、伪造、虚假广告之外，在没有获得正当许可的前提下抄袭或剽窃他人作品，也属于违背诚实原则。不仅如此，这种行为还是一种侵犯知识产权的违法行为。AIA伦理章程要求其成员在职业活动中不应违反法律，其中包括版权法，版权法禁止在未经版权所有者允许的情况下拷贝建筑作品。在我国，相关法律以及我国已加入的国际公约对建筑作品版权保护都有相应的规定。建筑作品是《中华人民共和国著作权法》规定的作品类型。在《中华人民共和国著作权法实施条例》中，对建筑作品的定义是“以建筑物或者构筑物形式表现的有审美意义的作品”。由此可见，凡具审美意义的建筑作品都受著作权法保护，未经著作权人许可，复制、剽窃他人作品便构成侵权行为。各地出现的“山寨建筑”几乎全部复制的是有审美意义的建筑作品。因此，对于建筑师来说，在其职业伦理要求中，还应强调提升建筑版权意识，培养自觉守法美德。

自20世纪70年代以职业为进路的建筑伦理产生以来，绝大多数研究者的理论建构都以规范伦理学为范式，并旨在确立建筑师应遵循的职业伦理准则。西方当代建筑伦理的主要实践结果，也是以建筑师和相关工程社团职业伦理章程的成文形式，建立起一套较为完整的职业伦理规范。然而，职业伦理章程的外在性与他律性、伦理准则和建筑师职业行为之间的“知易行难”及“知行不合一”、职业伦理规范的普遍性与实践主体的差异性等问题，使人们对职业伦理章程的实践效能产生巨大怀疑。职业伦理章程所规定的各种应该遵循的规范，往往成为苍白的道德说教。正是在此背景下，在建筑职业伦理领域，应当实现从单纯强调职业伦理准则到同时强调关注建筑师内在品质的职业美德伦理之转向，这种转向对下面要阐述的土木工程师和城市规划师的职业伦理而言，同样是必要的。

二、土木工程师伦理

广义上看，土木工程师一般是土木方面工程师的总称，即从事普通工业与民用建筑物、构筑物建造施工活动的设计、组织与现场监督管理工作的工程技术人员。[1]在西方，中世纪乃至近代早期，建筑师是统领各种技术活动，集建筑设计和建造施工技术于一身的人。18世纪中后期之后，建筑师与土木工程师的职业角色才开始得以明确区分。基斯·基斯蓬（Kees Gispen）指出："'土木工程师'一词出现在18世纪50年代和60年代期间。这一概念的出现标志着设计并监督民用工程项目的技术人员的队伍日益壮大，他们从军事工程师群体中独立出来了。"[2]实际上，回顾近代以来的建筑发展史，建筑师与工程师之间存在着复杂的相互作用关系，两者谁也离不开谁，"建筑师和工程师的角色从最开始的合而为一到后来的明确分离，再到现在的渴望相互渗透与更高层次的融合。"[3]

建筑行业工程师成为相对独立的职业之后，与建筑师一样，一套供工程师共同遵守的职业伦理规范，同样是其职业化的基本要素。同时，20世纪70年代以来，工程师的职业困境和伦理责任问题也逐渐突显，成为作为工程伦理学分支的建筑工程伦理探讨的重要议题。

（一）责任伦理：土木工程师应确立的基本价值立场

20世纪中后期以来，随着现代科学技术的迅猛发展及其对人类影响的加剧，"责任"概念令人瞩目地成为当代技术伦理和工程伦理中的一个关键性范畴。总的说来，工程活动领域责任意识的加强来自于社会角色的分化、人的能力的增长、技术系统对人类以及自然日益重大的影响和

---

1 按照中华人民共和国住房和城乡建设部有关勘察设计注册工程师专业划分框架，土木工程师的执业范围主要包括：岩土工程、水利工程、港口与航道工程、公路工程、铁路工程、民航工程，而房屋结构工程、塔架工程、桥梁工程则属于结构工程师执业范围。本书所指称的"土木工程师"是指土木方面工程师的总称，涵盖结构工程师、岩土工程师和作为工程管理人员的土建工程师等。

2 ［德］Walter Kaiser, Wolfgang Koenig．工程师史：一种延续六千年的职业［M］．顾士渊，孙玉华，胡春春，等，译．北京：高等教育出版社，2008：127-128.

3 王锟．建筑师与结构工程师的关系［J］．南方建筑，2006（5）：14.

对行为后果的自觉。甘绍平认为："科技伦理的核心问题就在于：探寻科学家在其研究过程中、工程师在其工程营建的过程中是否及在何种程度上涉及以责任概念为表征的伦理问题。"[1]甘绍平这一论断同样适用建筑工程伦理，尤其是随着现代建筑工程技术对人类以及自然环境的影响不断增强，工程活动中作为技术专家的土木工程师的责任也日益增强。

德裔美国学者汉斯·约纳斯（Hans Jonas）较早从技术活动领域探讨"责任"的内涵。1972年，他在美国洛杉矶的一次公开演讲中，有一句话振聋发聩，"我们是被迫追问是否还会有子孙后代的第一代人"，表达了他对技术时代人类活动的忧患意识。对于约纳斯而言，人类行为在特定时代（如今天的技术时代）对生物圈的长远影响和累积效应（cumulative effects），是人类所面临的新的伦理挑战中最重要的方面。他认为我们需要一种不同于传统"邻里伦理"（neighbor ethics）的道德规范，突破人类行为的直接性，为深远的影响创造一种道德标准。由此，他对作为一种新的道德标准的责任伦理进行了系统论证。他认为："责任最一般、最首要的条件是因果力，即我们的行为都会对世界造成影响；其次，这些行为都受行为者的控制；第三，在一定程度上他能预见后果。"[2]1979年，约纳斯出版了代表作《责任原理：技术文明时代的伦理学探索》。[3]在这本书中，他提出了一种与传统伦理学截然不同的技术时代的责任伦理学，它不像传统伦理学那样是一种"近距离的伦理学"（immediate reach ethics），主要研究人与人之间的道德规范，也不像传统伦理那样专注于良知、动机或道德信念，而是强调在科技时代每个人都对作为整体的人类的发展延续负有责任，是一种包含整体性、连续性、未来性三方面内涵的"远距离的伦理学"（remote ethics）。约纳

1 甘绍平．应用伦理学前沿问题研究［M］．南昌：江西人民出版社，2002：103.

2 Hans Jonas. The Imperative of Responsibility: In Search of an Ethics for the Technology Age. Chicago: University of Chicago Press，1984：90. 该段译文引用：［美］卡尔·米切姆．技术哲学概论［M］．殷登祥，曹南燕，等，译．天津：天津科学技术出版社，1999：97.

3 该书于1984年在美国出版英文版。本文对约纳斯观点的介绍主要参考该书英文版。Hans Jonas. The Imperative of Responsibility: in Search of an Ethics for the Technological Age［M］. Chicago: University of Chicago Press, 1984.

斯的责任伦理拓展了责任在时间和空间上的维度，并且将父母子女关系视为责任的原型，原创性地以父母对孩子的“非相互性责任”（non-mutual responsibility）模式来论述人类整体对未来子孙后代及自然万物承担的责任和义务，尤其是对人类过度使用资源的后果提出了颇富远见性的警告，这对于建筑职业技术人员确立责任意识来说尤为重要。

德国技术哲学家汉斯·伦克（Hans Lenk）对责任进行了更明确的区分，同样也强调对人类未来的关爱责任。他对“责任”下过一个著名定义：某人/为了某事/在某一主管面前/根据某项标准/在某一行为范围内负责。[1]其中，“某人”是指行为主体或责任主体；“为了某事”是指行为对象及行为后果；“在某一主管面前”是指通过评判与制裁的方式，为行为主体责任的履行提供有效保障和监督机制，如良心、社会舆论与法律规范，等等；“根据某项标准”主要指行为主体所处的具体情境；“在某一行为范围内”则指相应的行为与责任领域。工程师伦理乃是从具体部门的道德要求出发，制定特定的责任原理，以规范成员的行为方式，视责任范畴为其核心与精髓。伦克的定义有助于我们从责任的主要构成要素即责任主体、责任标准、责任范围、责任对象、责任监管等方面，理解责任的具体内涵。

美国工程伦理学者查尔斯·E·哈里斯（Charles. E. Harris）等人主要从两个维度理解责任的含义：一是积极的、前瞻性的责任概念，他们称之为“义务—责任”（obligation-responsibility），指的是担任一定职务或管理角色的人员所负有的职业责任。责任担当的义务意味着工程师在执行工程项目或计划时，既要在技术上也要在职业伦理上符合职业标准；不仅要在工程活动中遵守法律、管理规范和标准，也要满足注意义务或合理关注（reasonable care）的标准。二是一种消极的或向后看的责任概念，他称之为“过失—责任”（blame-responsibility），指的是工程师为故意、鲁莽或疏忽所导致的错误或事故负责。一个常见的现象是我们似乎更容易注意到某个工程师偶然或暂时的失误和失败，而不去注意他们日常对工作的胜任。“过失—责任”既适用于个体，也适用于组

1 转引自：甘绍平．应用伦理学前沿问题研究［M］．南昌：江西人民出版社，2002：120.

织。工程师往往因其自利、害怕、自我欺骗、无知、自我中心倾向、视野狭窄、不加批判地接受权威和团体迷思（groupthink）等障碍而不能积极承担责任。[1]

对工程师来说，由于他们的工作与公众的切身利益极为密切，因而他们的责任显得公开、直接而重大。加拿大科技哲学家邦格（Mario Augusto Bunge）认为，当工程师做某些有利于或不利于他人幸福或生活的事情时，便涉及道德问题。因此，工程师有责任遵守如下技术命令（technological imperative）："你应该只设计和帮助完成不会危害公众幸福的工程，应该警告公众反对任何不能满足这些条件的工程。"[2]德国技术哲学家拉普（Friedrich Rapp）也强调工程师的责任问题，他认为："设计和建造技术系统是工程师的工作，可以说工程师就是技术活动的决策人物……在技术发达的社会中，工程师作为专家，凭他的能力，对指出特定技术会产生的消极影响，负有特殊的责任。"[3]美国技术哲学家卡尔·米切姆（Carl Mitcham）将桥梁工程师乔治·莫里森（George S. Morison）于1895年在美国土木工程学会发表的就职演说，看成是从思想意识上确立工程师能够负责任的标志性事件。莫里森在就职演说中将工程师看成是"掌握物质进步的牧师"，"他们是不受特定利益集团偏见影响的、合逻辑的脑力劳动者，所以有广泛的责任以确保技术改革最终造福人类"。[4]这里，无论是邦格、拉普，还是米切姆，都从各自的视角强调了工程师的社会责任。

土木工程师的职业伦理章程应当紧紧围绕责任这个核心价值来确立其层次性要求。首先应确立工程师的首要责任，并将其作为工程师职业伦理的核心准则。西方国家早期工程学会制定的伦理章程往往注重对雇主和机构权威的忠诚责任以及对同行的责任。例如，1852年，美国土木工程师协会（ASCE）成立，1914年9月ASCE出台了第一部伦理章程，

1 Charles E. Harris，Michael S. Pritchard，Michael J. Rabins. Engineering Ethics: Concepts and Cases（Fourth Edition）[M]. Wadsworth：Cengage Learning，2009：22，25-26.

2 [加] M. 邦格. 科学技术的价值判断与道德判断 [M]. 吴晓江，译. 哲学译丛，1993（3）：40.

3 [德] F· 拉普. 技术哲学导论 [M]. 刘武，等，译. 长春：吉林人民出版社，1988：33.

4 [美] 卡尔·米切姆. 技术哲学概论 [M]. 殷登祥，曹南燕，等，译. 天津：天津科学技术出版社，1999：88.

只有简单的六条，第一条规定工程师的主要责任是做雇佣他们公司的“忠实的代理人或受托人”，其余几条则是针对同行或下属工程师的道德义务，并没有涉及工程师对公众和社会的责任，还是比较狭隘的行业规范。[1]直到1961年，ASCE伦理章程才有了新的版本，但对工程师伦理责任的规定主要针对的仍然是雇主（或其他委托人）及同行。1977年，ASCE伦理章程有了革命性变化，首次明确提出工程师的社会责任。其基本规范第一条提出“工程师应该把公众的安全、健康和福利放在首要位置，并在履行他们的职业责任时，努力遵守可持续发展原则”。[2]至此以后，ASCE伦理章程进行了三次修订，分别是1993年、1996年和2006年，这些版本都延续了1977年提出的有关工程师社会责任的首要条款。从ASCE伦理章程对责任对象认识的变化来看，土木工程师的伦理责任大致经历了从强调对雇主的忠诚到强调对公众负责的转变。今天，工程师的首要责任是对公众的安全、健康和福利负责的理念达成共识，并在绝大多数工程学会所制定的伦理章程中得到了体现。在我国，虽然土木工程师学会还有没有制定正式的伦理章程，但一些学者提出的土木工程师伦理责任，以及一些建筑工程公司的职业道德要求、企业社会责任承诺都强调了对公众和环境的责任。

当然，土木工程师除了应首先对公众和环境负责之外，其他的责任对象，如对业主（或客户）、对同行以及对专业应承担的各项责任同样重要，在这方面工程学会的伦理章程一般都有明确规定。例如，ASCE伦理章程（2006年版）基本守则第四条是：“工程师应该作为守信的代理人或受托人，以职业的方式为每一个雇主或客户服务，应该避免利益冲突”；第五条是：“工程师应该以其工作质量确立他们的职业声誉，不应该与其他工程师进行不公平竞争。”[3]2002年台湾土木技师工会制定并通过的《土木技师伦理规范》既规定了工程师的社会责任，“土木技师以

1　ASCE Code of Ethics（1914）. http://ethics.iit.edu/ecodes/node/4093，2015年7月6日登陆。

2　ASCE Code of Ethics（1977）. http://ethics.iit.edu/ecodes/node/4048，2015年7月6日登陆。

3　ASCE Code of Ethics（2006）. http://www.asce.org/uploadedFiles/About_ASCE/Ethics/Content_Pieces/CodeofEthics2006.pdf，2015年7月6日登陆。

保障人权、实现社会正义及促进公共及民间工程技术与质量之提升，保护人民生命财产之安全为使命”，“土木技师应协助政府机关维护公共工程之质量及安全，并与政府机关共负提升工程技术与质量之责任”；又从土木技师与委任人（雇主）、土木技师同行等方面明确了工程师的伦理责任，例如，“土木技师应维护委任人之合法权益，对于受任事件之处理，不得无故延宕，并应适时告知受委任人事件进行之重要事情”，“土木技师间应彼此尊重，不得相互诋毁、中伤，亦不得教唆第三者为之”。[1]

总之，土木工程师基本的伦理责任是把公众的安全、健康和利益放在首位，明确了这一责任规范，便为建筑工程师的职业行为提供了一种基本的伦理立场。然而，如何将它正确地运用于工程实践中并非易事。事实上，在很多情况下，作为技术责任主体的工程师会面临某些责任冲突，这些责任冲突本质上是一种利益冲突。比如为了避免对公众造成潜在的危害，出于维护公众利益的考虑，工程师的伦理责任在于放弃任何有害于公众利益的技术活动，但为了谋生或者获得自身的发展，工程师的责任则在于服从所在组织、单位或业主的命令。这样，工程师本身的角色冲突就直接与责任的选择问题联系在一起而产生冲突，而这种冲突常常将当事人推进独特的伦理困境之中。美国学者维西林（P.Aarne Vesilind）和冈恩（Alastair S.Gunn）曾列举过许多工程活动中的案例，说明工程师在实际工作中可能碰到的类似责任冲突。[2]

这种不同责任之间发生冲突的情形，属于伦理困境或道德冲突的情形。从伦理学上看，对于道德冲突没有完美的解决办法，只有比较合理的解决办法。迈克·W·马丁等学者提出过解决工程伦理困境的五个

1 台湾土木技师伦理规范（2002）. http://www.twce.org.tw/modules/freecontent/index.php? id=50，2015年7月6日登陆。

2 ［美］P.Aarne Vesilind、Alastair S.Gunn. 工程、伦理与环境［M］. 吴晓东，翁端，译. 北京：清华大学出版社，2003：4-20. 实际上，不仅工程师在职业实践中会面临诸多伦理冲突，本节所讨论的建筑活动涉及的其他主体如建筑师和城市规划师，在其职业实践中，同样会面临相关伦理冲突的难题并须做出伦理抉择。例如，建筑师在设计项目中会面对委托方、使用者、施工单位、政府部门、公众等诸多利益相关者，他们各自的利益诉求有时相互矛盾和冲突。因此，本节涉及解决伦理冲突及做出伦理抉择的原则同样适用于建筑师与城市规划师的职业活动。

步骤：①道德清晰：识别相关的道德价值；②概念清晰：澄清关键概念；③了解事实：获得相关信息；④了解选项：考虑所有选项；⑤理由充分：做出合理的决策。[1]这五个步骤作为工程师解决伦理困境的一般过程，也是一种职业伦理决策模式。需要补充的是，在第一个步骤中，工程师不仅要识别相关的道德价值，还要识别问题，即识别伦理冲突涉及的所有利益相关者并决定谁应参与做出决定。在第五个步骤即做出合理的决策之后，还应增加一个步骤即评估决策的后果或效果，特别应注意是否带来额外的问题或没有预料到的后果。查尔斯·E·哈里斯等工程伦理学者提出，面对相互冲突的价值而被迫做出困难的选择时，较好的方法是在相互冲突的价值之间寻找一种创造性的中间方式（acreative middle way），即一种至少能使解决所有价值冲突的要求得到部分满足的方法。这种方法的基本策略就是通过扩大解决问题方式的范围，寻求一种有可能尊重每一种价值的新的可能性，甚至使得在两个价值标准之间做一个困难的选择是不必要的。[2]

著名经济学家阿马蒂亚·森（Amartya Sen）提出过解决价值目标冲突的三种方法，其一是“平衡的完备排序”法，即在做出决策前决定某一价值目标优先于其他价值目标；其二是“部分顺序”法，即不苛求有一个完备的排序，允许多元评价中出现两个未被排序的选择机会；其三是在不违反理性选择的前提下承认或接受不一致性的判断，不回避同时具有约束力的准则之间的冲突。森同时认为，在涉及社会事业性质的决策中，第一种方法即“平衡的完备排序”法更为合理。[3]

实际上，“平衡的完备排序”法也是解决伦理困境最基本的方法，即首先要善于识别价值准则或伦理原则的等级序列或优先秩序，低等级的准则要服从高等级的准则，以高等级的价值准则指导自己的行为，进而

1 ［美］迈克·W·马丁，罗兰·辛津格. 工程伦理学［M］. 李世新，译. 北京：首都师范大学出版社，2010：34-37.

2 Charles E. Harris，Michael S. Pritchard，Michael J. Rabins. Engineering Ethics: Concepts and Cases（Fourth Edition）［M］. Wadsworth：Cengage Learning，2009：85-86.

3 ［印度］阿马蒂亚·森. 伦理学与经济学［M］. 王宇，王文玉，译. 北京：商务印书馆，2000：67-68.

做出合理的道德选择。例如，土木工程师有义务保护和维护客户、雇主的利益，但仅限于维护其合乎道德与合法的利益，当客户的利益损害了公众的利益时，尤其是对公众的安全造成危害或潜在危害时，对公共利益的维护在价值上就具有优先性。伦克在讨论责任之间冲突时，提出了十条价值规范的优先性原则（Priority Rules），很有借鉴价值，具体如下：

Ⅰ 权衡每个相关个体的道德权利，这优先于利益考虑。

Ⅱ 在无法解决的情况下，在同样重要的基本权利之间寻求妥协。

Ⅲ 权衡每个党派的道德权利，人们可以或应当投票解决，这为所有党派带来最少的伤害。

Ⅳ 根据前面 3 条原则权衡利弊，即不可放弃的道德权利先于伤害的避免与预防，先于利益的权衡。

Ⅴ 在实践中面临无法解决冲突时人们应当寻求公正的妥协（公正的妥协即同样地分担或合法地分担负担和利益）。

Ⅵ 共同的（高层次的）道德责任优先于非道德的基本义务。

Ⅶ 普遍的道德责任原则上先于任务和角色责任。

Ⅷ 直接的基本道德责任至少优先于非直接的、远的、最远的责任以及次级的法人责任。

Ⅸ 公众的福利应当优先于特殊的、实践中的非道德上的利益。

Ⅹ 在安全法的制定中给予优先解决，通过这些措施达到技术上的、经济上保护的目的。由此无疑对技术的安全性要求优先于经济的考虑。[1]

显然，在“道德冲突”中进行选择，不仅需要工程师了解工程伦理准则的内涵和优先权，而且要具备自主做出伦理判断的能力（参考案例15：建筑工程伦理：挽救花旗银行大厦）。因此，制订土木工程师的职业道德规范时，应当站在一个较高的立场去辨明工程师所面临的诸种价值和道德困境，如果可能的话，为其具体抉择提供理论上的知识支持与

1 转引自：王飞．伦克的技术伦理思想评介［J］．自然辩证法研究，2008（3）：61．原文参见：Hans Lenk. Macht und Machbarkeitder Technik［M］. Stuttgart：Philipp Reclam jun，1994：133-134.

价值认证。这就要求工程师伦理研究，一方面必须关注现实，秉承现实主义态度，避免没有道德体验、道德实践的形式化、口号式的职业伦理；注重理论的实践性、规范的可操作性和动态的开放性，最好能够提供旨在帮助从业人员面临责任冲突时可以找到"出口"的伦理决策指南；另一方面又必须要有理论深度，重在给予从业人员启示与指导，尤其要确定价值准则的等级序列或优先秩序原则。此外，还应注意到，由于每一具体问题都有其独特性，伦理规范决策指南的应用还应包含着一系列创造性的要素和过程。不仅如此，在土木工程师的职业道德规范中，还要明确其责任范围。责任范围不明确往往意味着责任的模糊、互相推诿与难以胜任，从而可能削弱责任主体的职业责任感。因此，土木工程师职业伦理建设的重点就在于使职业责任明确化、具体化、层次化，避免工程实践中责任界定和履行出现责任交叉和责任空白。

（二）安全规范：土木工程师的基本伦理要求

安全规范是技术理性和建筑法律的有机组成部分，有许多法律、标准和技术规范保证工程安全。当然，安全规范也是对工程师基本的伦理要求。建筑工程活动是一项与公众生活息息相关并广泛影响公众福祉的社会活动，安全规范要求工程师尊重、维护或者至少不伤害公众的健康和生命，在进行工程项目论证、设计、施工、管理和维护中关心人本身，充分考虑产品的安全可靠、对公众无害，保证工程造福于人类。

从工程伦理的视角看，安全与对风险的接受度紧密相关。从现实的工程活动而言，完全没有任何风险的活动和技术是不存在的，风险是工程和工程技术进步的固有组成部分。迈克·W·马丁和罗兰·辛津格将安全界定为："如果一个事物的风险被充分认识后，按照其既定的价值原则被一个理性人判断为是可以接受的，那么，这个事物就是安全的。"[1]查尔斯·E·哈里斯等学者认为，"安全因素"（factors of safety）在工程活动中极其重要，事实上所有的工程规范都将安全置于重要位置。他们试图构

1 ［美］迈克·W·马丁，罗兰·辛津格. 工程伦理学［M］. 李世新，译. 北京：首都师范大学出版社，2010：132.

建一个关乎安全、避免伤害的可接受的风险原则，从而为判断哪些风险属于道德容许的范围提供一般指导，这一原则是："应该保护人们免受技术的有害影响，特别是当伤害不被同意或不公正地分配伤害风险时，除非这种保护有时必须要与以下两个方面相互权衡：（1）需要保护巨大的、不可替代的利益，以及（2）对人们获得知情同意能力的限制。"[1]

在建筑工程活动中，最不能够接受的风险是对人的生命安全的威胁，生命价值显然属于如上所说的需要保护的"巨大的、不可替代的利益"。事实上，安全规范的道德基础是生命价值原则。在伦理学上，尊重人的生命、一切以人为本的生命价值原则具有逻辑上和经验上的优先性，是最基本的也是最重要的道德原则。古今中外，作为伦理原则的生命价值原则，无不认为生命作为人的生存基础对人的极端重要性，尊重人的生命价值、不伤害人的生命，是道德底线的底线、基点的基点。因而，安全规范是在工程活动中贯彻生命价值原则的逻辑结论，是对工程师最基本的道德要求，是所有工程（技术）伦理的根本依据。

一般而言，建筑行业内进行安全管理的主要手段有四种，即法律手段、经济手段、科技手段和文化手段。不同于具有强制性的法律手段，工程伦理主要探讨如何运用伦理文化手段促进安全规范的实现，它涉及企业的社会责任和员工的价值观和责任感，是促进安全规范得以履行的内在动力。与工程法规的调节功能不同，工程伦理视角的安全规范注重的是工程师个体、组织及其职业共同体的前瞻性责任，关注工程活动对人的身体、精神与生活质量可能造成的影响与危害，它要求工程师不仅要考虑技术上是否可行、经济上是否合理等问题，更要考虑施工场所是否安全、工程产品是否存在安全缺陷、是否会给用户和公众造成伤害等问题。而且从工程伦理视角看，还要提倡工程师担负更主动的安全责任，具有一种以专业知识为基础的道德敏感性，能够考虑到产品的最终用户和全过程使用状况，对其隐含的危及公共安全、给社会和公众带来

1 Charles E. Harris，Michael S. Pritchard，Michael J. Rabins. Engineering Ethics: Concepts and Cases（Fourth Edition）[M]. Wadsworth：Cengage Learning，2009：160-161.

生命与健康威胁的问题提出警示或忠告。

一些西方发达国家的建筑设计部门或企业具有对建筑产品持续跟踪服务的优良传统，其中“安全提醒函”制度就是保证建筑工程安全和质量追踪的一种有效方式，有助于强化建筑师和工程师作为技术主体对其产品所应承担的全过程安全责任。例如，武汉市鄱阳街53号的汉口景明大楼，现为武汉市优秀近代建筑。该建筑是由英资景明洋行（Hemmings & Berkley）于1917设计、1921年建成的六层大楼。在漫漫岁月中安全度过了80多个春秋后，1999年初，其最初设计者所属的英国建筑公司远隔万里给该楼业主寄来了一封“安全提醒函”，信中写道：“景明大楼为本建筑设计事务所承建，设计年限为80年，现已超期服役，敬请业主注意。”又如，1907年建成、1908年1月通车的上海外白渡桥是我国第一座全钢结构铆接桥梁和仅存的不等高桁架结构桥（图7-9），

图7-9 英国霍华思·厄斯金公司设计的上海外白渡桥（2015年，吴善述摄）

是老上海的标志性建筑。2007年末，上海市政工程管理局收到外白渡桥100年前的设计与建造单位——英国霍华思·厄斯金公司（Howarth Erskine Ltd.）的信函。信函中说外白渡桥的“桥梁设计使用年限为100年，现在已到期，请对该桥注意维修”，同时还重点强调“建议检修水下木桩基础混凝土桥台和混凝土空心薄板桥墩”。[1]显然，英国建筑设计事务所高度的职业伦理和健全的安全保障制度特别值得国内同行学习。

工程伦理视角的安全规范不仅要求工程师具有一种以专业知识为基础的道德敏感性，能够对工程活动中隐含的安全问题提出警示，还要求工程师有一种公众利益至上的道德勇气。一般而言，某一项工程活动在具体应用中会产生怎样的效应，它们对公众会造成哪些现实和潜在的影响，工程师作为专业技术人员是比较清楚的。因此，安全规范要求工程师在事关公众生命和财产安全的问题上，如果发现某一设计和施工违反了建筑规范时有责任阻止；如果雇主、业主或其他服务对象拒绝接受工程师的安全建议，工程师有责任向有关机构反映。这里涉及工程伦理中一个充满争论的伦理议题，即什么情境下工程师的举报（whistle-blowing）是在道德上必要和允许的？

关于这个问题，先看一个案例，即“工程师举报广州地铁三号线工程验收造假并存在安全隐患事件”。[2]2010年10月，广州市地铁三号线全面通车之前，作为广州地铁三号北延长线问题路段检测单位的工程师，钟吉章实名在网上通过新浪博客，曝光施工方混凝土结构强度不合格却伪造合格检测，从而使存在安全隐患的项目通过验收的消息，引发媒体关注和民众议论。施工方北京长城贝尔芬格伯格建筑工程有限公司辩称，因时间久远而无法明确回复。2010年10月12日，政府主管部门正式介入调查，确定地铁三号线北延段嘉禾至龙归区间2号、3号联络通道混凝土强度局部确实存在不达标问题，施工方存在造假和瞒报行

1 程奕. 外白渡桥：一座桥与一个城市的集体记忆［N］. 东方早报. 2008-02-21.

2 有关这个案例的详细内容，参见：麦尼哲中国危机管理资源网企业危机案例库案例——“2010年广州‘地铁工程验收造假’事件”（www.crisismanagement.com.cn/）。

为，并对其行为予以相应处理与制裁。这个案例中，工程师钟吉章基于公众安全的考虑，举报施工单位确实存在的造假瞒报行为合乎伦理要求。

一般而言，工程伦理中的举报行为，“是一种工程师不得不借以采用的方式，以此表明，对他们来说公众的健康、安全、福祉比雇主、职业生涯，甚至自己的物质利益都更重要”。[1]工程师在组织、企业和公众之间存在着严重信息不对称的情形下，出于维护公众安全和利益考虑的举报，能够有效降低公众所面临的风险，是符合公共伦理的行为。然而，举报这种形式由于存在一些负面作用，涉及一些道德冲突，一定要合理运用，除非情况紧急，工程师应当首先选择通过正常的组织渠道反映和举报安全问题。在采取正常的组织渠道反映安全问题无果后，工程师采取外部举报的方式就具有充分的合理性。例如，在震惊香港的圆洲角短桩案中，承建圆洲角居屋建筑地基工程的会汉建设有限公司的现场工程师，曾就公司具有重大安全隐患的违规施工行为给上级提出过警示，但在没有得到公司董事会重视的情况下，没有采取进一步的行动，如通过外部举报的方式制止违规行为，最终酿成严重后果（具体参见案例16：建筑工程伦理：香港圆洲角短桩案）。

总体说来，工程师的职业道德素养，尤其是以职业良心为信念的专业精神、对公众安全的道德敏感性是与工程质量成正比关系的，尤其是他们面对业主利益与用户及公众利益相抵触的道德冲突情形下，是否具有首先对用户及公众利益负责的道德勇气，是保障工程设计是否合理，工程质量是否合格和安全的一个不可轻视的因素。

土木工程师伦理尤其应重视安全规范。建筑业有一个响亮的口号“百年大计，质量第一”，它充分体现了建筑工程使用价值长久，质量重于泰山的特点。质量符合标准或优良的建筑工程是工程安全的前提和保障，如果设计不合理、偷工减料、工程质量低劣，其结果必然是事故频

1 ［美］迈克尔·戴维斯．像工程师那样思考［M］．丛杭青，沈琪，等，译．杭州：浙江大学出版社，2012：124.

出，给国家、社会和公众的生命和财产造成巨大损失，这方面的惨痛教训数不胜数。

在我国，一般将工程质量问题严重、有重大安全隐患的工程称为“豆腐渣工程”。这个词出自1997年杭州市钱塘江一段御洪挡潮工程，该工程经过层层剥皮式的五次转包，到最后一轮承包者已无利可图，于是承包商只好偷工减料、鱼目混珠，指使工人在要求注入3.6米深的混凝土的近百个沉井灌入烂泥，只在井口表面用少许混凝土掩盖，从而给这段防洪大堤留下了严重的安全隐患。此事经媒体揭露后，该工程被称为“豆腐渣工程”并臭名远扬。目前在我国建筑工程界，虽然工程质量稳步提升，但“豆腐渣工程”“楼脆脆”“楼歪歪”等严重的建筑质量安全事故事还不时出现。仅2015年5月20日至6月16日不到1个月的时间里，全国至少发生5起居民楼垮塌事件，造成22人死亡，贵州遵义更是5天之内接连发生两起居民楼垮塌事件。

建筑工程质量问题和工程腐败现象是由许多复杂的社会因素和人为因素造成的，对于那些在相当大程度上受政府干预或业主控制的建筑工程，工程师的责任有时是非常有限的。加之建筑工程活动的综合性很强，生产中的协作面很宽，也使工程师的责任变得不明确。但是，这些客观因素并不能说明工程师的道德水平、专业精神与工程质量问题关系不大。因为在工程实践活动的每一个环节，如立项、设计、施工、监理和验收等，工程师对质量问题都有发言权，可以说没有工程师的认可，工程就无法立项；没有工程师的设计，工程就无法上马；没有工程师的监督和管理，工程就无法施工；没有工程师的检验，工程就无法通过竣工验收。换言之，工程师是建筑工程活动的设计者、管理者、实施者和监督者，这些职业角色决定了他们对工程活动负有重要的安全责任。对此，查尔斯·E·哈里斯等学者认为：“当一位负责的工程师认识到某个工程设计违反了建筑规范（building code）但却不去反对时，工程师将为由此导致的任何伤害或死亡的结果承担一定的责任。同样地，当一位工程师了解到某项建筑规范将被建议变更，他或她确信这将会给公众带来危险或损害，却不采取任何措施来防止这种变化时，工程师就应为由此带来的任何伤害承担责任。”[1]

在加拿大麦克马斯特大学（McMaster University）工程系，每名毕业生都要佩戴一枚钢制戒指，这就是著名的“工程师之戒”（The Iron Ring）或“耻辱戒指”（图7-10），它的寓意是时刻提醒工程师不忘安全至上。1900年该校毕业生西奥多·库珀（Theodore Cooper）承担了魁北克大桥的主体设计任务，为了节省成本，他擅自延长大桥主跨的长度，忽略了对桁架重量的精确计算，使桥梁结构的承载能力大大低于该桥梁的强度设计要求，致使大桥在1907年8月29日即将竣工之际，发生垮塌事故，造成75人死亡、多人受伤的严重后果，该学院也因他而声誉受损。后该校联合倡议加拿大七所工程学院筹资买下了大桥的钢梁残骸，打造成一枚枚指环，发给每年从工程系毕业的学生，让他们引以为戒。

图7-10　设置于麦克马斯特大学（McMaster University）大楼前的“工程师之戒”
（来源：http://blog.sina.com.cn/s/blog_5374815d0102vcvi.html）

1　Charles E. Harris，Michael S. Pritchard，Michael J. Rabins. Engineering Ethics: Concepts and Cases（Fourth Edition）[M]. Wadsworth：Cengage Learning. 2009：149.

对于中国的土木工程师群体而言，即使手上没有戴“工程师之戒”，但心中不能没有“工程师之戒”，它时刻提醒工程师身上所担负的公众的生命安全责任。

（三）环境伦理规范：土木工程师的环境维护责任

工程技术活动特别是建筑工程活动不仅涉及公众的利益，而且也会对自然环境产生巨大影响。现代建筑工程作为自然资源的主要消费者，尤其是近代工业革命以来大量建筑工程采用大规模机器运作的实用功利化技术模式，导致建筑对人类共同的生存环境的影响愈加直接而明显。人、建筑和自然环境之间形成了一种相互作用、相互制约的关系。然而，以往的土木工程师道德规范主要是调整人与人、人与社会的相互关系，如工程师与公众、客户、同行的关系，对人、建筑和自然三者的关系却并不重视。随着世界范围内环境问题的日趋严重和人们环保意识的普遍提高，工程师的职业道德和职业伦理章程逐渐将环境伦理规范融入其职业准则与实践之中。

20世纪80年代以来，不少国家工程师协会纷纷在本行业的工程师职业伦理规范中增加了保护自然环境方面的条款，以作为增强专业人员环境责任意识的一种手段。例如，1977年美国土木工程师协会（ASCE）对其职业伦理章程进行了修正，在其基本原则第一条引入“工程师应运用他们的知识和技能促进人类福利和环境的改善”，在其基本规范第一条则增加了工程师在可持续发展方面的责任。1980年4月，ASCE理事会正式通过了第120号政策声明，建议工程师将自己奉献给以下环保目标：

1. 土木工程师必须认识到他们的行动将会影响到环境，从而增加将生态关注结合进工程设计的知识和能力。

2. 土木工程师必须不仅告知客户所要求的服务和所选择的设计将产生的效益，还必须告诉他们这样做的环境后果，只推荐负责任的行动路线。

3. 土木工程师必须充分利用协会的支持会员努力关心环境的机制。

4. 土木工程师必须认识到非常需要在发展、改进和支持有效的政府项目中起带头作用，保证环境得到充分保护，但要避免过度规章化从而抑制经济发展。[1]

1983年，ASCE的技术委员会下属的环境影响分析研究委员会补充提议了另外一条基本标准："工程师在提供服务时，为了当前和后代人们的利益，应当精心保护世界资源、自然和文化环境。"[2]ASCE伦理章程最新版为2017年修订版，有关环境伦理的要求主要集中于章程基本准则第1条（Canon 1）及其对这一条的进一步说明：

工程师应当把公众的安全、健康和福祉置于首位，在履行其职业责任时，努力遵循可持续发展的原则。

c. 工程师在其做出的公众安全、健康和福祉受到威胁的职业判断被否决的情况下，或者忽视可持续发展原则的情形时，应告知其客户或雇主可能产生的后果。

d. 工程师有知识或有理由相信，另一个人或公司可能违反了准则1的任何条款，应以书面的形式向合适的机构提供这一信息，应当配合这些机构提供进一步的信息或根据需要提供协助。

e. 工程师在公民事务中应当寻求机会提供有建设性的服务，为促进社区的安全、健康和福祉而努力，并通过可持续发展的实践来保护环境。

f. 工程师应致力于改善环境，坚持可持续发展的原则，以提高市民的生活质量。[3]（a、b款略）

此外，1985年11月在印度新德里召开的第六届世界工程组织联盟（World Federation of Engineering Organizations，WFEO）全体大会上，

1 ［美］P.Aarne Vesilind，Alastair S.Gunn. 工程、伦理与环境［M］. 吴晓东，翁端，译. 北京：清华大学出版社，2003：67.

2 ［美］P.Aarne Vesilind，Alastair S.Gunn. 工程、伦理与环境［M］. 吴晓东，翁端，译. 北京：清华大学出版社，2003：68.

3 美国土木工程师协会（ASCE）官网，http://www.asce.org/ethics/.

通过了一份有关环境伦理的综合规范，更加明确了工程师在职业行为中的环境伦理责任，例如，WFEO环境伦理规范要求工程师："充分研究可能受到影响的环境，评价所有的生态系统可能受到的静态的、动态的和审美上的影响以及对相关的社会经济系统的影响，并选出有利于环境和可持续发展的最佳方案"，"增进对需要恢复环境的行动的透彻理解，如有可能，改善可能遭到干扰的环境，并将它们写入你的方案中"。[1]

目前我国建筑工程行业的职业伦理规范大体还是一些口号式的宣教条文，如"遵规守法、廉洁奉公，文明施工、安全生产，客户至上、竭诚服务，和谐相处、团结互助，艰苦奋斗、厉行节约，积极进取、勇于竞争"[2]，缺乏有针对性的环境伦理规范，也没有做到使职业责任明确化、层次化，明确基本价值与实践准则。因此，我国的建筑工程项目管理部门或专业学会也应尽快制订符合中国国情的并具有可操作性的环境伦理规范，以指导并约束工程技术人员的职业实践，杜绝建筑工程活动中出现只求经济效益而拒绝环境责任的行为，防止"造福却遗祸"的工程成为可持续发展的障碍。

环境伦理规范的基本要求是工程师在工程活动要考虑对生态系统的影响，保护和提高环境质量，使自己成为一名"理性生态人"。这里的"理性"是指工程师应具备与其职业活动相应的生态环境知识，能对一切与环境有关的工程活动做出符合生态学和环境伦理学的评价，并有充分的专业知识、专业智慧以及强烈的道德责任感去制定将生态安全置于首位并兼顾综合效益的工程目标和策略。一般说来，工程技术的核心理念是"设计"和"创新"，因此，在设计与创新一种新的建筑技术之时，工程师应以谨慎的态度，采取技术选择的多标准权衡的综合评估方法，研究它对环境的影响以及与环境相协调的状况。这种方法要求确立多维度的衡量指标，通过对某项设计和技术可能带来的各种正负面环境效应进行权衡，尽可能将其中的负面影响变为正面的，或将高代价的负面影

---

1 ［美］P.Aarne Vesilind，Alastair S.Gunn．工程、伦理与环境［M］．吴晓东，翁端，译．北京：清华大学出版社，2003：73-74.

2 生青杰．建设行业职业道德［M］．郑州：黄河水利出版社，2007：127.

响变为低代价的。考虑因素或衡量指标包括如下环境伦理价值：是否有利于生态系统的稳定与美丽，是否增进生态安全、减少环境污染，是否节约利用非再生性自然资源，是否使生产废弃物尽可能做到无害化排放与最小量化排放等。同时，这个问题也是一个十分复杂的问题，往往需要多次判断和多学科与多层面的广泛而深入的探讨，特别应该充分考虑建筑活动的长远后果，要将未来的利益与风险承担作为一个重要方面加以考虑。

总之，环境伦理作为人类对环境的一种自律精神，它能够帮助工程师们自我反省和自我批判，全面认识人与自然的关系并能主动地承担自己对环境应负的责任，以治理和优化生态环境作为己任，使自己成为一名“理性生态人”。

三、城市规划师伦理

城市规划作为一门服务政府与社会、涉及千家万户切身利益的重要行业，其从业人员职业伦理水平的高低意义重大。张庭伟认为，指导城市规划学科的基本理论应包括两大方面：一是涉及城市规划学科的社会功能，或规划师在社会中的作用及职责；二是规划师在实践自己的职责时应用技术所依据的原则。如果说规划原理的第一部分内容是伦理性的、哲学性的，那么它的第二部分内容则是技术性、专业性的。[1]由此可见，城市规划师（以下简称“规划师”，也包含城市设计师）的职业伦理问题是城市规划基本理论的重要组成部分之一。同时，加强规划师的职业伦理建设，也是关系到规划师职业命运与前途的重要问题。

（一）城市规划师的基本价值理念

如果将职业伦理的行为规范系统看作与职业法律法规及组织制度一样，是一种外在的控制资源与控制机制，那么，特定职业所要求的基本

1 ［美］张庭伟．中美城市建设和规划比较研究［M］．北京：中国建筑工业出版社，2007：190.

价值理念和精神气质，则是一种内在的控制资源与控制机制，它以培养职业的伦理自主性及职业自律为主要目标。这里所谓“基本价值理念”，是指对职业伦理具有主导意义或基础地位的核心价值观，它是构成职业伦理基本行为准则的价值根基。针对规划师这个职业而言，其基本价值理念是指对于规划师伦理具有主导意义或基础地位的核心价值观，也可将其看作一种抽象的职业信条，它们是构成规划师职业道德规范的根基和灵魂。

尤尔根·哈贝马斯（Jürgen Habermas）认为：“规范关涉那些人们应该做什么的决断，而价值则涉及那些最值得向往的行为的决断。普遍认同的规范对人们施加了平等而毫无例外的义务，而价值则表达了某些特殊群体为之努力的、人们认为更可取的善。”[1]那么，规划师职业群体追求的更可取的善，或者说基本价值理念是哪些呢？

关于规划师的价值观问题，西方社会在20世纪60年代有过激烈讨论。20世纪60年代以前，西方规划界总体上强调规划师应当用“科学的”和“客观的”方法去认识和规划城市，认为城市规划是一项具有技术理性特征的科学活动，规划师应独立于政治干扰之外，根据自己的专业价值观和技术能力自主地工作，因而价值中立，与价值判断和伦理问题没有本质联系。然而，20世纪60年代中后期以来，西方城市规划学界越来越认识到，仅仅以科学的、理性的方式理解城市规划过于简单和狭隘，城市是一个由多种社会关系网络及各不相同的利益团体组成的复杂空间，不是由规划师设计的合乎逻辑的科学结构。“人们普遍承认，规划依托于对未来理想的价值判断，而且这些价值判断都是政治所关注的事务，因为它们以不同的方法反映或影响了社会不同群体的利益”。[2]因此，规划师不可能是一个纯粹的专门技术人员，也不可能做到价值中立，它必须要有符合社会要求的基本价值取向。美国规划理论学者诺顿·朗（Norton E. Long）指出：“在广义上，他们（规划人员，引者注）

1 ［德］J·哈贝马斯．评罗尔斯的〈政治自由主义〉［J］．江绪林，译．哲学译丛，2001（4）：26.

2 ［英］尼格尔·泰勒．1945年后西方城市规划理论的流变［M］．李白玉，陈贞，译．北京：中国建筑工业出版社，2006：86.

代表政治哲学，代表将优良生活的不同概念付诸实施的方法。规划人员再也不能在中立性里寻求庇护，实事求是的中立性是属于那些完全不带个人色彩的科学家。”[1]

对于规划师的基本价值取向，经过20世纪60年代的争论所达成的一项共识是，既然城市规划具有浓厚的政治或意识形态色彩，就意味着公众应在规划决策中有发言权和参与权，因而规划师的重要职责就是保障规划决策与规划实施过程中，有足够有效的公众参与，从而最大限度实现公共利益。张庭伟认为，美国规划师公认的基本职业价值观有四个方面：一是在竞争与协作、个体利益和承担义务之间保持平衡；二是处理好“人”与“物”的关系，这里“人”是指城市居民的各种需求，“物”是指自然环境与人工环境；三是建造高质量的社区，一个社区质量的优劣不仅在于物质环境的好坏，而且在于社区居民参与社区事务决策的程度；四是规划未来，又重视过去，在发展新区和保护历史建筑之间求得平衡。在上述价值原则的背后，其基本的理念是“为大多数市民的长期利益考虑”。[2]

依据规划师职业的历史特征、职业特点和主要的社会功能，可将规划师职业的基本价值理念概括为公共利益至上、以人为本、责任意识三个方面。

1．公共利益至上

中外许多学者在谈及规划师职业伦理问题时，几乎都强调关心和维护公共利益的重要性。从西方国家50多年来规划思想的变化可以看出，由于自20世纪60年代中期开始，公众参与成为城市规划的法定程序，规划师的角色不仅仅只是开发商和政府官员的“代言人”，还应成为公众的“代言人”。美国持证规划师学会（AICP）职业道德委员会主席山卡赛（Sam Casella）认为，规划工作的出发点必须以公众利益为重，即使规划师是受雇于开发商的，也必须充分考虑市民，尤其是穷人的需要，

1 转引自：［英］尼格尔·泰勒．1945年后西方城市规划理论的流变［M］．李白玉，陈贞，译．北京：中国建筑工业出版社，2006：80．

2 ［美］张庭伟．中美城市建设和规划比较研究［M］．北京：中国建筑工业出版社，2007：126．

对于为政府工作的规划师来说尤为如此。[1]杨帆认为，城市规划过程的价值取向是以公共利益为标准的，也就是说，无论现实中城市规划的直接服务对象是什么人，它都担负着为公共利益而规划的社会使命，这种使命最直接的体现是专业城市规划者的职业道德。[2]

城市规划中，维护并实现公共利益的重要性是毋庸置疑的。作为城市规划方案的直接制订者，规划师，尤其是任职于政府部门或公共部门、对城市整体发展负责的政府规划师，相对于就职于勘察设计单位的执业规划师而言，在维护公共利益方面扮演着更为重要的角色。然而，问题的关键是，由于公共利益内涵本身的高度抽象性、复杂性、变动性，规划师如何在其职业实践中正确界定、确认并坚持公共利益的价值取向，真正成为公共利益的代言人，并非易事。可以这样说，公共利益判断上的多样性和不确定性，实际上长期困扰着规划师的角色认知。而且，现实的规划过程中，隐藏在规划背后干预或迫使规划师让步的"无形"力量是多方面、多层次的，他们都可能损害规划师为公众服务的职业责任。即便从规划师伦理规范的视角出发，公共利益理念本身，也没有给规划师开列出应该做什么和不应该做什么的明确清单，或者说它无法成为指导规划师职业行为的一套可操作性的指南。

因此，公共利益本身并不是具体的职业行为规范或法令条文，而是一种理念，一种精神诉求。但是，这个理念本身所蕴含的规范价值和道德力量，却又是富有实践意义的，它能够对规划师的职业精神和行为产生不小的影响。美国行政伦理学家特里 ·L· 库珀（Terry L. Cooper）针对公共行政人员而讲的一段话同样适用于规划师：

与其说公共利益的概念所起的作用，是给我们应该做什么提供了一种明确的界定，甚或为特定的决策问题提供了可使用的标准；还不如说，它是作为一种问题的标志，被摆在行政决策和行为面前的。行政人

1 陈燕. 一个美国规划师的职业道德观——与美国持证规划师学会前主席山卡赛先生一席谈［J］. 城市规划，2004（1）：19.

2 杨帆. 城市规划政治学［M］. 南京：东南大学出版社，2008：92.

员作为公民中的一员要首先为公民的利益而服务，这会使得他们不得不问，在决策中是否应该将所有相关的利益都考虑进来。[1]

进言之，“公共利益”这一价值理念的实践推动力，主要体现在它作为规划师的一种精神理念和价值追求，并成为指导规划行为的内在精神动力。将公共利益作为规划师伦理的一个基本理念，规划行为就不仅被赋予了一种最低限度的行为标准，即严格遵循相关法律法规的具体要求，严格遵循技术规范准则办事；同时，它还被赋予了一种积极的伦理义务和道德能力，即通过规划师对公共利益的正确判断，在具体的职业实践中主动回应普通公众和社会的需求，认真考虑来自各个方面的意见和诉求，尤其注意那些在规划制定和实施过程中容易被忽视的或利益表达机制中作为“缺席者”的弱势群体的利益。正是在这一点上，公共利益能够激发行为、塑造思想，提升规划师从事公共服务的伦理敏感性和道德品性。可以说，公共利益理念向规划师展示的决不是法律所禁止的最低限度的行为标准，而是追求社会和谐、公平正义的公共精神和道德理想。

在阐述每一项职业伦理理念时，通过提出一组相关问题，为规划师构建思考和讨论的主要议题，意图在于对重要的问题做出适度的提醒。以此方式，为规划师提供职业伦理上的指导（表7-1）。这种方式与库珀提出的行政伦理决策模式中的“防御彩排”（rehearsal of defenses）类似，它是指行政人员运用道德想象力，以自问的方式思考自己所选择的行为方法，是否一定要这样做。一旦其成为代表公众利益的决定后，呈现在众人面前，接受评判，或者考查其对已被认可的更大的职业和政治团体的道德标准的适合程度。这种检视不仅有助于行政人员进行思考，而且有助于找到解决伦理问题的方法。[2]

1 ［美］特里·L·库珀. 行政伦理学：实现行政责任的途径［M］. 张秀琴，译. 北京：中国人民大学出版社，2001：72.

2 Terry L. Cooper. The Responsible Administrator: An Approach to Ethics for the Edministrative Role［M］. San Francisco：Jossey-Bass Publishers，1998：23.

城市规划师确认公共利益的10个问题　表7-1

确认公共利益，规划师需认真思考的10个问题：
规划行为是否尊重了公众的需要？
规划行为是否保障了公众的基本权利？
规划行为是否保护了大多数人的利益？
规划行为是否关注了缺席者的利益并贯彻了弱者优先的原则？
规划行为是否超越了部门利益或某一地方利益？
规划行为是否超越了特殊利益集团的利益？
规划行为是否超越了短期利益，关注了规划行为的长期影响？
规划行为是否尊重了科学与公共理性？
规划行为过程是否具有更大的开放性和公众参与性？
规划行为是否符合生态利益和可持续发展的要求？

（来源：作者自制）

2．以人为本

人是城市生活的主体，城市的发展归根结底是为人类提供更加舒适的居住和生活环境。纵观近现代城市规划思想的发展历程，一直贯穿着重视人的全面发展、满足人的个性需要等人本理念，城市规划职业在传统上也浸透着人本精神。

回顾重要的规划文献，涉及规划师职业伦理问题时，除了强调公共利益理念之外，还强调以人为本的重要意义。1933年现代建筑国际会议（CIAM）通过的世界第一个城市规划方面的纲领性文件——《雅典宪章》提出过一个论断："对于从事城市规划的工作者，人的需要和以人为出发点的价值是衡量一切建设工作成功的关键。"1956年，以英国建筑师史密森夫妇（Peter & Alison Smithson）、荷兰建筑师阿尔多·凡·艾克（Aldo Van Eyck）等为核心的新生代建筑师，在CIAM第十次会议上，对现代功能主义规划思想发起了挑战，提出以人为核心的"人际结合"的规划思想，强调城市和建筑空间是人们行为方式的体现，城市规划工作者的任务就是要把社会生活引入人们所创造的空间之中。[1]1977年，国际建协在秘鲁利马的马丘比丘签署了《马丘比丘宪

1　张京祥．西方城市规划思想史纲［M］．南京：东南大学出版社，2005：165.

章》，提出“规划过程必须对人类的各种需求做出解释和反应，它应该按照可能的经济条件和文化上的重要性提供与人民要求相适应的城市服务设施与城市形态”，实际上对规划师提出了以人为本的要求。我国一批规划师在1997年签署的《21世纪城市规划师宣言》中提出：“关怀全体城市居民的利益，帮助城市中社会和经济生活有困难的人，是城市规划师的职责”，“以人本主义精神规划、设计和建设城市，强调城市中不同的文化背景和不同的社会集团之间的社会和谐”。[1]2005年，中国城市规划设计专业委员会年会通过的《21世纪构建和谐城市中国城市规划师共同行动书》倡导：坚持科学发展观，以人本主义精神指导规划，注重人的全面发展、生活质量的提高，和不同社会阶层和谐共处，实现社会全面进步，使城市成为历史、现实和未来的和谐载体。经历30多年快速的城市化，当前我国城市规划正经历新的转机，即从以经济发展为中心转向以人为本的价值追求，这一转变给规划师职业素养提出了更高的要求。

作为中国规划师职业伦理基本理念的“以人为本”，既包括人本主义的理想和追求，但又不囿于人本主义的空洞泛议，其最大的特点是从当下中国的具体国情出发，关注民生问题，具有鲜明的实践意义，用通俗的话来讲，就是处理好“为了谁”“利于谁”和“依靠谁”这三方面的关系（表7-2）。具体而言，主要包含以下三个方面的内容：

第一，以城市中普通市民的根本利益为本，关怀弱势群体的基本利益，使城市建设与发展的成果惠及全体市民。需要特别强调的是，规划师在关注城市普通市民利益诉求的前提下，尤其应当关怀城市弱势群体的基本利益，努力成为弱势群体利益的守护者。由于弱势群体在经济资源、社会权力资源以及身心条件等诸多方面处于弱势地位，仅仅靠自身的力量往往难以摆脱弱势地位。为了实现社会的规划公正，不仅需要政府，还需要规划师们多倾听弱势群体的呼声，多为他们的切身利益和实际困难考虑，不仅要满足他们生存的基本要求，还要关心他们进一步发

1　21世纪规划师宣言（草案）[J]. 规划师，1998（1）：1-5.

展的要求。在社会分层明显变化、贫富差距不断拉大的今天，规划师的这种责任尤为重要。

因此，真正以人为本的规划师应富有人道情怀，关注普通百姓及社会底层的人居环境，能够在城市规划的工具理性追求与人文关怀之间达到尽可能的平衡，尤其是以自身的专业技能给予弱势群体力所能及的实际关怀，这对当下强调民生、建立和谐社会的现实而言有积极的意义。

第二，体贴民意，以关注和满足人的需要为本，突出人性化设计，打造人性化的空间。规划师应通过“深入生活”、注重细节的规划设计，提高人们的生活质量，为市民提供一个可以在城市中自由、安全、舒适地行动的空间环境。在我国，“深入生活”一般是对文艺创作的基本要求。其实，这也是对规划师工作的基本要求。因为规划师从事的工作不是简单的“做方案”或“画图”，它涉及老百姓的切身利益。因此，必须充分尊重老百姓的生活方式，竭尽全力了解服务对象的基本需求和价值偏好，而不能总是以专家的姿态，用自己的价值观和生活方式来界定使用者的生活空间。因此，衡量规划师是否以人为本，是否有人文关怀的情怀，就要看他在工作中是否与老百姓有细致的沟通，是否认真调查老百姓尤其是低收入人群的生存状况与生活意愿，总之一句话，是否真正深入生活。

第三，尊重老百姓的话语权，尊重市民在城市发展中的主体地位，充分调动广大市民参与城市规划的积极性和主动性。城市是大家的，城市规划只有让更多的市民有机会评一评、议一议，才能做得更好，才会更加人性化。规划师不能闭门造车编规划，自己跟自己讨论，或只向上级汇报，而应当作细致的现场调查，认真分析相关资料，主动听取居民、设计师、开发商等各个阶层人士的意见，应通过召开居民座谈会、听证会以及基于网络工具的社区参与互联网平台等多种形式，了解与规划决策相关的公众需求是什么，认清自己在城市规划和城市发展中的地位，通过其特殊的“中介”（或“中间协调者”）地位，将来自“市民视角”的意愿传递给决策者。

规划师坚持以人为本的10个问题　　表7-2

坚持以人为本，规划师需认真思考的10个问题：
1. 规划行为是否尊重了人的需要？
2. 规划行为是否时时处处体现出对市民的生活关怀，时时处处关注市民的全面发展，并为之提供应有的发展条件和机会？
3. 规划行为是否保护了普通市民的基本利益，是否成为为少数人或一些特殊利益集团谋利的工具？
4. 规划行为是否贯彻了弱者优先保护的原则，是否充分关注了低收入人群、残疾人、老年人、儿童、妇女等弱势群体和特殊群体的需要？
5. 规划行为是否真正体现了“人”重于“物”，是否充分认识到规划是为了生活在物质环境中的人，而不是物质环境本身？
6. 规划行为是否存在单纯为GDP服务的现象？
7. 规划行为是否让老百姓的生活变得不方便、不舒适？
8. 规划行为是否只是在图纸上设计美好的环境，或只迎合业主的需要，而并不关心和了解其所设计的方案究竟会对普通市民的日常生活带来什么样的影响？
9. 规划行为过程是否尽力为市民提供机会，让市民真正参与到规划的过程中来？
10. 规划行为是否符合可持续发展的要求？

（来源：作者自制）

3．责任意识

前文论及建筑师和土木工程师的职业伦理时，主要将责任作为一种规范要求加以阐述。对于规划师而言，责任意识和责任规范同样重要。因为作为一种将职业道德要求和个人道德信念结合得最为紧密的伦理理念，责任所包含的内在的道德强制性，能够将抽象模糊的伦理价值转换为一种切实可行的、对自己行为负责的实践性伦理规范，从而成为特定行业或特定人群的行动指南。

对于规划师而言，一方面是技术专家，另一方面也是规划决策与城市管理的参与者，他们的工作与公众的利益有密切联系。与建筑师和工程师相比，规划师的工作综合性更强，必须考虑经济、社会、文化、政治、地理、生态等诸多因素。“不同于建筑师的风险，楼塌了要负责；规划师的行为根本上是一种政策性的，但往往这种大纲性的政策与措施一旦出错，会在相当长的时期内，对一个城市千百万人的生活，及其后代产生巨大的负面影响。这样的例子很多，虽然这不全是规划的问题，但是规划师应该反思的东西很多”。[1]有人做过一个形象的比喻，城市规划像绘画，又与绘画不一样。因为画错了可以改，大不了换张纸再画。但规划一旦错了，就等于在城市的“脸上”划了一道痕，轻则不雅，重则伤骨。也就是说，城市规划的失误往往是一种全局性的失误，它所导致的经济损失与环境损失具有持久性、长远性的特征，规划浪费是一种巨大的浪费，是对公共利益的重大损害。

库珀将行政责任划分为两种，即客观责任和主观责任。他认为，客观责任与外部强加的可能事物相关，其具体形式有两个方面，即职责和应尽的义务，它源于法律、组织机构、社会对行政人员的角色期待，而主观责任则与那些我们自己认为应该为之负责的事物相关，它根植于我们自己对忠诚、良知、认同的信仰。[2]规划师的责任也可划分为上述两种，作为城市设计、空间利用、人居环境的技术专家，规划师的责任是应当熟练掌握和运用自身职业的工作原理和工作规范，在能力和业务范围内，以谨慎和诚实的方式提供服务，履行规划任务，并持续学习，以保持较强的专业能力。规划师还应当忠实地执行与职业工作相关的法律法规，严格遵循技术规范准则办事，不允许滥用或随意修改成文的规范标准，或通过技术处理制造假指标、假数字，沦为某些决策者谋取部门或个人私利的技术工具。谁在设计或规划中误用、乱用规范，甚至伪造数据，谁就违反了规划的技术规范而负有职业道德的责任。同时，规划师的主观责任是职业道德的反映，“一个有职业道德的规划师，应该是一个有很强责任感的人。他的职业责任感不只是局限于法律规定的要求，因为很多不适当的行为，如不公平、伪善、欺诈往往很难通过法律来有效防止”。[3]

作为规划决策与城市管理的参与者，规划师的责任意识主要体现在关注规划行为可能带来的直接或间接、近期或长远的后果，对公共利益

---

1 邓东．建筑师的城市视角—— 一次关于城市与建筑的对话［J］．建筑学报，2006（8）：48.

2 ［美］特里·L·库珀．行政伦理学：实现行政责任的途径［M］．张秀琴，译．北京：中国人民大学出版社，2001：63，74.

3 ［美］张庭伟．转型期间中国规划师的三重身份及职业道德问题［J］．城市规划，2004（3）：70.

有一种觉醒的遵从意识，一种把公众的安全、健康和利益放在首位的价值立场，一种为城市科学发展、可持续发展尽职尽责的担当精神。“规划师应该意识到，他不一定能够期待城市或空间按照他的设想去发展，他也不一定能够准确预测某些建设（规划）行动的后果。但是，他应该认识到，作为城市发展的重要参与者，他在帮助其他参与者认识和建立一个更适于工作和生活，更有效率和可持续发展的城市方面具有重大责任”（表7-3）。[1]

规划师构筑责任伦理的10个问题　　表7-3

构筑责任伦理，规划师需认真思考的10个问题：
1. 规划行为是否准确预测了规划方案可能带来的直接后果与间接后果？
2. 规划行为是否准确预测了规划方案可能带来的近期后果与长远后果？
3. 规划师是否深刻意识到了对自己规划行为后果的责任，并真正发自内心地感受到这一责任？
4. 规划师是否在自己的职责范围内对规划设计成果的应用后果负责？规划师若发觉其规划目标的社会应用有可能给城市带来危害时，是否停止这项设计活动？
5. 规划行为是否自始自终把公众的安全、健康和福利放在首位？
6. 规划行为是否忠实地执行相关法律法规？
7. 规划行为是否严格遵循了技术规范？
8. 规划师是否仅在自己能力胜任和业务范围内以谨慎和诚实的方式提供服务或履行规划任务？
9. 规划师是否在不违背公共利益的前提下，为客户利益而敬业、称职地工作？
10. 规划行为是否坚持可持续发展原则，尊重自然，保护环境，从而全面提高公众的生活质量？

（来源：作者自制）

（二）城市规划师的精神气质

从职业伦理视角看，所谓职业的“精神气质”，主要是指一种内生的职业精神特质和“心灵状态”，是一种特定的职业人群及其职业活动所体现出来的具有道德潜质的性格、气质、个性或人格特征。这种精神气质是一种来自职业经验，又高于职业经验的精神特质，有利于实现职业活动所追求的价值目标。

1　周江评，孙明洁．中国城市中心改造中的参与者冲突：城市规划师有何作用？［J］．国外城市规划，2006（3）：60.

具体到规划师的精神气质，主要指反映规划师职业理想、职业责任和职业信仰的精神追求和人格特征。依据城市规划师职业的历史特征、行业特点和主要的社会功能，可将规划师职业的精神气质概括为理想主义精神、“向权力讲述真理”的道德勇气两个方面。

1．理想主义精神

从西方城市规划的发展历程看，现代城市规划思想的产生，与解决工业革命造成的各种城市社会问题和环境恶化问题息息相关，它从一开始就背负着改造社会、改造城市、为一个更美好的城市和社会而奋斗这一道德使命，有着鲜明的理想主义价值诉求。因而，现代城市规划职业从其产生之初就浸透着理想主义的精神气质，坚信改造城市是改革社会的有效途径。“翻开一本规划史，无论什么学派，真正有影响的规划家们都是一些思想家。他们的理想都一样：通过规划城市，建设一个比今天更美好、更公正的社会”。[1]甚至可以这样说，所有伟大的城市规划师都必定是一个理想主义者，他们的血液中多多少少都流淌着某种乌托邦式的理想主义精神。无论是圣西门（Saint-Simon）、欧文（Robert Owen）等空想社会主义者的社会与城市乌托邦思想，还是被誉为西方近现代人本主义规划大师的埃比尼泽·霍华德（Ebenezer Howard）、帕特里克·格迪斯（Patrick Geddes）和刘易斯·芒福德（Lewis Mumford）的规划思想，抑或勒·柯布西耶的现代功能理性主义的“光辉城市”以及赖特分散主义的“广亩城市”（Broadacre City）规划思想，均不难发现，它们都是当时当地城市社会问题的前瞻性解决方案，这些人身上也都有一种迷人的精神气质，即浓郁的理想主义情结。

作为一种理想的社会观，有关社会和城市的乌托邦思想源远流长。欧洲文艺复兴时期，英国人文主义学者托马斯·莫尔（Thomas More）在《乌托邦》（*Utopia*，1516）一书中，用对话体的方式，提出了改善人的生存境遇的社会方案，主张建立一个摆脱社会邪恶与阶级剥削、人人自由平等的理想城邦。19世纪初，出现了以圣西门、傅立叶、欧文为

1 ［美］张庭伟．中美城市建设和规划比较研究［M］．北京：中国建筑工业出版社，2007：323．

代表的空想社会主义思潮，他们在对资本主义社会进行批判的同时，提出了关于理想社会的一系列思想。他们的社会乌托邦设想虽然不是城市规划方案，然而在描绘理想社会的状况时，都涉及对理想城市具体物质形态和建筑空间的精心构思。例如，傅立叶构思的新型城市中，约1500～1600人居住在一个叫“法伦斯泰尔”（Phalanstère）（图7-11）的宏伟建筑群中，此建筑群模仿巴黎凡尔赛宫的平面形式和长廊风格，根据傅立叶的描述，这一建筑群“其实是一座小型的城镇，只不过里面没有开放的街道，地面层一条宽敞的街廊可以将人们送往建筑物的任何部分”。[1]欧文把城市作为一个完整的经济共同体和生产生活环境进行研究，提出了一个改造资本主义制度的方案。1817年，他在给致工业贫民救济委员会（the Committee for the Relief of the Manufacturing Poor）的报告中提出了理想的居住社区计划，即“新和谐村”（Village of New Harmony）方案（图7-12），设想在大约800～1500英亩的土地上建造最好容纳800～1200人的公社（住宅群），这是一个由农、商、学结合起来的大家庭，一个城乡和谐的有机整体。

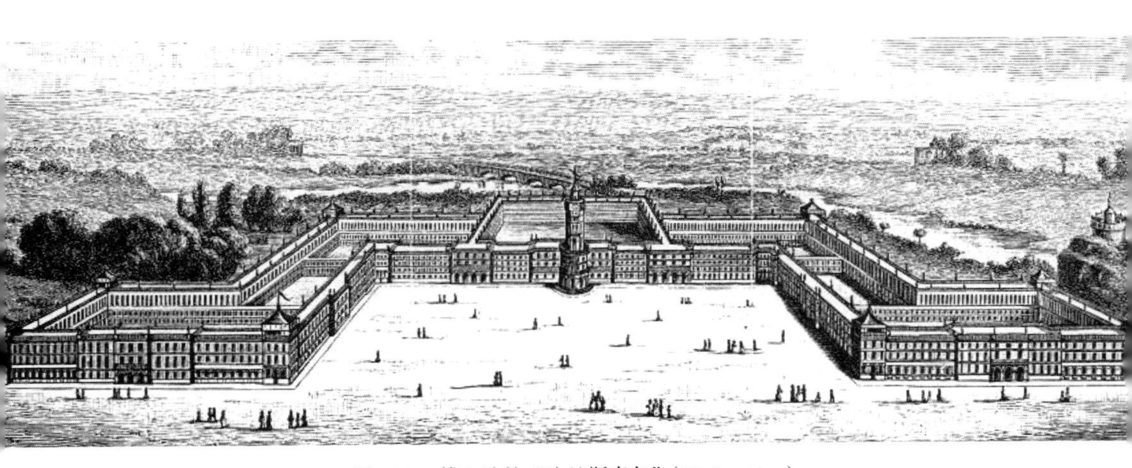

图7-11 傅立叶的“法兰斯泰尔”（Phalanstère）
（来源：https://images.fineartamerica.com/images-medium-large-5/1-fourier-phalanx-design-granger.jpg）

1 转引自：［美］斯皮罗·科斯托夫．城市的形成——历史进程中的城市模式和城市意义［M］．单皓，译．北京：中国建筑工业出版社，2005：200．

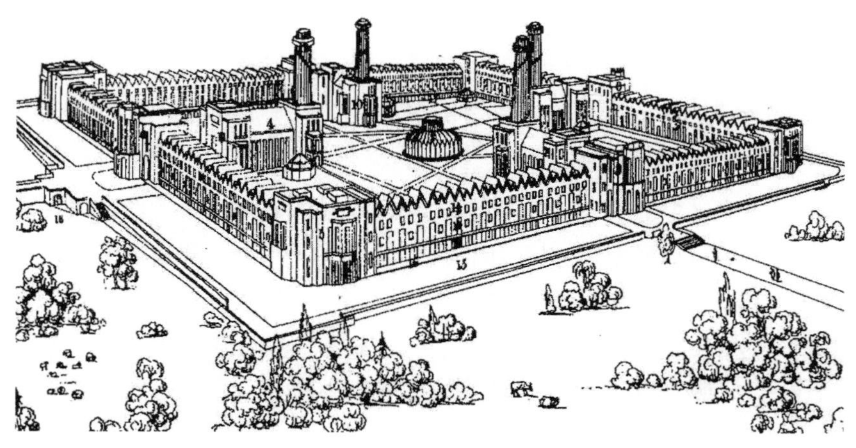

图7-12 欧文的"新和谐村"设想
[建筑师斯特德曼·惠特韦尔（Stedman Whitwell）绘，1830年]

西方近代诸多的城市规划思想家中，霍华德、格迪斯和芒福德三人的规划思想一脉相承，他们敏锐地觉察到工业社会和机器化大生产所带来的城市问题和对人性的摧残，把城市规划、城市建设与社会改革联系起来，把关心人和陶冶人作为城市规划与建设的指导思想。霍华德提出的兼具城市和乡村优点的田园城市（garden city）设想（图7-13），针对的是19世纪英国工业化和城市化带来的社会问题，特别是人口大量从农村涌向城市造成的城市畸形发展、乡村停滞衰退以及城乡对立日益严重等社会问题。他希望改良资本主义的城市形态，认为，"城市一定要增长，但是其增长要遵循如下原则——这种增长将不降低或破坏，而是永远有助于提高城市机遇、美丽和方便"。[1]格迪斯作为现代城市和区域规划理论的奠基人之一，与霍华德一样，试图将城市规划作为社会改革的重要手段，以解决工业革命和城市化所带来的一系列城市问题。与霍华德不同的是，格迪斯首先从社会实践活动开始关注城市与城市规划，强调要用有机联系和时空统一的观点来理解城市。芒福德自始至终把城市发展问题与人的问题结合在一起进行思考，他探索人类城市发展史的主

1 [英]埃比尼泽·霍华德. 明日的田园城市[M]. 金经元，译. 北京：商务印书馆，2006：111.

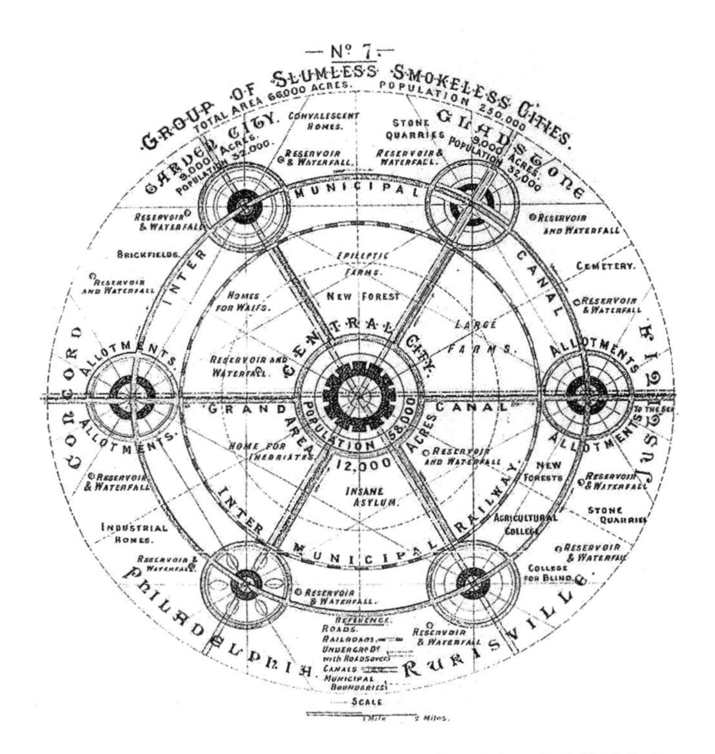

图7-13　霍华德的田园城市群设想图：无贫民窟与无烟尘的城市群
（来源：［英］埃比尼泽·霍华德：《明日的田园城市》，金经元译，北京：商务印书馆，2006年，扉页）

要目的，是为了让我们对当今人类面临的迫切抉择有足够的认识，我们需要构想一种新的秩序，这种秩序须能包括有机界和个人，乃至包括人类的全部功能和任务，只有这样，我们才能为城市发展找到一种新的出路。[1]

柯布西耶作为现代城市运动狂飙式的人物，认为建筑师和规划师应成为整个社会中最杰出和精神最富足的人。他热切地呼唤对19世纪的病态都市进行一场“空间革命”，大胆地将工业化思想引入城市规划，提

1 ［美］刘易斯·芒福德. 城市发展史——起源、演变和前景［M］. 宋俊岭，倪文彦，译. 北京：中国建筑工业出版社，2005：2. 关于霍华德、格迪斯和芒福德的理想主义和人本主义规划思想，参见：秦红岭. 城市规划：一种伦理学批判［M］. 北京：中国建筑工业出版社，2010：39-49.

出了“光辉城市”“明日城市”等颇具理想主义色彩的规划方案，主张用全新的规划思想来改造城市、创造美好社会的理想。与柯布西耶所主张的“城市集中主义”规划思想不同，赖特将源自空想社会主义者的乌托邦思想，以及霍华德田园城市思想的“城市分散主义”发挥到了极致。他于1932年提出的“广亩城市”设想（图3-15）虽然很难付诸实践，却突出表达了他对现代城市环境的不满，以及对人与自然环境和谐状态的向往。

总之，对未来充满想象的展望，始终伴随着城市规划运动一路走来，“百年来城市规划师一直以改造社会，塑造更美好的人类生活环境作为职业理想的诉求，具有浓厚的人道主义情结和乌托邦色彩。理想主义是规划师职业理想的一个重要特征，并作为其职业道德诉求一直传承至今”。[1]20世纪60年代以来，规划师或城市设计师们仍在不断地探索新的人类住区和城市发展模式：有的从土地资源有限性角度考虑，提出了海上城市（图7-14）、空中城市、地下城市等构想；[2]有的提出极富科幻色彩的可自由装配与行走的“插座城市”（Plug-in City）、“行走城市”（Walking City）设想；[3]有的从不破坏自然生态、模拟自然生态的角度，提出了“仿生城市”“生态城市”等生态乌托邦设想，如美国建筑师保罗·索莱里（Paolo Soleri）最早提出了“生态建筑学”（Arcology）概念，并构想了一个自给自足的低碳生态城市阿科桑蒂（Arcosanti）（图7-15），反映了人们对明日之城的大胆追求。

---

1 何子张．规划师的职业主体性与职业道德［J］．城市规划，2004（2）：85.

2 1960年在日本东京成立的新陈代谢派（metabolism）是有着强烈乌托邦诉求的建筑先锋团体，其宣言《新陈代谢派1960：新都市主义的提案》（Metabolism：the Proposals for New Urbanism）呼吁改造现代城市，建设新的城市秩序，并提出了一系列以巨构城市为特征的乌托邦式的城市设计概念。例如，菊竹清训提出的“塔状城市”和“海上城市”、黑川纪章的“螺旋城市”以及矶崎新的“空中城市”等。

3 “插座城市”由英国“建筑电讯”（Archigram）实验建筑小组的彼得·库克（Peter Cook）于1962年至1964年间提出。他构想将可移动的金属舱住宅作为基本构件，由机械手臂按照人口规模组建成不同尺度的移动社区，再插接到超级框架中，形成可自由装配的巨构城市。1964年，“建筑电讯”小组另一成员朗·赫伦（Ron Herron）设计的“行走城市”（Walking City）如同一个巨大的多功能空间聚合体，其外形如机械怪兽，靠数个机械臂支撑和移动，头部有机械眼判断方向，当需要与其他“步行城市”发生连接时，它会伸出机械吸管吸附在彼此身上。（参见：欧宁．构筑未来“建筑电讯”的空间想像［J］．天南，2011（2））

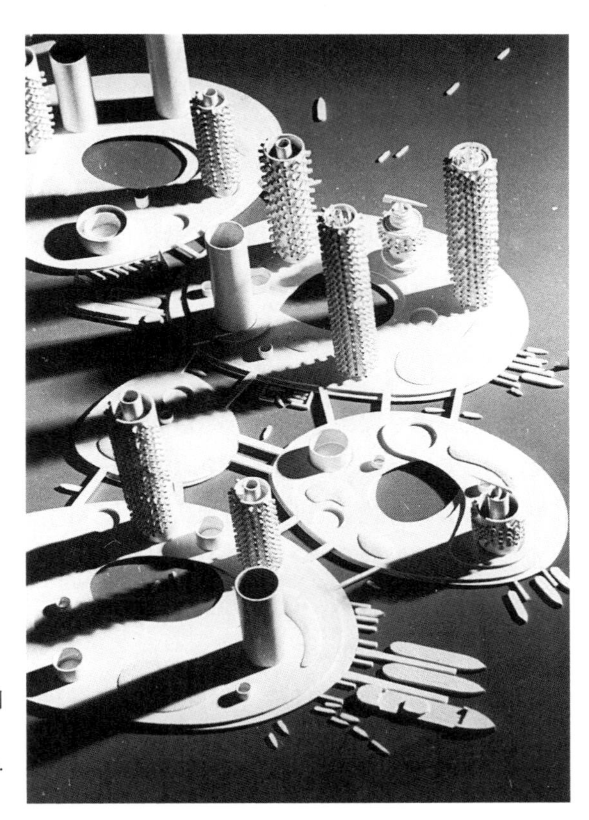

图7-14 日本建筑师菊竹清训“海上城市”模型（1963年）（来源：http://www.domusweb.it/en/news/2011/05/03/）

图7-15 保罗·索莱里构想的生态城市阿科桑蒂总体规划（Arcosanti 5000）（来源：https://arcosanti.org/）

理想主义精神既是一种思想方法，又是一种精神操守，它对于规划职业的积极意义主要表现在三个方面：

第一，作为一种精神特质，理想主义基于对现实城市问题的深刻洞悉，具有强烈的批判精神。理想主义精神的重要特质之一就是批判性。这种对现实城市问题的批判与反思精神，能够使规划师不满足于现状，产生一种破除僵化保守的创造性冲动，超越现实去创造一种属于未来的理想城市的发展构想。

第二，作为一种城市规划创作思想，理想主义者试图超越现实城市的局限与问题，提出面向未来城市的前瞻性理念，追求城市可能或者应该达到的美好状态。彼得·霍尔（Peter Hall）强调："每一个伟大的城市规划运动都有代表它自己的预言家。"[1]对于规划师而言，如果能够以其前瞻性、预见性和富有想像力的思想与方案，为现实城市的未来走向提供一种导引和启示，这样就使规划师从一定程度上担当起"城市未来设计师"的重要角色。

第三，作为一种精神操守，理想主义精神使规划师们在立足于现实的同时，始终面向未来，不仅能够迸发出创造与实践的激情，还激励着他们超越工具理性和实用主义的羁绊，从内心深处升起一种对城市未来的担当精神，促使他们认真地思考规划如何让城市更美好，如何让城市永续发展。

我们所处的时代是一个诱使人们过于专注物质、经济、利润和其他现实功利的时代。在这样的时代里，理想主义精神容易迷失于现实的功利之中。有一位规划师曾感叹，做城市规划的人，本应是理想主义者，但是工作几年后，就变成彻头彻尾的妥协论者。然而，恰恰是在功利主义大行其道的当代，理想主义精神更显得弥足珍贵，它如同一盏明灯，以其独特的精神魅力指引规划师们努力超越现实，站在人类福祉的高度思考什么样的城市才是我们的理想家园。约翰·弗里德曼（John

1 ［英］彼得·霍尔. 明日之城——一部关于20世纪城市规划与设计的思想史［M］. 童明，译. 上海：同济大学出版社，2009：198.

Friedmann）说得好，就规划师而言，“乌托邦式的思考能够帮助我们选择一条通向我们相信正确的未来道路，因为它的具体意象来自于那些我们高度珍视的价值观”。[1]

2.“向权力讲述真理”的道德勇气

张庭伟在阐述规划师的职责时指出：“不带偏见地收集信息，进行专业分析，提供技术咨询，然后把方案建议提交给决策者。这个职责，用威达斯基（Wildavsky）的话说，就是‘向权力讲授真理’。”[2]可见，对规划师职责的定位，受到俄裔美籍政治学家艾伦·威达斯基（Aaron Wildavsky）的观点启发，他在1979年出版的著作《向权力讲述真理：政策分析的艺术和技巧》（*Speaking Truth to Power: The Art and Craft of Policy Analysis*）一书中，深入探讨了政策分析与政策决定的渐进理论。

从我国规划界的现实出发，“向权力讲述真理”可以从两种视角来理解：

第一，从对规划师社会职责的定位来看，“向权力讲述真理”反映了在现有制度安排下，规划师只能从专业角度提出科学方案与建议，而没有参与规划决策的权力，是一种“讲述者”而非“决策参与者”的角色。即便是这样一种角色定位，也有一些学者对其提出了异议。如郑国指出：“‘向权力讲述真理’是当前许多规划师以及政府官员对规划师职责的一个定位，但从中国城市规划行业的现状来看，这个定位存在以下三个方面的问题：一是规划师远未掌握相关真理，二是既有的不多的真理也主要集中在技术层面，三是向权力讲述真理在有些时候是无效的。因此，‘向权力讲述真理’很难改变中国城市规划行业目前所面临的被动、尴尬的局面。”[3]杨帆认为，城市规划并不完全是一个真理讲述的过程，而是一个利益分配和协调的过程。城市规划提供

1　[美]约翰·弗里德曼. 美好城市：为乌托邦式的思考辩护[J]. 王红扬，钱慧，译. 国外城市规划，2005（5）：21.

2　张庭伟. 从“向权力讲授真理”到“参与决策权力”[J]. 城市规划，1999（6）：33.

3　郑国. 评“向权力讲述真理”——兼论中国城市规划行业面临的三个主要问题[J]. 城市发展研究，2008（4）：115.

给多元利益主体的是一个协商机制和谈判机制，如若一味强调规划师对“真理”的把握，会误导规划师，使其忘却了真正应当承担的社会责任。[1]

第二，从对规划师应具有的道德品质来看，“向权力讲述真理”表达了规划师应当坚持原则，富于理性精神，不随声附和，敢于抵制长官意志或特殊利益集团压力的勇气与信念。这是对规划师职业伦理的一种理想性要求。从这一视角理解“向权力讲述真理”，实际上与“面对权贵，直言不讳”的含义是一致的。

当前在我国，城市规划总体上是一种行政过程。在这样的制度安排下，规划编制中地方官员常常客串城市“总规划师”，官员意图取代科学论证的现象频频出现,“向权力讲述真理”异化为片面迎合领导的“讲政治”，“规划—权力—真理”三者之间存在明显的矛盾冲突。一些规划师自嘲的“段子”，形象反映了面对这种冲突时的无奈与困惑。下面是郑国收集的关于规划师与权力关系的“语录”：[2]

· 规划是领导的颐指气使，是规划师的殚精竭虑，是小市民的怒声唾骂。

· 规划是权力的意志，是设计者的情感，是开发商的手纸，是弱者的法律。

· 纸上画画，墙上挂挂，不如领导一句话。

· 规划就是领导的话，加上我的画，换个领导，我就重画。

· 你规划着项目，权威规划着你。

· 规划就是长官意识加一点点我的想法。

· 规划就是长官心理学！规划使你与领导共同进步！他升官，你发财！

· 规划就是用来将领导的个人偏好强加给大众的工具。

1 杨帆．城市规划政治学［M］．南京：东南大学出版社，2008：前言．

2 郑国．评“向权力讲述真理”——兼论中国城市规划行业面临的三个主要问题［J］．城市发展研究，2008（4）：117．

上面列举的这些顺口溜，并非都客观准确地反映了规划工作的问题，但至少从一个侧面揭示了长官意志、权力本位在规划工作中无处不在。某些政府行政权力对城市规划及其执行的干扰和阻碍是很大的。有学者还认为，由于我国的规划师共同体脱胎于计划体制下的政府部门，与政府部门有着千丝万缕的联系，政府的权力是规划师作为一种职业的存在基础，因而对政府权力有强烈的依赖性。正是这种依赖性，使得一些规划师放弃了通过实现公共利益而体现政府意志这一途径，成为地方某些领导的“应声虫”和“绘图仪”。[1]因此，一个现实的问题是：规划师应当如何正确处理规划行为与行政权力或其他干预力量之间的关系（图7-16）？

图7-16　漫画：在绘图桌前的城市规划师：是茫然无措的吗？
（来源：［德］迪特马尔·赖因博恩：《19世纪与20世纪的城市规划》，虞龙发等译，北京：中国建筑工业出版社，2009年，第302页。）

处理上述关系，主要取决于两种基本因素：一是规划师所受到的制度约束与控制，二是规划师自身的价值观与道德品质。在我国现阶段，有效的社会监督机制还不健全，隐藏在规划背后干预或迫使规划师在“真理”面前让步的各种力量是多方面、多层次的。一些违背规划师职业伦理的现象表明，在制度不完善，还不足以充分保障公共利益之时，尤其需要规划师以其内在的情感、意志和信念所构成的道德品质来发挥自律作用，保持人格的完整性，成就规划师的相对独立地位和伦理自主性，以弥补制度的欠缺。这种可贵的道德品质主要是以“向权力讲述真理”的方式所体现的公正、勇气等美德。规划师作为城

1　彭海东，惲爽．知识分子·职业化·利益表达渠道——我国城市规划师的行为分析［J］．北京规划建设，2008（3）：76.

市规划方案的直接制订者，在维护公共利益方面扮演着重要而特殊的角色。“向权力讲述真理”的精神气质促使规划师在面临公共利益与决策者自我利益的矛盾冲突时，有一种坚持原则、抗拒诱惑、凭良心做事的道德勇气，能够不屈服于长官意志或强势利益集团压力，善于识别社会需求和公共价值取向，减少和避免实际工作中出现一些危害社会公平和公共利益的规划方案（参考案例19：“向权力讲述真理”：“拍桌子”给市长讲课）。

（三）城市规划师职业伦理的基本规范

成熟的职业化有两个方面的重要标志，即专业上的卓越和伦理上的完整。追求专业上的卓越，主要体现为一种职业召唤精神，在职业生涯中始终不渝地学习、进取，掌握规划师职业所需的各项知识、技能。伦理上的完整则具体表现为职业人员能够自觉遵守制度化的职业伦理规范，具有职业美德。

与建筑师和土木工程师一样，目前我国相关专业团体并没有颁布制度化的规划师职业伦理章程。我国规划师的职业伦理规范散见于一些规章制度和自律公约中。例如，1999年4月人事部、建设部制订的《注册城市规划师执业资格制度暂行规定》第四章第16条至21条中有一些规定，如第16条规定“注册城市规划师应严格执行国家有关城市规划工作的法律、法规和技术规范，秉公办事，维护社会公众利益，保证工作成果质量”。然而，这些有关规划师义务的规定主要是一些原则性的条文，并没有提出具体的职业伦理标准。2007年底，在广州召开的全国规划院院长会议通过《全国城市规划编制单位自律公约》，这个《公约》是中国城市规划协会作为社会团体和行业自律性组织，对规划编制咨询单位从业道德和行为所做的自律性规定，反映的是行业内各单位共同认可的，作为自我约束条件的基本规范。《公约》主要包括两个部分：即“从业准则”和“自律约束”。从业准则涉及鼓励和倡导性的职业伦理规范，例如，第五条“倡导树立正确的规划工作价值观，坚持体现党中央贯彻落实科学发展观和实现全面建设小康社会奋斗目标要求的规划工作方向。担当服务政府、服务社会的责任，秉承以人为本、以民为先的职业操守”；第九条“倡导敬岗爱业的职业道德，树立求真务实、严谨缜密的工作作风，弘扬精诚团结、专业协作、积极进取的团队精神”。《公约》第三章“自律约束”共九条，涉及义务性的，或者说禁止性的职业伦理规范，规定了从业单位执业行为的基本底线。例如，第十五条“禁止在规划编制和提供规划技术服务过程中收受贿赂”；第十六条“反对通过商业贿赂、恶意压价、抬价、诋毁他人、提供虚假信息等违反法规或道德的手段排斥正当竞争和招揽、承接规划业务或谋取市场地位”。

可见，目前我国城市规划师缺乏有针对性的职业伦理规范，也没有明确规划师的基本价值与实践准则。由于既无单独成文的规划师职业伦理规范，更没有系统化、制度化的职业伦理章程，规划师群体缺乏清晰完整的自觉伦理意识与切实可行的实践伦理准则，这与当下规划行业的发展局面严重不符。“目前，在我国，还没有形成真正意义上的规划师职业道德，还没在约束和规范规划师的行为方面形成正式的制度和规则，因此，在市场经济的大潮下，出现规划行为的‘失范’现象不足为奇”。[1]因此，城市规划管理部门或规划师的职业协会或组织，应尽快制订符合中国国情并具有可操作性的职业伦理规范，以指导并约束规划师的职业实践。

在制订规划师的职业伦理规范方面，可以借鉴一些比较成熟的规划师职业社团的伦理章程，[2] 例如《美国持证规划师学会伦理与职业行为守则》（AICP Code of Ethics and Professional Conduct）。AICP伦理章程经过多次修订，其2009年修订版主要内容包括四个部分，主体是第一部分和第二部分。第一部分是规划师学会承诺追求的基本原则，这些基本原则涉及三个方面，分别是对公众的责任、对客户或雇主的责任以及对职业和同行的责任。其中，明确规定维护公共利益是规划师的首要责任，表明了规划师的基本价值立场：“规划师首要的义务是为公共利益

1　马武定．制度变迁与规划师的职业道德［J］．城市规划学刊，2006（1）：47.

2　对于制订我国建筑师和土木工程师的职业伦理章程同样适用。

服务，而且我们忠于的这个公共利益是通过持续不断且开放性地辩论而认真达成的。”在此基础上，提出了维护公共利益的一些具体准则，例如，“规划师应当永远意识到他人的权利”；“规划师应当特别关注当前的行为可能带来的长远后果”；“规划师必须充分认识到决策之间的内在关系”；“规划师应当尽力为市民提供机会，使市民能够对那些可能影响他们的规划产生重要影响。公众参与的范围应足够广泛，保证那些没有正式组织或社会影响力的个人也能参与其中”。[1]第二部分是规划师的具体行为规则（Rules of Conduct），AICP伦理规范详细列出了26条道德律令，告诉规划师不应该做什么，如果规划师不遵守这些行为规则，将会受到制裁。例如，其第一条指出“规划师不应该因故意或者轻率疏忽而未能就规划议题提供恰当、及时、清楚和准确的信息”。第三部分和第四部分则是有关规划师伦理规范的程序性规定，主要阐述了规划师获得正式的或非正式的建议性伦理裁决的方式，以及详细说明了什么样的不当行为会受到调查、起诉和司法控告。

总的来看，国外一些成熟的规划师职业社团的伦理章程，通常都包括基本原则、行为规则（实践指南）、程序性规定等部分，涉及的内容具体而清晰。在明确职业理想的前提下，一般都以“规划师应该……”或“规划师不应该……”的话语系统制定规范条款，明确告诉职业人员应该做什么，不应该做什么；应该怎么做，不应该怎么做，有利于职业伦理规范的具体落实。AICP伦理规范通过清晰地描述无法接受的职业行为，引导规划师着力避免这些行为，为职业人员坚守职业标准提供最低限度的道德要求。同时，职业伦理规范还包括履行职业义务的约束手段，如监督执行机制和制裁处分措施，从而体现一定程度的强制性。这些伦理章程，尤其是其结构和表现形式，对确立适合我国国情并具有普遍共识的规划师职业伦理规范，有重要的借鉴意义。

---

1 AICP Code of Ethics and Professional Conduct（2009）. https://www.planning.org/ethics/ethicscode.htm，2015年7月10日登陆。

第八章　建筑工程伦理

过去，工程伦理学主要关心是否把工作做好了，而今天是考虑我们是否做了好的工作。[1]

——[美] 斯蒂芬·安格尔（Stephen Unger）

1 [美] 卡尔·米切姆. 技术哲学概论 [M]. 殷登祥，曹南燕，等，译. 天津：天津科学技术出版社，1999：86.

建筑工程活动是人类最基本的社会实践活动之一，它不仅直接决定人们的生存与福祉状况，也长远影响自然环境，尤其是现代建筑工程活动所引发的一些负面效应，使人们日益关注和反思建筑工程活动中涉及的价值和伦理问题。自西方国家20世纪70年代初工程伦理成为一个新兴的研究领域以来，目前国外工程伦理已形成较为成熟的学科和研究体系。这其中，建筑工程伦理是工程伦理研究的重要分支领域，对其进行探讨，有重要的理论与现实意义。

一、从工程伦理到建筑工程伦理

建筑工程是人类文明特有的现象。历史长河中，不同时代、不同类型的文明往往都有伟大的建筑工程，并将其作为文化标志，比如埃及的金字塔（图6-7）、古希腊的神庙（图6-3、图10-21）、西班牙塞戈维亚古罗马输水道（图8-1）、中国的万里长城，等等。中国传统工程范畴的内涵主要是指土木构筑，强

图8-1　修建于1世纪的西班牙古城塞戈维亚输水道，用167个拱门支撑
（来源：http://viajar.especiales.elperiodico.com/95-lugares-basicos-de-espana/acueducto-de-segovia/）

调施工和营建过程。[1]在西方，工程（engineering）词义的演变与工程师（engineer）及科学技术的发展有紧密的联系。engineering这个词18世纪在欧洲出现时，原本专指作战兵器的制造和执行服务于军事目的的工作，engineer则是指军队里设计军事堡垒或操作诸如弩炮等作战机械的士兵。历史上第一所授予工程学位的学校是成立于1794年的法国巴黎综合工艺学校，当时它隶属于国防部门。1771年，英国土木工程师约翰·斯米顿（John Smeaton）成立了世界上第一个工程师社团——土木工程师社团（The Society of Civil Engineers），标志着民用工程（civil engineering），如修建运河、道路、城市排水系统等工程从军事工程中独立出来。此后，从工程哲学视角理解“工程”，绝大多数学者强调工程的工具主义本质观，即认为工程是科学的应用，是造福于人类、推动

1　杨盛标，许康. 工程范畴演变考略［J］. 自然辩证法研究，2002（1）：38.

人类进步的专门技术或满足人类需求的工具。现代学者则越来越倾向于强调一种过程主义的工程本质观，将工程视为一种设计和制造的过程。[1]

传统上，往往将工程纳入自然科学的范畴，它的目的是为人类、为社会创造物质财富，工程技术活动本身是“纯科学”或“纯技术”的活动，与伦理审视等价值评价没有直接关联。然而，随着20世纪以来人类工程技术运用的“双刃剑效应”越来越显著，这种观点也日益受到质疑。实际上，与科学相比，工程与伦理之间的关系要密切得多。从工程诞生之日起，它就与环境、社会和文化有密切的联系。工程活动在社会生产中不是在一个孤立封闭的系统中进行的，它广泛地牵涉自然、人文、社会和精神等方方面面的关系、领域和问题，没有任何一项工程尤其是建筑工程可以仅仅局限于某一学科领域加以理解和运作。例如，长江三峡工程就其构想和决策来说是一项政治工程，就其投入和产出来讲是一项经济工程，就其实施过程来讲是一项社会工程（牵涉大规模移民问题），就其实施的后果来说还是一项环境工程（对周边自然环境有广泛影响）。相比之下，技术、材料、设备和施工方面的狭义工程问题反倒成了相对次要的问题。现当代科学技术突飞猛进的发展与创新，导致人类能够掌握巨大的力量改变世界，因而工程活动对社会环境和自然环境的影响也越来越强大，尤其是工程技术的负面后果日趋严重，从而要求工程技术人员对公众和自然切实负起责任的呼声日高，对工程与技术进行伦理反思也越来越迫切。

20世纪70年代初以来，率先从西方发达国家开始，工程伦理逐渐成为一门受到哲学界和工程教育界重视的新兴研究领域，目前已形成相对完善的研究体系。比西方晚了约30年之后，中国学者才开始较为系统地探讨工程伦理问题。关于工程伦理的概念，以美国为代表的西方国家，比较多的观点是从职业伦理的视角界定和认识工程伦理。例如，查尔斯·E·哈里斯等学者将工程伦理主要看作是一种职业伦理，旨在促进一种负责任的工程实践。他们将工程职业伦理从消极和积极层面又

1 张铃．西方工程哲学思想的历史考察与分析［M］．沈阳：东北大学出版社，2008：7.

进一步区分为两种类型，即预防性伦理（preventive ethics）和理想性伦理（aspirational ethics）。[1]迈克·W·马丁和罗兰·辛津格认为："工程伦理学由应当由被那些从事工程的人们赞同的责任和权利以及在工程中值得期望的理想和个人承诺组成。"[2]职业进路的工程伦理注重从工程学会制订的伦理准则出发，围绕工程师的责任和义务，重点研究工程师在工程实践中可能碰到的伦理难题和责任冲突。有不少学者从更宏观的视角研究工程伦理，着眼于研究工程实践中出现的伦理问题。例如，虽然迈克·W·马丁和罗兰·辛津格认为工程伦理首先是从职业伦理视角界定的，但他们认为工程伦理这个概念还有一种用法，即"工程伦理学是对工程实践和研究中，道德上值得期望的决定、政策和价值的研究"。[3]迈克尔·戴维斯认为："工程伦理是一门应用性的或实践性的哲学学科。它关注、理解并试图解决工程实践中所出现的某些伦理问题。这些问题至少可以通过五种进路加以解决：哲学的、决疑的、技术的、社会的以及职业的。"[4]

在我国，有关工程伦理的界定，同样因研究进路的不同而呈现不尽相同的观点。职业伦理进路的研究者将工程伦理学几乎等同于工程技术人员伦理，例如，余谋昌认为，工程伦理学即工程师伦理学，是关于工程技术人员在工程技术中伦理道德问题的研究。[5]更多的工程伦理研究学者认为，工程伦理不仅包括工程师伦理，还包括其他工程共同体应承担的伦理责任，还涉及工程决策、工程设计、工程运行过程中的伦理问题。例如，李伯聪认为，中国学者在进行工程伦理学研究时，不但必须重视"狭义工程伦理学"（工程师的职业伦理）进路的研究，而且应该走向"广义工程伦理学"进路的研究，即把工程伦理学研究的"第一主

1　Charles E. Harris，Michael S. Pritchard，Michael J. Rabins. Engineering Ethics: Concepts and Cases（Fourth Edition）[M]. Wadsworth：Cengage Learning，2009：12-20.

2　[美]迈克·W·马丁，罗兰·辛津格. 工程伦理学[M]. 李世新，译. 北京：首都师范大学出版社，2010：7.

3　[美]迈克·W·马丁，罗兰·辛津格. 工程伦理学[M]. 李世新，译. 北京：首都师范大学出版社，2010：8.

4　[美]迈克尔·戴维斯. 像工程师那样思考[M]. 丛杭青，沈琪，等，译. 杭州：浙江大学出版社，2012：278-279.

5　余谋昌. 高科技挑战道德[M]. 天津：天津科学技术出版社，2000：136.

题”从对“工程师的职业伦理”的研究转变为对“工程决策伦理”“工程政策伦理”和“工程过程的实践伦理”的研究。[1]

建筑工程伦理是工程伦理的一个重要分支领域。工程伦理着眼于总体上对各种工程活动和工程师的职业行为进行伦理审视，必然要涉及对一些典型工程领域伦理问题的探讨，如建筑工程。2000年1月10日国务院第25次常务会议通过的《建设工程质量管理条例》第二条规定，该条例所称建设工程是指土木工程、建筑工程、线路管道和设备安装工程及装修工程。显然，在《建设工程质量管理条例》中，“建筑工程”为建设工程的一部分，专指各类房屋建筑及其附属设施和与其配套的线路、管道、设备的安装工程，桥梁、水利枢纽、铁路、港口工程以及不是与房屋建筑相配套的地下隧道等工程则不属于建筑工程范畴。需要说明的是，本书是从广义上使用“建筑工程”这一概念的，指的是整个建筑业的工程活动，涉及的范围近于建设工程，包括桥梁、水利枢纽等工程。

作为工程伦理的分支领域，建筑工程伦理是关注、认识并解决建筑工程实践中存在和出现的伦理问题的应用伦理。按其研究对象，可将其大致划分为微观的建筑工程伦理和宏观的建筑工程伦理。具体而言，微观的建筑工程伦理是指从一定伦理观点出发，研究建筑工程技术人员在其工程活动中应具有的道德品质、应承担的道德责任和应遵循的伦理准则。微观的建筑工程伦理与工程职业伦理有紧密的联系。职业伦理主要研究职业活动过程中的道德关系和职业活动主体的道德行为现象，微观建筑工程伦理实际就是对建筑工程从业人员尤其是工程师职业道德的研究，它的基本目标是促使建筑工程从业人员（主要是工程师）遵循其职业道德规范，树立明确的责任意识。宏观的建筑工程伦理则是将建筑工程活动置于广泛的社会背景中，考察其与社会、与环境的相互关联性，探讨和反思建筑工程（技术）的价值负载及其对社会伦理秩序的影

1　李伯聪．关于工程伦理学的对象和范围的几个问题——三谈关于工程伦理学的若干问题［J］．伦理学研究，2006（6）：24-28.

响；建筑工程中的环境伦理问题；建筑工程决策、设计和项目管理中的伦理风险与防范；建筑工程实施过程中的诚信、公平问题等。需要指出的是，如果说微观建筑工程伦理注重考察的是工程技术活动中的人际道德，如建筑工程技术人员（同行）之间的道德关系，建筑工程师与业主、与社会之间的道德关系，那么宏观建筑工程伦理则要从人际伦理扩展到环境伦理。在现代建筑工程活动和建筑技术的发展导致人、建筑、城市、自然之间的矛盾日益尖锐的背景下，建筑工程、环境与伦理三者的关系逐渐成为当代宏观建筑工程伦理研究的核心问题。上一章对土木工程师伦理的阐述，实际上探讨的就是微观的建筑工程伦理问题，即工程师职业伦理问题，因此本章主要从宏观层面讨论建筑工程伦理的两个重要议题，即建筑工程环境伦理和建筑工程决策伦理。

二、建筑工程中的环境伦理问题

随着环境问题日趋严重，随着可持续发展成为全球共识，人们已越来越意识到需要将环境伦理的基本理念与规范贯彻到各行各业中的必要性和重要性。建筑工程活动更是如此。

近代工业革命以来，大量建筑工程采用大规模机器运作的技术模式，建筑工程对人类生存环境的影响愈加直接而明显，人、建筑、自然之间业已形成了一种相互作用、相互制约的关系。在现代建筑对环境的影响方面，有关统计表明，建筑消耗全球50%的能源，消耗40%的原材料，消耗50%的水资源，消耗50%的破坏臭氧层的化学原料，对80%的农业用地损失负责。[1]（图8-2）而且，建筑工程施工过程中各项施工活动、建筑原材料装卸、运输等不可避免地会对周围环境造成影响，如空气污染、噪声污染和固体废弃物污染等，其中尤以粉尘和施工噪声对环境的负面影响较为突出。由此可见，耗费自然资源最多并对环境造成巨

---

1 ［英］布赖恩·爱德华兹. 持续性建筑［M］. 周玉鹏，宋晔皓，译. 北京：中国建筑工业出版社，2003：导言xv.

图8-2 路易斯·海曼（Louis Hellman）绘制的建筑漫画“能源”（ENERGY）
（来源：https://se.royalacademy.org.uk/artwork/Louis-Hellman/341）

大影响的建筑工程活动有必要接受环境伦理的审视。为了使建筑工程能够造福人类及生存环境，建筑工程活动应当从工程项目决策阶段的伦理风险评估与预防、生态建筑技术的设计和创新、工程师的职业伦理教育等多个维度，将环境伦理有效融入建筑工程活动之中。

（一）建筑工程项目的环境伦理风险评估

一项工程要成为“好”工程，就不能仅仅关注项目的经济效益、工程造价和技术可行性等因素，还要在工程项目的决策阶段充分考虑项目本身所涉及的各种伦理因素，因为它直接关系到工程的基本价值取向，关系到整个工程活动的成败。齐艳霞说：“‘问渠哪得清如许，为有源头活水来’，从决策入手对工程活动的各阶段进行伦理考量，才能保证整个工程的方向不偏离为人类造福的轨道。从这个角度来看，工程决策中的伦理问题是工程伦理学中最为重要的问题。”[1]

1 齐艳霞. 工程决策的伦理规约［M］. 北京：人民邮电出版社，2014：3.

相对于工程运行的其他阶段来说，工程项目决策阶段出现环境伦理风险的可能性会更大。一项建筑工程活动产生的环境伦理问题往往是在竣工运行之后才逐渐显现出来，但若追踪其发生的原因，很大程度上源于工程决策、立项阶段缺失对其伦理风险的评估和审查。

伦理风险，也称道德风险，最早为20世纪80年代西方经济学家提出的一个经济伦理范畴的概念，一般是指“从事经济活动的人在最大限度地增进自身效用时作出不利于他人的行动”。[1]这里使用伦理风险这一概念，主要指在建筑工程项目的决策与运行中，由于一些不确定因素以及有关利益主体在追求自身利益和经济效益的同时未受环境伦理的约束，从而使工程项目产生危害环境后果的伦理负效应的可能性。

一般而言，影响建筑工程项目决策有多方面的因素，如经济的、技术的、政治的、法律的、社会的和伦理的因素。其中，经济因素对于绝大多数项目来说都是最重要的尺度，特别是企业或经济组织投资的建设项目更是如此。伦理因素是指某项决策方案在伦理上的是非好坏问题，其判断的依据是一些基本的伦理准则，如本书第五章阐述的建筑伦理的基本原则：安全与行善原则、适用与人本原则以及美观与和谐原则。对建筑工程项目决策的环境影响评估，在我国已经有法律法规层面的约束机制。例如，2003年9月实施的《中华人民共和国环境影响评价法》第三章专门针对建设项目的环境影响评价，指出国家根据建设项目对环境的影响程度，对建设项目的环境影响评价实行分类管理，其中第6条第1款规定“可能造成重大环境影响的，应当编制环境影响报告书，对产生的环境影响进行全面评价”；第25条规定“建设项目的环境影响评价文件未经法律规定的审批部门审查或者审查后未予批准的，该项目审批部门不得批准其建设，建设单位不得开工建设”。2014年修订、2015年1月1日起施行的《中华人民共和国环境保护法》第19条规定：“编制有关开发利用规划，建设对环境有影响的项目，应当依法进行环境影响评价。

1　Y·科托威茨．道德风险［M］//［英］约翰·伊特韦尔，默里·米尔盖特，彼得·纽曼．新帕尔格雷夫经济学大辞典（第三卷：K—P）．北京：经济科学出版社，1992：588.

未依法进行环境影响评价的开发利用规划，不得组织实施；未依法进行环境影响评价的建设项目，不得开工建设。”2015年3月19日，环境保护部修订通过了《建设项目环境影响评价分类管理目录》，自2015年6月1日起，国家根据建设项目对环境的影响程度，对建设项目的环境影响评价实行分类管理，涉及环境敏感区的建设项目，应当严格按照名录确定其环境影响评价类别。由此可见，建设工程项目立项前，从法律制度层面要求项目开发主体在做出决策前必须考虑可能的环境影响以及可行的替代方案，接受有审批权的环境保护行政主管部门审批。

对于建筑工程项目决策的环境影响评估，除了法律法规层面的制度机制外，伦理审查机制的建立也是决策形成的重要手段。伦理审查首先应确立基本的环境伦理价值立场，这个基本立场用奥尔多·利奥波德提出的一个生态伦理原则来表述颇为恰当：“当一个事物有助于保护生物共同体的和谐、稳定和美丽的时候，它就是正确的，当它走向反面时，就是错误的。”[1]决策、规划与设计可能造成环境影响的建筑工程，如在大江、大河上建造大坝、电站，在城镇区域建设垃圾填埋场或垃圾焚烧发电厂，都要对工程项目进行全面的环境伦理评估和审查，看它是否有利于生态共同体的完整、稳定与美丽，是否给公众的安全、健康带来不可接受的风险，而不能以破坏自然环境、威胁人类的健康安全以及野生动物的生存为代价。以破坏环境为代价的建筑工程在历史上被付诸实施的并不少见，[2]将被实施的可能性也难以完全避免。就此而言，以利奥波德提出的生态伦理原则为基本价值立场，在建筑工程项目决策阶段的各个环节认真研究其涉及的相关环境伦理问题（表8-1），进而建立有关建筑工程项目决策的环境伦理风险评估框架（图8-3），具有重要的现实意义。

---

1 ［美］奥尔多·利奥波德. 沙乡年鉴［M］. 侯文蕙，译. 长春：吉林人民出版社，1997：213.

2 例如，1970年完工的埃及阿斯旺水坝新坝工程（Aswan Dam），高坝全长3600米，底层宽度980米，顶层宽度40米，高111米，体积4300万立方米，属于大型重力坝。最初的决策与设计，不仅从技术设计上低估了水库库区泥沙淤积的严重性，而且在建造如此规模宏大的建筑工程时，忽视大坝对生态与环境的影响，导致了诸多环境问题，如尼罗河三角洲以每年约5毫米的速度下沉，泥沙淤积导致地中海沿岸的海岸侵蚀和陆地面积减小，水坝兴建带来疾病威胁，等等。

建筑工程项目决策不同阶段涉及的环境伦理问题　表8-1

决策的不同阶段	环境伦理问题样本
基本目标确立	1）该工程把公众的安全、健康和福利放在首要位置，并遵循可持续发展和生态文明原则了吗？ 2）该工程是否能够与自然环境保持友好？该工程所采取的技术会带来哪些直接的或潜在的环境风险？ 3）该工程使用尽可能少的原材料与能源，并尽可能产生最少的废物和任何其他污染物吗？ 4）该工程是否遵循预防原则，制定了相关的预防措施防止可能的环境问题？
可行性报告与方案设计	5）项目方案是否充分研究了可能受到影响的环境，评价了生态系统可能受到的静态的、动态的和审美上的影响以及对相关的社会系统的影响，在此基础上是否选择了有利于环境和可持续发展的最佳方案？ 6）项目方案是否有合理的"风险—效益"比？（风险不仅是经济效益，尤其是指环境代价） 7）项目方案是否符合所有相关环保标准？工程设计与创新中是否融入生态设计？ 8）项目方案是否对需要补偿和恢复的环境行动有清醒的认识？对可能产生的环境风险或可能遭到干扰的环境，包括建筑工程废弃后所带来的环境问题，是否有替代性或补救性方案，并将它们具体写入设计方案之中？
实施阶段调整	9）是否为了获得工程项目而有意降低环境安全与保护方面的资金和人力投入？ 10）是否根据工程项目的进展情况改进上一阶段所做决策与设计在环境保护问题上的不足或缺陷？ 11）是否尽可能使用环保材料并严格监控工程项目实施中可能带来的直接的或潜在的环境风险？

在建筑工程决策阶段认真进行环境伦理审视与评价，是降低工程环境风险的重要手段。然而，在市场经济条件下，市场机制与环境伦理要求、企业营利与企业环保之间常常是相抵触的，人们在眼前的经济利益驱使下，容易使工程决策中环境伦理价值"悬置"，从而带来环境问题上的伦理风险。

例如，2007年3月下旬，新闻媒体披露了河南新郑市国家级森林公园始祖山上，耗费巨资修建一条高9米、宽6米、长达21公里的水泥长龙，号称“华夏第一祖龙”工程（图8-4）。据说龙腹内还将建设轻轨，开辟高级会所等设施。此工程立即遭到各方质疑，有学者指出水泥巨龙是破坏自然的反人文工程。2007年3月24日，新郑市有关部门对该工程做出退还非法占地、责令停工等处罚决定；同年3月28日，该项目施工脚手架开始拆除；同年4月9日，国家环保总局有关负责人就“华夏第一祖龙”违法建设事件向媒体正式表态：该项目属环评未批先建项目。

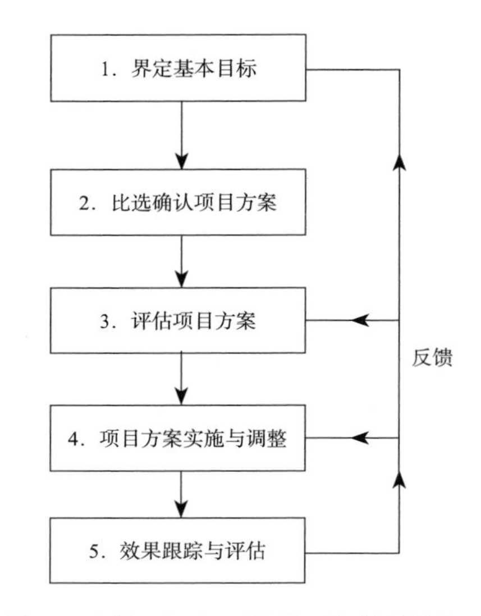

图8-3 建筑工程项目环境伦理风险评估框架

试以“祖龙”工程风波为例说明建设工程项目决策中经济效益与环境伦理价值的冲突。首先讨论这样一个问题：是否应该在始祖山上修建水泥长龙？按照筹建者祖龙公司的宣称，修建水泥长龙不仅可以创造100多项吉尼斯世界纪录，还会成为“中国最大的龙文化博物馆”。撇开这些冠冕堂皇的宣传营销口号，水泥长龙其实不过是假借龙文化之名而谋利的商业项目，如号召炎黄子孙“出钱在龙鳞上刻

图8-4 河南新郑市国家级森林公园始祖山上修建的水泥长龙（未完工），2007年该工程被拆除

姓留名”“出钱购买题名位”，建成后还要搞所谓“轻轨”“娱乐”“休闲”“高级会所”等一条龙服务。总之，兴建水泥长龙可能带来较高的经济效益。然而，从环保角度考察，修建水泥长龙可能会导致环境破坏。河南省生态学会理事长吴明作指出：“在国家森林公园里修建如此大规模的水泥建筑，不仅破坏植被，影响自然景观和生态的完整性，还会阻碍动植物资源的自然传播。”[1]除此之外，修建一条如此丑陋的水泥长龙，对自然景观审美价值的破坏也是巨大的。假定我们将选择兴建水泥长龙，因破坏自然景观和生态的完整性而导致的损失，记作Y，这是一种环境损失，具有不可逆性，且更多体现为一种未来损失；假定选择不兴建水泥长龙，因不兴建水泥长龙造成的经济损失，记作X，这是一种经济上的损失，更多体现一种眼前的、局部的经济利益。

让我们作进一步的推论。假定水泥长龙的产权属于某一经济主体，水泥长龙建成后提供的收益即X均由该经济主体获得，那么，在市场经济条件下，该经济主体最有可能做出的选择是什么？显然是兴建水泥长龙。由此可以看出，市场机制追求效率，其最大缺陷是忽视如环境代价这样的“外部成本”问题。兴建水泥长龙造成环境破坏，意味着外部环境为该工程的建设付出了代价。但是，投资这项工程的经济主体一般不会主动将此代价计算到自己的投入成本当中，水泥长龙造成的自然资源损失即Y可能由全社会来承担或者由子孙后代来承担。退一步说，即便承认有Y 这样的“外部成本”，仍然有一个“定价”上的困难。这表明，由于环境代价这一外部问题难以衡量，因而现实中可能导致工程决策中一味考虑X而不顾及Y，或仅从自身经济利益出发进行决策，从长远看，势必造成环境破坏和自然资源的耗竭，或者以破坏后代的生存环境为代价获取利益，以环境伦理的视角审视，这样的工程目标选择是不道德的。

现实的工程实践中，很难做到既不牺牲X，又不牺牲Y。但是即便做不到“有所不为”，以牺牲经济利益X为代价避免损失环境利益Y，也应

1　曹树林.“华夏第一祖龙”建，还是拆？［M］. 人民日报，2007-03-29（11）.

该在制订工程目标及实施方案或对工程项目进行价值评估和可行性论证时，审视其是否有合理的“成本—效益”比，尤其是政府投资的大型建设工程项目，更应充分考虑另一类成本因素——工程对生态环境可能带来的直接或潜在的影响，并将未来世代的利益与风险承担作为一个重要因素加以伦理审视，建立环境保护的预防机制与反馈机制，并科学而有效地实施生态补偿原则和生态恢复原则，补偿工程对生态利益的损害或重建某些自然生态系统，尽最大可能减轻工程对环境所产生的负效应。

青藏铁路工程在这方面提供了一个有益的范例。青藏铁路从修建伊始，就有不少人质疑它的修建是否会对脆弱而独特的高原生态造成影响。[1]因此，在该项目决策过程中，党中央、国务院要求有关部门对环境保护问题进行深入调研，充分论证。为给项目的可行性研究和制定科学可行的环保措施提供依据，国家有关部门和研究机构针对青藏高原的气候、环境、物种、生态等，确定了多项课题，深入开展青藏铁路建设环境保护研究。青藏铁路建设部门与青海省和西藏自治区政府签订了中国铁路建设史上首份环保责任书，青藏铁路仅环保投入就达15.4亿元，占工程总投入的4.6%，远远高出国家规定的大型工程环保投入应达到3%的标准，并在全国重点工程建设中首次引进了环保监理。以前铁路修到哪里，植被可能就破坏到哪里。青藏铁路修建过程中实行了定点取沙，为了恢复铁路用地上的植被，科研人员开展了高原冻土区植被恢复与再造研究，采用先进技术，使植物试种成活率达70%以上，比自然成活率高一倍多（图8-5）。此外，为了保障野生动物的正常生活、迁徙和繁衍，青藏铁路全线建立了33个野生动物通道。正是因为青藏铁路工程把环境保护贯穿到工程建设的每一个环节，才做到了将高原生态环境的破坏降至最低，从而也使环境伦理风险降至最低。

1　例如，张玉清对青藏铁路格尔木—拉萨段的生态环境本底状况作了全面分析后指出，青藏铁路沿线的生态环境具有无可比拟的特殊性、敏感性、脆弱性和生态景观的差异性，如果施工期间未能采取行之有效的环保措施，那么巨大的土石开挖量、堆积量和工程迹地量定会对青藏高原的生态环境造成严重的负面影响，如可能会引起湿地萎缩、土地沙化及水土流失，还可能会对野生动物的迁移和繁殖造成影响。（参见：张玉清．青藏铁路建设对青藏高原生态环境的负面影响研究［J］．水土保持通报，2002（4）：50-53.）

图8-5 青藏铁路建设中运用路基边坡草皮回植方法恢复高原植被
（来源：曾坚）

实际上，从对青藏铁路工程的环境评估中可以发现，这类工程在决策之初，承担很大的环境伦理风险，也不可能做到没有任何环境负面效应，即这类工程包括一些水利工程，对环境和生态平衡的局部破坏有时是不可避免的。

此外，近年来，在我国一些城市，由垃圾填埋场、垃圾处理厂等公共设施的建造以及PX项目（二甲苯）等环境污染企业项目而引起的“邻避运动”[1]也日渐增多。对这类项目进行环境评估，主要是看其是否有合理的“风险—效益”比，通过风险—效益分析法进行权衡。对环境安全的判断一定程度上是评估建筑工程项目对一个社会和公众而言可以接受的环境风险。迈克·W·马丁和罗兰·辛津格认为：“许多大型项目

1 20世纪80年代的美国，由垃圾填埋场、机场、监狱、收容所、戒毒服务中心等设施选址引发的冲突逐渐增多。同一时期，在一些欧洲国家，由核废料储存选址问题引发的抗议，发展成为影响广泛的环境保护运动。1980年，美国《基督教科学箴言报》在一篇报道中，第一次用“邻避”这个词来描述美国公众对化工垃圾的排斥和反抗。邻避运动对应的英文短语是“NIMBY”（Not in my backyard的缩写），意思是“别在我的后院中”。与之相关的设施即为邻避设施，抗议活动则为邻避运动。目前对邻避运动共识的概念是指公众因担心其社区附近设施（如垃圾场、核电厂等）对身体健康、环境质量和资产价值等带来诸多负面影响，从而产生嫌恶情结，并采取的强烈和坚决的、有时高度情绪化的集体反对甚至抗争行为。近年来，随着中国城市建设突飞猛进，邻避运动在我国也成为一个突出的社会现象。参考：黄涛．邻避运动：是发展之痛，更是进步之阶［N］．中国青年报，2014-07-07．俞海，张永亮．我国环境“邻避运动”困境内因与化解［J］．环境保护，2014（18）：49.

特别是公共工程是在风险—效益分析的基础上得到论证的。这一研究所要回答的问题是：产品的价值抵得过使用它的有关风险吗？效益是什么？它们抵得过风险吗？"[1]由于对可接受环境风险的阈值的界定受到多重因素影响，而且还面临如何将生命价值、健康价值和经济价值相互通约的难题，因而对其界定十分困难，环境伦理评估无法提供可供操作性的技术手段以确定什么是最合理的"风险—效益"比，或通过对各种因素的量化分析得出一个"可接受的风险"，但它会为决策者提供一种价值判断，这在决策制定中是至关重要的。环境伦理要求决策者考虑的主要不是经济效益，而是环境效益和环境风险。如果一个工程项目必须付出很高的环境代价，承担不可逆转的环境风险，有可能对公众的健康和安全造成近期的或长远的威胁，在伦理上是不能接受的。因此，在涉及环境问题的工程项目决策中，应将环境效益以及公众的环境权益作为重要的考量因素，绝不能仅仅考虑经济效益。而且，更重要的是要通过制度约束避免现实中大量存在的项目本位倾向，即"评价的目的是为了项目能够顺利立项和开工建设，而不是真正为了社会的目的"。[2]

然而，现实的建筑工程活动中，对不断出现的新的环境问题以及工程活动对环境的远期影响，常常无法给出确定的结论，后果尚不清楚时，应遵循何种价值原则指导工程决策？在当代国际环境法学中获得广泛认可、并适用于大多数国际环境公约的风险预防原则（precautionary principle），可作为一种具有操作性的价值原则引入建筑工程决策的环境伦理评估之中。目前对预防原则内涵的表述众说纷纭，并没有统一的界定。但较为获得一致认同的界定是："当一个行动有害于人类健康或造成环境威胁时，即使其因果关系并没有被科学充分证明，也应当采取预防措施"，"预防原则的四个核心成分是：面临不确定的风险时采取预防行动，举证责任转移给该行动的辩护者，探究可能的有害行动的

1 ［美］迈克·W·马丁，罗兰·辛津格. 工程伦理学［M］. 李世新，译. 北京：首都师范大学出版社，2010：142.

2 李世新. 工程伦理学概论［M］. 北京：社会科学出版社，2008：247.

选择范围，决策制定时增强公众参与性”。[1]蒂莫西·奥莱尔登（Timothy O’Riordan）和詹姆斯·卡梅伦（James Cameron）总结了预防原则的六个基本理念，即，（1）预防性“先发制人”（preventative anticipation）：若延迟行动将被证明有可能带来极大的社会和自然的代价，以及从长远看对后代是自私的和不公平的，在需要科学证据之前提前采取行动的意愿；（2）保护生态空间（ecological space）：将保护生态空间的安全措施作为一种识别宽容边界的策略，不应该接近这一边界，更不用说打破这一边界；（3）反应的均衡性（proportionality of response）：也即做到收益与成本的均衡性；（4）关怀的责任（duty of care）：承担任何环境损害的严格责任，不论这种损害是如何难以预料，或者如何可能抑制创新、想象力和经济增长；（5）提升内在的自然权利（intrinsic natural rights）；（6）补偿以往的生态欠债（ecological debt）。[2]从以上有关预防原则的内涵来看，预防原则的核心要求是在环境风险的危害被合理怀疑但环境风险仍不确定时，就应当采取积极的预先防范措施，风险的不确定性不能成为拒绝或延迟行动的理由，否则在法律上和伦理上都是不正当的。具体针对建筑工程领域，当某一工程有可能带来损害生态系统的平衡与稳定、损害公众安全和健康等环境伦理风险时，预防原则要求我们把对环境风险的预防措施置于优先地位来加以考虑，而不能因为环境风险的不确定性及经济社会发展的要求而草率决策。可见，预防原则作为一种价值准则，为建筑工程决策中切实融入环境伦理与环境保护理念提供了重要的依据。

另外，虽然环境伦理评估无法明确提供何谓合理的“风险—效益”比的选择，但它注重决策程序的民主化和正义性问题，尤其是对重大公共建筑工程项目以及对周围居民的生活环境可能造成负面影响的项目，在选址、立项决策时应尊重公众尤其是利益相关者群体的意见，不能将

1　David Kriebel，Joel A. Tickner，Paul Epstein，etc．The Precautionary Principle in Environmental Science［M］// Marco Martuzzi，Joel A. Tickner. The Precautionary Principle: Protecting Public Health，the Environment and the Future of Our Children. World Health Organization，2004：146.

2　Timothy O'Riordan，James Cameron．Interpreting the Precautionary Principle［M］．London：Routledge，2013：17-18.

他们排除在决策链条之外，这是实现工程决策民主化的基本要求。同时，建筑工程项目决策中的环境伦理审查，还可尝试采取西方应用伦理领域中作为道德决策主体的“伦理委员会”模式[1]，由包括建筑工程技术专家、环保专家、环境伦理学家、法律专家、公众代表、利益相关者代表等不同人员组成的“建筑工程环境伦理委员会”，为工程项目决策中可能涉及的环境伦理问题提供咨询，为工程项目决策主体提供环境伦理方面的建议。

（二）以环境伦理的基本理念审视生态建筑

生态建筑（或绿色建筑、可持续建筑）是当代建筑界的热门课题。英国学者布赖恩·爱德华兹（Brian Edwards）将其界定为：“有效地把节能设计和（在生产、使用和处置过程中）对环境影响最小的材料结合在一起，并保持了生态多样性的建筑，就是生态建筑。”[2]美国国家环境保护署（United States Environmental Protection Agency）对绿色建筑的界定是：“绿色建筑是指在建筑物的全寿命周期即选址、设计、建造、运行、维护、修复直至拆除阶段，对环境负责和具有资源效率（resource-efficient）的建造和使用过程。”[3]我国于2015年1月1日起实施的《绿色建筑评价标准》（GB/T 50378-2014）是评定绿色建筑等级的国家标准。该评价指标体系由节地与室外环境、节能与能源利用、节水与水资源利用、节材与材料资源利用、室内环境质量、施工管理、运营管理7类指标组成，将绿色建筑界定为“在全寿命期内，最大限度地节约资源（节能、节地、节水、节材）、保护环境、减少污染，为人们提供

1 曹刚在《道德难题与程序正义》一书中提出伦理委员会是道德决策的主要载体，并对伦理委员会的结构、运行尤其是功能进行了较为详尽的探讨。他认为，伦理委员会的功能主要有四个方面，即咨询建议功能、审查监督功能、教育培训功能和规则制定功能（参见：曹刚. 道德难题与程序正义［M］. 北京：北京大学出版社，2011：171-200.）。建立建筑工程环境伦理委员会的目的主要是发挥其咨询建议功能和审查监督功能，对有关建筑工程项目的决策、立项、规划设计方案等进行环境伦理审查。

2 ［英］布赖恩·爱德华兹. 可持续性建筑［M］. 周玉鹏，宋晔皓，译. 北京：中国建筑工业出版社，2003：254.

3 美国国家环境保护署官网：http://www.epa.gov/greenbuilding/pubs/about.htm，2015年7月28日登陆。

健康、适用和高效的使用空间，与自然和谐共生的建筑”。[1]

总体上看，建筑界为生态建筑引入了全寿命周期的理念，不仅关注了选址、设计和建造阶段的生态性，还重视建成之后建筑物使用过程的生态性，以及建筑物拆除时的生态要求。本书针对的主要是建筑工程设计环节的生态性要求。从生态建筑的设计维度来看，建筑界，尤其是工程师大多重视生态技术这一维度，或者说生态建筑的设计主要集中在如何设计和创新各种技术手段以达到尽量减少对自然的伤害、取得节能降耗等环境效益的目的。由于现实中通过各种技术手段进行的生态建筑设计主要体现在建筑物理和材料技术方面，因此，不少生态建筑简化为一个“空调器”“空气过滤器”“捕风器”“集雨器”“能源转换机”等，它们不过是使用了生态材料的建筑而已。

以环境伦理学的整体视角来看，倘若对生态建筑特性的理解仅停留在技术层面，这种做法是片面的。不能把生态建筑仅视为一个简单的建筑单体，或者将生态建筑简化为仅仅使用了生态材料的建筑而已，应当认识到生态建筑的实现涉及多方面的内容，如自然、人文、经济和社会等多方面的因素。在建筑设计阶段，具体生态技术的选择要与建筑所在地区的环境、气候以及经济、技术和文化的发展水平相适应，重视建筑工程的地方性、地域性理解，尽量延续地方场所的文化脉络。

例如，印度建筑师查尔斯·柯里亚（Charles Mark Correa）的建筑实践较为成功地诠释了与地域的气候和文化紧密结合的生态建筑。柯里亚在美国接受了现代西方建筑教育，回到经济欠发达的印度后，潜心于探索本土环境下的建筑创作问题。针对发达国家建筑师更多地依赖成本较高的工程与技术手段解决采光与通风问题，他告诫人们不要照搬发达国家的生活标准和通用的模式（如过多依赖空调系统），而应更多地发掘本土的资源优势。柯里亚把目光投向了建筑形式的始祖——气候，他说：“把建筑这个复杂的问题简化到只考虑在外观和材质玩些花样，这

1　住房和城乡建设部．中华人民共和国国家标准：绿色建筑评价标准［S］．北京：中国建筑工业出版社，2014：2.

是流于表层肤浅的思考。这种短视正是近十几年来影响现代建筑师的症结所在。这也就是说，自从那时起，建筑师把本属于他的众多责任推卸给了设备工程师。……气候，这个建筑创作源源不竭的源头，将提供我们所需要的深层结构。”[1]在上述理念的支配下，他注重对本地气候条件的研究，提出了“形式追随气候”（Forms Follow Climate）的口号，倡导建筑应当通过采用适宜的形式来调节气候。柯里亚还注重研究印度的建筑文化传统，吸收印度传统建筑技术中符合生态思想的合理内核，创造了适合于当地条件的“被动式（降温）建筑系统”，并将之运用到现代建筑设计中，较好地解决了湿热气候下建筑的遮阳和通风问题。

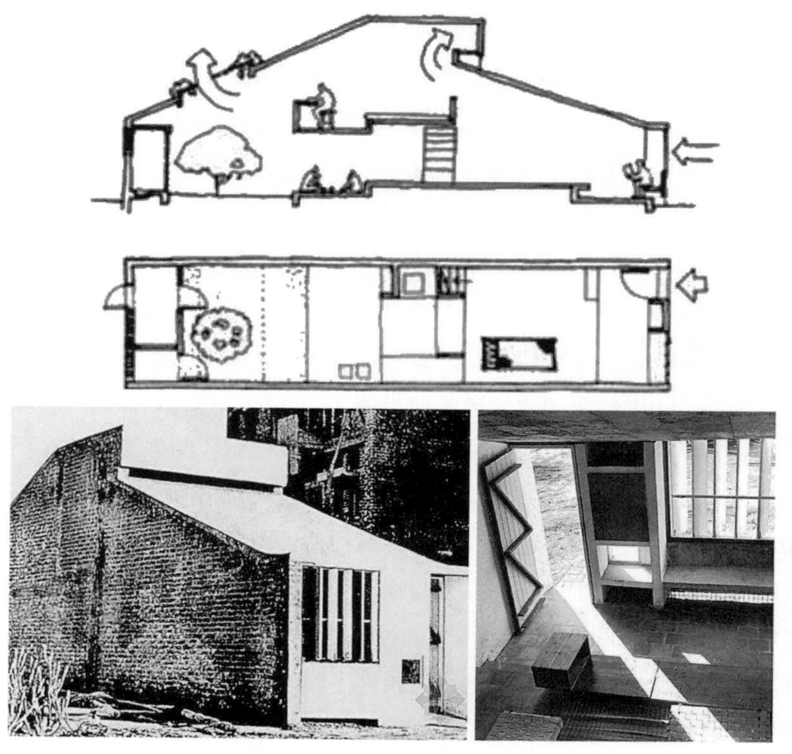

图8-6 查尔斯·柯里亚设计的管式住宅（Tube Housing）（上为示意图）
（来源：http://artchist.blogspot.jp/2017/03/tube-housing-in-ahmedabad-charles-correa.html）

1 汪芳. 查尔斯·柯里亚［M］. 北京：中国建筑工业出版社，2003：293.

1962年，柯里亚在艾哈迈达巴德（Ahmedabad）设计的管式住宅（Tube Housing）（图8-6）堪称可持续设计的典范。他在吸收北印度民居狭长体型的基础上，对传统天井的通风作用加以改造（热空气顺着倾斜的顶棚上升，从顶部的通风口排出，然后新鲜空气被吸入），建立起一种自然通风循环体系，并利用当地的适用技术和地方材料建成，旨在使低收入家庭住宅在炎热的气候条件下，获得最佳的自然通风。

作为国际生态建筑界有影响力的倡导者与实践者，马来西亚的杨经文（Ken Yeang）是较早探索建筑设计与生态学相结合，并由此创立自己设计原理的著名生态建筑师。谈及自己的生态建筑设计特征时，杨经文说："我们的建筑实践与其他绿色建筑设计师不同的是，我们的建筑是本质上基于生态学方法的绿色建筑，而大部分绿色建筑师则倾向于采用'生态工程技术'的方法。"[1]在高层建筑设计方面，他结合东南亚的气候条件，形成了一套独特的设计理念和手法，即"生物气候性"设计，并应用于"生物气候学摩天大楼"（bioclimatic skyscrapers）和"垂直城市设计"（vertical urban design）。这种设计方法要求结合可持续性和综合性的生态特征，充分了解当地的气象资料，区分各项条件的重要性，强调"被动"模式（passive-mode），许多建筑物的照明和气候系统实际上是与周围环境巧妙结合在一起的。同时，他注重在高层建筑中引入绿色开敞空间，有"绿色摩天楼专家"之美誉，如新加坡启汇城Solaris 大楼（2011年）最大的特色就是通过设计一条1.5公里长的螺旋型景观斜坡，并将其作为生态枢纽，将地面生态元素与建筑屋顶花园有机连接起来（图8-7）。

越南建筑师武重义（Vo Trong Nghia）巧妙利用当地传统生态智慧，将越南传统的编织技术融合于建筑设计之中，使用越南丰富的天然资源——竹子、椰叶、藤等作为建筑材料，结合当地景观特色，设计了既便宜又节能环保的绿色建筑，接连获得国际绿色建筑先锋大奖以及绿色优秀设计奖。武重义说："廉价的建筑也可以是美丽的"，"这些以天然材料建

1　杨经文．建筑设计需首先考虑生态学［M］．http://www.archcy.com/focus/ecoarchitecture/a4006ec14212e9cf，建筑畅言网，2016-08-23，2015年6月15日登陆。

造的建筑，在未来若需要拆除或改建时，对环境造成的伤害将最低”。[1]

图8-7 “生物气候学摩天大楼”：新加坡启汇城Solaris 大楼
（来源：http://share-architects.com/2017/04/05/interview-with-ken-yeang-for-share-architects-com/）

我国首获普利兹克建筑奖的建筑师王澍，其代表作品宁波博物馆在利用旧材料延续当地传统文化方面堪称典范。在宁波博物馆设计中，王澍并没有直接使用历史的形式元素，而是通过发展民间丰厚的“土木/营造”及旧物再利用传统，独具匠心地表达传统建筑文化最具现代价值的精神智慧，即传统建筑和空间营造极为重视人与自然融合的整体思维模式，以及师法自然的审美情趣，使新的建筑在人工与天然的有机结合中“重返自然之道”，并与可持续发展的理念保持高度一致。例如，博物馆的外墙设计除采用清水混凝土的做法外，最有特色的是采用宁波地域乡土营造的特有形式——“瓦爿墙”，即利用不同地方找到的残砖烂瓦垒成墙面（图8-8）。宁波博物馆的瓦爿墙材料绝大部分是宁波旧城改造时积留下来的旧瓦，这些斑驳的瓦爿墙不仅展示着历史的印痕，更是实践绿色建筑再利用原则的成功尝试。

此外，本书附录中案例14所阐述的建筑师威廉·麦克多诺所奉行的生态建筑策略，同样体现了在建筑的全生命周期中如何设计对环境影响最小的建筑。

1 源于自然，归于自然：越南建筑师Vo Trong Nghia的竹建筑［M］. http://www.mmag.com.tw/ad/20130628-architectural_design-727，2015年7月2日登陆。

图8-8 王澍设计的宁波博物馆墙面（瓦爿墙与清水混凝土墙面）
（秦红岭摄）

以上所列举的案例表明，生态建筑必须重视融合地域文化因素，采用与文化多元性和经济发展水平相适应的对人和环境有益的技术策略。只有当生态建筑所涉及的各种因素处于某一平衡状态时，才能达到人与自然、人与环境的和谐，达到经济效益、社会效益与环境效益的平衡，才可能实现真正意义上的生态建筑。

应当明确的是，生态建筑并不仅仅指某一流行的建筑类型，它本质上是一种基本的设计思路及价值取向，这种思路与价值取向可以引入任何一种类型的建筑中。正如理查德·瑞吉斯特（Richard Register）所说："我们必须进行人与自然、城市与地球关系的深入思考，我们不能再简单和天真地接受'技术万能'的观念，不能在建造活动及生活方式选择上不考虑基本的价值准则，不考虑对长远和未来的影响。"[1]环境伦理的基本理念能够为生态建筑的发展提供基本的价值取向。时至今日，关于环境问题的伦理讨论仍争论不休，但人们在基本伦理理念上已达成一些共识，主要体现在以下几个方面：其一，全球性的环境保护不仅仅是科

1 ［美］理查德·瑞杰斯特．生态城市伯克利：为一个健康的未来建设城市［M］．沈清基，沈贻，译．北京：中国建筑工业出版社，2005：导言．

技问题，人类不能单凭技术手段去保护环境，环境伦理要求人们从哲学高度反省人类与自然之间的关系，认识到人与自然关系永远不变的一点就是，人类与自然的不可分离性、人与自然共生共荣的休戚相关性。其二，走出环境危机，需要人类在思维方式上突破和超越只关注人类自身利益的人类中心主义观念，将内在价值赋予更广泛的生态系统，主张生态整体主义的思维方式和共生原则。其三，现代人类所面临的环境危机与人类消费欲望的过度膨胀和享乐主义的生活方式紧密相关。从全球范围来看，并非人的生存的基本需要，而是超越基本生存需要的所谓“消费文化需要”，在疯狂地制造环境问题。因而，抑制贪欲，摒弃消费主义和拜物主义，重新定义良好的生活，更多追求精神充实与道德进步，是人类解决环境问题的重要出路。真正的生态建筑应符合环境伦理的基本理念，是整体的生态观和普遍的伦理观在建筑上的集中体现。

若以环境伦理基本理念反思当今世界一些“生态建筑”，可以发现有些所谓的生态建筑由于急欲表现经济发展成就而往往在建筑设计上过分强调形式的炫耀，其实背离了生态建筑和环境伦理的根本宗旨。

例如，阿联酋的迪拜作为中东最富裕的城市，有各种冠以“绿色”和“生态”之名的奢华建筑，设计者宣称这些建筑将全球最顶尖的建筑技术和科技手段运用于生态能源的制造和循环使用上。如两位德国设计师设计的终年不化的冰制建筑——环保冰山建筑蓝色水晶，是一幢六层高的酒店，还包括了一个水下酒吧和舞厅。在夏季酷热的波斯湾沿岸，想要长期保存一座人造冰山，必然需要巨大的能耗。但设计师宣称这座冰制建筑的电力将由镶嵌在冰体表面的太阳能电池板提供，并采取能源循环系统进行多次利用。无论设计师如何乐观，一座建在炎热沙漠中心地带的“冰山”显然很难和“节能环保”画上等号，反而突显的是人类对奢侈享受的极致追求。此外，迪拜的世界最大的人工岛项目——棕榈岛工程（图8-9），被誉为超奢侈建筑神话，也宣称其“可持续性”。但一些环境保护专家认为，棕榈岛工程将破坏海湾海洋生物的栖息地，为鱼类和海龟提供食物的珊瑚礁、牡蛎栖息地等将被埋在岛下。同时，棕榈岛还将阻止和改变自然洋流，当地海洋环境将无法恢复得与以前一

图8-9 世界最大的人工岛项目：迪拜棕榈岛工程鸟瞰（The Palm Islands，Dubai）
（来源：https://dpauls.com/all-about-holidays/wp-content/uploads/2014/11/）

样。对此，有学者提出："迪拜的生态建筑是节能的'生态建筑'还是奢靡的'伪生态建筑'"？[1]

或许迪拜案例有其特殊性，但它折射出当下生态建筑的一个误区，即利用非生态的手段去实现所谓生态的目标，却在更大程度上影响生态系统的和谐，实际上是一种伪生态建筑的表现。现在我国还有不少所谓的生态建筑并没有从实际环境与生态伦理出发，往往形式大于内容。如在一些生态建筑方案中运用昂贵的材料（多为铝合金或不锈钢）做遮阳顶，或做一个风帽；在本来紧凑的空间中硬要辟出一个或几个空中花园，并用大玻璃将这些空中花园围合起来，标以"绿色生态"；还有"如果一栋高层办公楼，立面满布太阳能光伏发电板，但却身处城市高密度建筑群的遮挡之中，光伏板年发电量仅占该建筑物一年电耗的1%

1 方文烨，肖虎．关于迪拜"生态建筑"的思考［J］．科技情报开发与经济，2010（25）：160.

左右，可以称作是太阳能高效利用的生态建筑吗？”[1]

为了使建筑技术服务于造福人类及生存环境这一环境伦理原则，生态建筑理论即不能忽视价值导向和规范分析，生态建筑对技术的强调也须从技术的设计和创新阶段开始，便将伦理因素作为一种直接的重要影响因子加以考虑，并且这些伦理考虑是能够影响实际的建筑行为的。一般说来，技术的核心理念是“设计”和“创新”，因此，在设计与创新一种新的建筑技术之时，应以谨慎的态度，对技术选择采取多标准权衡的综合评估方法，研究它对环境的影响以及与环境相协调的情况。这种方法要求确立多维度的衡量指标，通过对某项设计和技术可能带来的各种正负面环境效应进行权衡，尽可能将其中的负面影响变为正面的，或将高代价的负面影响变为低代价的。而且，一旦某项技术的不良后果显现出来，应及时而果断地做出调整，即应遵循再评价原则对之前的技术实践进行反省和重新评估。考虑因素或衡量指标包括如下环境伦理意识：是否有利于生态系统的稳定与美丽；是否增进生态安全、减少环境污染；是否减少对资源的消耗，节约利用非再生性自然资源；是否使生产废弃物尽可能做到无害化排放与最小量化排放，等等。同时，由于人类自身认识能力的时代的、历史的局限性，有时难以完全预测到每一项科技成果的创新与应用对生态环境可能造成的影响，甚至我们的技术行为常常导致无法控制的结果，这就更应该增强对技术后果的自觉，强调工程技术人员在进行技术设计与创新过程中坚持全面论证、超前预测和谨慎从事的原则。然而，在现实的设计和创新活动中，人们所关注的主要是市场需求、经济策略和组织形式等产业和经济因素，而包括环境伦理在内的社会伦理价值和社会文化倾向或受到忽视，或仅被当作一种不甚重要的外部因素，或被当作一件漂亮的标签。如此才出现当今建筑界某些生态建筑不过是打着“生态”的旗号，实为背离生态价值和环境伦理的不良现象。

总之，生态建筑的设计是一项复杂的系统工程，需要不同专业人士的通力合作。真正的生态建筑既要追求“物态”（生态建筑技术层面）

1　陈晓卫，马兰．基于场所精神的生态建筑构思逻辑探究［J］．河北工程大学学报（自然科学版），2015（1）：34.

的可持续性，又要追求“文态”（以环境伦理为核心的生态建筑的人文层面）的可持续性，只有两者相互促进、和谐发展，才能使人们正视生态建筑中的“伪生态”的现象，提出尽可能使生态建筑技术服务于造福人类及生存环境的前瞻性建议和反思性教训。

三、建筑工程决策中的伦理审视：以工程正义为例

建筑工程项目尤其是大中型公共建筑工程项目的决策较之工程技术的设计与创新来说，是一个更具复杂性、社会性和价值性的环节，它涉及各不相同的利益主体，面向更广泛的社会关系和多种多样的社会生活，对自然环境的影响也更大、更深远。由此，建筑工程决策中出现伦理风险的可能性会更大，带来的相关伦理问题也更多。

建筑工程项目的决策过程绝不仅仅是技术评价与经济评价过程，还是一种价值分配过程，必然要涉及一些社会问题和伦理问题，包含着用技术理性或实证分析的方法不能解决的目标选择、权力博弈与利益冲突问题。从工程伦理视角审视，一项工程要成为造福人类的工程，首先要正确处理工程决策阶段所面临的各种利益关系，例如，工程项目及项目投资者与公众利益的关系；工程受益者与受损者的利益关系，工程的经济效益与环境效益、社会效益的关系，等等，做到项目决策伦理化。具体对建筑工程项目而言，其决策伦理化主要是指建筑工程项目决策阶段要充分考虑并评估项目本身所涉及的各种伦理因素，因为它们直接关系到工程是否造福人类的根本价值取向。这些伦理因素除了安全、责任因素和前面所述的环境伦理因素之外，还与社会公平正义价值紧密相关。

正义自古以来一直被看作是关于社会关系的恰当性（或合理性）的最高范畴，公平地对待每一个人，在资源稀缺和利益冲突情形下的恰当分配，是实现社会正义的一个基本方面。从建筑工程伦理的视角来看，大多数建筑工程，尤其是大型基建工程、水利工程从总体上看会造福于公众，使多数人受益。然而，不可避免的是，这些工程的实施也会使一部分人的切身利益受到损害。也就是说，虽然任何工程都应当以造福于

民为根本价值目标，但如果要求每一项工程都以满足所有人的利益为前提，不仅像我们这样的发展中国家难以做到，发达国家也不可能完全做到。因而，如何解决工程带来的利益与负担方面的合理分配，平衡与恰当处理诸如工程所涉及的长远利益与眼前利益、公共利益与个体利益、工程受益者利益与受损者之间的利益关系，是能否实现工程正义的重要方面。概言之，工程正义作为一项价值追求和伦理原则，是工程目标的首要价值追求，是正确处理工程所涉及的公共利益与个体利益关系的基本行为准则，是工程所带来的利益与负担方面的平等分配。

在工程项目决策中如何处理工程所涉及的公共利益与个体利益的关系，作为西方主要的社会正义理论之一的功利主义正义观提供了一种简明可行的规范伦理框架，在应用伦理分析中这种方法得到广泛运用。功利主义（utilitarianism）作为占据西方伦理学和政治哲学主导地位的理论流派之一，其基本特征是强调行动或规则的客观效果和社会整体利益，它提出了一个著名的道德原则——“最大多数人的最大幸福”，即行为是否合乎道德的基本标准，是该行为的效果（结果）能否有助于所有当事人的功利总量的最大化，是否带来该行为所涉及的最大多数人的最大福祉和利益。作为一种可操作的道德原则的功利主义，我认为阿马蒂亚·森的表述颇为简明贴切。他认为功利主义是三个基本条件的结合：第一，“福利主义”，即要求事物状态的好坏程度仅仅是与这一状态有关的效用的函数；第二，“总和排序”，即要求对有关任何一种状态的效用评价只能通过观察这一状态所包含的效用总和来进行；第三，“结果主义”，即要求每一个选择，包括行为、制度、动机和规则等，最终由结果的好坏来决定。[1]

虽然功利主义的整体性公平正义标准只是为了最大化的一般福利，而不去保证平等和自由的最大化，不能消除社会分配的不公正，这恰是重视个体权利的自由主义者所不能容忍的缺陷。然而，功利主义所体现的两害相权取其轻的思路，追求整体利益和长远利益最大化的价值诉

1 ［印度］阿马蒂亚·森. 伦理学与经济学［M］. 王宇，王文玉，译. 北京：商务印书馆，2000：42.

求，很容易表述并与大多数人所能理解和体会的道德直觉相符，尤其是它尝试从经验角度解决道德问题的思路，为当代应用伦理涉及的一些公共决策问题和利益冲突问题提供了具体的价值指南，即任何公共决策最终的价值判定标准是其是否指向了社会整体功利的最大化。如齐艳霞等学者所说："功利主义从现实的经济关系中来谈道德，把功利作为衡量人类行为的价值标准，强调道德行为的实际效果，为工程决策提供了简单易行的操作标准，并且能够有效地促进社会及其经济的发展，因而功利性势必成为规约工程决策行为的伦理标准及维度。"[1]

实际上，成本—效益分析就是功利主义正义观的一种直接应用，在工程项目决策中，最好的决策就是选择项中产生最大功利或给所有当事人带来最大净利益的项目或方案。美国学者理查德·德·乔治（Richard T. De George）提出的用功利主义分析企业伦理的具体步骤（表8-2），对如何将功利主义伦理分析应用于建筑工程项目的伦理决策，有重要的借鉴价值。

功利主义分析的具体步骤[2] 表8-2

序号	步骤
1	准确描述需要评估的行为
2	确定所有受到该行为直接或间接影响的人群
3	明确是否存在明显的主要因素，其重要性远远超过其他因素
4	详细列举该行为对所有直接影响者产生的益或损的结果，结果的预测应尽可能长远且合理，并测算这些结果可能发生的概率
5	将总益损进行对比，逐一比较各种价值的大小、持续性、远近性、衍生性、纯粹性和相对重要性
6	如有必要，用类似的方式分析间接影响及整个社会造成的影响
7	将所有的益损结果相加，如果行为的后果益大于损，则该行为合乎道德；否则，该行为违背道德
8	除了非此即彼的行为方式之外，进一步考察是否还存在其他可能的行为方式，并对每一种方式也进行类似的分析
9	比较各种行为方式的结果，其中利益产出最大的行为就是合乎道德的行为，如果不存在益大于损的行为，则选择损害结果最小的行为

1 齐艳霞，刘则渊，赵玉鹏，王飞．试论工程决策的伦理维度［J］．自然辩证法研究，2009（9）：51.

2 ［美］理查德·德·乔治．企业伦理学［M］．王漫天，唐爱军，译．北京：机械工业出版社，2012：50.

伦理学家彼得·辛格（Peter Singer）坚持功利主义的立场，他提出的实践伦理学中的利益的平等考虑原则，实际上是在功利主义原则基础上的发展，是将功利原则与平等原则结合起来的一种形式原则，同样可作为建筑工程项目决策伦理分析的价值指南。辛格指出，利益的平等考虑原则的本质是："在伦理慎思中，我们要对受我们行为影响的所有对象的类似利益予以同等程度的考虑。这意味着，如果某一可能的行动只影响X和Y，并且如果X的所失要大于Y的所获，那么，最好是不采取这种行动。"[1]如辛格所说，该原则像一架天平，其真实含义是平等考虑所有的利益，不因是谁的利益而有所不同，"哪边的利益更重，或者哪边的诸利益加起来在数量上超过了另一边的类似的利益的总和，客观的天平就往哪边倾斜"。[2]

以功利主义原则来审视和检验建筑工程项目的决策，如何判断一个项目在道德上是不是正确或可接受的呢？例如，若以黄河上修建的第一座以防洪、防凌、供水、灌溉、发电为目标的综合大型水利枢纽——三门峡水利枢纽工程为例（图8-10），该工程在决策时便涉及评估工程损益的难题：一方面是此项工程的建设有利于治理黄河洪水泛滥，对黄河

图8-10　三门峡水利枢纽工程
（来源：http://www.yellowriver.gov.cn/）

1 ［美］彼得·辛格. 实践伦理学［M］. 刘莘，译. 北京：东方出版社，2005：22.
2 ［美］彼得·辛格. 实践伦理学［M］. 刘莘，译. 北京：东方出版社，2005：23.

下游防洪防凌安全、改善下游航运将有重大作用，同时又可用于发电以及沿黄河城市工业和农业用水灌溉，经济效益十分重大。另一方面，该工程的兴建若以高水位360米高程计算，预计将淹没农田325万亩，淹没区域移民 87 万人，这些人将离开自己的家园，迁居异地（这些数字对于20世纪50年代的中国不是一个小数字）[1]。同时，该工程会产生一系列环境效应，带来黄河泥沙淤积和水土保持等一系列问题，使工程本身存在潜在危险。以功利主义原则分析，只要决策论证与评估能够得出该工程在各种可供选择的行动中，其结果能够益大于损，最大限度地增加大众福利，且该工程设计和工程技术能够保证这一工程目标的实现，便在道德上是可取的。[2]

功利主义只是为调整工程项目所涉及的公共利益与个体利益之间的关系提供了一个基本的价值标准，但它并不能有效解决两个重要的问题。

第一，建筑工程项目所带来的成本、风险与收益是否在不同利益群体中得到公平分配。例如，20世纪60年代中期后，随着西方一些城市（主要是欧洲和北美）“大扫荡式”的城市更新与开发（主要指公共住房建设、旧城更新、大型高速公路计划），引发了内城衰退、城市贫困、居住隔离、环境恶化等严重的社会问题，并导致振聋发聩的批判与广泛的公众抗议。美国、英国和法国一些城市都爆发了主要针对大型住房开发项目和高速公路规划的抗议和抵制活动。在这些抗议活动中，抗议的主体不是富裕阶层而是城市中低收入者，“因为这些高速公路通常都穿过贫民地区，致使当地居民承受了成本之累（开发、噪声和污染造成该

1 三门峡水利枢纽工程实际建成后，坝顶高程353米，库区实际移民40.37万人，淹没耕地90万亩。

2 几十年后，一些学者和政府官员反思三门峡水利枢纽工程，提出仓促上马的三门峡工程存在决策失误。该工程建成后，工程发电量、灌溉面积、下游航运等综合效益并没有达到设计要求，而且三门峡水库设计上的缺陷使位于大坝上游的渭河河床不断增高，渭河变成悬河，多次发生水灾，导致水库发电和上游泥沙淤积之间形成了尖锐矛盾。著名水利专家张光斗、钱正英等人呼吁三门峡水库尽快放弃发电蓄水。2004年，时任中华环境保护基金会理事长的曲格平指出，三门峡工程是一个重大的决策失误，是我国水利工程中一个失败的记录（王翰林：《曲格平指出：三门峡工程是决策上的重大失误》http://www.people.com.cn/GB/huanbao/1072/2298088.html）。因此，工程目标虽好，但论证不科学，对关键性的问题考虑不充分，最终结果没有达到预期目标，同样导致决策失误。

地区衰败），虽然这些地区也有少数拥有汽车的居民从使用新路中得到了利益”。[1]因此，如若工程项目造成了成本与收益在不同群体中的不平等分配，那么，即使它对民众而言总体福利最大化，也同样会出现不公平的情形。辛格提出的利益的平等考虑原则，正如他所说，虽然不足以排除任何一种不平等的对待，但它作为一种价值原则，禁止人们按照人的种族、性别和能力等方面因素不平等地考虑人们的利益，[2]同样，按照这一伦理原则的要求，也不允许在成本与收益方面进行不平等的考虑与对待。

第二，功利主义还不能为如何保护工程项目所涉及的弱势群体的利益，以及对不可避免的损失有公正合理的补偿措施等问题，提供价值准则。恰恰是在这个方面，罗尔斯的正义论为工程决策（尤其是利益分配的合理性）提供了明确的价值原则。在第五章中，我们已概述了罗尔斯“作为公平的正义”及其两个著名的正义原则。其第二个正义原则的基本要求是正义的社会制度应该通过各种制度性安排来改善弱势群体的处境，缩小他们与其他人群之间的差距。也就是说，如果一种社会政策或利益分配不得不产生某种不平等，乃是因为它们必须建立在公平的机会均等和符合最少受惠者的最大利益的基础之上。在工程决策的价值取向和伦理分析方面，罗尔斯的“差别原则”尤具启示意义。作为其正义理论的独到之处，这一原则实质是要区分不同的社会群体并予以差别对待，通过正义的再分配政策，扶助弱者并尽量扩大平等和缩小差距，体现出一种可贵的伦理关怀。相对于能够有效影响政府决策的强势群体，社会弱势群体的资源有限，利益表达的合法渠道不畅，因而他们的利益诉求往往不被重视，仅仅靠自身的力量也往往难以摆脱弱势地位。为了实现工程正义，就应当按照罗尔斯差别原则体现的“公平逻辑”，突出处于不利或弱势地位的社会群体的利益要求，对由此给这部分群体带来的损失有公正合理的补偿。

---

1 ［英］尼格尔·泰勒．1945年后西方城市规划理论的流变［M］．李白玉，陈贞，译．北京：中国建筑工业出版社，2006：77.

2 ［美］彼得·辛格．实践伦理学［M］．刘莘，译．北京：东方出版社，2005：23.

例如，前面提到的三门峡水利枢纽工程项目，在决策之初应高度重视并平等考虑所有民众的利益，并尽最大可能在移民安置中补偿受损民众尤其是弱势群体的利益损失。但是，三门峡水利枢纽工程在准备不足的情况下，于1957年4月动工。从1956年到1960年，三门峡库区西段先后有近30万农民在只得到很少补偿的条件下，被迫从较富饶的关中平原迁居到贫瘠的宁夏北部沙漠边缘地带和陕西渭北高原的沟壑和旱塬地带，大批移民很快陷入贫困之中。[1]据此，我们有理由说三门峡水利工程在移民人权保障方面，由于当时特殊的社会背景等各种因素的影响和制约，导致"损有余而补不足"，大批移民的生活状况较工程实施前不是提高而是下降，该工程没有实现移民安置方面的工程正义。

总结以上工程决策中指导工程正义的几个伦理价值准则，试以下面简要的道德推论表述如下：

1. 建筑工程项目决策应当达到目标A（公共福利最大化）和满足约束B（平等考虑受项目影响的所有对象的利益）与C（充分保障弱势群体利益）。

2. 建筑工程项目X能够达到目标A并满足B和C。

3. 所以，建筑工程项目X是合乎伦理的。

需要说明的是，以上道德分析是必要的，但还不是充分的，至少上述表述忽略了程序正义问题。对于公共建筑工程项目的决策，程序正义的核心要求是公众参与机制的完善。公众参与是公众传达需求，对那些关系他们生活质量和切身利益的公共建筑工程施加影响的基本途径。美

1 冷梦. 黄河大移民——三门峡移民始末（报告文学）[J]. 中国作家，1996（2）. 冷梦在该纪实报告文学中指出，翻阅的所有档案资料均表明，当时并没有谁真正忽视移民的切身利益。例如，1955 年 7 月 18 日全国人大一届二次会议上，国务院副总理邓子恢在报告中指出，政府保证移民在到达迁移地点以后得到适当的生产条件和生活条件。然而，这些愿望和承诺却最终没有兑现。移民大批迁移的1958年、1959 年，正值"大跃进"时期，移民经费的补偿标准几经变动，愈变愈低。由于补偿标准过低，靠土地生存的农民一下失去了自己祖祖辈辈的肥田沃土，又没能及时得到必需的生产投入和生产补贴，遂陷入贫困境地。

国当代著名的公共行政学家乔治·弗雷德里克森（George Frederickson）在谈到公共行政中作为过程的公平问题时指出："如果所有受到影响的公民在决定形成过程中有真正说话的机会，那么该程序就是公平的。"[1]因此，要使公共建筑工程决策活动切实代表公众的根本利益，必须有相关公众的充分参与及健全有效的利益表达机制。

此外，需要强调的是，建筑工程项目决策所考虑的各方利益还包括各方的环境利益，实际上就是建筑工程项目决策应当考虑环境正义问题。环境正义（environmental justice）这一概念，在美国最初正是针对有毒废物填埋场这样的工程项目选址所存在的不平等现象而提出的。1982年，美国北卡罗来纳州以非裔美国人和低收入白人为主要居民的沃伦县（Warren County）居民举行游行示威，抗议在阿夫顿社区附近建造用于储存从该州其他14个地区运来的聚氯联苯（PCB）废料的垃圾填埋场，414名抗议者被逮捕，此事激起了人们对不平等使用社区土地这一种族歧视现象的广泛关注。1987年，美国联合基督教会种族正义委员会（United Church of Christ Commission for Racial Justice）发布《有毒废弃物与种族》的研究报告。报告中指出，美国境内的少数族裔社区长期以来不成比例地被选址为有毒废弃物的处理地点，这份报告引发了许多地方的抗议事件，由此拉开了美国环境正义运动的序幕。此后，环境正义运动迅速在世界各地引起广泛回应，各国政府纷纷开始把环境正义理念纳入相关政策之中。

关于环境正义的内涵，大卫·施朗斯伯格（David Schlosberg）认为，环境正义是一个广泛的、多方面的概念，既包含环境的分配正义，也包含基于认同（recognition）、能力（capabilities）和参与（participation）的正义概念。[2]克里斯汀·施拉德—弗雷谢特（Kristin Shrader-Frechette）从说明何谓环境不公的视角，说明了环境正义："当

1 ［美］乔治·弗雷德里克森. 公共行政的精神［M］. 张成福，等，译. 北京：中国人民大学出版社，2003：97.

2 David Schlosberg. Defining Environmental Justice: Theories，Movements and Nature. Oxford，UK: Oxford University Press，2007.

一些人或团体忍受不成比例的环境风险，例如危险废物倾倒，或者不能平等地获取如清洁的空气这样的环境公共资源，或者参与环境决策的机会较少时，就会产生环境不公正。”[1]显然，环境正义的基本目标就是要避免产生环境不公正的情形。洪大用等学者认为，环境正义的核心内涵指的是“在环境资源、机会的使用和环境风险的分配上，所有主体一律平等，享有同等的权利，负有同等的义务”。[2]概言之，即环境利益与负担的公平分配以及环境责任分担上的公平。曾建平认为，环境正义包含两层含义：一是指所有主体都应拥有平等享用环境资源、清洁环境而不遭受资源限制和不利环境伤害的权利，二是指享用环境权利与承担环境保护的义务的统一性。[3]

环境正义有各种不同的表现形式，从我国环境问题的现实状况来看，环境正义问题主要集中在环境权责的分配不公以及环境决策中利益相关者和公众参与的不足。从建筑工程伦理视角来看，主要表现在涉及环境问题的建设工程项目选址与决策所带来的环境利益和环境负担的公平分配问题，以及这些工程项目决策、规划过程中的程序正义问题，如充分的信息知情权、公开听证权、受害者赔偿权等。例如，2015年8月12日晚，位于天津滨海新区的瑞海国际物流有限公司所属危险化学品仓库发生爆炸，人员财物伤亡损失惨重。“8·12”大爆炸后，从相关报道中发现该危险品仓库在选址、规划、建设、管理、监管等方面存在诸多违规行为。涉事的瑞海物流仓库作为天津市三个放置危险品的场所之一，离周边住宅小区的距离，明显不符合有关法规规定的大中型危险化学品仓库与周边建筑的安全距离要求。但是，它又是如何取得安评报告并选址修建于此的呢？一些周边住户表示从未获悉涉事仓库项目是危险品仓库，也从未得到公示并参与相关环评调查，也就是说，该危险品仓库的环境信息并未充分公开，周边住户对它存在的安全隐患并不知情。

1　Kristin Shrader-Frechette. Environmental Justice: Creating Equality，Reclaiming Democracy. UK：Oxford University Press，2002：3.

2　洪大用，龚文娟. 环境公正研究的理论与方法述评［J］. 中国人民大学学报，2008（6）：71.

3　曾建平. 环境正义：发展中国家环境伦理问题探究［M］. 济南：山东人民出版社，2007：9.

可见，引发“8·12”大爆炸事件的化学危险品仓库项目，既突破了法规约束的安全要求，给周边居民带来了巨大的安全隐患与环境负担，又违背了工程项目决策过程中的程序正义。因此，涉及环境安全问题的建设工程选址、规划，必须将环境正义理念置于工程决策的价值判断之中，并通过健全和落实相关法律法规、推动公众和利益相关人的实质性参与等途径，实现环境正义。

第九章　城市规划伦理

正如后现代主义者已经阐明的，关于规划目标的哲学思考也是规划理论的核心。换句话说，规范理论——包括道德哲学和政治哲学——也是城镇规划理论的当然主题。[1]

——［英］尼格尔·泰勒（Nigel Taylor）

1 ［英］尼格尔·泰勒. 1945年后西方城市规划理论的流变［M］. 李白玉，陈贞，译. 北京：中国建筑工业出版社，2006：158.

城市规划是人类对城市物质环境有目的、有计划的建构，是人类主体性的社会实践活动的重要组成部分。虽然人们一般认为，学科和职业意义上的城市规划是伴随19世纪中后期工业化和城市化进程的发展，以及为了解决由此引发的诸多城市环境与社会问题而产生的，但是作为人们有目的、有计划地安排城市建设活动的规划行为和规划理念，则古已有之。比如，公元前5世纪左右，中国的《周礼·考工记》记载的王城规划模式和形态制度，成为几千年间中国古代都城规划的基本指导思想。当然，古代的城市规划概念与今天我们对城市规划概念的理解有明显的不同，古代城市规划一般属于建筑学的范畴，更多关注建筑物的布置与安排，而现代城市规划内涵更加丰富，更加具有综合性，重视对社会发展的控制。现代城市规划，既是一种对城市空间和土地进行设计与安排的工程技术活动，是一种建筑、园林、景观和城市设计的艺术，也是一项重要的政府职能和公共政策活动。同时，现代城市规划还是一种蕴含价值判断因素的政治性和伦理性的活动，如英国城市规划学者尼格尔·泰勒（Nigel Taylor）所说："城市规划天生就是一个规范性、政治性活动。"[1]

一、作为一种伦理实践的城市规划

尼格尔·泰勒在探讨第二次世界大战结束后50年间西方城镇规划理念和范式的重大变化时，提出了城市规划是一种伦理实践的观点。他指出："从严格意义上讲，城镇规划还不是一门科学（甚至不是一门社会科学，正如有些人坚持的说法）。相反，它是一种社会活动的形式，受一定的道德、政治和审美价值观念左右，为塑造城市物质空间环境提供指引。换句话说，城镇规划是一个'道德'（政治）实践。"[2]尼格尔·泰勒虽然提出了城市规划是一个"道德实践"，但并没有对其作深入阐释，他只是强调从20世纪60年代之后，人们对城市规划的性质及学科定位发生了显著变化，不再单纯强调规划的科学属性与技术理性特征，逐渐认识到城市规划决策最根本的是价值判断而非技术判断，城市规划是一个价值载体和政治过程，规划师也从技术专家的身份转变为兼具社会沟通者或协调者的身份。孙施文在论及城市规划的本质意义时指出，就规划对未来状态的选择而言，由于人们无法在经验或理性上运用实验的方法来检验规划的结果，因而规划只能是规范的，"规划作为一项人类有意识有目的的活动，它不仅是事实的或实证的，而且更是伦理的或规范的"。[3]孙施文主要从规划活动本质上是人类意志的产物，不可能以科学的和实证的标准进行评价的意义上，提出"规划更是伦理的"这一论断，而非真正揭示规划与伦理之间的内在关联。

总体上说，作为一种伦理实践的城市规划，反映了城市规划与伦

1 ［英］尼格尔·泰勒. 1945年后西方城市规划理论的流变［M］. 李白玉，陈贞，译. 北京：中国建筑工业出版社，2006：74.

2 ［英］尼格尔·泰勒. 1945年后西方城市规划理论的流变［M］. 李白玉，陈贞，译. 北京：中国建筑工业出版社，2006：150.

3 孙施文. 现代城市规划理论［M］. 北京：中国建筑工业出版社，2007：421.

理、城市规划学与伦理学在诸多方面的内在相关性。

伦理学就其所关注的主题和根本特征而言，并不是有关事实的或实证性的问题，而是属于价值性和规范性的问题。进言之，伦理学关乎价值标准、价值判断和价值选择问题，关乎人与人之间、人与社会之间以及人与自然之间应当如何的行为规范问题。正如亨利·西季威克所言："伦理学的研究和政治学的研究都不同于实证科学的研究，因为它们的特殊而基本的目标都是确定应当如何行为。"[1]城市规划学的特殊性在于，城市规划不仅是事实的或实证的，而且也是规范性、价值性的。就规划编制的技术内容而言，城市规划一般由土地利用规划、交通系统规划、绿地系统规划和基础设施规划四个方面构成；就规划编制的技术过程而言，无论是在总体规划，还是分区规划和控制性详细规划层面，城市规划都应当注重现场勘察、实地调研和定量分析，准确描述和反映客观事实。同时，还会运用各类城市发展分析及预测技术，如运用系统方法、数学模型方法，运用计算机技术来模拟城市系统的变化规律，从而制定科学的城市规划方案。可见，城市规划的编制和实施过程是实证性的过程，有特定的技术标准与技术规范。然而，城市规划的复杂性在于，它面对的不是单纯的物质空间环境，不像一般的自然科学完全以物质客体为研究和工作对象，而是城市社会系统，是一个以人为参与主体的政治、经济、文化等多要素的复杂空间，是一种既需要法律法规的制度保障，又负载着伦理目标和伦理价值的实践过程，单纯的实证分析和技术性控制，对社会系统内的价值判断几乎无能为力，它不能有效地解决城市规划所面临的问题。具体地说，城市规划与伦理之间的内在关联主要表现在以下两个方面：

第一，对善的追求、对美好生活的追求和对人类幸福的追求，既是伦理学的宗旨和目标，也是城市规划学内在的价值诉求。

亚里士多德在《尼各马可伦理学》中开篇就说："每种技艺与研究，同样地，人的每种实践与选择，都以某种善为目的。"[2]城市规划这一社

1 ［英］亨利·西季威克. 伦理学方法［M］. 廖申白，译. 北京：中国社会科学出版社，1993：25.

2 ［古希腊］亚里士多德. 尼各马可伦理学［M］. 廖申白，译注. 北京：商务印书馆，2003：3.

会实践活动也不例外，应当追求善的价值目标，应当使城市更美好，应当通过改善城市环境和生活质量帮助人们过上好的生活。实际上，从古希腊开始，人们便认为城市是为美好生活而存在的，城市的目的是人的好生活。19世纪末现代城市规划的产生，以及英国的社会改革家霍华德等人提出的各种理想的城市形态，都将城市规划视为维护人类福利的重要手段，是以建设和谐美好、健康有序的理想城市、理想社会为最终价值目标的。奥地利城市规划师卡米诺·西特（Camillo Sitte）曾借亚里士多德的观点来质疑现代城市规划："一座城市应建设得能够给它的市民以安全感和幸福感。技术人员的科学知识不足以完成这一使命，我们还需要艺术家的天才。"[1]其实，为了实现城市让市民感到安全与幸福的价值目标，城市规划与城市设计除了需要艺术家，除了将其看作一个城市建设艺术问题，还需要伦理学家提出合理的价值导向，好的城市规划应是促进经济发展、社会公平和美好生活的一种伦理努力。

概言之，城市规划本质上是一种以一定价值目标和价值判断为前提的选择活动，城市规划理论与实践中包含着具有价值特征的因变项（目的）与自变项（手段）的互动，对这些变项的选择，往往涉及在公平、正义、平等、自由、效率、幸福、安全、尊严、和谐等诸多价值中做出取舍，尤其是城市规划常常面临着效率与公平两种价值的抉择，优先选择哪种价值，并不仅仅是一个技术判断的问题，它涉及对价值标准和价值准则的优先秩序的选择，这往往需要伦理判断与伦理智慧。也就是说，城市规划的核心问题并不是采用何种技术手段去作规划，而应该是为谁规划，以及规划的社会目标如何确定，显然这些都涉及价值问题。

举个简单的例子，对于规划政策与方案的制定者而言，仅仅是知道某项规划（如大规模旧城改造、城市快速路建设）会促进城市经济增长、提高城市建设的效率（这些方面可在经济学的相关调查研究和数据中得到充分的支持）是不够的。因为，这并不能完全回答这项规划是否

1 ［奥］卡米诺·西特．城市建设艺术：遵循艺术原则进行城市建设［M］．仲德昆，译．南京：东南大学出版社，1990：1.

具有道德上的可取性（或是否在伦理上恰当）：是否损害城市在历史文化和审美等方面的人文价值，是否符合可持续发展的环境伦理原则，是否有可能损害某些弱势群体的利益而最终损害社会公平，规划所带来的成本与收益是否在不同利益群体中得到公平分配，是否对不可避免的损失有公正合理的补偿措施等一系列相关的伦理问题。这些问题的解答，必须借助于伦理学维度的思考与分析，而城市规划伦理正是致力于这种思考。美国规划学者路易斯·霍普金斯（Lewis D. Hopkins）谈到城市规划发生作用的准则时，提出了“计划（即规划，引者注）所追求的结果及所使用的工具，在伦理上（ethically）是否恰当”的问题，他指出：“计划能影响决策、行动及结果，产生利益足以弥补成本，在逻辑上是内在一致的。但由于它所追求的目标或它所用的工具，仍旧可能是坏的计划，外在效度要求计划遵循伦理的标准。”[1]因此，抑或我们可以这样说，技术（或实证）层面的城市规划主要关心是否把城市规划工作做好了，而伦理层面的城市规划则更多地要考虑我们是否做了好的城市规划工作；技术（或实证）层面的城市规划主要考虑“我们要干什么事”，而伦理层面的城市规划则更多考虑“我们要怎样来做事”；技术层面的城市规划主要探讨“城市规划如何”，而伦理层面的城市规划主要探讨“城市规划应当如何”，进而在更深层次上关注当代城市人的生存状况的改善，把人类普遍幸福的实现作为终极的指向。

第二，城市规划过程与伦理选择具有内在关联性，合理解决多元利益格局下城市规划政策制定与实施中的利益诉求与利益平衡问题，需要伦理学的介入。

现代城市规划不仅是对城市空间的物质性规划，更是一种以决策——实施为导向的城市管理手段。在城市规划政策与方案的制定与实

1 ［美］路易斯·霍普金斯．都市发展——制定计划的逻辑［M］．赖世刚，译．北京：商务印书馆，2009：61．霍普金斯认为，规划是否发生作用的四个准则是：效果、净利益、内在效度和外在效度。其中，效果是指规划是否影响决策，净利益是说规划所带来的效益是否大于制定规划所产生的成本，内在效度探讨规划的作用是否符合它本身的逻辑，外在效度则是指规划的意图是否符合社会伦理规范。概言之，规划的好坏，不仅仅看它是否被执行，还要考虑它是否因改变了行动而带来了预期的结果，以及这些结果是否符合社会伦理规范，如社会公平性要求。

施过程中，面对的是高度不确定的社会生活领域，经常会出现各种利益纷争和基本价值原则的内在冲突。吴良镛指出："城市规划的复杂性在于它面向多种多样的社会生活，诸多不确定性因素需要经过一定时间的实践才会暴露出来；各不相同的社会利益团体，常常使得看似简单的问题解决起来异常复杂。"[1]例如，在城市规划过程中，要考虑如何正确处理公共利益与私人利益（包括部门利益或集团利益）、地方短期利益与国家长远利益、强势群体利益与弱势群体利益、城市发展与城市保护（包括环境保护、历史文化遗产保护）等诸多关系问题。对于所有这些问题，在不同时期、不同国家或地区、不同的发展和认识阶段，规划政策和原则的倾向性是不同的，不同的处理方案背后，暗含着不同的价值判断标准和利益取舍，需要原本就十分关注人的行为选择的伦理学，从宏观上、从实践上提供一种价值指导，发挥其选择与导向功能，解决规划政策中的价值冲突，从而使城市规划活动符合人类社会基本的伦理价值目标和道德规范，实现以公共利益为基础的利益平衡与规划公正。

因此，城市规划中属于规范性、价值性的那部分内容，必然与伦理学的目标具有高度的关联性，换言之，伦理诉求是城市规划活动的一种内在规定。我们说城市规划是一种伦理实践活动，实际上是说城市规划活动受一定社会的道德观念和价值标准的广泛影响，甚至一定程度上可以说城市空间秩序是社会道德关系的物化象征或物化表现形态。更进一步说，伦理学通过建构对城市规划活动的价值关切立场，有助于城市规划确立自身正当的价值目标、基本规范和伦理合理性维度，以此给城市规划活动一定的导向和限制作用，赋予城市规划一定的道德品性和人文关怀的品质，使城市规划在更深层次上关注人类生存状况的改善与社会的和谐发展。"所以，正如后现代主义者已经阐明的，关于规划目标的哲学思考也是规划理论的核心。换句话说，规范理论——包括道德哲学

1　吴良镛．人居环境科学导论［M］．北京：中国建筑工业出版社，2001：100．

和政治哲学——也是城镇规划理论的当然主题”。[1]

当前中国城市规划中存在不少价值失序现象。例如，资本与权力的力量操纵城市规划与城市设计，一定程度上造成“形式追随利润”“形式追随权力”的倾向；城市建设“见物不见人”，缺乏人文关怀，忽视对普通市民生活状况的全面关注；一些城市搞劳民伤财的“形象工程”或“政绩工程”；日益凸现的城市土地及空间资源配置不当，出现城市优质空间和景观资源的排他性占有现象；城市更新中旧城改造模式不当，破坏城市历史文化风貌；忽视可持续建筑与城市生态文明建设，选择高耗能、高排放和不节地的城市发展模式；城市住房规划与建设走向市场化后公平性缺失等。这些问题产生的原因，并非单纯规划技术偏差所致，实质上更多是由于政策偏差、价值失范和伦理缺失所致，症结就在于价值观出了问题，甚至在很大程度上可归因于对城市规划人文价值与人文属性的漠视或遗忘。可以这样说，这是当前我国人文价值观弱化在城市规划领域的折射。虽然我们正处于快速城镇化的进程之中，但是对于美好城市、对于“好的（善的）城市规划”应该具有什么样的价值判断标准，普遍缺乏深刻的体认与观念上的反思。对此，刘佳燕指出：“城市规划长期以来以实证理论和功能规划理论为主要关注对象，积累了大量关于城市形态、增长和功能的研究模型。最弱的部分是道德规范理论，或者说一直回避价值和规范问题。许多所谓合理的规划原则或规划进程，仅仅基于舆论或者传统。但这种分离价值和事实、强调理想模式和工程技术的理论方法，已经难以很好地应对当前的社会发展趋势。”[2]

因此，针对城市规划实践中出现的相关问题，进行伦理价值目标、伦理基本原则以及伦理分析方法的思考与建构，揭示城市规划与社会伦理问题之间的相互关系，反思城市规划理论与实践中存在的伦理问题，提出城市规划应遵循的基本伦理原则，将具有重要的观念启迪、理论创新与价值引导意义。

---

1 ［英］尼格尔·泰勒．1945年后西方城市规划理论的流变［M］．李白玉，陈贞，译．北京：中国建筑工业出版社，2006：158．

2 刘佳燕．城市规划中的社会规划：理论、方法与应用［M］．南京：东南大学出版社，2009：51．

二、城市规划应遵循的基本伦理原则

城市规划的价值属性和公共品性决定了人们对城市规划合理性的追问，在某种程度上就是对城市规划合伦理性的诉求。作为一种伦理实践的城市规划，主要应当遵循公共利益优先性原则、规划正义原则和人本规划原则。

（一）公共利益优先性原则

“公共利益”是伦理学、管理学、法学、政治学、社会学等诸多学科的重要概念，也是城市规划学中的一个重要概念。“鉴于‘公共利益’更广的修辞使用和为规划学提供一个合法概念的长久历史，对它的意义和用途做出解释，是至关重要的”。[1]虽然究竟什么是公共利益，理论界充满争议，但对公共利益的基本特征、判断公共利益的基本标准，以及公共利益与私人利益的关系等问题，也有一些共识。

第一，公共利益具有公共性和广泛性，其目的是使公众普遍受益。在错综复杂的社会利益关系中，公共利益是社会中最广泛、最普遍存在的利益关系，其受益主体具有整体性和不特定性，是一个社会绝大多数成员的共同利益，或不特定多数成员的利益，既不是个人利益的简单加和，也不是特定的、部分人的利益，而是社会中客观存在的，与私人利益相区别的独立利益。理解城市规划中公共利益的概念时，应当要把部门利益、行业利益、集团利益与公共利益区别开来，不能曲解公共利益，将本集团利益贩卖成“公共利益”。特别要强调的是，尽管公共利益的最重要代表者是政府，但同样不能将公共利益与政府利益，尤其是政府部门利益简单地画等号。公共利益作为一种价值追求是一个整体，不能被分割成一个个具有共同体性质的部门利益。

第二，公共利益具有客观性与社会共享性。公共利益不是虚幻和抽象的，它是个人受益也不妨碍、排除他人受益的一种利益关系。它

1 ［英］加文·帕克，乔·多克．规划学核心概念［M］．冯尚，译．南京：江苏教育出版社，2013：107.

通过现实社会多层次的公共事务得以具体体现，包括公共产品的产出、供给和公共服务的运作过程。美国经济学家保罗·萨缪尔森（Paul A. Samuelson）对公共产品的基本定义是："每个人对该产品的消费，都不会减少任何其他人的消费。"[1]可见，公共产品指的是那些能够同时供许多人共同享用的产品和劳务，具有消费的非竞争性、受益的非排他性和效用的不可分割性。城市规划所涉及的城市基础设施、道路、桥梁、公共交通、公共空间（绿地、市民公园、广场等）和公共福利设施就是基础性的公共产品，其基本特征是不直接与经济利益挂钩，城市市民能够公平、合理、非排他性地平等享用。

公共利益的客观性，使法律上以列举的方式界定公共利益的具体内涵成为可能。2008年1月1日起施行的《中华人民共和国城乡规划法》中并没有明确界定公共利益的立法内涵。2011年1月19日起施行的《国有土地上房屋征收和补偿条例》第八条实际上通过列举的方式界定了什么是房屋征收中的公共利益需要，即（一）国防和外交的需要；（二）由政府组织实施的能源、交通、水利等基础设施建设的需要；（三）由政府组织实施的科技、教育、文化、卫生、体育、环境和资源保护、防灾减灾、文物保护、社会福利、市政公用等公共事业的需要；（四）由政府组织实施的保障性安居工程建设的需要；（五）由政府依照城乡规划法有关规定组织实施的对危房集中、基础设施落后等地段进行旧城区改建的需要；（六）法律、行政法规规定的其他公共利益的需要。当然，仅仅依靠列举的方式界定公共利益肯定是不完善的，还需要有一个有效的民主程序或公共参与机制来讨论并确认公共利益的真实性。

第三，无论从现实还是学理角度，相对于私人利益而言，公共利益具有不可或缺性，具有逻辑上和事实上的优先性。一般说来，公共利益具有全局性、长远性，关注的是一个社会的整体稳定和发展，它为私人利益的满足和实现提供了前提、基础和保证。从长远利益的角度来看，

1 Paul A.Samuelson. The Pure Theory of Public Expenditure［J］. The Review of Economics and Statistics，1954，36（4）：387.

公共利益往往将个人利益包括其中。没有公共利益得以首先实现的前提与保证，社会的发展会受到制约，私人利益的满足也可能落空。于是，当合法的私人利益与公共利益发生冲突时，在二者之间存在着一种相对优先的利益，这就是公共利益。需要强调的是，这种优先性是有合理限制的，并不是任何时候公共利益都高于个人利益，尤其要警惕社会以公共利益的名义，对个体自由和个体权利可能的侵害。诚如约翰·罗尔斯所言："每个人都拥有一种基于正义的不可侵犯性，这种不可侵犯性即使以整个社会的福利之名也不能逾越。" [1]

第四，尽管公共利益与私人利益有时相互排斥与冲突，但两者本质上具有一定的重合性和一致性，是一种有机统一和相互依存的关系。实际上，没有私人利益就没有公共利益，不存在与私人利益无涉的公共利益。因而，要实现公共利益，必须首先重视和尊重私人利益。边沁认为，公共利益决不是什么独立于个人利益的特殊利益，"不理解什么是个人利益，谈论共同体的利益便毫无意义"。[2]同样，私人利益也不是完全脱离公共利益的纯粹私人利益，没有公共利益，也没有私人利益。离开一方，任何另一方的存在都不可能，一如百川之于大海、独木之于森林。在实践中，公共利益与私人利益也并非泾渭分明，而是经常存在着"你中有我，我中有你"、"公中有私，私中有公"的现象。在一种良好的制度安排下，公共利益和私人利益之间的关系是一种有机统一和相辅相成的互生关系。绝大多数情况下，人们追求个人正当利益的行为，往往都有利于公共利益的增进，而人们促进公共利益的行为，也推进个人利益的稳步实现。

第五，在公共利益与私人利益相互排斥与冲突之处，不应一味强调公共利益的重要性与优先性，应当建立起一种良性的协商制度和协调机制，使两种本质上一致的利益都获得较好满足。实事上，公共利益应蕴含一种各方利益主体主观上的努力，公共利益就是各种相互冲突的利益

1 ［美］约翰·罗尔斯．正义论［M］．何怀宏，何包钢，廖申白，译．北京：中国社会科学出版社，1988：1.

2 ［英］边沁．道德与立法原理导论［M］．时殷弘，译．北京：商务印书馆，2012：59.

协商妥协的产物，或者说是公共理性与多元化利益对抗后的一种平衡状态，即达成了共识。达成共识是公共利益得以明确显现的关键。政府在面对日益多元化利益主体的不同诉求时，应理性地找出这些不同诉求的相同点，形成让不同利益群体都能接受的利益分配格局，在分歧中求协调，在差异中求一致，在冲突中求共存，这既是缓解利益冲突的有效方法，也是确认公共利益的一种现实路径。

综上所述，公共利益的公共性、普遍性和共享性等特征，决定了维护公共利益的优先性和重要性，由此也决定了城市规划应当遵循的基本伦理原则是维护和实现公共利益，这既是公共政策的本质诉求，也是城市规划伦理的首要原则，是对城市规划活动中的各种行为进行伦理甄别的最高原则。我们的城市规划是否保护了公共利益，是否符合广大人民群众的利益，是否超越了特殊利益集团的利益和行政部门自身的利益，是否使相互分化和冲突的利益主体通过调整而达到利益均衡，并在此基础上实现公共利益的能力和程度，是判断和评价城市规划正当性、合理性和有效性的最基本的价值标准。若具体到"城市为谁而建"的问题，实际上就是确定城市规划主要服务的社会主体是谁的问题，那就是城市不是为权力阶层而建，不是为少数利益集团而建，而应是为全体市民而建，尤其是为占城市绝大多数的普通市民而建，因为他们的利益是一个社会公共利益的集中体现。

从理论上看，在城市规划中以公共利益为重的伦理价值取向容易成为共识。然而，相对于私人利益来说，公共利益更容易受到侵害，实现起来也更加困难。亚里士多德很早就指出了这一点。他说："凡是属于多数人的公共事物常常是最少受人照顾的事物，人们关怀着自己的所有，而忽视公共的事物；对于公共的一切，他至多只留心到其中对他个人多少有些相关的事物。"[1]在现实的城市规划编制和实施过程中，存在着公共利益被忽视和伤害的情形。主要表现在以下两个方面：

第一，利益诉求的矛盾性、利益表达渠道的不畅性和利益表达能力

---

1 ［古希腊］亚里士多德. 政治学［M］. 吴寿彭，译. 北京：商务印书馆，2008：48-49.

的失衡性，导致城市规划对公共利益的偏离。城市空间和土地资源是巨大的财富，在市场经济条件下作为一种特殊商品，是不同利益集团争夺的目标。作为城市开发资本拥有者的开发商、投资商追求的基本目标是城市物质空间及土地的经济价值最大化。从普通市民的立场出发，城市空间并不仅仅只具有经济价值方面的意义，他们的利益诉求更多是如何通过良好的规划，使城市这个市民的生活空间更加宜居，更加满足人性化需求。这可以说是一种有别于经济利益诉求的“生活环境利益”诉求。显然，这两种不同的利益诉求在相当程度上是彼此矛盾的。例如，一些房地产开发商擅改居住小区规划，增加容积率，挤占公共绿地和文体活动场所等现象并不少见。从某种程度上说，修改规划、减少公共空间用地就意味着增加利润，但由此却严重损害了业主的切身利益。因此，城市规划必须充分关注到不同利益诉求的存在，尤其是普通市民对生活环境的利益诉求，任何与市民公共利益相冲突的规划都应让位于公共利益。政府应在规划制度建设中，建立起在实现公共利益基础上充分听取、吸收和平衡这些不同诉求的机制，尤其对于那些无视民意、侵犯公共利益和公民合法权益的行为，政府应建立有效的机制、出台相关的法律法规，从源头上加以杜绝。

在具体的城市规划实践中，对利益的确认与整合需要以利益诉求的畅通为前提。只有畅通的利益表达渠道才有助于政府规划部门广泛听取和吸纳各种利益诉求，在政策制定过程中将各种利益诉求整合，促成合民意的公共政策形成。目前，在我国公共政策制定过程中利益表达渠道是多样的，如社会团体、群众自治组织、大众传媒、信访、听证会、座谈会等。由于许多公民对于制度化的利益表达渠道不甚了解，且利益表达在自下而上的传递过程中环节较多、效率较低，公众的利益诉求仍不能实现完全畅通及有效表达。另外，转型期的中国社会分层加剧，社会的异质性倾向使多元利益诉求凸现，并随之产生了许多不同的利益群体，公共利益的实现正是要依靠这些不同利益群体的相互博弈。然而，应当承认，由于资源占有的不平衡性以及不同利益主体发育的不均衡性，当前不同群体在表达利益要求上已经产生了较大的权利失衡。一方面，弱势群体“诉求难”已成为一个影响社会和谐的重要问题，另一方面，强势群体具有相当大的社会能量，他们不仅具有同政府官员直接对话的路径，而且可以利用手中掌握的社会资源，影响公共政策的制定和执行过程。

第二，地方政府职能部门的“无效干预”和“过度干预”，导致城市规划对公共利益的偏离。无论中国还是外国，现代城市规划都是政府主导的规划，它重视保护公共利益，限制市场在城市建设进程中的影响。在规划行为中，政府与开发商最大的不同便是政府的行为目标是整合社会各阶层的利益诉求，运用公权力，调节社会各方利益冲突，实现公共利益最大化。然而，在现实的城市规划与城市开发过程中，一些地方政府或政府部门片面追求经济效益，而忽视政府所应承担的其他功能，导致对公共利益的损害，主要表现为政府的无效干预和过度干预。

无效干预主要指政府权力行使不到位、调控的范围和力度不足，规划刚性不足，监督约束机制软弱，以及政府在管理公共利益的分配时，受到强势利益集团的影响，不能够弥补和纠正“市场失灵”（market failure），甚至出现“开发商领导，市长决策，规划局执行”的不正常现象。我国作为市场经济发育不完善的国家，又正处于城市高速发展期，不能因强调市场机制的作用而削弱规划的地位。相反，需要在规划民主化、法制化的基础上加强规划的作用和权威性，维护城市规划的严肃性，弥补市场机制的不足，从而实现公共利益。

过度干预是政府公共权力不适当扩张和政府权力异化的一种体现，它主要表现在两个方面，一是政府干预的随意性较大，导致有些地方“换一届领导换一个规划”，二是在对所谓政绩的强烈需求导致干预的方向不对路、形式选择失当，比如热衷于修建大型豪华城市广场、景观大道、标志性建筑等劳民伤财的形象工程。这些工程带来了资金与土地的双重浪费，影响了城市的健康协调发展，也在一定程度上背离了实现公共利益的目标。我国城市规划界早就有这样的说法，“城市规划，纸上画画、墙上挂挂，不如领导一句话”，其结果是造成一些制订得不错、有利于老百姓利益的规划，因不符合领导的意志而成为废纸一张。更有甚者，某些领导为了谋取私利或所谓政绩，好大喜功，盲目干预开发过程以及城市布局，搞“关系规划”“人情规划”和“金钱规划”，结果背离了维护和实现公共利益的价值目标。

总之，市场经济条件下利益诉求的矛盾性、利益表达渠道的不畅性、利益表达能力的失衡性，地方政府及其职能部门片面的政绩导向及“无效干预”和“过度干预”，都可能导致实际的规划活动偏离公共利益的价值取向。因此，城市规划要实现公共利益，首先必须要克服以上两个方面对公共利益的侵蚀。

市场经济条件下，城市规划与城市开发的一个显著变化，就是城市空间商品化趋势愈演愈烈，甚至在市场中占优势的利益集团能够左右规划，由此导致以追求商业利润为核心目标的开发商利益与公共利益的冲突日益明显。在这种背景下，如果缺乏必要的法律规范和道德约束，仅仅寄希望通过市场机制来实现对个人利益与公共利益的兼顾，只会导致日益扩大的贫富差距和社会不公，导致城市发展无序和危机。因此，为了减少并有效制约城市规划中忽视和损害公共利益的现象，从伦理学的维度上说，至少应当从以下两个方面着手建设：

第一，切实加强规划行政机关的行政伦理建设。首先，规划行政伦理指的是规划行政的制度或体制的伦理化，具体包含两个方面的内容：其一，在规划行政制度的安排中有着伦理化的合理规范，包含着道德实现的保障机制，使一切规划行政行为都能够在这一伦理化的条件下有规可循、有据可查、有法可依；其二，已经确立的制度应当有利于伦理因素的生成，能够使城市规划政策制定体现出公共利益最大化，不被特定利益集团所操纵，同时能够对规划行政人员职业道德修养的提高起激励作用。在制度安排与体制设置中，贯穿公共利益优先的道德原则是规划行政伦理的基础工程。一般说来，良好的制度和法律是促使政府或个人把追求自身利益与促进社会公共利益有机结合起来的保证，也是比道德更为可靠的一种力量。例如，城市规划过程中的腐败、官僚主义、政绩工程等问题，有关行政官员的自利追求、淡漠公共利益和职业责任感的薄弱固然是重要因素，但更重要的原因是城市规划行政管理体制和监督约束机制本身存在漏洞、缺陷和不完善，例如，没有完善的以公共服务为主要内容的政府绩效评估和行政问责制度，规划行政过程中的公众参与机制不健全，行政监督与制约缺失和对公民正当权益的保护不力等。

其次，规划行政伦理还包括规划行政人员的道德化，即规划行政人员的职业伦理。这是因为，规划制度的设计永远不可能周详地考虑到制度操作中所面临的各种社会环境和公众意见，也不可能解决制度运行中出现的全部问题，它只有通过规划行政机关的日常工作，通过规划行政人员对公共权力的行使，才能使规划制度的设计和安排获得实现的可能。在规划制度设计与其运行之间，作为公共行政主体的规划行政人员，是极其重要的中介因素。进一步说，规划行政人员的专业素质和道德素养是关键性因素。因为从一定意义上说，规划行政部门的行政过程是不是体现着公共利益，就是通过其行政人员在工作中的具体表现而“展示”在老百姓面前的。因而，他们应当以自己的职业行为证明，他们是在为老百姓的利益、为公共利益谋取福利的。进言之，如果规划行政人员有良好的专业素质和职业伦理，就能在公共权力行使的复杂环境中保证公正性；也才能够弥补规划制度设计上的不足，最起码可以将制度运行过程中的弱点和不足反馈到制度的修正与再设计中。

再次，健全以公众参与为核心的城市规划利益诉求机制。西方有一句法谚:“正义不仅要实现，而且要以看得见的方式实现。”公共利益也是如此，只有通过公开公正的程序才能得到真正的实现。因此，要在城市规划中体现公共利益，确认公共利益之合法性，就必须注重规划过程的程序公正，这是实现公共利益的重要途径。城市规划程序公正的核心是公众参与。公众参与作为一种主要的利益相关者参与机制，是确认公共利益合法性的必要条件之一，它不仅在形式上和实质上赋予公民表达自己利益和意愿的机会，而且能够以最有效的方式认定公共利益、确保公共政策的公共利益取向，保证规划决策在有可能背离、侵害公共利益时，公众有说“不”的权利和机会。反之，如果没有充分有效的公众参与，没有一个公平、公正和公开的博弈平台，城市规划很可能会被强势群体或精英阶层所把持，最终偏离公共利益。

蔡定剑认为，公众参与“应当是指公共权力在进行立法、制定公共政策、决定公共事务或进行公共治理时，由公共权力机构通过开放的途径，从公众和利害相关的个人或组织获取信息、听取意见，并通过反馈互动对公共决策和治理行为产生影响的各种行为”。[1]城市规划的公众参与属于公共决策层面的参与，即政府和公共机构在制定公共政策过程中的公众参与，它是公众参与概念在城市规划中的应用，目的是通过公众对规划制定、修订、实施、监督等过程的参与，对政府的规划行为产生一定的影响，使规划能够切实体现公众的利益需求，保障规划决策的透明度、民主化和科学化。

健全我国城市规划的公众参与机制，需要吸取国外一些先进国家的成功经验。在欧美等发达国家，公众参与是从20世纪60年代中期，伴随城市规划理论变革而逐步发展起来的，如今已成为城市规划决策过程的基础环节和城市规划行政体系的法定环节。在英国，1969年修订《城乡规划法》时出台的《斯凯夫顿报告》（*Skeffington Report*），被认为是公众参与城市规划发展的里程碑。斯凯夫顿报告提出了公众参与规划的多种策略，例如，采用“社区论坛”（community forums）的形式建立社区与地方规划机构之间的联系。[2]近年来，英国的公众参与有了法规和政策层面的更多保障。例如，2011年出台的《地方主义法案》（*Localism Act*）和2012年出台的《国家规划政策框架》（*National Planning Policy Framework*，NPPE），都强调社区权利（community rights），重视“邻里规划”（neighbourhood planning），保障社区成员决定他们生活和工作的社区未来规划和发展模式的权利。此外，英国的公众参与注重运用前置程序，努力使公众尽早参与到规划过程之中，并成立规划援助机构，帮助公众尤其是弱势群体克服规划参与的障碍。美国公众参与规划的方式也多种多样，常见的有公众论坛、问题研究会、邻里规划会议、机动

1 蔡定剑．公众参与：风险社会的制度建设［M］．北京：法律出版社，2009：5.

2 参见：The Skeffington Committee. People and Planning: Report of the Committee on Public Participation in Planning［M］. London：Routledge，2013.

小组、公众评议会以及公众听证会等，而且更为关键的是，这种参与过程都有法律保障和一整套详细的操作程序。近年来，基于创新的网络平台和新媒体技术的发展，出现了不少新的参与模式或参与技术，如由麻省理工学院市民媒体中心开发的ExtrAct网站，有助于市民发现和监督其所在社区的空间规划问题。

西方公众参与的规划理论与实践，给我国城市规划的发展与改革以有益启示。20世纪90年代，我国规划界一些学者积极倡导把公众参与引入城市规划的法定环节。2003年以后，城市规划的公众参与日趋普遍。与此同时，一些相关法律法规的颁布和政府执政理念的转变也为公众参与的开展创造了有利的外部环境。例如，2004年7月1日起施行的《中华人民共和国行政许可法》、2007年10月1日起施行的《中华人民共和国物权法》都对推进城市规划的公众参与进程有重要作用。尤其是2008年1月1日起施行的《中华人民共和国城乡规划法》，使城乡规划公众参与首次有了明确的法律保障。但总体上看，《中华人民共和国城乡规划法》中有关公众参与的条款过于原则化，操作性不强，尤其是公众参与的范围、内容、方式、权利、义务及参与的效力和监督保障等方面，没有规范性和详细的程序性要求。因此，应结合中国国情，从运行机制和方法层面，借鉴国外公众参与城市规划的行之有效的机制和方法，探索和创新顺应时代要求的公众参与方式，提升公众参与的实效性。

总之，好的城市规划是一个开放包容的过程，在城市规划中实施有效的公众参与，是城市规划的内在要求。公众参与既可以使规划更加“透明”，获得市民的理解与支持，又可以在协商互动的基础上，尽可能达成规划过程中各方利益的相对均衡，从而最大限度地实现公共利益。

（二）规划正义原则

正义千百年来一直是人类追寻的核心价值，是制定公共政策的首要原则。亚里士多德把正义与平等联系在一起，他认为：“政治学上的善就是‘正义’，正义以公共利益为依归。按照一般的认识，正义是某些事物的‘平等’（均等）观念。”[1]近现代西方学者在古希腊正义思想的基础上对正义进行了深入探讨，形成了众多流派。其中，影响较大的社会正义理论主要有三派，即功利主义、自由主义和罗尔斯的正义理论。[2]

虽然中国有自己的文化传统和特殊国情，不能照搬西方的正义理论，但由于中国特色的市场经济与西方的市场经济具有市场经济的共性，面临一些相似的难题，因而西方近现代主要的正义理论，仍可以在中国找到它有力的实践注脚，可以在不同方面为我们实现市场经济条件下城市规划的公平正义提供有益的启示。例如，功利主义提出的着眼于整个共同体的“最大多数人的最大幸福”的正义原则，就与公共行政谋求社会福利最大化的价值目标之间存在着内在关联，也正因为如此，功利主义往往被看作是与政府行为密切相关的一门学说，“功利主义的鼻祖主要把功利主义看成是一个社会和政治决策的体系，并认为它为立法者和政治管理者的判断提供了标准和基础”。[3]

在城市规划视域中探讨正义原则，最值得我们关注的是罗尔斯的正义理论，尤其是体现其正义理论鲜明个性特征的“差别原则”。罗尔斯关于“差别原则”的第一种表述是：“社会和经济的不平等（例如财富和权力的不平等）只要其结果能给每一个人，尤其是那些最少受惠的社会成员带来补偿利益，它们就是正义的。”[4]罗尔斯关于差别原则的最后表述是：“社会和经济的不平等应这样安排，使它们：①在与正义的储存原则一致的情况下，适合于最少受惠者的最大利益；并且，②依

---

1 ［古希腊］亚里士多德. 政治学［M］. 吴寿彭，译. 北京：商务印书馆，2008：152.

2 功利主义正义观的理论实质是追求个人利益基础上的社会福利最大化，以行为结果作为正义的评价标准。按此理论，只要计算出来的幸福总量有净余额，即“最大多数”的“社会幸福”总量增加，即使少数人或个体的正当利益受损也可忽略不计。自由主义（liberalism）是西方政治哲学和政治伦理学的重要流派，它肇始于17世纪英国革命，经历了从古典自由主义、现代自由主义到新自由主义的历史嬗变。总的来说，自由主义的所有理论都围绕自由与平等、政府与市场、政治自由与经济平等的矛盾而展开，自由、正义、公平和个人权利的概念在自由主义中始终占据核心地位。罗尔斯的正义理论在前几章中已有所涉及，他把自己的理论称为“作为公平的正义”（justice as fairness），提出了两个应用于社会基本结构的正义原则，影响深远。

3 ［澳］J.J.C.斯马特，［英］B.威廉斯. 功利主义：赞成与反对［M］. 牟斌，译. 北京：中国社会科学出版社，1992：132.

4 ［美］约翰·罗尔斯. 正义论［M］. 何怀宏，何包钢，廖申白，译. 北京：中国社会科学出版社，1988：12.

系于在机会公平平等的条件下职务和地位向所有的人开放。”[1]可见，差别原则实质是要区分不同的社会群体并予以差别对待，通过正义的再分配政策，扶助弱者并尽量扩大平等和缩小差距，使每一个社会成员都能够得到实际利益，体现出一种可贵的伦理关怀。罗尔斯的“差别原则”虽然基于20世纪50至60年代美国的社会背景而提出，但在中国当前的语境下，从公共政策的价值取向解读，仍具有深刻的启示作用和重要的借鉴价值。这是因为，改革开放以来，我国面临的来自社会公平正义的挑战不再是平均主义问题，而是收入分配失衡、贫富悬殊、社会保障体系滞后所带来的社会不公问题。这些问题解决得不好，将直接影响社会稳定与和谐，而且对社会经济持续发展也构成制约。所以，从反思当下我国的社会现实和所要解决的公平问题出发，罗尔斯的正义理论与共同富裕、关注弱势群体的中国现实政策正好对接，对于我们加强城市公共政策的制度建设，促进社会和谐，具有重要的借鉴意义。

另外，罗尔斯提出的关乎代际正义问题的“正义的储存原则”，[2]对正确处理和合理解决当前社会经济发展与子孙后代的永续发展的现实矛盾，以及城市生态文明建设中代际之间资源分配的问题，也有很好的启示。

当代中国正经历着世界上规模最大的城镇化进程，众多城市及城镇呈现出蓬勃发展的趋势。在这种城市发展效率提高的态势下，社会公平正义问题需要提到突出的位置来加以重视。概括地说，实现规划正义，必须正确处理以下三个方面的关系。

---

1 ［美］约翰·罗尔斯．正义论［M］．何怀宏，何包钢，廖申白，译．北京：中国社会科学出版社，1988：292．

2 罗尔斯正义论的全面性还表现在他以人类社会作为整体延续的必然性和重要性为立足点，将作为公平的正义延伸和拓展到不同世代人们之间的关系和义务，即代际的正义问题，反对为了未来而牺牲现在或者只顾现在而不顾未来，从而提升了正义对于人类活动在当代环境危机背景下的重要价值指导功能。“正义的储存原则”（justice savings principle）是其代际正义观的核心内容。他认为社会是一个代际间长期合作的系统，并指出：“正义的储存原则可以被视为是代际之间的一种相互理解，以便各自承担实现和维持正义社会所需负担的公平的一份。”（［美］约翰·罗尔斯．正义论［M］．何怀宏，何包钢，廖申白，译．北京：中国社会科学出版社，1988：279．）

第一，突出城市规划的公平导向，正确处理城市建设与发展中的公平与效率问题。

市场经济条件下，我国的城市规划逐渐成为公共政策体系中越来越重要的组成部分。对于公共政策而言，公平和效率是两个不可偏废的价值目标。公共政策层面的公平，从内容上来看，主要是维护或追求一种社会成员之间在利益上的相对均衡，或分配人们利益要求的价值合理性，这种均衡与合理性体现在经济利益、政治利益和文化利益等各个方面。公共政策层面的效率，要求公共行政主体在资源的有效配置和公共政策的制定中，选择那些能够以尽可能少的投入获取尽可能大的“产出”的方案，即用最小的成本达到预期的目标。对于城市规划而言，显然不能简单地理解为城市规划工作过程（包括规划编制、审批和管理）的效率，而主要表现为对空间资源的合理安排和有效利用，即通过合理配置空间资源，使城市空间取得最大的经济价值和社会价值。公平与效率所表达的社会价值要求各不相同，公平是以关乎正义的方式存在的，主要是一种价值判断、伦理判断，是从属于价值理性范畴的概念；而效率作为促进公平得以实现的一种手段，具有中立性和工具性特点，是反映社会经济发展绩效的概念，被定位于工具理性的界限之内。因而，公平与效率很难用统一的价值尺度衡量它们的价值等级或前后秩序。但是，一个基本的事实是，对于一个和谐有序的社会而言，这两个方面都是不可或缺的。

从理论上看，对于一般意义上的公平与效率孰为优先的选择，有不同观点。从罗尔斯提出的处理两个正义原则冲突时的优先规则，即“自由的优先性”和“正义对效率和福利的优先性”中可以看出，他是公平优先论者。他认为在处理公平与效率的关系时，应以平等、正义作为衡量分配是否公平的标准，在两者发生矛盾的时候，强调平等、正义的最终目的价值。在实践中，对公平与效率孰为优先的选择，则是与社会制度、经济环境和经济发展水平密切相关的。在我国社会主义市场经济初级阶段，突出“效率”的价值和意义，这是具有历史进步性和合理性的。毕竟发展经济是这一阶段最紧迫的任务，也是解决公平问题的基础。在我国，现阶段，随着市场经济发展的不断深入，社会结构和社会目标发生了变化，改革已进入一个依靠社会公平规则进行制度创新以及建设和谐社会的新阶段。特别是我国越过人均GDP1000美元的门槛后，从国际发展经验来说，这个时期往往是一个社会矛盾的突显期。一个明显的事实是：由于社会分配不公所造成的社会问题越来越多，社会不均衡问题日显突出，其所产生的负面效应也越来越大，直接危及社会和谐稳定和经济健康持续发展。

就城市建设而言，在许多地方政府奉行的以市场化为主要手段的"经营城市"理念的支配下，地方政府普遍关心的是效率、政绩和GDP，往往为了保经济优先而忽视兼顾公平，使城市建设形成了一种重市场机制、重效率、轻公平的片面化倾向。城市规划也被认为应当为各类建设项目的快速推进服务，成为地方政府追求效率和谋取政绩的工具，甚至有的地方可以为加快城市建设而违反或修改已有的法定规划，忽视城市规划维护社会公平的功能。孙施文认为，在城市土地开发的利益格局中，控制性详细规划的作用发生了异化，变成了加快土地批租速度和加快建设步伐的有力工具，成为追求市场效率的吹鼓手，而修建性详细规划也几乎成了房地产商获取利润的工具。[1]如20世纪90年代之后，房地产业发展迅猛，以"房地产热"中获利最大的无疑是房地产商和地方政府。土地招标高价拍卖以及众多的相关房产税收成为地方政府的主要"财源"。随着房地产业逐渐成为一些地方经济的支柱性产业，开始出现房地产资本权力向政治权力渗透的现象。这两种权力，即政治权力和资本权力的结合，会给社会带来较大的负面影响，导致政府公共政策偏向某些利益群体，忽视社会弱势群体的需求，导致对社会公平正义的破坏。

此外，城市形态也存在一定程度的效率与公平的失衡，主要体现在两个方面：一是许多城市存在城市新区、中心区与城乡结合部及"城市角落"（如"城中村"），在城市基础设施、房屋建设、环境整治等方

1　孙施文．城市规划不能承受之重——城市规划的价值观之辩［J］．城市规划学刊，2006（1）：15.

面出现较大反差与不和谐现象。同时，还存在优质的教育、医疗、交通等城市公共产品配置不均衡的问题。二是在城市居住空间资源分配方面，效率与公平矛盾日益显现，居住形态方面呈现空间贫富分异和居住隔离的现象。在这样的情形下，城市规划继续实施以往“效率优先，兼顾公平”的政策取向显然已经不能适应时代的需要，而应突出公共政策的“公共性”本质内涵，在效率与公平的天平上加重公平的砝码，采取一种“公平和效率兼顾，更加注重公平”的政策取向，调整实践中二者之间出现的失衡，将追求经济效率置于维护社会公平的基础之上。

其实，就城市规划自身的伦理价值意蕴而言，其第一要务应是保障和推进社会公平。张庭伟指出：“在市场经济下，城市规划工作的基本出发点应是重在公平，而不是重在效率。面对市场力自发地把一切都经济化、效率化，以追求短时期内最大的利润为目的，城市规划是一种平稳力，从普通市民的长期利益出发，依靠规划这一政府行为来保证一定程度的公平。”[1]因此，城市规划应基于公平的价值导向进行政府公共行政管理的改革与创新，重视并努力改善城镇化进程中的民生问题，增加人民群众急需的城市公共产品的有效供给。规划及相关部门应通过市场的积极引导和政府力量的合理控制与公共干预，保证作为公共产品的公共设施、公共空间等非居住性公共资源的公平分布，实现共享城市发展成果的基本理念和城市发展公共政策两者之间的有机统一，这是现阶段我国在城市发展中实现社会公平正义的现实路径。

第二，实现规划正义要注重对弱势群体利益的关照与保护。

社会学上关于弱势群体的界定，归纳起来，比较有代表性的观点是：低收入群体论、生活贫困论、地位不利论、竞争弱者论和综合特征论。这些观点从不同侧面揭示了弱势群体的某些属性，如低收入性、贫困性、救济性和低竞争性。姚大志在阐述分配正义时，将弱势群体界定为对福利持有最少的合理期望，而所谓“福利”是指每一个成员所分享

1 ［美］张庭伟．中美城市建设和规划比较研究［M］．北京：中国建筑工业出版社，2007：176-177.

的收入、机会和资源。[1]余少祥从法律语境中界定弱势群体，指出“所谓社会弱势群体，是由于自身能力、自然或社会因素影响，其生存状态、生活质量和生存环境低于所在社会一般民众，或由于制度、法律、政策等排斥，其基本权利得不到所在社会体制保障，被边缘化、容易受到伤害的社会成员的概称”。[2]

弱势群体因为自身经济贫困、能力不足等，相对于其他社会群体，经济承受力和心理承受力是最为脆弱的。如果一个社会不注意维护弱势群体的利益，将会极大地威胁社会稳定，犹如经济学上的“木桶效应”，水的外溢不取决于木桶上最长的木板，而取决于最短的木板，因而社会风险最容易在承受力低的弱势群体身上爆发。正因为如此，现代法治社会与和谐社会应对这一群体给予特别的关怀和保护，城市规划领域当然也不例外。城市公共政策作为政府调控利益集团之间关系的基本工具，应突出处于不利或弱势地位的社会群体的利益要求，优先关心和救助社会弱势群体，优先为他们的切身利益和实际困难考虑，以缓和社会矛盾，实现一种大体均衡的利益格局。

当前，我国许多城市处于城市更新和城市建设的快速发展期，从一定意义上说，城市更新和城市开发既是城市资源的一次重新配置，也是城市众多阶层和社会群体的一次利益大调整。城市政府应遵循公平原则，尽量使城市中各阶层，尤其是弱势群体享受到城市发展带来的成果，而不能使城市开发成为社会利益分配不公平加剧、收入差距拉大、强势群体伤害弱势群体的手段。加拿大戚杨建筑设计公司总建筑师杨建觉指出，加拿大的规划是为穷人服务的，保护社会的弱势群体和边缘人群，因为如果规划不保护他们，他们无法保护自己；富人不需要你来保护，他们有钱，能买到、得到他们想要的东西。[3]因此，我们的城市规划和城市更新，应多做些雪中送炭而非锦上添花的事，否则将使城市的公

1 姚大志. 分配正义：从弱势群体的观点看［J］. 哲学研究，2011（3）：108.

2 余少祥. 法律语境中弱势群体概念构建分析［J］. 中国法学，2009（3）：67.

3 深圳人的一天（对话）：我们为谁规划城市？［M］. 2014-03-21. http://www.cpa-net.cn/news_detail101/newsId=1082.html，2015年7月30日登陆。

共资源更多偏向那些拥有较多资源的人群，加剧利益格局失衡态势。20世纪60年代中期，美国出现了白人出城、黑人进城的现象，种族与阶层之间的矛盾日益突出，城市的贫困问题日益严重。在这种社会背景下，1965年由律师转行的规划师保罗·达维多夫（Paul Davidoff）提出了辩护式规划（advocacy planning）。他认为“所谓公正，需要黑人和穷人都享受到政治和社会平等，需要公众来建立一个为所有人提供公平机会的社会基石”。[1]在多元化的社会中，城市规划也是多元化的，是一个自下而上的民主化过程，规划的内容、处理问题的方式都是特定时期内城市社会普遍性需求和愿望的反映，所以应通过吸取社会各阶层、各利益集团的意见进行综合与平衡，这其中，“有一个群体现在特别需要规划师的帮助，那就是低收入家庭组成的群体”。[2]在英国，1973年，英国皇家城镇规划学会设立规划援助机构（Planning Aid），宗旨是为那些负担不起专业服务的社区团体、个人提供有关城镇（空间）规划问题的免费的、独立的意见和建议，以便弱势群体了解与规划相关的专业知识与法规，对规划申请和诉讼给予建议，帮助他们有效地参与规划过程并影响规划决策，以保障他们的权益。

的确，由于弱势群体在经济资源、社会权力资源以及身心等诸多方面的弱势地位，仅仅靠自身的力量，往往难以摆脱弱势地位。为了实现社会的规划公正，就需要政府倾听弱势群体的呼声，多为他们的切身利益和实际困难考虑，在规划引导上以公平为首要目标，通过社会资源和收入的再分配机制等手段，建立公正合理的社会秩序，这其实是城市规划的重要功能之一，既深刻反映了城市的社会属性，又突显了城市形象的伦理特质。例如，在解决城市贫困阶层的住房问题上，单凭市场机制是靠不住的，必须要依靠政府的宏观调控和公共干预，使公平原则在城市规划和住房建设中被最大化地体现出来。以公平为价值依据构建的住房保障

---

1 ［美］保罗·达维多夫. 规划中的倡导主义和多元主义［M］. 田卉，秦波，译//［美］张庭伟，田莉. 城市读本（中文版）. 北京：中国建筑工业出版社，2013：373.

2 ［美］保罗·达维多夫. 规划中的倡导主义和多元主义［M］. 田卉，秦波，译//［美］张庭伟，田莉. 城市读本（中文版）. 北京：中国建筑工业出版社，2013：377.

制度，旨在对市场经济运行机制下弱势群体的基本居住权进行保障，确保他们有机会获得负担得起的适当住房，实现“住有所居”的价值追求。

第三，重视代内正义与代际正义，处理好城市建设中眼前利益与未来责任的关系。

如果把正义放到“代”的时间视阈中加以审视，正义可以区分为代内正义和代际正义。所谓代内正义，指的是同代人之间的公平正义问题。代际正义则是指代与代之间的公平正义，其实质是一种有关利益或负担，在现在和未来世代之间的分配正义问题。代际正义观认为，地球上的资源和空间是有限的，当代人对地球资源的过度使用，已经导致生态危机加剧，严重威胁着后代人的生存空间。因此，我们必须与子孙后代共享这个脆弱而有限的星球及其资源。当代人在开发利用资源和环境时，不仅要考虑自身的利益，满足当下发展的要求，还必须要兼顾后代人的延续要求，把美好的环境和足够的临界资源超越代际间储存而留传给后代人。从这一层面上来说，代际正义与可持续发展追求的“既满足当代人的需要，又不对后代满足其需要的能力构成危害”的发展目标是一致的。

城市规划的正义原则，同样包含横向或空间维度的代内正义与纵向或时间维度的代际正义。城市规划的代内正义，指的是一国内部在当代人之间应确保规划正义的实现。由于城市规划的基本任务是为合理分配及重新配置城市空间和土地提出方案，以满足在空间和土地资源方面彼此矛盾的需求。因而，城市规划的代内正义问题主要是指在土地、自然景观等自然资源利益分配上的公平正义问题。关于代际正义的内涵，美国“斯坦福哲学百科全书”的解释是：“当代人负有两种类型的代际正义的义务，即他们有义务（i）不侵犯后代人的权利，以及（ii）（至少目前活着的人很可能有义务）对同时代那些遭受过去所带来的伤害的受害者提供补偿。”[1]城市规划的代际正义，强调的是人类各个世代在获取

1 Intergenerational Justice. Stanford Encyclopedia of Philosophy. First published Thu Apr 3，2003，substantive revision Mon Aug 10，2015. https://plato.stanford.edu/entries/justice-intergenerational/

自然资源、享有自然环境上的平等地位，具体指的是在城市化进程中，对土地等自然资源的合理开发及代与代之间进行公平分配的问题，主要关注的是正确处理当代人与未来世代人之间的关系，即当代人不能侵犯和损害后代人的权利。

虽然规划最重要的特征之一是其未来导向性，是人类对自己未来活动的先期谋划，然而现实的城市规划至多面向不久的将来，主要关注的仍是代内正义问题。例如，在市场经济条件下，城市空间和土地作为一种特殊商品，成为不同利益集团争夺的目标。以自身利润最大化为目标的开发商，热衷于投资建造高档商品住宅或别墅，这些针对高收入阶层的房地产项目，往往占用区位和环境优越的地段，相对低密度开发，甚至出现了谋少数人利益的“圈环境、圈资源”的“掠夺性消费”“奢侈性消费”现象，既造成了土地资源的巨大浪费，又损害了城市土地使用的公平性，以及公民享用自然环境权利的平等性。城市环境、城市公共空间、城市自然景观资源等都是公共物品，它必须充分表达平民性、共享性的价值，而不应该借由金钱、权力强化其等级性、特权性。比如，公园（包括城市中的滨江岸线、山体湖泊周边）本应是城市的“绿肺”，调节城市生态，服务大众。但一些房地产商为了赚取更多利润，却紧贴公园开发建设所谓“公园里的家”和包围公园等优美环境的高档社区或高档休闲娱乐设施。这些住宅和设施的相对封闭性，导致了对稀缺优质资源的排他性占有，助长了环境资源享用上的不公平。因此，政府应当有效运用城市规划这一宏观调控手段，合理分配城市宝贵的土地资源，在规划实践中，应将山水湖河岸线和景观标志地区规划为公共绿地和公共开敞空间，防止这些区域为封闭性社区或一些单位和社会集团所独占，以保证社会各阶层都能公平、合理地享用自然资源。

城市规划在保护同代人群各阶层空间权益的前提下，为了城市的可持续发展，还应加强代际发展观念，注重代际正义问题。因为，代际正义强调资源配置和环境享用在时间上的永续性，它既是城市自然资源利用和环境保护的一个基本原则，也是城市可持续发展的基本保障。目前，中国快速城市化进程所面临的一个严峻挑战是宜居土地资源极度匮乏，人地矛盾相当尖锐。而且，随着中国城市化水平的不断提高，大量农村人口移居城市，城市用地需求大量增加，势必造成城市规模不断扩张，土地资源的代际供求矛盾更加突出。常言道："但留方寸土，留与子孙耕。"土地资源是人类的共同财富，被各代人所共同拥有，而不仅仅是某一代人的财富。为了子孙后代的利益，当代人必须合理开发和利用土地、地下水等自然资源，遵循各代有限度共享和共同发展的原则，提倡适度的、节约型消费模式，坚持紧凑型的城市与城镇发展模式，推行促进土地集约使用的住房调控政策，使城市的经济和社会发展与资源、环境的承载力相协调，维护城市发展的可持续性。古老的雅典公民誓言道出了城市代际正义的伦理真谛："我们将把这城市传递下去，它不仅不比被传递到我们手中时更差，而且更伟大，更美好，更美丽！"[1]

（三）人本规划原则

人是城市生活的主体，将以人为本的伦理原则运用于城市规划，便是人本规划。受西方人文主义传统的影响，近现代西方城市规划思想蕴含着丰富的人本因素。例如，刘易斯·芒福德在探讨城市发展史时，自始至终把城市发展问题与对人的关怀结合在一起进行思考，他认为："我们必须使城市恢复母亲般的养育生命的功能，独立自主的活动，共生共栖的联合，这些很久以来都被遗忘或被抑止了。因为城市应当是一个爱的器官，而城市最好的经济模式应当是关怀人和陶冶人。"[2]1933年，现代建筑国际会议（CIAM）通过的《雅典宪章》，突破了把城市规划作为一种纯建筑学的形式主义设计思想的局限，在规划理念上认识到城市中广大民众的利益是城市规划的基础，强调应以人的尺度和需要来估量功能分区的划分与布置，为现代城市规划的发展指明了以人为本的方向。

1 ［美］乔治·弗雷德里克森．公共行政的精神［M］．张成福，等，译．北京：中国人民大学出版社，2003：121．

2 ［美］刘易斯·芒福德．城市发展史——起源、演变和前景［M］．宋俊岭，倪文彦，译．北京：中国建筑工业出版社，2005：586．

1981年，国际建筑师联合会第十四届世界大会通过的《建筑师华沙宣言》认识到人、建筑和环境之间密切的相互关系，提出“人类聚居地必须为自由、尊严、平等和社会公正提供一个环境。聚居地的规划应该有市民参与，充分反映多方面的需求和权利，同时应重视与自然界和谐地平衡发展”。[1]1996年，在土耳其伊斯坦布尔举办的第二届联合国人类居住会议上签署的《Habitat Ⅱ（人居二）宣言》强调：“我们的城市必须成为人类能够过上有尊严的、身体健康、安全、幸福和充满希望的美满生活的地方。”2007年6月，来自世界23个国家和地区的市长、规划师、建筑师、文化学者以及其他各界关注城市文化的人士，相聚北京，讨论了全球化时代的城市文化问题，通过了《城市文化北京宣言》。宣言指出，城市发展要充分反映普通市民的利益追求，普通市民是城市的主人，是城市规划、建设的出发点和归宿点；应深入科学地研究普通市民对居住、就业、交通、环境以及情感的需要，塑造充满人文精神和人文关怀的城市空间。2016年10月，在厄瓜多尔基多召开的联合国住房和城市可持续发展大会（人居三大会），通过了《新城市议程》，不仅给为所有人建设的可持续城市设定了新的全球标准，而且突显了人人平等使用和享有城市和人类住区的包容性的人本理念。可见，在规划思想的发展过程中一直贯穿着重视人的发展、满足人的需要等人本理念，特别是近几十年来“以人为本的发展观”重新崛起，城市规划中的人本思想也更受重视。

人本规划即“以人为本”的城市规划，用通俗的话来讲，就是在城市规划中处理好“为了谁”“利于谁”和“依靠谁”这几方面的关系。具体而言，应强调以下三方面的价值内涵。

第一，城市为提升市民的生存质量和生活品质而设计与建造，应以城市中普通市民的根本利益为本。

人本规划的伦理特质，最根本的要求是确定城市规划服务的社会主体是谁，即以人为本的“人”到底是谁？马克思主义的人本思想认为

1　1981年国际建筑师联合会第14届世界会议．建筑师华沙宣言［J］．林龄，译，世界建筑，1981（5）：42-43.

“以人为本”的“人”，应理解为所有现实的人，其主体是人民。对一个城市为言，“以人为本”的“人”就是全体城市市民，即城市不是为权力阶层或少数利益集团而建，不是为投资者和观光客而建，而应该是为生活在城市中的全体市民而建，尤其是为占城市绝大多数的普通市民而建。2015年12月20日召开的中央城市工作会议提出做好城市工作的出发点和落脚点是以人民为中心的发展思想，是人本规划原则的基本要求。进言之，人本规划要求将人民的意愿而非长官意志或精英意志上升为城市规划的支配力量，在城市的形式和功能方面进行“人性化”因素的探索，为全体市民提供更方便、更人性化的空间，或如城市工作会议所指出的“让人民群众在城市生活得更方便、更舒心、更美好”。

人本规划与城市规划中实际存在的“以物为本”“以GDP为本”“以少数人利益为本”“以抽象的人为本”等现象是鲜明对立的。所谓“以物为本”，就是见物不见人，不能充分认识到规划是为了生活在物质环境中的人，而不是物质环境本身，不能很好地将物质建设规划、物质环境改善与市民生活质量的提高结合起来。如现在不少大城市，机动车道路所占面积越来越大，甚至将自行车道挤压到人行道，人行空间越来越窄；还有的城市为车辆快速通过而在市区大搞封闭式干道，让行人爬天桥下地道；街道景观和设施建设也多考虑行车方便，汽车似乎成了道路的“主人”，不由得让人发出“城市为汽车而建”的感叹。“以GDP为本”实际上是以“当代人的眼前利益为本”，不能正确处理城市经济发展与可持续发展目标之间的矛盾，城市开发建设盲目地服从于经济增长的需要，急功近利，不惜以破坏生态环境和子孙后代的根本利益为代价进行城市扩张。“以GDP为本”从一定意义上讲还是以官员升迁荣辱为本的不正确的政绩观的反映。这方面有过不少教训。如有的地方官员脱离实际需要、贪大求洋、不顾自身财力修建一些“形象工程”，结果劳民伤财，没有真正把“以人为本”的理念落到实处。“以少数人利益为本”就是为少数人或一些特殊利益集团说话与办事，尤其为资本马首是瞻。如在某些地方，本应作为城市公共利益维护者的地方政府和规划部门，为迎合作为资本拥有者的开发商的要求，不仅无原则地迁就开发商的意见，甚至以损害公众利益为代价。“以抽象的人为本”主要指的是城市规划只重视统计学意义上的城镇人口，不注重对复杂多样、需求不同的人群细分的关怀，由此带来“以人为本”在规划实践中被“架空”的现象。正如周显坤所说：“中国规划理论中的‘以人为本’为的是形而上的‘人’，乃至作为与资源挂钩的‘人口’，缺乏为不同‘人群’进行规划的理论。”[1]

第二，人本规划体现在城市发展目标的价值取向上，追求的是突显全面满足人性化需要的“宜居”理念。

自20世纪80年代起，伴随中国城镇化发展进程，出现城市环境污染、交通拥堵等一系列现代城市病，城市发展愈来愈显露出它非人性化的一面，这已成为城市建设过程中亟须解决的问题。在这样的社会背景下，许多城市提出的城市发展目标，呈现明显的价值转向，即从注重追求城市经济发展速度、GDP增长等物化的发展指标，转而重视城市化水平中的民生指数与幸福指数，追求诸如“宜居城市”等突显人本价值的城市发展理念。对此，2015年12月，中央城市工作会议明确提出要“提高城市发展宜居性”，并把“建设和谐宜居城市”作为城市发展的主要目标。

在对“宜居城市”的相关理论与实践研究中，不少学者从人本视角定义宜居城市的基本内涵和特质。例如，美国学者安东尼奥·卡塞拉蒂（Antonio Casellati）认为城市宜居性（livability）的本质表现是在城市里我们自己作为一个真正的人的体验。[2] 哈尔韦格（D. Hahlweg）认为，“宜居城市是一个适合所有人的城市。这意味着宜居城市是有吸引力的、值得我们在此居住的城市；它是对我们的孩子和老人而言安全的城市；它不仅对那些在此赚钱的人来说宜居，对生活在郊区和周围社区的居民而言同样宜居。对于儿童和老人来说，很重要的一点就是容易接近绿色

1　周显坤.“以人为本”的规划理念是如何被架空的［J］. 城市规划，2014（12）：60.

2　Antonio Casellati. The Nature of Livability［M］// Lennard，S. H.，S von Ungern-Sternberg，H. L. Lennard，eds. Making Cities Livable. In the Proceeding of International Making Cities Livable Conferences. California，USA: Gondolier Press，1997. 安东尼奥·卡塞拉蒂还提出了，一些判定宜居性的具体标准，如有吸引力的、行人导向的公共空间，较低的交通速度，容量和拥挤度，较好的、买得起的和地段较好的住房，方便的学校、商店和服务，具有可达性的公园和开放空间，清洁的自然环境，等等。

空间，在那里他们或玩耍或彼此见面，相互交谈。宜居城市是一个适合所有人的城市”。[1]概言之，宜居城市就是指在环境和生活条件以及人文社会条件两大方面适宜于所有人居住和生活的城市。

对宜居城市的理解，不仅要注重一些可测的外在指标，如经济发展水平、基础设施建设、公共安全程度、生态环境质量，还要注重价值层面的人文发展指标。例如，加拿大温哥华制定的“可持续的城市系统——大温哥华地区长期规划”对宜居性的理解就非常重视人文因素，该规划认为：“宜居城市是指一个城市系统能够为其所有居民带来身体、社会和精神方面的幸福与个人发展。它是能够提供和反映文化和神圣富足的令人愉快和向往的城市空间。宜居性的核心原则是公平、尊严、可达性、愉悦、公众的参与和赋权。”[2]其实，归根结底，宜居城市就是全面满足人性需要、让市民生活更美好的城市。它不仅有良好的生态环境，适宜于人居住，而且生活于其中的市民感到公平、温暖、愉悦，并产生家园般的归属感。

我认为，“宜居城市”理念至少包含三个层次。第一个层次是功能性宜居，它侧重于有利于人的生存与发展的物质环境方面，这是城市最基本的功能，也是宜居城市最基本的要求，关注的是生活环境、交通条件、住房建设、公共服务设施建设、公共安全和社会治安等与市民日常生活密切相关的实际问题，主要满足市民对城市的安全性、健康性、生活方便性和出行便利性等基本生活要求。第二个层次是伦理性宜居。古汉语中“宜”与“义”可以互训，“义者宜也”，宜即公义、公平之意。因此，真正的宜居城市还是公平的城市、是和谐的城市、是面向所有人的包容性城市，它要让生活在这个城市中的每个人，不论他是本地居民，还是外来居民；不论他是富裕阶层，还是中低收入或贫民阶层都拥有平等的工作、竞争与发展机会，以能够满足个性和发挥个人潜能的方式生活，因为“缺少基本的平等是一种持续的力量，它足以抵消任何可

1 Hahlweg，D. The City as a Family［M］// Lennard，S. H.，S von Ungern-Sternberg，H. L. Lennard，eds. Making Cities Livable. International Making Cities Livable Conferences. California，USA: Gondolier Press，1997.

2 Cities^{PLUS}. A Sustainable Urban System: The long-term Plan for Greater Vancouver.Vancouver，Canada，2003.

能使社会变得和谐，使城市变得人性化的努力”。[1]第三个层次是能够满足居住者情感需求与文化审美需求的精神性宜居，即乐居，它注重居住环境的文化品味、丰富多样性和审美愉悦性，在居住环境理念上不仅强调舒适性、公平性，还强调文化性、愉悦性，强调环境是否给人带来高品位的文化熏陶和审美感受。

第三，人本规划要求尊重市民在城市发展中的主体地位，充分调动市民参与城市规划的积极性和主动性。

在城市规划的具体工作中，常常出现这样的情况，即许多地方政府也确实想为市民做点好事，也花了很大的功夫，但是市民的满意度却较低。其中一个重要的原因，就是在规划工作中没有充分倾听老百姓的呼声，没有自下而上地以市民的要求为出发点，没有有效的公众参与，使普通市民参与到关系自己利益的各种规划决策的制定过程中。2015年12月，中央城市工作会议提出“坚持人民城市为人民”“尊重市民对城市发展决策的知情权、参与权、监督权”，这些观点看似老生常谈，但却是为当下城市问题“把脉”后开出的最具价值导向性的“药方”。

实际上，城市规划过分注重效率和壮观的视觉秩序，忽视普通市民视角，忽略对人性化、多样化关注的问题，在西方国家以单一功能主义为主导的战后城市更新运动中同样存在。自20世纪六七十年代以来，不少学者对此进行了批判性反思。例如，简·雅各布斯（Jane Jacobs）在《美国大城市的死与生》一书中强调以普通市民日常生活为本的充满活力、多样化和用途集中的城市形态，并提出了城市规划应为谁服务的尖锐问题，她认为不断失败的现代城市规划教条要想成功，就需要有普通市民的视角。近几十年来，西方城市规划价值基础越来越将市民生活质量提升作为基本标准，公众参与也成为城市规划决策过程的基础环节。例如，针对美国社会无序蔓延的郊区化和冷漠孤立的邻里小区，20世纪90年代兴起的新城市主义，是将人本理念、市民生活融入规划设计实践

1 ［英］理查德·罗杰斯，菲利普·古姆齐德简. 小小地球上的城市［M］. 仲德崑，译. 北京：中国建筑工业出版社，2004：8.

的一次成功探索。新城市主义所强调的传统邻里小区营造和以公共交通为导向的开发，以及从下到上的公众参与规划决策模式，鲜明体现了规划的市民视角。

显然，以人为本的人民城市的营造，需要保障和激活市民参与权，这既是政府创新城市治理方式，又是体现城市规划以人为本的根本路径。城市建设与发展必须尊重老百姓的话语权，尊重市民在城市发展中的主体地位，善于调动广大市民参与城市规划的积极性和主动性，让市民真正参与到规划过程与社区营建中来。政府、社会与市民三大主体能否实现良性互动，尤其是市民自身的力量发挥得如何，将是人民城市理念能否落实的关键因素。杨保军说："城市是大家的，不能只由政治精英、技术精英，或者是开发商来决定城市，不能听不到市民的声音。应有法定程序来规范公共参与，只有市民拥有了相当的选择权和决定权，城市才可能搞好，因为只有他们最热爱自己的城市。"[1]因此，令以人为本的城市规划实现的一个关键因素还是要看市民自身的力量发挥得如何，成熟而强大的民众力量可以促进规划部门更好地为所有人的利益服务。

三、城市规划与环境伦理

（一）环境伦理：一种重要的城市规划价值观

早在工业化与城市化初期，因环境污染和居民生存状况恶劣等城市环境问题出现，就有学者提出城市规划的生态价值理念。如霍华德的田园城市理想，是一种将城市与乡村结合起来的城市模式，它通过规划布置城镇之间大尺度的绿色环境，来协调城镇之间的关系以及城市与自然的平衡，实质上是从城市规划视角寻求与自然协调的一种探索；盖迪斯作为一名生物学家，强调要把自然区域作为城市规划的基本框架和重要背景，认为人类社会必须和周围的自然环境在供求关系上取得相互平衡，才能持续地保持活力；伊利尔·沙里宁（Eliel Saarinen）提出"有

1 王军. 采访本上的城市［M］. 北京：三联书店，2008：22.

机疏散”（organic decentralization）思想，认为城市是人类创造的一种有机的集合体，人们应该从大自然中寻找与城市建设相类似的生物生长和变化规律来研究城市，把城市有机地分解和组合成各个区域，城市才会保持健康。20世纪中叶以来，尤其是80年代以后，随着城市和自然系统的矛盾日益突出，城市规划价值观中生态学理念和环境伦理学理念的引入就显得尤为迫切和重要。“所有有关城市的决定和判断都是由价值观而不是技术因素驱动的。因此，尽管技术、经济和制度因素都很重要，但最后的决议都取决于决策者的价值观体系”。[1]城市规划只有以正确的环境价值观和伦理观为指导，形成科学的城市发展观，才能实现人类城市的健康与可持续发展。环境伦理学作为实现人与自然和谐的道德保障，将在相当程度上承担起这一使命。

环境伦理是对人与自然环境之间道德关系的系统研究，它涉及人类在处理与自然之间的关系时，应当采取怎样的行为以及人类对于自然界应负有什么样的责任和义务等问题。环境伦理的出现表达了人类试图借助道德手段缓解人类与自然的矛盾冲突，达成人与自然新的和谐统一的意愿，显示了人类为消除生态危机，确保自己在自然中的持续存在与发展而做出的道德努力。对城市规划而言，引入环境伦理价值观的必要性主要体现在以下三个方面。

第一，环境问题的产生与城市规划有密切的关联。

城市作为一个国家和地区的政治、经济和文化中心，是人们生活与工业生产高度聚集的场所，也是环境问题表现得最强烈、最集中、最敏感的空间区域。同时，人们也越来越清醒地认识到，改善地球环境状况的关键在于改善城市的生态环境状况，抓好了城市的环境，就抓住了问题的首要环节。

工业革命以前，城市规模较小，人口数量不大，城市化率较低，城市处于低速发展阶段，自然生态没有受到深层伤害，自我恢复能力较

1 ［英］迈克尔·韦尔班克．可持续性城市形态的研究［M］//［英］迈克·詹克斯，伊丽莎白·伯顿，凯蒂·威廉姆斯．紧缩城市：一种可持续发展的城市形态．周玉鹏，龙洋，楚先锋，译．北京：中国建筑工业出版社，2004：87.

强，城市的生态环境问题表现得并不明显。工业革命后，伴随城市人口持续增长和高度集中，伴随科学技术取得巨大成就以及生产力水平突飞猛进，城市规模迅速膨胀，城市进入快速发展期。尤其是随着城市化进程不断推进，城市发展、经济发展与生态环境之间的矛盾越来越尖锐，引发大量的城市环境问题与社会问题。例如，城市发展导致自然生态系统不同程度的破坏，引发了一系列生态连锁反映，包括水资源缺乏、水体污染、空气污染、固体废弃物数量快速增长、“城市热岛效应”、城市生物链被破坏，等等，城市逐渐失去了良好的环境自净能力，生态平衡被打破。美国世界观察研究所（World Watch Institute）《为人类和地球彻底改造城市》（*Reinventing Cities for People and the Planet*，1999）报告中指出，虽然城市面积只占陆地面积的2%，但却消耗了地球大部分的关键资源。大约78%的二氧化碳排放来自化石燃料燃烧和水泥制造业，城市区域消耗了工业木材总使用量的76%，水龙头流出的水有60%以各种形式供城市使用。[1]

在我国，随着改革开放多年来城市经济持续高速发展与城市化水平不断提升，发达国家近百年来出现的城市环境问题在我国近20年内集中爆发，出现了一系列的环境问题，“中国城市的增长不仅导致了严重的水污染和空气污染，而且也是使中国成为世界上最大的钢铁、水泥等其他资源消费国的重要原因，这些资源主要用来建造支撑城市化进程的建筑物、道路和基础设施，由此导致的环境影响并不仅限于中国国内”。[2]目前，中国已成为世界上大气污染最严重的国家之一。国际通行的衡量空气污染的标准是测量每立方米空气中所含的悬浮微细粒子，世界卫生组织的标准是20微克。中国最大的500个城市中，只有不到 1%达到了世界卫生组织推荐的空气质量标准。[3]此外，人均资源消耗的增加、水污

1 Molly O’Meara. Reinventing Cities for People and the Planet. p7. 世界观察研究所官网. http://www.worldwatch.org/system/files/EWP147.pdf, 2015年7月31日登陆。

2 张庆丰，［美］罗伯特・克鲁克斯. 迈向环境可持续的未来：中华人民共和国国家环境分析［M］. 北京：中国财政经济出版社，2012：5.

3 张庆丰，［美］罗伯特・克鲁克斯. 迈向环境可持续的未来：中华人民共和国国家环境分析［M］. 北京：中国财政经济出版社，2012：46.

染和固体废弃物管理等环境问题，也是未来我国大规模城镇化所面临的严峻挑战。王如松指出，当前我国大多数城市普遍遭遇水体富营养化的“绿”、气候热岛效应的“红”、沙尘暴或酸雨的“黄”、城市灰霾的“灰”四色效应的现实生态尴尬和水资源枯竭、化石能源短缺、气候变暖和海平面上升的长期生态威胁。[1]

澳大利亚学者帕垂克·N·特洛伊认为：“从生态学的意义上讲，现代城市天生就是不可持续的，因为它们必须消耗食物、能量和原料，它们制造的废物比它们能处理的要多，而且它们迅速地改变着所在地的生态平衡。”[2]可以说，绝大多数环境污染与自然生态衰退的根源来自城市本身。因此，适宜的城市规划政策、管理模式及城市发展形态，将是解决环境问题的关键之一。然而，环境危机和城市规划之间的紧密关系至今未得到应有的重视和正确的认识，城市规划在解决现实城市环境问题上存在的价值偏颇，非但没能有效地促进城市环境改善，甚至从某种程度上说，不适当的城市规划给自然系统造成了更多的人为干扰，助长了城市与自然系统之间的不和谐，甚至导致“规划污染”，例如，不科学的城市规划指导思想和结构布局导致工业企业选址不合理，工业企业与城市居住区和水源地相混杂，使城市环境污染加剧；城市空间形态不合理导致交通拥堵；城市更新过程中向城市的生态血脉——城市水系开刀等。正如迈克尔·韦尔班克（Michael Welbank）在讨论可持续性城市形态时所指出：“一个拙劣、没有经过理性思考的构想也许比‘无所作为’更可怕。事实上，针对规划师构想的远景提出的建议一点也不少，而他们也必须注意，作为专业人员，他们过去一些建立在不合理的根据上的远景规划所造成的后果至今还受到人们的诟病。”[3]俞孔坚提出的“反规

1 王如松. 生态安全·生态经济·生态城市［J］. 学术月刊，2007（7）：7.

2 ［澳］帕垂克·N·特洛伊. 环境压力与城市政策［M］// ［英］迈克·詹克斯，伊丽莎白·伯顿，凯蒂·威廉姆斯. 紧缩城市：一种可持续发展的城市形态. 周玉鹏，龙洋，楚先锋，译. 北京：中国建筑工业出版社，2004：212.

3 ［英］迈克尔·韦尔班克. 可持续性城市形态的研究［M］// ［英］迈克·詹克斯，伊丽莎白·伯顿，凯蒂·威廉姆斯. 紧缩城市：一种可持续发展的城市形态. 周玉鹏，龙洋，楚先锋，译. 北京：中国建筑工业出版社，2004：79.

划”概念，[1]也触及自然系统危机与城市规划之间的某种关联，因而他通过反思理性建设规划的谬误，表达了对传统城市规划“科学性”的质疑以及对传统规划的理性基础和价值观的反叛。

第二，城市规划在解决现实城市环境问题上存在着价值偏颇。

王建国认为，城市设计缺乏生态价值理念的原因之一，是我国以往城市建设深受“经济理性”以及“发展优先”思想和观念左右。因而，在实际编制和制定近期实施的城市设计项目时，如果遇到行政干预或强势利益集团介入，通常牺牲最大的总是自然要素。究其原因非常简单，除了个别像土地那样的生态要素可以商品化外，一般的生态要素及其作用通常都难以用商品货币形式来衡量，从而变成城市建设和规划中被“优先调整”的对象。[2]从环境伦理视角审视，城市规划在解决现实城市环境问题上存在的价值偏颇主要表现在工具理性的膨胀与价值理性的缺失上。城市规划作为一种实用性很强的公共政策，既具有工具理性又有着较强的价值理性。然而，多年来城市规划界潜移默化地受到工具理性至上论的影响，忽略了城市规划中价值理性的作用。正如李阎魁所指出的：“过去指导城市规划理论与实践的是追求完全客观地将事实与价值分裂的‘科学性’，这就造成许多规划成果是违背生态和环境原则的，甚至是反生态的。为此，重新树立环境与生态价值取向的城市规划是解决城市生态环境问题的主要途径之一。”[3]城市规划的工具理性偏好还表现在不能正确处理公平与效率的关系。因而，当城市发展建设中环境利益与经济利益发生矛盾冲突时，往往主要满足经济效益的追求和用地的技术标准，通过并实施牺牲环境利益的不合理规划。因此，对于规划界

1　所谓“反规划”，俞孔坚等学者这样表述：“如果我们把目前常规的建设规划程序看作‘顺’规划，那么‘反规划’表达了在规划程序上的一种反动，一种逆向的规划过程。首先以土地的健康和安全的名义以及公共利益的名义，而不是从眼前开发商的利益和短期发展的需要出发来做规划；不过分依赖于城市化和人口预测并将其城市空间扩展的依据，而是以维护生态安全格局和生态服务功能为前提，进行城市空间布局。基本的出发点是，如果我们的知识尚不足以告诉我们做什么，但却可以告诉我们不做什么。理性并没有死，只要将城市与生命的土地之间的‘图—底’颠倒过来，理性便可复活。”（俞孔坚，李迪华，刘海龙．“反规划”途径［M］．北京：中国建筑工业出版社，2005：18．

2　王建国．城市设计生态理念初探［J］．规划师，2002（4）：18．

3　李阎魁．城市规划与人的主体论［M］．北京：中国建筑工业出版社，2007：196．

而言，应客观审视过去多年来在城市规划和城市发展政策中以效率为目标、以市场为导向的功利主义和实用主义的影响，突出伦理精神的价值导引作用，面对实际的城市规划与发展建设中环境保护、社会公平与经济发展的矛盾冲突时，应慎重权衡它们之间的利害轻重，强调对城市规划政策制定与实施过程的环境伦理考量，重视社会公平与环境伦理价值诉求的优先性，尤其是在推进城市经济社会发展的同时，如何最大程度地避免它对环境的负面影响，使环境保护和城市发展合理统一起来，这也是摆在我们面前的一项紧迫而具有重大现实意义的两难课题。

第三，城市规划与环境伦理两种学科理论发展与创新的需要。

纵观世界城市规划学科的发展演变历程，规划学科与其他学科的交叉融合一直比较活跃，城市规划理论的日益丰富与借鉴包括人文学科在内的一些相关学科的理论成果是分不开的，如哲学、社会学、管理学、心理学、生态学等。尤其对于生态城市规划而言，其对象是区域或城市生态系统这样一个复杂的巨系统，包含社会、经济、环境、文化等子系统方方面面的问题，其中的各种关系盘根错节，互为因果，更需要多学科的交叉和融合。美国城市社会学家萨斯基娅·萨森（Saskia Sassen）认为，从历史角度看，今天的建筑师、工程师和规划者都掌握了很多环境技术，“但最终的决策取决于各方面考虑的结合”。[1]

在城市规划领域引入环境伦理学的理念与规范，对于从整体上或宏观、综合的角度应对目前城市生态危机的作用不可低估。因为，作为一种重要的应用伦理学分支学科的环境伦理，能够用综合性的哲学智慧思考当前城市建设面临的重大问题，指导规划价值选择与规划制度改革，为城市环境保护实践提供可靠的道德基础和伦理支持，这是偏重于对城市局部或某一问题的微观层次之研究的实证学科所欠缺的地方。“生态伦理思想在城市规划中的应用拓宽了原来学科交叉的视野，使学科交叉更加广泛，增强了精神层面学科的道德属性，使规划理论更加多元化。

1 李振宇，张萌．走向“有法无式”的可持续发展之路——2007 Holcim可持续建筑论坛评述［J］．建筑学报，2007（8）：41.

这也是落实科学发展观，实现全面、协调、可持续发展的内在要求”。[1] 对于环境伦理学自身的学科发展而言，将环境伦理的基本理念向一些与社会发展联系紧密的实践性学科渗透，使之对社会各个层面都能够起到积极的作用，这既是环境伦理实践品性的需要，也是环境伦理建设的成功之路。甘绍平指出：“我们需要生态伦理学，但绝不能仅仅停留在抽象的理论论证层面，而必须通过跨学科的努力，借助于生态经济与生态政治的措施，才能真正实现我们的目标。”[2]

需要补充的是，重视环境伦理在社会经济与政治中的应用，除了借助于生态经济与生态政治的措施，还需要借助于生态城市规划与生态城市建设的措施。

（二）生态城市建设应遵循的环境伦理原则

随着城市生态环境的普遍恶化以及人们环保意识的增强，建设生态城市成为当代城市发展的一种新的模式与理念追求。生态城市（eco-city, ecological city）与绿色城市、可持续城市含义相近，是当代城市规划界的热门课题之一。从20世纪70年代生态城市的概念正式提出至今，世界各国对生态城市的理论进行了持续不断地探索和实践。

1971年10月，在联合国教科文组织第16届会议上“人与生物圈”（MAB）第11项计划“关于人类聚居地的生态综合研究”中，首次提出了生态城市这一概念。1984年MAB的报告还提出了生态城市规划的五项原则：即制定生态保护战略、建立生态基础设施、重建居民生活标准、保护历史文化和将自然融入城市。20世纪80年代以来，国内外不少学者对生态城市的内涵提出了各自的看法。有学者对国内外众说纷纭的各种生态城市定义进行了总结与述评，提出对生态城市的理解主要包括四种理论，即结构与功能协调论（生态城市是结构合理、功能高效、关系协调的理想人居环境）、生态足迹论（把生态城市看作全球或区域生

1　李王鸣，应云仙. 生态伦理——城市规划视角纳新［J］. 城市规划，2007（6）：30.
2　甘绍平. 应用伦理学前沿问题研究［M］. 南昌：江西人民出版社，2002：174.

态系统中分享其公平承载能力份额的可持续子系统）、健康理论论（把生态城市当成一个追求城市生态系统健康的城市）和城市复合生态系统论（生态城市是一个由社会、经济和自然三个子系统构成的复合生态系统）。[1]也有学者将生态城市理论概括为环境说、理想说和系统说三种学说。环境说的主要观点是强调城市生态保护、居民生活、历史文化、交通、物种多样性等单项要素的良性发展；理想说的主要观点是认为生态城市是技术与自然充分融合、人的创造力和生产力得到最大限度发挥、居民的身心健康和环境质量得到最大限度保护的一种人类理想栖境；系统说则认为生态城市是自然和谐、社会公平和经济高效的复合生态系统，强调三者的互惠共生和相互协调。[2]

以环境伦理学的整体视角来看，不能把生态城市建设仅仅视为一个技术过程，而要认识到生态城市的内涵涉及多方面的内容，如人文、经济、社会和文化等多方面的因素。王如松指出："生态城市的内涵远不是经济发达和环境优美，其根本宗旨在于树立统筹兼顾的系统观、天人合一的自然观、巧夺天工的经济观和以人为本的人文观，实现不同发展水平下城乡建设的系统化、自然化、经济化和人性化，推进和谐社会建设。"[3]英国建筑师理查德·罗杰斯（Richard George Rogers）认为，可持续城市的内涵除了生态方面的特征（如对生态的破坏降至最小、紧凑型城市形态）外，还表现在其他方面，如它是公正的城市（正义、食物、居住、教育、健康和希望得以公平的分配）、美丽的城市（艺术、建筑和景观激发人们的想象力，并振奋人们的精神）、创造的城市（开放性思维和实验精神调动着人力资源的潜质，并鼓励其对变化做出快速反应）、易于人际交往的城市（公共空间鼓励社区发展和便于人们在其中活动）、丰富多彩的城市（广泛的、互相联系的活动创造生命力和灵感，并且培育生动的公共生活）。[4]

1　杨彤，王能民，朱幼林．生态城市的内涵及其研究进展［J］．经济管理，2006（14）：90-94.

2　赵清，张珞平，陈宗团，等．生态城市理论研究述评［J］．生态经济，2007（5）：156.

3　王如松．生态安全·生态经济·生态城市［J］．学术月刊，2007（7）：10.

4　［英］理查德·罗杰斯，菲利普·古姆齐德简．小小地球上的城市［M］．仲德崑，译．北京：中国建筑工业出版，2004：167.

可见，生态城市的内涵是极其丰富的，可以从不同的视角、不同的层面来理解它。尤其要强调的是，对生态城市的理解应注入以环境伦理为核心的价值内涵，并伴随一系列深刻的伦理观念的创新，从而为生态城市建设奠定环境伦理学的思想基础。具体而言，生态城市建设主要应遵循以下三项环境伦理原则。

第一，城市生态共同体和谐原则。

城市生态共同体和谐原则是一种非人类中心主义的城市环境伦理观，它反对仅仅根据人类的需要和利益来评价和安排城市，或以人类的利益作为衡量城市生态环境好坏的唯一尺度，它要求确立以维护城市生态平衡为取向的生态整体利益观，以人与自然共同体的视野和角度来规划城市，把伦理关怀的对象从人类扩展到整个城市生态系统。

城市决非远离自然的纯粹人工构筑物，而是人与自然紧密联系的复合生态系统，人只是城市生态共同体中具有最高主体性的成员，而不是城市共同体的唯一主人。城市中的其他生命、其他自然物等城市共同体的成员，对生态系统的平衡与协调都发挥着不可替代的作用，也应受到尊重，纳入伦理关怀的对象范畴，人类的行为要符合包括人类自身在内的整个城市生态系统的整体利益，人类的发展不能威胁到自然的整体和谐和其他物种的生存。其实，对城市中自然的内在价值的肯定，并不会导致否定城市生态系统对城市发展的工具性价值。相反，对城市自然内在价值的认识与承认，将警醒人们思考自己的发展行为，学会在社会发展、城市建设中摆正自己在自然界中的位置，并清醒地认识到人类自身发展对城市生态系统应尽的管理者、维护者的责任和义务。景观生态规划的奠基人伊恩·伦诺克斯·麦克哈格（Ian Lennox McHarg）在其著作《设计结合自然》中表达了类似的价值观。他认为，自然环境和人是一个整体，人类依赖于自然界而生存，城市空间的创造必须“自然地”利用自然环境，将对自然环境的不利影响减小到最低程度。他说：“无论在城市或乡村，我们都十分需要自然环境。为使人类能延续下去，我们必须把人类继承下来的，犹如希腊神话里象征丰富的富饶羊角（cornucopia）一样，把大自然的恩赐保存下来。显然，我们必须对我们拥有的自然价值有深刻的理解。假如我们要从这种恩赐中受益，为勇士们的家园和自由人民的土地创造美好的面貌，我们必须改变价值观。”[1]

第二，城市环境正义与代际正义原则。

人与自然的关系并不是抽象的和孤立的，它只能在人与社会关系的展开过程中得以实现，并与各种社会问题密切相关。当今世界的环境问题，表面上反映出人与自然关系的失调，但更深意义上越来越反映出人与人之间社会关系的失调，这已成为一些城市和地区环境利益冲突和环境问题日益加剧的重要原因之一。

有关环境正义与代际正义问题本书前面已有阐述。生态城市建设视域下的环境正义原则，主要针对的是城市区域和城市群体层面上的环境正义问题。城市区域层面的环境正义关注两方面的问题，一是在环境利益分配时城市污染不断向农村转移和扩散、使农村或乡镇的环境状况不断恶化的不合理现象；二是城市内部不同区域之间在获得环境利益与承担环保责任上的不协调现象。城市群体层次上的环境正义，强调的是城市政府和城市规划政策在环境利益分配方面，应使全体城市居民都能够得到公平对待并参与环境决策过程。“公平”意味着对于城市中的任何群体，不论是强势群体还是弱势群体，都不应当不合理地承担由工业、市政、商业等活动以及地方政府环境项目与政策实施所带来的消极环境后果。“参与”意味着城市居民有权利、有机会参与到将影响其环境或健康的城市规划和建设项目的决策过程中，同时，在决策过程中应当充分考虑他们的意见。总之，作为一种用社会公平价值观来解决城市环境社会问题的价值取向，环境正义观应成为指导生态城市建设的基本价值原则。

生态城市建设视域下的代际正义原则，主要体现为三个准则要求：一是责任准则。这里的责任概念专指当代人对后代人的前瞻性、关护性伦理责任。环境伦理强调，环境权不仅适用于当代人类，而且适用

1 ［美］伊恩·伦诺克斯·麦克哈格. 设计结合自然［M］. 芮经纬，译. 天津：天津大学出版社，2006：10.

于子孙后代。因此，如何确保子孙后代有一个适宜的生存环境，是当代人责无旁贷的责任。二是节约准则。总体上看地球可供人类利用和开发的资源是有限的，所以人类在自然资源的利用与开发上，应奉行节约原则，节制高效地使用现有的资源，节俭地进行生产和消费。三是慎行准则。主要指当我们采取一项旨在改变和改造自然的规划时，不能仅仅关注经济效益和技术可行性等因素，还要在项目决策和规划设计阶段充分考虑其对后代人可能带来的生态负担和环境后果，尽量谨慎行事，预防和避免当代人的行为给后代人的生存与发展造成损害。

第三，尊重城市文化多样性原则。

澳大利亚学者琼·哈瓦奇斯（Jon Hawkes）指出："正如生物多样性是生态可持续性的重要组成部分一样，文化多样性对社会可持续发展至关重要。不同的价值观不应该仅仅因为宽容而受到尊重，而是因为我们为了生存必须拥有多样化的观点，以适应不断变化的境况而迎接未来。"[1]文化多样性之所以是生态城市建设的重要原则之一，就在于城市文化多样性既是城市文明进步的动力，也是城市保持活力的命脉以及城市可持续发展的源泉。如同生物多样性对物种的保存和对人类的生存具有重要意义一样，城市文化多样性对于城市文化的健康发展以及生物维度的可持续发展也有着举足轻重的意义。联合国教科文组织在《文化多样性与人类全面发展——世界文化与发展委员会报告》中指出："世界各地环境条件的恶化已经引起了国际社会的广泛关注。大量的发展项目都试图解决这一问题，但是许多办法并不成功。失败的原因之一便是没有重视环境管理的文化维度。"[2]

现在许多学者开始重新思考生态环境与文化背景的关系，尤其是本土知识、传统经验与环境保护的关系。本土知识和传统经验不仅指人

1 Jon Hawkes. The Fourth Pillar of Sustainability. Culture’s Essential Role in Public Planning［M］. Common Ground Publishing Pty Ltd，2001：14.

2 联合国教科文组织世界文化与发展委员会. 文化多样性与人类全面发展——世界文化与发展委员会报［M］. 张玉国，译. 广州：广东人民出版社，2006：137.

类代代相传的实践经验，也指本土化的价值观念系统，它们往往能够较好地利用自然与历史的馈赠，成功适应不断变化的自然环境，使人与自然保持一种动态的平衡关系。美国学者丹尼尔·A·科尔曼（Daniel A. Coleman）认为，“尊重多样性意在强调，各不相同的地区千差万别的生活经历理应导致全球范围内多姿多彩的文化经历和各具特色的生活方式。尊重多样性与尊重某一特定生态系统独有的自然特征是并驾齐驱的。历史地看，人类各种文化往往都能很好地适应，并且有力地促进其周围环境的稳定与活力”。[1]

实际上，不可能有一个标准化的、千篇一律的、通用型的生态城市发展模式，只有与不同城市文化相适应而“和而不同”“各美其美”的可持续发展模式。美国学者安德鲁·巴斯亚哥（Andrew Basiago）以巴西库里蒂巴（Curitiba）、印度的喀拉拉邦（Kerala）和墨西哥的纳亚里特州（Nayarit）为例，说明了这些发展中国家的城市，正是基于各自独特的文化模式而形成了特色不同、路径不同的可持续发展策略，从而使得经济可持续、社会可持续和环境可持续性之间得以有机整合。[2]生态城市建设呈现的是一种经济发展与自然共存，生物多样性和文化多样性共生的格局，是多样化文明要素能够和谐互动的有机模式。

现代非人类中心主义的环境伦理思想，尤其是环境整体主义思想，一方面强调尊重自然生态的完整性和内在价值，珍惜并努力维护生物的多样性，同时也强调，“共生共荣”的当代环境伦理理念，不仅适用于人与自然之间的“共生共荣”，而且也适用于不同文化形态之间的“共生共荣”。因此，当代环境伦理强调尊重不同文化之间的多样性和差异性，这是城市文化反映生态文明特征的重要方面。就生态城市的发展与建设而言，应根据多样性原则，既面向未来同时又尊重历史，重视对地方性或地域性特色的理解与正确诠释，使不同地域、不同历史文化背景

1 ［美］丹尼尔·A·科尔曼．生态社会的价值观［M］．梅俊杰，译//杨通进，高予远．现代文明的生态转向．重庆：重庆出版社，2007：383.

2 A. D. Basiago. Economic，Social，and Environmental Sustainability in Development Theory and Urban Planning practice［J］. Environmentalist，1999（19）：145.

下的生态城市呈现多样化、异质化和本土化的特性。

综上，作为城市规划与伦理学交叉研究领域的城市规划伦理，一方面要分析城市规划与伦理的内在关联，阐明城市规划的价值目标，提出城市规划的伦理原则；另一方面要从一定的伦理原理和伦理准则出发，对城市规划从业人员的职业伦理进行研究。本书对此进行了初步探讨，从伦理维度回应了“什么是一个好的城市规划”这一重要命题。

附录　建筑伦理参考案例[1]

1　本书在阐述观点的过程中，已涉及对相关建筑伦理案例的分析，如第四章北京国家大剧院案例，第六章北京故宫案例、东汉武梁祠壁画案例、巴黎圣母院案例、巴士底狱案例、柏林新总理府案例、德国国会大厦案例；第七章美国建筑师学会（AIA）伦理守则案例、日本建筑师坂茂案例、智利建筑师亚历杭德罗·阿拉维纳案例、美国建筑师塞缪尔·莫克比案例、我国台湾建筑师谢英俊案例、我国建筑师童寯案例、美国土木工程师协会（ASCE）伦理章程案例、武汉市汉口景明大楼案例、上海外白渡桥案例、工程师举报广州地铁三号线工程验收造假并存在安全隐患案例、加拿大麦克马斯特大学“工程师之戒”（The Iron Ring）案例；第八章河南新郑市国家级森林公园始祖山“华夏第一祖龙”工程风波案例、青藏铁路工程案例、印度建筑师查尔斯·柯里亚、马来西亚建筑师杨经文、越南建筑师武重义和我国建筑师王澍的生态建筑实践案例、天津滨海新区“8.12”大爆炸事故等。以上所例举的案例共计26个，在附录中不再单列。

案例1：密斯的玻璃房子

现代建筑大师密斯·凡·德·罗（Mies der van Rohe）有句被无数建筑师奉为经典的名言："少即是多"（Less is more）。这一理念在1951年落成的范斯沃斯住宅（Farnsworth House）上体现得淋漓尽致。这栋深藏于森林深处的房子，钢结构建筑表面完全被玻璃覆盖，以其极端的纯粹性，成为充满争议的不朽之作，也有人称之为是"建筑史上最美丽的错误"（附图1）。

1945年在美国芝加哥，42岁的独身女医生艾迪斯·范斯沃斯（Eddis Farnsworth）在伊利诺伊州美丽的福克斯河畔买了块地，想找一位建筑师帮她盖一栋度假小屋。一次在朋友的家庭聚会中，范斯沃斯与建筑大师密斯相遇并相识。于是，她邀请密斯帮她设计这栋度假别墅。据说当两人一起去看那块距离芝加哥约60英里的基地时，密斯认为，如果能盖一栋可以欣赏周围美景的房子一定很棒，于是立刻想到了盖一栋玻璃房子。同时他也可以借此建筑实验他所谓"少即是多"的极简主义理论，以及"流动空间"的设计手法。

附图1 范斯沃斯住宅冬景（Farnsworth House）
（来源：http://ca.wikipedia.org/wiki/Ludwig_Mies_van_der_Rohe）

这栋房子也的确将密斯所奉行的极简主义精神和流动空间手法发挥得淋漓尽致。这个建筑是一个长方形的玻璃盒子，基地占地9英亩，四面都以大片玻璃取代阻隔视线的墙，袒露于外部的钢结构均被漆成白色，整个建筑通透而明亮。人在屋子中可以欣赏春天的翠绿、夏日的葱郁、秋天的金黄和冬日的白雪。总之，可以将四季美景尽收眼底，让住宅与周围田园诗般的环境完美结合在一起，这是一栋名副其实的“看得见风景的房间”。

整栋住宅内部约200平方米的空间没有采用任何固定的分隔，仅设计了一个小小的封闭区域，把浴室、厕所这些必须要封闭的设施放在里面，而其他地方包括卧室则全部敞开，从而使建筑呈现一种诗意的几何结构的空间流动之美（附图2）。

这栋建筑没盖好之前就引起了不小的轰动。来自各地的学生、建筑师、观光客络绎不绝，将这栋建筑的工地当成现代建筑的朝圣之地。与此同时，范斯沃斯与密斯的矛盾也日益加深。主要原因一则是因为工期拖得很长，预算却一再追加，二则因为范斯沃斯觉得这栋房子太不实用

附图2 范斯沃斯住宅的内部空间
（来源：http://www.somponet.com/hot-ludwig-mies-van-der-rohe-farnsworth-house-floor-plan/）

了。例如，整个室内除了卫生间有墙，其他地方通通一览无遗，连衣橱也省了，这对女人而言显然是不能想象的。她要求密斯修改，但密斯却一口回绝。

经过四年的工期，玻璃房子终于在1951年竣工，但这时他们之间的关系已形同陌路。而且，整个住宅费用高达74000美元，几乎是当初协议的两倍。其实房子盖到一半时，范斯沃斯就发出信函要求停工，否则她不付钱，但密斯仍旧继续盖下去。等房子盖好后，范斯沃斯坚决不认账，密斯于是告到法院，她不甘示弱也反告密斯，两人对簿公堂，轰动一时。最后，密斯虽然赢得了官司，但此后再也无缘重见自己的杰作。

该建筑完成之后，建筑界一片叫好声。但是，屋主范斯沃斯却不喜欢。她觉得新住宅剥夺了她的个人隐私，好像赤裸裸地暴露在自然中。有人戏称，想看女医生睡觉或吃饭的朋友们，请到草地上集合。1953年《美丽家居》（*House Beautiful*）杂志在第4期刊出一篇有关范斯沃斯的专访，这篇文章写道："一位高学历的女士花费70000美元建造了一座一室住宅，最终发现这座住宅只是一座支架上的玻璃笼子。"范斯沃斯说，密斯就像个独裁者，强迫她过着共产的生活："如果你完全不能有私人空间和物品，那不是共产是什么？"她还说：

事实上在这座四面都是玻璃的住宅中，我感觉我就像是一个徘徊的动物，永远处于警惕的状态。即使在晚上我也不能安眠。我感觉每天都处于警备状态，几乎不能放松和休息……

另外，我还不能在我的水池下面放置一个垃圾桶。你知道为什么吗？因为在外面的路上，你可以看到建筑中的整个“厨房”，因此放置垃圾桶会“破坏它的外观”。所以我只能将垃圾桶放在远离水池的壁橱中。密斯就是这样解释他的“自由空间”的，但实际上他的空间却必须是固定不变的。我甚至不能在不考虑外观如何的情况下在我的房子中放置一个衣架。任何家具布局的改变都会成为问题，因为整个住宅就是透明的，就像一直处在X光下一样。[1]

同时，对居家而言，这栋建筑还有一个致命的缺点，即容易被淹（附图3）。当初，密斯考虑到了这个问题，用8根钢立柱把基地架高，离地超过五英尺，同时设置另一个平台作为缓冲。然而，住宅附近的狐狸

附图3　容易被淹的范斯沃斯住宅
（来源：http://37.media.tumblr.com/）

1　转引自：Nora Wendl．性与房地产：密斯与范斯沃斯住宅背后真正的故事［J］．杨冪，译，ArchDaily，2015（11）．

河，冬季泛滥时经常涨到10英尺以上。后来购得这栋住宅的英国商人在1996年就遇到一场暴雨，暴雨重创了玻璃房子，花了50万美元才将它修复，比起当年盖这栋房子所花的钱足足多了七倍。

20年后，范斯沃斯把她的“玻璃房子”以高价卖给了英国地产开发商彼得·帕伦博（Lord Peter Palumbo）。帕伦博接手后将房子重新整修。2003年，由于帕伦博健康状况不佳，又出现财务问题，于是，他委托苏士比公开拍卖这栋房子。2003年12月12日，拍卖从350万美元起标，价格越喊越高，最后美国“国家文物保护信托基金会”、伊利诺伊州古迹保存协会和“范斯沃斯住宅之友”团体，共同赢得了对这栋建筑的750万美元以上的投标，让它继续留在原地。如今，这栋住宅已改成博物馆。

以上便是围绕范斯沃斯住宅所发生的耐人寻味的故事。毋庸置疑的是，在建筑艺术世界中，美丽的范斯沃斯住宅已被载入史册，成为建筑教科书专业实践的优秀范例。但从建筑伦理的视角来看，围绕这栋住宅却引发了一些建筑伦理问题。

— 讨论 —

- 建筑师是否有权忽视委托人或客户的意愿与感受，追求自己的专业理想与美学趣味？
- 建筑师设计房屋时是否应该以使用者为本？
- 建筑师如何平衡自身的艺术追求与房屋使用者实用方便的要求？
- 如果伟大艺术的存在是为了挑战，有时拒绝可能的舒适，那么建筑——必须把这些事物考虑在内的建筑——能成为伟大的艺术吗？[1]

1 ［美］保罗·戈德伯格．建筑无可替代［M］．百舜，译．济南：山东画报出版社，2012：39.

范斯沃斯住宅从很大程度上实现了密斯的专业理想，是他的建筑理念的一种试验性产品。在这方面，无疑密斯取得了极大成功。但是，建筑毕竟不是纯粹的艺术品，尤其对住宅建筑而言更不能忽视其使用功能，不能漠视使用者的日常生活需求。这栋建筑的确太不实用了，不仅缺乏隐私性，易受洪水侵袭，而且由于钢和玻璃结构难以保温，致使这栋房子冬冷夏热，很不宜居。陈喆在评价这栋建筑时说："从美德伦理的角度看，美德是评价一切行为的终极标准，从单一的向度看，富有创造性的建筑设计作品，比之平庸的设计，更符合专业发展的方向。但以美德的终极标准而言，建立在委托人利益牺牲基础上的专业创新（特别是未经委托人认可的创新）应是不道德的。"[1]显然，范斯沃斯住宅并不完全符合建筑美德要求，为了美观，为了建筑师个人的专业理想和审美趣味，牺牲了使用者的实用需求，即艺术性与功能性、舒适性成为一个零和游戏时，虽然该建筑仍是伟大的艺术作品，但显然从伦理上评价是有缺陷或有局限性的。正如保罗?戈德伯格所说："当建筑成了艺术，它并没有逃避务实的责任，人们不应原谅它们实际存在的缺陷，至少不能完全原谅。"[2]

【相近案例】柯布西耶的萨伏伊别墅

建筑大师柯布西耶于1929年完工的萨伏伊别墅（Villa Savoye）（附图4），虽然是现代主义建筑的经典作品之一，其建筑美学启发和影响着无数建筑师，但房主在使用方面却面临与密斯的玻璃房子类似的问题。[3]萨伏伊夫人（Eugenie Savoye）在这里住了十几年后还认为这个房子无

---

1 陈喆．建筑伦理学概论［M］．北京：中国电力出版社，2007：126.

2 ［美］保罗·戈德伯格．建筑无可替代［M］．百舜，译．济南：山东画报出版社，2012：35.

3 需要说明的是，柯布西耶设计的萨伏伊别墅，虽然其业主即萨伏伊夫人一家认为这个住宅有漏雨等不适用的问题，但柯布西耶在设计理念上一方面体现了自己著名的"新建筑五点"（柱子支撑、屋顶花园、自由平面、横向长窗和自由立面），另一方面如同罗伯特·文丘里所评价的那样，他与密斯不同，并没有忽视住宅建筑内部功能需要的复杂性，因而能够一方面坚持自己的设计法则，同时又善于妥协，以适应空间的特殊需要，"它（萨伏伊别墅）的内部法则适应住宅的多种功能、家庭尺度和私密感固有的部分神秘性。它的外部法则以一种适当的尺度表现了住宅观念的统一"。（［美］罗伯特·文丘里．建筑的复杂性与矛盾性［M］．周卜颐，译．北京：知识产权出版社，中国水利水电出版社，2006：70.）

法居住，因为屋顶经常漏雨，混凝土墙面的住宅在雨天会变得十分潮湿，坡道和车库的墙壁也会湿透。在设计该幢别墅时，为了推广其新的建筑语汇，柯布西耶做了个平屋顶（附图5）。他向萨伏伊夫人保证，平顶造价更低，更易于维修且夏天更凉爽，甚至建议萨伏伊夫人在上面做体操。

然而，萨伏伊一家搬进去一周后，这个平屋顶就开裂了，大量漏

附图4 柯布西耶设计的萨伏伊别墅（Villa Savoye）
（来源：http://www.ecomanta.com）

附图5 柯布西耶设计的萨伏伊别墅屋顶空间
（来源：https://c1.staticflickr.com/7/6027/5886601559_0981cba443_b.jpg）

水，导致萨伏伊夫妇的儿子罗歇得了肺炎，之后疗养了近一年才康复。此后六年内，该住宅多个房间都出现了严重的漏水问题。萨伏伊夫人在1937年警告柯布西耶："您的职业操守危如累卵，我也没有必要付清账单了。请马上改造得可以居住。我真诚地希望我不至于必须采取法律行动。"[1]

由于当时恰逢第二次世界大战爆发，萨伏伊一家撤离巴黎，遗弃了此别墅，柯布西耶才幸免于因美仑美奂而又漏雨连连的萨伏伊别墅而坐上被告席。

案例2：让人处于中心地位：阿尔瓦·阿尔托帕米欧肺病疗养院[2]

芬兰现代建筑大师、人情化建筑理论的倡导者阿尔瓦·阿尔托（Alvar Aalto）最成熟的功能主义作品是帕米欧肺病疗养院（Tuberculosis Sanatorium at Paimio）。这个建成于1933年的作品，确立了他在现代建筑运动中的独特影响力。正如美国建筑史家肯尼斯·弗兰姆普敦（Kenneth Frampton）所说："阿尔托终生为满足社会和心理准则所做的努力使其成功地有别于20世纪20年代较为教条的功能主义建筑师。"[3]

帕米欧肺病疗养院坐落在一片冰碛山丘区域的中部，依地势起伏铺开，与周围环境和谐统一。最前排是病房，共七层，朝南略偏东，每间病房住两人。公共走廊则朝北。东端是日光室和治疗区，朝向正南，与主楼成一定角度。主楼屋顶是平屋顶，一部分作为花房。第二排建筑高四层，为了不受前排的光线遮挡，不与主楼平行，其一层为行政区，二、三层为医院，四层是餐厅和文娱阅览室。第三排是单层，设有厨

1　转引自：［英］阿兰·德波顿．幸福的建筑［M］．冯涛，译．上海：上海译文出版社，2007：63.

2　该案例参考了《中国建筑报道》对帕米欧结核病疗养院的介绍，http://www.archreport.com.cn/，2015年8月30日登陆。

3　［美］肯尼斯·弗兰姆普敦．现代建筑：一部批判的历史［M］．张钦楠，等，译．北京：三联书店，2004：223.

房、锅炉房、备餐间和仓库等。整体采用钢筋混凝土框架结构，线条简洁（附图6）。

阿尔托对人性需要的体贴在帕米欧肺病疗养院的室内空间设计中得到了淋漓尽致的体现，每个病室都有良好的光线、通风、视野和安静的疗养气氛（附图7）。北欧冬季漫长，日照短暂，令人感觉压抑。因此，室内采用大尺寸的顶部圆筒形照明孔，一方面是能够引入日光的天窗，另一方面是黑夜时的人造光源。把日光与人造光源归于同一顶部来源，给人在心理上造成太阳似乎未落的感觉。在通风方面，疗养院病室有着开敞的窗户，便于自然通风。对于病人来说，自然通风可以带来新鲜空气，这对肺病患者的治疗而言是极为重要的。除此之外，对于病房的布置，阿尔托不仅仅考虑了环境控制，还考虑了易识别性和私密性。

阿尔托认为，治疗环境是医生和建筑师共同作用的结果，他们都对

附图6　帕米欧肺病疗养院主楼

（来源：http://www.mimoa.eu/projects/Finland/Paimio/Paimio%20Sanatorium/）

附图7　帕米欧肺病疗养院室内（金秋野摄）

治疗起直接的作用。因此，在设计中，每一个细部处理都从环境与生活出发，尊重医生的意见和心理学的研究成果。例如，他在设计帕米欧椅时，没有按照工业生产的标准或者单纯出于审美的要求，而是从如何使病人的呼吸更顺畅、更舒服的角度来设定椅子的弯曲程度，"阿尔托显然对物体与使用者身体的相遇更感兴趣，这远远胜过视觉的美学"。[1]

1956年，在意大利的一个演讲中，阿尔托如此描述帕米欧疗养院："建造这座建筑的主要目的是作为治疗的工具。治疗的基本条件之一是有一个完全安静和平的环境……房间的设计完全考虑到病人的感受：顶棚的颜色温馨；布置灯光照明时，避免病人在卧床时产生眩目；在顶棚上设置暖气；自然风通过高窗进入室内；水从水龙头里流出时没有噪声，确保不会影响到隔壁。"[2]

1 ［芬兰］尤哈尼·帕拉斯玛．肌肤之目——建筑与感官（原著第三版）[M]．刘星，任丛丛，译．北京：中国建筑工业出版社，2016：84.

2 《中国建筑报道》对帕米欧结核病疗养院的介绍，http://www.archreport.com.cn/show-6-3138-1.html，2015年8月30日登陆。

— 讨论 —

- 阿尔托的帕米欧肺病疗养院为什么是一座好建筑？它完美诠释了建筑伦理的哪个基本原则？

关怀人的生理与心理等多方面的需求是建筑师创作成功的一个必要条件。阿尔托为了完成一个让肺病疗养者感到愉悦舒适又有助于促进其康复的环境，可以说方方面面无所不用其极，完美诠释了建筑伦理的人本原则。美国学者查尔斯·詹克斯（Charles Jencks）说："国际风格最为适当、最为成功的应用是医院，也偶尔用于德国、芬兰和瑞士的工人住宅。户外的公共街区置于松树丛中，给予患者以有益健康的自然景观，建筑物细腻的局部处理和精心的建设，使得帕米欧疗养院从一种机构形象变成了传奇般的现实。"[1]

案例3：山崎实"被炸毁的房子"

美国建筑评论家查尔斯·詹克斯（Charles Jencks）在《后现代主义建筑语言》（*The Language of Post-Modern Architecture*）一书中写道：

"现代建筑于1972年7月15日下午3时32分在美国密苏里州圣路易斯城死去——。"

詹克斯之所以这样说，是因为日裔美国建筑师山崎实（Minoru Yamasaki）于1954年设计的普鲁伊特—伊戈居住区（Pruitt Igoe）在这一天被圣路易斯市政府炸毁（附图8）。这一天也被詹克斯宣布为现代主义时代的终结，代表国际主义设计的终结和后现代主义的兴起。

1949年，在"二战"后房荒的大背景下，美国政府重启1937年住房法中的"公共住房计划"，主要通过提供联邦资金用于城市更新和清除

1 ［美］查尔斯·詹克斯．现代主义的临界点：后现代主义向何处去？［M］．丁宁，许春阳，等，译．北京：北京大学出版社，2011：57.

贫民窟。1951年，山琦实接受了圣路易斯市的委托，为2800户低收入人群设计一批住宅，这是美国最大的公共住房项目之一。

山琦实以现代主义建筑的理想与实用准则，使用简单的工业材料，展现了朴实无华的功能主义特征。1956年，33栋11层的平顶公寓楼全部竣工（附图9）。普鲁伊特—伊戈居住区获得了包括美国建筑师论坛杂志“年度最佳高层建筑奖”等诸多建筑奖项。

山琦实在设计中可以说心里一直装着住户。考虑到高层楼房可能会让人们失去原来的邻里交流空间，人与人之间的关系会变得冷漠，于是他设计了许多旨在促进社区感的公共空间，因而在建筑界受到瞩目。例如，所谓的“隔层电梯”（skip-stop elevator）设计，即每隔两层楼电梯才会停留一次，这样有大约三分之二的住户必须往上或是往下走一层楼梯，才能到达自己居住的楼层。他认为这样的设计有助于人们绕路走楼道的时候，多出交流的机会。山琦实还设计了宽敞的进出走廊，并且每三层楼都设计了一条“空中走廊”，在走廊两侧还设置了屏障。他遥想的未来图景是：儿童在这里嬉戏，母亲们则可以在此聚会聊天。在他的一张设计效果图上，宽阔的走廊上，点缀着绿色植被，一位优雅的白人女性漫步其中，而一辆婴儿车停在旁边。

然而，建成使用后的实际情形却让建筑师始料未及。这些户型单一、风格单一的建筑，其高度简约的风格，似乎象兵营一样单调冰冷。众多无名的空间——一眼望不到头的走廊，设置于广场上无保安的大楼入口，山崎实精心设计的内部空间细节，几乎都被用作意想不到的用途：两层共享一个电梯口的长长楼道，原本为邻居们增加见面机会之用，现在却方便了犯罪分子抢劫住户；设计师认为充满人文关怀的“空中走廊”变成了黑暗无人的巷道、死角，反而为抢劫、吸毒、强暴等恶行提供了温床。此外，由于修建该住宅区时，公共部门不断压低预算，使得这些住宅的用材和细节方面存在各种先天质量问题，后期管理维护极其困难。

因此，当住户们享受这片高层廉价房的喜悦之后不久，大批的最初住户就开始搬离，慢慢地，它变成了令人绝望的高犯罪率危险社区。

附图8 普鲁伊特—伊戈居住区（Pruitt Igoe Housing Projects）于1972年7月15日被炸毁
（来源：http://www.stltoday.com）

附图9 建成不久的普鲁伊特—伊戈居住区
（来源：https://www.theguardian.com/cities/2015/apr/22/pruitt-igoe-high-rise-urban-america-history-cities）

附图10　逐渐空置、荒废的普鲁伊特—伊戈住宅
（来源：http://photos.mycapture.com/STLT/1045829/30696171E.jpg）

1971年，可容纳15000人的项目，17幢楼里住了600人，另外16幢楼则空置（附图10）。为了将普鲁伊特—伊戈住宅营造成适宜居住的地方，圣路易斯市政府投入了数百万美元并召开了大量会议，制定了一系列特别行动小组计划。1971年，最后的特别行动小组召集仍在此居住的全体居民开会，听取他们的意见。当时几乎所有居民的意见是："炸掉它！"1972年3月，圣路易斯市政府在花费500万美元整治无效之后，将这些已成为"不宜居住项目"的住宅区全部炸毁，山崎实和千万美国民众一起在电视中见到了自己的心血顷刻成了废墟。

普鲁伊特—伊戈住宅项目成为美国城市更新计划和公共政策规划失败的象征，被建筑学、社会学与政治学教科书广为援引。普鲁伊特—伊戈住宅项目的失败，其背后有复杂的社会学问题，比如种族问题、维护不善等住宅运营管理问题，而非单纯建筑师的设计问题，甚至建筑师的设计并非主因。但它的失败也引发了有关建筑伦理问题的一些思考。

— 讨论 —

- 本案例中建筑师按自己的意志和设想为住户设计了理想中的邻里生活，但为何使用者并没有按照建筑师的设计意图和预想的方式使用建筑空间？
- 现代主义的公共住宅设计在满足使用者的需求方面有哪些不足？

奥斯卡·纽曼（Oscar Newman）认为普鲁伊特—伊戈公共住屋失败的重要原因与设计有关，主要表现在建筑师把每一幢建筑作为一个完全独立的实体来加以考虑，而对于地面的功能性使用，以及每一幢建筑与它可能与其他建筑共享的空间关系则不加考虑。雅各布斯则认为，这体现了建筑师的闭门造车之害。[1]彼得·霍尔（Peter Hall）认为，这个项目的失败证明："柯布西耶及其门徒的罪过并不在于他们的设计，而是在于他们无意之中强加在别人身上的那份傲慢，而别人并不能接受，并且只要稍微想一想就会知道，永远不可能指望别人接受。"[2]李向锋认为，普鲁伊特—伊戈公共住屋的伦理问题是，虽然建筑师将自己的才能和同情贡献给需要救助的社会弱者，并且政府和相关部门也投入了大量人力和财力。但是它却是一个在权利伦理方面失败的例子。因为在现代社会，每一个公民都有决定自己如何生活的权利，建筑师可以给人们设计房子，但不能代人们设计生活。建筑是否可居最终的决定权在它的居民。建筑师仅仅从居民的部分社会需求出发，以简单的方式解决问题，最终的结果肯定还是要受到道德质疑的，虽然我们相信建筑师在设计中始终都充满善的情怀。[3]普鲁伊特—伊戈公共住屋案例也说明现代主义建筑设计较为忽视与使用者的对话与交流。如格罗皮乌斯认为，没有必要与建筑的使用者讨论，因为他们在这方面的心智未被开发

1　转引自：Peter Hall. 明日之城：一部关于20世纪城市规划与设计的思想史［M］. 童明，译. 上海：同济大学出版社，2009：270.

2　Peter Hall. 明日之城：一部关于20世纪城市规划与设计的思想史［M］. 童明，译. 上海：同济大学出版社：2009：272.

3　李向锋. 寻求建筑的伦理话语［M］. 南京：东南大学出版社，2013：60-61.

出来。[1]但这个项目的缺陷恰恰表明应与使用者沟通，以理解他们的真正偏好与愿望，并对此作出有效回应，否则使用者会用脚投票，抛弃建筑本身。

需要补充的是，这个项目的失败，全面引发了人们对现代主义设计的质疑，也反映出现代主义所提倡的功能主义原则的局限，由于它太注重效率，漠视地域和环境的特性，形式上只强调功能，否定装饰，因而给人感觉冷漠到如同监狱建筑一样。可见，由理性主义、行为科学和实用主义教条所堆砌而成的现代主义国际风格设计，无论是山崎实还是柯布西耶等现代主义者都相信这样的建筑可以让人过得更好，但普鲁伊特—伊戈项目则给这样的信念重重一击。现代主义建筑设计的败笔是对于人的隐私、个性、环境、身份、职业等细致的基本需求的漠然，从而忽略了建筑使用者的主体需求，面临着人性化丧失的困窘。

【相关案例】阿姆斯特丹DeFlat Kleiburg集合住宅改造项目[2]

2017年5月13日，密斯·凡·德·罗奖评委会宣布，2017年的密斯奖授予荷兰建筑事务所NL Architects 和XVW Architectuur在阿姆斯特丹DeFlat Kleiburg的集合住宅改造项目。

这一项目的获奖，让人们再次关注它所在的阿姆斯特丹东南郊Bijlmermeer——荷兰规模最大的集合住宅项目。20世纪五六十年代的荷兰，处于“二战”之后的发展建设期，由于大量房屋受战争破坏和战后婴儿潮出现，阿姆斯特丹面临严重的住房紧缺问题。在这样的历史背景下，Bijlmermeer大型住宅区应运而生。1968至1975年间，由荷兰建筑师

1　[英]马修·卡莫纳，史蒂文·迪斯迪尔，等. 公共空间与城市空间——城市设计维度[M]. 马航，张昌娟，等，译. 北京：中国建筑工业出版社，2015：28.

2　本案例来源：有方空间：《从2017年密斯奖看荷兰最著名住区的死与生》，2017年5月23日；城市设计AC建筑创作：《这个50年前建的、几乎被拆掉的老房子，拿下了今年的密斯奖》，2017年5月17日。https://tw.wxwenku.com/d/100329638；David McManus：Kleiburg: Amsterdam Apartment Building. https://www.e-architect.co.uk/amsterdam/kleiburg-apartments；胡莹：《今年拿下欧洲最重要建筑奖的房子，秘密从外面看不出来》，http://www.qdaily.com/articles/40809.html.

福普（Fop Ottenhof）设计的，蜂巢六边形平面架构的一幢幢高层住宅拔地而起，共计12500个住宅（附图11）。但是建成不久，Bijlmermeer整个片区的空置率就急剧上升，1974年，整个Bijlmermeer片区的实际入住率仅有30%，甚至当后期的高层正在建造之时，第一批入住的居民就已经搬离。从20世纪80年代中期开始，由于欧洲经济衰退，加之维护管理不善，这一集合住宅项目，如同普鲁伊特—伊戈住宅项目一样，问题丛生，沦落为低收入和弱势人群的聚集地。大量的住宅、停车场闲置，其公共空间成为犯罪、毒品交易场所，垃圾随处可见。

与普鲁伊特—伊戈住宅项目命运相似的是，这一集合住宅群被逐渐拆除。2002年时，Bijlmermeer片区"最终行动规划"（Fine Plan of Approach）方案通过，按照规划，2010年时地块内13个高层街区将近70%被拆除。获密斯奖的Kleiburg是一座400米长、11层高，有500个住宅单位的十层板楼，是该片区里唯一仍然保持着最初建成时功能的建筑单体。这幢大楼也曾一度面临着被拆除的命运。但是与普鲁伊特—伊戈住宅项目不一样的是，当地发起了一场改造竞赛，完成后，这个项目仍然主要为老年人、学生、低收入家庭和无家可归者提供廉价住房。最终，由NL Architects和XVW Architectuur 建筑师事务所组成的"De FLAT"设计联合体中标。

附图11　建成初期的Bijlmermeer，荷兰最大的集合住宅项目

（来源：https://tw.wxwenku.com/d/100329638）

De FLAT设计团队竞标时将自己的方案命名为 Klusflat，翻译过来就是“自己动手做”的意思。他们改造的目标是改变这座建筑住宅单元的一致性、单调性，将其差异化，让建筑成为适合人居住的空间。他们的具体策略是主要改造建筑的电梯、走廊和其他公共空间，公寓单元内部设计方面，将自主权交给了住户，一切由住户DIY，按照自己的喜好来改造，而且根据自身的实际需求，可以在水平方向或垂直方向打通，合并原有的住宅单元。设计团队做的另一处重大改变是使地面层入口区域转型为公共空间，既有日托服务中心，又有商店和其他工作空间，使以前建筑底层仅用作仓库的“死空间”被激活。另外，建筑原本拥有很多低矮的通道，建筑师将这些通道合并拓宽，一方面减少了犯罪的可能性，另一方面也增加了居民的交流空间（附图12）。

附图12　改造后的Kleiburg板楼
（来源：http://www.metalocus.es/en/news/）

这个项目已经成为有历史遗留问题的大型住宅区改造升级的榜样。密斯奖评委认为，这个项目的建筑理念是尽可能利用内部空间布局的灵活性、创造新的街道和景观边界，将大型街区转化为当代的居住建筑。这是一个既伟大又平实的建筑。

— 启示 —

阿姆斯特丹DeFlat Kleiburg集合住宅曾面临与普鲁伊特—伊戈公共住区相似的问题。但改造后的Kleiburg板楼之所以获得成功，一个重要的原因在于设计师将住宅的设计与改造视为一项具有包容性的社会过程，即由住户来决定他们想要的生活，而不是自上而下由设计师代言、替他们做出决定。好的设计、成功的设计是设计师与住房之间为了更美好的生活，依靠彼此的信任相互沟通和解决问题的过程。

案例4：维特根斯坦的“逻辑房子”

路德维希·维特根斯坦是20世纪最具开创性影响的现代哲学家之一。1918年完成《逻辑哲学论》后，他于1920年9月到奥地利的偏远乡村做了近6年的小学教师，后因故辞去教职后回到维也纳。1925年11月，维特根斯坦的姐姐格蕾特尔委托奥地利著名建筑师和建筑理论家阿道夫·路斯（Adolf Loos）的弟子保罗·伊格尔曼（Paul Engelmann）设计建造一座新住宅，该住宅位于格蕾特尔几年前在库德曼街（Kundmanngasse）所购买的地块上。

1926年夏天，维特根斯坦回到维也纳后，姐姐格蕾特尔邀请他与伊格尔曼合作，一起设计和建造新房子（附图13）。维特根斯坦对这件事表现出了极大兴趣，并耗费了两年时间专注于这幢房子的设计与建造。

其实，作为一个哲学家的维特根斯坦，独特之处是他一生都对机械和工程技术饶有兴趣。中学毕业后他曾就读于柏林夏洛腾堡的工业高等学校，学习机械工程专业，后又于1908年到英国曼彻斯特大学从事航空学研究。1913年至1914年间，维特根斯坦在挪威松恩峡湾旁的一个叫舒登的村子里居住时，为自己建了一所小屋，并曾打算把这所房子当作一处永久性的住所。

附图13　保罗・伊格尔曼与维特根斯坦共同设计的住宅草图
（来源：http://thinkinginsomniac.files.wordpress.com/2011/05/）

姐姐格蕾特尔新住宅的原始设计方案由伊格尔曼设计，维特根斯坦主要负责窗户、门、窗栓和暖气装置的设计。但是，正如伊格尔曼后来所坦承的那样："建筑师是他而不是我，虽然平面图他进入项目前已经弄好了，但我觉得最后的成果是他的作品，不是我的。"[1]伊格尔曼之所以这样说，可能是因为这幢房子从整体到最小的细节都高度体现了维特根斯坦的建筑哲学观和美学观。

维特根斯坦认为，建筑学与哲学最相似的地方在于，都是一种对自身的研究，一种对个人观察事物的方式的研究，[2]而他的建筑美学观

1 ［英］瑞・蒙克. 维特根斯坦传——天才之为责任［M］. 王宇光，译. 杭州：浙江大学出版社，2011：238.
2 ［奥］路德维希・维特根斯坦. 文化与价值［M］. 涂纪亮，译. 北京：北京大学出版社，2012：25.

则是崇尚简洁与比例之美。维特根斯坦对房屋内的比例和对对称的要求达到了无以复加的地步（附图14），他设计了一些鲜有用途的内墙，仅仅是为了和另外一堵内墙对称。[1]也正因为如此，荷兰学者保罗·维杰德维尔德（Paul Wijdeveld）在《作为建筑师的维特根斯坦》一书中说："维特根斯坦的净化（Purify）的澄清（Clarification）应该与那在建筑史中不止一次出现的古典化的潮流联系起来。这种澄清与那些古典化的建筑潮流一样，在某种'美的绝对准则'的指导下，抵制联结和装饰。"[2]

这幢房子的建造过程还体现了维特根斯坦对工程近乎苛严的一丝不苟和精益求精的要求。据说有一次一个锁匠问他："告诉我，工程师先生，这儿那儿的一毫米对你真这么要紧吗？"维特根斯坦毫不犹豫地打断他并回答："是的！"他的学生诺尔曼·马尔康姆回忆老师时曾说："他对精湛的技艺总是有一种敏锐的鉴别力，对于粗制滥造则表示真正道义上的谴责。他喜欢认为，应当有一些会坚持把手艺做到尽善尽美的能工巧匠，理由只在于，这是应该采用的工作方式 。"[3]

正是维特根斯坦对细节近乎严苛的追求，以及除去一切装饰的功能主义设计美学，成就了这幢建筑空间明晰、比例精当、如同优雅的精密仪器般的审美品质（附图15）。据说，这幢建筑几近完成之时，他要求将天花板抬高30毫米，以便房子能精确地符合他所要求的比例。

1928年12月这幢房子终于完工时，人们对维特根斯坦建筑作品的评价较为模糊。就其总体风格而言，它容易被划归现代主义建筑。芬兰著名哲学家冯·赖特（Von Wright）说："这座房子直到最小的细部都是他的作品，而且高度体现它的创作者的特色。他免除一切装潢，而以精确的测量和严格的比例为特色。他的美和《逻辑哲学论》的文句所具有的那种朴素文静的美是相同的"，"我以为不能把这所房子归于某种风格，但是水平屋顶和材料——水泥、玻璃和钢筋——使参观者想到了典型的

1 李磊，楼巍. 现代性与"原始生活"：维特根斯坦对建筑的澄清［J］. 自然辩证法通讯，2008（5）：15.

2 P.Wijdefeld. Wittgenstein，Architect［M］. London：Thames and Hudson LTD，1994：192.

3 ［美］诺尔曼·马尔康姆. 回忆维特根斯坦［M］. 李步楼，贺绍甲，译. 北京：商务印书馆，1984：77.

'现代'建筑物。"[1] 德国哲学家沃尔夫冈·韦尔施（Wolfgang Welsch）说："这座建筑是一个杰作，现代性最纯粹的建筑之一，完全体现着数学精神。"[2]的确，维特根斯坦的"逻辑房子"有着现代主义建筑的典型特征，如使用钢筋混凝土、玻璃和金属材质作为主要的建筑材料，建筑立面呈现简洁朴素的灰白色几何形（附图16）。

1971年，屋主玛格丽特的儿子想把这幢房子卖给一个房地产开发商。这一举动遭到了来自世界各地的建筑学家、艺术历史学家、哲学家的反对。现在，这个建筑成为维也纳的保加利亚大使馆文化研究中心，也是维也纳一处文化旅游景点。

附图14　维特根斯坦对房屋内的比例和对称要求达到了无以复加的地步
（来源：http://www.cloud-cuckoo.net/journal1996-2013/）

附图15　比例精确、明晰简单的建筑内部空间
（来源：《三联生活周刊》2013年10月第41期）

1 ［美］诺尔曼·马尔康姆．回忆维特根斯坦［M］．李步楼，贺绍甲，译．北京：商务印书馆，1984：9.
2 ［德］沃尔夫冈·韦尔施．重构美学［M］．陆扬，张岩冰，译．上海译文出版社，2002：161.

附图16 简洁朴素的灰白色建筑立面
（来源：维基百科）

— 讨论 —

- 建筑师设计房屋时应该如何以使用者为本?
- 如同逻辑般精确而让人感到冷冰的房子是否是适宜于人居住的好建筑?

维特根斯坦的大姐赫尔米勒评价这幢房子时说："即便我非常赞赏这栋房子，我始终知道自己既不想、也不能住在里面。确实，它看上去更像是神的居所，而不是我这样的小凡人的居所。起初我甚至不得不克服一种微弱的内心敌意——对我称之为'逻辑房子'的敌意，对这种完美性和纪念碑性的敌意。"[1]赫尔米勒的感觉不无道理。为了追求逻辑上的严谨，这个房子给人的感觉是如此的冷冰，房间的设计很少考虑作为普通人尤其是女性是否居住得舒适与温馨，正如瑞·蒙克（Ray Monk）

1 ［英］瑞·蒙克．维特根斯坦传——天才之为责任［M］．王宇光，译．杭州：浙江大学出版社，2011：239-240.

所指出的那样："它标志性的清晰、严密和精确的品质，确实是我们对逻辑系统的期望，而非对居所的期望。在设计房子内部时维特根斯坦在家居舒适方面做的让步格外少。"[1]就连维特根斯坦本人后来也感觉这幢房子太过简朴与理性，并说了这样一段话：

我为格蕾特尔建造的那幢房子是极其灵敏的耳朵和良好的风度的产物，是（对一种文化等）高度理解的表现。可是，这里没有那种可能在旷野里尽情地发泄出来的原始生活、野蛮生活。因此也可以说没有健康。[2]

案例5 艾琳·格雷的生活房子

远在法国罗克布吕纳—马丁岬（*Roquebrune* at Cap-Martin）地中海蔚蓝的海岸上，陡峭的山坡上有一座白色的房子，名字很独特，叫E.1027，房子的外观虽然低调而朴素，但建筑大师勒·柯布西耶却对它赞赏有加。E.1027海边住宅的设计者，是20世纪伟大的女性建筑师、家具设计师和漆器艺术家——艾琳·格雷（Eileen Gray）。

20世纪20年代中期，艾琳·格雷开始涉足建筑设计领域。她的第一次尝试，便是在1926至1929年间设计和监督建造的属于她和贝多维西的E.1027。虽然这是格雷的第一个建筑作品，正如她自己所说："这座住宅不应该被看作是完美的建筑，它仅仅是一种尝试，一种探索。"[3]然而，正是这个不完美的尝试，成了现代主义建筑风格的典范之作。

坐落于蔚蓝海岸岩石上的白色住宅E.1027，从外观上看简洁大方，像一个白色的方盒子，形式上毫不矫揉造作。它的设计年代，正处在现代主义建筑风格趋于成熟的20世纪20年代，其简洁的平屋顶、长而连续的白色墙面、矩形外观的简约之美、窗与墙的对比手法、架空的门廊，

---

1 ［英］瑞·蒙克. 维特根斯坦传——天才之为责任［M］. 王宇光，译. 杭州：浙江大学出版社，2011：240.

2 ［奥］路德维希·维特根斯坦. 文化与价值［M］. 涂纪亮，译. 北京：北京大学出版社，2012：56.

3 ［瑞士］斯蒂芬·赫克，克里斯琴·弗·米勒. 艾琳·格雷［M］. 曹新然，译. 沈阳：辽宁科学技术出版社，2005：62.

都显示了现代主义建筑风格的某些典型特征（附图17）。可以这样说："透过这栋坐落于马丁岬峭壁，遗世独立的滨海之屋，化身为建筑师的女设计师即兴出手，将装饰艺术抛在脑后，一跃潜入现代主义的深海。"[1]

事实上，格雷设计的E.1027并不"上镜"，它的优点很难通过照片表现出来，但尤为可贵的是，格雷不仅紧跟时代，使E.1027的外观呈现现代主义建筑的简约之美，而且凭借自己在室内设计、装饰和家具设计方面的突出特长，使E.1027堪称将空间形式、装饰陈设与使用功能的方便性和舒适性近乎完美结合的典范。

首先，E.1027无论从建筑细部、空间设计，还是家具物品的设计与陈设，都体现了强烈的以人为本、以使用者为本的价值取向。

格雷特别强调建筑带给人舒适和愉悦的重要性，她说："这栋小小的屋子空间有限，重心摆在能带来舒适，让生活愉悦的一切东西"，"无论在哪里，看不到刻意展现的线条或形状，每处设计都是为人，考虑人的感受，人的需求……"[2]例如，房间里的许多设施可依据使用情况灵活

附图17 E.1027海边住宅外观

（来源：http://www.architectmagazine.com/design/restoring-eileen-grays-e-1027_o）

1 ［法］玛西泳·维尼亚. 女力设计100年［M］. 陈太乙，译. 台北：缪思出版有限公司，2011：55.

2 ［法］玛西泳·维尼亚. 女力设计100年［M］. 陈太乙，译. 台北：缪思出版有限公司，2011：55.

变动，横条百叶窗可像手风琴般折叠，桌子能升高或拉长，楼梯可拆可收，单人沙发能360度旋转（附图18）。总之，格雷所运用的富有弹性与开放性的设计方式，显示了她对人性需要的细腻体察与照顾。柯布西耶曾说过一句名言，“房屋是居住的机器”，格雷则更进一步，将房屋看作居住或生活方式的有机体，一种人性化体验的延伸。

其次，在室内空间设计方面，格雷注重整套住宅中每个房间的相对独立性，这从一个侧面体现出她追求独立与自由的女性主义思想倾向。

谈到E.1027的设计准则时，她曾说：“对于房间独立性问题，每一个人，即使在最小的房子里，也要保持自由感和独立性。希望这是建

附图18　E.1027海边住宅的设计细部

（来源：https://www.flickr.com/photos/55176801@N02/14535935442）

筑给人留下的唯一印象。”[1]格雷的这一设计理念，不禁让人想起20世纪英国杰出的女性主义作家弗吉尼亚·伍尔夫（Virginia Woolf）在其著作《一间自己的房间》中，提出女性写作与空间的关系。伍尔夫认为，女性进行文学创作，首先得有属于自己的物质空间条件——一间自己可以上锁的房间，如此，女人才有能够进行独立思考的空间。对于从小便表现出强烈自主性和个性的格雷而言，显然，住宅空间的独立性和私密性也是她所看重的。这个海边住宅共包含两间卧室（也可兼书房）、一间仆人房、一间杂物间、一间大的开放性起居室（用屏风分隔成起居间、餐厅和更衣室）（附图19）。各个房间的空间组织，由螺旋形的楼梯连接，各自背面相对。这样，各个房间就能相互独立，即使分隔出的小空间也能相对独立，而且每个房间都有通向外面花园的通道。

附图19 E.1027中开放性的起居室，布置有她1929年设计并风靡世界的必比登椅（Bibendum Chair）

（来源：https://www.theguardian.com/artanddesign/2015/may/02/）

1 ［瑞士］斯蒂芬·赫克，克里斯琴·弗·米勒. 艾琳·格雷［M］. 曹新然，译. 沈阳：辽宁科学技术出版社，2005：60.

— 评析 —

虽然格雷设计的E.1027在外观上具有典型的现代主义建筑风格特征，但她对空间多用途性与独立性的重视、室内装饰陈设与使用功能舒适性的格外敏感，都显示了她与同时代的男性现代建筑师在设计价值观上的差异。1929年，格雷在巴黎的一次访谈中，曾批判了以格罗皮乌斯、柯布西耶、密斯·凡·德·罗为代表的现代主义建筑的某些问题。例如，迷恋理性、受机械美学左右等，她还指出："他们对于精确的严格要求，使他们忽视了这一切的形式的美：圆形、圆柱、波动或曲折的线条、宛如运动中的直线的椭圆形线条。他们的建筑没有灵魂。" [1]

科林·圣约翰·威尔逊曾将勒·柯布西耶设计的德·曼德罗夫人住宅（Villa de Mandrot）与艾琳·格雷的E.1027住宅进行过对比。德·曼德罗夫人住宅于1931年7月建成，当年12月时，德·曼德罗夫人写信给柯布西耶说她已经从那座房子搬出去了（因为"根本无法居住"）。据说柯布西耶的回信是："入住一座现代风格的住宅，就是再合适不过的事情了"，"你已经向我们表明答案是否定的。我才不在乎你住还是不住呢！"对此，威尔逊指出："通过对比，我们就会发现这两处住宅的不同之处在于两者所应用的设计准则——一个是把建筑当作实用艺术，是为建筑物自身以外的目的服务的；而另一个则是把建筑当作纯艺术，为建筑而建筑。艾琳·格雷的出发点是创造出她自己追求的一种生活方式，一种生活的艺术。而勒·柯布西耶的出发点则是展示'新建筑五点'到底是什么，只是到最后，这种做法的结果是无法满足客户所设想的生活方式。" [2]

1 ［美］Leslie Kanes Weisman. 设计的歧视："男造"环境的女性主义批判［M］. 王志弘，张淑玫，魏庆嘉，译. 台北：巨流图书公司，1997：30-31.

2 ［英］科林·圣约翰·威尔逊. 现代建筑的另一种传统：一个未竟的事业［M］. 吴家琦，译. 武汉：华中科技大学出版社，2014：136.

案例6：象征不同人体美及品格的柱式

古希腊开创的西方古典建筑艺术最杰出的成就，就是创造了各种各样的柱式。所谓柱式，“就是石质梁柱结构体系各部件的样式和它们之间组合搭接方式的完整规范”[1]，可见，柱式不仅仅是柱子的特殊造型，而是一种兼具美学秩序与结构方式的整体系统。其中，最主要的有三种柱式，即多立克柱式（Doric Order）、爱奥尼柱式（Ionic Order）和科林斯柱式（Corinthian Order）。这些古典柱式均以石材建成，每种类型都有造型各异的柱头形式（附图20），追求建筑的檐部（包括额枋、檐壁、檐口）及柱子（柱础、柱身、柱头）的比例和谐。这些柱式的艺术处理，大都代表了一种风格性建筑的审美特点，他们都与古希腊人所崇尚的人体美的身体比例有一定关联。其中，除多立克柱式象征男性美之外，另外两种柱式都不同程度体现着女性之美。

附图20 古希腊三大柱式的柱头，从左至右分别为：多立克、爱奥尼和科林斯柱式

古希腊三种主要柱式中，多立克柱式出现最早（约公元前7世纪），它的特点是简洁雄壮、卓而不群。多立克柱式没有柱础，有三层阶座。它的柱身有20条竖向凹槽（flute），槽沟为1/4或1/6圆弧，峻峭有力，柱身在向上延伸的过程中微微向外扩展，然后逐渐收缩变细，造成上细下粗的柱身凸线效果，给人一种肌肉般的弹性感，精妙地缓解了上层的建筑所带来的沉重感，因而，挪威建筑理论家诺伯格—舒尔茨（Christian Norberg-Schulz）认为：“多立克柱式尤其适合表现希腊神庙富有雕塑感的基部。多立克的柱子沉重地落在地上，没有柱础，而它们那隆起的、

1 陈志华. 外国古建筑二十讲［M］. 北京：三联书店，2002：21.

有凹槽的柱身，似乎代表了男性肌肉怒张的力量。”[1]多立克柱式的柱头是个倒圆锥台，没有装饰，平滑朴素。多立克柱式又被称为男性柱，象征着男性身体比例的刚劲和谐之美与性格的简洁坚韧之美（附图21）。

爱奥尼柱式出现于公元前6世纪，特点是比较纤细典雅。关于爱奥尼柱式的产生，柯布西耶以诗一般的简洁语言表达道：“当柔情的风吹起，爱奥尼柱式就诞生了。”[2]与多立克柱式相比，爱奥尼柱式多了一个柱础，由富有弹性的凸圆盘和凹圆槽组成；柱身较为细长，有24条竖向凹槽，线条较密，而且柔和。爱奥尼柱式的柱头最有特点，有一对婀娜柔美且向下的涡卷（volute），即双涡线脚，极具动感（附图22），维特鲁威认为涡卷的卷线代表着女性两侧面颊上的卷发。

附图21　帕特农神庙（Parthenon）：典型的多立克柱式神庙

1 ［挪］克里斯蒂安·诺伯格—舒尔茨. 西方建筑的意义［M］. 李路珂，欧阳恬之，译. 北京：中国建筑工业出版社，2005：29.

2 ［法］勒·柯布西耶. 走向新建筑［M］. 陈志华，译. 西安：陕西师范大学出版社，2004：177.

尤其值得一提的是，位于帕提农神庙北边的伊瑞克提翁神庙（Erechtheum），除了在其东侧和北侧的门廊各应用六根爱奥尼柱式之外，还在南侧建了一个著名的“少女门廊”（Porch of the Maidens），用六个女性身体做成的女神雕像柱子来支撑屋顶，使伊瑞克提翁神庙更具形象生动的女性之美（附图23）。按照维特鲁威在《建筑十书》里的观点，女像柱原本的创作意图实质上是一种“耻辱柱”，它是作为对背叛希腊共同利益而与波斯和好的卡里埃城邦的惩罚，因此，“当时的建筑师便将这些妇女形象做成承重构件纳入公共建筑中，使这个远近闻名的卡里埃妇女受罚的故事代代流传下来”。[1]

附图22 雅典卫城胜利女神神庙（Temple of Athena Nike）采用爱奥尼柱式
（来源：https://s3.amazonaws.com/classconnection/865/flashcards/1129865/jpg/）

科林斯柱式比爱奥尼柱更为高挑纤细，柱头的装饰更为复杂华丽。维特鲁威认为，这种柱式是模仿少女的窈窕姿态，“少女正值柔弱娇嫩的年华，四

附图23 伊瑞克提翁神庙（Erechtheum）著名的“少女门廊”（Porch of the Maidens）
（来源：维基百科）

1 ［古罗马］维特鲁威．建筑十书［M］．陈平，译．北京：北京大学出版社，2012：64．

附图24　雅典的宙斯神庙（Temple of Zeus）遗址
（来源：维基百科）

肢纤细，她们打扮起来更加妩媚动人”。[1]由于希腊人更崇尚简朴之美，因而相比于多立克柱式与爱奥尼柱式，科林斯柱式在古希腊的应用并不太多，比较有代表性的是雅典的宙斯神庙（Temple of Zeus）（附图24）。但科林斯柱式因其华丽精致的外观而颇受罗马人喜爱，甚至还是一种身份的象征。“在文艺复兴、巴洛克以及其后的建筑中，这种身份象征的意义进一步得到强化。从诸多的罗马建筑案例——特别是教堂、宫殿与豪宅——可以发现当时的社会精英对以科林斯柱式作为建筑细部有明显偏好”。[2]

总之，以上所述古希腊的三种基本柱式都以人体为模板，与富有均衡之美的人体比例有关。多立克柱式对应于男性身体，表现的是男性的阳刚之躯，爱奥尼柱式则对应于女性身体，表现的是女性的纤细之躯，而科林斯柱式则进一步对应于女性中的少女身体，表现的是少女特有的

1 ［古罗马］维特鲁威．建筑十书［M］．陈平，译．北京：北京大学出版社，2012：99.

2 黄恩宇．看穿建筑形式里的诡：比较建筑学的可能性［M］．北京：三联书店，2015：55.

轻盈体态。因此，按照维特鲁威的看法，一幢建筑物若要做到外观和功能上的“得体”，不同柱式的装饰风格就要与其所象征的不同神祇的性别、身份相适应和相匹配。他说：

密涅瓦、马尔斯和海格立斯的神庙应建成多立克型的，因为这些神祇具有战斗的英勇气概，建起的神庙应去除美化的痕迹。祭祀维纳斯、普洛塞尔庇娜或山林水泽女神的神庙，用科林斯风格建造最为合适，因为这些女神形象柔美，若供奉她们的建筑造得纤细优美，装点着叶子和涡卷，就最能体现出得体的品格。如果以爱奥尼亚风格建造朱诺、狄安娜、父神利柏尔以及此类神祇的神庙，就要运用“适中”的原则，因为他们特定的气质正好介于线条峻峭的多立克型和柔弱妩媚的科林斯型之间，取得了平衡。[1]

其实，从更深层次上看，古希腊的三种基本柱式不仅与人体造型具有类比性，他们还分别体现出男性或女性所特有的品格特征。17世纪时，一个名叫弗雷亚尔·德·尚布雷（Fréart de Chambray）的法国学者认为，多立克柱式、爱奥尼柱式和科林斯柱式分别是强劲、优雅和精致这三种品格的象征。[2]18世纪时，英国建筑师巴蒂·兰利（Batty Langley）则认为，多立克柱式、爱奥尼柱式和科林斯柱式分别代表了力量（strength）、智慧（wisdom）和美丽（beauty）这三种美德。[3]古希腊建筑艺术所具有的永久魅力，恰恰正在于它以其完美的艺术表现力，展示了古希腊人对人体美的理解，以及对人的优秀品格的颂扬。

1 ［古罗马］维特鲁威. 建筑十书［M］. 陈平，译. 北京：北京大学出版社，2012：67-68.

2 ［英］戴维·史密斯·卡彭. 建筑理论（上）维特鲁威的谬误——建筑学与哲学的范畴史［M］. 王贵祥，译. 北京：中国建筑工业出版社，2007：7.

3 ［英］戴维·史密斯·卡彭. 建筑理论（上）维特鲁威的谬误——建筑学与哲学的范畴史［M］. 王贵祥，译. 北京：中国建筑工业出版社，2007：7.

案例7：中央电视台新址大楼的争议

中央电视台新址大楼（以下简称“央视新大楼”）从论证到开工乃至完成一直争议不断。争议从经济、建筑层面，一直延伸至审美、文化甚至伦理等方面。施工期长达八年的央视新大楼，是国内最大的钢结构单体建筑之一，建筑设计方为荷兰建筑师雷姆·库哈斯（Rem Koolhaas）率领的荷兰大都会（OMA）建筑事务所。围绕央视新大楼的设计与建设，争议主要体现在以下三个方面：

关于央视新大楼的奇特外观

一个并不好听的绰号“大裤衩”几乎成了央视新大楼的同义词。当初，央视新大楼“侧面S正面O”的造型——这个类似巨型城市雕塑的设计一出台，就立刻以其新颖、前卫的造型吸引了众人眼球。今天，这座挑战想象力的建筑已经“扭曲”地屹立在北京东三环（图4-4，附图25）。

附图25　中央电视台新址大楼

（来源：http://www.mpcsc.org/case ins.htm?id=267）

关于央视新大楼的奇异外观，有人批评说库哈斯的这个方案是一个“跪地而卧”的屈辱设计，但也有人说它是一个不卑不亢的精神图腾。

建筑学者张良皋曾毫不客气批判了库哈斯设计的央视新大楼“双拐”方案。他说：“此君倒也似乎不怕累，找了一点‘理由’，说是‘中央电视台有两种人，一种搞工作，一种搞艺术，到空中相会’（香港凤凰台介绍）。就凭这点‘理由’，要中国人耗资巨亿，建成那一对歪头斜脑的‘双拐’，无端悬空挑出75米，声言是为了‘挑战地心吸引力’，他不知铁道悬臂桥老早挑出几百米还跑火车，更以为中国人不知地心吸引力是啥。”[1]此外，其他一些建筑学者对央视新大楼的外观也有一些负面评价，包括其可能隐喻的色情元素。萧默提到如此奇异造型与周围环境的协调问题，他指出：“设计者以其飞扬跋扈的造型，无视东方人特别重视的与环境共生的心态而傲然独立。高傲的形象，与大众传媒理应更多呈现的亲民近民的格调，似乎也很不相称。”[2]

当然也有一些专家对央视新大楼的造型方案给予肯定。如当初评审该设计方案的专家评委认为：这是一个不卑不亢的方案，既有鲜明个性，又无排他性，作为一个优美、有力的雕塑形象，它既能代表北京的新形象，又可以用建筑语言表达电视媒体的重要性和文化性。2013年11月，央视新大楼获得世界高层都市建筑学会“2013年度高层建筑奖”的最高奖——“2013年度全球最佳高层建筑奖”，其评语说：“央视大楼从痴迷于高度竞赛、自成一统的过往的摩天大楼模式中杀将出来，形成现代的追求雕塑感和空间感、成为城市天际线一部分的高层建筑。”[3]

关于央视新大楼的结构安全

央视新址从选址到建设，引发的一个最大的质疑，是对这座“外型特异”的建筑安全性的担忧。央视新大楼是悬臂钢结构，两栋塔楼分别

1 张良皋．中国建筑文化再反思——回应叶廷芳先生《中国传统建筑的文化反思及展望》［C］//全球视野下的中国建筑遗产——第四届中国建筑史学国际研讨会论文集，2007年.

2 萧默．从ABBS鸟瞰CCTV［M］. http://www.aisixiang.com/data/25010.html，2015年8月30日登陆。

3 央视大楼获评全球最佳高层建筑 获奖理由公布［N］. 新京报，2013-11-12.

以大跨度外伸部分在162米以上高空悬挑75.165米和67.165米，然后折形相交对接，在大楼顶部形成折形门式结构体系。悬臂共14层，宽39.1米，高56米，用钢量为1.8万吨，相当于一座约10层楼的建筑悬空建造，下方没有任何依托。同时，倾斜的外立面和大型演播室的不同使用功能需求，也给工程设计带来了挑战，使得整个塔楼需要大量的转换桁架。

王博认为，从结构设计角度来讲，央视新大楼的结构设计不甚合理，超长悬挑是一个严重扭转不规则的造型，整体结构倾覆力矩超大导致基础设计难度极大。即使这种造型论证多少次，也不可能比中规中矩的造型更安全、更稳定、更可靠。增加用钢量以及增加预算只是为了弥补追求怪诞而带来的不稳定因素，至于更安全、更抗震之说恐怕也站不住脚。[1]

中国工程院院士程泰宁认为："其实我批评大裤衩，是因为它为了造型需要，挑战了力学原理和消防安全底线，为结构的安全性、消防疏散的安全性带来了严重隐患，同时带来了超高的工程造价，由原定造价的50亿元到竣工后100亿元人民币。CCTV大楼在某种程度上可以说，已经被异化为一个满足广告需要的超尺度装置艺术。这种违反建筑本原的非理性倾向值得我们关注，如果不指出这种倾向，泛滥开来，影响会很坏。"[2]

此外，北京是地震多发地区，对于建筑结构体系的选用尤须格外谨慎，建筑师追求个性、任意而为的结构体系也会给建筑抗震等安全要素带来不利影响。

关于央视新大楼的超高造价

为了造型需要而存在的奇异结构，其安全性可以通过更高的技术水平与更多的投资加以解决。正如王博的观点，尽管库哈斯所设计的那个庞大的悬挑而出的"空中拐角"令人惊叹，但是只要采取相当的加固措施，就能解决。也就是说，只要资金充裕，再难的技术问题都能解决。但是这样一个代价高昂的建筑的确不是一个成熟国家心态的写照，也并

1 王博．北京：一座失去建筑哲学的城市［M］．沈阳：辽宁科学技术出版社，2009：112-113.

2 专家批央视总部大楼：国内建筑只重造型不顾安全［N］．新京报，2015-01-16.

非是一座真正体现百姓利益的“里程碑”，只有提高综合国力、推动人民生活质量提高的建筑才是符合普世价值的“地标”。[1]2015年1月，在东南大学举办的《当代中国建筑设计现状与发展》《中国当代建筑设计发展战略》新书发布会上，中国工程院院士程泰宁认为，央视大楼不仅挑战了力学原理和消防安全底线，还带来超高的工程造价，反映了当前中国建筑界的价值判断失衡。

— 问题 —

- 建筑尤其是重要的公共建筑是否可以为了审美上的新奇性，而只顾形式、浪费资源甚至牺牲其实用功能？从伦理维度评价，建筑形式上的奇特之美若可能以损害结构上的坚固、功能上的适用以及高昂的经济投入为代价，是否可取？
- 美国建筑评论家保罗·戈德伯格（Paul Goldberger）认为，该建筑引起的问题并非是一个公司是否适合惊人且不同寻常的建筑而闻名于世，而是作为该城市的公共形象，这一建筑是否合理？或者它非同寻常的外观是否在市容风貌中起到了正当作用？[2]

在快速城市化进程中，我国建筑界在以市场为导向的强大商业逻辑和“眼球经济”的推动下，出现了一些令人忧虑的问题，即许多建筑失去了基本的价值追求，忽视建筑设计中实用性与节俭性的价值取向。早在古罗马时代，被誉为“建筑学之父”的维特鲁威在《建筑十书》中不仅阐述了建筑对于建立公共秩序和体现社会福祉的重要性，还提出了好建筑的经典标准：即建筑应当建造成能够保持坚固、实用、美观的三原则。维特鲁威的“三原则”看似简单，却蕴含隽永的价值，对评判现代建筑的好与坏仍具指导意义。建筑可以说是一种介乎于审美与实用之间的艺术形

1 王博. 北京：一座失去建筑哲学的城市［M］. 沈阳：辽宁科学技术出版社，2009：114.
2 ［美］保罗·戈德伯格. 建筑无可替代［M］. 百舜，译. 济南：山东画报出版社，2012：67-68.

态，它不可能像音乐、绘画一样，把实用功能撇在一边，不计成本，肆意挥洒创意，甚至有意违反功能性的要求，去追求纯粹的形式之美。结构工程专家沈祖炎则曾对建筑设计中漠视科技合理、铺张浪费的不良倾向提出了批评。他认为，当下不少建筑片面地强调建筑造型，并没有在文化、环境、技术、造价中取得合理平衡。由于建筑设计本身不合理导致的结构“被动创新”必须杜绝，我们不要“代价高昂的世界第一”。[1]

案例8：庸俗象征建筑：天子大酒店

在当代中国城市建设高速发展的过程之中，出现的一些具有庸俗象征主义趣味的丑陋建筑，不仅无法提升城市景观的品质，还折射出一些不良的价值观念。

2001年，位于河北省三河市的“福禄寿”天子大酒店刚刚建成，就引发一片哗然。对它的争议一直持续到今天（图4-2、附图26）。该酒店的宣传语这样介绍：“天子大酒店坐落在北京东燕郊经济开发区，京哈高速临门而过，距市中心30公里车程，是昔日皇帝东巡时的御驾行宫。大酒店的外形是彩塑‘福禄寿’三星像，高41.6米，形象逼真、气势恢弘、是我国目前独一无二的人文景致。”就是这样一幢“形象逼真、气势恢弘”的建筑，屡屡在各类丑陋建筑评选中榜上有名。2010年，建筑类综合网站“畅言网”发起了“十大丑陋建筑”的评选活动，七位评审全票通过天子大酒店当选。评审专家之一、中国艺术研究院建筑艺术研究所副所长王明贤说，它上榜的理由是太过于具象，把民间对金钱、权势的迷恋夸张地表现出来。2012年，在《南方都市报》发起的首届建筑灰砖奖的网络投票中，“天子大酒店”也高票入选。该建筑不仅丑陋庸俗，而且其外观的限制和粗糙的表皮装饰，使大部分客房没有窗户（附

1 王建国. 从反思评析到路径抉择——“2013 中国当代建筑设计发展战略国际高端论坛”综述［J］. 建筑学报，2014（1）：3.

图27），令酒店客房的使用功能大受影响。

2014年10月15日，习近平总书记在北京文艺工作座谈会上表示不要搞“奇奇怪怪的建筑”。以天子大酒店为代表的一类“奇奇怪怪的建筑”，不仅外观造型“奇奇怪怪”，还有庸俗象征性，反映了一种不良的价值倾向。正如《中国周刊》记者所言：“建筑也能反映时代的细节，无论毗邻北京的福禄寿大酒店，还是沈阳那座酷似一枚铜钱的大厦，它们屡屡登上各类‘最丑建筑’的榜单。可丑陋的不止是建筑，它们只是如实反映了现实的一种价值取向，将‘中国当代人庸俗可笑迷恋金钱的心态刻画在了那里’。”[1]

附图26 天子大酒店立面

附图27 天子大酒店细部
（来源：http://zhedesign.blog.sohu.com/300069689.html）

— 问题 —

- 象征或隐喻不良的思想倾向或庸俗的低级趣味，从而有可能产生负面价值导向的丑陋建筑，是否符合建筑伦理的要求？
- 习近平总书记在北京文艺工作座谈会上表示不要搞“奇奇怪怪的建筑”有何价值指导意义？

1 徐一龙，杨洋．中国最丑酒店建筑折射庸俗心态［J］．中国周刊，2012-05-30.

相比于其他艺术门类，建筑是一种最大众化的、甚至被称为“强迫性”的艺术。因为无论它们是美是丑，是好是坏，我们都居于其间，具有强迫接受的不可选择性。同时，建筑担负着其他艺术无可替代的审美教育和情感熏陶功能。对于建筑而言，通过好的设计、建造和景观美化，改善和提升人的生活品质，带给人以审美的愉悦，这便是绝大多数人所赞同的有关好建筑的一个重要方面。此外，“和其他艺术门类相比，建筑由于其独特性，往往会给社会和大众带来更多的影响：一座建筑一般会耗费大量的建造资金，一旦建成后就可能屹立几十年甚至上百年，如果丑陋建筑的产生不能得到遏制，不仅会对公众造成‘视觉污染’，更是对社会资源的巨大浪费”。[1]因此，象征或隐喻不良的思想倾向或庸俗的低级趣味，从而有可能产生负面价值导向的丑陋建筑，不符合建筑伦理的基本原则和要求。

案例9：纪念建筑的教化功能：侵华日军南京大屠杀遇难同胞纪念馆

侵华日军南京大屠杀遇难同胞纪念馆是一个设计得非常成功的纪念建筑。它由中国建筑大师、东南大学建筑学院齐康院士设计，以“生与死”“痛与恨”为主题，被评为“中国80年代十大优秀建筑设计”之一。纪念馆于1985年落成开放，后又经过1995年、2005年两次扩建。二期的扩建工程由华南理工大学何镜堂院士主持设计，建筑构思展现“战争、杀戮、和平”三个概念。纪念馆现占地约7.4万平方米，主要包括展览集会、遗址悼念、和平公园和馆藏交流四个区域。

南京大屠杀遇难同胞纪念馆的突出特点是重视整体环境氛围的设计与各种建筑元素的象征作用，以此来营造一个具有高度教化意义的叙事空间。例如，齐康的设计充分利用地面要素的象征作用，设计了卵石广

1 苏丹. 当今时代建筑审丑意义深刻［EB/OL］. 畅言网，2015-07-13.

场，铺满广场的白色卵石宛如死难同胞的枯骨，给人以寸草不生的荒凉感，与周边一线青草形成鲜明的生与死的对比，使参观者沉浸于国破家亡的压抑、沉痛的环境氛围之中，由此激起人们对侵略者兽行的无比愤慨。何镜堂院士主持的二期设计中，依然十分注重营造纪念建筑的场所精神。例如，扩大了入口纪念广场部分，同样以无生命特质的碎石铺装广场，通过这一特殊的铺装材料来反映"生与死"的场所精神主题，同时还增加了不少雕塑作品，以增强纪念效果。例如，纪念广场入口处的雕塑《冤魂的呐喊》，似一座被劈开的山，成了纪念馆的大门，这是一道"屠杀之门""死亡之门""逃难之门"。被劈开来的这半边山，高达12米，山顶是直指苍穹的手，似在发出冤魂的呐喊；另外半边山，6米高，是无辜百姓被屠杀的场面（附图28）。

二期工程增设了祭场、冥思厅及和平公园等，更加强化了其纪念和教化功能。例如，"万人坑"旁的祭场，地面铺有碎石，设有长明火把台，用于祭祀。冥思厅内，水池铺贴黑色花岗岩石材，贮满清水，池内的烛灯与镜面黑色花岗岩交相映辉（附图29）。和平广场的主体雕塑由用手托和平鸽的母亲与期盼和平的儿童组成，表达了中国人民追求和平与发展、期盼人类美好未来的心愿。正面有9级台阶，象征人类走向持久的世界和平。新馆建筑的内部空间，运用了倾斜的墙体和缓坡的地面，让参观者获得一种错乱、冲突的空间体验，表达了具有强烈纪念氛围的场所精神。

— 评析 —

纪念建筑的教化性叙事策略主要是通过表达特定主题的空间组织、雕塑、文字、影像、装饰、道具等综合手段，营造特定纪念氛围，把一些历史事件或英雄故事以情节化场景的方式再现出来，参观者通过体验、观看与阅读接受相关信息，从而达到实现建筑的教化功能。侵华日军南京大屠杀遇难同胞纪念馆在上述教化性叙事策略运用方面颇为成功，具有鲜明的爱国主义教育功能。

附图28 侵华日军南京大屠杀遇难同胞纪念馆纪念广场入口处雕塑《冤魂的呐喊》（秦红岭摄）

附图29 侵华日军南京大屠杀遇难同胞纪念馆冥思厅（秦红岭摄）

案例10：生者与死者的对话：越南战争阵亡将士纪念碑

1982年10月，美国越战纪念碑（Vietnam Veterans Memorial）建成。它的设计者是当时一名年仅21岁的耶鲁大学建筑学院在校大学生——林璎。

乍看之下，林璎的设计方案是如此简洁有力，又如此挑战传统纪念碑式建筑物的固有型制。这座纪念碑主要由来自印度的黑色花岗岩砌成的长76米、夹角为125度的V字形碑体构成。它不是人们常见的高耸竖直的纪念碑，而是横卧的纪念墙。纪念碑在两面墙中间连接处入地最深，从其下面到地平面，高约3米，然后底线逐渐向两端缓缓升起，直到与地面相交，隐入远方碧绿的草地（图6-17、附图30）。

V字形碑体的意象是多重的。两翼如同一本打开的书，在这本"大书"中，没有栩栩如生的雕像，呈现的是依每个人战死的日期为序镌刻着的58132名在越南战争中阵亡或者失踪者的名字，每一个名字代表着一个逝去的珍贵生命，尤其是碑体贴近地面的设计，使参观者可以全部

附图30 越战纪念碑黑色花岗岩砌成的V字形碑体（秦红岭摄）

看到并触摸纪念碑墙上的将士姓名，显示了对每一个生命的尊重。碑体的两翼又如同永远开裂的大地母亲，正接纳死者的安息。在讲述越战纪念碑设计过程的纪录片《林璎：坚定清晰的洞见》（*Maya Lin: A Strong Clear Vision*）中，林璎说，死亡是什么，失去是什么呢？它是一种深刻的痛楚，虽会随着时间而减轻，但却永远不能完全愈合。人们会为这座纪念碑哭泣，接受和承认痛苦已经存在，然后，才有机会去愈合那些伤口。林璎设计的插入地面的V字形黑墙，便代表了越战带给美国民众的一道伤痕，“如果黑墙不同时表现产生伤口的暴力，不切入大地并撕开它，黑墙就无法暗示一个愈合的伤口”。[1]

V字形碑体的两翼还如同朝向两面延伸的飞镖，指向两座象征国家权力的纪念建筑，东翼指向华盛顿纪念碑，西翼指向林肯纪念堂。与高近170米的华盛顿纪念碑和巍峨的林肯纪念堂不同，越战纪念碑匍匐着伸向大地，绵延而低调。与传统以高度和宏伟取胜的纪念建筑不一样，它没有昂然的气势，无须仰视瞻仰它，但却以非常谦逊的方式将其创意隐藏在作品之中，同样营造出令人震撼的情绪氛围，甚至催人泪下。当人们徐徐走在黑色的花岗石碑体边，看着那一行行阵亡者的名字时，禁不住陷入沉思，深深体会到林璎所说的设计意象：“（活人和死人）将在阳光普照的世界和黑暗寂静的世界之间（再次会面）。”[2]值得强调的是，林璎不采用纪念碑常用的白色石灰岩或大理石材料，而选择打磨得光可鉴人如同镜子般的黑色花岗石，的确收到了意想不到的神奇效果。当参观者伸手触摸映出自己影像的花岗石上的名字时，生与死在此交融，它被当作了一个可以与死者对话的地方（附图31）。

1982年10月，越战纪念碑在激烈的争议声中建成。1982年11月13日，这座有着特殊纪念意义的纪念碑向公众开放，每年来此参观的游客达400万之多，有评论说，这个纪念碑已经成为美国人的“哭墙”。

1 ［美］马里塔·斯肯特. 墙、屏幕和形象：解析越战老兵悼念碑［M］. 潘琴，译//载罗岗，顾铮. 视觉文化读本. 桂林：广西师范大学出版社，2003：131.

2 ［美］莫里斯·艾泽曼. 美国人眼中的越南战争［M］. 孙宝寅，译. 北京：当代中国出版社，2006：181.

附图31 令人沉思的建筑，生者与死者的“对话”
（来源：http://guerradevietnam.foros.ws/t1514/vietnam-veterans-memorial/）

— 评析 —

林璎设计的越战纪念碑创造了与地景艺术巧妙融合的纪念碑设计风格。建筑学者汪原这样评价越战纪念碑所成功营造的精神功能：“空间与身体之间的互动与交流，是设计者关注的重点。你的手抚摸着冰冷的花岗石，像抚慰死者的亡灵；哀悼的黑色，光滑的表面，反射出你自己的影子。生者与死者，生者与自己影像在这里进行着亲密的交融。在这触摸和接近中，与大地连成一体的母性般的建筑空间，抚慰着人类心灵的伤痛。”[1]

1 汪原．边缘空间——当代建筑学与哲学话语［M］．北京：中国建筑工业出版社，2010：46．

案例11：“我们塑造了建筑，而建筑反过来也影响了我们”：英国议会下议院议事厅

1941年，英国议会下议院（House of Commons）在“不列颠之战”的大空袭中被严重损毁。1943年10月，在关于下议院重建的讨论中，有些议员提出要对下议院进行现代化装饰。但是，时任英国首相的丘吉尔说：“我们塑造了建筑，而建筑反过来也影响了我们。”他成功地实现了自己的想法，按照其被损毁前的样式和特征重建了下议院。今天，在议会大厅，不仅会看到丘吉尔的雕像，还保留有破碎的拱门，那是议事厅在“二战”受到轰炸时留下的痕迹，让人们体会到历史的真实感。

丘吉尔概括了议会下议院议事厅布局的两大特征：首先，长方形的议事厅更适合政党体制。对个人来说，所谓“左”“右”立场很容易改变，但是穿过发言席的行为则需要慎重的考虑。其次，会议厅不用大到同时容纳所有的议员，否则十分之九的讨论将在拥挤而急迫的氛围中进行。[1]因此，英国议会下议院议事厅和大多数国家议会大厅不同，不是以主席台为中心放射型的布置，而是承袭传统，布置成一个狭长的长方形。两边各置有数排长椅，后排逐级升高，中轴的地方则腾出了一条通道。端头的高靠背椅是议长的席位，位于中轴线的一端。在其座位正前方，则是下院之议事桌，桌面在会议进行时会放上权杖。议长议席右方的座椅，是执政党议员的议席，而左方的则由反对党议员占有。执政党与反对党座位在空间上的对立，能够突显反对党的意义（附图32）。在议事厅左、右两方座椅前的地毯上，各画有一条红线，据说两条红线之间的距离大约等同于两把宝剑的长度（图6-22、附图33）。昔日议员辩论时是不可跨越红线的，因为两派议员一旦踏过红线范围，那就表示他们可以在该范围内决斗。两侧议员们的长椅没有扶手，长椅前连放文件的小台子都没有。下议院的直译是“平民院”，故而长椅是绿色的，象征着“草根

1 ［美］迪耶·萨迪奇，海伦·琼斯．建筑与民主［M］．李白云，任永杰，译．上海：上海人民出版社，2006：88.

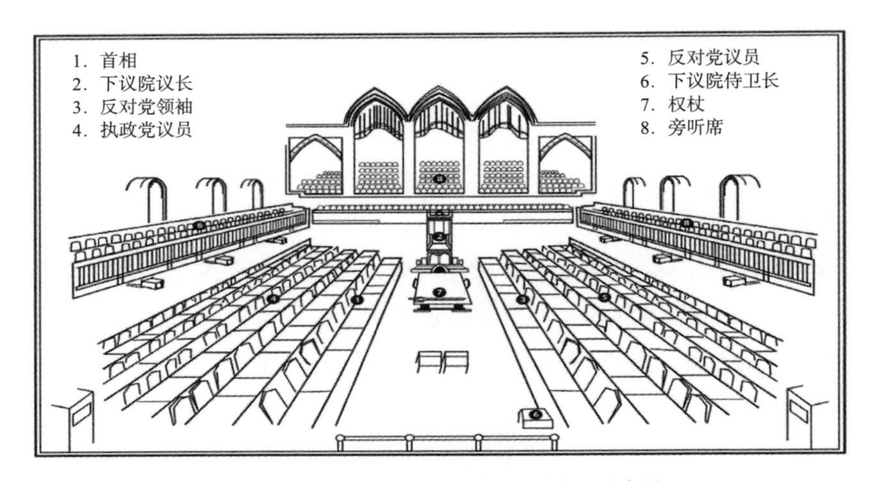

附图32 英国议会下议院议事厅室内布局示意图
（来源：http://www2.alcdsb.on.ca/~regiath/kenney/law11/unit1/HouseofCommonMap.png，有修改）

附图33 英国议会下议院议事厅室内
（来源：http://www.wormfans.com/front/article/7947/）

性”，“代表民众”。[1]男女议员们坐得相当紧凑。实际上，今天英国下议院有650名议员，但却只有427个座位，早到的议员可以通过门卫长预定

1 林达．一路走来一路读［M］．长沙：湖南文艺出版社，2004：192．

座位。除了首相和内阁成员坐在议会前座，其他所有人的座位都是随机的。没有座位的议员可以到楼上的旁听席就坐，但只能听不能发言。

— 评析 —

英国议会下议院议事厅的建筑及其特殊的空间安排，提供了一种严密的组织架构，让民主政治及其辩论程序与规则能够被直观呈现出来，体现出行政建筑所具有的隐性的政治伦理功能。

案例12：“圆形监狱”的空间规训

圆形监狱（Panopticon），又称环形监狱、全景监狱，是英国功利主义哲学家边沁于1785年提出的一种监狱设计方案（附图34）。作为一名监狱改革的倡导者，他设计的圆形监狱，主要由中央监视塔和周围环形的囚室组成，单个囚房围绕着建筑物圆心位置的中央监视塔呈环状分布。中央监视塔安有环形大窗户，每个囚室都有一前一后两个窗户，后面的窗户背对着中央监视塔，作通光之用，前面的窗户正对着中央监视塔，使得处于中央监视塔的监视者可以在外环囚犯察觉不到的情况下随时进行监视，监视者可隐于幽暗的监视塔不让囚犯观察到，而囚犯却身处光亮囚房而无所遁形。据说边沁的灵感来自巴黎的一所军事学校，其建筑设计易于管理学生。有学者认为，边沁之所以要设计这样一个透明可见、让罪犯惶惶不可终日的圆形监狱，一个重要的原因是，“他认为可以通过监狱建筑的精心设计使犯人感到道德的约束和秩序的要求。只要设计出好的监狱，人们便能自然而然地将窃贼或其他的罪犯改造为诚实、有益的人”。[1]而且在他看来，这样一座监狱是经济有效的，可以用

1　张艳，张帅．福柯眼中的“圆形监狱”——对《规训与惩罚》中的“全景敞视主义”的解读［J］．河北法学，2004（11）：131.

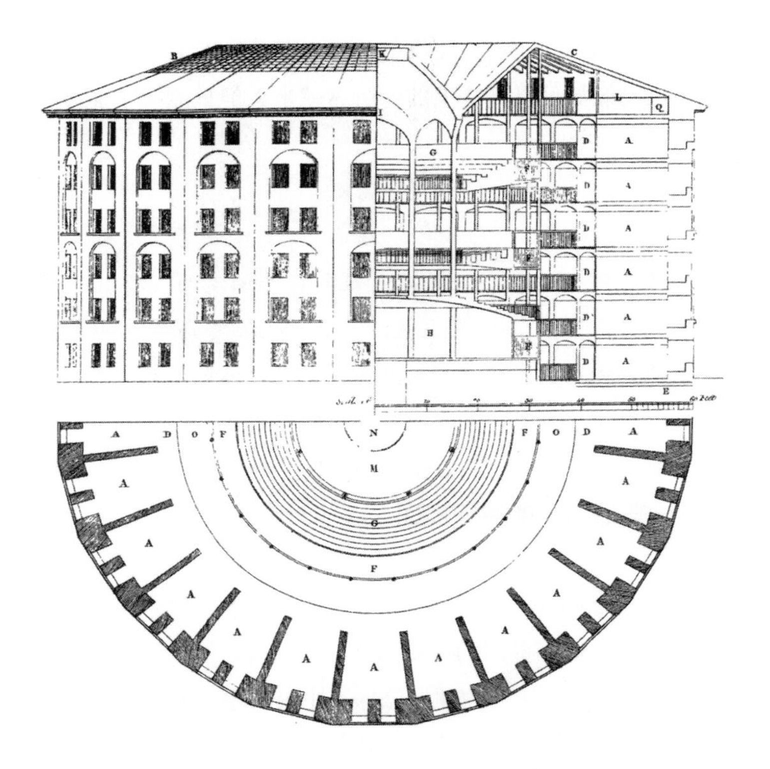

附图34 圆形监狱（Panopticon）示意图
（来源：维基百科）

最少的人员及开支获得规训囚徒的理想效果。但是，在边沁有生之年，他试图建造这样一座监狱的想法并未实现。

米歇尔·福柯在边沁圆形监狱设想的基础之上，提出了全景敞视主义（Panopticism），以此透视现代监视体系所制造出的规训社会。福柯认为，“全景敞视建筑是一种分解观看/被观看二元统一体的机制。在环形边缘，人彻底被观看，但不能观看；在中心瞭望塔，人能观看一切，但不会被观看到”。[1]这样的全景敞视建筑（附图35），作为一个有效的权力实施机构，作为权力运作的理想空间模式，其带来的主要后果是在被囚禁者身上造成一种有意识的和持续的可见状态，用无孔不入的监视来

1 ［法］米歇尔·福柯. 规训与惩罚［M］. 刘北成，杨远婴，译. 北京：三联书店，1999：226.

附图35　全景敞视建筑的实例：建于1926～1928年间的古巴莫德洛监狱（Presidio Modelo prison）内部
（来源：维基百科）

控制人们的身体，使受孤立的个人产生强烈的自我控制行为，这样便可达到互相监视与自我囚禁，从而确保权力自动地、迅速地、轻便地发挥作用的目的。福柯认为，全景敞视建筑中展现的监视者与受监视者的特殊关系，同样活生生地上演于现代社会之中，而且，这种以圆形监狱为蓝本的全景敞视建筑的设计结构，其产生的巨大规训效应，不仅适用于监狱，还可以推广到其他领域，如工厂、学校、兵营和医院。

— 评析 —

圆形监狱独特的空间设计模式已经超越监狱建筑本身的意义，它通过不对等的视权来建构的规制性空间，让建筑成为一种自动权力机器，以此无形地规范各种越轨行为，反映出特定建筑空间模式所具有的强大的行为规训功能，从深层次折射了建筑独特的伦理功能。

案例13：建筑师的“理想国”：法国阿尔克—塞南皇家盐场[1]

阿尔克—塞南皇家盐场（Royal Saltworks at Arc-et-Senans）位于法国东北部贝桑松附近。它始建于路易十六统治时期的1775年，由著名建筑师尼古拉斯·勒杜（Claude-Nicolas Ledoux）设计。

18世纪中后期的法国，正值崇尚理性、自由、平等、人权等观念的启蒙运动时期。在城市与建筑方面，建筑师们开始提出一些能够体现人人平等的“理想城市”设想。受到启蒙思潮的影响，勒杜在塞南盐场的设计中，充分展现了自己乌托邦式的建筑理想。

塞南盐场被设计成一个半圆形，以中心向外放射式布局，其中11座建筑既相互独立，又通过小路相连，如同一群人围一圈手拉着手做游戏（附图36）。它不仅隐含了勒杜心中的美好愿景，更为实用的考虑是每座

附图36　阿尔克—塞南皇家盐场（Royal Saltworks at Arc-et-Senans）平面布局

1　本案例参考凤凰卫视：《筑梦天下——塞南盐场年代记》（2009年10月10日播出）。

建筑之间相隔一定的距离，既能减少火灾隐患，同时也能保持通风，让盐水更快地烘干。整个建筑群的布局，俨然一座理想的城市，办公室、接待室、厨房、面包房、教堂排布其中。更为人性化的是，他还为工人设立了活动室和休息室，让盐场达到了政治、生产、宗教和生活职能的统一。这就是勒杜心中"理想城市"的雏形，他设想在这里，人们可以和谐地生活在一起，没有冲突和不公平，可以感受到这是一个完整、独立、应有尽有的城市。

经过重重波折，1775年，塞南盐场工程正式动工。主建筑群于1779年完工，半圆的中心是十字形办公楼（行政官邸），正面有高大的列柱廊（附图37）。在它下方，是盐场最小的建筑——塞南盐场场长的马厩。勒杜在评论它时说：忘恩负义的人类，你们何时才能对动物怀有感恩之心？马厩与入口和神庙都处在同一条轴线上，昭示着勒杜心中的平等、

附图37　阿尔克—塞南皇家盐场主楼立面
（来源：维基百科）

自由与博爱。有人说他设计的塞南盐场，与其说是一个民主社会的先兆，还不如说是一个混合了他个人梦想的工业化社会，一个崇高的、道德的、根据自然法则进行管制的世界，一个建筑师的理想王国。

路易十六倒台后，勒杜因涉嫌破坏大革命而被关进监狱，原计划围绕塞南盐场后续建设一座理想城市的设想因而未果。十四个月后，勒杜虽然重获自由，但建筑生涯就此结束。1804年，即勒杜去世前两年，他出版论著《从艺术、法律、道德观点看建筑》，他认为建筑师具有政治的、道德的、法律的、宗教的以及政府的职责，建筑师可以起到“纯化”社会体系的作用，[1]在该书中他还详细描绘了他理想中的建筑，占据书中最主要篇幅的是塞南盐场。

— 评析 —

卡斯腾·哈里斯曾指出：“建筑有一种伦理功能，它把我们从日常的平凡中召唤出来，使我们回想起那种支配我们作为社会成员的生活的价值观；它召唤我们向往一个更好的、有点更接近于理想的生活。建筑的任务之一是保留至少一点乌托邦，这点（乌托邦）必然会留下、并应该留下一根刺来，唤醒人们对乌托邦的渴望，使我们充满有关另一个更好的世界的梦想。”[2]今天，已于1982年被列入“世界遗产名录”的塞南盐场，或许仍然昭示着这样一种伦理功能，如同勒杜所希望的那样，旨在通过建筑及其象征寓意，塑造一个提升民众灵魂，创造美德和集体福祉的社会乌托邦（social utopia）。

1 ［德］汉诺–沃尔特·克鲁夫特．建筑理论史——从维特鲁威到现在［M］．王贵祥，译．北京：中国建筑工业出版社，2005：115.

2 ［美］卡斯腾·哈里斯．建筑的伦理功能［M］．申嘉，陈朝晖，译．北京：华夏出版社，2001：284.

案例14：建筑师的环境伦理："我们补种橡树了吗？"

生态建筑师威廉·麦克多诺（William McDonough）是美国弗吉尼亚州夏洛茨维尔（Carlottesville）市建筑社团设计院奠基人之一，1994年至1999年，任弗吉尼亚大学建筑学院院长。1996年他因对可持续发展的贡献而获得总统奖，这是美国颁发的环境方面的最高荣誉。

麦克多诺在纪念圣约翰大教堂100周年仪式上的一篇演讲中提到了两件他们致力于生态建筑设计的具体案例，[1]颇具启示意义。

第一个案例是他们在纽约设计建造一家男性服装店时使用了两棵英国橡树木料，于是他们就种植了1000棵橡树来补偿。之所以这样做，麦克多诺说是受到了一则故事的启发。这则故事非常有名，是英国牛津大学新学院（New College）的格雷戈里·贝特森（Gregory Bateson）讲述的。故事大概是这样的：该学院有一个建造于17世纪早期的大礼堂。礼堂的横梁长40英尺，厚2英尺。横梁因年代久远而业已干腐，他们就成立了一个委员会寻找置换横梁的木材。如果你知道以英国橡树为原材料的薄木片的价格大概是1平方英尺7美元，那么再用橡树木料替换横梁，其成本极其昂贵，令人望而却步。而且在成熟林中也没有高达40英尺的英国橡树可用于替换横梁。委员会中的一位年轻教师说，"为什么不问问我们学院的林务员，看看牛津大学的土地上是否有足够的树木可以利用？"他们把林务员找来后，林务员说，"我们正想着你们何时会问这件事情。350年前建造这栋建筑时，建筑师就指定要种植一片树林，以便日后置换房顶干腐了的横梁。"

第二个案例是在波兰华沙他们参加了一栋高层建筑的设计竞标。在审查了他们的参赛模型后，客户认为他们胜出。但他们却说："我们还有别的要求，我们必须告诉你们这栋建筑的方方面面。这栋建筑的地基

1 该案例来源参见：[美]威廉·麦克多诺．设计、生态、伦理与物品的制造[M]．聂平俊，译//秦红岭．建筑伦理与城市文化（第四辑）．北京：中国建筑工业出版社，2015：78-80.

由混凝土做成，包括利用“二战”的碎石。它们看上去像石灰岩，但使用这些材料是有原因的。”客户说：“我理解，这是凤凰涅磐，浴火重生。”我们说，建筑外墙采用的是再生铝，客户回答说：“可以，没问题。”他们又说：“楼层间的高度整整13英尺，这样这栋大楼日后一旦不再作为办公楼使用了，还可以将其改建成为居民楼，使这栋建筑有机会享有较长而经济的使用寿命。”客户回答道：“没问题。”他们又告诉客户，他们会设计成可开式窗户，所有办公室人员离窗户的距离不会超过25英尺。客户也说没问题。最后他们说：“顺便说一下，贵方需种植10平方英里的树林来补偿建造该建筑对气候变化的影响。我们对建设、维护和运营这栋建筑的能源成本进行了核算，得出需要种植6400英亩树林才能补偿这栋建筑对气候变化的影响。”客户听后说回头再与他们联系。两天后，该客户打来电话说：“你们仍然胜出，我核查了一下在波兰种植10平方英里的林木的成本，结果发现，其成本只是广告预算很小一部分。”

— 讨论 —

- 这个案例对建筑师提升其环境伦理责任意识有何启示？
- 建筑师应如何将环境伦理理念有机融入设计活动之中？如何才能在设计中体现对废弃物的循环使用，降低建筑对自然环境与气候变化的影响？

【相关参考】汉诺威原则：设计服务于可持续性

1992年，麦克多诺及其建筑事务所受德国汉诺威市政府邀请，为2000年以“人类、自然和技术”为主题的千禧年世界博览会制定设计标准。该标准后被称为《汉诺威原则》(*The Hannover Principles*)，由麦克多诺与德国化学家迈克尔·布朗嘉特共同撰写。《汉诺威原则》实际上是为所有设计师提出的生态设计准则。具体表现为九个方面的内容：

1. 坚持人类和自然在健康、多益、多元和可持续的状态下共处的原则。

2. 相互依存的原则。人类设计的各要素与自然界密切相关，在不同尺度上都有具体体现，这就要求设计考虑到对未来的影响。

3. 尊重精神与物质之间关系的原则。考虑人类活动的所有方面，包括社区、居住、工业、贸易等方面在精神和物质上现存的或将来可能出现的联系。

4. 勇于承担设计责任的原则。设计可能对人类健康、自然生态系统以及人与自然共存产生不良后果。

5. 创造有长远价值的安全物品的原则。避免由于疏忽生产的不合格产品、不合理流程或标准带来维护或管理上的潜在威胁，从而让后代承受负担。

6. 消除废物的原则。评估并优化产品和流程的全过程，以求达到无废物的责任系统状态。

7. 消耗自然能源的原则。人类设计应像自然界一样获取无穷的太阳能，并将这一能源高效、安全利用。

8. 了解设计局限性的原则。没有某一个人的创造永远合理，设计也无法解决所有问题。规划设计者在大自然面前表现出谦和，将自然界作为向导和楷模，而不是看成累赘去躲避或控制。

9. 通过知识共享追求恒久发展的原则。倡导在同事、顾客、生产者与使用者之间的公开交流，从道义上充分考虑可持续的长远作用，重建自然进程和人类活动密不可分的关系。

案例15：建筑工程伦理：挽救花旗银行大厦[1]

1970年初，花旗公司计划在纽约曼哈顿区设立新的总部——花旗中心。但街角有个1905年建造的教堂（St. Peter Church）。花旗公司允诺

1　该案例参考［美］查尔斯·E·哈里斯，迈克尔·S·普里查德，迈克尔·J·雷宾斯．工程伦理：概念和案例（第三版）［M］．丛杭青，沈琪，等，译．北京：北京理工大学出版社，2006：234-235．［美］迈克·W·马丁，罗兰·辛津格，工程伦理学［M］．李世新，译．北京：首都师范大学出版社，2010：12-14.

拆除旧教堂，并重新建立一个能够成为花旗中心一部分的独立的全新教堂。为了达成这个任务，花旗中心的建筑师斯塔宾斯（Hugh Stubbins）与结构工程师勒曼歇尔（William LeMessurier）以极富创造力的方式设计了一座底部四边以四根9层楼高的支柱撑起的59层高的大楼，可让角落的教堂不受影响，而大楼也只使用了教堂的“领空”而已，大楼的第一层相当于普通建筑物的第9层，这样就为教堂留足了空间（附图38）。此外，结构工程师勒曼歇尔以对角线支撑的设计将大楼重量分散到4根支柱上，设计了一个由48个锯齿形钢铁构件所焊接而成的支柱系统，以确保大楼能禁得起强风的侵袭。同时，还安装了一个可调节的质量阻尼器（mass damper），以防止建筑物在大风中摇摆。

大楼建成一年后，一名工程学科的学生提出的一个重要安全问题，导致勒曼歇尔重新审视自己的设计。这名学生发现，大楼两个侧面受到斜向的风力作用时，其挡风支柱所必须承受的张力，比勒曼歇尔先前仅预估的垂直风负载的数值要高出40%。勒曼歇尔认为，建筑准则中规定的要求是要能承受垂直风负载，这是抗风支撑设计的基础。只要焊接达到预期的高质量，这个问题就无须担忧。不过，学生的问题还是引起了勒曼歇尔的警觉。他向负责大楼建造的工程师询问支撑结构的焊接

附图38 纽约花旗银行大楼底部四根支柱（秦红岭摄）

情况与工艺水平时，令他失望的是，该工程师告诉他连接部分根本没有焊接，而是全部都以螺栓替代。于是勒曼歇尔咨询相关专家达文波特（Alan Davenport），达文波特进一步计算后指出，斜向风负载引起的应力超过垂直风负载应力，其幅度远远大于理想化的数学模型所预计的40%，足以引起关键螺栓连接失效。因而，如果根据纽约气象局的记录显示，平均每16年发生一次的暴风强度，便足以撕裂螺栓所固定的接头。幸运的是，需要加固的支撑还未封闭，能够对它进行补救，但该工作影响极大且花费巨大。

勒曼歇尔面临一个伦理困境，涉及他保证建筑物对用户安全的责任与他对各种经济合伙人及自己利益的责任之间的冲突，若他如实公开上述情况，将使他公司的工程声誉受损，且公司的财务状况也将面临风险。不过，勒曼歇尔迅速而果断地采取了行动。他首先和他的律师商讨有关保险公司及此次工程的设计等事宜，然后他与建筑师斯塔宾斯决定与花旗公司的主管们会谈，告知他们这个问题的存在，并商讨与拟定了相关修复补救计划。他认为只要在200个以螺栓固定的接合处上，焊上2英寸厚的钢板就足以确保这些接合点的坚固。花旗公司的总裁非常支持勒曼歇尔的建议和补救计划，并指示花旗公司的人员与工程师们共同合作，立即实施该工程，以确保整栋大楼的安全。当修复工程在1978年9月接近完成时，有一股飓风正沿着海岸线向纽约方向袭来，他们请专家测量建筑构件的压力和提供每日天气预报，并与灾难应变小组商讨暴风来临时的紧急疏散计划。所幸的是，该飓风改变方向离去了，无须人员疏散。该修复工程总计花了约两个月的时间，完工后的大楼在经过测量之后，可以承受平均每200年才会出现一次的暴风。

虽然整个维修费用超过1250万美元，但各方的反应却是迅速和负责的。工程完工后，花旗公司提出诉讼，并达到庭外解决方案，勒曼歇尔没有责任，但他及其合伙人被控负担200万美元保险费，他们同意交纳。

— 讨论 —

- 工程师在伦理冲突中如何正确做出抉择？
- 这个案例对工程师提升其职业伦理责任有何启示？

解决伦理困境最关键的方法是要善于识别价值准则的等级序列或优先秩序，低等级的准则要服从高等级的准则，以高等级的价值准则指导自己的行为，进而做出合理的道德选择。本案例中，结构工程师勒曼歇尔有义务保护和维护客户、雇主的利益，但仅限于维护其合乎道德与合法的利益，当客户的利益损害了公众的利益时，尤其是对公众的安全造成危害或潜在危害时，对公共利益的维护在价值上就具有优先性。这个案例还启示人们出现问题和错误之后，应勇敢站出来与所有相关人员合作解决问题，即使冒着损害职业名誉的风险和损失也在所不惜，勒曼歇尔负责的善后工作，反而提升了他的职业声誉。勒曼歇尔以下列一段话总结这个案件与工程师的伦理责任："你有社会义务，为了回馈自己得到工程师执照，并受人尊敬，你应该牺牲自己，并且将你与顾客对社会的利益视为一体。我的故事中最精彩的部分，就是当我这样做时，没有一件坏事会发生在我身上。"[1]

案例16：建筑工程伦理：美国堪萨斯城凯悦酒店走廊坍塌事故

美国堪萨斯城凯悦酒店（Hyatt Regency Hotel）建成于1979年，其中庭独具特色，有许多悬空走廊。在当时，这是凯悦酒店的骄傲。1981年7月17日晚，约1600人涌入酒店参加一个舞蹈比赛。其中，有约20人在二楼走廊、21人在三楼走廊、16人在四楼走廊观看。突然，连接四楼走廊的钢质吊杆爆裂，整个四楼走廊失去支撑，连同在上面的16人一齐坠落至二

1 台湾云林科技大学工程伦理讲义8，www.che.yuntech.edu.tw/，2015年8月30日登陆。

层走廊，并与二楼走廊一起跌到一楼中庭。事故造成114人死亡，216人受伤的惨痛后果，这是美国建筑史上最严重的建筑结构事故（附图39）。

事后调查发现，正是设计施工方面看似不起眼却致命的错误，造成了这一悲剧。为了美观，堪萨斯城凯悦酒店设计了44米宽、15米高的玻璃屋顶中庭，有3条分布在2、3、4楼的悬空走廊横跨于此（2楼和4楼走廊在同一边，3楼走廊在另一边）。结构工程师Duncan和 Gillum在原设计中，2楼和4楼两条叠在一起的走廊由一整条钢制吊杆支撑并固定在天花板上（该设计只符合堪萨斯城建筑规范所要求的最低负载的60%）。但这一设计给安装造成了困难，长吊杆需要穿过两层走廊固定在天花板上，而且那根长吊杆还必须全部弄出螺纹才能使固定四层用的螺母可以装进去。怎样把事情变得简单一点？承包商更改了设计，即将一根长吊杆换成了两根短的吊杆。这样就变得易于安装了，而且看起来达到了一样的效果。然而，就是这个小小的改动成了一个致命的错误。因为如果是一根长吊杆就只需要两颗螺母，每一个螺母只需要承担一层平台的重量。但现在改成两根吊杆后，一个螺母需要承担两层平台的重量，是原设计中承受重量的两倍（附图40）。

附图39　美国堪萨斯城凯悦酒店走廊坍塌事故现场
（来源：https://buildingfailures.wordpress.com/1981/04/23/sample/）

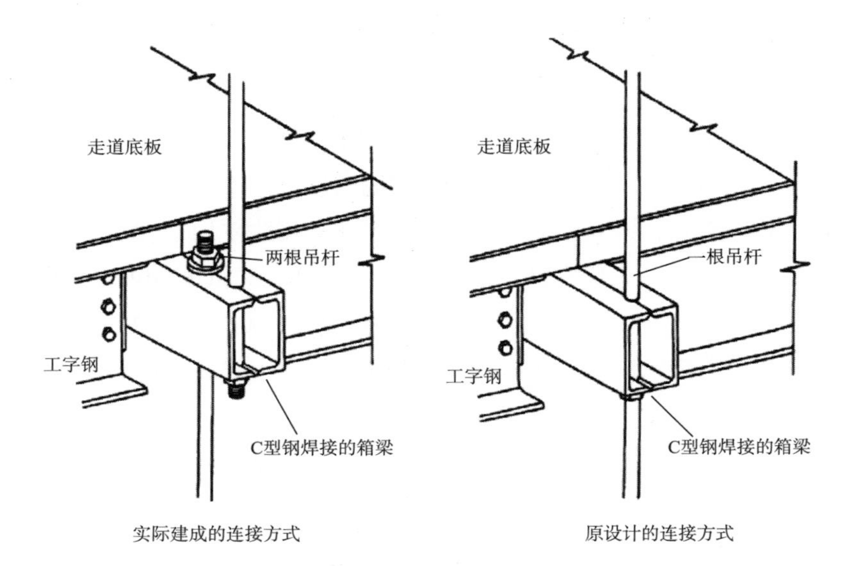

附图40 造成致命错误的连接处变更示意图
（来源：彭小悟："废墟之上：堪萨斯城凯悦酒店坍塌事故"，https://www.douban.com/note/615191058/）

事后的调查中，承包商声称他们通过电话与结构工程师沟通，他口头批准了连接处设计的更改，但没有查看任何图纸或计算上层走廊的承重强度。按当地惯例，计算承重强度的工作应由施工商自行解决。施工商认为计算强度工作已由设计方完成而直接施工。可见，该事故中，承包商与结构工程师对于设计变更和其所带来的影响和风险没有进行有效的沟通与风险评估。施工过程中，其实有其他地方发生崩塌事故而对全大楼进行过检查，但仍未检查中庭走廊的承重强度，最终酿成惨祸。

1984年11月，在经过长时间的事故调查和庭审之后，涉事的主要结构工程师Duncan和 Gillum，以及他们所在的负责该项目结构设计的G.C.E.公司被判有罪，罪名为玩忽职守和在工程作业中的不专业行为。Duncan和Gillum失去了密苏里州的工程师执照，G.C.E公司被剥夺了工程公司资格，并裁定赔偿约1.4亿美金。

该次事故促进了美国建筑工程安全法规的修订。按照重新修订的建筑安全法规，要求涉及公众的建筑，设计完成后，必须经过政府聘请的独立结构工程师审核结构和承重是否符合安全要求，达标后方可施工。同时，美国土木工程师协会改写了职业准则，向结构工程师传达了一个明确的要求，即“你要为自己盖章的设计书负责！”

— 问题 —

- 工程伦理以及基于此形成的职业伦理法则是建议和规范每一个工程师如何进行职业行为和职业判断的依据。
- 讨论这个案例所提出的建筑工程伦理问题，尤其是此案例所涉及的建筑工程中的公共安全和风险管理中的职业伦理责任问题。

案例17：建筑工程伦理：香港圆洲角短桩案[1]

1997年10月17日，香港房屋署就圆洲角居屋建筑地盘（即后来的愉翠苑）的地基工程向房委会名单内的承建商招标，共有27家公司投标。同年11月28日，亚太土木工程有限公司以最低价夺得有关工程合约。地基工程于1998年2月10日开始，当时亚太公司将打桩工程分包给一家名为会汉建设有限公司的承建商，而亚太公司则负责采购材料。

1998年4月，由于打桩工程进展不顺利，会汉公司改用马力较大的挖掘机钻孔。但是，因为缺乏足够配件，所以仍未能将临时套管打入桩井底部，令没有套管支撑的桩井内壁泥土坍塌，因而延误工程进度。1998年5月至7月，会汉公司为加快挖掘桩孔，公司的两名董事指使员工无须将“临时套管”打入桩井底部，改用泥土稳定剂以巩固桩井内壁，但是情况仍未有改善迹象。会汉公司的做法并未得到房屋署的允许。同年8月，会汉公司因出现经济困难而停止使用泥土稳定剂进行地基工程。

1　资料来源于香港廉政公署官网：http://www.icac.org.hk/new_icac/big5/cases/piling/p01.html，2015年8月30日登陆。

8月至9月施工期间，曾有会汉公司现场职员就该事件向会汉公司两名董事提出警示，但没有得到理会，而且他们还策划一连串欺诈行为以掩饰工程违规工程。9月初，会汉公司报称完成愉翠苑D座及E座的打桩工程。

1998年9月23日，由于会汉公司未能如期完成其余楼宇的地基工程，亚太公司于是接手并聘请会汉原班职员。12月19日，亚太公司向房屋署报称已完成地盘地基。三天后，另一承建商开始兴建居屋楼宇。其后，房屋署向亚太公司支付工程费用5700万元。

1999年7月27日，会汉因财政困难而宣布清盘，并于2000年停止营运。同年9月，由于一连串问题地基工程引起社会关注，房委会于是主动全面勘察辖下建筑物的沉降情况。12月8日，房屋署勘察发现，愉翠苑D座及E座出现严重沉降，房屋署于是聘请专家独立调查，证实该两幢楼宇短桩情况严重，结果显示这两座楼宇共有36支“大口径钻孔桩”，但只有4支合格，有21支桩柱比指定的标准短2至15米，余下的11支桩柱则没有按规定钻进岩石层而只达软土层。换言之，两座楼宇近九成的桩柱不符合规格，仅有一成多的合格桩柱，却要独力支撑计划兴建的41层高楼宇，其安全问题可想而知。房屋署于12月23日向廉政公署举报，指事件牵涉贪污。

2000年1月6日，亚太公司也向廉政公署举报，指事件牵涉贪污。两日后，廉政公署出动80名调查人员，拘捕8名人员。1月9日，房屋署宣布暂停两座楼宇的建筑工程。此时，这两座楼已分别建至33及34层高。基于楼宇的结构安全，同年3月16日，房委会基于安全理由，决定将两座楼宇拆卸，此举令房委会损失约6.05亿元港币。假如当年未能及时发现这一安全隐患，以每层有8个单位计算，估计受影响的住户高达656户之多。拆卸工程在2001年6月完成，原址其后重建为一个休憩公园。

2001年1月8日，会汉公司两名董事及现场代表被控于1998年4月至12月期间不诚实地串谋诈骗房屋委员会。同年10月，施工现场代表向法庭承认控罪，被判监禁3年半。2002年9月，会汉公司两名董事被裁定串谋诈骗房委会罪名成立，被判入狱12年，上诉后获减刑至10年。

— 讨论 —

香港圆洲角短桩案不仅涉及法律问题，还涉及建筑工程伦理问题。讨论该案例涉及的建筑工程伦理问题。

案例18：建筑工程质量的拷问：样板工程寿命仅20年[1]

2014年4月，浙江奉化锦屏街道居敬小区一幢建成仅20年的五层居民楼轰然倒塌（附图41），事故造成1人死亡，6人受伤。讽刺

附图41　2014年4月5日浙江奉化市一幢五层居民楼半边楼发生坍塌

1　参考祝优优．奉化20年居民楼倒塌：居民称开门发现楼梯没了［N］．法治周末，2014-04-09.

的是，此次坍塌的楼房曾获宁波市“甬江建设杯”优质工程奖荣誉及奉化市优质样板工程称号。早在2009年9月，同样是奉化市锦屏街道，位于西溪路的5号居民楼3单元也轰然倒塌，被媒体称为“楼脆脆”。

事故发生后，宁波市房屋建筑设计专家对现场进行勘察后，初步认定工程质量不过关和地基长期浸泡是造成房屋倒塌的主要原因。同时，施工方选用的建筑材料不过关、用料不足，建筑过程中也存在不规范现象。

该次“倒楼”事件，再次让中国建筑业存在的“建筑短命”与质量安全问题暴露无遗。按照我国《民用建筑设计通则》的规定，重要建筑和高层建筑主体结构的耐久年限为100年，一般性建筑的耐久年限为50年到100年。然而，我国很多建筑的实际寿命与设计通则的要求有相当大的差距。究其原因，除了规划调整等原因外，房屋质量不过关也是重要因素。

建筑质量尤其是住宅质量的好坏是关乎百姓安居的大问题，容不得半点轻怠与疏漏。虽然建筑质量安全问题涉及勘察、设计、施工、监理、检测、装修、使用、维护等各个环节，但在建筑工程实施过程中，工程技术人员是否尽职尽责，是否有基本的职业伦理，用心将公众的安全、健康和福利放在首要位置，则是决定建筑工程质量优劣的核心要素之一。

案例19：“向权力讲述真理”——“拍桌子”给市长讲课[1]

对地方官员来说，招商引资的项目常常比规划项目重要。所以，因项目而改变规划情况时有发生。在给地处中原的某市作规划的时候，中科院地理资源所区域与城市规划设计研究中心教授方创琳就遇到了这一问题。

1 该案例来源：莫然．城市主导者的力量——听规划师讲故事［J］．中国人大，2007（23）：32-33.

该市是一个资源型城市，是由煤矿区而逐渐发展起来的综合性工业城市。随着城市的扩张，原来在郊区的一些污染企业也逐渐位于市中心地带。由此带来的问题是城市污染非常严重，而且长期采煤使得城市出现了许多采煤塌陷区，严重影响了该市的可持续发展。该市下决心治理空气污染，改善城市环境，同时综合治理采煤塌陷区。

2005年，方创琳就是在这样的情况下被邀请去做城市规划的。作为项目主持人，他参与了规划编制的整个过程。在一次对规划方案的补充调研中，他发现正在规划的建材工业园和正在建的一家水泥厂存在问题。这个建材工业园位于该市的上风上水方向，一旦水泥厂上马，会带来巨大的环境污染。方创琳立刻告诉陪同他们进行工业园区建设补充调研的主管工业发展的常务副市长：绝对不允许在这样的地方建水泥厂。副市长回答："为什么不能建？这是我们招来的引资项目，我们早都答应了这个企业，不能言而无信。何况这是上亿元的投资项目。对于目前转型中的城市，这意味着什么！"

于是，方创琳花了大半天的时间给这位主管副市长讲道理，讲其他城市的教训，讲一个环境良好的城市的投资价值远远大于今天的两个亿。刚开始这位副市长不太理解，总觉得这样一来，到手的招商项目就落空了，不接受方创琳的建议。后来，方创琳拍着桌子对他说："规划我可以不做，规划费我可以不要，但是作为一个科学工作者，我不会做有负于这个城市100多万人生存健康的事情，也绝不会允许这种有损百姓的事情发生。绝不会允许在这个城市上风上水的地方建一个水泥厂，建一片建材工业园，让城区居民每天生活在烟尘、粉尘的污染中。如果你想在这个地方长期做市长，你就要对得起老百姓。要知道，这里的人民已经长期生存在污染的城区环境中了，本次城市规划修编要解决的一个重要问题，就是要改善城市生活环境！"

最终，他们达成了一致。副市长同意撤下建材工业园和水泥项目，方创琳也让了一步，认同可以在那里建科技园，但必须是清洁、无污染的高科技企业才能进入。

— 评析 —

本案例中，方创琳作为一名城市规划师有着良好的职业伦理和可贵的道德品质，主要体现在他以“向权力讲述真理”的方式所体现的公正、勇气等职业美德。规划师作为城市规划方案的直接制订者，在维护公共利益方面扮演着重要而特殊的角色。作为一种职业良知的体现，“向权力讲述真理”的精神气质，使规划师在面临道德与责任的冲突时，有一种坚持科学、坚持原则、抗拒诱惑、凭良心做事的道德勇气，能够不屈服于长官意志或强势利益集团压力，正确处理公共利益与决策者自我利益的关系，减少和避免实际工作中出现一些危害公共利益的规划方案，使自己所从事的城市规划工作真正成为维护社会公平、保障公共安全和公众利益的重要公共政策。

参考文献

中文书籍

（一）古籍及注疏

[1] 白本松译注．春秋穀梁传［M］．贵阳：贵州人民出版社，1998．

[2] 毕沅，校注．墨子［M］．上海：上海古籍出版社，1989．

[3] 陈寿．三国志［M］．裴松之，注．北京：中华书局，1999．

[4] 程国政，编注．中国古代建筑文献集要（明代上册）［M］．上海：同济大学出版社，2013．

[5] 黎翔凤．管子校注［M］．北京：中华书局，2004．

[6] 王贞珉．盐铁论译注［M］．长春：吉林文史出版社，1995．

[7] 杨伯峻．论语译注［M］．北京：中华书局，2012．

[8] 杨伯峻．孟子译注［M］．北京：中华书局，2012．

[9] 杨伯峻．春秋左传注（修订本）［M］．北京：中华书局，1990．

[10] 孔颖达．礼记正义［M］．北京：北京大学出版社，1999．

[11] 吕不韦门客．吕氏春秋全译［M］．关贤柱，廖进碧，钟雪丽，等，译注．贵阳：贵州人民出版社，1997．

[12] 李诫．营造法式（修订本）［M］．邹其昌，点校．北京：人民出版社，2011．

[13] 李东阳．大明会典［M］．扬州：广陵书社，2007．

[14] 李如圭．仪礼释宫（景印文渊阁四库全书第103册）．［M］．台北：台湾商务印书馆，1983．

[15] 刘向．说苑全译［M］．王锳，王天海，译注，贵阳：贵州人民出版社，1992．
[16] 李昉．太平御览（第二卷）［M］．石家庄：河北教育出版社，1994．
[17] 李渔．闲情偶记［M］．沈勇，译注．北京：中国社会出版社，2005．
[18] 孙诒让．墨子闲诂［M］．北京：中华书局，2001．
[19] 欧阳询．艺文类聚［M］．汪绍楹，校．上海：上海古籍出版社，1965．
[20] 何清谷．三辅黄图校注［M］．西安：三秦出版社，2006．
[21] 十三经注疏整理委员会．十三经注疏·礼记正义（上、中、下）［M］．北京：北京大学出版社，1999．
[22] 苏舆．春秋繁露义证［M］．钟哲，点校．北京：中华书局，1992．
[23] 郑樵．通志二十略［M］．王树民，注释．北京：中华书局，1995．
[24] 王世舜，王翠叶，译注．尚书［M］．北京：中华书局，2012．
[25] 王玉德，王锐．宅经［M］．北京：中华书局，2011．
[26] 岳纯之，点校．唐律疏议［M］．上海：上海古籍出版社，2013．
[27] 脱脱，等．金史（第一册）［M］．北京：中华书局，1975．
[28] 邬国义，胡果文，李小路．国语译注［M］．上海：上海古籍出版社，1994．
[29] 王国维．观堂集林（外二种）［M］．石家庄：河北教育出版社，2003．
[30] 王溥．唐会要［M］．北京：中华书局，1960．
[31] 王卡，点校．老子道德经河上公章句［M］．北京：中华书局，1993．
[32] 许嘉璐，安平秋．二十四史全译：史记（第一册）［M］．北京：汉语大词典出版社，2004．
[33] 魏徵等．群书治要译注（第九册）［M］．北京：中国书店，2012．
[34] 叶光大，李万寿，黄涤明，等，译注．贞观政要全译［M］．贵阳：贵州人民出版社，1991．
[35] 王先谦．荀子集解［M］．北京：中华书局，1988．
[36] 赵晔．吴越春秋全译［M］．张觉，译注．贵阳：贵州人民出版社，2008．
[37] 郑玄注，贾公彦疏．周礼注疏（上、中、下）［M］．上海：上海古籍出版社，2010．

[38] 朱熹. 四书章句集注 [M]. 北京：中华书局，1983.

(二) 现代著作

[1] 陈喆. 建筑伦理学概论 [M]. 北京：中国电力出版社，2007.
[2] 陈来. 古代宗教与伦理 [M]. 北京：三联书店，2009.
[3] 陈德如. 建筑的七盏明灯：浅谈罗斯金的建筑思维 [M]. 台北：台湾商务印书馆，2006.
[4] 陈从周. 园林清议 [M]. 南京：江苏文艺出版社，2011.
[5] 陈望衡. 环境美学 [M]. 武汉：武汉大学出版社，2007.
[6] 陈志华. 外国建筑史（第三版）[M]. 北京：中国建筑工业出版社，1979.
[7] 陈志华. 外国古建筑二十讲 [M]. 北京：三联书店，2002.
[8] 陈占祥. 建筑师不是描图机器 [M]. 沈阳：辽宁教育出版社，2005.
[9] 程炼. 伦理学导论 [M]. 北京：北京大学出版社，2008.
[10] 程建军. 中国建筑与周易 [M]. 北京：中央编译出版社，2010.
[11] 蔡定剑. 公众参与：风险社会的制度建设 [M]. 北京：法律出版社，2009.
[12] 傅熹年. 傅熹年建筑史论文选 [M]. 天津：百花文艺出版社，2009.
[13] 傅熹年. 中国古代城市规划、建筑群布局及建筑设计方法研究（上册）[M]. 北京：中国建筑工业出版社，2001.
[14] 傅熹年. 中国古代建筑工程管理和建筑等级制度研究 [M]. 北京：中国建筑工业出版社，2012.
[15] 费孝通. 乡土中国·生育制度·乡土重建 [M]. 北京：商务印书馆，2013.
[16] 甘绍平，余涌. 应用伦理学教程 [M]. 北京：中国社会科学出版社，2008.
[17] 甘绍平. 应用伦理学前沿问题研究 [M]. 南昌：江西人民出版社，2002.
[18] 葛兆光. 古代中国文化讲义 [M]. 上海：复旦大学出版社，2015.
[19] 侯幼彬. 中国建筑美学 [M]. 哈尔滨：黑龙江科学技术出版社，1997.

［20］侯仁之．北京城的生命印记［M］．北京：三联书店，2009．
［21］贺业钜．中国古代城市规划史［M］．北京：中国建筑工业出版社，1996．
［22］汉宝德．中国建筑文化讲座［M］．北京：三联书店，2008．
［23］姜涌．建筑师职能体系与建造实践［M］．北京：清华大学出版社，2005．
［24］卢永毅．建筑理论的多维视野［M］．北京：中国建筑工业出版社，2009．
［25］梁启超．饮冰室合集·专集（第5册）［M］．北京：中华书局，1989．
［26］梁思成．中国建筑史［M］．北京：三联书店，2011．
［27］梁思成．建筑文萃［M］．北京：三联书店，2006．
［28］梁漱溟．中国文化要义［M］．上海：上海人民出版社，2011．
［29］李允鉌．华夏意匠［M］．天津：天津大学出版社，2005．
［30］李泽厚．华夏美学·美学四讲［M］．北京：三联书店，2008．
［31］李泽厚．美的历程［M］．北京：三联书店，2009．
［32］李世新．工程伦理学概论［M］．北京：社会科学出版社，2008．
［33］李阎魁．城市规划与人的主体论［M］．北京：中国建筑工业出版社，2007．
［34］李向锋．寻求建筑的伦理话语——当代西方建筑伦理理论及其反思［M］．南京：东南大学出版社，2013．
［35］刘敦桢．刘敦桢文集（三）［M］．北京：中国建筑工业出版社，1987．
［36］刘敦桢．中国古代建筑史（第二版）［M］．北京：中国建筑工业出版社，1984．
［37］刘佳燕．城市规划中的社会规划：理论、方法与应用［M］．南京：东南大学出版社，2009．
［38］柳肃．营建的文明——中国传统文化与传统建筑［M］．北京：清华大学出版社，2014．
［39］罗哲文，王振复．中国建筑文化大观［M］．北京：北京大学出版社，2001．

[40] 卢风. 应用伦理学概论（第二版）[M]. 北京：中国人民大学出版社，2015.
[41] 彭锋. 诗可以兴——古代宗教、伦理、哲学与艺术的美学阐释[M]. 合肥：安徽教育出版社，2003.
[42] 彭怒，支文军，戴春. 现象学与建筑的对话[M]. 上海：同济大学出版社，2009.
[43] 瞿同祖. 中国法律与中国社会[M]. 北京：中华书局，2003.
[44] 秦红岭. 建筑的伦理意蕴[M]. 北京：中国建筑工业出版社，2006.
[45] 秦红岭，主编. 建筑伦理与城市文化（第二辑）[M]. 北京：中国建筑工业出版社，2011.
[46] 秦红岭，主编. 建筑伦理与城市文化（第三辑）[M]. 北京：中国建筑工业出版社，2012.
[47] 秦红岭，主编. 建筑伦理与城市文化（第四辑）[M]. 北京：中国建筑工业出版社，2015.
[48] 秦红岭. 她建筑：女性视角下的建筑文化[M]. 北京：中国建筑工业出版社，2013.
[49] 秦红岭. 城市规划：一种伦理学批判[M]. 北京：中国建筑工业出版社，2010.
[50] 齐艳霞. 工程决策的伦理规约[M]. 北京：人民邮电出版社，2014.
[51] 沈福煦. 中国古代建筑文化史[M]. 上海：上海古籍出版社，2001.
[52] 沈文倬. 宗周礼乐文明考论[M]. 杭州：浙江大学出版社，1999.
[53] 姜涌. 建筑师职能体系与建造实践[M]. 北京：清华大学出版社，2005.
[54] 生青杰. 建设行业职业道德[M]. 郑州：黄河水利出版社，2007.
[55] 孙施文. 现代城市规划理论[M]. 北京：中国建筑工业出版社，2007.
[56] 童寯. 园论[M]. 天津：百花文艺出版社，2006.
[57] 童明. 政府视角的城市规划[M]. 北京：中国建筑工业出版社，2005.
[58] 吴焕加. 建筑学的属性[M]. 上海：同济大学出版社，2013.
[59] 吴良镛. 广义建筑学[M]. 北京：清华大学出版社，2011.

[60] 吴良镛. 人居环境科学导论[M]. 北京: 中国建筑工业出版社, 2001.
[61] 王贵祥等. 中国古代建筑基址规模研究[M]. 北京: 中国建筑工业出版社, 2008.
[62] 王贵祥. 东西方的建筑空间: 传统中国与中世纪西方建筑的文化阐释[M]. 天津: 百花文艺出版社, 2006.
[63] 王贵祥. 中国古代人居理念与建筑原则[M]. 北京: 中国建筑工业出版社, 2015.
[64] 王振复. 中国建筑的文化历程[M]. 上海: 上海人民出版社, 2000.
[65] 王鲁民. 中国古典建筑文化探源[M]. 上海: 同济大学出版社, 1997.
[66] 王世仁. 理性与浪漫的交织: 中国建筑美学论文集[M]. 天津: 百花文艺出版社, 2005.
[67] 汪芳. 查尔斯·柯里亚[M]. 北京: 中国建筑工业出版社, 2003.
[68] 王军. 采访本上的城市[M]. 北京: 三联书店, 2008.
[69] 王博. 北京: 一座失去建筑哲学的城市[M]. 沈阳: 辽宁科学技术出版社, 2009.
[70] 王受之. 世界现代建筑史[M]. 北京: 中国建筑工业出版社, 1999.
[71] 杨宽. 先秦史十讲[M]. 上海: 复旦大学出版社, 2006.
[72] 杨鸿勋. 建筑考古学论文集[M]. 北京: 文物出版社, 1987.
[73] 叶朗. 现代美学体系[M]. 北京: 北京大学出版社, 1999.
[74] 杨帆. 城市规划政治学[M]. 南京: 东南大学出版社, 2008.
[75] 余谋昌. 高科技挑战道德[M]. 天津: 天津科学技术出版社, 2000.
[76] 俞孔坚, 李迪华, 刘海龙. "反规划"途径[M]. 北京: 中国建筑工业出版社, 2005.
[77] 中国大百科全书总编委员会建筑·园林·城市规划编辑委员会. 中国大百科全书·建筑·园林·城市规划[M]. 北京: 中国大百科全书出版社, 1992.
[78] 戴逸. 简明清史(第2册)[M]. 北京: 人民出版社, 1984.
[79] 邹昌林. 中国古礼研究[M]. 台北: 文津出版社, 1992.
[80] 张道一. 考工记注释[M]. 西安: 陕西人民美术出版社, 2004.

[81] 张京祥. 西方城市规划思想史纲[M]. 南京：东南大学出版社，2005.
[82] 张铃. 西方工程哲学思想的历史考察与分析[M]. 沈阳：东北大学出版社，2008.
[83] 张庭伟. 中美城市建设和规划比较研究[M]. 北京：中国建筑工业出版社，2007.
[84] 张庆丰，罗伯特·克鲁克斯. 迈向环境可持续的未来：中华人民共和国国家环境分析[M]. 北京：中国财政经济出版社，2012.
[85] 赵鑫珊. 建筑是首哲理诗——对世界建筑艺术的哲学思考[M]. 天津：百花文艺出版社，1998.
[86] 赵冈. 中国城市发展史论集[M]. 北京：新星出版社，2006.
[87] 赵彦芳. 诗与德——论审美与伦理的互动[M]. 北京：社会科学文献出版社，2011.
[88] 庄惟敏，张维，黄辰晞. 国际建协建筑师职业实践政策推荐导则：一部全球建筑师的职业主义教科书[M]. 北京：中国建筑工业出版社，2010.
[89] 曾建平. 环境正义：发展中国家环境伦理问题探究[M]. 济南：山东人民出版社，2007.

外文中译本书籍

[1] 阿道夫·路斯. 装饰与罪恶[C]//黄厚石，译. 许平，周博. 设计真言：西方现代设计思想经典文选. 南京：凤凰出版传媒集团，江苏美术出版社，2010.
[2] 阿拉斯代尔·麦金太尔. 伦理学简史[M]. 龚群，译. 北京：商务印书馆，2010.
[3] 阿兰·德波顿. 幸福的建筑[M]. 冯涛，译. 上海：上海译文出版社，2007.
[4] 阿尔多·罗西. 城市建筑学[M]. 黄士钧，译. 北京：中国建筑工业出版社，2006.

[5] 阿尔弗雷德·申茨．幻方——中国古代的城市［M］．梅青，译．北京：中国建筑工业出版社，2009年．

[6] 阿马蒂亚·森．伦理学与经济学［M］．王宇，王文玉，译．北京：商务印书馆，2000．

[7] 阿摩斯·拉普卜特．宅形与文化［M］．常青，徐菁，李颖春等，译．北京：中国建筑工业出版社，2007．

[8] 奥尔多·利奥波德．沙乡年鉴［M］．侯文蕙，译．长春：吉林人民出版社，1997．

[9] 白馥兰．技术与性别——晚期帝制中国的权力经纬［M］．江湄，邓京力，译．南京：江苏人民出版社，2006．

[10] 波特兰·罗素．西方的智慧［M］．瞿铁鹏，译．上海：上海人民出版社，1992．

[11] 彼得·霍尔．明日之城：一部关于20世纪城市规划与设计的思想史［M］．童明，译．上海：同济大学出版社，2009．

[12] 彼得·柯林斯．现代建筑设计思想的演变［M］．英若聪，译．北京：中国建筑工业出版社，1987．

[13] 博登海墨．法理学——法律哲学与法律方法［M］．邓正来，译．北京：中国政法大学出版社，2004．

[14] 保罗·戈德伯格．建筑无可替代［M］．百舜，译．济南：山东画报出版社，2012．

[15] B．M．费根．地球上的人们——世界史前史导论［M］．云南民族学院历史系民族学教研室，译．北京：文物出版社，1991．

[16] 布赖恩·爱德华兹．可持续性建筑［M］．周玉鹏，宋晔皓，译．北京：中国建筑工业出版社，2003．

[17] 彼得·辛格．实践伦理学［M］．刘莘，译．北京：东方出版社，2005．

[18] 边沁．道德与立法原理导论［M］．时殷弘，译．北京：商务印书馆，2012．

[19] 保罗·达维多夫．规划中的倡导主义和多元主义［C］//田卉，秦波，译．张庭伟，田莉．城市读本．北京：中国建筑工业出版社，2013．

［20］查尔斯·詹克斯．后现代建筑语言［M］．李大夏，译．北京：中国建筑工业出版社，1986．
［21］查尔斯·E·哈里斯，迈克尔·S·普里查德，迈克尔·J·雷宾斯．工程伦理概念和案例（第三版）［M］．丛杭青，沈琪等，译．北京：北京理工大学出版社，2006．
［22］戴维·史密斯·卡彭．建筑理论（上）维特鲁威的谬误——建筑学与哲学的范畴史［M］．王贵祥，译．北京：中国建筑工业出版社，2007．
［23］戴维·史密斯·卡彭．建筑理论（下）：勒·柯布西耶的遗产——以范畴为线索的20世纪建筑理论诸原则［M］．王贵祥，译．北京：中国建筑工业出版社，2007．
［24］迪耶·萨迪奇．权力与建筑［M］．王晓刚，张秀芳，译．重庆：重庆出版社，2007．
［25］迪耶·萨迪奇，海伦·琼斯．建筑与民主［M］．李白云，任永杰，译．上海：上海人民出版社，2006．
［26］段义孚．逃避主义［M］．周尚意，张春梅，译．石家庄：河北教育出版社，2005．
［27］E．希尔斯．论传统［M］．傅铿，吕乐，译．上海：上海人民出版社，1991．
［28］菲拉雷特．建筑学论集［M］．周玉鹏，贾珺，译．北京：中国建筑工业出版社，2014．
［29］弗兰克纳．伦理学［M］．关键，译．北京：三联书店，1987．
［30］弗兰克·劳埃德·赖特．建筑之梦：弗兰克·劳埃德·赖特著述精选［M］．于潼，译．济南：山东画报出版社，2011．
［31］弗兰克·劳埃德·赖特．机器时代的艺术和工艺［C］//海军，译．许平、周博．设计真言：西方现代设计思想经典文选．南京：凤凰出版传媒集团，江苏美术出版社，2010．
［32］弗里德里希·包尔生．伦理学体系［M］．何怀宏，廖申白，译．北京：中国社会科学出版社，1988．

[33] 弗吉尼亚·赫尔德．关怀伦理学［M］．苑莉均，译．北京：商务印书馆，2014．
[34] F·拉普．技术哲学导论［M］．刘武，等，译．长春：吉林人民出版社，1988．
[35] 贡布里希．艺术的故事［M］．范景中，译．北京：三联书店，1999．
[36] 古朗士．希腊罗马古代社会研究［M］．李玄伯，译．上海：上海文艺出版社，1990．
[37] 海德格尔．路标［M］．孙周兴，译．北京：商务印书馆，2009．
[38] 海德格尔．演讲与论文集［M］．孙周兴，译．北京：三联书店，2005．
[39] 海德格尔．荷尔德林诗的阐释［M］．孙周兴，译．北京：商务印书馆，2000．
[40] 海德格尔．林中路［M］．孙周兴，译．上海：上海译文出版社，2004．
[41] 汉诺—沃尔特·克鲁夫特．建筑理论史——从维特鲁威到现在［M］．王贵祥，译．北京：中国建筑工业出版社，2005．
[42] 亨利·西季威克．伦理学方法［M］．廖申白，译．北京：中国社会科学出版社，1993．
[43] 霍布斯．利维坦［M］．黎思复，黎廷弼，译．北京：商务印书馆，1985．
[44] 海蒂·海伦．建筑与现代性［M］．高政轩，译．台北：台湾博物馆，台湾现代建筑学会，2012．
[45] 黑格尔．美学（第一卷）［M］．朱光潜，译．北京：商务印书馆，1984．
[46] 黑格尔．美学（第三卷上册）［M］．朱光潜，译．北京：商务印书馆，1979．
[47] 杰弗里·斯科特．人文主义建筑学——情趣史的研究［M］．张钦楠，译．北京：中国建筑工业出版社，2012．
[48] 詹姆士·斯科特．国家的视角——那些试图改善人类状况的项目是如何失败的［M］．王晓毅，译．北京：社会科学文献出版社，2004．

[49] J. J. C. 斯马特，B. 威廉斯. 功利主义：赞成与反对［M］. 牟斌，译. 北京：中国社会科学出版社，1992.
[50] 吉迪恩·S·格兰尼. 城市设计的环境伦理学［M］. 张哲，译. 沈阳：辽宁人民出版社，1995.
[51] 科林·圣约翰·威尔逊. 关于建筑的思考：探索建筑的哲学与实践［M］. 吴家琦，译，武汉：华中科技大学出版社，2014.
[52] 科林·圣约翰·威尔逊. 现代建筑的另一种传统：一个未竟的事业［M］. 吴家琦，译. 武汉：华中科技大学出版社，2014.
[53] 卡尔·波兰尼. 大转型：我们时代的政治与经济起源［M］. 刘阳，冯钢，译. 杭州：浙江人民出版社，2007.
[54] 卡尔·米切姆. 技术哲学概论［M］. 殷登祥，曹南燕，等，译. 天津：天津科学技术出版社，1999.
[55] 卡米诺·西特. 城市建设艺术：遵循艺术原则进行城市建设［M］. 仲德昆，译. 南京：东南大学出版社，1990.
[56] 卡斯腾·哈里斯. 建筑的伦理功能［M］. 申嘉，陈朝晖，译. 北京：华夏出版社，2001.
[57] 康德. 判断力批判（注释本）［M］. 李秋零，译注. 北京：中国人民大学出版社，2011.
[58] 克里斯蒂安·诺伯格—舒尔茨. 西方建筑的意义［M］. 李路珂，欧阳恬之，译. 北京：中国建筑工业出版社，2005.
[59] 克里斯·亚伯. 建筑与个性——对文化和技术变化的回应［M］. 张磊，等，译. 北京：中国建筑工业出社，2003.
[60] 肯尼斯·弗兰姆普敦. 现代建筑：一部批判的历史［M］. 张钦楠，等，译. 北京：三联书店，2004.
[61] 理查德·帕多万. 比例——科学·哲学·建筑［M］. 周玉鹏，刘耀辉，译. 北京：中国建筑工业出版社，2005.
[62] 理查德·瑞杰斯特. 生态城市伯克利：为一个健康的未来建设城市［M］. 沈清基，沈贻，译. 北京：中国建筑工业出版社，2005.

[63] 理查德·德·乔治. 企业伦理学[M]. 王漫天，唐爱军，译. 北京：机械工业出版社，2012.

[64] 莱昂·巴蒂斯塔·阿尔伯蒂. 建筑论[M]. 王贵祥，译. 北京：中国建筑工业出版社，2010.

[65] 莱昂·克里尔. 社会建筑[M]. 胡凯，胡明，译. 北京：中国建筑工业出版社，2011.

[66] 李约瑟. 中国科学技术史（第4卷物理学及相关技术，第3分册土木工程与航海技术）[M]. 汪受琪，等，译. 北京：科学出版社，2008.

[67] 路易斯·沙利文. 建筑中的装饰[C]//黄厚石，译. 许平，周博. 设计真言：西方现代设计思想经典文选. 南京：凤凰出版传媒集团，江苏美术出版社，2010.

[68] 勒·柯布西耶. 走向新建筑[M]. 陈志华，译. 西安：陕西师范大学出版社，2004.

[69] 罗兰·巴特. 叙事作品结构分析导论[M]//张寅德，译. 张寅德. 叙述学研究. 北京：中国社会科学出版社，1989.

[70] 罗杰·斯克鲁顿. 建筑美学[M]. 刘先觉，译. 北京：中国建筑工业出版社，2003.

[71] 罗尔斯. 正义论[M]. 何怀宏，何包钢，廖申白，译. 北京：中国社会科学出版社，1988.

[72] 罗纳德·德沃金. 至上的美德：平等的理论与实践[M]. 冯克利，译. 南京：江苏人民出版社，2003.

[73] 理查德·泰勒. 发现教堂的艺术：教堂的建筑·图像·符号与象征完全指南[M]. 李毓昭，译. 北京：三联书店，2010.

[74] 路德维希·维特根斯坦. 文化与价值[M]. 涂纪亮，译. 北京：北京大学出版社，2012.

[75] 路易斯·霍普金斯. 都市发展——制定计划的逻辑[M]. 赖世刚，译. 北京：商务印书馆，2009.

[76] 刘易斯·芒福德. 城市发展史——起源、演变和前景[M]. 宋俊岭，倪文彦，译. 北京：中国建筑工业出版社，2005.

[77] 理查德·罗杰斯，菲利普·古姆齐德简．小小地球上的城市［M］．仲德崑，译．北京：中国建筑工业出版，2004．
[78] 迈克·W·马丁，罗兰·辛津格．工程伦理学［M］．李世新，译．北京：首都师范大学出版社，2010．
[79] 迈尔斯·格伦迪宁．迷失的建筑帝国：现代主义建筑的辉煌与悲剧［M］．朱珠，译．北京：中国建筑工业出版社，2014．
[80] 迈克·詹克斯，伊丽莎白·伯顿，凯蒂·威廉姆斯．紧缩城市：一种可持续发展的城市形态［M］．周玉鹏，龙洋，楚先锋，译．北京：中国建筑工业出版社，2004．
[81] 马文·特拉亨伯格，伊莎贝尔·海曼．西方建筑史：从远古到后现代［M］．王贵祥，青锋，周玉鹏等，译．北京：机械工业出版社，2011．
[82] 马克斯·舍勒．伦理学中的形式主义与质料的价值伦理学［M］．倪梁康，译．北京：商务印书馆，2011．
[83] 密尔．论自由［M］．许宝骙，译．北京：商务印书馆，2007．
[84] 约翰·穆勒．功利主义［M］．徐大建，译．上海：上海人民出版社，2008．
[85] 马克思．资本论（第一卷）［M］．中共中央马克思、恩格斯、列宁、斯大林著作编译局，译．北京：人民出版社，2004．
[86] 米尔恰·伊利亚德．神圣的存在——比较宗教的范型［M］．晏可佳，姚蓓琴，译．桂林：广西师范大学出版社，2008．
[87] 米歇尔·福柯．规训与惩罚［M］．刘北成，杨远婴，译．北京：三联书店，1999．
[88] 马克·吉罗德．城市与人——一部社会与建筑的历史［M］．郑炘，周琦，译．北京：中国建筑工业出版社，2008．
[89] 尼古拉斯·佩夫斯纳．现代设计的先驱者：从威廉·莫里斯到格罗皮乌斯［M］．王申祜，王晓京，译．北京：中国建筑工业出版社，2004．
[90] 枘谷行人．作为隐喻的建筑［M］．应杰，译．北京：中央编译出版社，2011．

[91] 南·艾琳．后现代城市主义［M］．张冠增，译．上海：同济大学出版社，2007．
[92] 恩格尔哈特．生命伦理学基础（第二版）［M］．范瑞平，译．北京：北京大学出版社，2006．
[93] 诺伯格·舒尔兹．存在·空间·建筑［M］．尹培桐，译．北京：中国建筑工业出版社，1990．
[94] 诺伯舒兹．场所精神：迈向建筑现象学［M］．施植明，译．武汉：华中科技大学出版社，2010．
[95] 尼采．偶像的黄昏［M］．卫茂平，译．上海：华东师范大学出版社，2007．
[96] 尼格尔·泰勒．1945年后西方城市规划理论的流变［M］．李白玉，陈贞，译．北京：中国建筑工业出版社，2006．
[97] 欧文·潘诺夫斯基．哥特建筑与经院哲学——关于中世纪艺术、哲学、宗教之间对应关系的探讨［M］．吴家琦，译．南京：东南大学出版社，2013．
[98] P．Aarne Vesilind，Alastair S．Gunn．工程、伦理与环境［M］．吴晓东，翁端，译．北京：清华大学出版社，2003．
[99] 乔治·摩尔．伦理学原理［M］．长河，译．上海：上海人民出版社，2005．
[100] 乔治·桑塔耶纳．美感［M］．缪灵珠，译．北京：中国社会科学出版社，1982．
[101] 乔恩·朗．城市设计：美国的经验［M］．王翠萍，胡立军，译．北京：中国建筑工业出版社，2008．
[102] 乔纳森·格兰西．建筑的故事［M］．罗德胤，张澜，译．北京：三联书店，2009．
[103] 乔治·弗雷德里克森．公共行政的精神［M］．张成福，等，译．北京：中国人民大学出版社，2003．
[104] 萨莫森．建筑的古典语言［M］．张欣玮，译．杭州：中国美术学院出版社，1994．

［105］ 色诺芬. 回忆苏格拉底［M］. 吴永泉，译. 北京：商务印书馆，1986.
［106］ 施坚雅. 中华帝国晚期的城市［M］. 叶光庭，等，译. 北京：中华书局，2000.
［107］ 汤姆·彼彻姆，詹姆士·邱卓思. 生命医学伦理原则［M］. 李伦等，译. 北京：北京大学出版社，2014.
［108］ 托克维尔. 论美国的民主（下卷）［M］. 董果良，译. 北京：商务印书馆，1996.
［109］ 维特鲁威. 建筑十书［M］. 陈平，译. 北京：北京大学出版社，2012.
［110］ 维奥莱—勒—迪克. 建筑学讲义（上下册）［M］. 白颖，汤琼，李菁，译. 中国建筑工业出版社，2015.
［111］ 巫鸿. 中国古代艺术与建筑中的“纪念碑性”［M］. 李清泉，郑岩，等，译. 上海：上海人民出版社，2009.
［112］ 巫鸿. 武梁祠：中国古代画像艺术的思想性［M］. 柳扬，岑河，译. 北京：三联书店，2006.
［113］ 威廉J·R·柯蒂斯. 20世纪世界建筑史［M］. 本书翻译委员会，译. 北京：中国建筑工出版社，2011.
［114］ Walter Kaiser，Wolfgang Koenig. 工程师史：一种延续六千年的职业［M］. 顾士渊，孙玉华，胡春春，周庆，译. 北京：高等教育出版社，2008.
［115］ 沃尔夫冈·韦尔施. 重构美学［M］. 陆扬，张岩冰，译. 上海：上海，译文出版社，2002.
［116］ 希格弗莱德·吉迪恩. 空间·时间·建筑［M］. 王锦堂，孙全文，译. 武汉：华中科技大学出版社，2014.
［117］ 西田几多郎. 善的研究［M］. 何倩，译. 北京：商务印书馆，2007.
［118］ 休谟. 人性论（下册）［M］. 关文运，译. 北京：商务印书馆，1983.
［119］ 西塞罗. 论义务［M］. 王焕生，译. 北京：中国政法大学出版社，1999.
［120］ 约翰·罗斯金. 建筑的七盏明灯［M］. 谷意，译. 济南：山东画报出版社，2012.

[121] 约翰·罗斯金. 艺术与道德 [M]. 张凤, 译. 北京: 金城出版社, 2012.

[122] 亚里士多德. 尼各马可伦理学 [M]. 廖申白, 译注. 北京: 商务印书馆, 2003.

[123] 亚里士多德. 政治学 [M]. 吴寿彭, 译. 北京: 商务印书馆, 2008.

[124] 雅克·蒂洛, 基思·克拉斯曼. 伦理学与生活（第9版）[M]. 程立显, 刘建等, 译. 北京: 世界图书出版公司, 2008.

[125] 约瑟夫·里克沃特. 亚当之家: 建筑史中关于原始棚屋的思考 [M]. 李保, 译. 北京: 中国建筑工业出版社, 2006.

[126] Yael Rrisner, Fleur Watson. 建筑与美 [M]. 程玺, 于昕, 译. 北京: 电子工业出版社, 2014.

[127] 伊恩·伦诺克斯·麦克哈格. 设计结合自然 [M]. 芮经纬, 译. 天津: 天津大学出版社, 2006.

[128] 张光直. 美术、神话与祭祀: 通往古代中国政治权威的途径 [M]. 郭净, 陈星, 译. 沈阳: 辽宁教育出版社, 1988.

[129] 中川忠英. 清俗纪闻 [M]. 方克, 孙玄龄, 译. 北京: 中华书局, 2006.

中文文章

[1] 布正伟. 建筑方针表述框架的涵义与价值 [J]. 建筑学报, 2013 (1): 91.

[2] 陈燕. 一个美国规划师的职业道德观——与美国持证规划师学会前主席山卡赛先生一席谈 [J]. 城市规划, 2004 (1): 19.

[3] 陈晓卫, 马兰. 基于场所精神的生态建筑构思逻辑探究 [J]. 河北工程大学学报（自然科学版), 2015 (1): 34.

[4] 曹树林. “华夏第一祖龙”建, 还是拆? [N]. 人民日报, 2007-3-29 (11).

[5] 邓波, 王昕. 建筑师的原始伦理责任 [J]. 华中科技大学学报（社会科学版), 2008 (3): 119-124.

[6] 宁蒙. 日本建筑师坂茂：纸建筑也坚强 [J]. 环境与生活，2013（9）：91.

[7] 邓东. 建筑师的城市视角——一次关于城市与建筑的对话 [J]. 建筑学报，2006（8）：48.

[8] 方文烨，肖虎. 关于迪拜“生态建筑”的思考 [J]. 科技情报开发与经济，2010（25）：160.

[9] 高兆明. 制度伦理与制度“善” [J]. 中国社会科学，2007（6）：44.

[10] 洪华. 紫禁城建筑的文化内涵——阴阳五行学说 [J]. 北京联合大学学报，2001（1）：76.

[11] 何菁. 工程伦理生成的道德哲学分析 [J]. 道德与文明，2013（1）：125.

[12] 何咏梅、胡绍学. 纪念建筑的“召唤结构” [J]. 世界建筑，2005（9）：107.

[13] 何子张. 规划师的职业主体性与职业道德 [J]. 城市规划，2004（2）：85.

[14] 韩庆祥. 解读“以人为本” [N]. 光明日报，2004-4-27.

[15] 柯小刚. 建筑的伦理基础：一个现象学的考察 [J]. 江苏社会科学，2006（6）：27-31.

[16] 梁思成，林徽因. 平郊建筑杂录 [J]. 中国营造学社汇刊，1932（4）：98.

[17] 李欢. 浅议礼乐文化对建筑的影响 [J]. 四川建筑，2009（8）：26-27.

[18] 李伯聪. 关于工程伦理学的对象和范围的几个问题——三谈关于工程伦理学的若干问题 [J]. 伦理学研究，2006（6）：24-28.

[19] 李路珂. 象征内外——中国古代建筑色彩设计思想探析 [J]. 世界建筑，2016（7）：37.

[20] 李振宇、张萌. 走向“有法无式”的可持续发展之路——2007 Holcim可持续建筑论坛评述 [J]. 建筑学报，2007（8）：41.

[21] 李王鸣，应云仙. 生态伦理——城市规划视角纳新 [J]. 城市规划，2007（6）：30.

[22] 李磊、楼巍．现代性与“原始生活”：维特根斯坦对建筑的澄清[J]．自然辩证法通讯，2008（5）：15．

[23] 缪朴．传统的本质——中国传统建筑的十三个特点[J]．建筑师，1991（40）：69．

[24] 刘佳宁，咸国丰．儒家思想给予古城建设和古城保护的启迪[J]．四川建筑，2005（6）：40．

[25] 刘兴均．“名物”的定义与名物词的确定[J]．西南师范大学学报（哲学社会科学版），1998（5）：85．

[26] 刘林鹰．古希腊的arete一般情况下不能译为汉语的德性[J]．文史博览（理论），2009（5）：24-26．

[27] 刘成纪．中国美学与农耕文明[J]．郑州大学学报（哲学社会科学版），2010（5）：8．

[28] 林天宏．童寯：不近人情的建筑师[N]．中国青年报，2006-7-26．

[29] 马永翔．美德，德性，抑或良品？——Virtue概念的中文译法及品质论伦理学的基本结构[J]．道德与文明，2010（6）：18-22．

[30] 马武定．制度变迁与规划师的职业道德[J]．城市规划学刊，2006（1）：47．

[31] 莫然．城市主导者的力量——听规划师讲故事[J]．中国人大，2007（23）：30-31．

[32] 彭晋媛．礼——中国传统建筑的伦理内涵[J]．华侨大学学报（哲学社会科学版），2003（1）：13-19．

[33] 彭海东，恽爽．知识分子·职业化·利益表达渠道——我国城市规划师的行为分析[J]．北京规划建设，2008（3）：76．

[34] 关长龙．礼器略说[J]．浙江大学学报（人文社会科学版），2014（2）：21-23．

[35] 齐艳霞，刘则渊，赵玉鹏，王飞．试论工程决策的伦理维度[J]．自然辩证法研究，2009（9）：51．

[36] 沈福煦．宗教·伦理·建筑艺术[J]．建筑师，1984（22）：10．

［37］沈福煦．中国古代文化的建筑表述［J］．同济大学学报（人文社会科学版），1997（2）：4．
［38］沈文倬．周代宫室考述［J］．浙江大学学报（人文社会科学版），2006（3）：39-40．
［39］盛翀．浅略比较研究［J］．建筑师，1988（31）：113．
［40］孙施文．城市规划不能承受之重——城市规划的价值观之辩［J］．城市规划学刊，2006（1）：15．
［41］童寯．纪念建筑史话［J］．建筑师，1992（47）：24．
［42］王路．人·建筑·自然——从中国传统建筑看人对自然的有情观念［J］．建筑师，1988（31）：87．
［43］王泽应．应用伦理学的基本原则［J］．南通大学学报·社会科学版，2013（1）：1-6．
［44］王兴平．代际公平与城市规划公正［J］．规划师，2002（7）：15-17．
［45］王辉．论建筑师职业的出现对文艺复兴时建筑的影响［J］．西安社会科学，2010（4）：93．
［46］王锟．建筑师与结构工程师的关系［J］．南方建筑，2006（5）：14．
［47］王飞．伦克的技术伦理思想评介［J］．自然辩证法研究，2008（3）：61．
［48］王如松．生态安全·生态经济·生态城市［J］．学术月刊，2007（7）：7-10．
［49］王建国．城市设计生态理念初探［J］．规划师，2002（4）：18．
［50］周博．人道的栖居［J］．读书，2008（10）：163．
［51］赵清，张珞平，陈宗团，等．生态城市理论研究述评［J］．生态经济，2007（5）：156．
［52］杨豪中．论建筑专业的伦理教育［J］．建筑学报，2009（3）：86-87．
［53］尹国均．作为“场所”的中国古建筑［J］．建筑学报，2000（11）：52．
［54］杨盛标，许康．工程范畴演变考略［J］．自然辩证法研究，2002（1）：38．

[55] 俞海，张永亮．我国环境“邻避运动”困境内因与化解［J］．环境保护，2014（18）：49．

[56] 姚大志．分配正义：从弱势群体的观点看［J］．哲学研究，2011（3）：107-108．

[57] 张法．中国古代建筑的演变及其文化意义［J］．文史哲，2002（5）：80．

[58] 张法．祖庙：中国上古的仪式中心及其复杂内蕴［J］．求是学刊，2016（1）：115-116．

[59] 张庭伟．从“向权力讲授真理”到“参与决策权力”——当前美国规划理论界的一个动向：“联络性规划”［J］．城市规划，1999（6）：33．

[60] 张庭伟．转型期间中国规划师的三重身份及职业道德问题［J］．城市规划，2004（3）：70．

[61] 张良皋．中国建筑文化再反思——回应叶廷芳先生中国传统建筑的文化反思及展望［J］．全球视野下的中国建筑遗产——第四届中国建筑史学国际研讨会论文集，2007．

[62] 张艳，张帅．福柯眼中的“圆形监狱”——对规训与惩罚中的“全景敞视主义”的解读［J］．河北法学，2004（11）：131．

[63] 赵劲松．从中国文化特征看中国古代建筑的设计意念［J］．新建筑，2002（3）：72．

[64] 朱士光．初论我国古代都城礼制建筑的演变及其与儒学之关系［J］．唐都学刊，1998（1）：34．

[65] 庄惟敏．关于青年建筑师的定位［J］．建筑学报，1997（5）：27．

[66] 周江评，孙明洁．中国城市中心改造中的参与者冲突：城市规划师有何作用？［J］．国外城市规划，2006（3）：60．

[67] 周显坤．“以人为本”的规划理念是如何被架空的［J］．城市规划，2014（12）：60．

[68] 郑国．评“向权力讲述真理”——兼论中国城市规划行业面临的三个主要问题［J］．城市发展研究，2008（4）：115-117．

[69] M. 邦格. 科学技术的价值判断与道德判断 [J]. 吴晓江，译. 哲学译丛，1993 (3): 40.

[70] 诺伯格·舒尔兹. 论建筑的象征主义 [J]. 常青，译. 时代建筑，1992 (3).

英文文献：

[1] Andrea Palladio. The four books on architecture [M]. Translated by Robert Tavernor and Richard Schofield. Cambridge, Massachusetts: MIT Press, 1997.

[2] Augustus Welby, Northmore, Pugin. Contrasts [M]. New York: Humanities Press, 1969.

[3] Barry Wasserman, Patrick Sullivan, Gregory Palermo (ed.). Ethics and the practice of architecture [M]. New York: Wiley, 2000.

[4] Bernard Tschwmi. Architecture and disjunction [M]. Cambridge, Massachusetts: MIT Press, 1996.

[5] Charles E. Harris, Michael S. Pritchard, Michael J. Rabins. Engineering Ethics: Concepts and Cases (Fourth Edition) [M]. Wadsworth, Cengage Learning, 2009.

[6] Dancy, Jonathan. Ethics Without Principles [M]. Oxford: Clarendon Press, 2004.

[7] David Schlosberg. Defining environmental justice: theories, movements and nature [M]. Oxford (UK): Oxford University Press, 2007.

[8] David Watkin. Morality and architecture: the development of a theme in architectural history and theory from the Gothic Revival to the Modern Movement [M]. Oxford: Clarendon Press, 1977.

[9] Eamonn Canniffe. Urban ethic: design in the contemporary city [M]. London and New York: Routledge, 2006.

[10] Edwards, A. Trystan. Towards tomorrow's architecture: the triple approach [M]. London: Phoenix House, 1968.

[11] Graham Owen (ed.). Architecture, ethics and globalization [M]. Routledge, 2009.

[12] Gregory Caicco (ed.). Architecture, ethics, and the personhood of place [M]. Hanover and London: University Press of New England, 2007.

[13] Hans Jonas. The imperative of responsibility: in search of an ethics for the technology age [M]. Chicago: University of Chicago Press, 1984.

[14] J. Baird Callicott. Beyond the land ethic: more essays in environmental philosophy [M]. New York：State University of New York Press, 1999.

[15] Jan Kyrre Berg Olsen, Stig Andur Pedersen, Vincent F. Hendricks. A companion to the philosophy of technology [M]. Hoboken: Wiley Blackwell, 2009.

[16] John Fleming, Hugh Honour, Nikolaus Pevsner. The penguin dictionary of architecture and landscape architecture [M]. London: Penguin Books,1998.

[17] John Ruskin. The stones of venice [M]. New York: Da Capo Press，2nd, 2003.

[18] Jon Hawkes. The fourth pillar of sustainability：culture's essential role in public planning [M]. Common Ground Publishing Pty Ltd, 2001.

[19] Karsten Harries. The ethical function of architecture [M]. Massachusetts：MIT Press; New edition,1998.

[20] Maike Albertzart. Moral principles [M]. Bloomsbury Publishing, 2014.

[21] Marcus Vitruvius Pollio. The ten books of architecture (first century BC) , trans [M]. Morris Hicky Morgan, New York：Dover，1960.

[22] Mario Bott. The ethics of building [M]. San Francisco: Chronicle Books Llc, 1997.

[23] Neil Leach (ed.). Rethinking architecture: a reader in cultural theory [M]. London and New York: Routledge, 1997.

[24] Nikolaus Pevsner. An outline of European architecture [M]. Harmondsworth: Penguin, 1943.

[25] Paul T. Durbin (ed.). Critical perspectives on nonacademic science and engineering [M]. Lehigh University Press, 1991.

[26] Philip Bess. Communitarianism and emotivism, two rival views of ethics and architecture (1993) in Kate Nesbitt (ed.). Theorizing a new agenda for architecture: an anthology of architectural theory 1965-1995 [M]. New York: Princeton Architectural Press, 1996.

[27] Pieter E. Vermaas, Peter Kroes, Andrew Light, Steven A. Moore (eds.). Philosophy and design: from engineering to architecture [M]. Springer, 2008.

[28] Sophia Psarra. Architecture and narrative: the formation of space and cultural meaning [M]. London and New York: Routledge, 2009.

[29] Soumyen Bandyopadhyay etc. The humanities in architectural design: a contemporary and historical perspective [M]. London and New York: Routledge, 2010.

[30] Suzanne H. Crowhurst Lennard, S. H., S von Ungern-Sternberg, H. L. Lennard, eds. Making cities livable. International Making Cities Livable Conferences. California, USA [M]. Gondolier Press, 1997.

[31] Terry L. Cooper. The responsible administrator: an approach to ethics for the administrative role [M]. San Francisco: Jossey-Bass Publishers, 1998.

[32] Thomas R. Fisher, T. In the scheme of things: alternative thinking on the practice of architecture. [M]. Minneapolis: University of Minnesota Press, 2000.

[33] Timothy O'Riordan, James Cameron. Interpreting the precautionary principle [M]. London and New York: Routledge, 2013.

[34] Tom Spector. The ethical architect: the dilemma of contemporary practice [M]. New York: Princeton Architectural Press, 2001.

[35] Vasilis Politis. Routledge philosophy guide book to Aristotle and the Metaphysics [M]. London and New York: Routledge, 2004.

[36] Warwick Fox (ed.). Ethics and the built environment [M]. London and New York: Routledge, 2000.

[37] Marco Martuzzi, Joel A. Tickner. The precautionary principle: protecting public health, the environment and the future of our children [M]. WHO Regional Office for Europe, 2004.

[38] Craig Delancey. Architecture can save the world: building and environmental ethics [J]. The Philosophical Forum, 2004 (2).

[39] Cornelis. J. Baljon. The structure of architectural theory: a study of some writings by Gottfried Semper, John Ruskin and Christopher Alexander [J]. Architecture，1993，59 (12): 61.

[40] Harold L. Wilensky. The professionalization of everyone? [J]. American Journal of Sociology，1964 (2).

[41] Sullivan, Louis H. The tall office building artistically considered. Lippincott's Magazine [J] ,1896 (3). quoted in Higgins, Hannah B. The Grid Book Cambridge, Massachusetts: MIT Press, 2009.

[42] Yocum, Carole. Architecture and the bee : virtue and memory in Filarete's Trattato di architettura [D]. Master of Architecture thesis, McGill University, Toronto, 1998.